Revised

Introduction to Mathematical Statistics

수리통계학의 이해

강석복 · 우정수 지음

경문사

머리말

통계학의 기본이 될 수 있는 수리통계학을 강의해 오면서 우리 글로 된 책의 필요성을 느껴 수리통계학 교재를 집필했으나 「수리통계학 I (통계적 확률분포이론)」과 「수리통계학 II (통계적 추정과 가설검정)」로 나누어 두 학기용으로 사용하면서 한 한기에 두 분야를 모두 다루어야 할 경우 두 책을 교재로 사용하기 어려운 불편함이 있어 이번 기회에 두 책의 내용을 정리하여 「수리통계학의 이해」 교재를 출판하게 되었다.

많은 학교에서 확률의 기초이론을 다루고 수리통계학을 접하기 때문에 확률의 기초이론을 접한 경우와 그렇지 않은 경우 모두 이용하기 편리하게 다양한 내용을 포함하여 선별 가능하도록 편집하였다. 이 책은 수리통계학의 전 분야를 포함하고 있기 때문에 적절하게 필요한 부분을 선별하여 강의하면 통계학을 전공하거나 통계학과 관련된 분야에서 3학점 한 학기의 확률분포이론 분야와 추정 및 검정 분야의 수리통계학 교재로 적당하리라 생각된다. 물론 3학점 두 학기의 확률분포이론과 추정 및 검정의 교재로도 적합하도록 편집하였다.

조금 내용이 어렵거나 생략해도 내용의 연결에 지장을 주지 않는 부분은 절의 번호 앞에 "*" 표시를 해 두어 이 책을 처음 읽는 분이나 한 학기 강의에서는 이 부분을 생략해도 어려움이 없을 것이다.

가능한 다양한 예제와 문제를 많이 다루도록 노력하였으나 부족한 점이 많으리라 생각한다. 앞으로 계속 보충·보완해 나갈 것이다. 해답이 필요하다는 의견에 따라 이 책에서 다룬 연습문제의 해답은 책 뒷부분에 추가했으며, 이 책에서 다루는 문제 또는 유사한 많은 문제를 경문사에서 출판된 「통계적 확률분포이론 문제와 풀이」, 「통계적 추정과 가설검정 문제와 풀이」, 「통계이론 및 연습」 책에 상세하게 풀이해 놓았으니 필요하면 참고하기 바란다.

이 책을 3학점 두 학기용으로 사용하기 위해서는 대상자가 확률에 관한 기본지식을 어느 정도 가진 경우는 첫 학기에 제1장과 2장은 생략하고 제3장에서 대칭, 백분위수, 독립 등에 대해 간단히 언급한 후 제4장의 적률부터 시작하여 제5장과 6장은 분포의 기호와 중요한 특징, 적률생성함수, 그리고 선별한 분포에 대해 소개하고 제7장부터 9장까지를 다루며, 제2학기에는 10장에서 12장까지를 상세히 다루고 나머지는 시간이 허용되는 범위에서 선별하여 강의하는 게 좋을 듯하다. 물론 확률의 기초 지식이 없는 경우는 생략 가능한 기호가 표시되어 있는 부분을 생략하고 앞에서부터 차례로 필요한 부분을 선별하여 다루면 될 것이다. 만약 한 학기에 확률분포이론과 추정 검정을 모두 다루고자 한다면 3장, 4장, 5장, 6장, 10장, 11장, 12장을 강의하고 2장, 7장, 8장에서는 필요한 부분만 간략히 언급하면 좋을 것 같다. 이 책에서 사용한 통계학 용어는 한국통계학회에서 발행한 「통계학용어집」을 참조하였다. 가능한 모든 분포에 대해 기호를 사용하고 있는데 기호에 대해서는 여러 책을 조사해 보았으나 몇몇 분포를 제외하고는 통일된 기호가 없어 적당하다고 생각되는 기호를 사용하기로 하였다. 기호와 분포의 주요한 성질(확률밀도함수, 확률질량함수, 적률생성함수, 평균, 분산)에 대해서는 부록 A에 첨부해 둔 <특별한 분포들의 기호와 특성>을 참고하기 바란다.

이 책이 출간되도록 도움을 준 많은 분들에게 감사드리며, 특히 오랜 시간동안 원고 작성과 교정에 몰두할 수 있도록 곁에서 여러 가지로 도움을 준 사랑하는 가족에게 고마운 마음을 전한다.

끝으로 이 책이 출판될 수 있도록 여러 가지로 힘써 주신 도서출판 경문사 여러분께 감사한다.

2008년 8월

압량벌 연구실에서 저자 씀

수리통계학의 이해

CONTENTS

CONTENTS

제 4 장 확률변수의 적률

제 5 장 특별한 이산분포

CONTENTS

제 6 장 특별한 연속분포

제 7 장 확률변수들의 함수

제 8 장 표집분포

CONTENTS

제 9 장 극한분포

제 10 장 점추정

제 11 장 가설검정

CONTENTS

제 12 장 구간추정

제 13 장 카이제곱 검정

제 14 장 회귀분석과 상관분석

CONTENTS

제 15 장 비모수통계

부록

제 1 장

서론

어떤 일이 일어날 수 있는 경우의 수를 계산하는 효과적인 방법을 알 수 있다면 매우 유용할 것이다. 사실 확률의 많은 문제들이 어떤 사건이 발생할 수 있는 서로 다른 경우의 수를 계산하여 간단히 해결할 수 있다. 따라서 여기서는 확률계산에 필요한 몇 가지 원리와 예제를 간략히 소개하고자 한다.

1.1 곱셈원리

많은 통계학 문제에서 주어진 상황의 가능한 모든 방법을 나열해야 하거나, 적어도 얼마나 많은 서로 다른 방법이 존재하는가를 결정해야 한다. **계산의 기본원리**(basic principle of counting) 또는 **곱셈원리**(multiplication principle) 등으로 알려진 다음 정리가 가능한 방법의 개수를 결정하는 데 유용하다.

정리 1.1.1 첫째 실험에서는 n_1개의 가능한 결과가 존재하고, 둘째 실험에서는 n_2개의 가능한 결과가 존재하면, 두 실험에서는 $n_1 n_2$개의 가능한 결과가 존재한다.

예제 1.1.1 남자 5명과 여자 8명으로 구성된 집단에서 남녀 각각 1명씩을 뽑아 위원회를 구성하려고 할 때, 구성할 수 있는 가능한 경우의 수는 남자의 선택을 시행 1로 여자의 선택을 시행 2로 생각하면, 각각 5가지와 8가지의 방법이 있으므로 구성방법은 $5 \times 8 = 40$가지이다.

정리 1.1.1의 곱셈원리는 실험이 세 가지 이상인 경우에도 다음과 같이 일반화시킬 수 있다.

정리 1.1.2 첫째 실험에는 n_1개의 가능한 결과가 존재하고, 둘째 실험에는 n_2개의 가능한 결과가 존재하며, 일반적으로 i번째 실험에서 $n_i(i=1,\ldots,n)$개의 가능한 결과가 존재하면, 전체에서 가능한 모든 결과는 $n_1 \cdot n_2 \cdots n_r$개가 존재한다.

예제 1.1.2 0, 1, 2, 3, 4 숫자를 반복 사용할 수 있고 첫 자리에 0이 오지 않도록 하여 구성할 수 있는 3자리 홀수는, 첫째 자리에 올 수 있는 가능한 숫자는 0이 올 수 없기 때문에 4개, 둘째 자리에 올 수 있는 가능한 숫자는 5개, 마지막에 올 수 있는 가능한 숫자는 홀수이어야 하므로 2개이다. 따라서 가능한 3자리 홀수는 $4 \times 5 \times 2 = 40$개이다.

정리 1.1.3 어떤 실험의 r번 시행 각각에 N가지의 가능한 결과가 있다면, 이 실험에서 가능한 결과는 N^r개이다.

예제 1.1.3 지역번호를 제외한 전화번호는 7자리 숫자로 구성되어 있다. 국을 나타내는 세 자리의 첫째 숫자는 0이 올 수 없다면, 가능한 서로 다른 전화번호는 다른 제약이 없을 때 세 자리 국의 첫째 자리만 0이 아닌 숫자가 오면 되니까 9×10^6개이다. 만일 국을 791로 고정해야 한다면, 가능한 번호는 10^4개이다.

예제 1.1.4 n개의 원소로 구성된 집합의 부분집합의 개수는 n개의 원소가 각각 부분집합에 포함되는지의 여부를 결정하는 두 가지의 선택이 있을 수 있으므로, 공집합을 포함하여 2^n개의 부분집합이 있다.

1.2 순열과 조합

여기서는 가능한 배열의 수를 계산하는 데 도움이 되는 몇 가지 특정한 공식을 소개한다. 어떤 대상물 집합의 모두 또는 일부분의 순서화된 배열을 **순열**(permutation)이라 한다.

정리 1.2.1 n개의 서로 다른 대상물의 순열의 수는 $n!$이다.

예제 1.2.1 남학생 6명과 여학생 5명으로 구성된 학급이 있다. 시험을 보아 성적에 따라 순위를 정하려고 한다. 단, 두 학생의 점수가 같은 경우는 없다고 한다. 순위를 정할 수 있는 경우의 수는 $11! = 39{,}916{,}800$이다. 만약 성별로 순위를 정한다면 가능한 방법은 $6! \times 5! = 86{,}400$가지이다.

정리 1.2.2 n개의 서로 다른 대상물에서 r개를 택하는 순열의 수는 다음과 같다.

$$_nP_r = \frac{n!}{(n-r)!} \tag{1.2.1}$$

예제 1.2.2 4개의 서로 다른 상품을 20명의 학생에게 나누어 주려고 한다. 다음 각 경우에 나누어 줄 수 있는 가능한 방법을 구해보자. 첫째, 학생들이 상품을 중복해서 받을 수 있는 경우는 $20^4 = 160{,}000$가지이다. 둘째, 각 학생은 기껏해야 한 개의 상품만 받을 수 있는 경우는 20명 중에서 4명을 선택하는 순열이므로 가능한 방법은 $_{20}P_4 = 116{,}280$가지이다.

정리 1.2.3 n개의 서로 다른 대상물을 원형으로 배열하는 순열의 수는 $(n-1)!$이다.

예제 1.2.3 4명이 카드 게임을 하기 위해 원형으로 앉을 수 있는 방법은 정리 1.2.3에 의해 $(4-1)! = 3! = 6$ 가지이다.

만일 대상물의 순서가 중요하지 않으면, n개의 서로 다른 대상물에서 순서를 생각하지 않고 r개를 택하는 **조합**(combination)의 수에만 관심이 있을 수 있다.

정리 1.2.4 n개의 서로 다른 대상물에서 r개를 택하는 조합의 수는 다음과 같다.

$$\binom{n}{r} = \frac{n!}{r!\,(n-r)!} \tag{1.2.2}$$

$\binom{n}{r}$은 조합기호로 고등학교 등에서 사용되는 $_nC_r$ 기호와 동일하다. 앞으로는 $_nC_r$ 기호보다는 $\binom{n}{r}$기호를 사용한다.

예제 1.2.4 7명의 통계학자와 9명의 수학자로부터 각각 3명씩 선출하여 위원회를 구성하려 할 때, 가능한 방법의 수는 $\binom{7}{3}\binom{9}{3} = 2,940$이다.

다음 정리는 수학적 귀납법에 의해 쉽게 증명할 수 있는 고등학교에서 잘 알려진 이항정리(binomial theorem)이다.

정리 1.2.5 이항정리

$$(x+y)^n = \sum_{k=0}^{n}\binom{n}{k}x^k y^{n-k} \tag{1.2.3}$$

예제 1.2.5

$$\begin{aligned}(x+y)^4 &= \binom{4}{0}x^0y^4 + \binom{4}{1}x^1y^3 + \binom{4}{2}x^2y^2 + \binom{4}{3}x^3y^1 + \binom{4}{4}x^4y^0 \\ &= y^4 + 4xy^3 + 6x^2y^2 + 4x^3y + x^4\end{aligned}$$

예제 1.2.6 n개의 원소에서 j개를 택하는 방법의 수는 $\binom{n}{j}$이므로, n개의 원소로 구성된 집합에서 공집합을 포함하여 부분집합의 총 개수는 다음과 같다.

$$\sum_{j=0}^{n}\binom{n}{j} = (1+1)^n = 2^n$$

다음은 이항계수와 관련된 유용한 정리들이다.

정리 1.2.6 임의의 양의 정수 n과 $r\,(\le n)$에 대해 다음이 성립된다.

$$\binom{n}{r} = \binom{n}{n-r} \tag{1.2.4}$$

정리 1.2.7 임의의 양의 정수 n과 $r\,(\le n-1)$에 대해 다음이 성립된다.

$$\binom{n}{r} = \binom{n-1}{r} + \binom{n-1}{r-1} \tag{1.2.5}$$

증명

$$\binom{n-1}{r}+\binom{n-1}{r-1}=\frac{(n-1)!}{r!(n-1-r)!}+\frac{(n-1)!}{(r-1)!(n-r)!}$$
$$=\frac{n-r}{n}\binom{n}{r}+\frac{r}{n}\binom{n}{r}$$
$$=\binom{n}{r}$$

이므로 증명된다. 즉, n 명에서 r 명을 선택하는 방법은 특정한 사람 1명을 포함하여 $n-1$명에서 나머지 $r-1$명을 선택하는 경우와 특정한 사람 1명을 포함하지 않고 $n-1$ 명에서 r 명을 선택하는 경우로 나누어 생각할 수 있다. ■

정리 1.2.8

$$\binom{n+m}{k}=\sum_{r=0}^{k}\binom{n}{r}\binom{m}{k-r},\ k\le n,\ k\le m \tag{1.2.6}$$

증명 이항정리 1.2.5에 의해

$$(x+1)^n=\sum_{i=0}^{n}\binom{n}{i}x^i,\quad (x+1)^m=\sum_{j=0}^{m}\binom{m}{j}x^j$$

이며

$$(x+1)^{n+m}=\sum_{k=0}^{n+m}\binom{n+m}{k}x^k$$

이다. $(x+1)^{n+m}=(x+1)^n(x+1)^m$ 이므로

$$\sum_{k=0}^{n+m}\binom{n+m}{k}x^k=\sum_{i=0}^{n}\binom{n}{i}x^i\sum_{j=0}^{m}\binom{m}{j}x^j$$
$$=\sum_{i=0}^{n}\sum_{j=0}^{m}\binom{n}{i}\binom{m}{j}x^{i+j}$$
$$=\sum_{k=0}^{n+m}\sum_{r=0}^{k}\binom{n}{r}\binom{m}{k-r}x^k$$

이다. 여기서 마지막 등식은 $k=i+j, r=i$라 하면 $0\le k\le n+m,\ j=k-r\ge 0$ 이므로 위의 식을 얻을 수 있다. 위의 식으로부터 두 식의 계수를 비교하면 증명된다. 다음은 계산적인 증명이 아닌 간단한 방법에 대해 생각해 보자.

n 명의 남자와 m 명의 여자가 있는 집단에서 k 명을 선출하는 방법은 $\binom{n+m}{k}$

이다. 이것을 남자가 한 명도 포함되지 않는 경우, 한 명이 포함되는 경우, ..., k 명이 모두 남자인 경우로 나누어 생각할 수 있다. 이 경우의 가능한 방법이

$$\binom{n}{0}\binom{m}{k}+\binom{n}{1}\binom{m}{k-1}+\cdots+\binom{n}{k}\binom{m}{0}$$

이므로 정리가 증명된다. ■

정리 1.2.8에 의해 다음 정리를 얻을 수 있다.

정리 1.2.9

$$\sum_{r=0}^{n}\binom{n}{r}^2=\binom{2n}{n} \tag{1.2.7}$$

정리 1.2.10 $x_1+\cdots+x_r=n$을 만족하는 음이 아닌 서로 다른 정숫값 벡터 $(x_1, \dots, x_r)$의 개수는 다음과 같다.

$$\binom{n+r-1}{n}$$

예제 1.2.7 $x_1+x_2+x_3=5$의 음이 아닌 서로 다른 정숫값 해의 개수는 다음과 같다.

$$\binom{5+3-1}{5}=\binom{7}{5}=21$$

정리 1.2.11 $x_1+\cdots+x_r=n\,;\,x_i>0,\ i=1,2,\dots,r$을 만족하는 서로 다른 양의 정숫값 벡터 $(x_1, \dots, x_r)$의 개수는 다음과 같다.

$$\binom{n-1}{r-1}$$

예제 1.2.8 $x_1+x_2+x_3=5$의 서로 다른 양의 정숫값 해의 개수는 $\binom{5-1}{3-1}=\binom{4}{2}=6$이다. 여기서 양의 정숫값 해는 다음과 같다.

$$(1, 1, 3),\ (1, 3, 1),\ (3, 1, 1),\ (2, 1, 2),\ (1, 2, 2),\ (2, 2, 1)$$

1.3 구별되지 않는 대상물의 배열과 분할

지금까지는 n개의 서로 다른 대상물의 배열에 관해 설명했다. 그러나 많은 응용에서 서로 구별되지 않는 대상물을 포함하는 경우가 있다.

정리 1.3.1 r개가 서로 같은 것이고 $n-r$개 역시 서로 같은 두 종류로 구성된 n개 대상물의 서로 다른 순열의 수는 다음과 같다.

$$\binom{n}{r} = \frac{n!}{r!\,(n-r)!} \tag{1.3.1}$$

예제 1.3.1 검은 공 4개와 흰 공 5개를 일렬로 배열할 때, 가능한 서로 다른 방법의 수는

$$\frac{9!}{4!\,5!} = 126$$

이다.

정리 1.3.2 n_1개가 동일한 것, n_2개가 두 번째 동일한 것, $\cdots$, n_k개가 k번째 동일한 것으로 구성되어 있는 n개 대상물의 순열의 수는 다음과 같다.

$$\frac{n!}{n_1!n_2!\cdots n_k!} \tag{1.3.2}$$

예제 1.3.2 STATISTICS의 문자들을 사용하여 구성할 수 있는 서로 다른 문자 배열은

$$\frac{10!}{3!\,3!\,2!\,1!\,1!} = 50,400$$

가지이다.

$n_1+n_2+\cdots+n_k=n$일 때, 다음과 같은 기호를 정의한다.

$$\binom{n}{n_1, n_2, \dots, n_k} = \frac{n!}{n_1!\,n_2!\cdots n_k!} \tag{1.3.3}$$

정리 1.3.3 서로 다른 n개의 대상물을 첫 번째 집단에는 n_1개, 두 번째 집단에는 n_2개, …, k번째 집단에는 n_k개인 k개의 집단으로 분할할 수 있는 방법의 수는

$$\binom{n}{n_1, n_2, \ldots, n_k} = \frac{n!}{n_1!\,n_2!\cdots n_k!} \tag{1.3.4}$$

이다. 물론 여기서 $n_1 + \cdots + n_k = n$이다.

예제 1.3.3 10명의 소년을 각 5명씩 A팀과 B팀으로 나누려고 한다. A팀은 A리그에서, B팀은 B리그에서 경기를 갖는다면, 분할할 수 있는 방법의 수는 $10!/(5!5!) = 252$이다.

정리 1.3.4 다항정리

$$(x_1 + x_2 + \cdots + x_k)^n = \sum_{\substack{(r_1, r_2, \ldots, r_k) \\ r_1 + \cdots + r_k = n}} \binom{n}{r_1, r_2, \ldots, r_k} x_1^{r_1} x_2^{r_2} \cdots x_k^{r_k} \tag{1.3.5}$$

합은 $r_1 + \cdots + r_k = n$을 만족하는 모든 가능한 양의 정수 해 $(r_1, \ldots, r_k)$에서의 합이 된다. 여기서

$$\binom{n}{r_1, r_2, \ldots, r_k}$$

를 다항계수(multinomial coefficient)라 한다.

예제 1.3.4

$$\begin{aligned}(x_1 + x_2 + x_3)^3 &= \binom{3}{3,0,0} x_1^3 x_2^0 x_3^0 + \binom{3}{0,3,0} x_1^0 x_2^3 x_3^0 + \binom{3}{0,0,3} x_1^0 x_2^0 x_3^3 \\ &\quad + \binom{3}{2,1,0} x_1^2 x_2^1 x_3^0 + \binom{3}{2,0,1} x_1^2 x_2^0 x_3^1 + \binom{3}{1,2,0} x_1^1 x_2^2 x_3^0 \\ &\quad + \binom{3}{0,2,1} x_1^0 x_2^2 x_3^1 + \binom{3}{1,0,2} x_1^1 x_2^0 x_3^2 + \binom{3}{0,1,2} x_1^0 x_2^1 x_3^2 \\ &\quad + \binom{3}{1,1,1} x_1^1 x_2^1 x_3^1 \\ &= x_1^3 + x_2^3 + x_3^3 + 3x_1^2 x_2 + 3x_1^2 x_3 + 3x_1 x_2^2 + 3x_2^2 x_3 + 3x_1 x_3^2 \\ &\quad + 3x_2 x_3^2 + 6x_1 x_2 x_3\end{aligned}$$

예제 1.3.5 $(x_1+x_2+\cdots+x_r)^n$ 을 전개할 때, 항의 개수는 정리 1.2.10에 의해 $\binom{n+r-1}{n}$개이다.

예제 1.3.6 $(x_1+2x_2+3x_3)^7$의 전개에서 $x_1^2x_2^3x_3^2$의 계수를 구하면, 다항정리에 의해 $\binom{7}{2,3,2}(2^3)(3^2)=15{,}120$이다.

연습문제 제 1 장

1.1 (a) 자동차 번호판을 만드는 데 앞자리는 16개 지역(특별시, 광역시, 도) 중 하나로 나머지는 4자리 숫자로 만들 때, 서로 다르게 만들 수 있는 번호판은 몇 가지인가? 단 4자리 숫자의 첫째 자리에는 0이 올 수 없다.

(b) (a)에서 숫자를 반복하여 사용할 수 없을 때, 서로 다르게 만들 수 있는 번호판은 몇 가지인가?

1.2 한 식당에는 김치 종류 3가지, 찌개 종류 3가지, 채소류 5가지, 과일 4가지로 식단이 짜여있다. 각 종류에서 한 가지씩 선택한다면 가능한 방법은 몇 가지인가?

1.3 미국과 캐나다의 지역 전화번호는 세 자리 숫자로 구성되어 있다. 첫째 숫자는 2에서 9까지의 정수 중 하나이고, 둘째 숫자는 0 또는 1이며, 셋째 숫자는 1에서 9까지의 정수 중 하나이다. 가능한 지역번호는 몇 가지인가? 숫자 8로 시작되는 지역번호는 몇 가지인가?

1.4 5, 6, 7, 8, 9 숫자를 오직 한 번만 사용하여 만들 수 있는 3자리 짝수는 몇 가지인가?

1.5 어느 국제대회에 참석한 한국인 5명, 미국인 4명, 중국인 3명, 영국인 3명을 일렬로 좌석을 배열하고자 한다. 만일 같은 나라 사람을 서로 옆에 앉게 할 때, 좌석을 배열할 수 있는 방법은 몇 가지인가?

1.6 4쌍의 부부가 어느 연주회 입장권 8장을 구입했다. 그들이 앉을 수 있는 서로 다른 방법은 몇 가지인가? 단 좌석번호는 옆으로 나란히 지정되어 있다고 하자.

(a) 제약이 없을 때

(b) 각 부부가 함께 앉을 때

(c) 모든 남자가 모든 여자의 오른쪽에 앉을 때

1.7 5권의 통계학 책, 3권의 전산 책 그리고 1권의 수학 책을 책장에 배열하려고 한다. 다음 각 경우에 가능한 배열방법은 몇 가지인가?

(a) 책의 순서를 무작위로 배열할 경우

(b) 통계학 책은 통계학 책끼리 전산 책은 전산 책끼리 배열할 경우

(c) 통계학 책은 함께 배열하고 다른 책들은 무작위로 배열할 경우

1.8 7명의 학생들이 버스를 타기 위해 줄을 서려고 한다. 다음 각각 줄을 서는 방법은 몇 가지인가?

(a) 제약조건이 없는 경우

(b) 특정한 두 학생이 앞뒤로 나란히 줄서길 거부할 경우

(c) 만일 특정한 학생 3명이 같이 줄서길 원할 경우

1.9 (a) 통계학과 1학년 50명, 2학년 60명, 3학년 40명, 4학년 30명 중에서 1학년 2명, 2학년 2명, 3학년 4명, 4학년 2명으로 위원회를 구성할 수 있는 방법은 몇 가지인가?

(b) 2학년 학생 A는 3학년 학생 B와 커플이기 때문에 함께 위원회에 참가하거나 함께 참가하지 않는다면 가능한 방법은 몇 가지인가?

1.10 이항정리를 이용하여 다음을 증명하라.

(a) $\sum_{r=0}^{n}(-1)^r\binom{n}{r}=0$ (b) $\sum_{r=0}^{n}\binom{n}{r}(a-1)^r=a^n$

1.11 다음을 증명하라.

(a) $\sum_{k=1}^{n}k\binom{n}{k}=n\,2^{n-1}$ (b) $\sum_{k=1}^{n}\binom{n}{k}k^2=2^{n-2}n(n+1)$

1.12 $x_1 + x_2 + \cdots + x_r = n$ 식에서 정확히 k 개의 x 들이 0이 되는 음이 아닌 해는 $\binom{r}{k}\binom{n-1}{n-r+k}$ 개가 존재함을 밝혀라.

1.13 20,000달러를 가지고 4가지의 가능한 대상에 투자를 하려고 한다. 각 대상에는 1,000달러 단위로 투자를 해야 하는데 최소 투자액이 각각 2,000, 2,000, 3,000, 4,000달러라고 한다. 다음 경우에 이용할 수 있는 서로 다른 투자방법은 몇 가지인가?

(a) 4가지 대상에 모두 투자해야 할 경우

(b) 4가지 대상 중 적어도 3가지 대상에 투자해야 할 경우

1.14 대학 축구팀은 한 시즌 동안 10번의 경기를 갖는데, 10번의 경기 중 5번 이기고, 4번 지고, 1번 비기는 경우는 몇 가지인가?

1.15 자동차 20대가 자동차 경주에 참가했다. 10대는 A회사 제품, 6대는 B회사 제품, 나머지는 C회사 제품이다.

(a) 생산된 회사가 같은 자동차끼리만 순위를 기록한다면 가능한 기록은 몇 가지인가?

(b) 순위를 자동차 회사만 기록한다면 가능한 기록은 몇 가지인가?

(c) A회사에서 생산된 자동차가 1등을 했다면, (b)에서 가능한 기록은 몇 가지인가?

(d) A회사에서 생산된 자동차가 1등과 2등을 했다면, (b)에서 가능한 기록은 몇 가지인가?

1.16 ATARI로 만들 수 있는 모든 낱말을 찾아내는 시합이 있다. A는 두 번 사용할 수 있고 나머지는 한 번만 사용할 수 있다.

(a) 5개의 문자로 된 낱말은 몇 개나 되는가?

(b) 2개의 문자로 된 낱말은 몇 개나 되는가?

(c) 모두 몇 개의 낱말을 만들 수 있는가?

1.17 수리통계학을 수강 신청한 학생 10명에게 3명은 A, 4명은 B, 2명은 C, 1명은 F학점을 줄 수 있는 가능한 방법은 몇 가지인가?

1.18 $(2x_1 + 3x_2 - 4x_3 + 2x_4)^7$의 전개에서 $x_1^3 x_2^2 x_3 x_4$의 계수를 구하라.

제 2 장

확률

2.1 서론

이 장에서는 '기회'의 직관적인 개념을 형식화한 '확률'의 개념을 소개하고 이 확률들이 어떤 상황에서 어떻게 계산될 수 있는지 설명한다. 또한 확률이론에서 매우 중요한 개념의 하나인 조건부 확률을 소개한다. 실험에 관한 어떤 일부분의 정보가 주어졌을 때의 확률을 계산하는 경우에 이용할 수 있을 뿐 아니라, 정보가 주어지지 않은 경우에도 조건부 확률을 이용하여 보다 쉽게 확률을 계산할 수 있다. 먼저 표본공간과 사건을 소개한다.

2.2 표본공간과 사건

지금까지 '실험'과 '시행' 등의 용어를 그냥 사용하였으나, 이제 구체적으로 그 의미를 정의한다. 여기서 '실험'이라는 용어는 실험실에서 행하여지는 연구에 한정하지 않고 결과가 변이를 나타내는 데이터 수집이나 관측의 모든 행위를 포함하는 넓은 의미로 사용한다.

실험(experiment)이란 어떤 현상의 관측 결과를 얻는 과정을 말하며, 실험을 행하는 것을 **시행**(trial)이라 한다. 실험은 시행 전에 결과를 확실히 예측할 수는 없으나 실험의 결과를 사전에 알지 못할지라도 일어날 수 있는 모든 결과들의 집합은 시행 전에 완전히 파악할 수 있다고 하자.

정의 2.2.1

어떤 실험에서 일어날 수 있는 모든 결과들의 집합을 그 실험의 **표본공간**(sample space)

이라 하고 S로 나타낸다.

예제 2.2.1 세 개의 동전을 던지는 실험에서 H를 앞면, T를 뒷면이라 하면, 이 실험에서 가능한 결과의 집합인 표본공간은 다음과 같다.

$$S=\{HHH, HHT, HTH, THH, HTT, THT, TTH, TTT\}$$

예제 2.2.2 주사위를 던지는 실험에서, $i\,(i=1,2,\ldots,6)$를 주사위 표면에 나타난 눈금이라 할 때, 이 실험의 표본공간은 다음과 같다.

$$S=\{1,2,3,4,5,6\}$$

표본공간은 보통 그에 포함되어 있는 원소들의 개수에 따라 분류한다. 위의 예에서는 표본공간 S가 유한개의 원소를 포함하고 있지만, 만일 3의 눈금이 처음 나타날 때까지 공정한 주사위를 던진다면, 첫 번째 3의 눈금이 나타나거나, 두 번째 3의 눈금이 나타나거나, 세 번째 3의 눈금이 나타나거나,⋯ 등으로 무수히 많은 가능성이 존재한다. 이 실험의 표본공간은

$$S=\{3,\ i_1 3,\ i_1 i_2 3,\ i_1 i_2 i_3 3,\ \ldots \mid i_j=1,2,4,5,6\ ;\ j=1,2,\ldots\}$$

이다. 이와 같이 표본공간의 원소들이 양의 정수와 1 대 1로 대응될 수 있으면, 표본공간이 **가산**(countable)이라 한다. 예제 2.2.1, 2.2.2와 같이 표본공간이 유한개의 원소를 포함하거나 위의 예와 같이 가산 무한개의 원소를 포함하면, 이러한 표본공간을 **이산표본공간**(discrete sample space)이라 한다.

어떤 실험의 결과들은 유한도 아니고 가산무한도 아닌 경우가 있다. 예를 들어, 어떤 제품의 수명(단위: 시간)을 측정하는 실험을 생각하면, 표본공간은 음이 아닌 실수로 구성된다. 즉

$$S=\{x \mid 0 \le x < \infty\}$$

이다. 이러한 표본공간을 **연속표본공간**(continuous sample space)이라 한다.

많은 문제에서 표본공간의 특정한 원소들의 집합에 관심이 있는 경우가 많다. 먼저 이러한 표본공간의 부분집합에 대해 정의한다.

정의 2.2.2

표본공간 S의 부분집합을 **사건**(event) 또는 **사상**이라 한다. 사건은 영문자의 대문자

$A, B, C, \ldots$ 등으로 표시한다. 사건 A의 **여사건**(complement)을 A^c로 표시하며 표본공간 S에서 A에 포함되지 않는 모든 원소들로 구성된 사건으로 정의한다.

예제 2.2.3 예제 2.2.2에서 $E=\{2,4,6\}$이라 하면 E는 주사위를 던졌을 때, 짝수의 눈금이 나타나는 사건이다. E의 여사건 $E^c=\{1,3,5\}$는 홀수의 눈금이 나타나는 사건이다.

정의 2.2.3

사건 중에서 단 하나의 실험 결과만을 포함하는 사건을 **단순사건** 또는 **기본사건**(elementary event)이라 한다.

많은 확률의 문제에서 두 개 또는 그 이상 사건들의 조합으로 구성된 사건들에 관심이 많다. 사건들은 집합이므로 사건들의 합집합, 교집합 역시 사건이 되고, 이러한 사건을 각각 **합사건**(union), **교사건**(intersection)이라 한다. 이러한 관계는 벤다이어그램을 이용하면 쉽게 이해할 수 있다. 이러한 용어에 대해서는 매우 익숙할 것으로 생각되어 상세히 설명하지 않고 간략히 소개만 하고자 한다.

어떤 표본공간 S의 임의의 두 사건 A와 B에 대해, A 또는 B에 포함되는 결과나 A와 B에 동시에 속하는 결과로 이루어진 사건이 합사건 $A\cup B$이다. 그리고 A와 B에 동시에 속하는 결과들로 구성된 사건이 교사건 $A\cap B$이다. 물론 세 개 이상의 사건들에 대해 합사건과 교사건을 정의할 수 있다.

정의 2.2.4

두 사건 A와 B가 $A\cap B=\varnothing$일 때, A와 B는 **상호배반**(mutually exclusive)이라 한다.

예제 2.2.4 어떤 사건 A와 그 여사건 A^c는 항상 상호배반이다. 또한 예제 2.2.2에서 $A=\{1,3\}$, $B=\{2,4\}$라 하면 A와 B는 상호배반이며, $C=\{1\}$은 기본사건이다.

사건들 사이의 논리적 관계를 설명하는 매우 유용한 표현이 벤다이어그램이다. 따라서 사건들의 연산에 관련된 계산이나 증명은 벤다이어그램을 이용하여 쉽게 해결할 수 있다. 사건들의 합사건, 교사건, 여사건의 연산은 다음 법칙을 따른다.

교환법칙 : $A \cup B = B \cup A,\ A \cap B = B \cap A$ (2.2.1)

결합법칙 : $(A \cup B) \cup C = A \cup (B \cup C),\ (A \cap B) \cap C = A \cap (B \cap C)$ (2.2.2)

분배법칙 : $(A \cup B) \cap C = (A \cap C) \cup (B \cap C)$

$(A \cap B) \cup C = (A \cup C) \cap (B \cup C)$ (2.2.3)

합사건, 교사건, 여사건에 대한 기본적인 세 연산 사이의 유용한 관계가 잘 알려진 다음의 드모르간의 법칙(De Morgan's law)이다.

$$(A \cup B)^c = A^c \cap B^c \tag{2.2.4}$$

$$(A \cap B)^c = A^c \cup B^c \tag{2.2.5}$$

2.3 확률의 정의 및 성질

확률은 어떤 사건이 일어날 가능성을 측정하는 척도로 0과 1 사이의 값으로 표현된다. 확률은 운에 맡겨진 게임으로부터 유래되었는데, 예를 들어 공정한 주사위를 던질 때 나타날 수 있는 가능한 결과는 6가지이고 각각 나타날 가능성이 동일하므로, 각 값이 나타날 가능성은 1/6이라고 생각하는 것이다.

2.3.1 확률의 정의

사건의 확률은 실험이 같은 조건하에서 반복될 때 일어날 것으로 기대되는 횟수의 비율을 나타내는 수치로 사건 A의 확률을 $P(A)$로 표시한다.

표본공간이 S인 어떤 실험이 정확히 동일한 조건하에서 반복적으로 실행된다고 하자. 표본공간 S의 사건 A에 대해, $n(A)$를 n번의 반복실험에서 A의 발생횟수라 하면

$$P(A) = \lim_{n \to \infty} \frac{n(A)}{n} \tag{2.3.1}$$

로 정의한다.

상대도수에 의한 확률의 정의를 제안하는 경우는 대개 $n(A)/n$이 일정한 극한값에 수렴한다는 가정을 하거나 공리를 언급하여 이러한 문제점을 해결한다. 사실 확률에 관해 더욱 더 간편하고 명백한 공리를 가정하고 나서 일정한 극한도수가 어떤 의미에서 존재함을 증명하는 것이 더 합리적이다.

먼저 표본공간 S에 속하는 각 사건 A에 대해 A의 확률 $P(A)$값이 존재한다고 가정

하고, 이 확률들이 직관적인 확률의 개념과 일치하는 일련의 공리들을 만족한다고 가정한다. 다음과 같이 확률집합함수를 정의한다.

정의 2.3.1

어떤 실험에서 S를 표본공간, $A, A_1, A_2, \ldots$을 가능한 사건들이라 하자. 다음 조건을 만족하는 표본공간의 부분집합에서 정의된 실숫값을 갖는 집합함수 P를 **확률집합함수**(probability set function) 또는 **확률측도**(probability measure)라 하고 $P(A)$를 A의 **확률**(probability)이라 한다.

(i) $P(S)=1$ (2.3.2)

(ii) 모든 사건 A에 대해 $P(A) \geq 0$이다. (2.3.3)

(iii) $A_1, A_2, \ldots$가 상호배반 사건(즉 $i \neq j$이면 $A \cap B = \varnothing$)일 때, 다음이 성립된다.

$$P\left(\bigcup_{i=1}^{\infty} A_i\right) = \sum_{i=1}^{\infty} P(A_i) \tag{2.3.4}$$

예제 2.3.1 예제 2.2.1에서와 같이 세 개의 동전을 던지는 실험을 하면 표본공간은 8개의 기본결과들로 이루어졌기 때문에, 공정한 동전이라면 8가지 결과는 동등하게 나타날 것으로 생각할 수 있다. $P(S)=1$이므로 각 기본사건에 부여되는 확률은 1/8이 된다. 또한 $A=\{HHH, TTT\}$라 하면

$$P(A) = P(\{HHH\}) + P(\{TTT\}) = \frac{1}{8} + \frac{1}{8} = \frac{1}{4}$$

이다. 마찬가지로 예제 2.2.3에서

$$P(E^c) = P(\{1\}) + P(\{3\}) + P(\{5\}) = \frac{1}{2}$$

이 된다.

정의 2.3.2

서로 다른 유한개의 대상물에서 각 대상물들이 선택될 확률이 동등하게 하나의 대상물을 선택할 때, 그 대상물은 **무작위**(at random)로 선택되었다고 한다.

예제 2.3.2 동일한 형태의 공 20개가 들어있는 항아리에서 1개의 공을 꺼낸다고 하자. 이 때 한 개의 공을 무작위로 선택한다는 말은 20개의 공 모두 선택될 확률이

$\frac{1}{20}$이 되도록 1개를 꺼낸다는 말이다.

2.3.2 확률의 성질

먼저 정의로부터 다음 두 성질을 증명한다. 첫째는 영사건의 확률이 0이라는 것이고, 다음은 정의 2.3.1의 (iii)번 조건이 유한개의 사건들에 대해서도 성립한다는 것이다.

정리 2.3.1 $P(\varnothing) = 0$

증명 정의 2.3.1의 (iii)번 조건에서 $A_i = \varnothing,\ i = 1, 2, \ldots$ 이라 하면, 쉽게 증명된다.

정리 2.3.2 $A_1, A_2, \ldots, A_n$ 이 상호배반인 사건이면, 다음이 성립된다.

$$P(A_1 \cup A_2 \cup \cdots \cup A_n) = P(A_1) + P(A_2) + \cdots + P(A_n) \tag{2.3.5}$$

정의 2.3.1로부터, 확률의 유용한 다음 성질들을 유도할 수 있다.

정리 2.3.3 A가 어떤 사건이면, 다음이 성립된다.

$$P(A) = 1 - P(A^c) \tag{2.3.6}$$

정리 2.3.4 임의의 사건 A에 대해, $0 \le P(A) \le 1$ 이다.

만일 A의 모든 기본결과가 역시 B의 기본결과이면, A의 발생 가능성이 B의 발생가능성보다 높지 않음이 직관적으로 명백하다. 이 사실을 다음 정리에서 소개한다.

정리 2.3.5 $A \subset B$이면, $P(A) \le P(B)$ 이다.

정리 2.3.6 임의의 두 사건 A와 B에 대해 다음이 성립된다.

$$P(A \cup B) = P(A) + P(B) - P(A \cap B) \tag{2.3.7}$$

증명 $A \cup B = (A \cap B^c) \cup B$ 이고 $A = (A \cap B) \cup (A \cap B^c)$이다(그림 2.1 참조). 사건 $A \cap B^c$와 B는 상호배반이기 때문에, 정리 2.3.2에 의해

$$P(A \cup B) = P(A \cap B^c) + P(B) \tag{2.3.8}$$

이다. 마찬가지로, $A \cap B$와 $A \cap B^c$가 상호배반이므로

$$P(A) = P(A \cap B) + P(A \cap B^c) \tag{2.3.9}$$

이다. 식 (2.3.8)과 (2.3.9)에 의해

$$\begin{aligned} P(A \cup B) &= P(A \cap B^c) + P(B) \\ &= [P(A) - P(A \cap B)] + P(B) \\ &= P(A) + P(B) - P(A \cap B) \end{aligned}$$

이므로 정리가 증명된다. 물론 이 정리는 벤다이어그램을 이용해 쉽게 증명할 수도 있다.

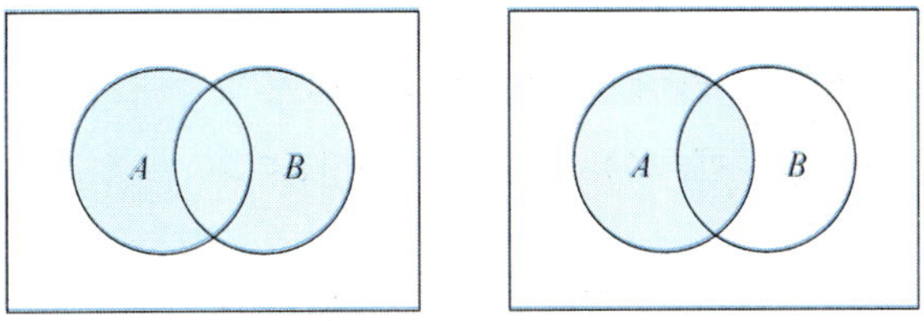

$A \cup B = (A \cap B^c) \cup B \quad A = (A \cap B) \cup (A \cap B^c)$

그림 2.1 벤다이어그램

예제 2.3.3 공정한 두 동전을 던졌을 때, 표본공간 $S = \{HH, TH, HT, TT\}$의 4원소들이 나타날 확률이 동등하므로 각 원소가 나타날 확률은 $\frac{1}{4}$이다. $A = \{HH, TT\}$ $B = \{HH, TH\}$라 하면

$$P(A) = \frac{1}{2} = P(B), \quad P(A \cap B) = P(\{HH\}) = \frac{1}{4}$$

이다. 따라서 다음 확률을 구할 수 있다.

$$P(A^c) = 1 - P(A) = 1 - \frac{1}{2} = \frac{1}{2}$$
$$P(A \cup B) = P(A) + P(B) - P(A \cap B)$$

$$= \frac{1}{2} + \frac{1}{2} - \frac{1}{4}$$
$$= \frac{3}{4}$$

다음 정리는 정리 2.3.6에 의해 쉽게 증명할 수 있다.

정리 2.3.7 세 개의 사건 A, B, C에 대해, 다음이 성립된다.

$$P(A \cup B \cup C) = P(A) + P(B) + P(C) - P(A \cap B) - P(B \cap C) - P(A \cap C) + P(A \cap B \cap C) \tag{2.3.10}$$

정의 2.3.1의 성질 (iii)은 사건들이 상호배반일 때 가산무한개 합사건의 확률에 대한 공식을 제공해 준다. 만일 사건들이 상호배반이 아니면, 다음 정리에서 볼 수 있듯이 합사건의 확률이 각 확률의 합보다 항상 작거나 같다.

정리 2.3.8 부울의 부등식(Boole's Inequality)

$A_1, A_2, \ldots$이 사건들일 때, 다음 부등식이 성립된다.

$$P\left(\bigcup_{i=1}^{\infty} A_i\right) \le \sum_{i=1}^{\infty} P(A_i) \tag{2.3.11}$$

증명 $B_1 = A_1,\ B_2 = A_2 \cap A_1^c, \ldots,\ B_i = A_i \cap \left(\bigcup_{j=1}^{i-1} A_j\right)^c$라 하면, $\bigcup_{i=1}^{\infty} A_i = \bigcup_{i=1}^{\infty} B_i$이고 $B_1, B_2, \ldots$은 상호배반이다. 그리고 모든 i에 대해 $B_i \subset A_i$이므로, 확률의 정의와 정리 2.3.5에 의해 다음과 같이 증명된다.

$$P\left(\bigcup_{i=1}^{\infty} A_i\right) = P\left(\bigcup_{i=1}^{\infty} B_i\right) = \sum_{i=1}^{\infty} P(B_i) \le \sum_{i=1}^{\infty} P(A_i)$$

위의 정리에 의해 유한개의 사건 $A_1, \ldots, A_k$에 대해 다음이 성립된다.

$$P(A_1 \cup A_2 \cup \cdots \cup A_k) \le P(A_1) + P(A_2) + \cdots + P(A_k) \tag{2.3.12}$$

정리 2.3.9 본페로니 부등식(Bonferroni's Inequality)

사건들 $A_1, \ldots, A_k$에 대해 다음 부등식이 성립된다.

$$P\left(\bigcap_{i=1}^{k} A_i\right) \geq 1 - \sum_{i=1}^{k} P(A_i^c) \tag{2.3.13}$$

증명 드모르간의 법칙에 의해 $\bigcap_{i=1}^{k} A_i = \left(\bigcup_{i=1}^{k} A_i^c\right)^c$로 나타낼 수 있으므로

$$P\left(\bigcap_{i=1}^{k} A_i\right) = P\left[\left(\bigcup_{i=1}^{k} A_i^c\right)^c\right] = 1 - P\left(\bigcup_{i=1}^{k} A_i^c\right)$$

가 성립되고 부울의 부등식을 이용하면 다음과 같이 증명된다.

$$P\left(\bigcap_{i=1}^{k} A_i\right) = 1 - P\left(\bigcup_{i=1}^{k} A_i^c\right) \geq 1 - \sum_{i=1}^{k} P(A_i^c)$$

표본공간이 N개의 결과들로 구성된 경우에 각 결과가 일어날 가능성이 동일하다면, 사건 A의 확률은 다음과 같다.

$$\begin{aligned} P(A) &= \frac{A\text{에 속하는 결과의 수}}{S\text{에 속하는 결과의 수}} \\ &= \frac{A\text{에 속하는 결과의 수}}{N} \end{aligned} \tag{2.3.14}$$

예제 2.3.4 주사위 두 개를 던져 나타난 두 눈금의 합이 5이하일 확률은 주사위 두 개를 던져 나타날 수 있는 가능한 결과가 36가지이고 두 눈금의 합이 5이하일 경우가 (1, 1), (1, 2), (1, 3), (1, 4), (2, 1), (2, 2), (2, 3), (3, 1), (3, 2), (4, 1)과 같이 10가지이므로 $\frac{10}{36} = \frac{5}{18}$이다.

2.4 조건부 확률과 베이즈 법칙

여기서는 확률이론의 중요한 개념 중의 하나인 조건부 확률과 사건의 독립에 대해 살펴보고자 한다.

2.4.1 조건부 확률

확률모형을 만드는 주된 목적은 어떤 실험이 실시되었을 때, 사건 A가 일어날 가능성의 정도를 결정하는 것이다. 그러나 A에 대응되는 확률이 다른 사건 B의 발생 여부에 따라 영향을 받게 되는 경우가 많이 있다. 이런 경우에 필요한 조건부 확률을 다음과 같이 정의한다.

정의 2.4.1

$P(B)>0$인 사건 B가 주어졌을 때 사건 A의 **조건부 확률**(conditional probability)을 $P(A|B)$로 표시하고 다음과 같이 정의한다.

$$P(A|B)=\frac{P(A\cap B)}{P(B)} \tag{2.4.1}$$

예제 2.4.1 예제 2.2.1의 동전을 세 개 던지는 실험을 다시 생각해 보자. 적어도 한 개가 앞면이 나왔다고 할 때, 두 개 이상 앞면이 나올 확률은 얼마인가?

|풀이| A를 적어도 한 개 앞면이 나올 사건, B를 두 개 이상 앞면이 나올 사건이라 하면

$$A=\{HHH, HHT, HTH, THH, HTT, THT, TTH\}$$
$$B=\{HHH, HHT, HTH, THH\}$$

이므로 구하는 조건부 확률은

$$P(B|A)=\frac{P(A\cap B)}{P(A)}=\frac{4/8}{7/8}=\frac{4}{7}$$

이다. 물론 이 조건부 확률은 주어진 조건 A 하에서의 가능한 결과 7개 중에서 B가 발생할 경우가 4개이므로 $\frac{4}{7}$로 생각할 수 있다.

조건부 확률은 확률 본래의 정의를 만족하므로 확률의 성질들이 모두 성립된다.

정리 2.4.1

(i) $P(S \mid B) = 1$ (2.4.2)

(ii) $0 \le P(A \mid B) \le 1$ (2.4.3)

(iii) $A_1, A_2, \ldots$가 상호배반인 사건들이면 다음이 성립된다.

$$P\left(\bigcup_{i=1}^{\infty} A_i \middle| B\right) = \sum_{i=1}^{\infty} P(A_i \mid B) \tag{2.4.4}$$

정의 2.4.1에 의해 다음의 곱셈정리(multiplication theorem)를 쉽게 얻을 수 있다.

정리 2.4.2 곱셈정리

어떤 사건 A와 B가 $P(A) > 0$, $P(B) > 0$일 때, 다음이 성립된다.

$$P(A \cap B) = P(B)P(A \mid B) = P(A)P(B \mid A) \tag{2.4.5}$$

예제 2.4.2 한 학생이 수학을 신청할 것인지 통계학을 신청할 것인지 결정하지 못하고 있다. 그는 실제로 통계학을 좋아하지만 A 학점을 받을 확률이 수학은 $\frac{2}{3}$이며, 통계학은 $\frac{3}{5}$이라고 추정할 수 있다. 그가 한 개의 동전을 던져 신청과목을 결정한다면, 그가 통계학을 신청하여 A 학점을 받을 확률은 곱셈정리를 이용하여 구할 수 있다. B를 그가 통계학을 신청할 사건, A를 그가 어떤 과목을 신청하든 A 학점을 받을 사건이라 하면 구하는 확률은

$$P(A \cap B) = P(B)P(A \mid B) = \frac{1}{2}\left(\frac{3}{5}\right) = \frac{3}{10}$$

이다.

정리 2.4.2를 일반화하면 다음 정리를 얻을 수 있다.

정리 2.4.3 $P(A_i) > 0$인 사건 $A_i\ (i = 1, 2, \ldots, k)$에 대해, 다음이 성립된다.

$$P(A_1 \cap A_2 \cap \cdots \cap A_k) = P(A_1)P(A_2 \mid A_1)P(A_3 \mid A_1 \cap A_2) \cdots P(A_k \mid A_1 \cap \cdots \cap A_{k-1}) \tag{2.4.6}$$

2.4.2 베이즈 법칙

하나의 사건 A를 두 개 또는 그 이상의 상호배반인 사건의 합으로 분할하는 것이 종종 유용하다. 예를 들어, $A=(A\cap B)\cup(A\cap B^c)$로 분할되므로

$$\begin{aligned} P(A) &= P(A\cap B)+P(A\cap B^c) \\ &= P(A|B)P(B)+P(A|B^c)P(B^c) \end{aligned} \tag{2.4.7}$$

로 나타낼 수 있다.

위의 결과를 k개의 상호배반인 사건으로 확장시켜 다음 정리를 얻을 수 있다.

정리 2.4.4 총확률의 법칙(Law of Total Probability)

$B_1, \ldots, B_k$가 상호배반이고 완전(exhaustive)사건 (즉 $i\neq j$일 때, $B_i\cap B_j=\varnothing$이고, $B_1\cup\cdots\cup B_k=S$를 만족하는 사건)일 때, 어떤 사건 A에 대해 다음이 성립된다.

$$P(A)=\sum_{i=1}^{k}P(B_i)P(A|B_i) \tag{2.4.8}$$

증명 $B_1\cup B_2\cup\cdots\cup B_k=S$이므로

$$\begin{aligned} A &= A\cap(B_1\cup B_2\cup\cdots\cup B_k) \\ &= (A\cap B_1)\cup(A\cap B_2)\cup\cdots\cup(A\cap B_k) \end{aligned}$$

이다. $B_1,\ldots,B_k$가 상호배반이므로, $A\cap B_1, A\cap B_2,\ldots,A\cap B_k$도 상호배반이다. 따라서

$$\begin{aligned} P(A) &= P(A\cap B_1)+P(A\cap B_2)+\cdots+P(A\cap B_k) \\ &= \sum_{i=1}^{k}P(B_i)P(A|B_i) \end{aligned}$$

이다. ■

정리 2.4.5 베이즈 법칙(Bayes' Rule)

총확률의 법칙의 조건이 만족되면, 각 $j=1,2,\ldots,k$에 대해 다음이 성립된다.

$$P(B_j|A)=\frac{P(B_j)P(A|B_j)}{\sum_{i=1}^{k}P(B_i)P(A|B_i)} \tag{2.4.9}$$

예제 2.4.3 항아리 A에는 흰 공 4개와 붉은 공 3개, 항아리 B에는 흰 공 2개와 붉은 공 3개가 들어있다. 항아리 A에서 무작위로 한 개의 공을 택하여 항아리 B에 넣은 다음 항아리 B에서 1개의 공을 무작위로 택한다.

(a) 항아리 B에서 택한 공이 흰 공일 확률은 얼마인가?

(b) 항아리 B에서 택한 공이 흰 공이었다면, 옮겨진 공이 흰 공일 조건부 확률은 얼마인가?

|풀이| W_1을 옮겨진 공이 흰 공일 사건, W_2를 항아리 B에서 택한 공이 흰 공일 사건이라 하면, 구하는 확률은 다음과 같다.

$$\text{(a)}\ P(W_2) = P(W_2|W_1)P(W_1) + P(W_2|W_1{}^c)P(W_1{}^c) = \frac{3}{6}\left(\frac{4}{7}\right) + \frac{2}{6}\left(\frac{3}{7}\right) = \frac{3}{7}$$

$$\text{(b)}\ P(W_1|W_2) = \frac{P(W_1 \cap W_2)}{P(W_2)} = \frac{P(W_2|W_1)P(W_1)}{P(W_2)} = \frac{2}{3}$$

예제 2.4.4 암 진단 검사는 실제로 암에 걸려 있는 사람과 그렇지 않은 사람 모두 97% 정확하게 진단할 수 있으며, 모집단의 0.5%가 암에 걸려 있다고 하자. 검사결과 암에 걸려 있다고 판단을 내렸다면, 실제로 검사받은 사람이 암에 걸렸을 확률은 얼마인가?

|풀이| E를 검진에서 암에 걸려 있다고 판단을 내릴 사건, D를 암에 실제로 걸려 있을 사건이라 하면, 구하는 확률은 다음과 같다.

$$P(D|E) = \frac{P(D \cap E)}{P(E)} = \frac{P(E|D)P(D)}{P(E|D)P(D) + P(E|D^c)P(D^c)} = \frac{0.97(0.005)}{0.97(0.005) + 0.03(0.995)}$$

$$= \frac{97}{694}$$

$$\approx 0.1398$$

2.5 독립사건

앞 절에서 정의한 조건부 확률 $P(A|B)$는 일반적으로 $P(A)$와 같지 않다. 다시 말해 일반적으로 B의 발생 여부는 A의 발생에 영향을 미친다. 그러나 특별히 $P(A|B)$가 $P(A)$와 같아지는 경우가 있는데, 이 때 A와 B를 독립이라 한다.

정의 2.5.1

두 사건 A와 B가

$$P(A \cap B) = P(A)P(B) \tag{2.5.1}$$

를 만족할 때, A와 B는 **독립**(independent)이라 하고 그렇지 않을 때 **종속**(dependent)이라 한다.

예제 2.5.1 두 개의 주사위를 던지는 실험을 생각하자. A는 두 주사위 눈금의 합이 5이하인 사건, B는 4의 눈금이 나타난 사건이라 하면

$$P(A \cap B) = P(\{(4,1),\ (1,4)\}) = \frac{2}{36}$$

인 반면

$$P(A)P(B) = \frac{5}{18}\left(\frac{11}{36}\right) = \frac{55}{648}$$

이므로 A와 B는 독립이 아니다.

정리 2.4.2의 곱셈정리로부터 다음 정리를 얻을 수 있다.

정리 2.5.1 A와 B가 $P(A)>0$, $P(B)>0$를 만족하는 두 사건일 때, 두 사건 A와 B가 독립일 필요충분조건은 다음과 같다.

$$P(A|B) = P(A) \text{ 또는 } P(B|A) = P(B) \tag{2.5.2}$$

예제 2.5.2 예제 2.3.1에서 $B=\{HHH, HHT, TTH, HTH\}$라 하면,

$$P(A|B)=\frac{P(A\cap B)}{P(B)}=\frac{1/8}{4/8}=\frac{1}{4}=P(A)$$

이므로, A와 B는 독립이다.

정리 2.5.2 두 사건 A와 B가 독립이면, 다음 사건들도 독립이다.

(a) A와 B^c

(b) A^c와 B

(c) A^c와 B^c

증명 A와 B가 독립일 때, A와 B^c가 독립임을 보이면 충분하다.

$$A=A\cap S=A\cap(B\cup B^c)=(A\cap B)\cup(A\cap B^c)$$

이므로

$$\begin{aligned}P(A)=P[(A\cap B)\cup(A\cap B^c)]&=P(A\cap B)+P(A\cap B^c)\\&=P(A)P(B)+P(A\cap B^c)\end{aligned}$$

이다. 따라서

$$\begin{aligned}P(A\cap B^c)&=P(A)-P(A)P(B)\\&=P(A)[1-P(B)]\\&=P(A)P(B^c)\end{aligned}$$

이다. 즉 A와 B^c는 독립이다. ■

다음은 세 개 이상의 사건들에 대해 독립의 개념을 확장 정의한 것이다.

정의 2.5.2

$A_1,\ldots,A_k$가 사건들일 때

$$P(A_i\cap A_j)=P(A_i)P(A_j),\ \ i,j=1,2,\ldots,k \tag{2.5.3}$$

를 만족하면 $A_1,\ldots,A_k$는 **쌍별로 독립**(pairwise independent)이라 한다.

이제 이 조건보다 더 강한 상호독립을 정의한다.

정의 2.5.3

모든 $j = 2,3,\ldots,k$와 서로 다른 지수들 $i_1, i_2, \ldots, i_j$의 모든 부분집합에 대해

$$P(A_{i_1} \cap A_{i_2} \cap \cdots \cap A_{i_j}) = P(A_{i_1})P(A_{i_2})\cdots P(A_{i_j}) \tag{2.5.4}$$

가 성립하면 k개의 사건 $A_1, \ldots, A_k$는 **독립** 또는 **상호독립**(mutually independent)이라 한다.

간단히, 세 사건에 대해 독립의 정의를 생각해 보면

$$\begin{aligned} P(A_1 \cap A_2) &= P(A_1)P(A_2) \\ P(A_1 \cap A_3) &= P(A_1)P(A_3) \\ P(A_2 \cap A_3) &= P(A_2)P(A_3) \end{aligned} \tag{2.5.5}$$

조건들을 만족하면 A_1, A_2, A_3는 쌍별로 독립이며, 위 조건과 함께

$$P(A_1 \cap A_2 \cap A_3) = P(A_1)P(A_2)P(A_3) \tag{2.5.6}$$

을 만족하면, A_1, A_2, A_3는 상호독립이다.

세 개 이상의 사건들에 대해 독립을 생각할 때, 정의에서 알 수 있듯이 두 개씩 쌍으로 독립이 된다고 하여 항상 상호독립이 되는 것은 아니다.

예제 2.5.3 집합 $\{1, 2, 3, 4\}$에서 한 숫자를 무작위로 선택한다고 하자. 그리고 $A = \{1,3\}$, $B = \{1,2\}$, $C = \{1,4\}$라 하면

$$P(A \cap B) = P(B \cap C) = P(A \cap C) = P(\{1\}) = \frac{1}{4}$$

이고

$$P(A) = P(B) = P(C) = \frac{1}{2}$$

이다. 따라서 A, B, C는 서로 쌍별로 독립이다. 그러나

$$P(A \cap B \cap C) = P(\{1\}) = \frac{1}{4} \neq \frac{1}{2}\left(\frac{1}{2}\right)\left(\frac{1}{2}\right) = P(A)P(B)P(C)$$

이므로 A, B, C는 상호독립이 아니다.

예제 2.5.4 집합 $\{1,2,3,4,5\}$에서 한 숫자를 택하는 실험을 생각해 보자. 여기서 각 숫자가 선택될 확률이 다음과 같다고 하자.

$$P(\{1\})=\frac{1}{8},\quad P(\{2\})=P(\{3\})=P(\{4\})=\frac{3}{16},\quad P(\{5\})=\frac{5}{16}$$

그리고

$$A=\{1,2,3\},\ B=\{1,2,4\},\ C=\{1,3,4\}$$

라 하면

$$A\cap B=\{1,2\},\quad A\cap B\cap C=\{1\}$$

이므로

$$P(A\cap B\cap C)=\frac{1}{8}=\frac{1}{2}\left(\frac{1}{2}\right)\left(\frac{1}{2}\right)=P(A)P(B)P(C)$$

는 성립되지만

$$P(A\cap B)=\frac{5}{16}\neq\frac{1}{2}\left(\frac{1}{2}\right)=P(A)P(B)$$

이다. 따라서 A, B, C가 상호독립은 아니다.

예제 2.5.5 예제 2.2.1에서 생각한 세 개의 동전을 던지는 실험에서 H_i, $i=1,2,3$을 i번째 동전이 앞면이 나타난 사건이라 하자. 즉,

$$H_1=\{HHH, HHT, HTH, HTT\}$$

이다. 그러면

$$H_1\cap H_2\cap H_3=\{HHH\},\ H_1\cap H_2=\{HHH, HHT\},$$
$$H_2\cap H_3=\{HHH, THH\},\ H_1\cap H_3=\{HHH, HTH\}$$

이므로

$$\begin{aligned}P(H_1\cap H_2\cap H_3)&=P(\{HHH\})=\frac{1}{8}\\&=\frac{1}{2}\left(\frac{1}{2}\right)\left(\frac{1}{2}\right)=P(H_1)P(H_2)P(H_3)\end{aligned}$$

이고

$$P(H_1\cap H_2)=P(\{HHH, HHT\})=\frac{2}{8}=\frac{1}{2}\left(\frac{1}{2}\right)=P(H_1)P(H_2)$$

이므로 H_1, H_2, H_3는 상호독립이다. 그 외 조건의 증명은 동일하기 때문에 생략한다.

연습문제 제 2 장

2.1 동전을 n번 던져 나타난 앞면의 횟수를 기록하는 실험에서 표본공간을 작성하라.

2.2 한 주사위를 6이 나타날 때까지 계속 던지는 실험을 생각해 보자.

(a) 표본공간을 작성하라.

(b) 주사위를 k번째 던져 6이 나타났다면, 이에 대응되는 표본공간의 원소의 개수는 얼마인가?

2.3 동전을 세 번 던지는 실험에서 A는 적어도 앞면이 두 번 나타나는 사건, B는 처음 두 번 앞면이 나타나는 사건, C는 마지막에 뒷면이 나타나는 사건이라 할 때, 다음을 구하라.

(a) A^c (b) $A \cap B$ (c) $A \cup C$

2.4 네 가지 기본 혈액형은 O, A, B, AB형이다. 누구나 자신의 혈액형이나 O형의 혈액은 수혈할 수 있고, AB형인 사람은 모든 혈액형을 수혈할 수 있다. 혈액은행에 들어오는 순서대로 두 사람의 혈액형을 검사한다.

(a) 가능한 결과를 나열하라.

(b) 두 번째 기증자가 첫 번째 기증자의 혈액을 수혈할 수 있는 결과를 나열하라.

(c) 기증자 각각 상호간에 혈액을 수혈할 수 있는 결과를 나열하라.

2.5 어떤 실험에서 4가지의 가능한 결과 A, B, C, D가 존재하는데 각 결과들은 상호배반이다. 다음 경우에 확률모형이 될 수 있는지 설명하라.

(a) $P(A) = 0.3,\ P(B) = 0.25,\ P(C) = 0.36,\ P(D) = 0.1$

(b) $P(A) = 0.35,\ P(B) = 0.25,\ P(C) = 0.1,\ P(D) = 0.3$

2.6 숫자 1, 2, 3, 4에서 반복을 허용하지 않고 무작위로 4자리 수를 만들 때, 2000보다 큰 수가 만들어질 확률은 얼마인가?

2.7 세 사람이 동전을 던져 두 사람과 다른 결과가 나오는 사람이 점심 값을 내기로 했다. 물론 세 사람 모두 동일한 결과가 나오면 다시 동전을 던진다. 세 사람이 한 번 동전을 던져 내기가 결정될 확률은 얼마인가?

2.8 한 벌 52장의 카드에서 카드 5장을 나누어 줄 때, 일어날 수 있는 경우의 가능성이 동일하다고 가정하고 다음 결과가 나타날 확률을 구하라.

(a) 스트레이트(5장의 카드가 연속적인 단위를 갖고 무늬가 모두 같지 않은 경우)

(b) 풀하우스(3장이 동일한 단위이고 2장이 또 다른 동일한 단위일 경우)

(c) 로얄플러시(에이스, 킹, 퀸, 잭, 10이면서 모두 무늬가 같은 경우)

(d) 투 페어(같은 단위가 두 쌍이 있는 경우)

(e) 트리플(같은 단위가 세 개인 경우)

2.9 7명이 어떤 회사의 회계원으로 지원하였다.

(a) 7명의 지원자 중 3명을 뽑는 방법은 몇 가지인가?

(b) 3명의 남자와 4명의 여자가 지원했다면, 3명 모두 동성이 채용될 확률은 얼마인가?

2.10 어느 교수가 학생들에게 15문제를 내주면서 기말고사는 이 문제 중에서 5문제를 무작위로 선택하여 친다고 알려주었다. 만일 한 학생이 이 문제 중 풀 수 있는 문제가 10개라면, 그 학생이 기말시험에서 정확히 답한 문제가

(a) 5문제일 확률은 얼마인가?

(b) 적어도 4문제일 확률은 얼마인가?

2.11 연습문제 2.4번에서, 어떤 특정 인종은 4가지 혈액형이 동일한 확률로 나타난다고 하자.

(a) 두 번째 혈액 기증자가 첫 번째 기증자의 혈액을 수혈할 수 있을 확률을 구하라.

(b) 혈액 기증자의 각각이 상호간에 혈액을 수혈할 수 있을 확률을 구하라.

(c) 상호간에 어느 누구도 혈액을 수혈할 수 없을 확률을 구하라.

2.12 A, B를 두 사건이라 할 때, 다음을 보여라.

$$P(A \cap B^c) = P(A) - P(A \cap B)$$

2.13 $P(A)=P(B)=0.5$, $P(A^c \cap B^c)=1/3$ 일 때, 다음을 구하라.

(a) $P(A \cup B^c)$ (b) $P(B \cap A^c)$

2.14 A 사건 또는 B 사건 중 정확히 하나만 일어나는 사건은 $(A \cap B^c) \cup (A^c \cap B)$로 나타낼 수 있다. 다음을 보여라.

$$P[(A \cap B^c) \cup (A^c \cap B)] = P(A) + P(B) - 2P(A \cap B)$$

2.15 항아리에 검은 공 5개, 흰 공 3개, 녹색 공 2개가 들어있다. 이 항아리에서 3개를 무작위로 비복원추출할 때, 정확히 1개가 검은 공이었다면 각 색깔의 공이 1개씩 포함되어 있을 확률을 구하라.

2.16 항아리에 흰 공 4개를 포함하여 6개의 공이 들어있다. 주사위를 던져 나타난 눈금의 수만큼 항아리로부터 비복원으로 공을 꺼낸다.

(a) 꺼낸 모든 공이 흰색일 확률은 얼마인가?

(b) 꺼낸 모든 공이 흰색이라면, 던진 주사위 눈금이 3일 조건부 확률은 얼마인가?

2.17 1부터 20까지의 정수에서 무작위로 3개의 서로 다른 정수를 택할 때, 다음을 구하라.

(a) 세 정수의 합이 홀수일 확률

(b) 세 정수의 곱이 홀수일 확률

(c) 합이 홀수라는 사실을 안다면, 곱이 홀수일 확률

2.18 어느 한 도시에 거주하는 인구의 약 0.1%가 AIDS 증후군을 일으킨다고 믿고 있는 HIV 바이러스를 갖고 있다고 하자. 매우 훌륭한 혈액 검사는 환자가 HIV 바이러스를 갖고 있다면 검사 결과는 90% 양성반응을 보이고, 만일 HIV 바이러스를 갖고 있지 않다면 96%는 음성반응을 보인다고 한다.

(a) 이 도시에서 무작위로 한 사람을 선택하여 이 혈액 검사를 했을 때 HIV에 대해 양성반응을 보일 확률은 얼마인가?

(b) 환자가 혈액 검사에서 음성반응이 나타났다면, 실제 그가 HIV 바이러스를 가지고 있을 확률은 얼마인가?

2.19 임산부가 흡연자인 경우 비흡연자보다 자궁외 임신을 할 가능성이 두 배라 한다. 만일 분만 연령의 여성 중 20%가 흡연자이면, 자궁외 임신을 한 여성의 몇 퍼센트가 흡연자

인가?

2.20 항아리에 붉은 공 5개와 흰 공 4개가 들어있다. 항아리에서 한 개의 공을 무작위로 꺼내 색깔을 확인한 후 다른 색깔의 공 3개와 함께 항아리에 다시 넣는다. 그리고 두 번째 공을 항아리에서 꺼낸다. 다음을 구하라.

(a) 두 번째 선택한 공이 붉은 색일 확률

(b) 선택한 두 공이 모두 같은 색일 확률

(c) 두 번째 공이 붉은 색이라고 할 때, 첫 번째 선택한 공이 흰색일 확률

2.21 상자 속에 3개의 동전이 있는데 하나는 양면 모두 앞면인 동전, 다른 하나는 정상적인 동전, 또 다른 하나는 양면 모두 뒷면인 동전이다. 3개의 동전 중에서 무작위로 하나를 선택해 던졌을 때 앞면이 나왔다면, 다음을 구하라.

(a) 선택된 동전이 양면 모두 앞면일 확률

(b) 한 번 더 동전을 던진다면 앞면이 나올 확률

2.22 모양이 같은 세 개의 캐비닛에 각각 서랍이 두 개씩 있다. 각 서랍에는 한 개의 동전이 들어있다. 캐비닛 A에는 두 개의 금화가 들어있고, 캐비닛 B에는 두 개의 은화가, C에는 한 개의 금화와 한 개의 은화가 들어있다. 한 캐비닛을 무작위로 선택하여 서랍 하나를 열었을 때 은화가 발견되었다.

(a) 그 캐비닛의 다른 서랍에 은화가 있을 확률은 얼마인가?

(b) 캐비닛 C를 선택했을 확률은 얼마인가?

2.23 세 사건 E, F, G에 대해 다음을 증명하라.

$$P(E|F) = P(E|F \cap G)P(G|F) + P(E|F \cap G^c)P(G^c|F)$$

2.24 한 쌍의 공정한 주사위를 던진다. 이 때 E를 두 주사위에 나타난 눈금의 합이 7인 사건이라 하자.

(a) E는 첫 번째 주사위의 눈금이 4인 사건 F와 독립임을 보여라.

(b) E는 두 번째 주사위의 눈금이 3인 사건 G와 독립임을 보여라.

2.25 $P(A) = 0.3,\ P(A \cup B) = 0.7$ 이라 하자.

(a) $P(B)$가 얼마일 때 A와 B는 상호배반인가?

(b) $P(B)$가 얼마일 때 A와 B는 독립인가?

2.26 A와 B가 주사위를 던지는 게임을 한다. A가 먼저 시작하여 A와 B가 교대로 주사위를 던져 먼저 6이 나오는 사람이 이긴다. A가 이길 확률은 얼마인가?

2.27 공정한 동전을 두 번 던진다. A를 첫 번째 시행에서 앞면이 나타날 사건, B를 두 번째 시행에서 앞면이 나타날 사건, C를 정확히 한 번 앞면이 나타날 사건이라 하자.

(a) A, B, C가 쌍별로 독립인가?

(b) A, B, C가 상호독립인가?

2.28 검은 색 주사위와 흰색 주사위 한 쌍을 던질 때, A는 검은 색 주사위의 눈금이 3, 4 또는 5일 사건, B는 흰색 주사위의 눈금이 1 또는 2일 사건, C는 두 주사위 눈금의 합이 7인 사건이라 하자.

(a) A, B, C가 쌍별로 독립인가?

(b) A, B, C가 상호독립인가?

2.29 $A_1, \ldots, A_n$이 상호독립 사건들이면, 다음이 성립됨을 보여라.

$$P\left(\bigcup_{i=1}^{n} A_i\right) = 1 - \prod_{i=1}^{n} P(A_i^c)$$

2.30 $P(E_1|E_2 \cap F) = P(E_1|F)$가 성립하면 사건 F가 주어진 경우 사건 E_1과 E_2가 **조건부 독립**(conditional independent)이라 한다. 사건 F가 주어진 경우 E_1과 E_2가 조건부 독립일 필요충분조건이

$$P(E_1 \cap E_2|F) = P(E_1|F)P(E_2|F)$$

임을 보여라.

제 3 장

확률변수

3.1 서론

많은 실험에서 원래의 확률구조보다는 요약된 변수를 취급하는 것이 더 용이하다. 표본공간이 주어진 경우, 확률이론의 중요한 목적은 관심의 대상이 되는 사건들의 확률을 계산하는 것이다. 그러한 계산은 표본공간을 실수들의 부분집합으로 변환하여 용이하게 해결될 수 있다. 실제로, 동전을 10번 던진다면, 표본공간에 속하는 2^{10}가지의 가능한 결과 중 어떤 결과가 발생했는지에 관심이 있는 것이 아니라 앞면이 모두 몇 번 나타났는지를 알고자 할 것이다. 운에 맡겨진 게임에서도 어떤 게임자의 순이득과 손실에 관심을 가질 것이다. 이 장에서는 이러한 실숫값 함수인 확률변수의 정의와 성질에 대해 살펴본다.

3.2 확률변수와 분포함수

실험이 실행될 때 실제 결과 그 자체보다는 주로 결과들의 어떤 함수에 관심을 갖는 경우가 많다. 예를 들어, 두 개의 주사위를 던질 때 종종 두 주사위의 합에 관심을 갖게 된다. 즉, 두 주사위의 합이 8인 경우에 관심을 가질 수 있는데, 이 경우는 실제 결과들 $(2, 6)$, $(3, 5)$, $(4, 4)$, $(5, 3)$, $(6, 2)$ 각각에는 관계없이 합이 8인 경우에만 관심을 갖게 된다. 이와 같이 실험에서 실제 결과보다는 그에 대응되는 수치적인 값에 관심이 있을 수 있다. 이 실숫값 함수를 정의하고자 한다.

정의 3.2.1 **확률변수(random variable)**

확률변수 X는 표본공간 S의 가능한 각 결과 e에 대해 $X(e)=x$의 실숫값으로 대응되는 표본공간상에서 정의된 실숫값 함수이다.

확률변수는 X, Y, Z 등과 같이 대문자로 표시하고, 확률변수가 취하는 값은 x, y, z 등과 같이 소문자로 표시한다.

만일 A를 실숫값을 갖는 사건이라 하고

$$B=\{e \mid e \in S,\ X(e) \in A\} \tag{3.2.1}$$

라 하면

$$P[X \in A] \equiv P(B) \tag{3.2.2}$$

로 나타낸다.

예제 3.2.1 예제 2.2.1에서 생각한 동전 3개를 던지는 실험에서 X를 앞면이 나타난 동전의 개수라 하자. 그러면 X는 다음과 같은 확률을 갖는 확률변수가 된다.

$$P[X=0]=P(\{TTT\})=\frac{1}{8}$$
$$P[X=1]=P(\{TTH, THT, HTT\})=\frac{3}{8}$$
$$P[X=2]=P(\{THH, HTH, HHT\})=\frac{3}{8}$$
$$P[X=3]=P(\{HHH\})=\frac{1}{8}$$

모든 실수 x에 대해 실숫값 사건 $A=(-\infty,\ x]$에 대응되는 확률을 누적분포함수라 한다.

정의 3.2.2

확률변수 X의 **누적분포함수**(cumulative distribution function)는 임의의 실수 x에 대해 다음과 같이 정의한다.

$$F_X(x)=P[X \leq x] \tag{3.2.3}$$

함수 $F_X(x)$를 종종 X의 **분포함수**(distribution function)라고도 하며, 이 책에서는 간단히 cdf로 표기하고 $F(x)$로 표시한다.

예제 3.2.2 예제 3.2.1에서 정의한 확률변수 X의 cdf $F_X(x)$는 다음과 같다.

$$F_X(x) = \begin{cases} 0, & x < 0 \\ \frac{1}{8}, & 0 \le x < 1 \\ \frac{4}{8}, & 1 \le x < 2 \\ \frac{7}{8}, & 2 \le x < 3 \\ 1, & 3 \le x \end{cases}$$

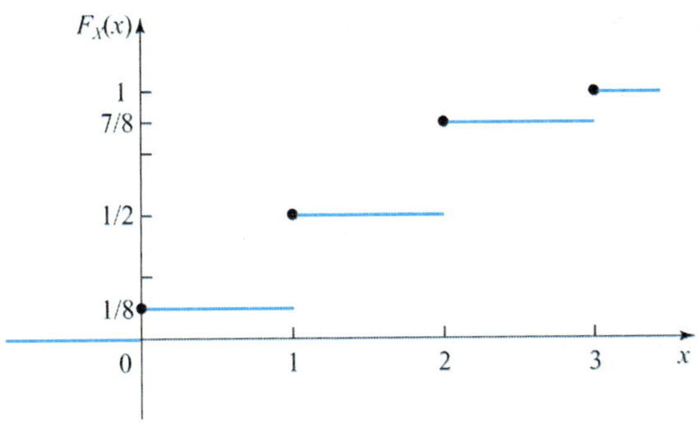

| 그림 3.2.1 | X의 분포함수

정리 3.2.1 함수 $F(x)$가 어떤 확률변수 X의 cdf일 필요충분조건은 다음과 같다.

(i) $\lim_{x \to -\infty} F(x) = 0, \ \lim_{x \to \infty} F(x) = 1$ (3.2.4)

(ii) $F(x)$는 우측연속이다. 즉,

$$\lim_{h \to 0^+} F(x+h) = F(x) \tag{3.2.5}$$

이다. 여기서 $\lim_{h \to 0^+}$ 기호는 $h > 0$인 조건하에서 얻어진 $h \to 0$과 같은 극한을 나타낸다.

(iii) F는 비감소함수이다. 즉 $a < b$이면, $F(a) \le F(b)$이다. (3.2.6)

일반적으로 $a < b$에 대해

$$(-\infty, b] = (-\infty, a] \cup (a, b] \tag{3.2.7}$$

이므로, $F(b) = F(a) + P[a < X \le b]$이기 때문에 식 (3.2.6)이 쉽게 증명될 뿐 아니라 다음의 유용한 결과를 얻을 수 있다.

$$P[a < X \le b] = F(b) - F(a) \tag{3.2.8}$$

예제 3.2.3 다음 함수가 누적분포함수의 조건 4가지를 만족하는가?

$$F(x) = \begin{cases} 0.25e^x, & -\infty < x < 0 \\ 0.5, & 0 \le x < 1 \\ 1 - e^{-x}, & 1 \le x < \infty \end{cases}$$

|풀이| 누적분포함수의 4가지 조건은 $\lim_{x \to -\infty} F(x) = 0$, $\lim_{x \to \infty} F(x) = 1$, $\lim_{h \to 0^+} F(x+h) = F(x)$, $a < b$이면 $F(a) \le F(b)$이다. 불연속점은 $x = 0$과 $x = 1$ 두 점이고 $0.25e^x$, 0.5, $1 - e^{-x}$ 함수들은 연속이며 비감소함수이다. 따라서 $x = 0$과 $x = 1$에서만 세 번째 조건을 보여 주면 된다.

$$\lim_{h \to 0^+} F(0+h) = 0.5 = F(0)$$

$$\lim_{h \to 0^+} F(1+h) = \lim_{h \to 0^+} [1 - e^{-(1+h)}] = 1 - e^{-1} = F(1)$$

이므로 세 번째 조건이 만족됨을 알 수 있고, 세 번째 조건을 제외한 나머지는 쉽게 성립함을 알 수 있다.

확률분포의 성질들은 백분위수에 의해서도 묘사될 수 있다. 따라서 먼저 일반적인 확률변수에 대해 백분위수를 소개한다.

정의 3.2.3

$0 < p < 1$일 때, $F(x_p) \ge p$를 만족하는 최소의 x_p값을 확률변수 X의 분포의 $100p$ **백분위수**(percentile) 또는 p **분위수**(quantile)라 한다. 즉,

$$x_p = \min_x \{x \mid F(x) \ge p\} \tag{3.2.9}$$

이다. 특별히 $x_{0.25}, x_{0.5}, x_{0.75}$를 각각 이 분포의 **제1 사분위수**(first quartile), **제2 사분위수**(second quartile), **제3 사분위수**(third quartile)라 한다. 특히 제2 사분위수를 **중앙값**(median)이라 하고 $x_{0.5}$, m 또는 m_X 등으로 나타낸다.

저자에 따라서는 $100p$ 백분위수를 다음을 만족하는 x 값으로 정의하기도 한다.

$$p \le F(x) \le p + P[X = x] \tag{3.2.10}$$

이렇게 정의하면 두 개 이상의 $100p$ 백분위수가 존재할 수 있다.

예제 3.2.4 예제 3.2.2에서 동전 3개를 던져 나타난 앞면의 개수인 X의 cdf를 구했다. X의 분포에 대한 중앙값과 사분위수를 구해보자. 중앙값은 $F(x) \ge 0.5$를 만족하는 x의 최소값이므로 $x_{0.5} = 1$이고, 사분위수의 정의에 의해 제1 사분위수는 1, 제3 사분위수는 2이다.

3.3 이산확률변수

이제까지 일반적인 경우의 확률변수와 누적분포함수에 대해 정의하였으며, 누적분포함수의 일반적인 성질 및 누적분포함수를 이용한 백분위수에 대해 살펴보았다. 제2장에서 표본공간을 정의할 때 이산표본공간과 연속표본공간으로 구분하여 설명하였듯이 확률변수도 이산확률변수와 연속확률변수로 구분한다. 먼저 이산확률변수에 대해 살펴보자.

정의 3.3.1

확률변수 X의 모든 가능한 값들이 유한개이거나 셀 수 있을 정도의 무한개(가산 무한개)일 때 X를 **이산확률변수**(discrete random variable)라 한다. 그리고

$$f(x) = P[X = x],\ x = x_1, x_2, \cdots \tag{3.3.1}$$

을 **확률질량함수**(probability mass function)라 하며 간단히 pmf로 나타낼 것이다.

예제 3.2.1에서 정의한 확률변수 X의 모든 가능한 값들이 $0, 1, 2, 3$이므로 X는 이산확률변수이다.

정의 3.3.2

만일 X의 pmf가 $x = m_0$에서 유일한 최댓값 $\max_x f(x) = f(m_0)$를 갖는다면 m_0를 X의 **최빈값**(mode)이라 한다.

예제 3.3.1 이산확률변수 X의 pmf가

$$f(x) = \left(\frac{1}{2}\right)^x, \quad x = 1, 2, 3, \ldots$$

일 때, X의 최빈값을 구하라.

|풀이|

$$f(x) = \left(\frac{1}{2}\right)^x$$

은 감소함수이다. 따라서 $x = 1$일 때 $f(x)$가 최대가 된다. 즉

$$f(1) = \max_x f(x) = \frac{1}{2}$$

이므로 최빈값은 $m_0 = 1$이다.

다음 정리는 이산확률변수의 pmf가 될 조건을 제시해 준다.

정리 3.3.1 함수 $f(x)$가 pmf일 필요충분조건은 기껏해야 가산 무한 집합인 실수 $x_1, x_2, \ldots$에 대해 다음 두 성질이 만족되어야 한다.

(a) 모든 x_i에 대해 $f(x_i) \geq 0$이다. (3.3.2)

(b) $\sum_{x_i} f(x_i) = 1$ (3.3.3)

예제 3.3.2 함수

$$f(x) = \frac{1-x}{4}, \quad x = -1, 0, 2$$

가 pmf가 될 수 있는지 알아보자. $f(2) = -\frac{1}{4} < 0$이므로 정리 3.3.1에 의해 pmf가 될 수 없다.

예제 3.3.3 이산확률변수 X의 pmf가 다음과 같다. 이 때 상수 k의 값을 구하라.

$$f(x) = \begin{cases} k(x+1), & x = 1, 2, 3, 4 \\ 0, & \text{그 이외} \end{cases}$$

|풀이| $f(x)$가 X의 pmf이므로, 정리 3.3.1에 의해 모든 x에 대해 $f(x) \geq 0$이고

$$\sum_x f(x) = 1$$

을 만족해야 한다. 따라서 $x = 1, 2, 3, 4$에 대해 $k(x+1) \geq 0$이어야 하므로 $k \geq 0$이다. 두 번째 조건에 의해

$$\sum_x f(x) = k(1+1) + k(2+1) + k(3+1) + k(4+1) = 1$$

이어야 한다. 따라서 $k = \frac{1}{14}$이다.

정리 3.3.2 X는 pmf $f(x)$와 cdf $F(x)$를 갖는 이산확률변수이고, X의 가능한 값들이 $x_1 < x_2 < x_3 < \cdots$을 만족하면 다음이 성립된다.

(a) $f(x_1) = F(x_1)$ (3.3.4)

(b) 모든 $i > 1$에 대해, $f(x_i) = F(x_i) - F(x_{i-1})$이다. (3.3.5)

(c) $F(x) = \begin{cases} 0, & x < x_1 \\ \sum_{x_i \leq x} f(x_i), & x \geq x_1 \end{cases}$ (3.3.6)

예제 3.3.4 음이 아닌 정숫값 확률변수 X의 cdf가 $F(x) = 1 - \left(\frac{1}{2}\right)^{x+1}$, $x = 0, 1, 2, \ldots$이다. 이 때 다음을 구하라.

(a) X의 pmf

(b) $P[5 < X \leq 15]$

(c) $P[X$가 짝수$]$

|풀이| (a) 이산확률변수 X의 pmf는 정리 3.3.2에 의해 $f(x) = F(x) - F(x-1)$에 의해 구할 수 있다. 따라서

$$\begin{aligned} f(x) &= F(x) - F(x-1) \\ &= 1 - \left(\frac{1}{2}\right)^{x+1} - \left[1 - \left(\frac{1}{2}\right)^{x}\right] \\ &= \left(\frac{1}{2}\right)^{x} - \left(\frac{1}{2}\right)^{x+1} \\ &= \left(\frac{1}{2}\right)^{x+1}, \quad x = 0, 1, 2, \ldots \end{aligned}$$

(b) $P[5 < X \le 15] = F(15) - F(5)$

$$= \left(\frac{1}{2}\right)^6 - \left(\frac{1}{2}\right)^{16}$$

$$= \left(\frac{1}{2}\right)^6 \left[1 - \left(\frac{1}{2}\right)^{10}\right]$$

(c) $P[X\text{가 짝수}] = \sum_{k=0}^{\infty} \left(\frac{1}{2}\right)^{2k+1} = \frac{2}{3}$

예제 3.3.5 이산확률변수 X의 pmf가 다음과 같다고 하자.

x	0	1	2	3	4
$f(x)$	$\frac{1}{8}$	$\frac{2}{8}$	$\frac{3}{8}$	$\frac{1}{8}$	$\frac{1}{8}$

X의 분포의 중앙값과 25 백분위수를 구해보자. 먼저 X의 누적분포함수를 구해야 한다. 정리 3.3.2에 의해, X의 cdf는

$$F(x) = \begin{cases} 0, & x < 0 \\ \frac{1}{8}, & 0 \le x < 1 \\ \frac{3}{8}, & 1 \le x < 2 \\ \frac{6}{8}, & 2 \le x < 3 \\ \frac{7}{8}, & 3 \le x < 4 \\ 1, & x \ge 4 \end{cases}$$

이므로, 정의 3.2.3에 의해 X의 분포의 중앙값은 2이고 25 백분위수는 1이다.

3.4 연속확률변수

앞 절에서 확률변수의 가능한 값들이 유한집합이거나 가산 무한집합인 이산확률변수와 분포에 대해 알아보았다. 그러나 확률변수 X의 모든 가능한 값들의 집합이 셀 수 없는 경우가 역시 존재한다. 예를 들면, 어떤 제품의 수명, 사람의 키, 몸무게, 강우량 등을 들 수 있다. 이런 확률변수에 대해 살펴보자.

정의 3.4.1

X를 cdf가 $F(x)$인 확률변수라 하자. 어떤 함수 $f(x)$가 존재하여

$$F(x) = \int_{-\infty}^{x} f(t)dt \tag{3.4.1}$$

를 만족하면 X를 **연속확률변수**(continuous random variable)라 한다. 이 때 $f(x)$를 X의 **확률밀도함수**(probability density function)라 하고 간단히 pdf로 나타낸다.

위의 정의로부터 X가 연속확률변수일 때, 도함수가 존재하는 경우 X의 pdf는 다음과 같이 cdf를 미분하여 구할 수 있다.

$$f(x) = \frac{d}{dx}F(x) \tag{3.4.2}$$

a와 b를 $a<b$인 실수라 하면,

$$P[a < X \le b] = F(b) - F(a) = \int_{a}^{b} f(t)\,dt \tag{3.4.3}$$

이다. 따라서 임의의 상수 a에 대해

$$P[X = a] = P[a \le X \le a] = \int_{a}^{a} f(t)dt = 0 \tag{3.4.4}$$

이다. 그러므로 연속확률변수가 한 고정된 값을 가질 확률은 0이 된다. 이 사실로부터 다음 정리를 얻을 수 있다.

정리 3.4.1 X가 pdf $f(x)$와 cdf $F(x)$를 갖는 연속확률변수이면, $a<b$일 때 다음이 성립된다.

$$P[a < X \le b] = P[a \le X < b] = P[a < X < b] = P[a \le X \le b] = F(b) - F(a) \tag{3.4.5}$$

예제 3.4.1 어떤 전자제품의 수명(단위: 시간)의 pdf가 다음과 같다.

$$f(x) = \begin{cases} \dfrac{20}{x^2}, & x > 20 \\ 0, & x \le 20 \end{cases}$$

(a) $P[X>30]$을 구하라.

(b) X의 cdf $F(x)$를 구하라.

|풀이| (a) $P[X>30]=\int_{30}^{\infty}\frac{20}{x^2}dx=\left[-20x^{-1}\right]_{30}^{\infty}=\frac{2}{3}$

(b) $F(x)=\int_{-\infty}^{x}f(t)\,dt=\int_{20}^{x}\frac{20}{t^2}dt=1-\frac{20}{x},\quad x>20$

예제 3.4.2 X의 cdf가 $F(x)=1-e^{-\lambda x}-\lambda xe^{-\lambda x}$, $0\le x<\infty$, $\lambda>0$일 때, X의 pdf는 식 (3.4.2)에 의해 다음과 같다.

$$f(x)=\lambda e^{-\lambda x}-\lambda e^{-\lambda x}+\lambda^2xe^{-\lambda x}=\lambda^2xe^{-\lambda x},\ 0<x<\infty$$

다음은 임의의 함수 $f(x)$가 연속확률변수의 pdf가 될 조건을 제시한 정리를 소개한다.

정리 3.4.2 함수 $f(x)$가 어떤 연속확률변수 X의 pdf가 될 필요충분조건은 다음과 같다.

(a) 모든 x에 대해 $f(x)\ge 0$이다. (3.4.6)

(b) $\int_{-\infty}^{\infty}f(x)\,dx=1$ (3.4.7)

예제 3.4.3 X가 다음의 pdf를 갖는 연속확률변수라 하자.

$$f(x)=\begin{cases}c(x+1), & 2<x<4\\ 0, & \text{그 이외}\end{cases}$$

그러면 $f(x)$가 pdf이므로 $\int_{-\infty}^{\infty}f(x)\,dx=1$이어야 한다. 따라서 상수 c의 값은 다음 식에서 구할 수 있다.

$$c\int_{2}^{4}(x+1)\,dx=1$$

이것을 풀면 $c=\frac{1}{8}$이다.

X가 cdf $F(x)$와 pdf $f(x)$를 갖는 연속확률변수일 때, $100p$ **백분위수**는 연속확률변수인 경우 간단히 $F(x_p)=p$를 만족하는 x_p이다.

예제 3.4.4 어떤 제품의 수명(단위: 개월) X의 cdf가 다음과 같다고 하자.

$$F(x) = 1 - e^{-x^2}, \quad 0 < x < \infty$$

이 때 X의 분포의 $100p$ 백분위수는

$$1 - e^{-x_p^2} = p$$

를 만족하는 x_p로

$$x_p = \sqrt{-\ln(1-p)}$$

이다. 따라서 중앙값은

$$m = x_{0.5} = \sqrt{-\ln\left(1 - \frac{1}{2}\right)} = \sqrt{\ln 2} \approx 0.8326$$

이고 제 30 백분위수는 다음과 같다.

$$x_{0.3} = \sqrt{-\ln(0.7)} \approx 0.5972$$

연속확률변수인 경우 3절에서 정의한 최빈값에 대해 생각해 보자. 정의 3.3.2에서 연속확률변수인 경우는 pmf 대신에 pdf를 사용하면 된다.

예제 3.4.5 예제 3.4.4에서 생각한 제품의 수명 X의 pdf가

$$f(x) = F'(x) = 2xe^{-x^2}, \quad x > 0$$

이므로 $f'(x) = 0$을 만족하는 x는 $x = m_0 = \dfrac{\sqrt{2}}{2} \approx 0.7071$이다. 즉, X의 최빈값은 0.7071이다.

3.5 다변량분포

지금까지는 하나의 확률변수에 대해 생각해 보았다. 그러나 확률실험은 두 개 이상의 확률변수를 포함하는 경우가 많다. 예를 들어, 초등학교에 입학한 학생들 중 임의로 몇 명을 선택하는 실험을 생각할 수 있다. 이 때 교장은 그 학생들의 I.Q에 관심이 있을 수 있고,

양호교사는 그들의 체중에 관심이 있을 수 있으며, 담임선생은 결석횟수에 관심이 있을 수 있다. 먼저 이산인 경우 두 확률변수의 결합분포에 대해 정의해 보자.

3.5.1 결합이산분포

정의 3.5.1

X와 Y가 이산확률변수일 때, 모든 가능한 값 (x, y)에 대해

$$f(x, y) = P[X = x,\ Y = y] \tag{3.5.1}$$

로 정의된 함수 $f(x, y)$를 X와 Y의 **결합확률질량함수**(joint probability mass function)라 하며, 간단히 결합 pmf로 나타내기로 한다.

이산확률변수일 때 X와 Y의 결합확률질량함수라는 용어를 연속인 경우와 구별하기 위해 사용하였으나, 서로 구분하지 않고 간단히 결합 pdf로 나타내기도 한다. 명확하게 표시하기 위해 첨자를 사용하여 $f_{X,Y}(x,y)$로 나타내기도 하지만, 꼭 필요한 경우를 제외하고는 간단히 $f(x,y)$로 나타낼 것이다.

정리 3.5.1 함수 $f(x, y)$가 이산확률변수 X와 Y의 결합 pmf일 필요충분조건은 다음과 같다.

(a) 모든 (x, y)값에 대해 $f(x, y) \geq 0$이다. (3.5.2)

(b) $\sum_x \sum_y f(x,y) = 1$ (3.5.3)

예제 3.5.1 X와 Y는 다음 결합 pmf를 갖는 이산확률변수이다. 상수 c를 구하라.

$$f(x,\ y) = c(x + y),\ \ x = 0, 1, 2;\ \ y = 0, 1, 2$$

|풀이| $f(x, y)$가 X와 Y의 결합 pmf이므로

$$\sum_x \sum_y f(x,\ y) = 1$$

이어야 한다. 한편

$$\sum_{x=0}^{2} \sum_{y=0}^{2} f(x, y) = c \sum_{x=0}^{2} (3x + 3) = 18c$$

이므로 $c = \frac{1}{18}$ 이다.

일변량 함수와 같이, 두 확률변수의 값이 어떤 실수 x 와 y 이하일 확률을 알고자 하는 문제가 많다. 이런 결합누적분포함수를 다음과 같이 정의한다.

정의 3.5.2

X 와 Y 의 **결합누적분포함수**(joint cumulative distribution function)는 다음과 같이 정의한다.

$$F(x, y) = P[X \le x,\ Y \le y] \tag{3.5.4}$$

명확하게 하기 위해 첨자를 사용하여 $F_{X,Y}(x, y)$ 로 표시하기도 하지만 필요한 경우를 제외하고 간단히 $F(x,y)$ 로 나타내며, 이 책에서는 간단히 결합 cdf로 표기한다.

정리 3.5.2 함수 $F(x, y)$ 가 2변량 cdf(즉, X 와 Y 의 결합 cdf)일 필요충분조건은 다음과 같다.

(a) 모든 y 에 대해 다음이 성립된다.

$$\lim_{x \to -\infty} F(x, y) = F(-\infty, y) = 0 \tag{3.5.5}$$

(b) 모든 x 에 대해 다음이 성립된다.

$$\lim_{y \to -\infty} F(x, y) = F(x, -\infty) = 0 \tag{3.5.6}$$

(c) $\lim_{\substack{x \to \infty \\ y \to \infty}} F(x,y) = F(\infty, \infty) = 1$ (3.5.7)

(d) 모든 $a < b$ 와 $c < d$ 에 대해 다음이 성립된다.

$$F(b,d) - F(b,c) - F(a,d) + F(a,c) \ge 0 \tag{3.5.8}$$

(e) 모든 x, y 에 대해 $\lim_{h \to 0^+} F(x+h, y) = \lim_{h \to 0^+} F(x, y+h) = F(x,y)$ (3.5.9)

예제 3.5.2 다음과 같이 정의된 두 변수의 함수를 생각해 보자.

$$F(x,y) = \begin{cases} 0, & x < 0 \text{ 또는 } x + y < 1 \text{ 또는 } y < 0 \\ 1, & \text{그 이외} \end{cases}$$

정리 3.5.2에서 $a = c = \frac{1}{3}$, $b = d = 1$이라 하면

$$\begin{aligned} P\left[\frac{1}{3} < X \le 1, \frac{1}{3} < Y \le 1\right] &= F(1,1) - F\left(1, \frac{1}{3}\right) - F\left(\frac{1}{3}, 1\right) + F\left(\frac{1}{3}, \frac{1}{3}\right) \\ &= 1 - 1 - 1 + 0 \\ &= -1 < 0 \end{aligned}$$

이므로 (d)번 조건이 만족되지 않는다. 그러므로 그 외의 다른 성질들은 모두 만족되지만 $F(x, y)$는 결합 cdf가 될 수 없다.

3.5.2 결합연속분포

앞에서 소개한 다양한 개념을 이제 연속인 경우로 확장시켜 보자.

정의 3.5.3

X와 Y의 결합누적분포함수를 $F(x, y)$라 하자. 만일 모든 (x, y)에 대해 어떤 함수 $f(x, y)$가 존재하여

$$F(x,y) = \int_{-\infty}^{y} \int_{-\infty}^{x} f(t_1, t_2)\, dt_1\, dt_2 \qquad (3.5.10)$$

가 성립될 때, (X, Y)는 **연속**(continuous)이라 하고, $f(x,y)$를 X와 Y의 **결합확률밀도함수**(joint probability density function)라 한다.

이 경우에는 결합확률밀도함수를 간단히 결합 pdf로 나타낼 것이다.

일차원인 경우와 같이 결합 pdf는 결합 cdf를 미분하여 구할 수 있다. 편도함수가 존재할 경우 결합 pdf는

$$f(x, y) = \frac{\partial^2}{\partial x\, \partial y} F(x, y) \qquad (3.5.11)$$

이다. 일반적으로 (x, y) 평면에 속하는 임의의 사건 A에 대해

$$P[(X, Y) \in A] = \int_A \int f(x,y)\, dx\, dy \qquad (3.5.12)$$

이다.

정리 3.4.2와 유사하게 다음 정리는 결합 pdf가 될 조건을 제시해 준다.

정리 3.5.3 함수 $f(x, y)$가 어떤 연속확률변수 X와 Y의 결합 pdf일 필요충분조건은 다음과 같다.

(a) $f(x, y) \geq 0, \ -\infty < x < \infty, -\infty < y < \infty$ (3.5.13)

(b) $\int_{-\infty}^{\infty}\int_{-\infty}^{\infty} f(x, y)\,dx\,dy = 1$ (3.5.14)

예제 3.5.3 X와 Y의 결합 pdf가

$$f(x, y) = \begin{cases} \frac{2}{5}(2x+3y), & 0<x<1,\ 0<y<1 \\ 0, & \text{그 이외} \end{cases}$$

이고, $A = \left\{(x, y)\middle| 0<x<\frac{1}{2}, \frac{1}{4}<y<\frac{1}{2}\right\}$이라 하자. 그러면

$$\begin{aligned} P[(X, Y)\in A] &= P\left[0<X<\frac{1}{2},\ \frac{1}{4}<Y<\frac{1}{2}\right] \\ &= \int_{1/4}^{1/2}\int_{0}^{1/2} \frac{2}{5}(2x+3y)\,dx\,dy \\ &= \frac{13}{160} \end{aligned}$$

이다.

예제 3.5.4 X와 Y의 결합 pdf가 다음과 같을 때, $P\left[X+Y>\frac{1}{2}\right]$을 구하라.

$$f(x,y) = \begin{cases} \frac{1}{y}, & 0<x<y,\ 0<y<1 \\ 0, & \text{그 이외} \end{cases}$$

|풀이| $\left[X+Y>\frac{1}{2}\right]$ 사건의 영역은 다음 그림과 같다.

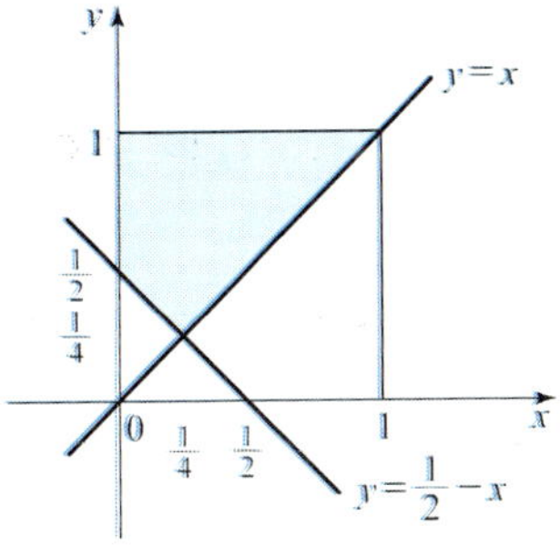

$$P\left[X+Y>\frac{1}{2}\right]=\int_{1/4}^{1/2}\int_{1/2-y}^{y}\frac{1}{y}\,dx\,dy+\int_{1/2}^{1}\int_{0}^{y}\frac{1}{y}\,dx\,dy$$
$$=\int_{1/4}^{1/2}\frac{1}{y}\left(2y-\frac{1}{2}\right)dy+\int_{1/2}^{1}dy$$
$$=\int_{1/4}^{1/2}\left(2-\frac{1}{2y}\right)dy+\frac{1}{2}$$
$$=\left[2y-\frac{1}{2}\ln y\right]_{1/4}^{1/2}+\frac{1}{2}$$
$$\approx 0.6534$$

*3.5.3 일반적인 결합분포

두 개의 확률변수에 대해 사용했던 정의와 정리를 k개의 확률변수로 일반화시킬 수 있다. 정의 3.5.1에 대응되는 k개의 이산확률변수 $X_1, \ldots, X_k$의 **결합확률질량함수**는 모든 $(x_1, \ldots, x_k)$에 대해

$$f(x_1, \ldots, x_k)=P[X_1=x_1, \ldots, X_k=x_k] \tag{3.5.15}$$

로 정의한다. 만일 $\boldsymbol{X}=(X_1, \ldots, X_k)$가 k차원 이산확률변수로 결합 pmf $f(x_1, \ldots, x_k)$를 가지며 A가 하나의 사건이면

$$P[\boldsymbol{X}\in A]=\sum_{\boldsymbol{x}\in A}\cdots\sum f(x_1, \ldots, x_k) \tag{3.5.16}$$

이다. 정의 3.5.2에 대응되는 $X_1, \ldots, X_k$의 **결합누적분포함수는**

$$F(x_1, \ldots, x_k)=P[X_1\le x_1, \ldots, X_k\le x_k], \quad -\infty<x_i<\infty, \quad i=1,2,\ldots,k \tag{3.5.17}$$

로 정의한다. 물론 정리 3.5.1도 다음과 같이 쉽게 일반화시킬 수 있다.

정리 3.5.4 함수 $f(x_1, \ldots, x_k)$가 $X_1, \ldots, X_k$의 결합 pmf일 필요충분조건은 다음과 같다.

(a) 모든 가능한 값들 $(x_1, \ldots, x_k)$에 대해 $f(x_1, \ldots, x_k)\ge 0$이다. (3.5.18)

(b) $\sum_{x_1}\cdots\sum_{x_k} f(x_1, \ldots, x_k)=1$ (3.5.19)

연속인 경우도 정의와 정리 및 성질들을 쉽게 일반화시킬 수 있다. 정의 3.5.3에 대응되는 결합밀도함수는 다음과 같이 정의할 수 있다. 결합 cdf $F(x_1, \dots, x_k)$에 대해

$$F(x_1, \dots, x_k) = \int_{-\infty}^{x_k} \cdots \int_{-\infty}^{x_1} f(t_1, \dots, t_k)\, dt_1 \cdots dt_k, \qquad (3.5.20)$$
$$-\infty < x_1 < \infty, \cdots, \ -\infty < x_k < \infty$$

을 만족하는 함수 $f(x_1, \dots, x_k)$를 연속확률변수 $X_1, \dots, X_k$의 **결합확률밀도함수**라 한다.

일차원인 경우와 같이 결합 pdf는 결합 cdf를 미분하여 얻을 수 있다. 편도함수가 존재하는 경우에 결합 pdf는

$$f(x_1, \dots, x_k) = \frac{\partial^k}{\partial x_1 \cdots \partial x_k} F(x_1, \dots, x_k) \qquad (3.5.21)$$

이다.

일반적으로 k차원 연속확률변수 $\boldsymbol{X} = (X_1, \dots, X_k)$와 k차원 사건 A에 대해

$$P[\boldsymbol{X} \in A] = \int \cdots_A \int f(x_1, \dots, x_k)\, dx_1 \cdots dx_k \qquad (3.5.22)$$

이다. 또한 정리 3.5.3에 대응되는 다음 정리를 얻을 수 있다.

정리 3.5.5 함수 $f(x_1, \dots, x_k)$가 k차원 연속확률변수의 결합 pdf일 필요충분조건은 다음과 같다.

(a) 모든 $x_1, \dots, x_k$에 대해 $f(x_1, \dots, x_k) \ge 0$이다. (3.5.23)

(b) $\displaystyle \int_{-\infty}^{\infty} \cdots \int_{-\infty}^{\infty} f(x_1, \dots, x_k)\, dx_1 \cdots dx_k = 1$ (3.5.24)

예제 3.5.5 X, Y, Z의 결합 pdf가 다음과 같다.

$$f(x, y, z) = \begin{cases} kxy^2z, & 0 < x < 1, 0 < y < 1, 0 < z < 2 \\ 0, & \text{그 이외} \end{cases}$$

(a) k를 구하라.

(b) $P\left[X < \frac{1}{4}, Y > \frac{1}{2}, 1 < Z < 2\right]$를 계산하라.

| 풀이 | (a) $\int_{-\infty}^{\infty}\int_{-\infty}^{\infty}\int_{-\infty}^{\infty} f(x,y,z)\,dx\,dy\,dz = 1$ 이므로

$$k\int_0^2\int_0^1\int_0^1 x\,y^2 z\,dx\,dy\,dz = k\int_0^2 z\int_0^1 \frac{1}{2}y^2\,dy\,dz$$
$$= \frac{k}{6}\int_0^2 z\,dz = \frac{k}{3} = 1$$

에서 $k = 3$ 임을 알 수 있다.

(b) $$P\left[X < \frac{1}{4},\ Y > \frac{1}{2},\ 1 < Z < 2\right] = 3\int_1^2\int_{1/2}^1\int_0^{1/4} x\,y^2 z\,dx\,dy\,dz$$
$$= 3\left(\int_1^2 z\,dz\right)\left(\int_{1/2}^1 y^2\,dy\right)\left(\int_0^{1/4} x\,dx\right)$$
$$= \frac{21}{512}$$

3.6 주변분포

앞 절에서 k개 확률변수에 대해 결합 pmf(pdf)와 결합 cdf를 정의했었다. 이 결합 함수로부터 각 확률변수의 pmf(pdf)와 cdf를 구할 수 있다.

정의 3.6.1

이산확률변수의 쌍 (X, Y)가 결합 pmf $f(x, y)$를 가질 때, X와 Y의 **주변확률질량함수**(marginal probability mass function)는 각각 다음과 같이 정의한다.

$$f_X(x) = \sum_y f(x, y) \tag{3.6.1}$$

$$f_Y(y) = \sum_x f(x, y) \tag{3.6.2}$$

주변확률질량함수를 간단히 주변 pmf로 나타내기로 한다.

예제 3.6.1 동전을 세 번 던질 때, X를 처음 두 번째까지 나타난 앞면의 개수라 하고 Y를 세 번 던질 때까지 나타난 앞면의 개수라 하면, X와 Y의 결합 pmf와 주변 pmf는 다음과 같다.

$x \backslash y$	0	1	2	3	$f_X(x)$
0	$\frac{1}{8}$	$\frac{1}{8}$	0	0	$\frac{1}{4}$
1	0	$\frac{1}{4}$	$\frac{1}{4}$	0	$\frac{1}{2}$
2	0	0	$\frac{1}{8}$	$\frac{1}{8}$	$\frac{1}{4}$
$f_Y(y)$	$\frac{1}{8}$	$\frac{3}{8}$	$\frac{3}{8}$	$\frac{1}{8}$	1.00

사건 $A=[X<Y]$에 대응되는 가능한 (X, Y)의 값들은 $(0,1),(0,2),(0,3),(1,2),(1,3),(2,3)$이므로, 식 (3.5.16)에 의해 구하는 확률은 다음과 같다.

$$\begin{aligned}P(A)=P[X<Y] &= f(0,1)+f(0,2)+f(0,3)\\ &\quad +f(1,2)+f(1,3)+f(2,3)\\ &= \frac{1}{8}+0+0+\frac{1}{4}+0+\frac{1}{8}\\ &= \frac{1}{2}\end{aligned}$$

X와 Y가 연속확률변수일 때, 주변확률질량함수의 정의에서 주변확률밀도함수는 합기호 대신에 적분기호를 사용하여 얻을 수 있다.

정의 3.6.2

만일 한 쌍의 연속확률변수 (X, Y)가 결합 pdf $f(x,y)$를 가질 때, X와 Y의 **주변확률밀도함수**(marginal probability density function)는 각각 다음과 같이 정의한다.

$$f_X(x)=\int_{-\infty}^{\infty} f(x,y)\,dy \tag{3.6.3}$$

$$f_Y(y)=\int_{-\infty}^{\infty} f(x,y)\,dx \tag{3.6.4}$$

주변확률밀도함수를 간단히 주변 pdf로 나타내기로 한다.

예제 3.6.2 예제 3.5.3에서 X와 Y 각각의 주변 pdf는 다음과 같다.

$$f_X(x)=\int_{-\infty}^{\infty} f(x,y)\,dy=\int_0^1 \frac{2}{5}(2x+3y)\,dy$$

$$= \frac{4x+3}{5}, \quad 0<x<1$$

$$f_Y(y) = \int_{-\infty}^{\infty} f(x, y)\,dx = \int_0^1 \frac{2}{5}(2x+3y)\,dx$$

$$= \frac{2(1+3y)}{5}, \quad 0<y<1$$

$X_1, \ldots, X_k$ 의 결합 cdf 로부터 X_j 들 각각의 cdf 를 구할 수 있다. 다음은 k 차원 확률변수들의 결합 cdf 와 결합 pdf(pmf)로부터 각각의 주변 cdf 와 주변 pdf(pmf)를 정의한다.

정의 3.6.3

$\boldsymbol{X} = (X_1, \ldots, X_k)$가 결합 cdf $F(x_1, \ldots, x_k)$를 갖는 k차원 확률변수이면, X_j 의 **주변누적분포함수(주변 cdf)**는

$$F_j(x_j) = \lim_{\substack{x_i \to \infty \\ \text{모든 } i \neq j}} F(x_1, \ldots, x_j, \ldots, x_k) \tag{3.6.5}$$

이다. $\boldsymbol{X}$가 이산확률변수이면, **주변 pmf**는

$$f_j(x_j) = \sum_{\text{모든 } i \neq j} \cdots \sum f(x_1, \ldots, x_j, \ldots, x_k) \tag{3.6.6}$$

이고 $\boldsymbol{X}$가 연속확률변수이면, **주변 pdf**는 다음과 같다.

$$f_j(x_j) = \int \cdots \int f(x_1, \ldots, x_j, \ldots, x_k)\,dx_1 \cdots dx_{j-1}\,dx_{j+1} \cdots dx_k \tag{3.6.7}$$

예제 3.6.3 X_1, X_2, X_3의 결합 pdf 가

$$f(x_1, x_2, x_3) = \begin{cases} 6x_1x_2^2x_3, & 0<x_1<1, \ 0<x_2<1, \ 0<x_3<\sqrt{2} \\ 0, & \text{그 이외} \end{cases}$$

일 때, X_3의 주변 pdf 는

$$f_3(x_3) = \int_0^1 \int_0^1 6\,x_1x_2^2x_3\,dx_1dx_2 = x_3, \quad 0<x_3<\sqrt{2}$$

이고, X_1과 X_2의 결합 pdf 는 다음과 같다.

$$f(x_1, x_2) = \int_0^{\sqrt{2}} 6x_1 x_2^2 x_3 \, dx_3 = 6x_1 x_2^2,$$

$$0 < x_1 < 1, 0 < x_2 < 1$$

3.7 조건부분포

2.4절에서 사건 B가 주어졌을 때 사건 A의 조건부 확률을 $P(B) \neq 0$이면

$$P(A|B) = \frac{P(A \cap B)}{P(B)} \tag{3.7.1}$$

로 정의했다. 이제 X와 Y는 이산확률변수이고 $A = \{X = x\}$, $B = \{Y = y\}$인 사건이라 하면, $P[Y = y] = f_Y(y) \neq 0$일 때

$$P[X = x | Y = y] = \frac{P[X = x, Y = y]}{P[Y = y]} = \frac{f(x, y)}{f_Y(y)} \tag{3.7.2}$$

로 나타낼 수 있다. 따라서 다음 정의를 제안할 수 있다.

정의 3.7.1

만일 X와 Y가 결합 pdf (pmf)가 $f(x, y)$인 연속(이산)확률변수이면, $X = x$가 주어진 경우 Y의 **조건부 확률밀도함수**(conditional probability density function, **조건부 확률질량함수**)는 $f_X(x) > 0$인 x에 대해

$$f(y | x) = \frac{f(x, y)}{f_X(x)} \tag{3.7.3}$$

로 정의한다. 마찬가지로 $Y = y$가 주어진 경우 X의 **조건부 확률밀도함수**(**확률질량함수**)는 $f_Y(y) > 0$인 y에 대해

$$f(x | y) = \frac{f(x, y)}{f_Y(y)} \tag{3.7.4}$$

로 정의한다. 이 책에서는 간단히 **조건부 pdf**(**조건부 pmf**)로 나타낼 것이다.

만일 X와 Y가 연속확률변수인 경우는 $X=x$가 주어졌을 때, 사건 A의 조건부 확률은

$$P[Y \in A \mid X=x] = \int_A f(y \mid x)\,dy \tag{3.7.5}$$

이다. 특별히 $A=(-\infty, y)$로 두면, $X=x$가 주어졌을 때 Y의 조건부 cdf는

$$F(y \mid x) = P[Y \le y \mid X=x] = \int_{-\infty}^{y} f(t \mid x)\,dt \tag{3.7.6}$$

이다.

물론 조건부 확률이 확률의 모든 성질을 만족하는 것과 같이 조건부 확률밀도함수(확률질량함수) 역시 일반 확률밀도함수(확률질량함수)의 모든 성질을 만족한다.

예제 3.7.1 X와 Y의 결합 pdf가 다음과 같다.

$$f(x,y) = \begin{cases} \dfrac{x(1+3y^2)}{4}, & 0<x<2,\ 0<y<1 \\ 0, & \text{그 이외} \end{cases}$$

조건부 pdf를 구하기 위해, 먼저 X와 Y 각각의 주변 pdf를 구해보자.

$$f_X(x) = \int_{-\infty}^{\infty} f(x,y)\,dy = \int_0^1 \frac{x(1+3y^2)}{4}\,dy$$

$$= \frac{x}{4}\left[y+y^3\right]_0^1 = \frac{x}{2},\quad 0<x<2$$

$$f_Y(y) = \int_{-\infty}^{\infty} f(x,y)\,dx = \int_0^2 \frac{x(1+3y^2)}{4}\,dx$$

$$= \frac{(1+3y^2)}{4}\left[\frac{1}{2}x^2\right]_0^2 = \frac{1+3y^2}{2},\quad 0<y<1$$

이므로

$$f(x \mid y) = \frac{f(x,y)}{f_Y(y)} = \frac{x(1+3y^2)/4}{(1+3y^2)/2} = \frac{x}{2},\quad 0<x<2$$

이고

$$P\left[\frac{1}{4}<X<\frac{1}{2} \,\middle|\, Y=\frac{1}{3}\right] = \int_{1/4}^{1/2} \frac{x}{2}\,dx = \frac{3}{64}$$

이다.

예제 3.7.2 X와 Y는 결합 pdf가 $f(x, y) = 60x^2y,\ 0 < x, 0 < y, x + y < 1$인 연속확률변수이다.

(a) X의 주변 pdf를 구하라.

(b) $X = x$가 주어진 경우 Y의 조건부 pdf를 구하라.

(c) $P[Y > 0.1 \mid X = 0.6]$을 구하라.

|풀이| (a) $f_X(x) = \int_0^{1-x} 60x^2y\, dy = 30x^2(1-x)^2,\ 0 < x < 1$

(b) $f(y|x) = \dfrac{f(x,y)}{f_X(x)} = \dfrac{60x^2y}{30x^2(1-x)^2} = \dfrac{2y}{(1-x)^2},\ 0 < y < 1 - x$

(c) $P[Y > 0.1 \mid X = 0.6] = \int_{0.1}^{1-0.6} \dfrac{2y}{(1-0.6)^2} dy$

$= 6.25(0.4^2 - 0.1^2) = 0.9375$

정의 3.7.1로부터 쉽게 다음 정리를 얻을 수 있다.

정리 3.7.1 X와 Y가 결합 pdf(pmf) $f(x, y)$와 각각의 주변 pdf(pmf) $f_X(x), f_Y(y)$를 갖는 확률변수이면, 다음이 성립된다.

$$f(x, y) = f_X(x) f(y \mid x) = f_Y(y) f(x \mid y) \tag{3.7.7}$$

조건부 분포의 개념을 확률변수들의 벡터에 확장시킬 수 있다. 예를 들면, $\mathbf{X} = (X_1, \dots, X_r, \dots, X_k)$의 결합 pdf(pmf)가 $f(x_1, \dots, x_r, \dots, x_k)$이고 $\mathbf{X}_1 = (X_1, \dots, X_r)$의 결합 pdf(pmf)가 $f_1(x_1, \dots, x_r)$이라 하자. 만일 $\mathbf{X}_2 = (X_{r+1}, \dots, X_k)$라 하면, $\mathbf{X}_1 = \mathbf{x}_1 = (x_1, \dots, x_r)$이 주어졌을 때 $\mathbf{X}_2$의 조건부 결합 pdf(pmf)는 $f_1(x_1, \dots, x_r) > 0$인 $\mathbf{x}_1 = (x_1, \dots, x_r)$에 대해

$$f(x_{r+1}, \dots, x_k \mid x_1, \dots, x_r) = \frac{f(x_1, \dots, x_r, \dots, x_k)}{f_1(x_1, \dots, x_r)} \tag{3.7.8}$$

이다.

예제 3.7.3 X_1, X_2, X_3는 결합 pdf가

$$f(x_1, x_2, x_3) = 6, \quad 0 < x_1 < x_2 < x_3 < 1$$

인 연속확률변수이다. 다음을 구하라.

(a) X_1, X_3의 결합 pdf

(b) $(X_1, X_3) = (x_1, x_3)$가 주어진 경우 X_2의 조건부 pdf

(c) $X_3 = x_3$가 주어진 경우 (X_1, X_2)의 조건부 pdf

|풀이| (a) $$f(x_1, x_3) = \int_{-\infty}^{\infty} f(x_1, x_2, x_3)\, dx_2 = \int_{x_1}^{x_3} 6\, dx_2 = 6(x_3 - x_1), \quad 0 < x_1 < x_3 < 1$$

(b) $$f(x_2 | x_1, x_3) = \frac{f(x_1, x_2, x_3)}{f(x_1, x_3)} = \frac{6}{6(x_3 - x_1)} = \frac{1}{(x_3 - x_1)}, \quad x_1 < x_2 < x_3$$

(c) $$f(x_1, x_2 | x_3) = \frac{f(x_1, x_2, x_3)}{f(x_3)} = \frac{2}{x_3^2}, \quad 0 < x_1 < x_2 < x_3 < 1$$

3.8 독립확률변수

두 개 이상의 확률변수를 취급할 때, 독립성의 여부는 매우 중요하다. 예제 3.7.1에서

$$f(x | y) = \frac{x}{2}, \quad 0 < x < 2$$

이므로, 주어진 y의 값에 종속하지 않음을 알 수 있다. 그러나 예제 3.7.2에서는

$$f(y | x) = \frac{2y}{(1-x)^2}, \quad 0 < y < 1 - x$$

이므로, 주어진 x의 값에 조건부 pdf가 종속된다. 예제 3.7.1과 같이 조건부 pdf(pmf)가 조건으로 주어진 확률변수의 값에 종속하지 않을 때, 독립이라 한다. 여기서는 확률을 이용한 식으로 정의한다.

정의 3.8.1

모든 $a_i < b_i$에 대해

$$P[a_1 \le X_1 \le b_1, ..., a_k \le X_k \le b_k]$$
$$= P[a_1 \le X_1 \le b_1] \cdots P[a_k \le X_k \le b_k] \tag{3.8.1}$$

이면, 확률변수들 $X_1, ..., X_k$는 **독립**(independent)이라 하고, 이 등식이 성립되지 않으면 **종속**(dependent)이라 한다.

cdf 또는 pdf(pmf)를 이용한 독립 조건은 다음과 같다.

정리 3.8.1 확률변수들 $X_1,...,X_k$가 독립일 필요충분조건은 모든 $(x_1,...,x_k)$에 대해

$$F(x_1, ..., x_k) = F_1(x_1) \cdots F_k(x_k) \tag{3.8.2}$$

이거나

$$f(x_1, ..., x_k) = f_1(x_1) \cdots f_k(x_k) \tag{3.8.3}$$

이다. 여기서 $F_i(x_i)$와 $f_i(x_i)$는 각각 X_i의 cdf와 pdf (pmf)이다.

예제 3.8.1 예제 3.6.1에서, 예를 들어

$$f(1,1) = \frac{1}{4} \ne f_X(1) f_Y(1) = \frac{1}{2}\left(\frac{3}{8}\right)$$

이므로 정리 3.8.1의 조건을 만족하지 않는다. 따라서 X와 Y는 독립이 아니다.

다음 정리는 각 확률변수의 주변 pdf (pmf)를 구하지 않고도 결합 pdf (pmf)를 보고 독립인지를 쉽게 알 수 있는 유용한 정리이다.

정리 3.8.2 결합 pdf (pmf) $f(x, y)$를 갖는 두 확률변수 X와 Y가 독립일 필요충분조건은 다음과 같다.

(a) 집합 $\{(x, y) \mid f(x, y) > 0\}$이 데카르트 곱(Cartesian product) $A \times B = \{(a, b) \mid a \in A,\ b \in B\}$이고

(b) 결합 pdf(pmf)가 x 만의 함수와 y 만의 함수의 곱으로 나타낼 수 있다. 즉,

$$f(x,y) = g(x)\,h(y) \tag{3.8.4}$$

예제 3.8.2 X와 Y의 결합 pdf가

$$f(x,\,y) = \begin{cases} 2e^{-(x+2y)}, & 0<x<\infty,\ 0<y<\infty \\ 0, & \text{그 이외} \end{cases}$$

이면 정리 3.8.2에 의해 X와 Y는 독립임을 알 수 있다. 여기서 $g(x) = e^{-x}$, $h(y) = 2e^{-2y}$로 두면, $f(x,y) = g(x)h(y)$가 성립된다.

다음 정리는 조건부 pdf(pmf)의 정의와 정리 3.8.1에 의해 쉽게 유도할 수 있다.

정리 3.8.3 X와 Y가 결합 pdf(pmf) $f(x,\,y)$와 각각의 주변 pdf(pmf) $f_X(x)$와 $f_Y(y)$를 갖는 확률변수이면, X와 Y가 독립일 필요충분조건은 다음과 같다.

$$f(y|x) = f_Y(y) \tag{3.8.5}$$

또는

$$f(x|y) = f_X(x) \tag{3.8.6}$$

예제 3.8.3 예제 3.7.1에서 $f_X(x)f_Y(y) = f(x,y)$이므로, 정리 3.8.1에 의해 X와 Y가 독립임을 알 수 있다. 그러면 정리 3.8.3으로부터

$$f(y|x) = f_Y(y) = \frac{1+3y^2}{2},\quad 0<y<1$$

임을 알 수 있다.

연습문제 제 3 장

3.1 통계학과 학생 4학년 5명, 3학년 4명, 2학년 3명, 1학년 5명에서 4명을 선택하여 학과 위원회를 만들려고 한다. X와 Y를 선택된 학생 중 각각 4학년과 2학년 학생의 수라 할 때, 다음을 구하라.

(a) X의 가능한 값과 그에 대응되는 확률

(b) $P[X=1, Y=2]$

(c) $P[X=3, Y=1]$

3.2 Z를 동전을 4번 던져 나타난 앞면의 개수라 할 때, 다음을 구하라.

(a) Z의 누적분포함수

(b) Z의 분포의 중앙값과 사분위수

3.3 다음 함수가 누적분포함수가 될 수 있는가?

(a) $F(x) = \begin{cases} 0, & x < 0 \\ x, & 0 \le x < 0.5 \\ 1, & x \ge 0.5 \end{cases}$ (b) $F(x) = \begin{cases} 0, & x \le 0 \\ 0.5, & 0 < x < 1 \\ 1, & x \ge 1 \end{cases}$

3.4 1부터 20까지의 숫자가 적힌 공 20개가 들어있는 상자에서 무작위 복원추출로 3개의 공을 추출한다. 3개 중에서 적어도 한 개가 17이상인 숫자가 나오면 게임에서 이긴다. 이 게임에서 이길 확률은 얼마인가?

3.5 흰 공 3개, 붉은 공 3개, 검은 공 5개가 들어있는 항아리에서 무작위로 3개의 공을 선택한다. 선택된 흰 공에 대해서는 각각 \$1씩 받고 선택된 붉은 공에 대해서는 \$1씩 준다. 이 게임에서 얼마의 돈을 벌었다고 할 때(즉, 게임에서 이겼다고 할 때) \$$i$ $(i=1,2,3)$를 벌었을 조건부 확률은 얼마인가?

3.6 8개의 제품 중에 3개의 불량품이 포함되어 있는 상자에서 2개를 무작위로 비복원 추출한다. 이 때 선택된 불량품의 개수 X의 확률질량함수를 구하라.

3.7 다음과 같은 함수가 주어졌다. 이것을 확률질량함수로 사용할 수 있는지 밝혀라.

(a) $f(x) = \left(\frac{1}{4}\right)^{|x|}\left(\frac{1}{2}\right)^{1-|x|}$, $x = -1, 1, 0$

(b) $f(x) = \binom{2}{x}\left(\frac{1}{2}\right)^{2}$, $x = 0, 1, 2$

(c) $f(x) = \frac{x-2}{5}$, $x = 1,2,3,4,5$

3.8 X의 분포함수(cdf)가

$$F(x) = \begin{cases} 0, & x < -1 \\ \frac{1}{4}, & -1 \le x < 1 \\ \frac{1}{2}, & 1 \le x < 3 \\ \frac{3}{4}, & 3 \le x < 5 \\ 1, & x \ge 5 \end{cases}$$

일 때, 다음을 구하라.

(a) $P[X \le 3]$

(b) $P[X = 3]$

(c) $P[X < 3]$

(d) $P[-0.4 < X < 4]$

(e) X의 확률질량함수를 구하라.

(f) X의 분포의 제1사분위수와 제3사분위수를 구하라.

3.9 다음 각각에 대해, 주어진 값들이 $x = 1, 2, 3, 4$의 값을 갖는 확률변수의 분포함수의 값으로 사용할 수 있는지 결정하라.

(a) $F(1) = 0.3$, $F(2) = 0.5$, $F(3) = 0.8$, $F(4) = 1.2$

(b) $F(1) = 0.25$, $F(2) = 0.61$, $F(3) = 0.83$, $F(4) = 1.0$

3.10 만일 X가 다음의 확률질량함수를 갖는 확률변수라 하자.

x	-3	-2	0	2	3
$f(x)$	$\frac{2}{9}$	$\frac{1}{9}$	p	p^2	$\frac{2}{9}$

(a) p를 구하라.

(b) $P[|X+1| \ge 2]$를 구하라.

3.11 다음의 cdf 를 갖는 확률변수의 pdf 를 구하라.

$$F(x) = \frac{x^2 + 2x + 1}{16}, \quad -1 \le x \le 3$$

3.12 X의 cdf 가 다음과 같을 때, 각 확률을 구하라.

$$F(x) = \begin{cases} 0, & x < 0 \\ 1 - 0.3e^{-\alpha x}, & x \ge 0 \end{cases}$$

(a) $P[X = 0]$

(b) $P[X \le 3] = 3/4$일 때 α의 값은 얼마인가?

(c) $P[\,|X| \le 4]$

3.13 확률변수 X의 확률밀도함수가 다음과 같다.

$$f(x) = \begin{cases} x, & 0 < x < 1 \\ 2 - x, & 1 \le x < 2 \\ 0, & \text{그 이외} \end{cases}$$

(a) X의 누적분포함수를 구하라.

(b) $P[X < 1.5]$를 구하라.

(c) $P[0.5 < X < 1.2]$를 구하라.

3.14 확률변수 X의 확률밀도함수가 다음과 같다.

$$f(x) = \begin{cases} cx^2, & 0 \le x \le 1 \\ 0, & \text{그 이외} \end{cases}$$

(a) c값을 구하라.

(b) X의 누적분포함수를 구하라.

(c) $P[0.3 < X < 0.8]$을 구하라.

3.15 다음 함수가 어떤 확률변수의 누적분포함수가 될 수 있는가? 누적분포함수라면 pdf (pmf)를 구하라.

(a) $F(x)=\begin{cases} 0, & x<0 \\ x/2, & 0\le x<1 \\ 1/2, & 1\le x<2 \\ x/4, & 2\le x<4 \\ 1, & x\ge 4 \end{cases}$ (b) $F(x)=\begin{cases} 0, & x<0 \\ 1-(1+x)e^{-x}, & x\ge 0 \end{cases}$

3.16 확률변수 X의 누적분포함수가 다음과 같다.

$$F(x)=\begin{cases} 0, & x<0 \\ x^2, & 0\le x\le 1 \\ 1, & x>1 \end{cases}$$

(a) X의 분포의 중앙값을 구하라.

(b) X의 분포의 제1사분위수와 제3사분위수를 구하라.

3.17 노선 거리가 2마일인 버스에 탑승한 승객이 버스를 타고 가는 거리 X는 다음의 pdf를 갖는 것으로 알려져 있다.

$$f(x)=\begin{cases} \frac{3}{8}(2-x)^2, & 0\le x\le 2 \\ 0, & \text{그 이외} \end{cases}$$

(a) 이 분포의 중앙값을 구하라.

(b) 이 분포의 최빈값을 구하라.

3.18 X의 pdf가 다음과 같을 때, 각 분포의 최빈값을 구하라.

(a) $f(x)=\begin{cases} 12x^2(1-x), & 0<x<1 \\ 0, & \text{그 이외} \end{cases}$ (b) $f(x)=\begin{cases} \frac{1}{2}x^2e^{-x}, & 0<x<\infty \\ 0, & x\le 0 \end{cases}$

3.19 공정한 주사위를 두 번 던지는 실험을 생각해 보자. 이 때 눈금 2가 나온 횟수를 X라 하고, 6이 나온 횟수를 Y라 할 때, 다음을 구하라.

(a) X와 Y의 결합 pmf

(b) $P[2X+Y<3]$

3.20 다음 각 함수가 X와 Y의 결합 pmf이다. 상수 c값을 구하라.

(a) $f(x,y)=cxy,\quad x=1,2,3;\ y=1,2,3$

(b) $f(x,y) = c|x-y|,\ x=-2, 0, 2\ ;\ y=-2, 3$

3.21 함수 $F(x, y)$가 다음과 같이 정의되었다.

$$F(x, y) = \begin{cases} 0.25(x+y)^2, & 0 \le x < 1,\ 0 \le y < 1 \\ 0, & x < 0 \text{ 또는 } y < 0 \\ 1, & \text{그 이외} \end{cases}$$

$F(x, y)$는 2변량 cdf인가?

3.22 결합 cdf가

$$F(x,y) = \begin{cases} 0, & x<0 \text{ 혹은 } y<0 \\ 0.5xy(x+y), & 0<x<1,\ 0<y<1 \\ 0.5x(x+1), & 0<x<1,\ y \ge 1 \\ 0.5y(y+1), & x \ge 1,\ 0<y<1 \\ 1, & x \ge 1,\ y \ge 1 \end{cases}$$

인 연속확률변수 X와 Y가 있다. 다음을 구하라.

(a) 결합 pdf, $f(x, y)$

(b) $P[X \le 0.6,\ Y \le 0.6]$

(c) $P[X < Y]$

(d) $P[X + Y \le 0.5]$

(e) $P[X + Y \le 1.5]$

3.23 두 확률변수의 결합 pdf가

$$f(x,y) = \begin{cases} k(x^2 + y^2), & 0 \le x \le 2,\ 1 \le y \le 4 \\ 0, & \text{그 이외} \end{cases}$$

일 때, 다음을 구하라.

(a) k값

(b) $P[1 < X < 2,\ 2 < Y \le 3]$

(c) $P[1 \le X \le 2]$

(d) $P[X + Y > 4]$

3.24 X와 Y는 결합 pdf가 $f(x, y) = 2(x+y),\ 0 < x < y < 1$인 연속확률변수이다. $P[Y > 2X]$를 구하라.

3.25 X_1, X_2, X_3의 결합 pdf가

$$f(x_1, x_2, x_3) = \begin{cases} (x_1 + x_2)e^{-x_3}, & 0 < x_1 < 1, 0 < x_2 < 1, x_3 > 0 \\ 0, & \text{그 이외} \end{cases}$$

일 때, $P\left[0 < X_1 < \frac{1}{2}, \frac{1}{2} < X_2 < 1, X_3 < 1\right]$을 구하라.

3.26 동전을 두 번 던진다. 이 때 Z를 첫 번째 던질 때 나타난 앞면의 개수라 하고 W를 두 번 던질 때까지 나타난 앞면의 총 개수라 하자. 만일 앞면이 나올 확률이 0.4인 편의된 동전을 사용할 때, 다음을 구하라.

(a) W와 Z의 결합 pmf

(b) W의 주변 pmf

(c) Z의 주변 pmf

(d) 적어도 한 번 앞면이 나타날 확률

3.27 확률변수 X와 Y의 결합 pdf가 다음과 같다.

$$f(x,y) = \begin{cases} \frac{2}{3}(x + 2y), & 0 \le x \le 1, \ 0 \le y \le 1 \\ 0, & \text{그 이외} \end{cases}$$

(a) X의 주변 pdf를 구하라.

(b) Y의 주변 pdf를 구하라.

(c) $P\left[X < \frac{1}{4}\right]$을 구하라.

3.28 X와 Y의 결합 pdf가 다음과 같다.

$$f(x,y) = \begin{cases} 24y(1 - x - y), & x > 0, \ y > 0, \ x + y < 1 \\ 0, & \text{그 이외} \end{cases}$$

(a) X의 주변 pdf를 구하라.

(b) Y의 주변 pdf를 구하라.

3.29 연습문제 3.24번의 결합 pdf로부터 다음을 구하라.

(a) X의 주변 pdf

(b) Y의 주변 pdf

3.30 X, Y, Z의 결합 pmf가 다음과 같다.

$$f(x,y,z) = \frac{xyz}{108}, \quad x = 1, 2, 3; \; y = 1, 2, 3; \; z = 1, 2$$

(a) X와 Y의 결합 주변 pmf를 구하라.

(b) X와 Z의 결합 주변 pmf를 구하라.

(c) X의 주변 pmf를 구하라.

3.31 X_1, X_2, X_3의 결합 pdf가

$$f(x_1,x_2,x_3) = \begin{cases} (x_1 + x_2)e^{-x_3}, & 0 < x_1 < 1,\ 0 < x_2 < 1,\ x_3 > 0 \\ 0 & \text{그 이외} \end{cases}$$

일 때, X_1과 X_2의 결합 주변 pdf와 X_1의 주변 pdf를 구하라.

3.32 X_1과 X_2는 다음 결합 pmf를 갖는 이산확률변수이다.

x_1 \ x_2	1	2	3
1	$\frac{1}{12}$	$\frac{1}{6}$	0
2	0	$\frac{1}{9}$	$\frac{1}{5}$
3	$\frac{1}{18}$	$\frac{1}{4}$	$\frac{2}{15}$

(a) X_1과 X_2의 주변 pmf를 각각 구하라.

(b) $P[X_1 \le 2]$를 구하라.

(c) $P[X_1 \le X_2]$를 구하라.

(d) 조건부 pmf $f(x_2|x_1)$과 $f(x_1|x_2)$를 표로 작성하라.

3.33 어느 제과회사는 세 종류 초콜릿 A, B, C를 혼합하여 각 상자의 무게가 1kg이 되도록 포장한다. 그러나 각 상자 속에 들어있는 세 종류의 초콜릿 개별 무게들은 상자마다 다르다고 한다. 무작위로 선택한 상자에서, X와 Y를 각각 A와 B종류의 초콜릿 무게라 하고 그 결합 pdf가 다음과 같다고 하자.

$$f(x,y) = \begin{cases} 24xy, & 0 \le x \le 1,\ 0 \le y \le 1,\ x + y \le 1 \\ 0, & \text{그 이외} \end{cases}$$

(a) 어느 주어진 상자에서 C종류 초콜릿 무게가 $\frac{1}{2}$kg을 초과할 확률을 구하라.

(b) A종류 초콜릿 무게의 주변 pdf 를 구하라.

(c) 만일 A종류의 무게가 $\frac{3}{4}$kg임을 알고 있다면, 한 상자에 있는 B종류 초콜릿 무게가 $\frac{1}{8}$kg 미만일 확률을 구하라.

3.34 연습문제 3.27번의 확률변수에 대해 다음을 구하라.

(a) 조건부 pdf $f(x|y)$

(b) 조건부 pdf $f(y|x)$

(c) $P\left[X<\frac{1}{2}\middle|Y=\frac{1}{2}\right]$

3.35 연습문제 3.28번의 확률변수에 대해 다음을 구하라.

(a) 조건부 pdf $f(x|y)$

(b) $P\left[X<\frac{1}{4}\middle|Y=\frac{1}{2}\right]$

(c) $P\left[X<\frac{1}{4}\middle|Y<\frac{1}{2}\right]$

3.36 확률변수 X, Y, Z의 결합 pdf 가

$$f(x,y,z)=\begin{cases}\dfrac{4xyz^2}{9}, & 0<x<1, 0<y<1, 0<z<3\\ 0, & \text{그 이외}\end{cases}$$

일 때, 다음을 구하라.

(a) Y와 Z의 결합 pdf

(b) Y의 주변 pdf

(c) $P\left[\frac{1}{4}<X<\frac{1}{2}, Y>\frac{1}{3}, 1<Z<2\right]$

(d) $P\left[0<X<\frac{1}{2}\middle|Y=\frac{1}{4}, Z=2\right]$

3.37 연습문제 3.32번에서 정의한 확률변수 X_1과 X_2는 독립인가?

3.38 확률변수 X와 Y의 결합 pdf가

$$f(x,\ y)=\begin{cases}1/x, & 0<y<x,\ 0<x<1\\ 0, & \text{그 이외}\end{cases}$$

일 때, 확률변수 X와 Y는 독립인가?

3.39 확률변수 X와 Y의 결합 pdf가

$$f(x,y)=\begin{cases}\dfrac{3x-y}{9}, & 1<x<3,\ 1<y<2\\ 0, & \text{그 이외}\end{cases}$$

일 때, 다음을 구하라.

(a) X와 Y의 주변 pdf

(b) X와 Y는 독립인가?

(c) $P[X>2]$

3.40 X와 Y의 결합확률밀도함수가 다음과 같을 때, X와 Y는 독립인가?

(a) $f(x,y)=\begin{cases}xe^{-(x+y)}, & x>0,\ y>0\\ 0, & \text{그 이외}\end{cases}$

(b) $f(x,y)=\begin{cases}2, & 0<x<y,\ 0<y<1\\ 0, & \text{그 이외}\end{cases}$

3.41 X와 Y의 결합 pdf가 다음과 같다. $P[X>0.3\mid Y=0.5]$를 구하라.

$$f(x,\ y)=\begin{cases}6x, & 0<x<1,\ 0<y<1-x\\ 0, & \text{그 이외}\end{cases}$$

제 **4** 장

확률변수의 적률

4.1 서론

매우 자주 이용되는 확률변수들을 적률(moment)이라는 것을 생각하여 특성화할 수 있고 효과적으로 실제적인 목적을 위해 이용될 수도 있다(예를 들어, 게임자는 게임에서 평균수입에 관심이 있을 수 있고, 사업가는 한 생산품의 평균이득에 관심이 있을 수 있다. 이 확률변수의 '평균값'이 '적률'의 하나이다). 이 장에서는 적률의 개념과 성질에 대해 알아보고자 한다.

4.2 기댓값

확률이론에서 가장 중요한 개념 중의 하나가 확률변수의 기댓값이다. 먼저 기댓값의 정의부터 소개한다.

정의 4.2.1

확률변수 X의 **기댓값**(expected value)은

$$E(X)=\begin{cases}\sum_x x f(x), & \text{pmf } f(x)\text{를 갖는 이산확률변수이면} \\ \int_{-\infty}^{\infty} xf(x)dx, & \text{pdf } f(x)\text{를 갖는 연속확률변수이면}\end{cases} \tag{4.2.1}$$

로 정의한다. $E(X)$를 μ 또는 μ_X로 나타내고 X의 **평균**(mean)이라고도 한다.

물론 정의 4.2.1에서 합이 존재하고 적분이 가능하다고 가정한다.

예제 4.2.1 예제 3.2.1에서 정의한 확률변수 X의 평균은 다음과 같다.

$$E(X)=0\left(\frac{1}{8}\right)+1\left(\frac{3}{8}\right)+2\left(\frac{3}{8}\right)+3\left(\frac{1}{8}\right)=\frac{12}{8}=1.5$$

예제 4.2.2 예제 3.4.3에서 정의한 pdf를 갖는 확률변수 X의 평균은 다음과 같다.

$$\begin{aligned}E(X)&=\int_{-\infty}^{\infty}x f(x)\,dx\\&=\frac{1}{8}\int_{2}^{4}(x^2+x)\,dx\\&=\frac{1}{8}\left[\frac{1}{3}x^3+\frac{1}{2}x^2\right]_2^4\\&=\frac{37}{12}\end{aligned}$$

확률변수 X의 기댓값은 X가 가지는 값에 해당하는 확률가중을 사용한 **가중평균**(weighted average)이라 할 수 있다. 확률변수 X의 기댓값뿐만 아니라 X와 관련된 확률변수의 기댓값에 관심이 있는 경우가 많다. 이러한 확률변수를 X의 함수인 $Y=g(X)$라 하자. Y의 pdf(pmf)를 구하지 않고 직접 Y의 기댓값을 구할 수 있는 유용한 정리를 소개한다.

정리 4.2.1 만일 X가 pmf(pdf) $f(x)$를 갖는 확률변수이면, 임의의 실숫값 함수 g에 대해 $Y=g(X)$의 기댓값은 다음과 같다.

$$E[g(X)]=\begin{cases}\sum_x g(x)f(x), & X\text{가 이산확률변수이면}\\ \int_{-\infty}^{\infty}g(x)f(x)\,dx, & X\text{가 연속확률변수이면}\end{cases}\tag{4.2.2}$$

예제 4.2.3 공정한 동전을 독립적으로 두 번 던질 때 나타난 앞면의 횟수를 X라 하자. 이때 $E(X^2)$을 구해보자. 확률변수 X의 pmf는 다음과 같다.

$$f(0)=P[X=0]=\frac{1}{4}$$

$$f(1) = P[X=1] = \frac{2}{4} = \frac{1}{2}$$

$$f(2) = P[X=2] = \frac{1}{4}$$

그러므로 $Y = X^2$ 의 기댓값은 정리 4.2.1에 의해 다음과 같다.

$$E(Y) = E(X^2) = 0^2\left(\frac{1}{4}\right) + 1^2\left(\frac{1}{2}\right) + 2^2\left(\frac{1}{4}\right) = \frac{3}{2}$$

예제 4.2.4 연속확률변수 X의 pdf가

$$f(x) = \begin{cases} 1, & 0 < x < 1 \\ 0, & \text{그 이외} \end{cases}$$

일 때 $Y = g(X) = e^X$의 기댓값은 다음과 같다.

$$E(Y) = E(e^X) = \int_{-\infty}^{\infty} e^x f(x)\,dx = \int_0^1 e^x\,dx = e - 1$$

이제 기댓값의 구체적인 성질들을 살펴보기로 하자. 먼저 음이 아닌 확률변수일 때, 기댓값과 cdf와의 관계를 나타내는 유용한 정리를 소개한다.

정리 4.2.2 X가 cdf $F(x)$를 갖는 음이 아닌 연속확률변수이면, 다음이 성립된다.

$$E(X) = \int_0^{\infty} [1 - F(x)]dx \tag{4.2.3}$$

정리 4.2.2에서 X가 음이 아닌 정숫값을 갖는 이산확률변수이면 적분기호 대신 합의 기호를 사용하면 된다.

다음은 일반적인 연속확률변수 X의 기댓값과 cdf와의 관계를 나타낸 정리이다.

정리 4.2.3 X가 cdf $F(x)$를 갖는 연속확률변수이면, 다음이 성립된다.

$$E(X) = \int_0^{\infty} [1 - F(x)]dx - \int_{-\infty}^{0} F(x)dx \tag{4.2.4}$$

이제 기댓값의 유용한 성질로 확률변수의 함수에 대한 기댓값 계산에 널리 이용되는 정리를 소개한다.

정리 4.2.4 X가 확률변수이고 a와 b가 상수이면, 다음이 성립된다.

$$E(aX+b) = aE(X)+b \tag{4.2.5}$$

다음은 정리 4.2.4를 일반화시킨 정리이다.

정리 4.2.5 c_1과 c_2는 상수이고 $g_i(x),\ i=1,2$가 실숫값 함수이면, 다음이 성립된다.

$$E[c_1 g_1(X)+c_2 g_2(X)] = c_1 E[g_1(X)] + c_2 E[g_2(X)] \tag{4.2.6}$$

예제 4.2.5 $E(X)=2$이고 $E(X^2)=8$일 때, $E[(2+4X)^2]$을 구하라.

|풀이|
$$\begin{aligned} E[(2+4X)^2] &= E(4+16X+16X^2) \\ &= 4+16E(X)+16E(X^2) \\ &= 4+16\times 2+16\times 8 = 164 \end{aligned}$$

k개 확률변수들의 함수 $Y=g(X_1, \dots, X_k)$의 기댓값이 필요한 경우가 종종 있다. 여기서는 이런 경우에 어떻게 기댓값을 구할 수 있는지 살펴보기로 한다.

정리 4.2.6 $\boldsymbol{X}=(X_1, \dots, X_k)$의 결합 pdf (pmf)가 $f(x_1, \dots, x_k)$이고 $Y=g(X_1, \dots, X_k)$가 $\boldsymbol{X}$의 함수이면, Y의 기댓값은 다음과 같다.

$$\begin{aligned} E(Y) &= E[g(X_1, \dots, X_k)] \\ &= \begin{cases} \sum_{x_1} \cdots \sum_{x_k} g(x_1, \dots, x_k) f(x_1, \dots, x_k), & \boldsymbol{X}\text{가 이산일 때} \\ \int_{-\infty}^{\infty} \cdots \int_{-\infty}^{\infty} g(x_1, \dots, x_k) f(x_1, \dots, x_k)\, dx_1 \cdots dx_k, & \boldsymbol{X}\text{가 연속일 때} \end{cases} \end{aligned} \tag{4.2.7}$$

예제 4.2.6 X와 Y의 결합 pdf가 다음과 같은 확률변수에 대해 $E(XY)$를 계산해 보자.

$$f(x,y) = \begin{cases} x+y, & 0<x<1,\ 0<y<1 \\ 0, & \text{그 이외} \end{cases}$$

|풀이| 정리 4.2.6에 의해, 다음과 같이 계산할 수 있다.

$$
\begin{aligned}
E(XY) &= \int_{-\infty}^{\infty}\int_{-\infty}^{\infty} x\,y\ f(x, y)\,dx\,dy \\
&= \int_0^1\int_0^1 xy(x+y)\,dx\,dy \\
&= \int_0^1 y\left(\frac{1}{3}+\frac{1}{2}y\right)dy \\
&= \frac{1}{3}
\end{aligned}
$$

정리 4.2.6으로부터 다음 정리를 쉽게 얻을 수 있다.

정리 4.2.7 X_1과 X_2가 결합 pdf(pmf) $f(x_1,\ x_2)$를 갖는 확률변수이면, 다음이 성립된다.

$$E(X_1+X_2)=E(X_1)+E(X_2) \tag{4.2.8}$$

증명 연속인 경우 이 정리를 증명해 보자.

$$
\begin{aligned}
E(X_1+X_2) &= \int_{-\infty}^{\infty}\int_{-\infty}^{\infty}(x_1+x_2)f(x_1,x_2)\,dx_1\,dx_2 \\
&= \int_{-\infty}^{\infty}\int_{-\infty}^{\infty} x_1 f(x_1,x_2)\,dx_1\,dx_2+\int_{-\infty}^{\infty}\int_{-\infty}^{\infty} x_2 f(x_1,x_2)\,dx_1\,dx_2 \\
&= \int_{-\infty}^{\infty} x_1\int_{-\infty}^{\infty} f(x_1,x_2)\,dx_2\,dx_1+\int_{-\infty}^{\infty} x_2\int_{-\infty}^{\infty} f(x_1,x_2)\,dx_1\,dx_2 \\
&= \int_{-\infty}^{\infty} x_1 f_1(x_1)\,dx_1+\int_{-\infty}^{\infty} x_2 f_2(x_2)\,dx_2 \\
&= E(X_1)+E(X_2)
\end{aligned}
$$

이산인 경우는 적분기호 대신 합 기호를 사용하여 증명할 수 있다.

위의 정리들을 이용하여, 만일 $c_1, \ldots, c_k$가 상수이고 $X_1, \ldots, X_k$가 결합확률변수이면

$$E\left(\sum_{i=1}^{k}c_iX_i\right)=\sum_{i=1}^{k}c_iE(X_i) \tag{4.2.9}$$

임을 보일 수 있다.

예제 4.2.7 항아리 A에는 흰 공 5개와 검은 공 6개가 들어있고, 항아리 B에는 흰 공 8개와 검은 공 10개가 들어있다. 항아리 A에서 2개의 공을 무작위로 선택하여 항아리 B에 넣은 다음 항아리 B에서 3개의 공을 무작위로 택한다면, 흰 공의 기대개수는 얼마인가?

풀이 X를 항아리 B에서 무작위로 택한 공 3개 중에서 흰 공의 개수라 하고, Y를 항아리 A에서 택한 공 2개 중에서 흰 공의 개수라 하자. 간단히 구할 수 있는 방법은 확률변수들의 합으로 표현하여 기댓값을 구하는 것이다. 먼저

$$X_i = \begin{cases} 1, & \text{처음 항아리 A에 있던 } i\text{번째 흰 공이} \\ & \text{마지막으로 선택된 3개 중에 포함되면} \\ 0, & \text{그렇지 않으면} \end{cases}$$

와

$$Y_j = \begin{cases} 1, & \text{항아리 B에 있던 } j\text{번째 흰 공이 선택된 3개 중에 포함되면} \\ 0, & \text{그렇지 않으면} \end{cases}$$

으로 정의하면, 선택된 흰 공의 개수 X는

$$X = \sum_{i=1}^{5} X_i + \sum_{j=1}^{8} Y_j$$

로 나타낼 수 있다. 그리고

$$E(X_i) = P[X_i = 1] = \frac{\binom{10}{1}\binom{19}{2}}{\binom{11}{2}\binom{20}{3}} = \frac{2}{11}\left(\frac{3}{20}\right)$$

이고

$$E(Y_j) = P[Y_j = 1] = \frac{\binom{19}{2}}{\binom{20}{3}} = \frac{3}{20}$$

이므로, X의 기댓값은 다음과 같다.

$$E(X) = \sum_{i=1}^{5} E(X_i) + \sum_{j=1}^{8} E(Y_j) = 5\left(\frac{2}{11}\right)\left(\frac{3}{20}\right) + 8\left(\frac{3}{20}\right) = \frac{147}{110}$$

식 (4.2.9)에서 알 수 있듯이 유한개 확률변수들의 합에 대한 기댓값은 각 기댓값의 합과 같다. 즉, 유한개 확률변수들의 합에 대해서는 기댓값의 기호와 합의 기호가 교환 가능하다. 그러나 무한개 확률변수들의 합에 대해서는 일반적으로 성립하지 않는다.

$|x|^r \le 1+|x|^s$ 부등식에 의해 다음 정리를 얻을 수 있다.

정리 4.2.8 X는 기댓값이 존재하는 확률변수이고 g_i, $i=1, 2$와 g는 임의의 실숫값 함수이면, 다음 결과가 성립된다.

(a) 모든 x에 대해 $g_1(x) \le g_2(x)$이면, $E[g_1(X)] \le E[g_2(X)]$이다.

(b) $|E[g(X)]| \le E[|g(X)|]$

(c) $0<r<s$에 대해 $E(|X|^s)<\infty$이면 $E(|X|^r)<\infty$이다.

정리 4.2.6에서 특별히 $g(x,y)=g_1(x)g_2(y)$라 하자. 그러면 다음 정리를 얻을 수 있다.

정리 4.2.9 X와 Y가 독립인 확률변수이면, 임의의 함수 g_1과 g_2에 대해 다음이 성립된다.

$$E[g_1(X)g_2(Y)] = E[g_1(X)]E[g_2(Y)] \tag{4.2.10}$$

정리 4.2.9를 일반화 시킬 수 있다. $X_1,\dots,X_k$가 독립인 확률변수이면, 함수들 $g_i(x)$에 대해 다음이 성립된다.

$$E[g_1(X_1)\cdots g_k(X_k)] = E[g_1(X_1)]\cdots E[g_k(X_k)] \tag{4.2.11}$$

예제 4.2.8 만일 확률변수 X_1과 X_2가 독립이면, 정리 4.2.9에 의해

$$E(X_1X_2) = E(X_1)E(X_2)$$

이므로, 각 확률변수의 평균을 알면 쉽게 곱의 평균을 구할 수 있다.

4.3 적률

앞 절에서 정의한 확률변수의 함수의 기댓값 중에서 특별히 $g(X)=X^r$ 인 경우에 대해 생각해 보자.

정의 4.3.1

X가 확률변수일 때

$$\mu_r{}' = E(X^r) \tag{4.3.1}$$

을 X의 **원점에 관한 r차 적률**(rth moment about the origin)이라 하고

$$\mu_r = E[(X-E(X))^r] = E[(X-\mu)^r] \tag{4.3.2}$$

을 **평균에 관한 r차 적률**(rth moment about the mean) 또는 **r차 중심적률**(rth central moment)이라 한다. 그리고

$$E[X(X-1)\cdots(X-r+1)] \tag{4.3.3}$$

을 X의 **r차 계승적률**(rth factorial moment)이라 한다.

제1차 적률이 바로 평균인데 $\mu_1{}'$ 기호보다는 μ기호를 일반적으로 널리 사용한다. 평균에 관한 1차 적률은 0이다. 즉

$$\mu_1 = E[X-E(X)] = E(X)-E(X) = 0$$

평균에 관한 2차 적률은 통계학에서 매우 중요하다. 왜냐하면 평균에 관한 2차 적률은 그 분포의 흩어짐 정도를 나타내기 때문이다. 따라서 특정한 기호와 특정한 이름으로 다음과 같이 정의한다.

정의 4.3.2

평균에 관한 2차 적률

$$\mu_2 = E[(X-\mu)^2] \tag{4.3.4}$$

을 확률변수 X의 **분산**(variance)이라 하고, σ^2, σ_X^2, $\mathrm{Var}(X)$ 등으로 표기한다. 또한 분산의 양의 제곱근 $\sigma=\sigma_X=\sqrt{\mathrm{Var}(X)}$ 를 X의 **표준편차**(standard deviation)라 한다.

정의 4.3.2에 의해 분산을 계산하기보다는 다음 정리를 이용하는 것이 편리하다.

정리 4.3.1 X가 확률변수이면, 다음이 성립된다.

$$\mathrm{Var}(X) = E(X^2) - \mu^2 \tag{4.3.5}$$

정리 4.3.1로부터 원점에 관한 2차 적률은

$$E(X^2) = \mathrm{Var}(X) + \mu^2 \tag{4.3.6}$$

으로 나타낼 수 있다.

제5장에서 다룰 특별한 이산확률변수의 경우에는 정리 4.3.1을 이용하는 것보다 2차 계승적률을 이용하여 분산을 계산하는게 편리할 수 있다. 여기서는 계승적률을 이용하여 분산을 구하는 정리를 소개한다.

정리 4.3.2 X가 확률변수이고 2차 계승적률이 존재하면, 다음이 성립된다.

$$\mathrm{Var}(X) = E[X(X-1)] + E(X)[1 - E(X)] \tag{4.3.7}$$

예제 4.3.1 X의 pmf가

$$f(x) = \begin{cases} \dfrac{x}{8}, & x = 1, 2, 5 \\ 0, & \text{그 이외} \end{cases}$$

일 때, 다음을 구하라.

(a) $E(X)$

(b) $\mathrm{Var}(X)$

|풀이| (a) $E(X) = \sum_x x f(x) = 1\left(\dfrac{1}{8}\right) + 2\left(\dfrac{2}{8}\right) + 5\left(\dfrac{5}{8}\right) = \dfrac{15}{4}$

(b) $E(X^2) = \sum_x x^2 f(x) = 1^2\left(\dfrac{1}{8}\right) + 2^2\left(\dfrac{2}{8}\right) + 5^2\left(\dfrac{5}{8}\right) = \dfrac{134}{8}$

이다. 따라서 분산은 다음과 같다.

$$\mathrm{Var}(X) = E(X^2) - [E(X)]^2 = \frac{134}{8} - \left(\frac{15}{4}\right)^2 = \frac{43}{16}$$

예제 4.3.2 예제 3.4.3에서 정의한 확률변수 X의 분산을 구해 보자. 예제 4.2.2에서 $E(X)=\frac{37}{12}$ 임을 보였다.

$$\begin{aligned}E(X^2) &= \int_{-\infty}^{\infty} x^2 f(x)\,dx \\ &= \frac{1}{8}\int_2^4 (x^3+x^2)\,dx \\ &= \frac{1}{8}\left[\frac{1}{4}x^4+\frac{1}{3}x^3\right]_2^4 \\ &= \frac{59}{6}\end{aligned}$$

이므로, 분산은 다음과 같다.

$$\mathrm{Var}(X)=E(X^2)-\mu^2=\frac{47}{144}$$

정리 4.3.3 임의의 상수 c에 대해 다음이 성립된다.

$$E[(X-c)^2] \geq \mathrm{Var}(X) \tag{4.3.8}$$

증명

$$\begin{aligned}\mathrm{Var}(X) &= E[(X-\mu)^2] \\ &= E[(X-c+c-\mu)^2] \\ &= E[(X-c)^2]+(c-\mu)^2+2(c-\mu)E(X-c) \\ &= E[(X-c)^2]-(c-\mu)^2 \\ &\leq E[(X-c)^2]\end{aligned}$$

■

정리 4.3.3은 $E[(X-c)^2]$을 최소화하는 c값은 $c=E(X)$ 임을 말해주고 있다. 이러한 사실은 베이즈 추정량을 구하는데 유용하게 이용된다.

정리 4.3.4 X가 확률변수이고 a와 b가 상수이면, 다음이 성립된다.

$$\mathrm{Var}(aX+b)=a^2\,\mathrm{Var}(X) \tag{4.3.9}$$

평균과 분산은 모분포에 관한 좋은 정보를 제공해 주지만, 고차 적률과 다른 값들도 또한 유용하다. 예를 들어, 평균에 관한 3차 적률 μ_3은 분포의 비대칭의 측도이다. 여기서는 비대칭과 뾰족한 정도의 측도로 이용되는 왜도와 첨도에 대해 살펴보자.

정의 4.3.3

X를 평균이 $\mu = E(X)$이고 분산이 $\sigma^2 = \mathrm{Var}(X)$이며 4차 적률이 유한인 확률변수라 하자.

$$\alpha_3 = E\left[\left(\frac{X-\mu}{\sigma}\right)^3\right] = \frac{\mu_3}{\sigma^3}$$

을 확률변수 X의 분포의 **왜도** 또는 **비대칭도**(skewness)라 하며 분포의 비대칭 정도를 나타내는 측도로 이용된다. 만일 $\alpha_3 > 0$이면 분포가 **오른쪽으로 긴 꼬리를 가진 분포**이고, $\alpha_3 < 0$이면 **왼쪽으로 긴 꼬리를 가진 분포**이다(그림 4.3.1 참조). 또한

$$\alpha_4 = E\left[\left(\frac{X-\mu}{\sigma}\right)^4\right] - 3 = \frac{\mu_4}{\sigma^4} - 3$$

을 X의 분포의 **첨도**(kurtosis)라 하며 분포의 뾰족한 정도, 즉 꼬리의 두꺼운 정도를 나타내는 측도이다.

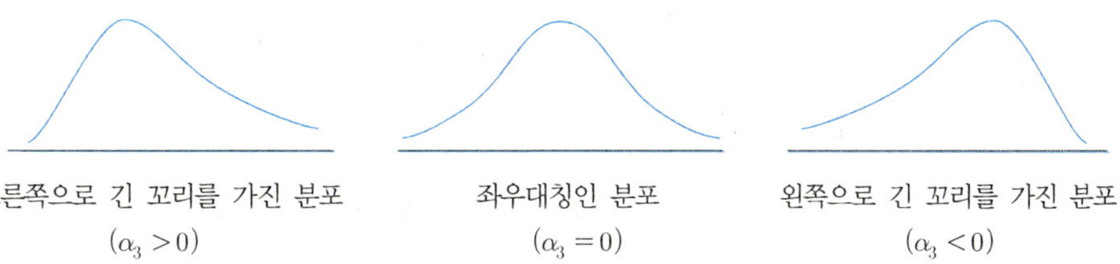

| 그림 4.3.1 | 분포의 비대칭도

제6장에서 소개할 표준정규분포의 첨도가 0임을 참조하면 된다. $\alpha_4 > 0$이면 표준정규분포보다 더 뾰족하며, $\alpha_4 < 0$이면 덜 뾰족한 분포이다. 그리고 X의 분포가 평균에 관해 대칭이면, $\alpha_3 = 0$이다. 저자에 따라 첨도를 $\alpha_4 = \mu_4/\sigma^4$으로 정의하기도 한다. 이런 경우는 표준정규분포의 첨도가 3이 되므로 3을 기준으로 생각하면 된다.

예제 4.3.3 확률변수 X의 pdf가 $f(x) = 3x^2, 0 < x < 1$인 분포의 왜도와 첨도를 구해 보자. 먼저 X의 원점에 관한 r차 적률을 구하면

$$\mu_r{}' = E(X^r) = \int_0^1 3x^{r+2}dx = \frac{3}{r+3}$$

이므로

$$\sigma^2 = \mathrm{Var}(X) = E(X^2) - [E(X)]^2 = \frac{3}{5} - \left(\frac{3}{4}\right)^2 = \frac{3}{80}$$

이고

$$\begin{aligned}\mu_3 = E[(X-\mu)^3] &= E(X^3) - 3\mu E(X^2) + 2\mu^3 \\ &= \frac{3}{6} - 3\left(\frac{3}{4}\right)\left(\frac{3}{5}\right) + 2\left(\frac{3}{4}\right)^3 \\ &= -\frac{1}{160} \\ \mu_4 = E[(X-\mu)^4] &= E(X^4) - 4\mu E(X^3) + 6\mu^2 E(X^2) - 3\mu^4 \\ &= \frac{3}{7} - 4\left(\frac{3}{4}\right)\left(\frac{3}{6}\right) + 6\left(\frac{3}{4}\right)^2\left(\frac{3}{5}\right) - 3\left(\frac{3}{4}\right)^4 \\ &= \frac{39}{8960}\end{aligned}$$

이다. 따라서 이 분포의 왜도는

$$\alpha_3 = \frac{\mu_3}{\sigma^3} = \frac{-1/160}{(\sqrt{3/80})^3} = -\frac{\sqrt{20}}{3\sqrt{3}}$$

이고, 이 분포의 첨도는

$$\alpha_4 = \frac{\mu_4}{\sigma^4} - 3 = \frac{39/8960}{(3/80)^2} - 3 = \frac{2}{21}$$

이다. 그러므로 이 분포는 왼쪽으로 긴 꼬리를 가진 분포이며, 표준정규분포보다 더 뾰족한 분포이다.

정리 4.3.5 X의 분포가 평균 $\mu = E(X)$에 관해 대칭이면, 평균 μ에 관한 3차 적률은 $\mu_3 = 0$이다.

정리 4.3.5에 의해 X의 분포가 평균에 관해 대칭이면 그 분포의 왜도는 0임을 알 수 있다. 또한 $\mu_3 \neq 0$이면 그 분포는 대칭이 아니다. 그러나 정리 4.3.5의 역은 일반적으로 성립하지 않는다. 즉, 대칭은 아니지만 $\mu_3 = 0$인 분포가 존재한다. 다음 예제를 살펴보자.

예제 4.3.4 이산확률변수 X가 다음과 같은 pmf를 갖는다고 하자.

x	-3	-1	0	2	$2\sqrt{2}$
$f(x)$	$\frac{1}{4}$	$\frac{1}{4}$	$\frac{6-3\sqrt{2}}{16}$	$\frac{1}{8}$	$\frac{3\sqrt{2}}{16}$

X의 분포가 대칭이 아님은 명백하지만

$$\mu = E(X) = -3\left(\frac{1}{4}\right) - 1\left(\frac{1}{4}\right) + 2\left(\frac{1}{8}\right) + 2\sqrt{2}\left(\frac{3\sqrt{2}}{16}\right) = 0$$

이므로 평균에 관한 3차 적률은 다음과 같다.

$$\begin{aligned}\mu_3 = E(X^3) &= (-3)^3\left(\frac{1}{4}\right) + (-1)^3\left(\frac{1}{4}\right) + 2^3\left(\frac{1}{8}\right) + (2\sqrt{2})^3\left(\frac{3\sqrt{2}}{16}\right) \\ &= -\frac{27}{4} - \frac{1}{4} + 1 + 6 \\ &= 0\end{aligned}$$

4.4 확률부등식

정확한 확률값을 구하기 어려운 경우에는 적률에 근거하여 확률들의 하한이나 상한 값을 구할 수 있다. 다음은 적률과 관계되는 유용한 부등식을 소개한다.

정리 4.4.1 X가 확률변수이고 $g(x)$가 음이 아닌 실숫값 함수이면, 임의의 양의 실수 c에 대해 다음이 성립된다.

$$P[g(X) \geq c] \leq \frac{E[g(X)]}{c} \tag{4.4.1}$$

증명 pdf $f(x)$를 갖는 연속확률변수에 대해 증명해 보자. $A = \{x \mid g(x) \geq c\}$라 하면,

$$\begin{aligned}E[g(X)] &= \int_{-\infty}^{\infty} g(x)f(x)\,dx \\ &= \int_A g(x)f(x)\,dx + \int_{A^c} g(x)f(x)\,dx\end{aligned}$$

$$\geq \int_A g(x) f(x)\, dx$$
$$\geq \int_A c f(x)\, dx$$
$$= cP[X \in A]$$
$$= cP[g(X) \geq c]$$

이므로 증명된다. 이산인 경우의 증명도 유사하다.

정리 4.4.1의 특별한 경우로, $g(x) = |x|^r$, $r > 0$이라 하면 다음의 **마르코프 부등식**을 얻을 수 있다.

정리 4.4.2 마르코프 부등식(Markov's Inequality)

임의의 양의 실수 c와 r에 대해, 다음이 성립된다.

$$P[|X| \geq c] \leq \frac{E(|X|^r)}{c^r} \tag{4.4.2}$$

19세기 러시아 수학자 체비셰프(P. L. Chebyshev) 이후에 체비셰프 부등식으로 잘 알려진 다음 정리를 얻을 수 있다. 다음 정리는 마르코프 부등식의 특별한 형태로 제9장 극한분포의 확률수렴에서 사용되며 또한 일치성에서 이용된다.

정리 4.4.3 체비셰프 부등식(Chebyshev's Inequality)

X가 평균이 μ이고 분산이 σ^2인 확률변수이면, 임의의 실수 $k>0$에 대해

$$P[|X-\mu| \geq k\sigma] \leq \frac{1}{k^2} \tag{4.4.3}$$

또는, 임의의 실수 $\varepsilon > 0$에 대해 다음이 성립된다.

$$P[|X-\mu| \geq \varepsilon] \leq \frac{\sigma^2}{\varepsilon^2} \tag{4.4.4}$$

증명 정리 4.4.1에서 $g(x) = (x-\mu)^2$, $c = k^2\sigma^2$이라 하면

$$P[(X-\mu)^2 \geq k^2\sigma^2] \leq \frac{E[(X-\mu)^2]}{k^2\sigma^2} = \frac{1}{k^2}$$

이므로 증명된다. ■

예제 4.4.1 확률변수 X는 평균이 25이고 분산이 16이다. $P[17 < X < 33]$의 하한값을 구해 보면, 다음과 같다.

$$P[17 < X < 33] = P[|X-25| < 8] \geq 1 - \frac{1}{4} = 0.75$$

체비셰프 부등식에 의해 다음 정리를 얻을 수 있다.

정리 4.4.4 $\mu = E(X)$이고 $\sigma^2 = \mathrm{Var}(X) = 0$이면, 다음이 성립된다.

$$P[X = \mu] = 1 \tag{4.4.5}$$

이와 같이 분산이 0인 분포를 **퇴화분포**(degenerate distribution)라 한다.

위에서 소개한 부등식 외에 종종 유용하게 이용할 수 있는 정리를 간략하게 소개하고자 한다.

정리 4.4.5 **코시-슈바르츠 부등식(Cauchy-Schwarz Inequality)**

X와 Y가 유한분산을 갖는 확률변수이면

$$[E(XY)]^2 \leq E(X^2)E(Y^2)$$

이 성립하며, 등식이 성립할 필요충분조건은 0이 아닌 적당한 실수 a, b가 존재하여 $P[aX + bY = 0] = 1$이다.

증명 모든 실수 t에 대해

$$0 \leq E[(tX + Y)^2] = t^2 E(X^2) + 2t E(XY) + E(Y^2)$$

이다. 위의 오른편 식은 t에 관한 2차 방정식이고 항상 0보다 크거나 같기 위해선 판별식 D가 0이거나 음이 되어야 한다. 즉

$$D = 4[E(XY)]^2 - 4E(X^2)E(Y^2) \leq 0$$

이다. 따라서

$$[E(XY)]^2 \le E(X^2)E(Y^2)$$

이다. 또한 등식이 성립할 필요충분조건은

$$E[(tX+Y)^2] = 0$$

이므로

$$P[tX+Y=0] = 1$$

이 되어야 한다. 따라서 정리가 증명된다.

4.5 적률생성함수

많은 분포들의 적률이 비록 필요한 적분이나 합을 계산하여 직접 결정할 수 있지만, 간단히 계산할 수 있는 방법이 존재한다. 적률을 생성할 수 있는 특별한 함수의 기댓값을 적률생성함수라 한다.

4.5.1 정의와 개념

정의 4.5.1

X가 확률변수일 때, $h>0$인 0을 포함하는 개구간 $(-h, h)$에 속하는 모든 t에 대해 기댓값 $E(e^{tX})$이 존재하면

$$M_X(t) = E(e^{tX}) \tag{4.5.1}$$

을 X의 **적률생성함수**(moment generating function)라 하고 간단히 mgf로 나타낸다.

다음 정리는 적률생성함수가 어떻게 적률을 생성하는지를 보여주고 있다.

정리 4.5.1 확률변수 X의 적률생성함수 $M_X(t)$가 존재하면, r차 적률은 다음과 같다.

$$E(X^r) = \left.\frac{d^r}{dt^r} M_X(t)\right|_{t=0} = M_X^{(r)}(0), \quad r=1,2,\ldots \tag{4.5.2}$$

적률생성함수의 원점에서 계산된 도함수가 X의 적률을 생성함을 보일 수 있는 또 다른 방법은 e^{tx}의 테일러 급수전개이다.

$$e^{tx} = 1 + tx + \frac{(tx)^2}{2!} + \frac{(tx)^3}{3!} + \cdots \tag{4.5.3}$$

이므로

$$\begin{aligned} M_X(t) &= E(e^{tX}) \\ &= E\left[1 + tX + \frac{(tX)^2}{2!} + \frac{(tX)^3}{3!} + \cdots\right] \\ &= 1 + tE(X) + \frac{t^2}{2!}E(X^2) + \frac{t^3}{3!}E(X^3) + \cdots \\ &= 1 + \sum_{r=1}^{\infty} \frac{E(X^r)}{r!} t^r \end{aligned} \tag{4.5.4}$$

이다. 따라서

$$M_X^{(r)}(0) = E(X^r) \tag{4.5.5}$$

이 성립함을 알 수 있다. 물론 여기서 기댓값과 무한 합의 교환이 가능하고 미분과 무한 합의 교환이 가능해야 한다. 이는 mgf의 존재성 가정에 의해 가능하다.

만일 X가 이산확률변수로 가능한 값들이 $x_1, x_2, \ldots$이라 하자. 그러면 X의 mgf는

$$\begin{aligned} M_X(t) &= E(e^{tX}) \\ &= \sum_{x_i} e^{tx_i} f(x_i) \\ &= f(x_1)e^{tx_1} + f(x_2)e^{tx_2} + f(x_3)e^{tx_3} + \cdots \end{aligned} \tag{4.5.6}$$

이다. 따라서 e^{tx_i}의 계수가 $f(x_i) = P[X = x_i]$이다.

예제 4.5.1 X의 적률생성함수가

$$M_X(t) = \frac{1}{15}e^t + \frac{3}{15}e^{2t} + \frac{5}{15}e^{3t} + \frac{6}{15}e^{4t}$$

라 하면, X는 1, 2, 3, 4의 값을 갖는 이산확률변수이며 pmf는 다음과 같다.

x	1	2	3	4
$f(x)$	$\frac{1}{15}$	$\frac{3}{15}$	$\frac{5}{15}$	$\frac{6}{15}$

예제 4.5.2 X의 확률밀도함수가

$$f(x) = \begin{cases} e^{-x}, & x > 0 \\ 0, & \text{그 이외} \end{cases}$$

일 때, X의 mgf를 구하고, mgf를 이용하여 원점에 관한 r차 적률 $\mu_r' = E(X^r)$을 구하라.

|풀이|

$$\begin{aligned} M_X(t) = E(e^{tX}) &= \int_0^{\infty} e^{tx} e^{-x} dx \\ &= \int_0^{\infty} e^{-(1-t)x} dx \\ &= \frac{1}{1-t}, \quad t < 1 \end{aligned}$$

잘 알려진 바와 같이, $|t| < 1$일 때, 이 mgf의 매클로린 전개는

$$\begin{aligned} M_X(t) &= 1 + t + t^2 + t^3 + \cdots + t^r + \cdots \\ &= 1 + 1!\frac{t}{1!} + 2!\frac{t^2}{2!} + 3!\frac{t^3}{3!} + \cdots + r!\frac{t^r}{r!} + \cdots \end{aligned}$$

이므로, 식 (4.5.4)에 의해 $\mu_r' = E(X^r) = r!$, $r = 0, 1, 2, \ldots$이다.

4.5.2 적률생성함수의 성질

적률생성함수를 이용하는 경우에 다음 정리들이 유용하게 적용될 수 있다.

정리 4.4.2 $M_X(t)$가 확률변수 X의 적률생성함수이면 다음이 성립된다.

(a) $M_X(0) = 1$ (4.5.7)

(b) 상수 a와 b에 대해

$$M_{aX+b}(t) = e^{bt} M_X(at) \tag{4.5.8}$$

이다.

이 정리를 이용하여 평균에 관한 r차 적률 $E[(X-\mu)^r]$을 계산할 수 있다. $M_{X-\mu}(t) = e^{-\mu t} M_X(t)$이므로

$$E[(X-\mu)^r] = \frac{d^r}{dt^r}[e^{-\mu t} M_X(t)]\Big|_{t=0} \tag{4.5.9}$$

으로 계산할 수 있다.

식 (4.2.11)에 의해 다음 정리를 얻을 수 있다.

정리 4.4.3 $X_1, \ldots, X_n$이 독립이며 각각 mgf $M_{X_i}(t)$를 갖는 확률변수이면, $Y=\sum_{i=1}^{n} X_i$의 mgf는 다음과 같다.

$$M_Y(t)=M_{X_1}(t)M_{X_2}(t)\cdots M_{X_n}(t) \tag{4.5.10}$$

이 정리에 대한 예는 제5장에서 특정한 분포들을 소개한 후에 그 분포들의 특성을 밝히는데 매우 유용하게 이용된다. 다음은 mgf의 중요한 성질로 mgf가 분포를 유일하게 결정한다는 것이다. 이 성질 때문에 mgf가 널리 이용될 수 있는 것이다.

정리 4.4.4 **적률생성함수의 유일성**

$F_X(x)$와 $F_Y(y)$를 확률변수 X와 Y의 cdf라 하자. 그리고 X와 Y의 mgf $M_X(t)$와 $M_Y(t)$가 존재하면 다음이 성립된다.

모든 $t \in (-h, h)$에 대해 $M_X(t)=M_Y(t)$
$\Leftrightarrow$ 모든 실수 x에 대해 $F_X(x)=F_Y(x)$이다.

정리 4.5.4는 mgf를 이용해 그 분포의 특성을 밝히는데 유용하게 이용된다. 즉, mgf를 알면 그 분포를 결정할 수 있다는 것이다.

적률생성함수는 적률을 생성할 뿐 아니라 분포를 유일하게 결정하기 때문에 여러 가지로 유용하게 이용되지만 특정한 분포의 경우는 적률생성함수가 존재하지 않는 문제점을 가지고 있다. 이러한 문제를 해결하기 위해 모든 분포에 대해 존재하며 적률생성함수의 유용한 특성을 가지고 있는 특성함수를 이용할 수 있으나 여기서는 생략한다.

4.5.3 계승적률생성함수

정의 4.5.2

X가 확률변수일 때 $h>0$인 1을 포함하는 개구간 $(1-h, 1+h)$에 속하는 모든 t에 대해 기댓값 $E(t^X)$이 존재하면, X의 **계승적률생성함수**(factorial moment generating function)는

$$\eta_X(t)=E(t^X) \tag{4.5.11}$$

으로 정의하고 간단히 fmgf로 나타낸다.

정리 4.4.5 확률변수 X가 fmgf $\eta_X(t)$를 가지면 다음이 성립된다.

(a) $\eta_X{}'(1) = E(X)$

(b) $\eta_X{}''(1) = E[X(X-1)]$

(c) $\eta_X^{(r)}(1) = \left.\dfrac{d^r}{dt^r}\eta_X(t)\right|_{t=1} = E[X(X-1)\cdots(X-r+1)]$

따라서 X의 분산은 정리 4.3.2에 의해 다음과 같이 나타낼 수 있다.

$$\mathrm{Var}(X) = \eta_X{}''(1) + \eta_X{}'(1)[1-\eta_X{}'(1)] \tag{4.5.12}$$

적률생성함수 $M_X(t)$와 계승적률생성함수의 관계는 다음과 같다.

$$\eta_X(t) = E(t^X) = E(e^{X\ln t}) = M_X(\ln t) \tag{4.5.13}$$

예제 4.5.1에서 X의 계승적률생성함수는 다음과 같다.

$$\eta_X(t) = M_X(\ln t) = \frac{1}{15}t + \frac{3}{15}t^2 + \frac{5}{15}t^3 + \frac{6}{15}t^4$$

$\Psi_X(t) = \ln[M_X(t)]$를 **누율생성함수**(cumulant generating function)라 하고, $\kappa_r = \left.\Psi_X^{(r)}(t)\right|_{t=0}$을 r차 **누율** 또는 **누적적률**이라 한다. 즉 $\mu = \Psi_X{}'(0)$이고 $\sigma^2 = \Psi_X{}''(0)$임을 알 수 있다.

4.5.4 결합적률생성함수

적률생성함수의 개념을 k-차원 확률변수에 일반화시킬 수 있다.

정의 4.5.3

$X_1, \ldots, X_k$의 **결합적률생성함수**(joint moment generating function)는

$$M_{X_1,\ldots,X_k}(t_1,\ldots,t_k) = E\left[\exp\left(\sum_{i=1}^{k} t_i X_i\right)\right] \tag{4.5.14}$$

로 정의한다. 여기서 t_i는 $h > 0$에 대해 $-h < t_i < h$이다.

결합적률생성함수도 단일 적률생성함수의 성질과 유사한 성질을 갖는다. 결합적률생성함수 역시 확률변수 $X_1, \dots, X_k$의 결합분포를 유일하게 결정한다. 또한 결합적률생성함수로부터 주변분포들의 mgf를 구할 수 있다.

다음은 결합적률생성함수로부터 곱의 적률을 생성할 수 있음을 보여주는 중요한 결과이다. 결합 mgf $M_{X_1,\dots,X_k}(t_1, \dots, t_k)$가 존재하면, 음이 아닌 정수 $r_1, \dots, r_k$에 대해 다음이 성립된다.

$$E(X_1^{r_1} \cdots X_k^{r_k}) = \frac{\partial^{r_1+\cdots+r_k}}{\partial t_1^{r_1} \cdots \partial t_k^{r_k}} M_{X_1,\dots,X_k}(t_1,\dots,t_k)\Big|_{t_1=\cdots=t_k=0} \tag{4.5.15}$$

다음 정리는 결합적률생성함수로부터 각 확률변수의 적률생성함수를 쉽게 구할 수 있는 유용한 정리이다.

정리 4.4.6 $M_{X,Y}(t_1, t_2)$가 X와 Y의 결합 mgf이면, 다음이 성립된다.

$$M_X(t_1) = M_{X,Y}(t_1, 0) \tag{4.5.16}$$
$$M_Y(t_2) = M_{X,Y}(0, t_2) \tag{4.5.17}$$

일반적으로 결합 mgf를 알면 주변분포의 mgf는 나머지 확률변수에 대응되는 t_i에 0을 대입하면 된다. 예를 들어, $X_1, \dots, X_k$의 결합 mgf가 $M_{X_1,\dots,X_k}(t_1, \dots, t_k)$이면 X_1의 mgf는 $M_{X_1}(t_1) = M_{X_1,\dots,X_k}(t_1, 0, \dots, 0)$이다.

정리 4.4.7 만일 $X_1, \dots, X_k$의 결합 mgf $M_{X_1,\dots,X_k}(t_1, \dots, t_k)$가 존재하면, 확률변수 $X_1, \dots, X_k$가 독립일 필요충분조건은 다음과 같다.

$$M_{X_1,\dots,X_k}(t_1, \dots, t_k) = M_{X_1}(t_1) \cdots M_{X_k}(t_k) \tag{4.5.18}$$

예제 4.5.3 (X, Y)가 다음 결합 pdf를 갖는다고 하자.

$$f(x,y) = \begin{cases} e^{-(x+y)}, & 0 < x < \infty, 0 < y < \infty \\ 0, & \text{그 이외} \end{cases}$$

그러면

$$M_{X,Y}(t_1,t_2) = \int_0^\infty \int_0^\infty e^{t_1 x + t_2 y} e^{-x-y}\, dx\, dy$$
$$= \frac{1}{1-t_1}\frac{1}{1-t_2},\quad t_1 < 1, t_2 < 1$$

이므로

$$E(X) = \frac{\partial M_{X,Y}(0,0)}{\partial t_1} = 1,\quad E(Y) = \frac{\partial M_{X,Y}(0,0)}{\partial t_2} = 1$$

이고

$$\frac{\partial^2 M_{X,Y}(t_1,t_2)}{\partial t_1^2} = \frac{2}{(1-t_1)^3(1-t_2)}$$

이므로 $E(X^2) = 2$이다. 마찬가지로 $E(Y^2) = 2$이므로 $\mathrm{Var}(X) = \mathrm{Var}(Y) = 1$ 이고

$$E(XY) = \left.\frac{\partial^2 M_{X,Y}(t_1,t_2)}{\partial t_1 \partial t_2}\right|_{t_1 = t_2 = 0} = 1$$

이다. 사실

$$M_{X,Y}(t_1, t_2) = M_{X,Y}(t_1, 0) M_{X,Y}(0, t_2)$$

이므로 X와 Y는 독립이다.

4.6 공분산과 상관계수

특정한 형태의 기댓값은 두 변수 사이의 관계에 관한 정보를 제공해 준다.

정의 4.6.1

두 확률변수 X와 Y의 **공분산**(covariance)은

$$\mathrm{Cov}(X, Y) = E[(X - \mu_X)(Y - \mu_Y)] \tag{4.6.1}$$

로 정의하며, σ_{XY}로 나타내기도 한다. 여기서 $\mu_X = E(X)$이고 $\mu_Y = E(Y)$이다.

X의 큰 값이 Y의 큰 값을 동반하고 X의 작은 값이 Y의 작은 값을 동반할 확률이 높으면 공분산은 양이 될 것이고, X의 큰 값이 Y의 작은 값을 동반하거나 반대일 확률이 높으면 공분산은 음이 될 것이다. 정의에 의해

$$\text{Cov}(X, X) = \text{Var}(X) \tag{4.6.2}$$

임을 알 수 있다.

정리 4.6.1 X와 Y가 확률변수이면

$$\text{Cov}(X, Y) = E(XY) - E(X)E(Y) \tag{4.6.3}$$

이고, X와 Y가 독립이면

$$\text{Cov}(X, Y) = 0 \tag{4.6.4}$$

이다. 그러나 역은 성립하지 않는다.

예제 4.6.1 확률변수 X의 pmf가 다음과 같다고 하자.

$$f(0) = f(1) = f(-1) = \frac{1}{3}$$

그리고

$$Y = \begin{cases} 0, & X \neq 0 \\ 1, & X = 0 \end{cases}$$

으로 정의하면, $XY = 0$이므로 $E(XY) = 0$이다. 그리고 $E(X) = 0$이므로

$$\text{Cov}(X, Y) = E(XY) - E(X)E(Y) = 0$$

이지만 X와 Y는 분명히 독립이 아니다.

예제 4.6.2 X와 Y의 결합 pdf가

$$f(x,y) = \begin{cases} 2, & x > 0,\ y > 0,\ x + y < 1 \\ 0, & \text{그 이외} \end{cases}$$

일 때, X와 Y의 공분산을 구해 보자.

$$\mu_X = E(X) = \int_0^1 \int_0^{1-x} 2x\, dy\, dx = \frac{1}{3}$$

$$\mu_Y = E(Y) = \int_0^1 \int_0^{1-x} 2y\,dy\,dx = \frac{1}{3}$$

이고

$$E(XY) = \int_0^1 \int_0^{1-x} 2xy\,dy\,dx = \frac{1}{12}$$

이므로, 공분산은 다음과 같다.

$$\mathrm{Cov}(X, Y) = \frac{1}{12} - \frac{1}{3}\left(\frac{1}{3}\right) = -\frac{1}{36}$$

앞에서 확률변수들의 합의 기댓값에 대해 알아보았다. 여기서는 확률변수들의 합의 분산에 대해 살펴보자.

정리 4.6.2 X와 Y가 결합 pdf (pmf) $f(x, y)$를 갖는 확률변수이고 a와 b가 임의의 상수이면

$$\mathrm{Var}(aX + bY) = a^2\,\mathrm{Var}(X) + b^2\,\mathrm{Var}(Y) + 2ab\,\mathrm{Cov}(X, Y) \qquad (4.6.5)$$

이고 X와 Y가 독립이면 다음이 성립된다.

$$\mathrm{Var}(aX + bY) = a^2\,\mathrm{Var}(X) + b^2\,\mathrm{Var}(Y) \qquad (4.6.6)$$

증명 $\mu_X = E(X)$, $\mu_Y = E(Y)$라 하자. 그러면

$$E(aX + bY) = aE(X) + bE(Y) = a\mu_X + b\mu_Y$$

이므로

$$\begin{aligned}
\mathrm{Var}(aX + bY) &= E[(aX + bY) - (a\mu_X + b\mu_Y)]^2 \\
&= E[a(X - \mu_X) + b(Y - \mu_Y)]^2 \\
&= E[a^2(X - \mu_X)^2 + b^2(Y - \mu_Y)^2 \\
&\quad + 2ab(X - \mu_X)(Y - \mu_Y)] \\
&= a^2 E[(X - \mu_X)^2] + b^2 E[(Y - \mu_Y)^2] \\
&\quad + 2ab\,E[(X - \mu_X)(Y - \mu_Y)] \\
&= a^2\mathrm{Var}(X) + b^2\mathrm{Var}(Y) + 2ab\,\mathrm{Cov}(X, Y)
\end{aligned}$$

가 증명된다. 식 (4.6.6)은 정리 4.6.1로부터 증명된다. ■

정의 4.6.2

만일 $\mathrm{Cov}(X, Y) = 0$이면 X와 Y는 **무상관**(uncorrelated)이라 한다.

정리 4.6.3 X, Y, Z가 확률변수이고 a와 b가 상수일 때, 다음이 성립된다.

(a) $\mathrm{Cov}(aX, bY) = ab\,\mathrm{Cov}(X, Y)$ (4.6.7)

(b) $\mathrm{Cov}(X + a, Y + b) = \mathrm{Cov}(X, Y)$ (4.6.8)

(c) $\mathrm{Cov}(X, Y + Z) = \mathrm{Cov}(X, Y) + \mathrm{Cov}(X, Z)$ (4.6.9)

정리 4.6.2와 4.6.3을 일반화시켜 다음 정리를 얻을 수 있다.

정리 4.6.4 a_i, b_j는 상수이고 X_i, Y_j, $i = 1, \ldots, n$, $j = 1, \ldots, m$이 확률변수이면, 다음이 성립된다.

(a)
$$\mathrm{Cov}\left(\sum_{i=1}^{n} a_i X_i,\ \sum_{j=1}^{m} b_j Y_j\right) = \sum_{i=1}^{n}\sum_{j=1}^{m} a_i b_j \,\mathrm{Cov}(X_i, Y_j) \quad (4.6.10)$$

(b)
$$\mathrm{Var}\left(\sum_{i=1}^{n} a_i X_i\right) = \sum_{i=1}^{n}\sum_{j=1}^{n} a_i a_j \,\mathrm{Cov}(X_i, X_j)$$
$$= \sum_{i=1}^{n} a_i^2 \,\mathrm{Var}(X_i) + 2\sum_{i<j}\sum a_i a_j \,\mathrm{Cov}(X_i, X_j) \quad (4.6.11)$$

(c) $X_1, \ldots, X_n$ 이 독립이면

$$\mathrm{Var}\left(\sum_{i=1}^{n} a_i X_i\right) = \sum_{i=1}^{n} a_i^2 \,\mathrm{Var}(X_i) \quad (4.6.12)$$

이다.

예제 4.6.3 남학생 10명과 여학생 10명인 20명을 무작위로 두 명씩 나란히 자리에 앉게 할 때, 남학생과 여학생이 짝을 이룬 수를 X라 하자. 그러면 $i = 1, 2, \ldots, 10$에 대해

$$X_i = \begin{cases} 1, & i\text{번째 짝이 남학생과 여학생으로 이루어지면} \\ 0, & \text{그렇지 않으면} \end{cases}$$

으로 정의하면, 남학생과 여학생이 짝을 이룬 수는 $X = \sum_{i=1}^{10} X_i$이다.

$$E(X_i) = P[X_i = 1] = \frac{\binom{10}{1}\binom{10}{1}}{\binom{20}{2}} = \frac{10}{19}$$

$$\begin{aligned} E(X_i X_j) &= P[X_i = 1, X_j = 1] = P[X_i = 1]P[X_j = 1 \mid X_i = 1] \\ &= \frac{10}{19}\frac{\binom{9}{1}\binom{9}{1}}{\binom{18}{2}} \\ &= \frac{10}{19}\left(\frac{9}{17}\right), \quad i < j \end{aligned}$$

이므로 X의 평균과 분산은 정리 4.2.7과 정리 4.6.4에 의해 다음과 같다.

$$E(X) = E\left(\sum_{i=1}^{10} X_i\right) = 10\left(\frac{10}{19}\right) = \frac{100}{19}$$

$$\begin{aligned} \mathrm{Var}(X) &= \mathrm{Var}\left(\sum_{i=1}^{10} X_i\right) = \sum_{i=1}^{10} \mathrm{Var}(X_i) + 2\sum\sum_{i<j} \mathrm{Cov}(X_i, X_j) \\ &= 10\left(\frac{10}{19}\right)\left(1 - \frac{10}{19}\right) + 2\binom{10}{2}\left[\frac{10}{19}\left(\frac{9}{17}\right) - \left(\frac{10}{19}\right)^2\right] \\ &= \frac{900}{(19)^2}\left(\frac{18}{17}\right) \end{aligned}$$

앞서 확률변수의 분포에 대한 특징을 묘사하는데 평균과 분산의 중요성을 언급했다. 그리고 두 확률변수 사이의 연관성의 유용한 척도로 공분산을 언급했다.

정리 4.6.1에서 보였듯이 X와 Y가 독립이면, $\mathrm{Cov}(X, Y) = 0$이다. 그러나 그 역은 일반적으로 성립하지 않는다. 일반적으로 $\mathrm{Cov}(X, Y) \neq 0$이면, X와 Y는 종속이라고 결론지을 수 있다. 이제 X와 Y의 선형관계의 척도로 유명한 상관계수를 소개한다.

정의 4.6.3

X와 Y의 분산이 각각 σ_X^2과 σ_Y^2이고 공분산이 σ_{XY}인 확률변수이면, X와 Y의 **상관계수**(correlation coefficient)는

$$\rho = \rho(X, Y) = \frac{\text{Cov}(X, Y)}{\sqrt{\text{Var}(X)\text{Var}(Y)}} = \frac{\sigma_{XY}}{\sigma_X \sigma_Y} \tag{4.6.13}$$

로 정의하며 종종 첨자를 사용하여 ρ_{XY}로 나타내기도 한다.

정리 4.6.5 ρ가 X와 Y의 상관계수이면, 다음이 성립된다.

(a) $-1 \le \rho \le 1$

(b) $\rho = \pm 1$일 필요충분조건은 $a \ne 0$와 b에 대해 $P[Y = aX + b] = 1$이다.

증명 정리 4.4.5의 코시-슈바르츠 부등식에서 X 대신에 $X - E(X)$, Y 대신에 $Y - E(Y)$를 적용하면 간단히 증명된다. 여기서는 코시-슈바르츠 부등식을 적용하지 않고 분산이 음이 아니라는 사실을 이용해 증명하는 방법을 소개한다.

(a) σ_X^2과 σ_Y^2을 각각 X와 Y의 분산이라 하자. 확률변수의 분산은 음이 아니기 때문에

$$\begin{aligned} 0 &\le \text{Var}\left(\frac{X}{\sigma_X} + \frac{Y}{\sigma_Y}\right) \\ &= \frac{1}{\sigma_X^2}\text{Var}(X) + \frac{1}{\sigma_Y^2}\text{Var}(Y) + 2\frac{1}{\sigma_X\sigma_Y}\text{Cov}(X, Y) \\ &= 1 + 1 + 2\rho \\ &= 2(1 + \rho) \end{aligned}$$

이므로 $\rho \ge -1$이고, 유사하게

$$\begin{aligned} 0 &\le \text{Var}\left(\frac{X}{\sigma_X} - \frac{Y}{\sigma_Y}\right) \\ &= \frac{1}{\sigma_X^2}\text{Var}(X) + \frac{1}{\sigma_Y^2}\text{Var}(Y) - 2\frac{1}{\sigma_X\sigma_Y}\text{Cov}(X, Y) \\ &= 2(1 - \rho) \end{aligned}$$

이므로 $\rho \le 1$이다.

(b) $\rho = 1$이면

$$\text{Var}\left(\frac{X}{\sigma_X} - \frac{Y}{\sigma_Y}\right) = 0$$

이다. 정리 4.4.4에 의해

$$P\left[\frac{X}{\sigma_X}-\frac{Y}{\sigma_Y}=\frac{\mu_X}{\sigma_X}-\frac{\mu_Y}{\sigma_Y}\right]=1$$

이다. 여기서 μ_X와 μ_Y는 각각 X와 Y의 평균이다. 따라서 적당한 $a \neq 0$와 b에 대해

$$P[Y=aX+b]=1$$

이 성립된다. $\rho=-1$일 때도 동일한 방법으로 증명된다.

만일 $Y=aX+b$이면 $\sigma_Y^2=a^2\sigma_X^2$이고 $\text{Cov}(X, Y)=a\sigma_X^2$이므로 $\rho=\frac{a}{|a|}$이다. 따라서 정리가 증명된다. ■

예제 4.6.4 예제 4.6.2에서 정의한 확률변수 X와 Y의 상관계수를 구해 보자.

$$E(X^2)=\int_0^1\int_0^{1-x} 2x^2\,dy\,dx=\frac{1}{6}$$

$$E(Y^2)=\int_0^1\int_0^{1-x} 2y^2\,dy\,dx=\frac{1}{6}$$

이므로

$$\text{Var}(X)=\text{Var}(Y)=\frac{1}{6}-\left(\frac{1}{3}\right)^2=\frac{1}{18}$$

이다. 따라서 X와 Y의 상관계수는 다음과 같다.

$$\rho=\frac{-1/36}{1/18}=-\frac{1}{2}$$

4.7 조건부 기댓값

2.4절에서 조건부 확률의 개념에 대해 알아보았다. 여기서는 기댓값과 분산에 조건부 개념을 확장시키고자 한다.

정의 4.7.1

X와 Y가 결합분포를 갖는 확률변수일 때, $X=x$가 주어졌을 때 Y의 **조건부 기댓값**

(conditional expectation)은 다음과 같이 정의한다.

(a) X와 Y가 이산인 경우

$$E(Y|x) = \sum_y y f(y|x) \tag{4.7.1}$$

(b) X와 Y가 연속인 경우

$$E(Y|x) = \int_{-\infty}^{\infty} y f(y|x)\, dy \tag{4.7.2}$$

이 때 $E(Y|x)$를 $E_{Y|x}(Y)$ 또는 $E(Y|X=x)$로 나타내기도 한다.

예제 4.7.1 X와 Y의 결합 pdf가

$$f(x, y) = \begin{cases} \dfrac{2}{9}, & 0 < x < y < 3 \\ 0, & \text{그 이외} \end{cases}$$

라 하면

$$f_Y(y) = \int_0^y \frac{2}{9} dx = \frac{2}{9} y, \ 0 < y < 3$$

이므로

$$f(x|y) = \frac{f(x, y)}{f_Y(y)} = \frac{1}{y}, \ 0 < x < y$$

이다. 따라서 조건부 기댓값은 다음과 같다.

$$\begin{aligned} E(X|y) &= \int_{-\infty}^{\infty} x f(x|y)\, dx \\ &= \int_0^y x \frac{1}{y}\, dx \\ &= \frac{y}{2} \end{aligned}$$

조건부 확률이 일반 확률의 모든 성질들을 만족하는 것과 마찬가지로 조건부 기댓값도 일반 기댓값의 모든 성질을 만족한다. 예를 들어,

$$E[g(Y)|x] = \begin{cases} \sum_y g(y) f(y|x), & \text{이산인 경우} \\ \int_{-\infty}^{\infty} g(y) f(y|x)\, dy, & \text{연속인 경우} \end{cases} \tag{4.7.3}$$

이고

$$E\left(\sum_{i=1}^{n} a_i Y_i \,\middle|\, x\right) = \sum_{i=1}^{n} a_i E(Y_i \mid x) \tag{4.7.4}$$

이다.

정리 4.7.1 X와 Y가 확률변수이고 $E(Y)$가 존재하면, 다음이 성립된다.

$$E_X[E_Y(Y \mid X)] = E(Y) \tag{4.7.5}$$

증명 연속인 경우에 증명해 보자.

$$\begin{aligned} E_X[E_Y(Y \mid X)] &= \int_{-\infty}^{\infty} E(Y \mid x) f_X(x)\, dx \\ &= \int_{-\infty}^{\infty} \int_{-\infty}^{\infty} y f(y \mid x) f_X(x)\, dy\, dx \\ &= \int_{-\infty}^{\infty} y \int_{-\infty}^{\infty} f(x,y)\, dx\, dy \\ &= \int_{-\infty}^{\infty} y f_Y(y)\, dy \\ &= E(Y) \end{aligned}$$

정리 4.7.1은 다음과 같이 나타낼 수 있다.

$$E(Y) = \begin{cases} \sum_x E(Y \mid x) P[X = x], & X\text{가 이산확률변수이면} \\ \int_{-\infty}^{\infty} E(Y \mid x) f_X(x)\, dx, & X\text{가 연속확률변수이면} \end{cases} \tag{4.7.6}$$

예제 4.7.2 문이 3개 있는 독방에 죄수가 갇혀 있다. 첫째 문으로 나가 통로를 따라가면 2일 뒤에 다시 그의 독방으로 되돌아오고, 둘째 문으로 나가 통로를 따라가면 4일 뒤에 다시 그 방으로 되돌아오며, 셋째 문으로 나가 통로를 따라가면 1일 뒤에 감옥에서 벗어날 수 있다. 죄수가 첫째, 둘째, 셋째 문을 선택할 확률이 항상 각각 0.5, 0.3, 0.2라 하면 죄수가 감옥에서 나가 자유로운 몸이 될 때까지 며칠이 걸릴 것으로 기대되는가?

|풀이| X는 감옥에서 벗어날 때까지 걸린 날짜이고, Y는 죄수가 선택한 문을 나타낸다고 하자. 그러면 X의 기댓값은

$$\begin{aligned} E(X) &= E_Y[E_X(X|Y)] \\ &= E(X|Y=1)P[Y=1] + E(X|Y=2)P[Y=2] \\ &\quad + E(X|Y=3)P[Y=3] \\ &= 0.5E(X|Y=1) + 0.3E(X|Y=2) + 0.2E(X|Y=3) \end{aligned}$$

으로 나타낼 수 있다. 그러나

$$\begin{aligned} E(X|Y=1) &= 2 + E(X) \\ E(X|Y=2) &= 4 + E(X) \\ E(X|Y=3) &= 1 \end{aligned}$$

이므로

$$\begin{aligned} E(X) &= 0.5(2 + E(X)) + 0.3(4 + E(X)) + 0.2 \\ &= 2.4 + 0.8E(X) \end{aligned}$$

가 되어

$$E(X) = 12$$

이다. 즉, 평균 12일 후에 감옥에서 벗어날 수 있다.

예제 4.7.3 예제 4.7.1에서 정의한 확률변수 X의 평균을 정리 4.7.1을 이용하여 구하면

$$E(X) = E_Y[E_X(X|Y)] = E(Y/2) = \int_0^3 \frac{y}{2}\left(\frac{2}{9}y\right)dy = 1$$

임을 알 수 있다.

정리 4.7.1과 유사한 결과로 좀더 일반적인 다음 정리를 소개한다.

정리 4.7.2 X와 Y가 결합분포를 갖는 확률변수이고 $h(x,y)$가 함수이면, 다음이 성립된다.

$$E[h(X,Y)] = E_X(E[h(X,Y)|X]) \tag{4.7.7}$$

정리 4.7.2는 X와 Y의 함수 $h(X, Y)$에 대한 기댓값은 먼저 조건부 기댓값 $E[h(x, Y)|x]$를 구한 다음 X의 주변분포에 관한 기댓값을 구해 해결할 수 있음을 의미한다. 이 정리를 다음 정리와 함께 사용할 때, 응용문제에서 매우 유용하다.

정리 4.7.3 X와 Y가 결합분포를 갖는 확률변수이고 $g_1(x)$와 $g_2(y)$가 함수이면, 다음이 성립된다.

$$E[g_1(X)g_2(Y)|x] = g_1(x)E[g_2(Y)|x] \tag{4.7.8}$$

X와 Y가 독립일 때, 조건부 기댓값은 조건이 주어지지 않은 일반 기댓값과 같다는 다음 정리를 얻을 수 있다.

정리 4.7.4 X와 Y가 독립이면, 다음이 성립된다.

$$E(Y|x) = E(Y) \tag{4.7.9}$$

$$E(X|y) = E(X) \tag{4.7.10}$$

이제 조건부분포의 분산에 대해 알아보자.

정의 4.7.2

$X=x$가 주어졌을 때 Y의 **조건부 분산**(conditional variance)은

$$\begin{aligned}\mathrm{Var}(Y|x) &= E([Y-E(Y|x)]^2|x)\\ &= E(Y^2|x)-[E(Y|x)]^2\end{aligned} \tag{4.7.11}$$

으로 정의한다.

정리 4.7.5 X와 Y가 결합분포를 갖는 확률변수이면, 다음이 성립된다.

$$\mathrm{Var}(Y) = E_X[\mathrm{Var}(Y|X)] + \mathrm{Var}_X[E(Y|X)] \tag{4.7.12}$$

증명

$$\begin{aligned}E_X[\mathrm{Var}(Y|X)] &= E_X\left[E(Y^2|X) - [E(Y|X)]^2\right]\\ &= E(Y^2) - E_X([E(Y|X)]^2)\end{aligned}$$

$$= E(Y^2) - [E(Y)]^2 - \left(E_X[(E(Y|X))^2] - [E(Y)]^2\right)$$
$$= \mathrm{Var}(Y) - \mathrm{Var}_X[E(Y|X)]$$

이므로, 정리가 증명된다. ■

예제 4.7.4 예제 4.7.1의 결합 pdf에 대해 조건부 분산 $\mathrm{Var}(X|y)$를 구해 보자.

|풀이| $E(X^2|y) = \int_{-\infty}^{\infty} x^2 f(x|y)\,dx = \int_0^y x^2 \frac{1}{y}\,dx = \frac{y^2}{3}$ 이므로 조건부 분산은 다음과 같다.

$$\mathrm{Var}(X|y) = E(X^2|y) - [E(X|y)]^2 = \frac{y^2}{3} - \left(\frac{y}{2}\right)^2 = \frac{y^2}{12}$$

연습문제 제 4 장

4.1 X를 공정한 주사위를 던져 나타난 눈금의 수라 하자. 다음을 구하라.6

(a) $E(X)$ (b) $E(2X^2+1)$

4.2 자선기금을 마련하기 위해 1,000원 짜리 복권 10,000장을 팔았다. 이 중에 무작위로 한 장을 추첨하여 당첨자에게 3,000,000원 짜리 상품을 준다고 한다. 만일 한 장을 구입했다면 기대이득은 얼마인가?

4.3 항아리에 4개의 붉은 공, 1개의 노란색 공, 3개의 녹색 공이 들어있다. 이 항아리에서 무작위 비복원추출로 한 개의 녹색 공이 나올 때까지 계속 한 개씩 꺼낸다. X를 이 때 필요한 시행 횟수라 하면, X의 기댓값을 구하라.

4.4 다음의 pdf를 갖는 확률변수 X의 기댓값을 구하라.

(a) $f_X(x) = \lambda e^{-\lambda x},\ x > 0$

(b) $f_X(x) = \frac{1}{3},\ 0 \le x \le 3$

(c) $f_X(x) = 4xe^{-2x},\ x > 0$

4.5 X의 pdf가 다음과 같을 때, 각 값을 구하라.

$$f(x) = \begin{cases} \frac{1}{\theta} e^{-x/\theta}, & x > 0 \\ 0, & \text{그 이외} \end{cases}$$

(a) $E(X)$

(b) $E(e^{aX}),\ a < 1/\theta$

4.6 연습문제 4.5번에서 정의한 확률변수 X의 기댓값 $E(X)$를 정리 4.2.2를 이용해 구하라.

4.7 음이 아닌 연속확률변수 X에 대해 정리 4.2.2를 이용해 다음을 보여라.

$$E(X^n) = \int_0^\infty n x^{n-1} [1 - F(x)]\, dx$$

4.8 연습문제 4.7번을 이용하여, 연습문제 4.5번에서 정의한 확률변수 X에 대해 $E(X^k)$을 구하라.

4.9 10쌍의 부부를 둥근 테이블에 앉게 한다면, 그들 남편 옆에 앉은 부인의 수에 대한 기댓값을 구하라.

4.10 X와 Y는 독립인 확률변수로 평균이 각각 5와 4일 때, $E(4XY + 3X + 3Y)$를 구하라.

4.11 정사면체 주사위를 두 번 던져 나타난 두 눈금 중 최댓값을 X라 하자.

(a) X의 기댓값을 계산하라.

(b) X의 분산을 계산하라.

4.12 확률변수 X의 pmf가 다음과 같을 때, 각 값을 구하라.

x	0	1	2	3
$f(x)$	$\frac{1}{4}$	$\frac{1}{8}$	$\frac{1}{2}$	$\frac{1}{8}$

(a) $E(X)$ (b) $\mathrm{Var}(X)$

(c) $\mathrm{Var}(2X+3)$

4.13 확률변수 X의 pdf가 다음과 같을 때, 각 값을 구하라.

$$f(x)=\begin{cases}\frac{x}{2}, & 0<x<2\\ 0, & \text{그 이외}\end{cases}$$

(a) $\mathrm{Var}(X)$ (b) 왜도 α_3

(c) 첨도 α_4

4.14 X의 pdf가 다음과 같을 때, 각 값을 구하라.

$$f(x)=\begin{cases}\frac{1}{2\sqrt{x}}, & 0<x<1\\ 0, & \text{그 이외}\end{cases}$$

(a) $E(X)$ (b) $\mathrm{Var}(X)$

(c) $\mathrm{Var}(3X+5)$

4.15 X의 pdf가 $f(x)=e^{-x}$, $x>0$일 때

(a) X의 분포의 왜도와 첨도를 구하라.

(b) (a)에서 구한 왜도에 근거하여 X의 분포의 기울어진 형태를 말하라.

4.16 $E(X)=3$이고 $E(X^2)=13$인 확률변수에 대해, 체비셰프 부등식을 이용해 $P[-2<X<8]$의 하한값을 결정하라.

4.17 확률변수 X의 pdf가 다음과 같을 때

$$f(x)=\begin{cases}6x(1-x), & 0<x<1\\ 0, & \text{그 이외}\end{cases}$$

(a) $P[\mu-2\sigma<X<\mu+2\sigma]$를 구하라. 여기서 μ와 σ^2은 X의 평균과 분산이다.

(b) (a)의 결과를 체비셰프 부등식을 이용한 결과와 비교하라.

4.18 평균이 μ이고 분산이 σ^2인 확률변수가 $\mu-k\sigma$와 $\mu+k\sigma$ 사이일 확률이 적어도 0.95

일 최소의 k값을 체비셰프 부등식을 이용해 구하라.

4.19 X는 평균이 10이고 분산이 8인 음이 아닌 확률변수이다. 마르코프 부등식을 이용하여 $p = P[X \geq 12]$의 상한값을 구하라.

4.20 확률변수 X의 pmf가 다음과 같을 때, X의 mgf를 구하라.

(a) $f(x) = \dfrac{5-x}{10}$, $x = 1,2,3,4$

(b) $f(x) = \dfrac{1}{3}$, $x = 1,2,3$

4.21 X의 mgf가 다음과 같을 때, $P[2 < X \leq 4]$를 구하라.

$$M_X(t) = 0.20e^t + 0.15e^{3t} + 0.35e^{4t} + 0.30e^{6t}$$

4.22 X의 mgf가 $M_X(t) = e^{3t+8t^2}$이다. 이 때, $Z = \dfrac{1}{4}(X-3)$의 mgf를 구하고, 이것을 이용하여 Z의 평균과 분산을 구하라.

4.23 X의 mgf가 다음과 같을 때, 각 값을 구하라.

$$M_X(t) = \frac{2}{6}e^t + \frac{3}{6}e^{2t} + \frac{1}{6}e^{3t}$$

(a) $E(X)$

(b) $\mathrm{Var}(X)$

(c) X의 pmf

(d) X의 계승적률생성함수 $\eta_X(t)$

4.24 확률변수 X의 pmf가 $f(x) = \left(\dfrac{1}{2}\right)^{x+1}$, $x = 0, 1, 2, \ldots$일 때, 다음을 구하라.

(a) X의 mgf $M_X(t)$

(b) X의 fmgf $\eta_X(t)$

(c) $E[X(X-1)]$

(d) $E[X(X-1)(X-2)]$

(e) $Y = 3X+4$의 mgf $M_Y(t)$

4.25 X와 Y는 결합 pdf가 $f(x,y) = 2e^{-x-y}$, $0 < x < y < \infty$인 연속확률변수이다.

(a) X와 Y의 결합 mgf $M(t_1, t_2)$를 유도하라.

(b) 결합 mgf를 이용하여 X와 Y의 mgf를 각각 구하라.

(c) X와 Y가 독립인지 (b)를 이용하여 설명하라.

4.26 X와 Y의 결합 pmf가 다음과 같다.

x \ y	1	2	3	4
1	$\frac{1}{8}$	$\frac{1}{16}$	$\frac{1}{8}$	$\frac{3}{16}$
2	$\frac{1}{16}$	$\frac{1}{16}$	$\frac{1}{8}$	$\frac{1}{4}$

(a) X와 Y의 공분산 $\text{Cov}(X, Y)$를 구하라.

(b) X와 Y의 상관계수 $\rho(X, Y)$를 구하라.

4.27 X와 Y의 결합 pdf가 다음과 같을 때, 각 값을 구하라.

$$f(x,y) = \begin{cases} x+y, & 0<x<1,\ 0<y<1 \\ 0, & \text{그 이외} \end{cases}$$

(a) $\text{Cov}(X, Y)$

(b) $\text{Cov}(5X+1, 3Y)$

4.28 만일 X와 Y는 독립이며 $E(X)=2$, $E(Y)=3$, $\text{Var}(X)=4$, $\text{Var}(Y)=16$일 때, 다음을 구하라.

(a) $E(5X-Y)$

(b) $\text{Var}(5X-Y)$

(c) $\text{Cov}(3X+Y, Y)$

(d) $\text{Cov}(X, 5X-Y)$

4.29 X와 Y의 결합 pdf가 다음과 같을 때, 각 값을 구하라.

$$f(x,y) = \begin{cases} 8xy, & 0<y<x<1 \\ 0, & \text{그 이외} \end{cases}$$

(a) X와 Y의 공분산 $\text{Cov}(X, Y)$

(b) $\text{Cov}(5X+3, 2Y+2)$

(c) X와 Y의 상관계수

4.30 X와 Y는 독립이며 분산이 각각 σ_X^2과 σ_Y^2이고 $Z=Y-X$라 하자.

(a) X와 Z의 공분산을 구하라.

(b) X와 Z의 상관계수를 구하라.

4.31 만일 $\mathrm{Var}(X_1)=5$, $\mathrm{Var}(X_2)=4$, $\mathrm{Var}(X_3)=7$, $\mathrm{Cov}(X_1, X_2)=3$, $\mathrm{Cov}(X_1, X_3)=-2$이고 X_2와 X_3가 독립이면, $Y_1 = X_1 - 2X_2 + 3X_3$와 $Y_2 = -2X_1 + 3X_2 + 4X_3$의 공분산을 구하라. 그리고 Y_1과 Y_2의 상관계수를 구하라.

4.32 10개의 흰 공과 5개의 검은 공이 들어있는 항아리에서 3개의 공을 무작위로 비복원추출한다. 이 때 꺼낸 공 중에서 검은 공의 개수 X의 분산을 구하라.

4.33 연습문제 4.9번에서 남편 옆에 앉은 부인의 수에 대한 분산을 구하라.

4.34 항아리에 흰 공 2개, 붉은 공 4개, 검은 공 4개가 들어있다. 이 항아리에서 비복원추출로 2개의 공을 꺼낸다. 이 때 X를 꺼낸 공 중에서 흰 공의 개수라 하고, Y를 붉은 공의 개수라 할 때, $E(Y|x)$를 구하라.

4.35 X와 Y의 결합 pdf가 다음과 같을 때, $E\left(Y \middle| X=\frac{1}{2}\right)$을 구하라.

$$f(x, y) = \begin{cases} x+y, & 0<x<1,\ 0<y<1 \\ 0, & \text{그 이외} \end{cases}$$

4.36 X와 Y의 결합 pdf가 다음과 같을 때, 각 값을 구하라.

$$f(x, y) = \begin{cases} 6y, & 0<y<x<1 \\ 0, & \text{그 이외} \end{cases}$$

(a) $E(Y|x)$

(b) $E(Y)$ ((a)의 결과를 이용)

(c) $E(XY|x)$

4.37 X와 Y의 결합밀도함수가

$$f(x,y) = \frac{1}{y}e^{-x/y}e^{-y},\ 0<x<\infty,\ 0<y<\infty$$

일 때, 조건부 기댓값을 이용하여 $E(X)$, $E(Y)$, $\mathrm{Cov}(X, Y)$, $E(X^2|y)$를 계산하라.

4.38 X는 주어진 기간에 어느 지방은행의 드라이브인 창구에 도착한 고객의 수이고, Y는 예금을 인출한 사람의 수이다. X는 기댓값이 $E(X)=3$이고 $\mathrm{Var}(X)=3$이며, $X=x$가 주어졌을 때 Y의 조건부 기댓값과 분산은 $E(Y|x)=x/2$이고 $\mathrm{Var}(Y|x)=(x+1)/3$이다.

(a) $E(Y)$를 구하라.

(b) $\mathrm{Var}(Y)$를 구하라.

(c) $E(XY)$를 구하라.

4.39 X와 Y의 결합 pdf가 다음과 같을 때, 각 값을 구하라.

$$f(x,\,y)=\begin{cases}2, & 0<x<y<1\\ 0, & \text{그 이외}\end{cases}$$

(a) $E(Y|x)$

(b) $E(X|y)$

(c) $\mathrm{Var}(X|y)$

(d) $E(X)$ ((b)의 결과 이용)

(e) $\mathrm{Var}(X)$ ((b)와 (c)의 결과와 정리 4.7.5 이용)

4.40 다음과 같은 주사위 게임을 생각해 보자. 게임자 1과 2는 차례로 한 쌍의 주사위를 던진다. 그리고 나서 진행자가 다음과 같은 방법으로 결과를 결정하기 위해 주사위를 던진다. 만일 게임자 i, $i=1,2$가 던진 주사위 눈금이 진행자의 눈금보다 크면 게임자 i는 이긴다. $i=1,2$에 대해

$$I_i=\begin{cases}1, & i\text{가 이기면}\\ 0, & \text{그 이외}\end{cases}$$

라 하면, I_1과 I_2가 양의 상관을 가짐을 보여라.

제 5 장

특별한 이산분포

5.1 서론

지금까지 확률변수에 관한 이론과 여러 성질들을 살펴보았다. 이 장에서는 잘 알려진 특정한 이산분포들을 소개하고 그 분포의 여러 특성에 대해 알아보고자 한다. 또한 그들 분포에서 상수이지만 다른 값들을 취할 수 있는 **모수**(parameter)에 대해서도 언급할 것이다. 많은 응용에서, 분포의 어떤 특성을 알면 그 분포가 잘 알려진 특정한 형태의 분포인지를 알 수 있다. 특정한 분포들은 한 개 이상의 모수에 의존하며, 이 모수 값만 알면 그 분포가 완전히 결정된다.

이 장에서는 널리 이용되는 여러 가지 유용한 확률질량함수와 기호, 적률생성함수, 평균, 분산 등의 몇 가지 성질들을 소개하고자 한다.

5.2 베르누이분포

동전을 던지는 실험, 남녀로 구별되는 신생아의 성별, 양품과 불량품으로 판정되는 품질검사의 결과, 어떤 정책에 지지하느냐 반대하느냐 등과 같이 오직 두 가지 형태의 결과만 나타나는 시행을 **베르누이 시행**(Bernoulli trial)이라 하고, 이런 두 가지 형태의 결과를 보통 성공(E)과 실패(E^c)로 나타낸다. 물론 베르누이 시행은 매 시행 때마다 성공할 확률이 항상 동일하고 독립적으로 반복해서 이루어지는 것을 의미한다. 이 때 다음과 같이 정의된 확률변수를 **베르누이 확률변수**라 한다.

$$X(e)=\begin{cases}1, & e\in E\\ 0, & e\in E^c\end{cases} \tag{5.2.1}$$

X의 pmf는

$$f(x\,;p)=p^x q^{1-x},\quad x=0,1 \tag{5.2.2}$$

이며 이에 대응되는 분포를 **베르누이분포**(Bernoulli distribution)라 한다. 여기서 p는 성공할 확률이고 $q=1-p$는 실패할 확률이다. 베르누이 확률변수 X의 평균은 $E(X)=p$이고 분산은 $\mathrm{Var}(X)=pq$이다.

베르누이분포는 다음에 소개할 분포의 특별한 형태이다. 따라서 베르누이분포에 대해서는 기호를 소개하지 않는다.

5.3 이항분포

베르누이 시행을 n번 반복한다고 하자. 즉, 각 시행에서 성공할 확률은 항상 p로 동일하고 시행들이 독립적으로 n번 반복된다고 하자. 이 때 n번의 시행 중 성공의 횟수에 관심이 있을 수 있다. 예를 들어, 동전을 10번 던져 나타난 앞면의 횟수, 동일한 제품 100개를 검사했을 때 불량품의 개수 등에 관심이 있을 수 있다. X_i를 i번째 베르누이 시행에서의 베르누이 확률변수라 하면, $P[X_i=1]=p$이고 $P[X_i=0]=1-p,\ i=1,2,\ldots,n$이다. 이 때 $X=X_1+\cdots+X_n$은 n번의 베르누이 시행에서 성공의 횟수이므로 X의 가능한 값은 $0,1,2,\ldots,n$이 된다. 그러므로 X의 pmf는 다음과 같다.

$$b(x;n,p)=P[X=x]=\binom{n}{x}p^x q^{n-x},\quad x=0,1,2,\ldots,n \tag{5.3.1}$$

식 (5.3.1)에 주어진 식을 모수 p를 갖는 **이항분포**(binomial distribution)의 pmf라 하며, 기호로 $b(n,p)$ 또는 $B(n,p)$를 사용하기도 하나 제8장에서 다룰 베타함수와 혼동될 수 있기 때문에

$$X\sim \mathrm{Bin}(n,p) \tag{5.3.2}$$

로 표기한다. 앞 절에서 설명한 베르누이분포는 $n=1$인 이항분포이다. 물론 식 (5.3.1)에 주어진 함수가 pmf가 됨은 이항정리에 의해 쉽게 증명된다.

이항분포의 cdf는

$$B(x;n,p) \equiv P[X \le x] = \sum_{k=0}^{x} b(k;n,p) = \sum_{k=0}^{x} \binom{n}{k} p^k (1-p)^{n-k},\ x = 0,1,\ldots,n \tag{5.3.3}$$

으로 나타내고, 부록 B의 표 B.1에 다양한 n과 p에 대해 $B(x;n,p)$의 값이 주어져 있다. 이 표를 이용하여 확률을 쉽게 계산할 수 있다.

$$B(x;n,p) = 1 - B(n-x-1;n,1-p) \tag{5.3.4}$$

가 성립되고 X의 pmf의 값은

$$b(x;n,p) = P[X \le x] - P[X \le x-1] = B(x;n,p) - B(x-1;n,p) \tag{5.3.5}$$

에 의해 쉽게 계산할 수 있다. 식 (5.3.4)는 $X \sim \mathrm{Bin}(n,p)$이면 $n-X \sim \mathrm{Bin}(n,1-p)$라는 사실에 의한 것이다.

정리 5.3.1 $$b(x;n,p) = b(n-x;n,1-p) \tag{5.3.6}$$

예제 5.3.1 어느 공장에서 생산되는 제품의 5%가 불량품이라 하자. 이 공장에서 생산된 제품을 무작위로 20개 선택했을 때, 적어도 3개의 불량품이 포함되어 있을 확률은 얼마인가?

|풀이| X를 선택한 20개의 제품에서 불량품의 개수라 하자. 그러면 $X \sim \mathrm{Bin}(20, 0.05)$이므로 구하는 확률은 다음과 같다.

$$\begin{aligned} P[X \ge 3] &= 1 - P[X \le 2] \\ &= 1 - B(2;20,0.05) \\ &= 1 - 0.9245 \quad \text{(부록 B의 표 B.1에 의해)} \\ &= 0.0755 \end{aligned}$$

예제 5.3.2 3개의 주사위를 던지는 게임에서 1에서 6까지의 결과 중 어느 것에나 돈을 걸 수 있다. 세 개의 주사위를 던져 정확히 내기를 건 결과의 숫자가 i개 나오면 돈을 건 액수의 i배 $(i = 1, 2, 3)$만큼 받고 내기를 건 결과의 숫자가 전혀 나오지 않으면 돈을 건 액수만큼 잃는다. 이 게임에서 1000원을 걸었다면 획득할

돈의 기댓값은 얼마인가?

|풀이| X를 이 게임에서 내기를 건 결과의 숫자가 나타난 주사위의 개수라 하면

$$b\left(x\,;3,\ \frac{1}{6}\right)=P[X=x]=\binom{3}{x}\left(\frac{1}{6}\right)^{x}\left(\frac{5}{6}\right)^{3-x},\quad x=0,1,2,3$$

이다. 따라서 게임에서 따게 될 기대되는 돈의 액수는

$$\begin{aligned}&1000f(1)+2000f(2)+3000f(3)-1000f(0)\\&=1000\binom{3}{1}\left(\frac{1}{6}\right)\left(\frac{5}{6}\right)^{2}+2000\binom{3}{2}\left(\frac{1}{6}\right)^{2}\left(\frac{5}{6}\right)\\&\quad+3000\binom{3}{3}\left(\frac{1}{6}\right)^{3}-1000\binom{3}{0}\left(\frac{5}{6}\right)^{3}\\&=\frac{1000}{6^3}(75+30+3-125)=-\frac{2125}{27}\end{aligned}$$

이다. 그러므로 이 게임에서는 평균 약 79원 정도 잃게 된다.

이제 이항분포의 일반적인 성질을 유도해 보자. 만일 $X\sim\mathrm{Bin}(n,\,p)$이면, X의 적률생성함수는

$$\begin{aligned}M_X(t)&=E(e^{tX})\\&=\sum_{x=0}^{n}e^{tx}\binom{n}{x}p^{x}(1-p)^{n-x}\\&=\sum_{x=0}^{n}\binom{n}{x}(pe^{t})^{x}(1-p)^{n-x}\\&=(pe^{t}+1-p)^{n}\end{aligned}\tag{5.3.7}$$

이다. 따라서

$$M_X'(t)=n(pe^{t}+1-p)^{n-1}pe^{t}\tag{5.3.8}$$

이므로

$$E(X)=M_X'(0)=np\tag{5.3.9}$$

이다. 두 번 미분하여 분산도 구할 수 있다. 그러나 계승적률생성함수를 이용해 구해 보자.

$$\eta_X(t)=M_X(\ln t)=(pt+q)^{n}\tag{5.3.10}$$

$$\eta_X'(t)=n(pt+q)^{n-1}p\tag{5.3.11}$$

$$\eta_X''(t) = n(n-1)(pt+q)^{n-2}p^2 \tag{5.3.12}$$

이므로, $E(X) = \eta_X'(1) = np$ 이고 $E[X(X-1)] = \eta_X''(1) = n(n-1)p^2$ 이다. 따라서

$$\text{Var}(X) = n(n-1)p^2 + np(1-np) = np(1-p) = npq \tag{5.3.13}$$

이다.

예제 5.3.3 $X_1, \ldots, X_k$가 서로 독립이고 동일한 이항분포 $\text{Bin}(n, p)$를 따르는 확률변수이면, $Y = \sum_{i=1}^{k} X_i \sim \text{Bin}(nk, p)$이다.

|풀이| Y의 mgf는 정리 4.5.3에 의해

$$M_Y(t) = [M_X(t)]^k = (pe^t + q)^{nk}$$

이다. 이것이 $\text{Bin}(nk, p)$ 분포의 mgf이므로 정리 4.5.4의 적률생성함수의 유일성에 의해 $Y \sim \text{Bin}(nk, p)$임을 알 수 있다. ◉

5.4 초기하분포

M개는 흰색이고 $N-M$개는 검은색인 공 N개로부터 n개를 무작위로 선택하는 문제를 생각해 보자. 이 때 흰색이 선택되면 성공이라 하자. N개에서 한 개의 공을 선택할 경우 성공할 확률은 M/N이다. 만일 다음 공을 선택하기 전에 선택한 공을 다시 넣는 복원추출을 하면, 각 시행은 베르누이 시행이 되고 선택한 n개 중에서 흰 공의 개수를 X라 하면, X는 이항확률변수가 된다. 그러나 각 시행에서 선택한 공을 다시 넣지 않는 비복원추출을 한다면 문제는 달라지게 될 것이다. 이 경우는 더 이상 베르누이 시행이 되지 않는다. N개에서 비복원추출로 n개를 택할 때, X를 흰 공의 개수라 하면, 흰 공이 x개일 확률은

$$P[X=x] = \frac{\binom{M}{x}\binom{N-M}{n-x}}{\binom{N}{n}} \tag{5.4.1}$$

이다. 따라서 다음의 초기하분포를 얻을 수 있다.

제1형태의 품목 M개와 제2형태의 품목 $N-M$개로 구성되어 있는 N개의 유한모집단에서 n개를 무작위로 비복원추출할 때, 제1형태인 품목의 개수를 X라 하면 X의 pmf는

$$h(x\,;n,M,N)=\frac{\binom{M}{x}\binom{N-M}{n-x}}{\binom{N}{n}},\ \max(0,n-N+M)\le x\le \min(n,M) \qquad (5.4.2)$$

이고 이것을 **초기하분포**(hypergeometric distribution)의 pmf라 하며 간단히

$$X\sim \mathrm{Hyp}(n,M,N) \qquad (5.4.3)$$

으로 표시한다.

계산이 다소 지루하기는 하나 큰 어려움 없이 식 (5.4.2)의 함수가 pmf이고 $p=\dfrac{M}{N}$으로 두면, 초기하분포의 평균과 분산이 다음과 같음을 보일 수 있다.

$$E(X)=np\,,\ \mathrm{Var}(X)=np(1-p)\frac{N-n}{N-1} \qquad (5.4.4)$$

예제 5.4.1 20개의 제품 중 4개의 불량품이 포함되어 있는 한 상자에서 무작위로 제품 3개의 표본을 추출한다. 표본 중 불량품의 개수에 대한 기댓값과 분산을 구하라.

|풀이| X를 추출된 3개의 표본 중 불량품의 개수라 하면, $X\sim \mathrm{Hyp}(3,4,20)$이다. 즉 X의 pmf가

$$f(x)=P[X=x]=\frac{\binom{4}{x}\binom{16}{3-x}}{\binom{20}{3}},\ x=0,1,2,3$$

이다. 초기하분포 $\mathrm{Hyp}(n,M,N)$의 평균은 $n\dfrac{M}{N}$이므로, X의 기댓값은

$$E(X)=3\left(\frac{4}{20}\right)=0.6$$

이고, 분산은 다음과 같다.

$$\mathrm{Var}(X)=n\left(\frac{M}{N}\right)\left(1-\frac{M}{N}\right)\frac{N-n}{N-1}$$

$$= 3\left(\frac{4}{20}\right)\left(1-\frac{4}{20}\right)\left(\frac{20-3}{20-1}\right)$$

$$= \left(\frac{12}{25}\right)\left(\frac{17}{19}\right)$$

$$\approx 0.4295$$

앞서 설명했듯이 복원추출인 경우는 각 시행에서 성공할 확률이 항상 동일하고 앞 시행의 결과에 영향을 받지 않기 때문에 베르누이 시행이 되지만, 비복원추출인 경우는 각 시행에서 성공할 확률이 동일하지 않으며 앞 시행의 결과에 영향을 받게 됨을 알 수 있다. 그러나 선택한 개수 n이 N과 M에 비해 상당히 작을 경우는 각 시행에서의 성공할 확률이 근사적으로 비슷해짐을 알 수 있다. 즉, n이 전체의 개수와 제1형태의 개수 M에 비해 상당히 작은 경우는 다음 품목을 선택하기 전에 선택된 품목을 다시 넣는 것과 넣지 않는 것은 큰 차이가 발생하지 않는다. 복원추출이나 비복원추출에 큰 차이가 없다는 것이고 복원추출일 때 이항분포가 적용되고 비복원추출일 때 초기하분포가 적용되므로 다음 정리를 얻을 수 있다.

정리 5.4.1 초기하분포의 이항근사

$X \sim \text{Hyp}(n, M, N)$이면 $M \to \infty$, $\frac{M}{N} \to p$, $0 < p < 1$일 때, 다음이 성립된다.

$$\lim_{N\to\infty} \frac{\binom{M}{x}\binom{N-M}{n-x}}{\binom{N}{n}} = \binom{n}{x} p^x (1-p)^{n-x}, \quad x = 0, 1, 2, \ldots, n \tag{5.4.5}$$

예제 5.4.2 자동차 타이어를 생산하는 공장에서 지방 대리점에 보낸 5000개의 타이어 중 1000개가 약간의 결함이 있다고 한다. 만일 어떤 사람이 이 대리점에서 5000개의 타이어 중 무작위로 10개를 구입한다면, 정확히 3개의 타이어가 결함이 있을 확률은 정리 5.4.1의 초기하분포의 이항근사를 이용하여 다음과 같이 간단히 계산할 수 있다.

$$\begin{aligned} h(3;10,1000,5000) &\approx b(3;10,0.2) \\ &= \binom{10}{3}(0.2)^3(0.8)^7 \\ &\approx 0.2013 \end{aligned}$$

부록 B의 표 B.1 이항 누적분포함수표를 이용하여 구할 수도 있다.

5.5 포아송분포

이산확률변수가 다음의 pmf를 가지면 모수 $\mu>0$를 갖는 **포아송분포**(Poisson distribution)를 따른다고 하며 $X\sim \mathrm{Poi}(\mu)$로 표시한다.

$$f(x;\,\mu)=\frac{e^{-\mu}\mu^x}{x!},\quad x=0,1,2,3,\ldots \tag{5.5.1}$$

$X\sim \mathrm{Poi}(\mu)$의 cdf는

$$F(x)=P[X\le x]=\sum_{k=0}^{x} f(k;\,\mu) \tag{5.5.2}$$

로 나타나며, 부록 B의 표 B.2에 다양한 x와 μ에 대해 $F(x)$의 값이 주어져 있다. 식 (5.5.1)에 주어진 함수가 pmf 임은 $\sum_{x=0}^{\infty}\frac{\mu^x}{x!}=e^{\mu}$ 으로부터 쉽게 증명된다.

X가 모수 μ를 갖는 포아송 확률변수이면, 적률생성함수는

$$\begin{aligned}M_X(t)&=\sum_{x=0}^{\infty}\frac{e^{tx}e^{-\mu}\mu^x}{x!}\\&=e^{-\mu}\sum_{x=0}^{\infty}\frac{(\mu e^t)^x}{x!}\\&=e^{-\mu}\exp(\mu e^t)\\&=\exp\{\mu(e^t-1)\}\end{aligned} \tag{5.5.3}$$

이고, X의 계승적률생성함수는

$$\eta_X(t)=M_X(\ln t)=\exp\{\mu(t-1)\} \tag{5.5.4}$$

이다. $\eta_X{}'(t)=\mu e^{\mu(t-1)}$이므로 $E(X)=\eta_X{}'(1)=\mu$이다. 또한 $\eta_X{}''(t)=\mu^2 e^{\mu(t-1)}$이므로 $E[X(X-1)]=\eta_X{}''(1)=\mu^2$이다. 따라서 분산은 다음과 같다.

$$\begin{aligned}\mathrm{Var}(X)&=E[X(X-1)]+E(X)-[E(X)]^2\\&=\mu^2+\mu-\mu^2=\mu\end{aligned} \tag{5.5.5}$$

이항분포에서 n이 크고 p가 작을 때, 포아송분포를 이용하여 근사시킬 수 있다.

정리 5.5.1 이항분포의 포아송근사

$X \sim \text{Bin}(n, p)$이고 $np = \mu$ (상수)이며 $p \to 0$일 때, 다음이 성립된다.

$$\lim_{n \to \infty} \binom{n}{x} p^x (1-p)^{n-x} = \frac{e^{-\mu}\mu^x}{x!}, \quad x = 0, 1, 2, \ldots \tag{5.5.6}$$

증명

$$\binom{n}{x} p^x (1-p)^{n-x} = \frac{n!}{x!(n-x)!}\left(\frac{\mu}{n}\right)^x \left(1-\frac{\mu}{n}\right)^{n-x}$$

$$= \frac{\mu^x}{x!}\left(\frac{n}{n}\right)\left(\frac{n-1}{n}\right)\cdots\left(\frac{n-x+1}{n}\right)\left(1-\frac{\mu}{n}\right)^n \left(1-\frac{\mu}{n}\right)^{-x}$$

이고

$$\lim_{n \to \infty}\left(\frac{n}{n}\right)\left(\frac{n-1}{n}\right)\cdots\left(\frac{n-x+1}{n}\right) = 1$$

$$\lim_{n \to \infty}\left(1-\frac{\mu}{n}\right)^{-x} = 1$$

$$\lim_{n \to \infty}\left(1-\frac{\mu}{n}\right)^{n} = e^{-\mu}$$

이므로 정리가 증명된다. ■

포아송분포는 프랑스 수학자 포아송(Poisson, 1781~1840) 이후에 명명되었다. 일반적으로, 포아송분포는 $n \geq 20$이고 $p \leq 0.05$일 때 이항확률에 대해 좋은 근사를 제공한다. $n \geq 100$이고 $np < 10$일 때, 일반적으로 근사가 우수하다.

예제 5.5.1 어떤 제본소에서 제본하는 책의 2%가 불량품이라면, 이 제본소에서 제본한 400권 중 5권이 불량품일 확률의 정확한 값과 포아송근사를 이용한 값을 비교해 보자.

풀이 400권 중 5권이 불량품일 확률은

$$b(5; 400, 0.02) = \binom{400}{5}(0.02)^5(0.98)^{395} \approx 0.09113$$

인 반면 정리 5.5.1의 이항분포의 포아송근사에 의하면 다음과 같다.

$$f(5;8) = \frac{e^{-8}8^5}{5!} \approx 0.09160$$

예제 5.5.2 각 추첨에서 당첨될 확률이 0.01인 복권 50장을 구입했다면 (a) 적어도 한 번, (b) 정확히 한 번, (c) 적어도 두 번 당첨될 (근사적) 확률을 각각 구하라.

|풀이| 이항분포의 포아송근사에 의해, 모수 $\mu = np = 50(0.01) = 0.5$인 포아송분포를 이용하여 각 확률을 쉽게 계산할 수 있다. 즉, X를 50번의 추첨에서 당첨된 횟수라 하면 $X \sim \text{Bin}(50, 0.01)$이지만, 포아송근사에 의해 근사적으로 $X \sim \text{Poi}(0.5)$이다. 부록 B에 있는 표 B.2를 이용하면 각 확률을 다음과 같이 쉽게 계산할 수 있다.

(a) $P[X \geq 1] = 1 - P[X = 0] = 1 - e^{-0.5} \approx 0.3935$

(b) $P[X = 1] = 0.5\,e^{-0.5} \approx 0.3033$

(c) $P[X \geq 2] = 1 - P[X \leq 1] = 1 - e^{-0.5} - 0.5\,e^{-0.5}$

$= 1 - 1.5\,e^{-0.5} \approx 0.0902$

독립인 포아송 확률변수의 합은 포아송분포를 따른다는 다음 예제를 소개한다.

예제 5.5.3 X_1과 X_2가 독립이며 $X_i \sim \text{Poi}(\mu_i)$, $i = 1, 2$이면, $Y = X_1 + X_2 \sim \text{Poi}(\mu_1 + \mu_2)$이다.

|풀이|
$$M_Y(t) = M_{X_1}(t) M_{X_2}(t) = \exp[(\mu_1 + \mu_2)(e^t - 1)]$$

이므로 다음이 성립된다.

$$Y = X_1 + X_2 \sim \text{Poi}(\mu_1 + \mu_2)$$

5.6 기하분포

성공할 확률이 p인 일련의 독립 베르누이 시행을 생각해 보자. 이항분포의 경우는 시행 횟수 n은 정해진 상수이고 관심 있는 변수는 n번의 시행에서 성공횟수였다. 이제 처음 성공할 때까지의 시행횟수를 생각해 보자.

처음 성공할 때까지 필요한 시행횟수를 X라 하면, X의 pmf는

$$g(x\,;p) = pq^{x-1},\ \ x = 1, 2, 3, \ldots\,;\ q = 1 - p \tag{5.6.1}$$

이다. 이것을 **기하분포**(geometric distribution) 또는 **파스칼분포**(Pascal distribution)의 pmf라 하고, 간단히

$$X \sim \mathrm{Geo}(p) \tag{5.6.2}$$

로 표시한다. 기하분포의 cdf는 다음과 같다.

$$P[X \le x] = \sum_{i=1}^{x} pq^{i-1} = 1 - q^x,\ \ x = 1,2,\ldots \tag{5.6.3}$$

식 (5.6.1)에 주어진 함수가 확률변수의 pmf가 됨은 다음과 같이 쉽게 밝힐 수 있다.

$$\sum_{x=1}^{\infty} g(x\,;p) = \sum_{x=1}^{\infty} pq^{x-1} = \frac{p}{1-q} = 1 \tag{5.6.4}$$

Y를 처음 성공할 때까지 실패한 횟수라 하면 $Y = X - 1$이 되고 Y의 pmf는

$$P[Y = y] = pq^y,\ \ y = 0,1,2,\ldots\,;\ q = 1 - p \tag{5.6.5}$$

이다. 저자에 따라 이것을 기하분포의 pmf로 정의하기도 한다.

예제 5.6.1 공정한 주사위를 독립적으로 던지는 실험을 생각해 보자. 주사위에 나타나는 눈금이 6일 때까지 계속해서 던질 때, X를 주사위를 던진 횟수라 하면 $X \sim \mathrm{Geo}\left(\frac{1}{6}\right)$이 되고, 3번째 던질 때 6이 처음으로 나올 확률은 다음과 같다.

$$P[X = 3] = g\left(3\,;\frac{1}{6}\right) = \frac{1}{6}\left(\frac{5}{6}\right)^2$$

기하분포는 다음과 같은 무기억성질을 갖는 유일한 이산확률분포이다.

정리 5.6.1 무기억성

$X \sim \mathrm{Geo}(p)$이면, 임의의 양의 정수 j와 k에 대해 다음이 성립된다.

$$P[X > j + k \mid X > j] = P[X > k] \tag{5.6.6}$$

처음부터 성공을 하지 못한 j 번까지의 시행은 처음 성공할 때까지 k 번 이상의 시행이 더 필요할 확률에 영향을 미치지 못한다는 것이다. 즉, 실패를 많이 했다고 해서 앞으로 성공할 가능성에 영향을 미치지 않는다는 것이다.

이제 기하분포의 적률생성함수를 유도하고, 적률생성함수를 이용해 평균과 분산을 구해 보자.

$X \sim \text{Geo}(p)$이면

$$\begin{aligned} M_X(t) = E(e^{tX}) &= \sum_{x=1}^{\infty} e^{tx} p q^{x-1} \\ &= pe^t \sum_{x=1}^{\infty} (qe^t)^{x-1} \\ &= \frac{pe^t}{1-qe^t},\ qe^t < 1 \\ &= \frac{pe^t}{1-qe^t},\ t < -\ln q \end{aligned} \tag{5.6.7}$$

이고, X의 fmgf는

$$\eta_X(t) = M_X(\ln t) = \frac{pt}{1-qt},\quad t < \frac{1}{q} \tag{5.6.8}$$

이다. 따라서 $\eta_X{}'(t) = p/(1-qt)^2$이므로, $E(X) = \eta_X{}'(1) = 1/p$ 이다. 그리고 $\eta_X{}''(t) = 2pq(1-qt)^{-3}$ 이므로, $E[X(X-1)] = \eta_X{}''(1) = 2pq(1-q)^{-3} = 2q/p^2$ 이다. 그러므로

$$\text{Var}(X) = q/p^2 \tag{5.6.9}$$

이다. 물론 기댓값과 분산을 정의에 의해 구할 수도 있다.

예제 5.6.2 공정한 주사위의 6면 모두 적어도 한 번씩 나타날 때까지 평균 몇 번 주사위를 던져야 하는가?

|풀이| $x_1, x_2, \ldots, x_6$은 주사위를 던질 때 나타날 수 있는 눈금을 가리키며 $x_i\,(i = 1,2,\ldots,6)$들은 모두 $1 \le x_i \le 6$을 만족하는 서로 다른 정수로, 편의상 x_1이 맨 먼저 x_6가 가장 나중에 나타난 숫자라 하자. 그리고 $X_i\,(i = 2,3,\ldots,6)$를 x_{i-1}이 나타난 다음부터 x_i 값이 나타날 때까지 주사위를 던진 횟수라 하면, 주사위의 6면 모두 적어도 한 번 나타날 때까지 주사위를 던진 횟수 X는

$$X = 1 + X_2 + X_3 + \cdots + X_6$$

이다. 한편 각 X_i는

$$X_i \sim \text{Geo}\left(\frac{6-(i-1)}{6}\right)$$

이므로, X의 기댓값은 다음과 같다.

$$\begin{aligned} E(X) &= 1 + E(X_2) + E(X_3) + \cdots + E(X_6) \\ &= 1 + \frac{6}{5} + \frac{6}{4} + \frac{6}{3} + \frac{6}{2} + 6 \\ &= 14.7 \end{aligned}$$

예제 5.6.3 앞면이 나타날 확률이 p인 동전을 앞면과 뒷면이 모두 나타날 때까지 계속 던진다. 던진 횟수의 기댓값을 구하라.

|풀이| X를 앞면과 뒷면이 모두 나타날 때까지 동전을 던진 횟수라 하자. 처음 던진 결과를 조건으로 생각하여 계산하면

$$\begin{aligned} E(X) &= E(X|H)p + E(X|T)(1-p) \\ &= \left(1 + \frac{1}{1-p}\right)p + \left(1 + \frac{1}{p}\right)(1-p) \\ &= 1 + \frac{p}{1-p} + \frac{1-p}{p} \end{aligned}$$

이다. 여기서 $E(X|H)$는 처음 던진 동전이 앞면이 나왔을 때 추가해서 뒷면이 나올 때까지 던진 평균횟수이므로, 성공할 확률이 $(1-p)$인 기하확률변수의 평균을 이용하였다. $E(X|T)$도 마찬가지이다.

5.7 음이항분포

기하분포를 일반화시켜 생각해 보자. 성공할 확률이 p인 베르누이 시행을 반복할 때, r번 성공할 때까지 필요한 시행횟수를 생각하자. 이 때 필요한 시행횟수를 X라 하면, X의 pmf는

$$f(x;r,p)=\binom{x-1}{r-1}p^r q^{x-r},\quad x=r,\ r+1,\ldots \tag{5.7.1}$$

이고 음이항분포(negative binomial distribution)의 pmf 라 하며, 다음과 같이 표시한다.

$$X\sim \mathrm{NB}(r,\ p) \tag{5.7.2}$$

예제 5.7.1 예제 5.6.1에서 6이 4번 나올 때까지의 시행횟수를 X라 하면 $X\sim \mathrm{NB}\left(4, \frac{1}{6}\right)$이고, 6이 4번 나올 때까지 7번 주사위를 던질 확률은 다음과 같다.

$$P[X=7]=\binom{7-1}{4-1}\left(\frac{1}{6}\right)^4\left(\frac{5}{6}\right)^3\approx 0.0089$$

이제 음이항분포의 적률생성함수를 유도해 보자. $X\sim \mathrm{NB}(r,\ p)$이면,

$$\begin{aligned}M_X(t)=E(e^{tX})&=\sum_{x=r}^{\infty}e^{tx}\binom{x-1}{r-1}p^r q^{x-r}\\&=p^r e^{tr}\sum_{x=r}^{\infty}\binom{x-1}{r-1}(qe^t)^{x-r}\\&=(pe^t)^r\sum_{y=0}^{\infty}\binom{y+r-1}{r-1}(qe^t)^y\\&=(pe^t)^r(1-qe^t)^{-r},\quad qe^t<1\\&=\left(\frac{pe^t}{1-qe^t}\right)^r,\quad t<-\ln q\end{aligned} \tag{5.7.3}$$

이다. 네 번째 등호는 매클로린 급수전개를 이용하여 다음과 같이 증명할 수 있다. $h(w)=(1-w)^{-n}$이라 하면 매클로린 급수전개에 의해

$$(1-w)^{-n}=\sum_{k=0}^{\infty}\frac{h^{(k)}(0)}{k!}w^k,\quad |w|<1 \tag{5.7.4}$$

이고

$$\frac{h^{(k)}(0)}{k!}=\frac{n(n+1)\cdots(n+k-1)}{k!}=\frac{(n+k-1)!}{(n-1)!\,k!}=\binom{n+k-1}{n-1} \tag{5.7.5}$$

이므로 다음이 성립되기 때문이다.

$$h(w)=(1-w)^{-n}=\sum_{k=0}^{\infty}\binom{n+k-1}{n-1}w^k,\ |w|<1 \tag{5.7.6}$$

또한 X의 계승적률생성함수는 다음과 같다.

$$\eta_X(t)=M_X(\ln t)=\left(\frac{pt}{1-qt}\right)^r,\ t<1/q \tag{5.7.7}$$

$$\eta_X{'}(t)=r\left(\frac{pt}{1-qt}\right)^{r-1}\frac{p}{(1-qt)^2} \tag{5.7.8}$$

이므로 $E(X)=\eta_X{'}(1)=r/p$이다. 또한

$$\eta_X{''}(t)=r(r-1)\left(\frac{pt}{1-qt}\right)^{r-2}\left[\frac{p}{(1-qt)^2}\right]^2+r\left(\frac{pt}{1-qt}\right)^{r-1}\frac{2pq}{(1-qt)^3} \tag{5.7.9}$$

이다. 따라서 $E[X(X-1)]=\eta_X{''}(1)=r(r-1)/p^2+2rq/p^2$이므로 분산은 다음과 같다.

$$\begin{aligned}\mathrm{Var}(X)&=E[X(X-1)]+E(X)-[E(X)]^2\\&=\frac{r(r-1)+2rq}{p^2}+\frac{r}{p}-\frac{r^2}{p^2}\\&=\frac{rq}{p^2}\end{aligned} \tag{5.7.10}$$

이항분포와 음이항분포는 다음 관계가 성립됨을 쉽게 이해할 수 있다. 성공할 확률이 p인 독립 베르누이 시행에서 r번 성공할 때까지 n번 이하의 시행이 필요할 조건은 n번의 시행에서 r번 이상 성공하는 경우이므로, $X\sim\mathrm{NB}(r,p)$이고 $Y\sim\mathrm{Bin}(n,p)$이면, 다음 관계가 성립된다.

$$P[X\le n]=P[Y\ge r] \tag{5.7.11}$$

예제 5.7.2 어느 실험실에서 어떤 병에 감염이 되어 있는 실험용 쥐 5마리가 필요하다. 준비되어 있는 많은 실험용 쥐 중 이 병에 30%가 감염되어 있다고 하자. 감염된 쥐 5마리를 얻기 위해 한 번에 한 마리씩 쥐를 검사한다면, 필요한 검사횟수 X가 20회 이하일 확률은 식 (5.7.11)에 의해

$$P[X\le 20]=P[Y\ge 5]=1-P[Y\le 4]$$

이다. 여기서 $Y \sim \text{Bin}(20, 0.3)$이다. 따라서 구하는 확률은 다음과 같다.

$$P[X \le 20] = 1 - P[Y \le 4] = 1 - 0.2375 = 0.7625$$

식 (4.2.9)를 이용하면 이항확률변수, 음이항 확률변수, 초기하 확률변수 등의 기댓값을 쉽게 계산할 수 있다.

예제 5.7.3 음이항 확률변수의 기댓값

성공할 확률이 p인 시행을 독립적으로 반복할 때, 총 r번 성공하기까지 필요한 시행횟수를 X라 하자. 즉, $X \sim \text{NB}(r, p)$이다. 그러면 X를

$$X = X_1 + X_2 + \cdots + X_r$$

로 나타날 수 있다. 여기서 X_1은 첫 번째 성공할 때까지의 시행횟수, X_2는 두 번째 성공할 때까지 추가된 시행횟수, X_3은 세 번째 성공할 때까지 추가된 시행 횟수 등이다. 즉, X_i는 $(i-1)$번째의 성공 후 총 i번 성공할 때까지 추가된 시행횟수이다. 확률변수 X_i 각각은 모수가 p인 기하확률변수이므로, $E(X_i) = \dfrac{1}{p}$, $i = 1, 2, \ldots, r$이다. 따라서 X의 기댓값은 다음과 같다.

$$E(X) = E(X_1) + \cdots + E(X_r) = \frac{r}{p}$$

5.8 이산균일분포

주사위를 던지는 경우와 같이 확률변수가 취할 수 있는 모든 가능한 값들이 나타날 가능성이 동일한 이산확률변수를 생각할 수 있다.

이산확률변수 X가

$$f(x) = \frac{1}{N}, \quad x = 1, 2, \ldots, N \tag{5.8.1}$$

형태의 pmf를 가지면 정수 $1, 2, \ldots, N$ 상에서 **이산균일분포**(discrete uniform distribution) 또는 이산균등분포를 따른다고 하며

$$X \sim \mathrm{DU}(N) \tag{5.8.2}$$

으로 표시한다. 이산균일분포의 평균과 분산은 다음과 같다.

$$E(X) = \frac{N+1}{2}, \quad \mathrm{Var}(X) = \frac{N^2-1}{12} \tag{5.8.3}$$

이 분포의 예로는 복권 추첨이나 균형된 동전이나 주사위를 던지는 실험에서와 같은 우연성 게임 등이 있다. 즉, 주사위를 던져서 얻어지는 수의 분포는 DU(6)이다.

*5.9 다변량 초기하분포

관심 있는 결과의 형태가 세 가지 이상인 경우에 적용하기 위해 앞서 정의한 초기하분포를 다음과 같이 일반화시킬 수 있다.

한 집단이 N개인 유한개의 품목으로 구성되어 있는데, 이 중에서 제1형태가 M_1개, 제2형태가 M_2개 등으로 되어 있는 k개의 서로 다른 형태가 있다고 하자. 이 중에서 n개를 무작위로 비복원추출할 때, X_i를 선택된 제i 형태의 개수라 하자. 그러면 벡터 $\boldsymbol{X} = (X_1, \dots, X_k)$는 **다변량 초기하분포**(multivariate hypergeometric distribution)를 따르며, 그 결합 pmf는 모든 $0 \le x_i \le M_i$에 대해

$$f(x_1, \dots, x_k) = \frac{\binom{M_1}{x_1}\binom{M_2}{x_2}\cdots\binom{M_k}{x_k}}{\binom{N}{n}} \tag{5.9.1}$$

이다. 여기서 $\sum_{i=1}^{k} M_i = N$이고 $\sum_{i=1}^{k} x_i = n$이다. 이 분포에 대한 기호는

$$\boldsymbol{X} \sim \mathrm{Hyp}(n, M_1, \dots, M_k, N) \tag{5.9.2}$$

으로 나타낸다. 그러나 $\sum_{i=1}^{k} x_i = n$이므로, $x_k = n - x_1 - x_2 - \cdots - x_{k-1}$이기 때문에 결합 pmf $f(x_1, \dots, x_k)$를 $f(x_1, \dots, x_{k-1})$로 나타내기도 한다. 마찬가지로 기호도

$$(X_1, \dots, X_{k-1}) \sim \mathrm{Hyp}(n, M_1, \dots, M_{k-1}, N) \tag{5.9.3}$$

으로 나타내기도 한다.

예제 5.9.1 오렌지 3개, 사과 2개, 바나나 3개가 들어 있는 과일 상자에서 과일 4개를 무작위로 택했다. X는 선택된 과일 중 오렌지의 개수, Y는 사과의 개수일 때 다음을 구하라.

(a) X와 Y의 결합 pmf

(b) $A=\{(x,\ y)|x+y\le 2\}$일 때, $P[(X,Y)\in A]$

|풀이| (a) $(X,Y)\sim \text{Hyp}(4,3,2,8)$이므로, 결합 pmf는 다음과 같다.

$$f(x,y)=\frac{\binom{3}{x}\binom{2}{y}\binom{3}{4-x-y}}{\binom{8}{4}},\quad \begin{array}{l} x=0,1,2,3\,;\,y=0,1,2\,; \\ x+y=0,1,2,3,4 \end{array}$$

(b)
$$\begin{aligned} P[(X,Y)\in A] &= P[X+Y\le 2] \\ &= f(0,0)+f(0,1)+f(0,2) \\ &\quad +f(1,0)+f(1,1)+f(2,0) \\ &= \frac{1}{2} \end{aligned}$$

*5.10 다항분포

5.3절에서 다룬 이항분포에서는 각 실험의 결과가 오직 두 가지만 나타나는 경우에 대해 생각했다. 그러나 일반적으로 세 개 이상의 결과가 나타나는 실험을 생각할 수 있다. 예를 들어 주사위를 던지는 실험에서 6가지의 가능한 상호배반인 결과를 생각할 수 있다. 이와 같이 k개의 상호배반이고 완전사건인 $E_1, E_2, \ldots, E_k$ 사건이 있고 각 시행에서 일어날 확률이 $p_i=P(E_i),\ i=1,\ldots,k$인 실험을 생각해 보자. n번 독립시행에서 X_i를 E_i사건이 발생한 횟수라 하자. 그러면 $\boldsymbol{X}=(X_1,\ldots,X_k)$는 **다항분포**(multinomial distribution)를 따른다고 하며, 그 결합 pmf는 모든 $0\le x_i\le n$에 대해

$$f(x_1,\ldots,x_k)=\frac{n!}{x_1!\,x_2!\cdots x_k!}\,p_1^{x_1}p_2^{x_2}\cdots p_k^{x_k} \tag{5.10.1}$$

이며, 여기서 $\sum_{i=1}^{k}x_i=n$이고 $\sum_{i=1}^{k}p_i=1$이다. 이 분포의 기호는

$$\boldsymbol{X} \sim \text{Mult}(n, p_1, \ldots, p_k) \tag{5.10.2}$$

로 나타낸다. 다변량 초기하분포와 마찬가지로, $x_k = n - x_1 - \cdots - x_{k-1}$이므로 결합 pmf $f(x_1, \ldots, x_k)$를 $f(x_1, \ldots, x_{k-1})$로 나타내기도 하고 기호도 다음과 같이 나타내기도 한다.

$$(X_1, \ldots, X_{k-1}) \sim \text{Mult}(n, p_1, \ldots, p_{k-1})$$

예제 5.10.1 공정한 주사위를 20번 던질 때, X_i를 주사위의 눈금 i가 나타난 횟수라 하면, $\boldsymbol{X} = (X_1, \ldots, X_6) \sim \text{Mult}\left(20, \frac{1}{6}, \frac{1}{6}, \frac{1}{6}, \frac{1}{6}, \frac{1}{6}, \frac{1}{6}\right)$이다. 그리고 $\boldsymbol{X}$의 결합 pmf는

$$f(x_1, \ldots, x_6) = \frac{20!}{x_1! x_2! \cdots x_6!}\left(\frac{1}{6}\right)^{20}$$

이다. 여기서 $x_1 + x_2 + \cdots + x_6 = 20$이다. 따라서 1이 3번, 2가 2번, 3이 4번, 4가 5번, 5가 3번, 6이 3번 나올 확률은 다음과 같다.

$$f(3, 2, 4, 5, 3, 3) = \frac{20!}{3!2!4!5!3!3!}\left(\frac{1}{6}\right)^{20} \approx 0.000535$$

정리 5.10.1 $(X_1, \ldots, X_k) \sim \text{Mult}(n, p_1, \ldots, p_k)$이면, 다음이 성립된다.

$$X_i \sim \text{Bin}(n, p_i), \quad i = 1, \ldots, k$$

예제 5.10.2 예제 5.10.1에서 6의 눈금이 나타난 횟수는 $X_6 \sim \text{Bin}\left(20, \frac{1}{6}\right)$이다.

연습문제 제 5 장

5.1 어느 광역시에서는 과거의 경험에 의해 도난 차량의 약 90%가 발견된다고 한다. 만일 이 도시에서 10대의 차량을 도난당했다면 적어도 6대가 발견될 확률은 얼마인가?

5.2 어느 회사에서 생산된 약은 어떤 특정한 병에 걸린 사람에 대해서는 치유율이 80%라 한다. 이 병에 걸린 환자 20명을 선택했을 때, 다음을 구하라.

(a) 16명이 치유될 확률

(b) 14명 이상 18명 이하가 치유될 확률

(c) 기껏해야 16명이 치유될 확률

5.3 어떤 회사에서 생산되는 디스켓이 불량품일 확률은 서로 독립적으로 0.01임을 알고 있다. 그 회사는 디스켓을 1상자에 10개씩 포장하여 판매하는데, 만일 1상자에 포장된 10개의 디스켓 중 2개 이상 불량품이 포함되어 있으면 돈을 환불해 준다. 만일 어떤 사람이 3상자를 구입했다면, 그들 중 정확히 1상자를 환불할 확률은 얼마인가?

5.4 $X_1, \ldots, X_k$는 서로 독립이고 각각 $X_i \sim \text{Bin}(n_i, p)$, $i = 1, \ldots, k$라 하자. $Y = \sum_{i=1}^{k} X_i$일 때, 다음을 구하라.

(a) Y의 적률생성함수 (b) Y의 분포

5.5 $X \sim \text{Bin}(n, p)$일 때, 적률생성함수를 이용하지 않고 직접 기댓값의 정의에 의해 X의 평균과 분산을 유도하라.

5.6 어느 보험설계사가 하루에 만나는 고객의 수 N은 $N-1 \sim \text{Bin}(19, p_1)$이고, 하루에 만난 고객의 수가 $N = n$명일 때, 이 중 보험에 가입한 고객의 수 X는 $X \mid N = n \sim \text{Bin}(n, p_2)$라 하자. 이 보험설계사가 만나 보험에 가입시킨 고객의 기댓값과 분산을 구하라.

5.7 한 명을 구하는 일자리에 120명이 지원했는데 그 중 80명만 자격이 있다. 만일 면접을 위해 무작위로 5명을 선택한다면, 5명 중 자격이 있는 사람이 2명일 확률을 구하라.

5.8 연습문제 5.7번에서 이항근사를 이용해 문제를 풀어라.

5.9 1학년 학생 180명과 2학년 학생 120명으로 구성된 어느 학부에서 10명을 무작위로 선택하여 위원회를 구성할 때, 선택된 10명 중 2학년이 6명일 확률을

(a) 초기하분포를 이용하여 구하라.

(b) 초기하분포의 이항근사를 이용하여 구하라.

5.10 전자부품 구입상은 공장으로부터 부품이 10개씩 포장되어 있는 제품을 구입한다. 그는 포장되어 있는 10개의 부품 중에서 무작위로 3개를 검사하여 모두 불량품이 아닌 경우에만 그 제품을 구입한다. 이 제품 중 30%는 4개의 불량품이 포함되어 있고 70%는 단지 한 개의 불량품이 포함되어 있다고 하자.

(a) $i\,(i=1,\,4)$개의 불량품이 포함되어 있는 제품을 구입하지 않을 확률을 구하라.

(b) 포장되어 있는 제품이 구입되지 않았다고 할 때, 그 포장 제품에 4개의 불량품이 포함되어 있을 조건부 확률을 구하라.

5.11 어느 공장에서 생산되는 타이어는 1,000개당 1개의 불량품이 발생한다. 이 공장에서 생산된 타이어 20개를 구입했다면 불량품이 한 개도 포함되어 있지 않을 확률을 이항분포와 포아송분포를 이용하여 각각 구하라.

5.12 사람이 일 년 동안 감기에 걸리는 횟수는 모수 $\mu=5$인 포아송분포를 따른다. 비타민 C를 많이 포함한 새로운 특효약이 계속 판매되어 모집단의 75%에 대해서는 포아송분포의 모수가 $\mu=3$으로 감소하였다고 하자. 나머지 25%에 대해서는 그 약이 감기에 별로 효과가 없었다. 만일 어떤 사람이 이 약을 시험하기 위해 일 년 동안 복용하여 그 기간에 2번 감기가 걸렸다면 그에게 이 약이 효과가 있을 확률은 얼마인가?

5.13 어느 보험회사는 매년 어떤 형태의 사고에 의해 인구의 0.05%가 사망한다는 사실을 알았다. 이러한 사고를 대비하여 보험에 가입한 피보험자 10,000 중 어느 해에 회사에서 3명 이상 보험료를 지불해야 할 확률은 얼마인가? 이 특정한 형태의 사고에 의한 사망의

경우만 보험료를 회사에서 지불한다.

5.14 어느 도시의 어떤 교차로에서 매년 발생하는 교통사고는 평균 8건으로 보고되고 있다. 이 교차로에서 발생하는 교통사고의 수가 포아송 확률변수라 할 때, 3달 동안 교통사고가 4건 발생할 확률을 구하라.

5.15 $X \sim \text{Poi}(\mu)$일 때, 다음을 정의에 의해 직접 구하라.

(a) $E(X)$ (b) $E[X(X-1)]$

(c) $\text{Var}(X)$

5.16 X는 포아송 확률변수이며 $P[X=0]=P[X=1]$을 만족한다고 할 때, 다음을 구하라.

(a) $E(X)$ (b) $P[X<3]$

5.17 출판업자는 거래처에 100권의 책을 우송한다. 한 권의 책을 출판하는데 25센트의 비용이 들고 출판업자는 판매된 책에 대해 권당 1달러씩을 받는다. 팔리지 않은 책은 폐기 처분한다. 책의 수요 D가 $D \sim \text{Bin}(100, p)$라 하면

(a) 출판업자의 기대이윤을 구하라.

(b) 기대이윤이 양이 되기 위해서는 p의 값이 얼마나 큰 값이어야 하는가?

(c) 만일 $D \sim \text{Poi}(25)$라면, 이 경우 기대이윤을 구하라.

(d) $D \sim \text{Poi}(25)$일 때, 출판업자가 더 많은 책을 출판하면 더 많은 이익을 기대할 수 있는가?

5.18 어느 백화점에 하루 동안 출입하는 사람의 수 N은 평균이 μ인 포아송 확률변수이고, $N=n$명이 백화점에 출입했다는 사실을 아는 경우 물건을 구입한 사람의 수 X의 조건부 분포는 이항분포 $\text{Bin}(n, 0.2)$라 하자.

(a) $E(X)$를 구하라. (b) $\text{Var}(X)$를 구하라.

5.19 어느 회사에서 생산되는 제품은 불량률이 0.01이라 한다. 이 회사에서 생산된 제품을 불량품이 발견될 때까지 계속 검사한다고 하자. 10번째 검사에서 처음으로 불량품이 발견될 확률을 구하라.

5.20 공정한 동전을 10번 던졌는데 모두 뒷면만 나타났다면, 처음으로 앞면이 나타날 때까지 적어도 두 번 더 동전을 던져야 할 확률은 얼마인가?

5.21 $X \sim \text{Geo}(p)$일 때, 정의에 의해 직접 $E(X)$와 $\text{Var}(X)$를 구하라.

5.22 공정한 동전 한 개를 앞면이 10번 나타날 때까지 계속 던진다. 이 때 X를 뒷면이 나타난 횟수라 할 때, X의 pmf를 구하라.

5.23 공정한 동전 3개를 던지는 실험을 한다. 3개 모두 앞면이거나 3개 모두 뒷면인 결과가 5번째 동전을 던졌을 때 두 번째로 나타날 확률을 구하라.

5.24 남자아이와 여자아이가 탄생할 확률이 같다고 하자. 어느 부부는 두 명의 여자아이를 갖고 싶어한다. 이 부부는 두 명의 딸이 태어날 때까지 아이를 낳기로 했다.

(a) 이 부부가 4명의 자식을 가질 확률

(b) 이 부부가 4명 이하의 자식을 가질 확률

5.25 항아리에 m개의 검은 공이 있다. 각 단계에서 한 개의 검은 공을 제거하고 대신에 새로운 공을 하나 넣는다. 이 때 검은 공을 넣을 확률은 p이고 흰 공을 넣을 확률은 $1-p$이다. 항아리에 검은 공이 남아 있지 않을 때까지 실행해야 할 단계의 기대 횟수를 구하라.

5.26 $X_1, \ldots, X_k$가 독립인 확률변수들이고 $Y = X_1 + \cdots + X_k$라 하자. $X_i \sim \text{Geo}(p)$일 때 Y의 mgf를 구하라. Y는 어떤 분포를 따르는가?

5.27 X_1과 X_2는 독립이며 음이항 확률변수, 즉 $X_1 \sim \text{NB}(r_1, p)$, $X_2 \sim \text{NB}(r_2, p)$일 때, 다음을 구하라.

(a) $Y = X_1 + X_2$의 mgf (b) Y의 분포

5.28 1에서 36까지의 숫자와 0, 그리고 00이 기록된 38개의 동일한 크기의 섹터로 나누어진 룰렛 판을 생각해 보자. 룰렛 판을 돌리고 그 위에 공을 던질 때 38개의 섹터 중 하나에 놓인다. 38개의 숫자 중 무작위로 하나를 선택하여 1,000원을 건다. 만일 그 숫자에 공이 놓이면 30,000원을 받고 다른 곳에 놓이면 1,000원을 잃는다. 그 게임자의 기대이득은 얼마인가?

5.29 $X \sim \mathrm{DU}(N)$일 때, X의 평균과 분산을 정의에 의해 구하라.

5.30 대학교의 어떤 위원회는 3명의 전임강사, 5명의 조교수, 3명의 부교수, 4명의 교수로 구성되어 있다. 이 위원회에서 소위원회를 구성하기 위해 무작위로 6명을 선출했다. 이 때 소위원회가 2명의 전임강사, 2명의 조교수, 1명의 부교수, 1명의 교수로 구성될 확률은 얼마인가?

5.31 국제 학생회에 한국인 4명, 일본인 3명, 중국인 3명, 미국인 4명이 소속되어 있다고 하자. 이 중 4명을 선출하여 위원회를 구성할 때, 다음을 구하라.

(a) 모든 나라의 학생이 참가할 확률

(b) 일본을 제외한 모든 나라 학생이 참가할 확률

5.32 어떤 전자 대리점 주인은 그의 가게에 오는 손님들 중 45%는 A회사 제품을, 15%는 B회사 제품을, 40%는 C회사 제품을 구입한다는 사실을 알고 있다. 어느 날 제품을 판매한 5명의 손님에게 정확히 A회사 제품 2개, B회사 제품 1개를 판매할 확률은 얼마인가?

5.33 어느 통계학과 학생은 이번 학기에 6과목을 수강신청했다. 그가 수강신청한 각 과목당 A학점을 받을 확률이 0.2이고 B학점을 받을 확률은 0.7이며 C학점을 받을 확률이 0.1이라고 가정한다. 이 때 다음을 구하라.

(a) 6과목 모두 B학점을 받을 확률

(b) 6과목 모두 A 또는 B학점을 받을 확률

(c) 2과목은 A학점 3과목은 B학점을 받을 확률

제 6 장

특별한 연속분포

6.1 서론

제5장에서 특별한 이산분포들을 소개하고 각 분포의 적률생성함수, 평균, 분산 등의 성질을 소개했다. 여기서는 연속분포 중에서 널리 이용되는 몇 가지 유용한 분포들을 소개하고 그 분포가 갖는 중요한 성질을 소개하고자 한다. 물론 여기서는 이산인 경우에서와 같이 각 분포의 확률밀도함수는 한두 개 정도의 모수의 함수로 나타나며 모수의 값이 주어지면 그 분포가 완전히 결정된다.

6.2 균일분포

제5장에서 이산균일분포를 소개했다. 그 경우에는 이산확률변수가 취할 수 있는 모든 가능한 값들이 동일한 확률을 갖는 분포였다. 연속인 경우 유한인 어떤 구간 (a, b)에서 확률밀도함수가 일정한 상수값을 갖는 경우를 생각해 보자. 즉, $f(x) = c,\ a < x < b$인 분포를 생각해 보자.

확률변수 X의 pdf 가

$$f(x\,;a,\,b) = \begin{cases} \dfrac{1}{b-a}, & a < x < b \\ 0, & \text{그 이외} \end{cases} \tag{6.2.1}$$

인 분포를 구간 (a, b)에서 **균일분포**(uniform distribution) 또는 균등분포라 하고 다음과 같이 나타낸다.

$$X \sim \mathrm{U}(a,\,b) \tag{6.2.2}$$

$X \sim \mathrm{U}(a, b)$의 cdf 는

$$F(x\,;\,a,\,b) = \begin{cases} 0, & x < a \\ \dfrac{x-a}{b-a}, & a \le x < b \\ 1, & b \le x \end{cases} \tag{6.2.3}$$

이므로 $100p$ 백분위수는 $x_p = a + (b-a)p$ 이다. 또한 X의 평균과 분산은 다음과 같다.

$$E(X) = \frac{a+b}{2},\quad \mathrm{Var}(X) = \frac{(b-a)^2}{12} \tag{6.2.4}$$

또한 $a \le c < d \le b$에 대해

$$\begin{aligned} P[c < X < d] &= P[X < d] - P[X \le c] \\ &= F(d\,;\,a,\,b) - F(c\,;\,a,\,b) \\ &= \frac{d-a}{b-a} - \frac{c-a}{b-a} \\ &= \frac{d-c}{b-a} \end{aligned} \tag{6.2.5}$$

이다.

예제 6.2.1 어떤 사람이 자기 집에서 회사까지 직접 운전하여 출근하는데 걸리는 시간(단위 : 분) X는 (30, 50)에서 균일분포를 따른다고 하자. 그의 회사 출근시간은 아침 8시까지이다. 그의 집에서 매일 아침 7시 15분에 출발한다면, 지각할 확률은 얼마인가?

|풀이| X의 cdf 는

$$F(x\,;\,30,\,50) = \frac{x-30}{20},\quad 30 < x < 50$$

이고, 그가 7시 15분에 출발하여 회사에 지각할 경우는 출근시간이 45분을 초과한 경우이므로 구하는 확률은 다음과 같다.

$$\begin{aligned} P[X > 45] &= -P[X \le 45] \\ &= 1 - F(45\,;30,50) \\ &= 1 - \frac{3}{4} \\ &= \frac{1}{4} \end{aligned}$$

식 (6.2.5)를 이용하면 다음과 같이 쉽게 확률을 구할 수 있다.

$$P[X>45]=P[45<X<50]=\frac{50-45}{20}=\frac{1}{4}$$

예제 6.2.2 남녀가 오후 12시 30분에 어떤 장소에서 만나기로 약속했다. 남자와 여자의 도착시간은 서로 독립이며 남자의 도착시간은 12시 15분과 12시 45분 사이에서 균일분포를 따르고, 여자의 도착시간은 12시와 1시 사이에서 균일분포를 따른다.

(a) 먼저 도착한 사람이 5분 이상 기다리지 않을 확률은 얼마인가?

(b) 남자가 먼저 도착할 확률은 얼마인가?

|풀이| 12시를 기준으로 생각하여 0이라 하고, X를 남자의 도착시간, Y를 여자의 도착시간이라 하자. 그러면 $X\sim \mathrm{U}(15,45)$이고 $Y\sim \mathrm{U}(0,60)$이므로, 각각의 pdf는

$$f_X(x;15,45)=\begin{cases}\frac{1}{30}, & 15<x<45\\ 0, & \text{그 이외}\end{cases}$$

$$f_Y(y;0,60)=\begin{cases}\frac{1}{60}, & 0<y<60\\ 0, & \text{그 이외}\end{cases}$$

이다. X와 Y가 독립이므로 X와 Y의 결합 pdf는 다음과 같다.

$$f(x,y)=f_X(x;15,45)f_Y(y;0,60)=\begin{cases}\frac{1}{1800}, & 15<x<45,\ 0<y<60\\ 0, & \text{그 이외}\end{cases}$$

(a) $P[|X-Y|<5]=\int_{15}^{45}\int_{x-5}^{x+5}\frac{1}{1800}dy\,dx=\frac{1}{6}$

(b) $P[X<Y]=\int_{15}^{45}\int_{x}^{60}\frac{1}{1800}dy\,dx=\frac{1}{1800}\int_{15}^{45}(60-x)dx=\frac{1}{2}$

6.3 감마분포

몇 개의 유용한 분포를 특별한 경우로 포함하는 감마분포라는 연속분포를 생각해 보자. 이 분포의 pdf를 소개하기 전에 감마함수를 먼저 소개한다. 물론 이 함수와의 관계 때문에 감마분포라는 이름이 유래되었다.

정의 6.3.1

모든 $\alpha > 0$에 대해

$$\Gamma(\alpha) = \int_0^\infty x^{\alpha-1} e^{-x}\,dx \tag{6.3.1}$$

를 **감마함수**(gamma function)라 한다.

$\Gamma(1) = \int_0^\infty e^{-x}\,dx = 1$이며 감마함수는 다음과 같은 유용한 성질을 갖는다.

정리 6.3.1

(a) $\Gamma(\alpha) = (\alpha-1)\Gamma(\alpha-1),\ \alpha > 1$ (6.3.2)

(b) 양의 정수 n에 대해, $\Gamma(n) = (n-1)!$이다. (6.3.3)

(c) $\Gamma\left(\frac{1}{2}\right) = \sqrt{\pi}$ (6.3.4)

증명 부분적분에 의해

$$\begin{aligned}\Gamma(\alpha) &= \int_0^\infty x^{\alpha-1} e^{-x}\,dx \\ &= \left[-x^{\alpha-1}e^{-x}\ \right]_0^\infty + (\alpha-1)\int_0^\infty x^{\alpha-2}e^{-x}\,dx \\ &= (\alpha-1)\int_0^\infty x^{\alpha-2}e^{-x}\,dx \\ &= (\alpha-1)\Gamma(\alpha-1),\ \alpha > 1\end{aligned}$$

이므로 식 (6.3.2)와 (6.3.3)이 증명된다. 식 (6.3.4)는 연습문제로 남겨둔다. ■

정리 6.3.2 $\Gamma(\alpha)\beta^\alpha = \int_0^\infty x^{\alpha-1} e^{-x/\beta}\,dx$ (6.3.5)

식 (6.3.5)는 적률 등의 계산에서 매우 유용한 관계식이므로 기억해 두면 도움이 될 것이다. 정리 6.3.2에 의해 다음과 같이 감마분포를 정의할 수 있다.

연속확률변수 X의 pdf가

$$f(x;\alpha,\beta)=\begin{cases}\dfrac{1}{\beta^{\alpha}\Gamma(\alpha)}x^{\alpha-1}e^{-x/\beta}, & x>0\\ 0, & x\le 0\end{cases} \tag{6.3.6}$$

일 때, X는 모수가 $\alpha>0$와 $\beta>0$인 **감마분포**(gamma distribution)를 따른다고 하며 간단히

$$X\sim \text{Gam}(\alpha,\beta) \tag{6.3.7}$$

로 나타낸다. 식 (6.3.6)에서 정의한 함수가 pdf가 됨은 정리 6.3.2에 의해 알 수 있다.

모수 α는 pdf 그래프의 기본모양을 결정하기 때문에 **형상모수**(shape parameter)라 하고, β는 분포의 퍼짐 정도에 영향을 미치기 때문에 **척도모수**(scale parameter)라 한다. 몇 가지 특정한 α와 β의 값에 대해 감마밀도함수의 그래프가 그림 6.3.1과 같다.

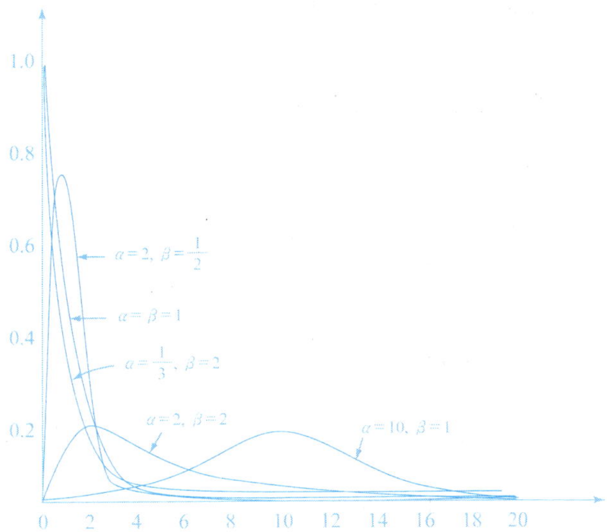

| **그림 6.3.1** | 감마분포의 그래프

일반적으로 감마확률변수 X의 cdf는 명확하게 계산할 수 없지만 형상모수 α가 양의 정수이면, 부분적분을 계속하여 다음 정리와 같이 감마분포와 포아송분포의 관계식을 얻을 수 있다.

정리 6.3.3 n이 양의 정수이고 $X\sim \text{Gam}(n,\beta)$이면,

$$P[X \le x] = F(x\,;\,n, \beta) = P[Y \ge n] \tag{6.3.8}$$

이다. 여기서 $Y \sim \mathrm{Poi}(x/\beta)$이다.

정리 6.3.3은 형상모수 α가 양의 정수일 경우는 X의 cdf는 포아송분포의 cdf에 의해 구할 수 있음을 의미한다. 다음 예제를 살펴보자.

예제 6.3.1 어떤 방사능에 노출된 쥐의 생존기간(단위: 일) X는 $\mathrm{Gam}(3,5)$라 하자. 쥐의 생존기간이 5일을 초과하지 못할 확률은 정리 6.3.3에 의해

$$\begin{aligned} P[X \le 5] &= P[Y \ge 3] \\ &= 1 - P[Y \le 2] \\ &= 1 - 0.9197 \ (\text{부록 B의 표 B.2에 의해}) \\ &= 0.0803 \end{aligned}$$

이다. 여기서 $Y \sim \mathrm{Poi}(1)$이다.

이제 $X \sim \mathrm{Gam}(\alpha, \beta)$의 mgf를 유도해 보자.

$$\begin{aligned} M_X(t) &= E(e^{tX}) \\ &= \int_0^\infty e^{tx} \frac{1}{\beta^\alpha \Gamma(\alpha)} x^{\alpha-1} e^{-x/\beta} dx \\ &= \frac{1}{\beta^\alpha \Gamma(\alpha)} \int_0^\infty x^{\alpha-1} e^{-\left(\frac{1}{\beta}-t\right)x} dx \\ &= \frac{1}{\beta^\alpha \Gamma(\alpha)} \Gamma(\alpha) \left(\frac{1}{\beta} - t\right)^{-\alpha} \quad (\text{정리 6.3.2에 의해}) \\ &= \left(\frac{1}{1-\beta t}\right)^\alpha, \ t < \frac{1}{\beta} \end{aligned} \tag{6.3.9}$$

따라서

$$M_X{}'(t) = \alpha\beta(1-\beta t)^{-(\alpha+1)} \tag{6.3.10}$$

이므로 $E(X) = M_X{}'(0) = \alpha\beta$이다. 또한

$$M_X{}''(t) = \alpha(\alpha+1)\beta^2(1-\beta t)^{-(\alpha+2)} \tag{6.3.11}$$

이므로 $E(X^2) = M_X{}''(0) = \alpha(\alpha+1)\beta^2$이다. 그러므로

$$\begin{aligned}\operatorname{Var}(X) &= E(X^2) - [E(X)]^2 \\ &= \alpha(\alpha+1)\beta^2 - \alpha^2\beta^2 \\ &= \alpha\beta^2\end{aligned} \tag{6.3.12}$$

이다. 물론 $E(X)$와 $\operatorname{Var}(X)$를 기댓값의 정의에 의해 구할 수 있다.

X의 mgf $M_X(t)$를 r번 미분하면,

$$\begin{aligned}M_X^{(r)}(t) &= \alpha(\alpha+1)\cdots(\alpha+r-1)\beta^r(1-\beta t)^{-(\alpha+r)} \\ &= \frac{\Gamma(\alpha+r)}{\Gamma(\alpha)}\beta^r(1-\beta t)^{-(\alpha+r)}\end{aligned} \tag{6.3.13}$$

이므로 X의 r차 적률은 다음과 같다.

$$E(X^r) = M_X^{(r)}(0) = \frac{\Gamma(\alpha+r)}{\Gamma(\alpha)}\beta^r \tag{6.3.14}$$

독립이며 척도모수가 같은 감마확률변수들의 합은 감마분포를 따른다는 유용한 성질을 다음 예제에서 소개한다.

예제 6.3.2 X_1과 X_2는 독립이며 각각 $X_1 \sim \text{Gam}(\alpha_1, \beta)$, $X_2 \sim \text{Gam}(\alpha_2, \beta)$이면, $Y = X_1 + X_2 \sim \text{Gam}(\alpha_1 + \alpha_2, \beta)$이다.

|풀이| Y의 mgf는 정리 4.5.3에 의해

$$\begin{aligned}M_Y(t) &= M_{X_1}(t)M_{X_2}(t) \\ &= \left(\frac{1}{1-\beta t}\right)^{\alpha_1}\left(\frac{1}{1-\beta t}\right)^{\alpha_2}, \quad t < 1/\beta \\ &= \left(\frac{1}{1-\beta t}\right)^{\alpha_1+\alpha_2}, \quad t < 1/\beta\end{aligned}$$

이다. Y의 mgf가 $\text{Gam}(\alpha_1 + \alpha_2, \beta)$의 mgf이므로, 다음이 성립된다.

$$Y = X_1 + X_2 \sim \text{Gam}(\alpha_1 + \alpha_2, \beta)$$

◉

감마분포의 특별한 경우로 $\alpha = n/2$, $\beta = 2$인 분포를 자유도 n인 **카이제곱분포**(chi-square distribution)라 한다. 또 $\alpha = 1$인 경우의 감마분포를 지수분포라 한다. 카이제곱분포는 제8장 표본분포에서 상세히 설명하기로 하고 다음 절에서는 지수분포에 대해 알아본다.

6.4 지수분포

앞 절에서 설명했듯이 감마분포의 특별한 형태이며 매우 유용한 분포인 지수분포에 대해 살펴보자.

연속확률변수 X의 pdf 가

$$f(x\,;\theta)=\begin{cases}\dfrac{1}{\theta}e^{-x/\theta}, & x>0\\ 0, & x\le 0\end{cases} \tag{6.4.1}$$

일 때, X는 모수가 $\theta>0$인 **지수분포**(exponential distribution)를 따른다고 하며 $X\sim$ Gam$(1,\theta)$라는 기호보다는 간단히 다음과 같이 나타낸다.

$$X\sim \mathrm{Exp}(\theta) \tag{6.4.2}$$

감마분포의 mgf 식 (6.3.9)로부터 $X\sim \mathrm{Exp}(\theta)$의 mgf 는

$$M_X(t)=(1-\theta t)^{-1},\ \ t<1/\theta \tag{6.4.3}$$

이고, X의 평균과 분산은

$$E(X)=\theta,\ \ \mathrm{Var}(\mathrm{X})=\theta^2 \tag{6.4.4}$$

이다. 그리고 X의 cdf 는 다음과 같다.

$$F(x\,;\theta)=1-e^{-x/\theta},\ \ x>0 \tag{6.4.5}$$

따라서 다음 결과를 얻을 수 있다.

$$P[a<X<b]=F(b\,;\theta)-F(a\,;\theta)=e^{-a/\theta}-e^{-b/\theta} \tag{6.4.6}$$

다음은 지수분포의 중요한 성질인 **무기억성**을 소개한다.

> **정리 6.4.1** 연속확률변수 X가 모수 θ인 지수분포를 따를 필요충분조건은 모든 $s>0$와 $t>0$에 대해 다음과 같다.
>
> $$P[X>s+t\mid X>s]=P[X>t] \tag{6.4.7}$$

X가 지수분포를 따르면 식 (6.4.7)이 만족됨을 증명하기는 쉽다. 물론 그 역도 성립됨을 보일 수 있다. 즉 식 (6.4.7)의 무기억성을 갖는 연속분포는 지수분포라는 것이다. 무기

억성을 갖는 유일한 이산분포가 기하분포이듯 이 성질을 갖는 유일한 연속분포가 지수분포이다.

X가 어떤 제품의 수명이라 하면, 식 (6.4.7)은 그 제품이 이미 s시간 사용한 상태에서 그 제품의 수명이 $s+t$시간을 초과할 확률은 최초 제품의 수명이 t시간을 초과할 확률과 같다는 것이다. 다시 말해, 이미 s시간 사용한 제품의 잔여 수명의 분포는 원래의 수명분포와 같다는 것이다(이미 s시간 사용했다는 사실을 기억하지 못하는 것과 같다).

예제 6.4.1 어떤 기계를 수리하는 데 걸리는 시간은 모수가 $\theta=3$인 지수분포를 따른다고 한다.

(a) 수리시간이 3시간을 초과할 확률은 얼마인가?

(b) 수리시간이 5시간을 초과했다고 할 때, 적어도 8시간이 소요될 조건부 확률은 얼마인가?

|풀이| 기계를 수리하는 데 걸린 시간을 X라 하면, $X\sim \text{Exp}(3)$이므로 구하는 확률은 각각 다음과 같다.

(a) $P[X>3]=1-F(3;3)=e^{-1}$

(b) 지수분포의 무기억성으로부터

$$P[X>8 \mid X>5]=P[X>3]=e^{-1}$$

이다. ◉

예제 6.4.2 $X_i\sim \text{Exp}(\theta), i=1,\ldots,n$이며 X_i들이 서로 독립이면, $Y=\sum_{i=1}^{n}X_i\sim \text{Gam}(n,\theta)$이다. 이 사실은 mgf를 이용해 직접 증명할 수도 있고 예제 6.3.2의 결과를 이용해 지수분포가 감마분포의 특별한 경우라는 사실로도 쉽게 알 수 있다.

*6.5 와이블분포

앞 절에서 설명한 지수분포는 감마분포의 특별한 형태였다. 지수분포는 또한 여기서 소개하고자 하는 와이블분포의 특별한 형태이기도 하다. 이 분포는 재료들의 피로현상과 파괴강도를 포함하는 다양한 응용에 대해 이 분포의 사용을 제안한 스웨덴 물리학자 와이블

(W. Weibull) 이후에 명명되었다.

연속확률변수 X의 pdf 가

$$f(x;\alpha,\beta)=\begin{cases}\dfrac{\alpha}{\beta^{\alpha}}x^{\alpha-1}e^{-(x/\beta)^{\alpha}}, & x>0\\ 0, & x\le 0\end{cases} \tag{6.5.1}$$

일 때, 모수 $\alpha>0$와 $\beta>0$를 갖는 **와이블분포**(Weibull distribution)를 따른다고 하며 간단히

$$X\sim \text{Wei}(\alpha,\ \beta) \tag{6.5.2}$$

로 나타낸다. 특히 $\alpha=2$인 경우를 **랄리분포**(Rayleigh distribution)라 한다.

모수 α는 형상모수이다. 감마분포와 마찬가지로 α의 값에 따라 pdf의 모양이 변하기 때문이다. 사실 $\alpha=1$인 경우가 지수분포의 pdf이므로, 지수분포는 감마분포와 와이블분포의 특별한 경우이다. α의 값에 따라 크게 세 가지 형태를 갖는데, $\alpha<1$, $\alpha=1$, $\alpha>1$인 경우 pdf 의 그래프가 그림 6.5.1에 있다.

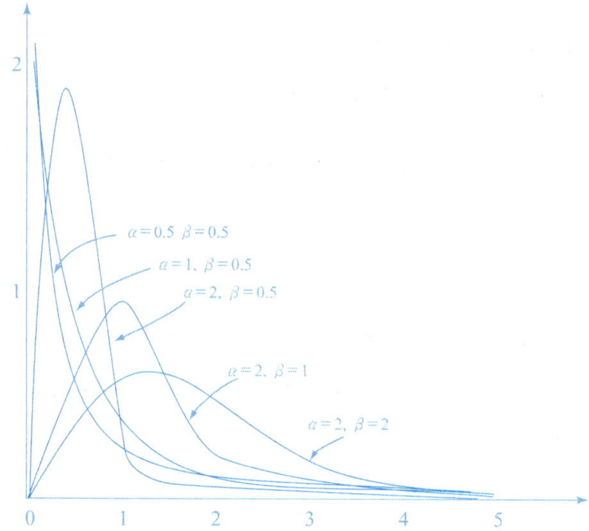

| 그림 6.5.1 | 와이블분포의 pdf

$X\sim \text{Wei}(\alpha,\beta)$의 cdf 는

$$F(x;\alpha,\ \beta)=1-e^{-(x/\beta)^{\alpha}},\ \ x>0 \tag{6.5.3}$$

이다. 따라서 β 역시 감마분포에서와 같이 척도모수이다. 또한 $100p$ 백분위수는 다음과 같다.

$$x_p = \beta[-\ln(1-p)]^{1/\alpha} \tag{6.5.4}$$

$X \sim \text{Wei}(\alpha, \beta)$일 때, $k > -\alpha$인 경우 $E(X^k)$을 유도해 보자.

$$\begin{aligned} E(X^k) &= \int_0^\infty x^k \frac{\alpha}{\beta^\alpha} x^{\alpha-1} e^{-(x/\beta)^\alpha} dx \\ &= \frac{\alpha}{\beta^\alpha} \int_0^\infty x^{k+\alpha-1} e^{-(x/\beta)^\alpha} dx \end{aligned} \tag{6.5.5}$$

이다. $t = \left(\frac{x}{\beta}\right)^\alpha$으로 변환하여 간단히 하면

$$\begin{aligned} E(X^k) &= \frac{\alpha}{\beta^\alpha} \int_0^\infty (\beta t^{1/\alpha})^{k+\alpha-1} e^{-t} \frac{\beta}{\alpha} t^{\frac{1}{\alpha}-1} dt \\ &= \beta^k \int_0^\infty t^{k/\alpha} e^{-t} dt \\ &= \beta^k \Gamma\left(\frac{k}{\alpha}+1\right) \end{aligned} \tag{6.5.6}$$

이다. 따라서 X의 평균과 분산은 다음과 같다.

$$E(X) = \beta\Gamma\left(\frac{1}{\alpha}+1\right), \ \text{Var}(X) = \beta^2\left[\Gamma\left(1+\frac{2}{\alpha}\right) - \Gamma^2\left(1+\frac{1}{\alpha}\right)\right] \tag{6.5.7}$$

예제 6.5.1 보청기용 건전지의 유효 수명(단위: 년)은 모수가 $\alpha = 2$와 $\beta = \sqrt{2}$인 와이블 분포를 따른다고 한다.

(a) 이 건전지는 얼마 동안 사용할 수 있을 것으로 기대되는가?

(b) 이 건전지가 2년 후에도 여전히 사용할 확률은 얼마인가?

|풀이| X를 보청기에 사용되는 건전지의 수명이라 하자. 그러면 $X \sim \text{Wei}(2, \sqrt{2})$이다. 따라서 다음과 같이 각 값을 계산할 수 있다.

(a) $X \sim \text{Wei}(2, \sqrt{2})$의 기댓값을 구하는 문제이므로, X의 평균은

$$E(X) = \sqrt{2}\,\Gamma\left(1+\frac{1}{2}\right) = \sqrt{2}\left(\frac{1}{2}\right)\Gamma\left(\frac{1}{2}\right) = \sqrt{\frac{\pi}{2}} \approx 1.2533$$

이다. 따라서 1.2533년 사용할 수 있을 것으로 기대된다.

(b) $P[X > 2] = 1 - P[X \le 2] = 1 - F(2) = e^{-(2/\sqrt{2})^2} = e^{-2} \approx 0.1353$이므로 2년 후에도 여전히 사용할 확률은 0.1353이다.

*6.6 파레토분포

파레토분포는 이탈리아 태생인 스위스의 경제학 교수였던 파레토(Vilfredo Pareto) 이후에 명명되었다. 그는 이 분포를 소득의 분포로 취급했다. 따라서 경제학분야에서 소득에 관한 분포로 널리 이용되고 있다.

연속확률변수 X의 pdf 가

$$f(x;\theta,\alpha)=\frac{\alpha}{\theta}\left(\frac{\theta}{\theta+x}\right)^{\alpha+1}=\frac{\alpha}{\theta}\left(1+\frac{x}{\theta}\right)^{-(\alpha+1)},\quad x>0 \tag{6.6.1}$$

일 때, X의 분포를 모수 $\theta>0$와 $\alpha>0$를 갖는 **파레토분포**(Pareto distribution)라 하며

$$X\sim \mathrm{Par}(\theta,\alpha) \tag{6.6.2}$$

로 나타낸다.

X의 평균과 분산은

$$E(X)=\frac{\theta}{\alpha-1},\quad \mathrm{Var}(X)=\frac{\theta^2\alpha}{(\alpha-2)(\alpha-1)^2},\quad \alpha>2 \tag{6.6.3}$$

이고, X의 cdf 는

$$F(x;\theta,\alpha)=1-\left(1+\frac{x}{\theta}\right)^{-\alpha},\quad x>0 \tag{6.6.4}$$

이므로 $100p$ 백분위수는 다음과 같다.

$$x_p=\theta[(1-p)^{-1/\alpha}-1] \tag{6.6.5}$$

다음과 같은 pdf 를 갖는 분포를 파레토분포로 정의하기도 한다.

$$f(y;a,\alpha)=\frac{\alpha}{a}\left(\frac{a}{y}\right)^{\alpha+1}=\frac{\alpha}{a}\left(\frac{y}{a}\right)^{-(\alpha+1)},\quad y>a>0,\ \alpha>0 \tag{6.6.6}$$

6.7 정규분포

최초에 출판된 정규분포의 유도는 이항분포에 대한 근사로 1733년 11월 12일자 발행의 프랑스 수학자 드무아브르(De Moivre)의 소책자인 것으로 알려져 있다. 이 책자는 처음에

는 라틴어로 출판되었으나 1738년 일부분을 추가해서 영어번역본으로 출판했다. 1774년 라플라스(Laplace)는 초기하분포의 근사로 정규분포를 얻었고, 4년 뒤 그는 확률적분(즉, 정규분포의 cdf)의 표를 처음 만들었다. 그후 1809년과 1816년에 가우스(Gauss)가 정규분포에 근거한 이론과 1900년 리아푸노프(Lyapunov)에 의해 중심극한정리의 연구가 시작되었다고 말할 수 있다.

통계학의 초기발전 단계에는 이 분포곡선을 지나치게 찬미하여 모든 자료의 막대그래프가 이 분포의 곡선과 가까운 형태일 때는 맞지만, 그렇지 않은 경우에는 자료의 수집과정에 잘못이 있다고 생각했었다. 이러한 이유로 이 분포가 정규(normal)라는 이름을 가지게 되었다.

확률변수 X의 pdf가

$$f(x;\mu,\sigma^2)=\frac{1}{\sqrt{2\pi}\,\sigma}\exp\left\{-\frac{(x-\mu)^2}{2\sigma^2}\right\},\quad -\infty<x<\infty \tag{6.7.1}$$

일 때, X는 평균이 μ이고 분산이 σ^2인 **정규분포**(normal distribution)를 따른다고 하며

$$X\sim \mathrm{N}(\mu,\sigma^2) \tag{6.7.2}$$

으로 나타낸다. 특별히 평균이 0이고 분산이 1인 정규분포를 **표준정규분포**(standard normal distribution)라 하고, $Z\sim \mathrm{N}(0,1)$로 표시한다.

표준정규분포의 pdf를 특별히

$$\phi(z)=f(z;0,1)=\frac{1}{\sqrt{2\pi}}e^{-z^2/2},\quad -\infty<z<\infty \tag{6.7.3}$$

로 나타내고, cdf를 일반적으로

$$\Phi(z)=P[Z\le z]=\int_{-\infty}^{z}\phi(t)dt \tag{6.7.4}$$

로 표기한다. 여러 경우의 $1-\Phi(z)=P[Z>z]$ 값들이 부록 B의 표 B.3에 주어져 있다. 표준정규분포는 다음과 같은 성질을 만족한다.(그림 6.7.1 참조)

(i) $\phi(z)=\phi(-z)$ ($\phi(z)$는 0에 관해 대칭이다.) (6.7.5)

(ii) $\Phi(-z)=1-\Phi(z)$ (6.7.6)

(iii) $\phi'(z)=-z\phi(z)$ ($\phi(z)$는 $z=0$에서 극값을 갖는다.) (6.7.7)

(iv) $\phi''(z)=(z^2-1)\phi(z)$ ($\phi(z)$는 $z=0$에서 최댓값을 갖고 $z=\pm1$에서 변곡점을 갖는다.) (6.7.8)

(v) $z \to \pm\infty$일 때, $\phi(z) \to 0$, $\phi'(z) = -z/[\sqrt{2\pi}\exp(z^2/2)] \to 0$이다. (6.7.9)

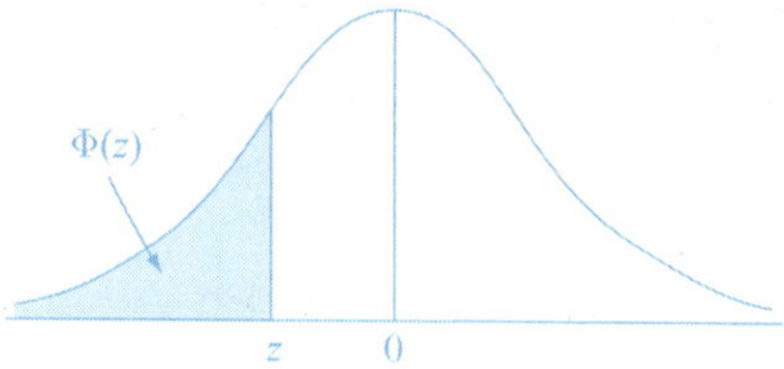

| 그림 6.7.1 | 표준정규분포의 pdf

식 (6.7.5)에서 (6.7.9)까지의 성질은 그림 6.7.1에서와 같이 표준정규분포는 0에 관해 대칭이고 $z=0$에서 최댓값 $1/\sqrt{2\pi}$의 값을 갖고 $z=\pm1$에서 변곡점을 가지며 x축이 pdf의 점근선이 된다는 것이다.

이제 표준정규분포의 적률생성함수를 유도해 보자. $Z \sim \mathrm{N}(0,1)$이면

$$
\begin{aligned}
M_Z(t) &= \int_{-\infty}^{\infty} e^{tz} \frac{1}{\sqrt{2\pi}} e^{-z^2/2} dz \\
&= \frac{1}{\sqrt{2\pi}} \int_{-\infty}^{\infty} \exp\left[-\frac{(z-t)^2}{2} + \frac{t^2}{2}\right] dz \\
&= e^{t^2/2} \int_{-\infty}^{\infty} \frac{1}{\sqrt{2\pi}} e^{-(z-t)^2/2} dz \\
&= e^{t^2/2} \qquad (6.7.10)
\end{aligned}
$$

이다. 위에서 세 번째 식의 적분은 $\mathrm{N}(t, 1)$분포의 pdf의 적분이므로 1이다.

$M_Z'(t) = te^{t^2/2}$이므로, $E(Z) = M_Z'(0) = 0$이다. 또한 $M_Z''(t) = (1+t^2)e^{t^2/2}$이므로, $E(Z^2) = M_Z''(0) = 1$이다. 따라서 $\mathrm{Var}(Z) = 1$이다.

물론 식 (6.7.5)에서 식 (6.7.9)까지의 표준정규분포의 성질을 이용해 직접 Z의 평균과 분산을 다음과 같이 구할 수 있다.

$$
\begin{aligned}
E(Z) &= \int_{-\infty}^{\infty} z\phi(z)dz \\
&= -\int_{-\infty}^{\infty} \phi'(z)dz \quad (\text{식 (6.7.7)에 의해}) \\
&= -\phi(z)\Big|_{-\infty}^{\infty} \\
&= 0
\end{aligned}
$$

$$\begin{aligned} E(Z^2) &= \int_{-\infty}^{\infty} z^2 \phi(z)\, dz \\ &= \int_{-\infty}^{\infty} [\phi''(z) + \phi(z)]\, dz \quad (\text{식 (6.7.8)에 의해}) \\ &= \phi'(z)|_{-\infty}^{\infty} + \int_{-\infty}^{\infty} \phi(z) dz \\ &= 1 \end{aligned}$$

$X \sim \mathrm{N}(\mu, \sigma^2)$의 적률생성함수, 평균, 분산은 표준정규확률변수 Z와의 관계를 나타낸 다음 정리를 소개한 후에 유도하자.

정리 6.7.1 $X \sim \mathrm{N}(\mu, \sigma^2)$이면, $Z = \dfrac{X-\mu}{\sigma} \sim \mathrm{N}(0,1)$이다.

정리 6.7.1에 의해 $X \sim \mathrm{N}(\mu, \sigma^2)$이면

$$\begin{aligned} P[a < X < b] &= P\left[\frac{a-\mu}{\sigma} < \frac{X-\mu}{\sigma} < \frac{b-\mu}{\sigma}\right] \\ &= P\left[\frac{a-\mu}{\sigma} < Z < \frac{b-\mu}{\sigma}\right] \\ &= \Phi\left(\frac{b-\mu}{\sigma}\right) - \Phi\left(\frac{a-\mu}{\sigma}\right) \end{aligned} \tag{6.7.11}$$

이다. 특별히 다음이 성립된다.

$$P[-a < Z < a] = 1 - 2P[Z \geq a] \tag{6.7.12}$$

표준정규분포의 성질과 정리 6.7.1에 의해 정규분포 $\mathrm{N}(\mu, \sigma^2)$은 평균 μ에 관해 대칭이고 $x = \mu$에서 최댓값 $1/\sqrt{2\pi}\sigma$를 갖고 $x = \mu \pm \sigma$ 에서 변곡점을 가지며 x 축이 pdf 의 점근선이 됨을 알 수 있다.

일반적으로 $X \sim \mathrm{N}(\mu, \sigma^2)$의 $100p$ 백분위수는 표준정규분포의 $100p$ 백분위수 z_{1-p}로 나타낼 수 있다. 즉,

$$x_p = \mu + \sigma z_{1-p} = \mu - \sigma z_p \tag{6.7.13}$$

이다. 여기서 z_α는 그림 6.7.2와 같이 다음을 만족하는 값이다. $Z \sim \mathrm{N}(0, 1)$이면,

$$P[Z > z_\alpha] = \alpha \tag{6.7.14}$$

이다. 표준정규분포가 0에 관해 좌우대칭이라는 사실로부터 다음이 성립되다.

$$z_{1-\alpha} = -z_\alpha$$

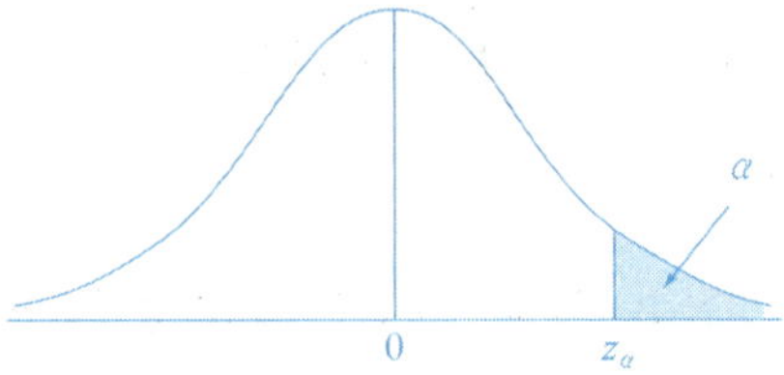

| 그림 6.7.2 | 표준정규분포

예제 6.7.1 $X \sim \mathrm{N}(10,4)$일 때, 다음을 구하라.

(a) $P[8 < X < 12]$

(b) X의 분포의 95 백분위수

(c) $P[10-c < X < 10+c] = 0.9$를 만족하는 c값

| 풀이 | (a)
$$\begin{aligned} P[8 < X < 12] &= P\left[\frac{8-10}{2} < Z < \frac{12-10}{2}\right] \\ &= P[-1 < Z < 1] \\ &= 1 - 2P[Z \geq 1] \\ &= 1 - 2(0.1587) \\ &= 0.6826 \end{aligned}$$

(b) $z_{0.05} = 1.645$이므로, 식 (6.7.13)에 의해 95 백분위수는 다음과 같다.

$$x_{0.95} = 10 + 2(1.645) = 13.29$$

(c) $P[10-c < X < 10+c] = P\left[-\frac{c}{2} < Z < \frac{c}{2}\right] = 1 - 2P\left[Z \geq \frac{c}{2}\right]$

이므로

$$P\left[Z \geq \frac{c}{2}\right] = 0.05$$

를 만족하는 c값은 $c = 2(1.645) = 3.29$이다. ◉

예제 6.7.2 어떤 작은 자동차 전동기의 평균 수명은 10년이고 표준편차는 2년이다. 제조업자는 보증기간 동안에 고장난 전동기는 모두 교환해 준다. 만일 그가 고장난 전

동기의 3%만 교환해 주고자 한다면, 보증기간을 얼마로 정해야 하는가? 여기서 전동기의 수명은 정규분포를 따른다고 가정한다.

|풀이| X를 그 회사에서 생산되는 전동기의 수명이라 하면, $X \sim \mathrm{N}(10, 2^2)$이다. 보증기간을 t년이라 하자. 보증기간 내에 고장난 전동기는 교환해 주어야 하고 제조업자는 고장난 전동기의 3%만 교환해 주길 원하기 때문에, 보증기간 t는

$$P[X \le t] = P\left[Z \le \frac{t-10}{2}\right] = 0.03$$

을 만족하도록 정해야 한다. 즉, t는 X의 제 3 백분위수이다.

$$t = 10 - 2\,z_{0.03} = 10 - 2(1.881) = 6.238$$

이므로 보증기간을 6.238년으로 정하면 고장난 전동기의 3%만 교환해 주면 된다. ◉

다음 정리는 정규분포의 적률에 관한 부가적인 성질을 제공해 준다.

정리 6.7.2 $X \sim \mathrm{N}(\mu, \sigma^2)$일 때, 다음이 성립된다.

(a) $$M_X(t) = \exp\left\{\mu t + \frac{\sigma^2 t^2}{2}\right\} \tag{6.7.15}$$

(b) $$E[(X-\mu)^r] = \begin{cases} \dfrac{r!\sigma^r}{(r/2)!2^{r/2}}, & r\text{이 짝수일 때} \\ 0, & r\text{이 홀수일 때} \end{cases} \tag{6.7.16}$$

증명 (a) 식 (6.7.10)과 정리 4.5.2에 의해 $X = \mu + \sigma Z$의 적률생성함수는 다음과 같다.

$$M_X(t) = M_{\mu+\sigma Z}(t) = e^{\mu t} M_Z(\sigma t) = \exp\left(\mu t + \frac{\sigma^2 t^2}{2}\right)$$

(b) 급수전개에 의해 식 (4.5.4)를 이용할 수 있다.

$$M_{X-\mu}(t) = e^{\sigma^2 t^2/2} = \sum_{k=0}^{\infty} \frac{\sigma^{2k} t^{2k}}{2^k k!} = \sum_{k=0}^{\infty} \frac{\sigma^{2k}(2k)!\,t^{2k}}{2^k k!\,(2k)!}$$

이므로, t의 짝수 차수의 계수만 존재한다. 따라서 정리가 증명된다. ■

예제 6.7.3 $X \sim N(3,4)$일 때

(a) $\mu_4 = E[(X-3)^4]$을 구하라.

(b) $\mu_4{}' = E(X^4)$을 구하라.

|풀이| (a) 정리 6.7.2에 의해 다음과 같이 구할 수 있다.

$$E[(X-3)^4] = \frac{4!\ 2^4}{2!\ 2^2} = 48$$

(b)
$$\begin{aligned} E(X^4) &= E[(X-3+3)^4] \\ &= E\left[\binom{4}{0}3^4 + \binom{4}{1}(X-3)3^3 + \binom{4}{2}(X-3)^2 3^2 \right. \\ &\quad \left. + \binom{4}{3}(X-3)^3 3^1 + \binom{4}{4}(X-3)^4\right] \\ &= 81 + 9\binom{4}{2}E[(X-3)^2] + E[(X-3)^4] \\ &= 81 + 54(4) + 48 = 345 \end{aligned}$$

*6.8 이변량 정규분포

이 절에서는 이변량 정규분포를 소개하고 중요한 성질을 조사한다.

정의 6.8.1

확률변수 X와 Y의 결합 pdf가

$$f(x,y) = \frac{e^{-Q/2}}{2\pi\sigma_1\sigma_2\sqrt{1-\rho^2}},\ -\infty < x < \infty, -\infty < y < \infty \tag{6.8.1}$$

여기서

$$Q = \frac{1}{1-\rho^2}\left[\frac{(x-\mu_1)^2}{\sigma_1^2} - 2\rho\frac{(x-\mu_1)(y-\mu_2)}{\sigma_1\sigma_2} + \frac{(y-\mu_2)^2}{\sigma_2^2}\right] \tag{6.8.2}$$

으로 주어질 때, X와 Y는 **이변량 정규분포**(bivariate normal distribution)를 따른다고 하며 기호로 간단히 다음과 같이 나타낸다.

$$(X, Y) \sim \mathrm{BN}(\mu_1, \mu_2, \sigma_1^2, \sigma_2^2, \rho) \tag{6.8.3}$$

식 (6.8.1)의 결합 pdf는 5개의 모수에 의존한다. $-\infty < \mu_1 < \infty$, $-\infty < \mu_2 < \infty$, $\sigma_1 > 0$, $\sigma_2 > 0$, 그리고 $-1 < \rho < 1$이다.

다음 정리는 이변량 정규분포의 주변분포가 정규분포임을 보여준다.

정리 6.8.1 $(X, Y) \sim \mathrm{BN}(\mu_1, \mu_2, \sigma_1^2, \sigma_2^2, \rho)$이면

(a) $X \sim \mathrm{N}(\mu_1, \sigma_1^2)$이고 $Y \sim \mathrm{N}(\mu_2, \sigma_2^2)$이다.

(b) ρ는 X와 Y의 상관계수이다.

정리 4.6.1에서 X와 Y가 독립이면, X와 Y는 무상관임을 보였다. 즉, X와 Y가 독립이면, $\rho = 0$이다. 그러나 예제 4.6.1에서 보였듯이 일반적으로 그 역은 성립하지 않는다. 특별히 이변량 정규분포의 결합 pdf에서 $\rho = 0$이면, 결합 pdf가 각각의 주변 pdf의 곱으로 표시되므로 X와 Y가 독립임을 알 수 있다. 따라서 이변량 정규분포에서는 X와 Y가 독립일 필요충분조건이 $\rho = 0$이다. 이 사실을 다음 정리에 요약한다.

정리 6.8.2 $(X, Y) \sim \mathrm{BN}(\mu_1, \mu_2, \sigma_1^2, \sigma_2^2, \rho)$이면, X와 Y가 독립일 필요충분조건은 $\rho = 0$이다.

정리 6.8.3 $(X, Y) \sim \mathrm{BN}(\mu_1, \mu_2, \sigma_1^2, \sigma_2^2, \rho)$일 때

(a) $X = x$가 주어진 경우 Y의 조건부 분포는 다음과 같다.

$$Y \mid x \sim \mathrm{N}\left(\mu_2 + \rho\frac{\sigma_2}{\sigma_1}(x - \mu_1),\ \sigma_2^2(1 - \rho^2)\right) \tag{6.8.4}$$

(b) $Y = y$가 주어진 경우 X의 조건부 분포는 다음과 같다.

$$X \mid y \sim \mathrm{N}\left(\mu_1 + \rho\frac{\sigma_1}{\sigma_2}(y - \mu_2),\ \sigma_1^2(1 - \rho^2)\right) \tag{6.8.5}$$

정리 6.8.1과 6.8.3을 이용하여, X와 Y의 결합적률생성함수를 다음과 같이 구할 수 있다. $(X, Y) \sim \mathrm{BN}(\mu_1, \mu_2, \sigma_1^2, \sigma_2^2, \rho)$이면, X와 Y의 결합적률생성함수는

$$
\begin{aligned}
M(t_1,t_2) &= E(e^{t_1X+t_2Y}) \\
&= \int_{-\infty}^{\infty}\int_{-\infty}^{\infty} e^{t_1x+t_2y} f_{X|Y}(x|y)f_Y(y)\,dx\,dy \\
&= \int_{-\infty}^{\infty} e^{t_2y}f_Y(y)\int_{-\infty}^{\infty} e^{t_1x} f_{X|Y}(x|y)\,dx\,dy \\
&= \int_{-\infty}^{\infty} \exp\left[t_1\left\{\mu_1+\rho\frac{\sigma_1}{\sigma_2}(y-\mu_2)\right\}+\frac{1}{2}t_1^2\sigma_1^2(1-\rho^2)\right] e^{t_2y}f_Y(y)\,dy \\
&= \exp\left[t_1\mu_1-\rho\frac{\sigma_1}{\sigma_2}t_1\mu_2+\frac{1}{2}t_1^2\sigma_1^2(1-\rho^2)\right]\int_{-\infty}^{\infty} e^{t_2y}e^{(\rho\sigma_1/\sigma_2)t_1y}f_Y(y)\,dy \\
&= \exp\left[t_1\mu_1-\rho\frac{\sigma_1}{\sigma_2}t_1\mu_2+\frac{1}{2}t_1^2\sigma_1^2(1-\rho^2)\right]\int_{-\infty}^{\infty} e^{(t_2+\rho t_1\sigma_1/\sigma_2)y}f_Y(y)\,dy \\
&= \exp\left[t_1\mu_1-\rho\frac{\sigma_1}{\sigma_2}t_1\mu_2+\frac{1}{2}t_1^2\sigma_1^2(1-\rho^2)\right] \\
&\quad \times\exp\left[\mu_2(t_2+\rho t_1\sigma_1/\sigma_2)+\frac{1}{2}\sigma_2^2(t_2+\rho t_1\sigma_1/\sigma_2)^2\right] \\
&= \exp\left[\mu_1t_1+\mu_2t_2+\frac{\sigma_1^2t_1^2+\sigma_2^2t_2^2+2\rho\sigma_1\sigma_2t_1t_2}{2}\right] \qquad (6.8.6)
\end{aligned}
$$

이다. 위의 계산 과정에서 $X \sim \mathrm{N}(\mu,\sigma^2)$의 적률생성함수는 $\exp\left\{\mu t+\frac{1}{2}\sigma^2t^2\right\}$이라는 사실과 조건부 분포가 정리 6.8.3에서 정규분포를 따른다는 사실을 이용했다. 이 결합 적률생성함수를 이용해 $\rho=0$이면 X와 Y가 독립임을 쉽게 밝힐 수도 있다.

연습문제 제 6 장

6.1 만일 $X \sim \mathrm{U}(0,1)$이고 $a<b$이면, $a+(b-a)X \sim \mathrm{U}(a,\ b)$임을 보여라.

6.2 서울에서 대전으로 가는 고속버스는 아침 7시 정각에 첫 출발한 후 30분 간격으로 운행한다고 하자. 운행시간을 모르는 사람이 7시 10분에서 8시 사이에 균일하게 분포된 어느

시간에 고속버스 터미널에 도착할 때, 다음을 구하라.
(a) 5분 이상 기다릴 확률
(b) 10분 이하 기다릴 확률

6.3 길이가 L인 선분상에서 무작위로 한 점을 택한다. 그 점에 의해 양분된 두 선분 중 짧은 선분과 긴 선분의 비가 $\frac{1}{4}$보다 작을 확률은 얼마인가?

6.4 $X \sim \mathrm{U}(0,4)$일 때 방정식 $x^2+2xX+X+2=0$이 실근을 가질 확률을 구하라.

6.5 X와 Y는 독립이고 $X \sim \mathrm{U}(-1,1)$, $Y \sim \mathrm{U}(0,1)$이다. 방정식 $h(t)=t^2+2Xt+Y=0$이 실근을 가질 확률을 구하라.

6.6 각 동전을 던졌을 때 앞면이 나올 확률이 q인 많은 동전이 들어있는 항아리를 생각해 보자. 그러나 q의 값은 동전마다 다르다. 항아리에서 무작위로 선택한 동전의 q값은 $(0,\ 1)$에서 균일분포를 따르는 확률변수의 값으로 간주할 수 있도록 배합되어 있다. 만일 1개의 동전을 항아리에서 무작위로 선택하여 두 번 던질 때, 다음 각 확률을 구하라.
(a) 첫 번째 시행에서 앞면이 나올 확률
(b) 두 번 모두 앞면이 나올 확률

6.7 정리 6.3.1의 (c)번을 증명하라. (힌트 : 극좌표 변환을 이용하여 중적분하라.)

6.8 기계 수리센터에서 한 제품을 수리하는 데 걸리는 시간(단위 : 시간) X는 $X \sim \mathrm{Gam}(4,1)$이라 하자. 어떤 불량기계 하나를 수리하는 데 걸리는 시간이
(a) 1시간 이상일 확률을 구하라.
(b) 2시간과 4시간 사이일 확률을 구하라.

6.9 어떤 도시의 매일 물 소비량(단위: 백만 리터) X가 $X \sim \mathrm{Gam}(2,3)$이라 하자. 만일 이 도시의 물 수용능력이 매일 9백만 리터라면, 어느 날 물 공급량이 부족할 확률은 얼마인가?

6.10 $X \sim \mathrm{Gam}(2,3)$이고 $Y \sim \mathrm{Gam}(3,3)$이며 X와 Y는 독립이다.

이 때 $P[X+Y \le 12]$를 구하라.

6.11 어느 상점에 도착하는 고객들 사이의 시간(단위: 분) X는 평균이 20분인 지수분포를 따른다. 다음을 구하라.

(a) 한 고객이 25분 후에 도착할 확률

(b) 한 고객이 10분과 20분 사이에 도착할 확률

6.12 카페테리아에서 개인이 음식을 날라 식사 준비를 하는 데 걸리는 시간은 평균 4분인 지수분포를 따른다.

(a) 한 사람이 식사 준비를 하는 데 3분 미만 걸릴 확률을 구하라.

(b) 다가오는 6일 중 한 사람이 식사를 준비하는 데 3분 미만 걸린 날이 4일 이상일 확률은 얼마인가?

6.13 $X \sim \text{Exp}(\theta)$일 때, 중앙값, 제1사분위수, 제3사분위수를 구하라.

6.14 X_1과 X_2는 서로 독립이며 평균이 θ인 지수확률변수이다. 즉, $X_i \sim \text{Exp}(\theta)$, $i=1,2$이다. $Y = X_1 - X_2$일 때, 다음을 구하라.

(a) Y의 적률생성함수 (b) Y의 분포

6.15 $X_1, \dots, X_{15}$는 서로 독립이며 평균이 5인 지수확률변수이다. 즉, $X_i \sim \text{Exp}(5)$, $i = 1, \dots, 15$이다.

(a) $Y = \sum_{i=1}^{15} X_i$의 적률생성함수를 구하라.

(b) Y의 분포를 구하라.

6.16 연습문제 6.4번에서 $X \sim \text{Exp}(2)$라 가정하고 실근을 가질 확률을 구하라.

6.17 어떤 전염병의 지속기간(단위: 일) X는 와이블분포 $\text{Wei}(2,9)$를 따른다고 한다. 다음을 구하라.

(a) 전염병이 7일 이하 지속될 확률

(b) 전염병이 적어도 20일 지속될 확률 (c) $E(X)$

6.18 어떤 종류의 건전지 수명(단위: 년) X는 와이블분포 $\mathrm{Wei}(2,3)$을 따른다고 한다.

(a) 건전지의 수명이 6년 이하일 확률을 구하라.

(b) 이 건전지를 2년 사용했다고 할 때, 건전지의 수명이 4년 이하일 확률을 구하라.

6.19 $X \sim \mathrm{Wei}(\alpha, \beta)$일 때, 중앙값을 구하라.

6.20 $X \sim \mathrm{Par}(20,5)$일 때, X의 분포의 중앙값을 구하라.

6.21 X_1과 X_2는 서로 다른 수준의 방사능에 노출된 두 마리 흰쥐의 생존기간(단위 : 일)이라 하자. X_1과 X_2는 독립이고 $X_1 \sim \mathrm{Par}(1,1)$, $\mathrm{X}_2 \sim \mathrm{Par}(1,2)$라 한다.

(a) X_1과 X_2의 결합 pdf를 구하라.

(b) 두 번째 쥐가 첫 번째 쥐보다 오래 생존할 확률 $P[X_1 < X_2]$를 구하라.

6.22 $Z \sim \mathrm{N}(0,1)$일 때, 다음을 구하라.

(a) $P[Z > a] = 0.05$를 만족하는 a값

(b) $P[-b < Z < b] = 0.95$를 만족하는 b값

6.23 청량음료 자판기는 한 컵당 평균 200ml씩 나오도록 조절되어 있다. 만일 음료수의 양이 표준편차가 10ml인 정규분포를 따른다고 하면,

(a) 음료수의 양이 220ml 이상 되는 컵들의 비율은 얼마인가?

(b) 음료수 한 컵의 양이 195와 205ml 사이일 확률은 얼마인가?

(c) 만일 용량이 222ml인 컵을 앞으로 1000번 사용한다면, 컵이 넘치게 되는 경우가 얼마나 되겠는가?

(d) 청량음료의 양이 얼마 이하일 확률이 0.209인가?

6.24 완성된 피스톤링의 안쪽 지름은 평균이 10cm이고 표준편차가 0.02cm인 정규분포를 따른다.

(a) 안쪽 지름이 10.042cm를 초과한 링의 비율은 얼마인가?

(b) 안쪽 지름이 9.98cm와 10.02cm사이일 확률은 얼마인가?

(c) 안쪽 지름의 제 12.1 백분위수를 구하라.

6.25 통계학 시험성적이 평균은 70점이고 표준편차가 8점인 정규분포를 근사적으로 따른다고 할 때, 다음을 구하라.(단 성적은 A, B, C, D, E, F로만 표기하고 점수는 정수로 나타낸다.)

(a) 만일 성적이 나쁜 학생 10%에게 F학점을 준다면, D학점을 받은 가장 낮은 성적

(b) 만일 우수한 학생 30%에게 A학점을 준다면, B학점을 받은 가장 높은 성적

6.26 어떤 전구의 밝기 X는 평균이 1500피트 촉광이고 표준편차가 50피트 촉광인 정규분포를 따른다. 생산된 전구의 5%만 불량품이기 위한 설계상의 하한값을 결정하라.

6.27 어느 공장에서 지름이 1.19인치와 1.21인치 사이로 지정된 볼트를 생산한다. 만일 그 공장의 생산공정에 의해 생산된 볼트의 지름은 평균 1.20인치이고 표준편차가 0.005인 정규분포를 따른다고 하면, 설계상 지정된 조건을 만족하지 않는 볼트의 비율은 얼마인가?

6.28 1000명 학생의 키는 평균이 174.5cm이고 표준편차가 6cm인 정규분포를 따른다. 키는 반올림하여 0.5cm단위로 기록하였다. 다음 각각에 해당되는 학생의 기대수는 얼마인가?

(a) 170.0cm보다 작다

(b) 171.5cm 이상 177.5cm 이하이다.

(c) 175.0cm이다.

6.29 만일 확률변수 X의 적률생성함수가 $M_X(t) = \exp\left(4t + \frac{9}{2}t^2\right)$일 때, $P[1 < X < 7]$의 값을 구하라.

6.30 $X \sim \mathrm{N}(10, 25)$일 때, 다음을 구하라.

(a) $\mu_4 = E[(X-10)^4]$ (b) $\mu_8 = E[(X-10)^8]$

6.31 정리 6.8.1을 증명하라.

6.32 정리 6.8.2를 결합적률생성함수 $M(t_1, t_2)$를 이용하여 증명하라.

6.33 정리 6.8.3을 증명하라.

6.34 X와 Y는 어떤 동물의 키(단위 : cm)와 몸무게(단위 : kg)이다.

$(X, Y) \sim BN(50, 7, 16, 2, 0.75)$일 때, 다음을 구하라.

(a) 키가 45cm인 동물들의 평균 몸무게

(b) 몸무게가 8kg인 동물들의 평균 키

6.35 $(X, Y) \sim BN(5, 8, 16, 9, 0.6)$일 때, $P[5 < Y < 11 | X = 2]$를 구하라.

제 7 장 확률변수들의 함수

7.1 서론

이 장에서는 한 개 이상의 확률변수들의 함수의 확률질량함수나 확률밀도함수를 구하는 문제를 생각해 보자. 즉, $X_1, \ldots, X_k$의 결합 pdf(pmf)가 주어졌을 때, $X_1, \ldots, X_k$의 함수인 확률변수 $Y = g(X_1, \ldots, X_k)$의 pdf(pmf)를 구하는 데 관심이 있다.

이런 문제를 해결할 수 있는 방법은 여러 가지가 있다. 여기서는 분포함수법, 변수변환법, 적률생성함수법에 대해 설명한다. 또한 순서통계량에 대해 정의하고 몇 가지 결과들을 소개한다.

7.2 분포함수법

제4장에서 X의 어떤 함수 $g(X)$의 기댓값에 대한 정리를 소개했다. X가 확률변수일 때, $g(X)$도 확률변수이므로 X의 cdf $F_X(x)$를 이용하여 X의 함수 $Y = g(X)$의 분포를 구하는 방법을 생각해 보자. 즉, 다음과 같이 Y의 cdf를 X의 cdf로 나타낸다.

$$F_Y(y) = P[Y \le y] = P[g(X) \le y] = P[X \in A_y] \tag{7.2.1}$$

여기서 $A_y = \{ x \mid g(x) \le y \}$이다. 따라서 Y의 cdf는 X가 연속확률변수이면 X의 pdf $f_X(x)$의 적분으로 나타낼 수 있고, X가 이산확률변수이면 X의 pmf $f_X(x)$의 합으로 나타낼 수 있기 때문에 $F_Y(y)$를 구할 수 있다. 그러면 정리 3.3.2나 식 (3.4.2)의 cdf와 pmf(pdf)의 관계에 의해 Y의 pmf(pdf)를 구할 수 있다.

예제 7.2.1 $X \sim U(0,\ 1)$일 때, $Y=e^{-X}$의 pdf를 분포함수법을 이용해 구하라.

|풀이|
$$
\begin{aligned}
F_Y(y) = P[Y \le y] &= P[e^{-X} \le y] \\
&= P[X \ge -\ln y] \\
&= 1 - P[X < -\ln y] \\
&= 1 - F_X(-\ln y) \\
&= 1 - (-\ln y),\ \ 0 < -\ln y < 1 \\
&= 1 + \ln y,\ \ e^{-1} < y < 1
\end{aligned}
$$

이므로, Y의 pdf는 다음과 같다.

$$f_Y(y) = \frac{d}{dy} F_Y(y) = \frac{1}{y},\ \ e^{-1} < y < 1$$

◉

식 (3.5.22)의 k차원 사건 A에 대한 확률식에 의해, 연속확률변수들의 k차원 벡터 $\boldsymbol{X} = (X_1, \ldots, X_k)$의 함수 $Y = g(\boldsymbol{X}) = g(X_1, \ldots, X_k)$의 cdf는

$$F_Y(y) = \int \cdots \int_{A_y} f(x_1, \ldots, x_k) dx_1 \cdots dx_k \tag{7.2.2}$$

임을 알 수 있다. 여기서 $A_y = \{x \mid g(x) \le y\}$이다.

예제 7.2.2 X_1과 X_2의 결합 pdf가

$$f(x_1, x_2) = \begin{cases} 4e^{-2(x_1+x_2)}, & 0 < x_1 < \infty,\ 0 < x_2 < \infty \\ 0, & \text{그 이외} \end{cases}$$

일 때, $Y = g(X_1, X_2) = X_1 + X_2$라 하면

$$A_y = \{(x_1, x_2) \mid 0 < x_1 \le y - x_2\,;\, 0 < x_2 \le y\}$$

이므로, Y의 cdf는

$$
\begin{aligned}
F_Y(y) &= P[X_1 + X_2 \le y] \\
&= \int_0^y \int_0^{y-x_2} 4e^{-2(x_1+x_2)} dx_1 dx_2 \\
&= \int_0^y 2e^{-2x_2} \int_0^{y-x_2} 2e^{-2x_1} dx_1 dx_2
\end{aligned}
$$

$$= \int_0^y 2e^{-2x_2}[1-e^{-2(y-x_2)}]dx_2$$
$$= \int_0^y (2e^{-2x_2} - 2e^{-2y})dx_2$$
$$= 1 - e^{-2y} - 2ye^{-2y}, \quad y > 0$$

이다. 따라서 Y의 pdf는 다음과 같다.

$$f_Y(y) = \frac{d}{dy}F_Y(y) = 4ye^{-2y}, y > 0$$

7.3 변수변환법

앞 절에서는 X의 cdf를 이용해 $Y = g(X)$의 cdf를 구하는 방법을 소개했다. 여기서는 먼저 그 분포함수를 계산한 다음 pdf(pmf)를 구하는 것이 아니라, 직접 $Y = g(X)$의 pdf (pmf)를 구할 수 있는 방법을 소개하고자 한다. 확률변수가 연속인지 이산인지 구분하여 생각하고 X의 함수가 일대일 함수인지를 역시 구분하여 방법을 소개한다. 여기서도 먼저 단일 확률변수 X의 함수에 대해 생각한 다음 k개 확률변수들의 함수인 경우로 확장한다.

7.3.1 일대일 변환

정리 7.3.1 이산인 경우

X는 pmf가 $f_X(x)$인 이산확률변수이고, $y = g(X)$가 일대일 변환이라 하자. 그러면 $Y = g(X)$의 pmf는

$$f_Y(y) = P[Y = y] = f_X(g^{-1}(y)), \ y \in B \tag{7.3.1}$$

이다. 여기서 $g^{-1}(y)$는 $y = g(x)$의 역변환이고 $B = \{y \mid f_Y(y) > 0\}$이다.

정리 7.3.1에서 가정한 $y = g(x)$가 일대일 변환이기 위해선 $y = g(x)$가 순증가함수(모든 x에 대해 $g'(x) > 0$)이거나 순감소함수(모든 x에 대해 $g'(x) < 0$)이어야 한다. 그러므로 역변환 $x = g^{-1}(y)$는 유일하게 존재하며 $y = g(x)$의 해이다.

예제 7.3.1 $X \sim \mathrm{NB}(r, p)$일 때, $Y = X - r$의 pmf를 구하라.

|풀이| X의 pmf가

$$f_X(x) = \binom{x-1}{r-1} p^r (1-p)^{x-r}, \quad x = r, r+1, \ldots$$

이고 $y = x - r$이므로, $x = y + r$을 이산인 경우의 변수변환법을 이용하면

$$\begin{aligned} f_Y(y) &= f_X(y+r) \\ &= \binom{y+r-1}{r-1} p^r (1-p)^y, \quad y = 0, 1, 2, \ldots \end{aligned}$$

이다.

정리 7.3.2 연속인 경우

X는 pdf가 $f_X(x)$인 연속확률변수이고, $y = g(x)$가 A에서 B로의 일대일 변환이다. 그리고 역변환 $g^{-1}(y)$가 미분가능이고 그 도함수 $\frac{d}{dy} g^{-1}(y)$가 연속이며 B에서 0이 아니면, $Y = g(X)$의 pdf는 다음과 같다.

$$f_Y(y) = f_X(g^{-1}(y)) \left| \frac{d}{dy} g^{-1}(y) \right|, \quad y \in B \tag{7.3.2}$$

여기서 $A = \{x \mid f_X(x) > 0\}$이고 $B = \{y \mid f_Y(y) > 0\}$이다.

증명 $y = g(x)$는 일대일 함수이기 때문에 순증가함수이거나 순감소함수이다. 먼저 $y = g(x)$가 순증가함수인 경우 증명해 보자.

그림 7.3.1에서 알 수 있듯이 $g(x) \le y$일 필요충분조건은 $x \le g^{-1}(y)$이다. 따라서

$$F_Y(y) = P[g(X) \le y] = P[X \le g^{-1}(y)] = F_X(g^{-1}(y))$$

이다. 그러므로

$$\begin{aligned} f_Y(y) &= \frac{d}{dy} F_X(g^{-1}(y)) \\ &= f_X(g^{-1}(y)) \frac{d}{dy} g^{-1}(y) \\ &= f_X(g^{-1}(y)) \left| \frac{d}{dy} g^{-1}(y) \right| \end{aligned}$$

이다. 여기서 $y = g(x)$가 순증가함수이므로 $g^{-1}(y)$ 역시 순증가함수이다. 따라서

$\frac{d}{dy}g^{-1}(y) > 0$이기 때문이다. 그러므로 순증가함수인 경우 정리가 증명된다.

다음은 $y = g(x)$가 순감소함수인 경우 증명해 보자. 감소함수인 경우는 그림 7.3.2에서 알 수 있듯이 $g(x) \le y$일 필요충분조건은 $x \ge g^{-1}(y)$임을 알 수 있다.

$$F_Y(y) = P[g(X) \le y] = P[X \ge g^{-1}(y)] = 1 - F_X(g^{-1}(y))$$

이므로

$$\begin{aligned} f_Y(y) &= -f_X(g^{-1}(y))\frac{d}{dy}g^{-1}(y) \\ &= f_X(g^{-1}(y))\left|\frac{d}{dy}g^{-1}(y)\right| \end{aligned}$$

이다. 여기서는 $y = g(x)$가 감소함수이므로 $\frac{d}{dy}g^{-1}(y) < 0$이기 때문이다. ■

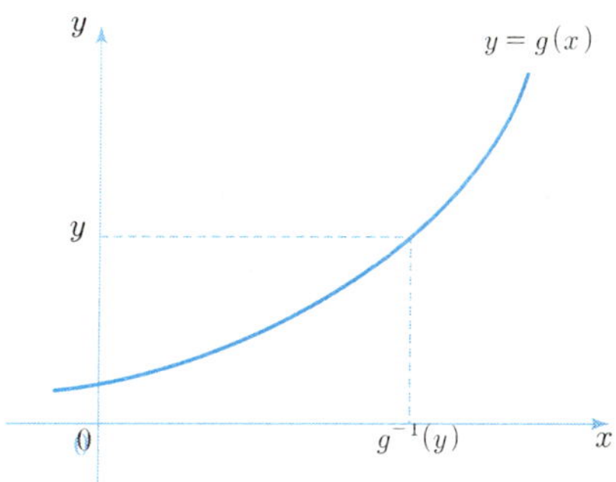

| 그림 7.3.1 | 증가함수

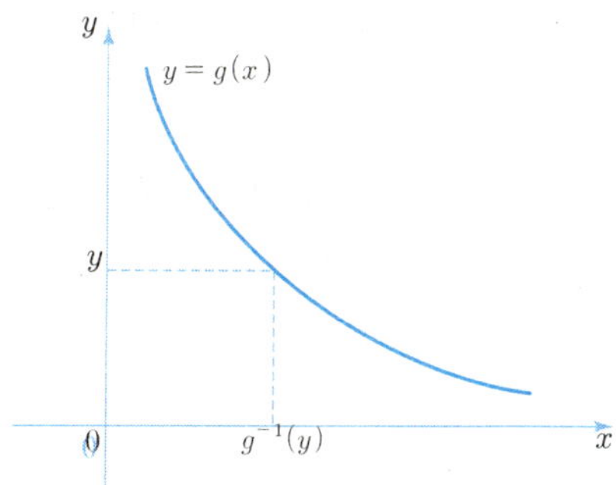

| 그림 7.3.2 | 감소함수

위 정리의 조건을 다르게 표현하면, X가 연속인 확률변수이고 pdf가 $f_X(x)$이며 $y = g(x)$가 모든 x에 대해 미분가능하고, 모든 x에 대해 $g'(x) > 0$(순증가함수)이거나 $g'(x) < 0$(순감소함수)이어야 한다. 위 정리에서 $g^{-1}(y)$의 도함수를 변환의 **야코비안**(Jacobian)이라 하며

$$J = \frac{d}{dy}g^{-1}(y) \tag{7.3.3}$$

로 나타낸다.

예제 7.3.2 $X \sim \mathrm{U}(0,1)$이고 $Y = e^X$이라 하면, $y = g(x) = e^x$은 위 정리의 모든 조건을 만족하므로 정리 7.3.2에 의해 Y의 pdf를 쉽게 구할 수 있다. 역변환이

$x = g^{-1}(y) = \ln y$ 이므로

$$\begin{aligned} f_Y(y) &= f_X(\ln y)\left|\frac{d}{dy}\ln y\right| \\ &= 1\times\left|\frac{1}{y}\right|,\ \ 0<\ln y<1 \\ &= \begin{cases} \dfrac{1}{y}, & 1<y<e \\ 0, & \text{그 이외} \end{cases} \end{aligned}$$

이다. 그리고 $Y=-2\ln X$ 라 하면, 역변환이 $x = e^{-y/2}$ 이므로

$$\begin{aligned} f_Y(y) &= \left|-\frac{1}{2}e^{-y/2}\right|\times 1,\ \ 0<e^{-y/2}<1 \\ &= \begin{cases} \dfrac{1}{2}e^{-y/2}, & 0<y<\infty \\ 0, & \text{그 이외} \end{cases} \end{aligned}$$

이다.

다음 정리는 매우 유용한 변환이다.

정리 7.3.3 확률적분변환(Probability Integral Transformation)

X가 cdf $F(x)$를 갖는 연속확률변수이면, $F(X) \sim \mathrm{U}(0,1)$이다.

예제 7.3.3 $X \sim \mathrm{Exp}(1)$이라 하자. 그러면 X의 cdf는

$$F_X(x) = \begin{cases} 0, & x \le 0 \\ 1-e^{-x}, & x>0 \end{cases}$$

이다. 따라서 $Y = F(X) = 1-e^{-X}$ 의 분포는 정리 7.3.3에 의해 $\mathrm{U}(0,1)$이다. 정리 7.3.2에 의해 직접 Y의 pdf를 계산해 보면, 역변환이 $g^{-1}(y) = -\ln(1-y)$이므로

$$\begin{aligned} f_Y(y) &= f_X(g^{-1}(y))\left|\frac{d}{dy}g^{-1}(y)\right| \\ &= e^{\ln(1-y)}\left|\frac{1}{1-y}\right|,\ \ \ln(1-y)<0 \\ &= 1,\ \ 0<y<1 \end{aligned}$$

이다. 즉, $Y \sim \mathrm{U}(0,\ 1)$이다.

다음 정리는 정리 7.3.3의 역에 해당되는 것으로, 어떤 특정한 분포에서의 확률변수들의 값을 생성하는 데 유용하게 이용될 수 있다.

정리 7.3.4 $F(x)$는 임의의 cdf 이고 $U \sim \mathrm{U}(0,1)$이면, 모든 실수 x에 대해

$$P[h(U) \le x] = F(x) \tag{7.3.4}$$

이다. 여기서 $h(u) = F^{-1}(u) = \min\{x \mid F(x) \ge u\}$이다.

정리 7.3.4는 어떤 임의의 cdf $F(x)$가 $h(U) = F^{-1}(U)$의 cdf가 된다는 것이다. 따라서 균일분포 $\mathrm{U}(0,1)$에서 난수 u를 생성하여 cdf $F(x)$를 갖는 분포에서의 값 $x = h(u)$를 생성할 수 있다. 그러므로 모의실험 등에서 어떤 특정한 분포에서의 값을 생성할 때 널리 이용되는 유용한 정리이다.

예제 7.3.4 $U \sim \mathrm{U}(0,1)$이다. $X = h(U) \sim \mathrm{Exp}(\theta)$가 되는 변환 $x = h(u)$를 구하라.

|풀이| $X \sim \mathrm{Exp}(\theta)$의 cdf는

$$F(x) = 1 - e^{-x/\theta}, \quad x > 0$$

이다. 그러면 F가 일대일 함수이므로

$$h(u) = \min\{x \mid F(x) \ge u\} = F^{-1}(u)$$

이다. 즉,

$$1 - e^{-x/\theta} = u$$
$$x = -\theta \ln(1-u)$$

가 구하고자 하는 $x = h(u) = -\theta \ln(1-u)$ 변환이다.

7.3.2 일대일이 아닌 변환

함수 $y = g(x)$가 $A = \{x \mid f_X(x) > 0\}$ 상에서 일대일이 아니라 하자. 그러나 방정식 $y = g(x)$에 대한 유일한 해가 존재하지 않더라도 일반적으로 $g(x)$가 각 A_i 상에서는 일대일이 되도록 A를 상호배반인 부분집합 $A_1, \dots, A_k$로 분할하는 것이 가능하다. 그러면 $y = g(x)$는 A_i 상에서 유일한 해 $x_i = g_i^{-1}(y)$를 갖는다.

(1) 이산인 경우

일대일 변환이 아닌 함수 $Y=g(X)$의 pmf는 다음과 같다.

$$f_Y(y)=\sum_{i=1}^{k} f_X(g_i^{-1}(y)) \qquad (7.3.5)$$

(2) 연속인 경우

일대일 변환이 아닌 함수 $Y=g(X)$의 pdf는 다음과 같다.

$$f_Y(y)=\sum_{i=1}^{k} f_X(g_i^{-1}(y))\left|\frac{d}{dy}g_i^{-1}(y)\right| \qquad (7.3.6)$$

예제 7.3.5 X의 pmf는 $f_X(x)=\frac{1}{121}3^{2-x}$, $x=-2,-1,0,1,2$이고 $Y=|X|$라 하자. 그러면 $y=g(x)=|x|$는 일대일 변환이 아니다. 그러나 분할하여 식 (7.3.5)를 이용하면,

$$f_Y(y)=\begin{cases}\frac{9}{121}, & y=0\\ \frac{1}{121}(3^{2+y}+3^{2-y}), & y=1,2\end{cases}$$

임을 알 수 있다.

예제 7.3.6 X는 pdf가 $f(x)=\frac{3x^2}{28}$, $-1<x<3$인 확률변수이다. $Y=X^2$의 pdf를 구하라.

|풀이| $y=g(x)=x^2$, $-1<x<3$은 일대일 변환이 아니므로, 분할하여 역변환을 구하면

$$x=g_i^{-1}(y)=\begin{cases}-\sqrt{y}, & x<0\\ \sqrt{y}, & x>0\end{cases}$$

이다. 따라서 Y의 pdf는 다음과 같다.

$$\begin{aligned}f_Y(y)&=\frac{1}{2\sqrt{y}}\left[f_X(\sqrt{y})+f_X(-\sqrt{y})\right]\\ &=\begin{cases}\frac{1}{2\sqrt{y}}\left(\frac{3y}{28}+\frac{3y}{28}\right)=\frac{3\sqrt{y}}{28}, & 0<y<1\\ \frac{1}{2\sqrt{y}}\left(\frac{3y}{28}+0\right)=\frac{3\sqrt{y}}{56}, & 1<y<9\end{cases}\end{aligned}$$

*7.3.3 결합변환

앞 절에서 다룬 정리들을 여러 개 확률변수의 함수들에 적용하여 확장시킬 수 있다.

정리 7.3.5 $X_1, \ldots, X_k$는 결합 pmf가 $f_{\boldsymbol{X}}(x_1, \ldots, x_k)$인 이산확률변수들이고, $Y_i = g_i(X_1, \ldots, X_k)$, $i = 1, \ldots, k$가 일대일 변환이면, $Y_1, \ldots, Y_k$의 결합 pmf는

$$f_{\boldsymbol{Y}}(y_1, \ldots, y_k) = f_{\boldsymbol{X}}(w_1(\boldsymbol{y}), \ldots, w_k(\boldsymbol{y})) \tag{7.3.7}$$

이다. 여기서 $x_i = w_i(\boldsymbol{y}) = w_i(y_1, \ldots, y_k)$, $i = 1, \ldots, k$는 k개의 방정식 $y_i = g_i(x_1, \ldots, x_k)$, $i = 1, \ldots, k$의 해이다.

만일 변환이 일대일은 아니지만 상호배반인 각 A_i 상에서 유일한 해 $x_{1i}, \ldots, x_{ki}$를 갖도록 $A_1, \ldots, A_j$로 분할할 수 있으면, $Y_1, \ldots, Y_k$의 결합 pmf는 다음과 같다.

$$f_{\boldsymbol{Y}}(y_1, \ldots, y_k) = \sum_{i=1}^{j} f_{\boldsymbol{X}}(x_{1i}, x_{2i}, \ldots, x_{ki}) \tag{7.3.8}$$

예제 7.3.7 X_1과 X_2는 서로 독립이며 각각 $X_i \sim \mathrm{Poi}(\mu_i)$, $i = 1, 2$이다. $Y = X_1 + X_2$의 pmf를 구하라.

| 풀이 | X_1과 X_2가 독립이고 포아송분포를 따르므로, 결합 pmf는

$$f_{X_1, X_2}(x_1, x_2) = f_{X_1}(x_1) f_{X_2}(x_2) = \frac{e^{-(\mu_1 + \mu_2)} \mu_1^{x_1} \mu_2^{x_2}}{x_1! x_2!}$$

이다. 그러므로 X_1과 $Y = X_1 + X_2$의 결합 pmf는

$$\begin{aligned} f_{X_1, Y}(x_1, y) &= f_{X_1, X_2}(x_1, y - x_1) \\ &= \frac{e^{-(\mu_1 + \mu_2)} \mu_1^{x_1} \mu_2^{y - x_1}}{x_1!(y - x_1)!}, \quad x_1 = 0, 1, 2, \ldots; y = x_1, x_1 + 1, \ldots \end{aligned}$$

이다. 따라서 $Y = X_1 + X_2$의 pmf는 다음과 같다.

$$\begin{aligned} f_Y(y) &= \sum_{x_1 = 0}^{\infty} f_{X_1, Y}(x_1, y) \\ &= \sum_{x_1 = 0}^{y} \frac{e^{-(\mu_1 + \mu_2)} \mu_1^{x_1} \mu_2^{y - x_1}}{x_1!(y - x_1)!} \end{aligned}$$

$$= \frac{e^{-(\mu_1+\mu_2)}}{y!} \sum_{x_1=0}^{y} \frac{y!}{x_1!(y-x_1)!} \mu_1^{x_1} \mu_2^{y-x_1}$$

$$= \frac{e^{-(\mu_1+\mu_2)}}{y!} (\mu_1+\mu_2)^y, \quad y=0,1,2,\ldots$$

즉, $Y = X_1 + X_2 \sim \text{Poi}(\mu_1+\mu_2)$이다. 예제 5.5.3과 동일한 결과를 얻을 수 있다. ◉

이제 연속확률변수인 경우에 대해 생각해 보자.

정리 7.3.6 $X_1, \ldots, X_k$는 A상에서 결합 pdf가 $f_{\boldsymbol{X}}(x_1, \ldots, x_k) > 0$인 연속확률변수들이고, $Y_i = g_i(X_1, \ldots, X_k)$, $i=1,\ldots,k$가 일대일 변환이며, 야코비안

$$J = \begin{vmatrix} \frac{\partial x_1}{\partial y_1} & \frac{\partial x_1}{\partial y_2} & \cdots & \frac{\partial x_1}{\partial y_k} \\ \frac{\partial x_2}{\partial y_1} & \frac{\partial x_2}{\partial y_2} & \cdots & \frac{\partial x_2}{\partial y_k} \\ \vdots & \vdots & & \vdots \\ \frac{\partial x_k}{\partial y_1} & \frac{\partial x_k}{\partial y_2} & \cdots & \frac{\partial x_k}{\partial y_k} \end{vmatrix} \tag{7.3.9}$$

가 연속이고 변환의 치역에서 0이 아니면, $Y_1, \ldots, Y_k$의 결합 pdf는

$$f_{\boldsymbol{Y}}(y_1, \ldots, y_k) = f_{\boldsymbol{X}}(w_1(\boldsymbol{y}), \ldots, w_k(\boldsymbol{y}))\,|J| \tag{7.3.10}$$

이다. 여기서 $x_i = w_i(\boldsymbol{y})$, $i=1,\ldots,k$는 k개의 방정식 $y_i = g_i(x_1, \ldots, x_k)$의 유일한 해이다.

만일

$$J^* = \begin{vmatrix} \frac{\partial y_1}{\partial x_1} & \frac{\partial y_1}{\partial x_2} & \cdots & \frac{\partial y_1}{\partial x_k} \\ \frac{\partial y_2}{\partial x_1} & \frac{\partial y_2}{\partial x_2} & \cdots & \frac{\partial y_2}{\partial x_k} \\ \vdots & \vdots & & \vdots \\ \frac{\partial y_k}{\partial x_1} & \frac{\partial y_k}{\partial x_2} & \cdots & \frac{\partial y_k}{\partial x_k} \end{vmatrix} \tag{7.3.11}$$

라 하면 $|J| = |J^*|^{-1}$이다. 따라서 $Y_1, \ldots, Y_k$의 결합 pdf는 다음과 같이 구할 수도 있다.

$$f_{\boldsymbol{Y}}(y_1, \ldots, y_k) = f_{\boldsymbol{X}}(w_1(\boldsymbol{y}), \ldots, w_k(\boldsymbol{y}))\,|J^*|^{-1} \tag{7.3.12}$$

변환들이 일대일이 아닌 경우 7.3.2절에서 다룬 방법과 유사하게 위의 정리를 다음과 같이 확장할 수 있다.

$$f_{\boldsymbol{Y}}(y_1, \ldots, y_k) = \sum_i f_{\boldsymbol{X}}(x_{1i}, \ldots, x_{ki})|J_i| \tag{7.3.13}$$

여기서 J_i는 A_i 상에서의 야코비안이다.

예제 7.3.8 X_1과 X_2는 결합 pdf가 다음과 같은 연속확률변수이다.

$$f(x_1, x_2) = \begin{cases} 4x_1x_2, & 0 < x_1 < 1, \ 0 < x_2 < 1 \\ 0, & \text{그 이외} \end{cases}$$

$Y_1 = X_1^2$과 $Y_2 = X_1X_2$의 결합 pdf를 구하라.

|풀이| $y_1 = g_1(x_1, x_2) = x_1^2$과 $y_2 = g_2(x_1, x_2) = x_1 x_2$의 유일한 해는 $x_1 = w_1(y_1, y_2) = \sqrt{y_1}$이고 $x_2 = w_2(y_1, y_2) = y_2/\sqrt{y_1}$이므로

$$J = \begin{vmatrix} \dfrac{1}{2\sqrt{y_1}} & 0 \\ -\dfrac{y_2}{2y_1^{3/2}} & \dfrac{1}{\sqrt{y_1}} \end{vmatrix} = \frac{1}{2y_1}$$

이다.

$$A = \{(x_1, x_2) \mid 0 < x_1 < 1, 0 < x_2 < 1\}$$

이므로

$$B = \{(y_1, y_2) \mid y_2^2 < y_1 < 1, 0 < y_2 < 1\}$$

이다. 정리 7.3.6으로부터, Y_1과 Y_2의 결합 pdf는 다음과 같다.

$$f_{Y_1, Y_2}(y_1, y_2) = 4y_2 \frac{1}{2y_1}$$
$$= \begin{cases} \dfrac{2y_2}{y_1}, & y_2^2 < y_1 < 1, \ 0 < y_2 < 1 \\ 0, & \text{그 이외} \end{cases}$$

X_1과 X_2가 연속확률변수로 결합 pdf $f(x_1, x_2)$를 가질 때, 두 확률변수의 합 $T = X_1 + X_2$의 pdf는 정리 7.3.6을 이용하여 그 일반식을 다음과 같이 유도할 수 있다.

$$f_T(t) = \int_{-\infty}^{\infty} f(x_1, t - x_1) dx_1 \tag{7.3.14}$$

만일 X_1과 X_2가 독립이면

$$f_T(t) = \int_{-\infty}^{\infty} f_1(x_1) f_2(t - x_1) dx_1 \tag{7.3.15}$$

이고, 이것을 일반적으로 **합성곱공식**(convolution formula)이라 한다. 중요한 몇 가지 결과를 다음 정리에 소개한다.

정리 7.3.7 X와 Y는 결합 pdf $f(x, y)$를 갖는 연속확률변수이다.

$$Z = X + Y,\ U = X - Y,\ V = XY$$

이고, $P[Y=0]=0$이며 $W = \dfrac{X}{Y}$일 때, Z, U, V, W 각각의 pdf는 다음과 같다.

$$f_Z(z) = \int_{-\infty}^{\infty} f(x, z - x) dx \tag{7.3.16}$$

$$f_U(u) = \int_{-\infty}^{\infty} f(u + y, y) dy \tag{7.3.17}$$

$$f_V(v) = \int_{-\infty}^{\infty} f\left(x, \frac{v}{x}\right) \frac{1}{|x|} dx \tag{7.3.18}$$

$$f_W(w) = \int_{-\infty}^{\infty} f(xw, x) |x| dx \tag{7.3.19}$$

정리 7.3.7은 정리 7.3.6을 이용하여 쉽게 증명할 수 있다.

예제 7.3.9 $X_i \sim \text{Exp}(\theta)$, $i = 1, 2$이고 X_1과 X_2는 독립이다. $Y_1 = X_1 + X_2$와 $Y_2 = X_1 - X_2$의 pdf를 각각 구하라.

|풀이| X_1과 X_2가 독립이므로 결합 pdf는 $f(x_1, x_2) = f_1(x_1) f_2(x_2)$이다. 따라서 정리 7.3.7을 이용하면, Y_1의 pdf는

$$f_{Y_1}(y_1) = \int_{-\infty}^{\infty} f_1(x_1) f_2(y_1 - x_1) dx_1$$

$$= \int_0^{y_1} \frac{1}{\theta^2} e^{-y_1/\theta} dx_1$$

$$= \frac{1}{\theta^2} y_1 e^{-y_1/\theta}, \quad y_1 > 0$$

이다. 즉, $Y_1 \sim \mathrm{Gam}(2, \theta)$이다.

$$f_{Y_2}(y_2) = \int_{-\infty}^{\infty} f_1(y_2 + x_2) f_2(x_2)\, dx_2$$

$$= \begin{cases} \int_0^{\infty} \frac{1}{\theta^2} e^{-(y_2 + 2x_2)/\theta} dx_2 = \frac{1}{2\theta} e^{-y_2/\theta}, & y_2 > 0 \\ \int_{-y_2}^{\infty} \frac{1}{\theta^2} e^{-(y_2 + 2x_2)/\theta} dx_2 = \frac{1}{2\theta} e^{y_2/\theta}, & y_2 < 0 \end{cases}$$

이다. 이 결과와 연습문제 6.14번 결과를 비교해 보라. ◉

7.4 적률생성함수법

제4장에서 적률생성함수의 정의와 중요한 정리를 소개했다. 이 절에서는 독립인 확률변수들의 합에 대한 분포를 결정하기 위해 적률생성함수의 성질을 이용하고자 한다. 물론 7.3절에서 이용한 변수변환법을 이용할 수 있으나 특정한 분포를 갖는 독립확률변수들의 합의 분포를 결정하기 위해서는 적률생성함수를 이용하는 것이 훨씬 용이하다. 제4장에서 소개했듯이 적률생싱함수가 분포를 유일하게 결정하기 때문에 적률생성함수를 구하여 분포를 결정할 수 있다.

먼저 통계학의 표본추출에서 가장 흔히 가정되는 용어 중의 하나인 확률표본을 정의한다.

정의 7.4.1

확률변수 $X_1, \dots, X_n$의 결합 pdf(pmf)가

$$f(x_1, x_2, \dots, x_n) = f(x_1) f(x_2) \cdots f(x_n) \tag{7.4.1}$$

일 때, $X_1, \dots, X_n$을 확률밀도(질량)함수가 $f(x)$인 모집단에서 크기 n인 **확률표본**(random sample)이라 한다. 즉, 각 시행에 대한 확률변수들이 서로 독립이고 같은 분포에서 표본이 택해질 때 확률표본이라 한다. 이 때 확률변수 $X_1, \dots, X_n$은 pdf(pmf)가 $f(x)$인 iid(independent and identically distributed) **확률변수**라고도 한다.

예제 7.4.1 어떤 전구의 수명은 다음 확률밀도함수를 갖는 확률변수라 한다. X_1, X_2, X_3를 이 모집단에서 크기 3인 확률표본이라 할 때, $P[X_1 < 2, 1 < X_2 < 3, X_3 > 2]$를 구하라.

$$f(x) = \begin{cases} e^{-x}, & 0 < x < \infty \\ 0, & x \le 0 \end{cases}$$

|풀이| X_1, X_2, X_3가 확률표본이므로 X_1, X_2, X_3의 결합 pdf는

$$\begin{aligned} f(x_1, x_2, x_3) &= f(x_1)f(x_2)f(x_3) \\ &= e^{-(x_1+x_2+x_3)}, \quad x_1 > 0, x_2 > 0, x_3 > 0 \end{aligned}$$

이다. 그러므로 구하는 확률은 다음과 같다.

$$\begin{aligned} P[X_1 < 2, 1 < X_2 < 3, X_3 > 2] &= \int_2^\infty \int_1^3 \int_0^2 e^{-(x_1+x_2+x_3)} dx_1 dx_2 dx_3 \\ &= (1-e^{-2})(e^{-1}-e^{-3})e^{-2} \\ &\approx 0.0376 \end{aligned}$$

적률생성함수가 분포를 유일하게 결정하기 때문에 확률변수의 함수의 적률생성함수를 유도해 분포를 구할 수 있다. 다음 예제를 살펴보자.

예제 7.4.2 예제 7.3.2에서 $X \sim U(0,1)$일 때 $Y = -2\ln X$의 pdf를 구했다. 여기서는 mgf를 이용해 Y의 분포를 구해 보자. Y의 mgf는

$$\begin{aligned} M_Y(t) = E(e^{tY}) &= E(e^{-2t\ln X}) \\ &= E(X^{-2t}) \\ &= \int_0^1 x^{-2t} dt \\ &= \frac{1}{1-2t}, \quad t < 1/2 \end{aligned}$$

이고, 이것은 $\text{Exp}(2)$의 mgf이다. 따라서 $Y \sim \text{Exp}(2)$로 예제 7.3.2와 동일한 결과를 얻을 수 있다.

$X_1, \ldots, X_n$이 독립이며 각각 mgf $M_{X_i}(t)$를 갖는 확률변수이면, $Y = X_1 + \cdots + X_n$의

mgf는 정리 4.5.3에 의해

$$M_Y(t) = M_{X_1}(t)\, M_{X_2}(t) \cdots M_{X_n}(t) \tag{7.4.2}$$

이다. 만일 $X_1, \ldots, X_n$이 확률표본이면, mgf $M_{X_i}(t)$가 모든 i에 대해 $M_X(t)$로 같기 때문에 $Y = X_1 + \cdots + X_n$의 mgf는

$$M_Y(t) = [M_X(t)]^n \tag{7.4.3}$$

이 된다. 이 사실을 이용해 확률변수들의 합의 분포를 살펴보자.

예제 7.4.3 $X_1, \ldots, X_n$은 독립이며 평균이 각각 μ_i인 포아송 확률변수이다. $Y = X_1 + \cdots + X_n$이라 하면, X_i의 mgf는

$$M_{X_i}(t) = \exp[\mu_i(e^t - 1)]$$

이므로, Y의 mgf는

$$\begin{aligned} M_Y(t) &= \exp[\mu_1(e^t - 1)] \cdots \exp[\mu_n(e^t - 1)] \\ &= \exp[(\mu_1 + \cdots + \mu_n)(e^t - 1)] \end{aligned}$$

이다. 따라서 $Y \sim \text{Poi}(\mu_1 + \cdots + \mu_n)$이다.

예제 7.4.4 $X_1, \ldots, X_n$은 독립이며 모수 θ를 갖는 지수확률변수이다. $Y = X_1 + \cdots + X_n$의 분포를 구해 보자. X_i의 mgf가

$$M_{X_i}(t) = (1 - \theta t)^{-1}$$

이므로, Y의 mgf는

$$M_Y(t) = \prod_{i=1}^{n} M_{X_i}(t) = (1 - \theta t)^{-n}$$

이다. 따라서 $Y \sim \text{Gam}(n, \theta)$이다.

다음은 독립인 정규확률변수들의 선형결합에 대해 생각해 보자.

정리 7.4.1 $X_i \sim N(\mu_i, \sigma_i^2),\ i = 1, \ldots, n$이 독립인 정규확률변수이고 $a_i,\ i = 1, \ldots, n$이 상수이면, 다음이 성립된다.

$$Y = \sum_{i=1}^{n} a_i X_i \sim \mathrm{N}\left(\sum_{i=1}^{n} a_i \mu_i,\ \sum_{i=1}^{n} a_i^2 \sigma_i^2\right) \tag{7.4.4}$$

예제 7.4.5 X는 병에 들어 있는 어떤 음료수의 양(단위: mℓ)을 나타내는 확률변수이며, $X \sim \mathrm{N}(350,\ 4)$라 하자. 20개 병에 들어 있는 음료수의 양이 적어도 7020mℓ일 확률은 얼마인가?

풀이 $X_i,\ i = 1, \ldots, 20$을 각 병에 들어있는 음료수의 양(단위: mℓ)이라 하자. 그러면 20개의 병에 들어 있는 음료수의 양은 $X_1 + \cdots + X_{20}$이다. 20개 병에 들어 있는 음료수의 양이 서로 독립이라면 정리 7.4.1에 의해

$$\sum_{i=1}^{20} X_i \sim \mathrm{N}(7000,\ 80)$$

이므로, 20개의 병에 들어 있는 음료수의 양이 적어도 7020mℓ일 확률은

$$\begin{aligned} P\left[\sum_{i=1}^{20} X_i \geq 7020\right] &= P\left[\frac{\sum_{i=1}^{20} X_i - 7000}{\sqrt{80}} \geq \frac{7020 - 7000}{\sqrt{80}}\right] \\ &\approx P[Z \geq 2.24] \\ &= 0.0125 \end{aligned}$$

이다.

7.5 순서통계량

이 절에서는 순서통계량의 개념을 소개하고 그들의 성질을 조사해 본다. 여기서 얻어진 결과들은 통계적 추론 목적을 위한 추정과 검정부분에서 이용된다.

앞서 설명한 변환 중 다음의 특별한 경우를 생각해 보자.

$$y_1 = g_1(x_1, \ldots, x_n) = \min(x_1, \ldots, x_n)$$

$$y_2 = g_2(x_1, \ldots, x_n) = x_1, \ldots, x_n \text{ 중 두 번째 작은 값}$$

$$\vdots$$

$$y_i = g_i(x_1, \ldots, x_n) = x_1, \ldots, x_n \text{ 중 } i\text{번째 작은 값}$$

$$\vdots$$

$$y_n = g_n(x_1, \ldots, x_n) = \max(x_1, \ldots, x_n)$$

이와 같은 변환을 확률표본 $X_1, \ldots, X_n$에 적용해 보자.

정의 7.5.1

$X_1, \ldots, X_n$은 모집단에서 추출한 크기 n인 확률표본(즉, 독립이고 같은 분포를 따르는 확률변수)으로 위에서 설명한 변환을 생각해 보자.

$$Y_1 = g_1(X_1, \ldots, X_n) = \min(X_1, \ldots, X_n)$$
$$\vdots$$
$$Y_i = g_i(X_1, \ldots, X_n) = X_1, \ldots, X_n \text{ 중 } i\text{번째 작은 값}$$
$$\vdots$$
$$Y_n = g_n(X_1, \ldots, X_n) = \max(X_1, \ldots, X_n)$$

이 순서화된 $Y_1 \leq Y_2 \leq \cdots \leq Y_n$을 확률변수 $X_1, \ldots, X_n$에 대응된 **순서통계량**(order statistic)이라 한다. 이 순서통계량 Y_i를 $X_{i:n}$ 또는 $X_{(i)}$ 기호로 흔히 나타낸다.

$X_1, \ldots, X_n$은 동일한 분포에서의 확률표본이지만, 일반적으로 Y_i 들은 독립이 되지 않는다.

예제 7.5.1 X_1, X_2, X_3를 이산형인 세 확률변수라 하자. X_1과 X_3는 1과 2 값을 갖고 X_2는 1, 2, 3 값들을 갖는다면, (X_1, X_2, X_3)는 다음 값들을 갖는다. $(1,1,1)$, $(1,2,1)$, $(1,3,1)$, $(1,1,2)$, $(1,2,2)$, $(1,3,2)$, $(2,1,1)$, $(2,2,1)$ $(2,3,1)$, $(2,1,2)$, $(2,2,2)$, $(2,3,2)$. 이 경우 $Y_1 = X_{(1)}$은 1, 2 값을 갖고, $Y_2 = X_{(2)}$도 1, 2 값을 갖고 $Y_3 = X_{(3)}$는 1, 2, 3 값을 갖는다.

정리 7.5.1 $X_1, \ldots, X_n$이 연속인 pdf $f(x)$를 갖는 모집단에서 추출한 크기 n인 확률표본이면, 순서통계량 $Y_1, \ldots, Y_n$의 결합 pdf는 다음과 같다.

$$g(y_1, y_2, \ldots, y_n) = n! f(y_1) f(y_2) \cdots f(y_n), \quad y_1 < y_2 < \cdots < y_n \tag{7.5.1}$$

예제 7.5.2 $X_1, \ldots, X_n$은 iid U(0, 1) 확률변수이다. 순서통계량 $Y_1, \ldots, Y_n$의 결합 pdf는

$$g(y_1, \ldots, y_n) = \begin{cases} n!, & 0 < y_1 < y_2 < \cdots < y_n < 1 \\ 0, & \text{그 이외} \end{cases}$$

이다.

정리 7.5.2 $X_1, \ldots, X_n$은 pdf $f(x)$와 cdf $F(x)$를 갖는 연속모집단에서 추출한 크기 n인 확률표본이고 $(a, b) = \{x \mid f(x) > 0\}$이라 하자. 여기서 a는 $-\infty$, b는 ∞가 될 수도 있다.

(a) i번째 순서통계량 Y_i의 pdf는 다음과 같다.

$$g_i(y_i) = \frac{n!}{(i-1)!(n-i)!}[F(y_i)]^{i-1}[1-F(y_i)]^{n-i}f(y_i), \quad a < y_i < b \tag{7.5.2}$$

(b) i번째와 j번째 순서통계량 Y_i와 Y_j의 결합 pdf는 다음과 같다.

$$\begin{aligned} g_{ij}(y_i, y_j) = & \frac{n!}{(i-1)!(j-i-1)!(n-j)!}[F(y_i)]^{i-1}f(y_i) \\ & \times [F(y_j) - F(y_i)]^{j-i-1}[1-F(y_j)]^{n-j}f(y_j), \\ & a < y_i < y_j < b \end{aligned} \tag{7.5.3}$$

예제 7.5.3 $X_1, \ldots, X_n$이 독립이고 다음 pdf를 갖는 확률변수라 하자.

$$f(x) = \begin{cases} 1, & 0 < x < 1 \\ 0, & \text{그 이외} \end{cases}$$

그러면 i번째 순서통계량 Y_i의 pdf는

$$g_i(y_i) = \begin{cases} \dfrac{n!}{(i-1)!(n-i)!} y_i^{i-1}(1-y_i)^{n-i}, & 0 < y_i < 1 \\ 0, & \text{그 이외} \end{cases}$$

이고, Y_i와 Y_j의 결합 pdf는 다음과 같다.

$$g_{ij}(y_i, y_j) = \begin{cases} \dfrac{n!}{(i-1)!(j-i-1)!(n-j)!} y_i^{i-1}(y_j - y_i)^{j-i-1}(1-y_j)^{n-j}, & \\ \qquad \text{그 이외} \qquad 0 < y_i < y_j < 1 & \\ 0, & \end{cases}$$

순서통계량 중에서 최대 순서통계량과 최소 순서통계량은 특별히 중요하다. 추정문제에서 모수를 추정하기 위한 추정량으로 널리 이용되기도 한다. 또한 정의 7.5.2에서 볼 수 있듯이 두 순서통계량의 차가 표본범위이다. 정리 7.5.2의 식 (7.5.2)로부터 Y_1과 Y_n의 pdf

를 각각 구해 보면 다음과 같다.

$$g_1(y_1) = n[1 - F(y_1)]^{n-1} f(y_1), \quad a < y_1 < b \tag{7.5.4}$$

$$g_n(y_n) = n[F(y_n)]^{n-1} f(y_n), \quad a < y_n < b \tag{7.5.5}$$

이산인 확률변수와 연속인 확률변수에 대해, 위 두 식을 이용하지 않고 직접 최소 순서통계량 Y_1과 최대 순서통계량 Y_n의 cdf를 다음과 같이 유도할 수 있다. Y_1의 cdf는

$$\begin{aligned} G_1(y_1) &= P[Y_1 \le y_1] \\ &= 1 - P[Y_1 > y_1] \\ &= 1 - P[X_1 > y_1,\ X_2 > y_1, \ldots, X_n > y_1] \\ &= 1 - [1 - F(y_1)]^n \end{aligned} \tag{7.5.6}$$

이며, Y_n의 cdf는 다음과 같다.

$$\begin{aligned} G_n(y_n) &= P[Y_n \le y_n] \\ &= P[X_1 \le y_n,\ X_2 \le y_n, \ldots, X_n \le y_n] \\ &= [F(y_n)]^n \end{aligned} \tag{7.5.7}$$

Y_1과 Y_n의 cdf를 유도했듯이 i번째 순서통계량 Y_i의 cdf를 이항분포를 이용해 다음과 같이 유도할 수 있다. 왜냐하면 i번째 순서통계량이 y_i 이하일 확률은 n개의 확률변수 $X_1, \ldots, X_n$ 중 y_i 이하인 확률변수가 적어도 i개 이상일 확률과 같기 때문이다.

정리 7.5.3 $X_1, \ldots, X_n$이 cdf가 $F(x)$인 이산 또는 연속모집단에서 추출한 크기 n인 확률표본이면, i번째 순서통계량 Y_i의 cdf는 다음과 같다.

$$G_i(y_i) = P[Y_i \le y_i] = \sum_{j=i}^{n} \binom{n}{j} [F(y_i)]^j [1 - F(y_i)]^{n-j} \tag{7.5.8}$$

예제 7.5.4 모수가 θ인 지수분포에서의 크기 n인 확률표본에 대해, Y_1과 Y_n의 pdf를 각각 구하면, 식 (7.5.4)와 (7.5.5)로부터

$$g_1(y_1) = \begin{cases} \dfrac{n}{\theta} e^{-ny_1/\theta}, & y_1 > 0 \\ 0, & \text{그 이외} \end{cases}$$

이고

$$g_n(y_n) = \begin{cases} \dfrac{n}{\theta} e^{-y_n/\theta}[1 - e^{-y_n/\theta}]^{n-1}, & y_n > 0 \\ 0, & \text{그 이외} \end{cases}$$

이다. 즉, 최소 순서통계량은 $Y_1 \sim \mathrm{Exp}(\theta/n)$임을 알 수 있다.

예제 7.5.5 다음과 같은 이산형 분포의 pmf 로부터 추출한 크기 5인 확률표본 $X_1, \ldots, X_5$의 최소값, 즉 순서통계량 Y_1의 pmf 를 구하라.

$$f(x) = \begin{cases} \dfrac{1}{6}, & x = 1, 2, \ldots, 6 \\ 0, & \text{그 이외} \end{cases}$$

|풀이| 모집단이 이산형 분포이므로 정리 7.5.3을 제외하고는 지금까지 사용한 정리들을 이용할 수가 없다. 앞에서 설명한 정리들은 모두 모집단이 연속임을 가정했기 때문이다. 따라서 순서통계량의 정의를 이용하여 구해 보자. 최소 순서통계량 Y_1의 pmf 는

$$\begin{aligned} g_1(y_1) &= P[Y_1 = y_1] \\ &= P[y_1 \le Y_1 \le y_1] \\ &= P[y_1 \le Y_1] - P[y_1 + 1 \le Y_1] \\ &= \prod_{i=1}^{5} P[X_i \ge y_1] - \prod_{i=1}^{5} P[X_i \ge y_1 + 1] \\ &= [1 - F_X(y_1 - 1)]^5 - [1 - F_X(y_1)]^5 \end{aligned}$$

이다. 모집단 분포의 cdf 가

$$F_X(x) = \sum_{t=1}^{x} f(t) = \frac{x}{6}$$

이므로 Y_1의 pmf 는 다음과 같다.

$$\begin{aligned} g_1(y_1) &= \left(1 - \frac{y_1 - 1}{6}\right)^5 - \left(1 - \frac{y_1}{6}\right)^5 \\ &= \left(\frac{7 - y_1}{6}\right)^5 - \left(\frac{6 - y_1}{6}\right)^5, \quad y_1 = 1,2,\ldots,6 \end{aligned}$$

정의 7.5.2

$Y_1, \dots, Y_n$ 을 확률표본 $X_1, \dots, X_n$ 에 대응된 순서통계량이라 하자.

$$Z_{1/2} = \begin{cases} Y_{(n+1)/2}, & n\text{이 홀수일 때} \\ \frac{1}{2}(Y_{n/2} + Y_{n/2+1}), & n\text{이 짝수일 때} \end{cases} \tag{7.5.9}$$

을 **표본중앙값**(sample median)이라 하고

$$R = Y_n - Y_1 \tag{7.5.10}$$

을 **표본범위**(sample range)라 한다.

다음은 표본중앙값과 표본범위의 pdf 에 관해 살펴보자.

정리 7.5.4 $X_1, \dots, X_n$ 은 pdf $f(x)$와 cdf $F(x)$를 갖는 연속모집단에서의 확률표본이다. 그러면 표본중앙값 $Z_{1/2}$의 pdf 는 다음과 같다.

(a) n 이 홀수일 때

$$f_{Z_{1/2}}(z) = \frac{n!}{\{[(n-1)/2]!\}^2}[F(z)(1-F(z))]^{(n-1)/2} f(z), \ -\infty < z < \infty \tag{7.5.11}$$

(b) n 이 짝수일 때

$$f_{Z_{1/2}}(z) = \frac{2(n!)}{[(n/2-1)!]^2}\int_{-\infty}^{z}[F(x)\{1-F(2z-x)\}]^{n/2-1} f(x) f(2z-x)\,dx, \quad -\infty < z < \infty \tag{7.5.12}$$

정리 7.5.5 $X_1, \dots, X_n$ 이 pdf $f(x)$와 cdf $F(x)$를 갖는 연속모집단에서의 확률표본일 때, 표본범위 R의 pdf 는 다음과 같다.

$$f_R(r) = n(n-1)\int_{-\infty}^{\infty}[F(x+r)-F(x)]^{n-2} f(x) f(x+r)\,dx, \ 0 < r < \infty \tag{7.5.13}$$

예제 7.5.6 $X_1, \dots, X_n$ 이 지수분포 Exp(1)에서 추출한 크기 n 인 확률표본이라 하자. 그러면

$$F(x) = 1 - e^{-x}, \ f(x) = e^{-x}, \ x > 0$$

이므로, 표본범위 R의 pdf는 다음과 같다.

$$f_R(r) = n(n-1)\int_0^{\infty} [e^{-x} - e^{-(x+r)}]^{n-2} e^{-x} e^{-(x+r)} dx$$
$$= n(n-1)e^{-r}(1-e^{-r})^{n-2}\int_0^{\infty} e^{-nx} dx$$
$$= (n-1)e^{-r}(1-e^{-r})^{n-2}, \quad r>0$$

예제 7.5.7 $X_1, \dots, X_n$은 균일분포 $U(0, \theta)$에서 추출한 확률표본이다. 이 때 표본범위의 pdf를 구해 보면, 정리 7.5.5에 의해 다음과 같다.

$$f_R(r) = n(n-1)\int_{-\infty}^{\infty} [F(x+r) - F(x)]^{n-2} f(x) f(x+r)\, dx$$
$$= n(n-1)\int_0^{\theta - r} \left(\frac{x+r}{\theta} - \frac{x}{\theta}\right)^{n-2} \left(\frac{1}{\theta}\right)\left(\frac{1}{\theta}\right) dx$$
$$= \frac{n(n-1)}{\theta^n} r^{n-2}(\theta - r), \quad 0<r<\theta$$

다음 예제들은 추정량의 판단기준에서 유용하게 이용될 수 있는 것들이므로 유의해서 살펴보기 바란다. 특히 적률의 결과는 추정량을 비교하는데 매우 유용하다.

예제 7.5.8 $X_1, \dots, X_n$은 균일분포 $U(0, \theta)$에서의 확률표본이다. 즉 pdf가

$$f(x) = \begin{cases} \dfrac{1}{\theta}, & 0<x<\theta \\ 0, & \text{그 이외} \end{cases}$$

이다. 먼저 $Y_n = X_{n:n}$의 pdf를 구해 보자.

$$g_n(y_n) = n[F(y_n)]^{n-1} f(y_n) = n y_n^{n-1}/\theta^n, \quad 0<y_n<\theta$$

이다. 따라서 $Y_n = X_{n:n}$의 적률은 다음과 같다.

$$E(Y_n) = \frac{n}{\theta^n}\int_0^{\theta} y_n^n\, dy_n = \frac{n}{n+1}\theta$$

$$E(Y_n^2) = \frac{n}{\theta^n}\int_0^{\theta} y_n^{n+1}\, dy_n = \frac{n}{n+2}\theta^2$$

예제 7.5.9 $X_1, \ldots, X_n$ 은 균일분포 $\mathrm{U}(\theta_1, \theta_2)$에서의 확률표본이다. 즉 pdf 가

$$f(x) = \begin{cases} \dfrac{1}{\theta_2 - \theta_1}, & \theta_1 < x < \theta_2 \\ 0, & \text{그 이외} \end{cases}$$

이다. 그러므로 cdf 는

$$F(x) = \begin{cases} 0, & x < \theta_1 \\ \dfrac{x - \theta_1}{\theta_2 - \theta_1}, & \theta_1 \le x < \theta_2 \\ 1, & \theta_2 \le x \end{cases}$$

이다. 따라서 $Y_1 = X_{1:n}$과 $Y_n = X_{n:n}$의 pdf 는 다음과 같다.

$$g_1(y_1) = n[1 - F(y_1)]^{n-1} f(y_1) = \frac{n(\theta_2 - y_1)^{n-1}}{(\theta_2 - \theta_1)^n}, \quad \theta_1 < y < \theta_2$$

$$g_n(y_n) = n[F(y_n)]^{n-1} f(y_n) = \frac{n(y_n - \theta_1)^{n-1}}{(\theta_2 - \theta_1)^n}, \quad \theta_1 < y_n < \theta_2$$

그러므로 Y_1과 Y_n의 평균을 구해 보면 부분적분에 의해 다음과 같다.

$$\begin{aligned} E(Y_1) &= \int_{\theta_1}^{\theta_2} \frac{n y_1 (\theta_2 - y_1)^{n-1}}{(\theta_2 - \theta_1)^n} dy_1 \\ &= \frac{1}{(\theta_2 - \theta_1)^n} \int_{\theta_1}^{\theta_2} n y_1 (\theta_2 - y_1)^{n-1} dy_1 \\ &= \frac{1}{(\theta_2 - \theta_1)^n} \left[\Big[- y_1 (\theta_2 - y_1)^n \Big]_{\theta_1}^{\theta_2} + \int_{\theta_1}^{\theta_2} (\theta_2 - y_1)^n dy_1 \right] \\ &= \frac{1}{(\theta_2 - \theta_1)^n} \left[\theta_1 (\theta_2 - \theta_1)^n + \left[- \frac{1}{n+1} (\theta_2 - y_1)^{n+1} \right]_{\theta_1}^{\theta_2} \right] \\ &= \theta_1 + \frac{\theta_2 - \theta_1}{n+1} \end{aligned}$$

$$\begin{aligned} E(Y_n) &= \int_{\theta_1}^{\theta_2} \frac{n y_n (y_n - \theta_1)^{n-1}}{(\theta_2 - \theta_1)^n} dy_n \\ &= \frac{1}{(\theta_2 - \theta_1)^n} \int_{\theta_1}^{\theta_2} n y_n (y_n - \theta_1)^{n-1} dy_n \end{aligned}$$

$$= \frac{1}{(\theta_2-\theta_1)^n}\left[\left[y_n(y_n-\theta_1)^n\right]_{\theta_1}^{\theta_2} - \int_{\theta_1}^{\theta_2}(y_n-\theta_1)^n dy_n\right]$$

$$= \theta_2 - \frac{\theta_2-\theta_1}{n+1}$$

정의 7.5.3

모집단 pdf (pmf) $f(x)$로부터 크기 n인 확률표본 $X_1, \dots, X_n$의 순서통계량을 $X_{1:n}, \cdots,$ $X_{n:n}$이라 할 때 **경험분포함수**(empirical cdf) 또는 **표본분포함수**(sample cdf)는

$$F_n(x) = \frac{x\text{보다 작거나 같은 확률표본의 개수}}{n}$$

$$= \begin{cases} 0, & x < X_{1:n} \\ \dfrac{i}{n}, & X_{i:n} \le x < X_{i+1:n} \ (i=1, \dots, n-1) \\ 1, & X_{n:n} \le x \end{cases} \tag{7.5.14}$$

로 정의한다.

정리 7.5.6 경험분포함수 $F_n(x)$는 다음을 만족한다.

(a) $P\left[F_n(x) = \dfrac{k}{n}\right] = \dbinom{n}{k}[F(x)]^k[1-F(x)]^{n-k},\ k=0, 1\dots, n$ (7.5.15)

(b) $E[F_n(x)] = F(x)$ (7.5.16)

(c) $\text{Var}[F_n(x)] = \dfrac{F(x)[1-F(x)]}{n}$ (7.5.17)

(d) $\text{Cov}(F_n(x), F_n(y)) = \dfrac{1}{n}F(x)[1-F(y)],\ x \le y$ (7.5.18)

정리 7.5.6은 $nF_n(x) \sim \text{Bin}(n, F(x))$이므로 쉽게 증명된다.

연습문제

제 7 장

7.1 X의 pdf가 다음과 같을 때, $Y=X-1$의 cdf와 pdf를 분포함수법을 이용해 구하라.

$$f(x)=\begin{cases}3x^2, & 0<x<1\\ 0, & \text{그 이외}\end{cases}$$

7.2 X의 pdf가 다음과 같을 때, $Y=X^2$의 pdf를 분포함수법을 이용해 구하라.

$$f(x)=\begin{cases}\dfrac{x+1}{2}, & -1<x<1\\ 0, & \text{그 이외}\end{cases}$$

7.3 X가 모수 μ와 σ^2을 갖는 정규확률변수일 때, $Y=e^X$의 확률밀도함수를 분포함수법을 이용해 구하라. $\ln Y$가 정규분포를 따르기 때문에 확률변수 Y는 모수가 μ와 σ^2인 **로그정규분포**(lognormal distribution)를 따른다고 한다.

7.4 X와 Y의 결합 pdf가

$$f(x,y)=\begin{cases}e^{-(x+y)}, & x>0,\ y>0\\ 0, & \text{그 이외}\end{cases}$$

일 때, $Z=(X+Y)/2$의 pdf를 분포함수법을 이용해 구하라.

7.5 $X\sim \text{Poi}(\mu)$, 즉 X의 pmf가 다음과 같을 때, $Y=X^2+3$의 pmf를 구하라.

$$f(x)=P[X=x]=e^{-\mu}\frac{\mu^x}{x!},\quad x=0,1,2,\ldots$$

7.6 X의 pdf가 다음과 같을 때, $Y=X^2$의 pdf를 구하라.

$$f_X(x)=\frac{2x}{\theta}e^{-x^2/\theta},\quad x>0$$

7.7 X의 pdf가 $f_X(x)=\frac{3}{2}x^2,\ -1<x<1$일 때, $Y=\frac{X^3+1}{2}$의 pdf를 구하라.

7.8 X의 pdf가 다음과 같을 때, $Y=1/X$의 pdf를 구하라.

$$f_X(x)=\frac{1}{\sqrt{2\pi}}x^{-2}e^{-1/(2x^2)},\ -\infty<x<\infty$$

7.9 어떤 형태의 신장 질환 환자들의 치료기간(단위: 일)은 확률변수로 $Y=X+4$이다. 여기서 X의 pdf는 다음과 같다.

$$f(x)=\begin{cases}\dfrac{32}{(x+4)^3}, & x>0\\ 0, & x\le 0\end{cases}$$

(a) 확률변수 Y의 pdf를 구하라.

(b) Y의 pdf를 이용하여, 이 병을 앓고 있는 한 환자의 치료기간이 8일을 초과할 확률을 구하라.

7.10 연습문제 7.2번을 변수변환법을 이용해 구하라.

7.11 X의 pdf가 다음과 같을 때, 확률변수 $Y=X^2$의 pdf를 구하라.

$$f_X(x)=\begin{cases}\dfrac{2}{9}(x+1), & -1<x<2\\ 0, & \text{그 이외}\end{cases}$$

7.12 X는 pdf가 $f_X(x)=\frac{1}{3},\ -1<x<2$인 확률변수이다. 즉 $X\sim U(-1,2)$이다. $Y=|X|$의 pdf를 구하라.

7.13 X는 pdf가 $f_X(x)=\frac{1}{2\theta},\ -\theta<x<\theta$인 확률변수이다. 즉, $X\sim U(-\theta,\theta)$이다. $Y=1/X^2$의 pdf를 구하라.

7.14 X_1과 X_2는 다음 결합 pmf를 갖는 이산확률변수이다.

$$f(x_1, x_2) = \binom{2}{x_1,\, x_2,\, 2-x_1-x_2}\left(\frac{1}{4}\right)^{x_1}\left(\frac{1}{3}\right)^{x_2}\left(\frac{5}{12}\right)^{2-x_1-x_2},$$

$$x_1 = 0,1,2\ ;\ x_2 = 0,1,2\ ;\ x_1 + x_2 \le 2$$

$Y_1 = X_1 + X_2$와 $Y_2 = X_1 - X_2$의 결합 pmf를 구하라.

7.15 X와 Y의 결합 pdf는 다음과 같다.

$$f(x, y) = \begin{cases} 24xy, & 0 \le x \le 1,\ 0 \le y \le 1,\ x + y \le 1 \\ 0, & \text{그 이외} \end{cases}$$

(a) $Z = X + Y$의 pdf를 구하라.

(b) Z의 pdf를 이용하여, 주어진 상자에서 A종류와 B종류 초콜릿 무게의 합이 $\frac{1}{2}$kg 이상 $\frac{3}{4}$kg 미만일 확률을 구하라.

7.16 X_1과 X_2의 결합 pdf가 다음과 같을 때,

$$f_{X_1, X_2}(x_1, x_2) = \begin{cases} 2e^{-(x_1 + x_2)}, & 0 < x_1 < x_2 < \infty \\ 0, & \text{그 이외} \end{cases}$$

(a) $Y_1 = 2X_1$과 $Y_2 = X_2 - X_1$의 결합 pdf를 구하라.

(b) Y_1과 Y_2가 독립인가?

7.17 X_1과 X_2의 결합 pdf가 다음과 같을 때, $Y = X_2/X_1$의 pdf를 구하라.

$$f(x_1, x_2) = \begin{cases} \frac{1}{8}x_1 e^{-(x_1 + x_2)/2}, & 0 < x_1 < \infty,\ 0 < x_2 < \infty \\ 0, & \text{그 이외} \end{cases}$$

7.18 X_1과 X_2는 서로 독립이고 동일한 다음 pdf를 갖는 확률변수이다.

$$f(x) = \begin{cases} e^{-x}, & x > 0 \\ 0, & x \le 0 \end{cases}$$

(a) $Y_1 = X_1 + X_2$와 $Y_2 = \dfrac{X_1}{X_1 + X_2}$의 결합 pdf를 구하라.

(b) Y_1과 Y_2는 독립인가?

7.19 X_1과 X_2는 서로 독립이고 동일한 정규분포 $N(\mu, \sigma^2)$을 따르는 확률변수이다.

(a) $Y_1 = X_1 + X_2$와 $Y_2 = X_1 - X_2$의 결합 pdf를 구하라.

(b) Y_1과 Y_2는 독립인가?

7.20 X_1과 X_2의 결합 pdf가 $f(x_1, x_2) = 4e^{-2(x_1+x_2)}$, $0 < x_1 < \infty$, $0 < x_2 < \infty$이다. $Y = X_1/X_2$의 pdf를 구하라.

7.21 X_1, X_2, X_3가 독립이며 동일한 확률밀도함수 $f(x) = e^{-x}$, $0 < x < \infty$를 갖는 확률변수일 때, $Y_1 = \dfrac{X_1}{X_1 + X_2}$, $Y_2 = \dfrac{X_1 + X_2}{X_1 + X_2 + X_3}$, $Y_3 = X_1 + X_2 + X_3$의 결합 pdf를 구하라.

7.22 $X_1, \ldots, X_n$은 베르누이분포 $\text{Bin}(1, p)$에서 추출한 확률표본이다. $Y = \sum_{i=1}^{n} X_i$의 분포를 구하라.

7.23 $X_1, \ldots, X_n$은 독립이며 각각 모수가 α_i와 β인 감마확률변수이다. 즉, $X_i \sim \text{Gam}(\alpha_i, \beta)$, $i = 1, \ldots, n$이다. $Y = \sum_{i=1}^{n} X_i$의 분포를 구하라.

7.24 X_1과 X_2는 서로 독립인 이항확률변수로 $X_i \sim \text{Bin}(n_i, 1/2)$, $i = 1, 2$이다. 적률생성함수를 이용하여 $X_1 - X_2 + n_2$의 분포를 구하라.

7.25 $(X, Y) \sim \text{BN}(10, 15, 16, 9, 0.5)$이고 $T = 3X + 2Y + 10$일 때, 적률생성함수법을 이용하여 T의 분포를 구하라.

7.26 X_1과 X_2의 결합 pmf가 다음과 같다. 최소 순서통계량 Y_1의 pmf를 구하라.

x_2 \ x_1	1	2	3
1	0.1	0.15	0.1
2	0.1	0	0.2
3	0.15	0	0.2

7.27 $X_1, \ldots, X_n$이 베르누이분포 Bin$(1, p)$에서 추출한 확률표본일 때, 최대 순서통계량 Y_n의 pmf를 구하라.

7.28 X_1과 X_2는 pdf가 $f(x) = 2x,\ 0 < x < 1$인 분포에서 크기 $n = 2$인 확률표본이다.

(a) 표본범위 $R = Y_2 - Y_1$의 pdf를 구하라.

(b) $E(R)$을 구하라.

7.29 $Y_1 < Y_2 < Y_3 < Y_4$를 pdf가 $f(x) = e^{-x},\ 0 < x < \infty$ 인 분포에서 크기 4인 확률표본의 순서통계량이라 할 때, $P[Y_4 \geq 3]$을 계산하라.

7.30 $X_1, \ldots, X_5$가 균일분포 U$(0,1)$에서 추출한 크기 5인 확률표본이고 $Z_{1/2}$이 표본중앙값일 때, $P[Z_{1/2} < 0.4]$를 구하라.

7.31 균일분포 U$(0, 1)$에서 추출한 크기 4인 확률표본 X_1, X_2, X_3, X_4의 표본범위가 $\frac{1}{2}$보다 작을 확률을 구하라.

7.32 $X_1, \ldots, X_n$이 균일분포 U$(0, 1)$에서 추출한 확률표본일 때, $Z_1 = X_{1:n}/X_{n:n}$과 $Z_2 = X_{n:n}$이 서로 독립임을 보여라.

7.33 다음 데이터는 야구공 10개의 무게(단위 : 온스)이다.

5.09 5.08 5.21 5.17 5.07 5.24 5.12 5.16 5.18 5.19

이 관측값에 대해 경험분포함수 $F_{10}(x)$를 구하고 그래프로 나타내라.

제 8 장 표집분포

8.1 서론

제7장에서 확률표본의 개념을 소개했다. 사실, 학부 수준에서 언급하는 대부분의 추론방법은 n개의 표본이 확률표본이라는 가정에 기초를 두고 있다. 실제로, 종종 유한모집단이지만 무한모집단으로 취급할 정도로 충분히 큰 모집단에서의 확률표본을 다룬다. 그러므로 대부분 무한모집단에서의 표본을 적용하는 통계적 이론과 방법에 대해 소개한다. 이 장에서는 특별한 경우로 표본평균과 표본분산을 포함하는 통계량의 개념을 소개하고, 통계량들의 성질을 유도하고자 한다. 또한 정규분포와 관련이 있는 카이제곱분포, t-분포, F-분포, 베타분포를 소개한다. 이 분포들은 분산분석과 정규분포에서의 표본에 근거한 통계적 방법에서 기본이 된다. 물론 이 분포들은 제7장에서 소개한 확률변수들의 함수의 분포를 구하는 방법에 따라 유도할 수 있다.

8.2 통계량

$X_1, \ldots, X_n$을 pdf(pmf)가 $f(x)$인 모집단에서의 확률표본이라 하자.

정의 8.2.1

미지의 모수를 포함하지 않는 확률표본의 함수 $T = T(X_1, \ldots, X_n)$을 **통계량**(statistic)이라 한다. 통계량 T의 분포를 T의 **표집분포**(sampling distribution)라 한다.

제4장에서 적률의 정의와 적률에 관련된 여러 성질을 소개했다. 그러나 현실적으로 모집

단의 적률을 알 수 있는 경우는 거의 없다. 따라서 통계적인 추론이 필요한데, 추론에 관한 내용은 제10장과 11장의 추정과 검정에서 상세히 언급하고 여기서는 표본에 관한 통계량에 대해서만 언급할 것이다. 먼저 모집단에서 추출한 n개의 확률표본에 근거한 표본적률을 정의한다.

정의 8.2.2

$X_1, \ldots, X_n$이 확률표본일 때

$$M_r{}' = \frac{1}{n}\sum_{i=1}^{n} X_i^r \tag{8.2.1}$$

을 (원점에 관한) r차 **표본적률**(rth sample moment)이라 하고

$$\overline{X} = M_1{}' = \frac{1}{n}\sum_{i=1}^{n} X_i \tag{8.2.2}$$

를 **표본평균**(sample mean)이라 한다.

다음은 표본적률의 평균과 분산에 관한 정리이다.

정리 8.2.1 $X_1, \ldots, X_n$이 확률표본이고, $M_r{}'$이 원점에 관한 r차 표본적률일 때, 다음이 성립한다.

(a) $E(M_r{}') = \mu_r{}'$ (8.2.3)

(b) $\mathrm{Var}(M_r{}') = \frac{1}{n}[\mu_{2r}{}' - (\mu_r{}')^2]$ (8.2.4)

정의 8.2.3

$X_1, \ldots, X_n$ 이 확률표본일 때,

$$M_r = \frac{1}{n}\sum_{i=1}^{n}(X_i - M_1{}')^r = \frac{1}{n}\sum_{i=1}^{n}(X_i - \overline{X})^r \tag{8.2.5}$$

을 **표본평균에 관한 r차 표본적률** 또는 **r차 표본중심적률**(rth sample central moment)이라 하고

$$S^2 = \frac{1}{n-1}\sum_{i=1}^{n}(X_i - \overline{X})^2 \tag{8.2.6}$$

을 **표본분산**(sample variance)이라 한다. **표본표준편차**(sample standard deviation)는 $S = \sqrt{S^2}$ 으로 정의한다.

일반적으로 통계학에서는 통계량은 대문자로 나타내고 그 통계량의 관측된 값은 소문자로 구분해 나타낸다. 즉, $x_i, \overline{x}, s^2$은 대응되는 확률변수 $X_i, \overline{X}, S^2$의 값이다. 실제로 $\overline{x}, s^2$은 반드시 표본으로 추출한 자료가 아닌 어떤 종류의 자료를 취급할 때에도 사용할 수 있다. 이 경우에는 표본이라는 말을 사용하지 않고 단순히 평균과 분산으로 언급한다. 추정문제에서 표본평균은 모평균의 추정량으로 널리 이용되고 표본분산은 모분산의 추정량으로 널리 이용된다.

정리 8.2.1의 특별한 경우로 널리 이용되는 표본평균의 평균과 분산은 다음과 같다.

정리 8.2.2 $X_1, \dots, X_n$이 평균이 $E(X) = \mu$이고 분산이 $\mathrm{Var}(X) = \sigma^2$인 분포로부터의 확률표본이면, 다음이 성립된다.

(a) $E(\overline{X}) = \mu$ (8.2.7)

(b) $\mathrm{Var}(\overline{X}) = \dfrac{\sigma^2}{n}$ (8.2.8)

이제 표본분산의 중요한 성질에 대해 알아보자.

정리 8.2.3 $X_1, \dots, X_n$이 평균이 $E(X) = \mu$이고 분산이 $\mathrm{Var}(X) = \sigma^2$이며 $E(X^4) < \infty$인 분포로부터 추출한 크기 n인 확률표본이면, 다음이 성립된다.

(a) $E(S^2) = \sigma^2$ (8.2.9)

(b) $\mathrm{Var}(S^2) = \dfrac{1}{n}\left(\mu_4 - \dfrac{n-3}{n-1}\sigma^4\right),\ n > 1$ (8.2.10)

증명 여기서는 (a)번만 증명한다.

$$
\begin{aligned}
E(S^2) &= \frac{1}{n-1}E\left[\sum_{i=1}^{n}(X_i - \overline{X})^2\right] \\
&= \frac{1}{n-1}E\left[\sum_{i=1}^{n}(X_i - \mu)^2 - n(\overline{X} - \mu)^2\right] \\
&= \frac{1}{n-1}\left[\sum_{i=1}^{n}E[(X_i - \mu)^2] - nE[(\overline{X} - \mu)^2]\right] \\
&= \frac{1}{n-1}\left[\sum_{i=1}^{n}\mathrm{Var}(X_i) - n\mathrm{Var}(\overline{X})\right] \\
&= \frac{1}{n-1}(n\sigma^2 - \sigma^2) \\
&= \sigma^2
\end{aligned}
$$

통계량 중 표본평균은 추정과 검정에서 널리 이용되는 추정량이다. 따라서 표본평균의 분포를 알아야 할 필요가 있다. 물론 대표본인 경우 근사적인 분포를 이용할 수는 있으나 정확한 분포를 간단히 구할 수 있다면 유용할 것이다. 다음 정리는 적률생성함수의 성질을 이용해 $\overline{X}$의 표집분포를 쉽게 구할 수 있는 정리이다.

정리 8.2.4 $X_1, \dots, X_n$이 적률생성함수 $M(t)$가 존재하는 모집단에서의 확률표본이면, $\overline{X}$의 적률생성함수는 다음과 같다.

$$M_{\overline{X}}(t) = \left[M\left(\frac{t}{n}\right)\right]^n \tag{8.2.11}$$

예제 8.2.1 $X_1, \dots, X_n$이 감마분포 $\mathrm{Gam}(\alpha, \beta)$에서의 확률표본이면, $\overline{X}$의 분포는 정리 8.2.4에 의해

$$M_{\overline{X}}(t) = \left[M\left(\frac{t}{n}\right)\right]^n = \left[\left(\frac{1}{1-\beta t/n}\right)^\alpha\right]^n = \left(\frac{1}{1-\beta t/n}\right)^{\alpha n}$$

이므로, $\mathrm{Gam}(\alpha n,\ \beta/n)$임을 쉽게 알 수 있다.

많은 중요한 통계량은 독립인 정규확률변수들의 선형결합으로 나타낼 수 있다. 정리 7.4.1 또는 정리 8.2.4에 의해 다음 정리를 얻을 수 있다.

정리 8.2.5 $X_1, \dots, X_n$이 정규분포 $\mathrm{N}(\mu, \sigma^2)$에서의 확률표본이면, $\overline{X} \sim \mathrm{N}(\mu, \sigma^2/n)$이다.

예제 8.2.2 $X_1, \dots, X_{25}$와 $Y_1, \dots, Y_{25}$를 각각 정규분포 $\mathrm{N}(0,16)$과 $\mathrm{N}(1,9)$에서 추출한 서로 독립인 확률표본이라 하자. $\overline{X}$와 $\overline{Y}$가 각 확률분포에 대응되는 표본평균일 때, $P[\overline{X} > \overline{Y}]$를 구하라.

|풀이| $\overline{X} \sim \mathrm{N}\left(0, \frac{16}{25}\right)$이고 $\overline{Y} \sim \mathrm{N}\left(1, \frac{9}{25}\right)$이며 독립이므로 $\overline{X} - \overline{Y} \sim \mathrm{N}(-1, 1)$이다. 따라서 구하는 확률은 다음과 같다.

$$\begin{aligned} P[\overline{X} > \overline{Y}] &= P[\overline{X} - \overline{Y} > 0] \\ &= P[\overline{X} - \overline{Y} + 1 > 1] \end{aligned}$$

$$= P[Z > 1],\ Z \sim \mathrm{N}(0,1)$$

$$= 0.1587$$

정리 8.2.6 $X_1, \ldots, X_n$은 서로 독립이며, $X_j \sim \mathrm{N}(\mu_j, \sigma_j^2)$, $j = 1, \ldots, n$이다. 상수 a_{ij}, b_{rj}, $i = 1, \ldots, k\,; r = 1, \ldots, m\,; k + m \le n$에 대해

$$U_i = \sum_{j=1}^{n} a_{ij} X_j,\quad i = 1, \ldots, k \tag{8.2.12}$$

$$V_r = \sum_{j=1}^{n} b_{rj} X_j,\quad r = 1, \ldots, m \tag{8.2.13}$$

일 때, 다음이 성립한다.

(a) U_i와 V_r이 독립일 필요충분조건은 $\mathrm{Cov}(U_i, V_r) = \sum_{j=1}^{n} a_{ij} b_{rj} \sigma_j^2 = 0$이다.

(b) $(U_1, \ldots, U_k)$와 $(V_1, \ldots, V_m)$이 독립일 필요충분조건은 모든 쌍 (i, r), $i = 1, \ldots, k\,;$ $r = 1, \ldots, m$에 대해 U_i와 V_r이 독립이다.

다음은 정규분포의 또 다른 중요한 성질을 나타내는 정리이다. 즉, 정규분포에서 추출한 확률표본의 표본평균과 표본분산은 독립이다.

정리 8.2.7 $X_1, \ldots, X_n$이 정규분포 $\mathrm{N}(\mu, \sigma^2)$에서의 확률표본이면, 다음이 성립된다.

(a) $\overline{X}$와 $X_j - \overline{X}$, $j = 1, \ldots, n$은 독립이다.

(b) $\overline{X}$와 $S^2 = \frac{1}{n-1} \sum_{i=1}^{n} (X_i - \overline{X})^2$은 독립이다.

증명 (a) $\overline{X} = \sum_{i=1}^{n} \frac{1}{n} X_i$이고 $X_j - \overline{X} = \sum_{i=1}^{n} \left(\delta_{ij} - \frac{1}{n}\right) X_i$로 나타낼 수 있다. 여기서

$$\delta_{ij} = \begin{cases} 1, & i = j \\ 0, & i \ne j \end{cases}$$

이다. 따라서

$$\mathrm{Cov}(\overline{X}, X_j - \overline{X}) = \mathrm{Cov}\left(\sum_{i=1}^{n} \frac{1}{n} X_i,\ \sum_{i=1}^{n} \left(\delta_{ij} - \frac{1}{n}\right) X_i\right)$$

$$= \sum_{i=1}^{n} \frac{1}{n}\left(\delta_{ij} - \frac{1}{n}\right)\mathrm{Var}(X_i)$$

$$= \frac{\sigma^2}{n}\sum_{i=1}^{n}\left(\delta_{ij} - \frac{1}{n}\right) = 0$$

이므로, 정리 8.2.6에 의해 $\overline{X}$와 $X_j - \overline{X}$는 독립이다.

(b) S^2은 $(X_1 - \overline{X}, \ldots, X_n - \overline{X})$의 함수이므로 (a)번에 의해 쉽게 $\overline{X}$와 S^2은 독립이다.

8.3 카이제곱분포

이제 정규분포와 관련이 있는 카이제곱분포, t-분포, F-분포, 베타분포를 소개하고 그 성질을 간략히 알아보고자 한다. 물론 이 분포들은 모집단의 통계적 분석에 있어서 매우 중요하다. 특히 분산분석에서 기본이 되는 분포이다. 먼저 카이제곱분포에 대해 알아보자.

제6장에서 감마분포의 특별한 형태가 지수분포와 카이제곱분포임을 언급했었다. 여기서는 카이제곱분포의 pdf와 그 성질을 소개한다.

모수가 $\alpha = k/2$와 $\beta = 2$인 특별한 감마분포를 **자유도 k인 카이제곱분포**(chi-square distribution with k degrees-of-freedom)라 한다. 즉, $X \sim \mathrm{Gam}(k/2, 2)$이면 X는 자유도 k인 카이제곱분포를 따르며

$$X \sim \chi^2(k) \tag{8.3.1}$$

으로 표시한다. 그러므로 X의 pdf는 다음과 같다.

$$f(x;k) = \frac{1}{2^{k/2}\Gamma(k/2)} x^{k/2-1} e^{-x/2}, \; x > 0 \tag{8.3.2}$$

감마분포의 성질 식 (6.3.9)와 (6.3.14)로부터 다음 결과를 얻을 수 있다.

정리 8.3.1 $X \sim \chi^2(k)$이면, 다음이 성립된다.

(a) $M_X(t) = \left(\frac{1}{1-2t}\right)^{k/2}, \quad t < 1/2$ (8.3.3)

(b) $E(X^r) = 2^r \frac{\Gamma(k/2+r)}{\Gamma(k/2)}$ (8.3.4)

정리 8.3.1에 의해 $X \sim \chi^2(k)$이면, X의 평균과 분산은 다음과 같다.

$$E(X) = k, \quad \mathrm{Var}(X) = 2k \tag{8.3.5}$$

$X \sim \chi^2(k)$의 $100(1-\alpha)$ 백분위수(즉, 자유도 k인 카이제곱분포의 오른쪽 꼬리 확률이 α인 값)를 그림 8.3.1과 같이 $\chi^2_\alpha(k)$로 나타낸다. 즉, $X \sim \chi^2(k)$이면, 다음이 성립된다.

$$P[X \geq \chi^2_\alpha(k)] = \alpha \tag{8.3.6}$$

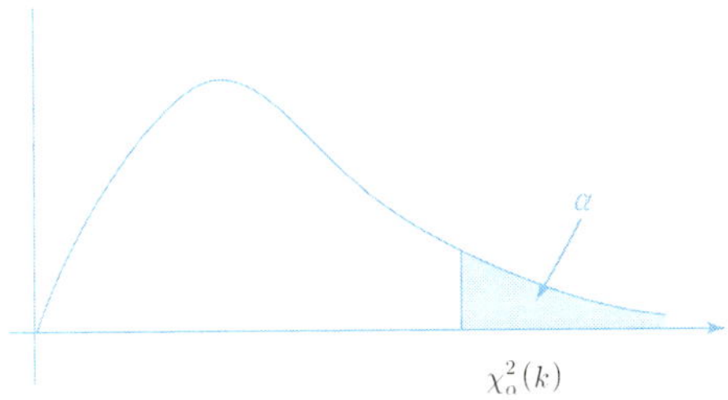

| 그림 8.3.1 | χ^2분포

$\chi^2_\alpha(k)$의 값은 다양한 α와 k에 대해 부록 B의 표 B.4에 주어져 있다. 이 값은 감마분포의 백분위수를 얻기 위해 이용될 수 있다. 다음 정리에서 알 수 있듯이 감마분포는 카이제곱분포로 변환시킬 수 있다.

정리 8.3.2 $X \sim \mathrm{Gam}(\alpha, \beta)$이면, $Y = 2X/\beta \sim \chi^2(2\alpha)$이다.

증명 Y의 적률생성함수를 구하면

$$M_Y(t) = M_{2X/\beta}(t) = M_X(2t/\beta) = (1-2t)^{-2\alpha/2}$$

이며, 이것은 자유도가 2α인 카이제곱분포의 적률생성함수이므로, 적률생성함수의 유일성에 의해 정리가 증명된다. ■

예제 8.3.1 크기가 $n = 10$인 확률표본이 지수분포 $\mathrm{Exp}(\theta)$에서 추출되었다. $P[c\overline{X} < \theta] = 0.90$을 만족하는 c를 구하라. 여기서 $\overline{X}$는 표본평균이다.

| 풀이 | $X_i \sim \mathrm{Exp}(\theta)$, $i = 1, 2, ..., 10$이고 X_i 들이 독립이므로 $\sum_{i=1}^{10} X_i \sim \mathrm{Gam}(10, \theta)$이다. 그러므로

$$0.90 = P[c\overline{X} < \theta] = P\left[\frac{c}{10}\sum_{i=1}^{10} X_i < \theta\right] = P\left[\sum_{i=1}^{10} X_i < \frac{10\theta}{c}\right]$$
$$= P\left[\frac{2}{\theta}\sum_{i=1}^{10} X_i < \frac{20}{c}\right] = P\left[\chi^2(20) < \frac{20}{c}\right]$$

이다. 따라서 $20/c$가 $\chi^2(20)$의 제 90 백분위수이다. 즉,

$$20/c = \chi^2_{0.1}(20) = 28.41$$

이므로 $c = \dfrac{20}{28.41} \approx 0.740$이다. ◉

다음 정리는 카이제곱분포가 정규분포와 어떤 관계가 있는지를 보여준다.

정리 8.3.3 $Z \sim \mathrm{N}(0,1)$이면, $Z^2 \sim \chi^2(1)$이다.

예제 8.3.2 $X_1, \ldots, X_n$이 카이제곱분포 $\chi^2(k)$에서 추출한 확률표본일 때, $\overline{X}$의 pdf를 구해 보자. 정리 8.2.4에 의해 $\overline{X}$의 mgf는

$$M_{\overline{X}}(t) = \left[M\left(\frac{t}{n}\right)\right]^n = \left[\left(\frac{1}{1-2t/n}\right)^{k/2}\right]^n = \left(\frac{1}{1-2t/n}\right)^{nk/2}$$

이므로 $\overline{X} \sim \mathrm{Gam}(nk/2,\ 2/n)$이다.

7.4절에서 적률생성함수를 이용해 독립인 확률변수들의 합에 대한 분포를 구하는 방법을 소개했다. 다음 정리는 독립인 카이제곱 확률변수들의 합 역시 카이제곱분포를 따른다는 중요한 성질이다.

정리 8.3.4 $X_i \sim \chi^2(k_i),\ i = 1, \ldots, n$이 독립인 카이제곱 확률변수들이면, 다음이 성립된다.

$$Y = \sum_{i=1}^{n} X_i \sim \chi^2\left(\sum_{i=1}^{n} k_i\right) \tag{8.3.7}$$

정리 8.3.5 $Z_1, \ldots, Z_n$이 독립인 표준정규확률변수이면, 다음이 성립된다.

$$Y = \sum_{i=1}^{n} Z_i^2 \sim \chi^2(n) \tag{8.3.8}$$

다음 정리는 정규분포에서 추출한 확률표본의 표본분산은 카이제곱분포를 따른다는 것이다.

정리 8.3.6 $X_1,\dots,X_n$ 이 정규분포 $N(\mu,\sigma^2)$에서의 확률표본이면, 다음이 성립된다.

$$\frac{(n-1)S^2}{\sigma^2} \sim \chi^2(n-1) \tag{8.3.9}$$

정리 8.3.6에 의해, S^2의 백분위수는 자유도 $n-1$인 카이제곱분포의 백분위수에 의해 구할 수 있다.

예제 8.3.3 $\overline{X}$와 S^2이 정규분포 $N(5,36)$에서 추출한 크기 $n=16$인 확률표본의 표본평균과 표본분산일 때, $P[2<\overline{X}<8,\ 17.424<S^2<65.976]$을 구하라.

|풀이| 정리 8.2.7과 정리 8.3.6에 의해 $\overline{X}$와 S^2은 독립이고, $\overline{X} \sim N(5,36/16)$이며 $15S^2/36 \sim \chi^2(15)$이므로 구하는 확률은 다음과 같다.

$$\begin{aligned}
&P[2<\overline{X}<8,\ 17.424<S^2<65.976] \\
&\quad = P[2<\overline{X}<8]P[17.424<S^2<65.976] \\
&\quad = P\left[-\frac{3}{1.5}<Z<\frac{3}{1.5}\right]P\left[\frac{15(17.424)}{36}<\chi^2(15)<\frac{15(65.976)}{36}\right] \\
&\quad = P[-2<Z<2]P[7.26<\chi^2(15)<27.49] \\
&\quad = [1-2P[Z>2]](0.950-0.025) \\
&\quad = (1-2(0.0228))(0.925) \\
&\quad = 0.88282
\end{aligned}$$

8.4 t-분포

정리 8.2.5에서, 정규분포 $N(\mu,\sigma^2)$에서 추출한 확률표본에 대해 $\overline{X}$의 분포는 평균이 μ이고 분산이 σ^2/n인 정규분포임을 보였다. 즉

$$\frac{\overline{X}-\mu}{\sigma/\sqrt{n}} \sim \mathrm{N}(0,1) \tag{8.4.1}$$

이다. 이것은 중요한 결과이지만 이 결과를 적용하기가 어려운 것은 대부분의 현실적인 응용에서는 모집단의 표준편차 σ를 알지 못한다는 것이다. 이런 경우에는 σ 대신 추정량 S를 이용한다. 그러면

$$\frac{\overline{X}-\mu}{S/\sqrt{n}} \tag{8.4.2}$$

의 분포도 $\mathrm{N}(0,1)$인가? 아니면 정확한 분포는 무엇인가?

먼저 이 분포에 대해 소개하고 필요한 성질들에 대해 알아보자.

확률변수 T의 pdf가

$$f(t\,;k)=\frac{\Gamma((k+1)/2)}{\sqrt{k\pi}\,\Gamma(k/2)}\frac{1}{(1+t^2/k)^{(k+1)/2}}, \quad -\infty<t<\infty \tag{8.4.3}$$

일 때, T는 자유도가 k인 **스튜던트 t-분포**(student's t-distribution)를 따른다고 하며, $T\sim t(k)$로 나타낸다.

이제 이 분포가 정규분포와 어떤 관계가 있는지 알아보자. 다음 정리는 변수변환법을 이용하여 증명할 수 있다.

정리 8.4.1 $Z\sim \mathrm{N}(0,1)$이고 $V\sim \chi^2(k)$이며 Z와 V가 독립일 때, 다음이 성립된다.

$$T=\frac{Z}{\sqrt{V/k}}\sim t(k) \tag{8.4.4}$$

자유도가 k인 t-분포의 오른쪽 꼬리 확률이 α인 값 $t_\alpha(k)$는 표 B.5에 다양한 α와 k에 대해 주어져 있다. 즉, $T\sim t(k)$이면

$$P[T>t_\alpha(k)]=\alpha \tag{8.4.5}$$

이다(그림 8.4.1 참조).

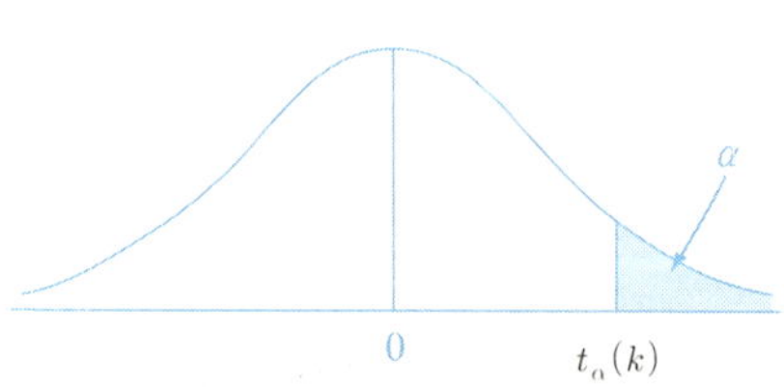

| 그림 8.4.1 | t-분포

t-분포는 **고셀**(W. S. Gosset)이라는 사람에 의해 처음 소개되었다. 그가 근무하는 회사에서 종업원들이 출판 발표하는 것을 허용하지 않았기 때문에 "학생(student)"이라는 필명으로 그의 연구 논문을 발표하여 오늘날 스튜던트 t-분포로 알려지게 된 것이다.

정리 8.4.2 $T \sim t(k)$이면, $k > 2r$에 대해 다음이 성립된다.

(a) $$E(T^{2r}) = \frac{\Gamma\left(r+\frac{1}{2}\right)\Gamma\left(\frac{k}{2}-r\right)}{\Gamma\left(\frac{1}{2}\right)\Gamma\left(\frac{k}{2}\right)}k^r \tag{8.4.6}$$

(b) $$E(T^{2r-1}) = 0,\ r = 1,2,\dots \tag{8.4.7}$$

정리 8.4.2에 의해 $T \sim t(k)$의 평균과 분산은

$$E(T) = 0,\ \mathrm{Var}(T) = \frac{k}{k-2},\quad k > 2 \tag{8.4.8}$$

이다. 정규분포에서 추출한 확률표본에 대해 식 (8.4.2) 통계량의 분포가 t-분포라는 유용한 다음 정리를 얻을 수 있다.

정리 8.4.3 $X_1, \dots, X_n$이 정규분포 $\mathrm{N}(\mu, \sigma^2)$에서 추출한 확률표본이면, 다음이 성립된다.

$$\frac{\overline{X}-\mu}{S/\sqrt{n}} \sim t(n-1) \tag{8.4.9}$$

증명 $Z = \sqrt{n}(\overline{X}-\mu)/\sigma \sim \mathrm{N}(0,1)$이고, 정리 8.3.6에 의해 $V = (n-1)S^2/\sigma^2 \sim \chi^2(n-1)$이며 $\overline{X}$와 S^2은 독립이므로, 정리 8.4.1에 의해 증명된다. ■

예제 8.4.1 정규분포 $\mathrm{N}(\mu, \sigma^2)$에서 추출한 크기 $n = 16$인 확률분포에서 표본평균 $\overline{X}$와 표본분산 S^2을 구하였다. 이 때 다음을 만족하는 상수 c값을 구하라.

$$P\left[-c < \frac{4(\overline{X}-\mu)}{S} < c\right] = 0.95$$

|풀이| 정규분포 $\mathrm{N}(\mu, \sigma^2)$에서 추출한 확률표본일 때

$$\frac{\overline{X}-\mu}{S/\sqrt{n}} \sim t(n-1)$$

이므로

$$\frac{4(\overline{X}-\mu)}{S} \sim t(15)$$

이다. t-분포가 0에 관해 대칭이므로 c 는

$$P[t(15)>c]=0.025$$

를 만족하는 값이다. 부록 B의 표 B.5에 의해 $c=t_{0.025}(15)=2.131$이다.

◉

정리 8.4.4 $X_1, \dots, X_m$ 과 $Y_1, \dots, Y_n$ 이 독립이며 각각 정규분포 $\mathrm{N}(\mu_1, \sigma_1^2)$과 $\mathrm{N}(\mu_2, \sigma_2^2)$에서 추출한 확률표본들이면

$$\frac{\overline{X}-\overline{Y}-(\mu_1-\mu_2)}{\sqrt{(m-1)S_1^2/\sigma_1^2+(n-1)S_2^2/\sigma_2^2}}\sqrt{\frac{m+n-2}{\sigma_1^2/m+\sigma_2^2/n}} \sim t(m+n-2) \tag{8.4.10}$$

이다. 특별히 $\sigma_1=\sigma_2$이면

$$\frac{\overline{X}-\overline{Y}-(\mu_1-\mu_2)}{\sqrt{(m-1)S_1^2+(n-1)S_2^2}}\sqrt{\frac{mn(m+n-2)}{m+n}} \sim t(m+n-2) \tag{8.4.11}$$

이다. 여기서 S_1^2과 S_2^2은 각각 $X_1, \dots, X_m$ 과 $Y_1, \dots, Y_n$ 의 표본분산이다.

정리 8.4.4의 결과는 두 정규모집단에서의 확률표본을 이용해 두 모집단 평균의 차에 대한 추정과 검정에 유용하게 이용된다.

8.5 F-분포

정규모집단에서의 확률표본과 관련하여 중요한 역할을 하는 또 다른 분포가 F-분포이다. 이 분포는 가장 두드러진 통계학자 중의 한 사람인 피셔(Ronald A. Fisher) 이후에 명명되었다. 먼저 F-분포의 pdf와 기호에 대해 정의한다.

확률변수 X의 pdf가

$$f(x;k_1,k_2)=\begin{cases}\dfrac{\Gamma((k_1+k_2)/2)}{\Gamma(k_1/2)\Gamma(k_2/2)}\left(\dfrac{k_1}{k_2}\right)^{k_1/2}\dfrac{x^{k_1/2-1}}{(1+k_1x/k_2)^{(k_1+k_2)/2}}, & x>0\\ 0, & x\le 0\end{cases} \tag{8.5.1}$$

인 분포를 자유도가 k_1과 k_2인 **스네데커 F-분포**(Snedecor's F-distribution)라 하고, $X\sim F(k_1,k_2)$로 나타낸다. k_1을 분자의 자유도라 하고 k_2를 분모의 자유도라 한다.

이제 F-분포가 정규분포와 어떤 관련이 있는지 알아보자.

정리 8.5.1 $V_1\sim\chi^2(k_1)$과 $V_2\sim\chi^2(k_2)$가 독립이면, 다음이 성립된다.

$$X=\frac{V_1/k_1}{V_2/k_2}\sim F(k_1,k_2) \tag{8.5.2}$$

정리 8.5.1도 변수변환법을 이용하여 정리 8.4.1과 비슷하게 증명할 수 있다.

정리 8.5.2 $X\sim F(k_1,\,k_2)$이면 다음이 성립된다.

$$E(X^r)=\frac{\left(\dfrac{k_2}{k_1}\right)^r\Gamma\left(\dfrac{k_1}{2}+r\right)\Gamma\left(\dfrac{k_2}{2}-r\right)}{\Gamma\left(\dfrac{k_1}{2}\right)\Gamma\left(\dfrac{k_2}{2}\right)},\quad k_2>2r \tag{8.5.3}$$

정리 8.5.2에 의해 $X\sim F(k_1,k_2)$의 평균과 분산은 다음과 같다.

$$E(X)=\frac{k_2}{k_2-2},\quad k_2>2,\quad \mathrm{Var}(X)=\frac{2k_2^2(k_1+k_2-2)}{k_1(k_2-2)^2(k_2-4)},\quad k_2>4 \tag{8.5.4}$$

$X\sim F(k_1,k_2)$일 때, $F_\alpha(k_1,k_2)$는

$$P[X\ge F_\alpha(k_1,\,k_2)]=\alpha \tag{8.5.5}$$

를 만족하는 값이다. 부록 B의 표 B.6에 다양한 k_1과 k_2에 대해 값이 주어져 있다. 표 B.6을 보면 α 값이 0.001, 0.01, 0.025, 0.05, 0.1과 같이 작은 경우만 나타나 있다. 그러나 실제로 α 값이 0.95, 0.975, 0.9 등과 같이 큰 경우의 값도 필요하다. 그러나 이 경우의 값은 F-분포의 성질에 의해 주어진 표에서 구할 수 있다. 정리 8.5.1에 의해

$$X \sim F(k_1, k_2)\text{이면}, \quad \frac{1}{X} \sim F(k_2, k_1) \tag{8.5.6}$$

임을 알 수 있다. 따라서

$$\begin{aligned}\alpha &= P[X \ge F_\alpha(k_1, k_2)] \\ &= P\left[\frac{1}{X} \le \frac{1}{F_\alpha(k_1, k_2)}\right] \\ &= 1 - P\left[\frac{1}{X} > \frac{1}{F_\alpha(k_1, k_2)}\right]\end{aligned} \tag{8.5.7}$$

이므로

$$P\left[\frac{1}{X} > \frac{1}{F_\alpha(k_1, k_2)}\right] = 1 - \alpha \tag{8.5.8}$$

이다. 즉

$$\frac{1}{F_\alpha(k_1, k_2)} = F_{1-\alpha}(k_2, k_1) \tag{8.5.9}$$

이 성립된다. 이 관계식은 추정과 검정에 유용하게 이용된다.

정리 8.5.3 만일 $X_1, \ldots, X_m$이 정규분포 $N(\mu_1, \sigma_1^2)$에서 추출한 확률표본이고 $Y_1, \ldots, Y_n$이 정규분포 $N(\mu_2, \sigma_2^2)$에서 추출한 확률표본이며 두 표본들이 독립이면,

$$\frac{S_1^2/\sigma_1^2}{S_2^2/\sigma_2^2} \sim F(m-1, n-1) \tag{8.5.10}$$

이다. 특별히 $\sigma_1 = \sigma_2$이면, 다음이 성립된다.

$$\frac{S_1^2}{S_2^2} \sim F(m-1, n-1) \tag{8.5.11}$$

예제 8.5.1 $X_1, \ldots, X_{11}$은 정규분포 $N(\mu_1, 9)$에서 추출한 크기 11인 확률표본이고, $Y_1, \ldots, Y_6$은 정규분포 $N(\mu_2, 10)$에서 추출한 크기 6인 확률표본이며 두 확률표본이 독립일 때, 다음을 구하라.

$$P\left[0.4245 \le \frac{\sum_{i=1}^{11}(X_i-\overline{X})^2}{\sum_{i=1}^{6}(Y_i-\overline{Y})^2} \le 11.916\right]$$

|풀이| 정리 8.5.3에 의해

$$\frac{S_1^2/\sigma_1^2}{S_2^2/\sigma_2^2} = \frac{\sum_{i=1}^{11}(X_i-\overline{X})^2/90}{\sum_{i=1}^{6}(Y_i-\overline{Y})^2/50}$$

$$= \frac{5}{9}\frac{\sum_{i=1}^{11}(X_i-\overline{X})^2}{\sum_{i=1}^{6}(Y_i-\overline{Y})^2} \sim F(10,5)$$

이므로, 구하는 확률은 다음과 같다.

$$P\left[0.4245 \le \frac{\sum_{i=1}^{11}(X_i-\overline{X})^2}{\sum_{i=1}^{6}(Y_i-\overline{Y})^2} \le 11.916\right]$$

$$= P\left[0.4245\left(\frac{5}{9}\right) \le F(10,5) \le 11.916\left(\frac{5}{9}\right)\right]$$

$$= P[0.23583 \le F(10,5) \le 6.62]$$

$$= P[F(10,5) \ge 0.23583] - P[F(10,5) > 6.62]$$

$$\approx P[F(5,10) \le 4.24] - 0.025$$

$$= 1 - 0.025 - 0.025$$

$$= 0.95$$

*8.6 베타분포

제6장에서 정의한 감마함수와 밀접한 관계가 있는 함수를 먼저 정의한다.

정의 8.6.1

모든 $\alpha > 0, \beta > 0$에 대해

$$B(\alpha, \beta) = \int_0^1 x^{\alpha-1}(1-x)^{\beta-1}dx \tag{8.6.1}$$

를 **베타함수**(beta function)라 한다.

다음 정리들은 베타함수의 유용한 성질을 나타내고 있다.

정리 8.6.1 모든 양의 α, β에 대해 $B(\alpha, \beta) = B(\beta, \alpha)$이다.

정리 8.6.2 모든 양의 α, β에 대해 베타함수는 다음과 같이 감마함수로 나타낼 수 있다.

$$B(\alpha,\beta) = \frac{\Gamma(\alpha)\Gamma(\beta)}{\Gamma(\alpha+\beta)} \tag{8.6.2}$$

연속확률변수 X의 pdf가

$$f(x;\alpha,\beta) = \frac{1}{B(\alpha,\beta)}x^{\alpha-1}(1-x)^{\beta-1},\quad 0<x<1,\ \alpha>0,\ \beta>0 \tag{8.6.3}$$

인 분포를 모수가 α와 β인 **베타분포**(beta distribution)라 하고 간단히

$$X \sim \text{Beta}(\alpha, \beta) \tag{8.6.4}$$

로 나타낸다.

베타분포는 모수 α와 β의 값에 따라 그림 8.6.1과 그림 8.6.2와 같이 다양한 형태의 pdf 모양을 갖는다.

(i) $\alpha > 1, \beta = 1$인 경우: **순증가**(strictly increasing)

(ii) $\alpha = 1, \beta > 1$인 경우: **순감소**(strictly decreasing)

(iii) $\alpha < 1, \beta < 1$인 경우: U 모양

(iv) $\alpha > 1, \beta > 1$인 경우: 최댓값을 갖는 단봉형

(v) $\alpha = \beta$인 경우: 평균인 $\frac{1}{2}$에 관해 좌우대칭

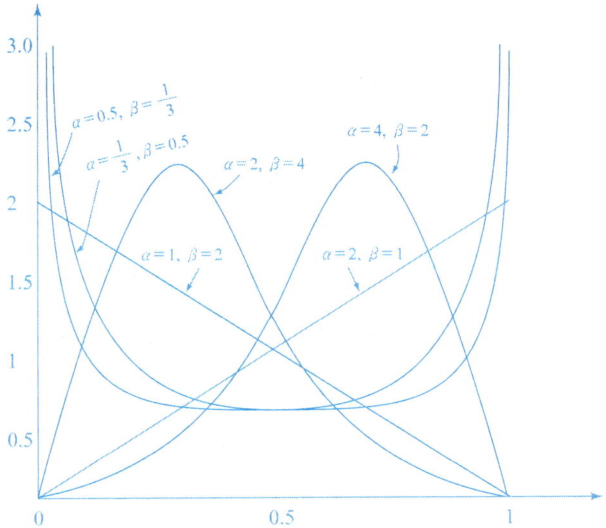

| 그림 8.6.1 | 베타분포의 pdf

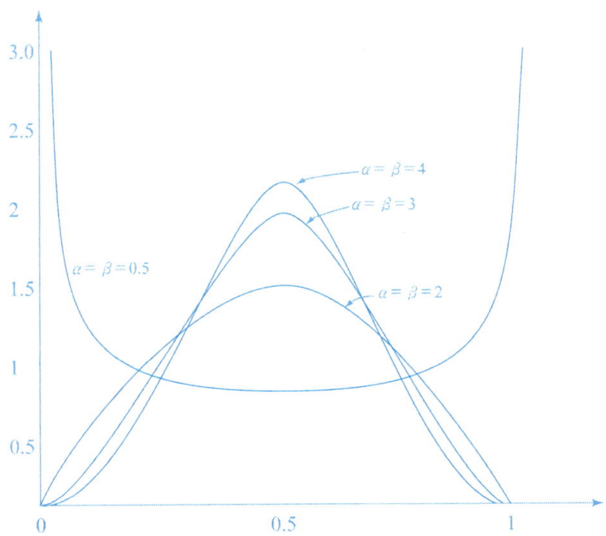

| 그림 8.6.2 | $\alpha=\beta$인 베타분포의 pdf

$X \sim \text{Beta}(\alpha,\ \beta)$이면

$$E(X^n) = \int_0^1 \frac{1}{B(\alpha,\beta)} x^n x^{\alpha-1}(1-x)^{\beta-1}dx$$

$$= \frac{1}{B(\alpha,\beta)} \int_0^1 x^{n+\alpha-1}(1-x)^{\beta-1}dx$$

$$= \frac{B(n+\alpha, \beta)}{B(\alpha, \beta)}$$

$$= \frac{\Gamma(\alpha+n)\Gamma(\alpha+\beta)}{\Gamma(\alpha+\beta+n)\Gamma(\alpha)} \quad (8.6.5)$$

이므로, X의 평균과 분산은 다음과 같다.

$$E(X) = \frac{\alpha}{\alpha+\beta}, \quad \mathrm{Var}(X) = \frac{\alpha\beta}{(\alpha+\beta)^2(\alpha+\beta+1)} \quad (8.6.6)$$

F-분포로부터 변수변환법을 이용하여 베타분포를 유도할 수 있다.

정리 8.6.3 $X \sim F(k_1, k_2)$이면, 다음이 성립된다.

$$Y = \frac{(k_1/k_2)X}{1+(k_1/k_2)X} \sim \mathrm{Beta}(k_1/2, k_2/2) \quad (8.6.7)$$

정리 8.6.3에 의해 베타분포의 백분위수를 F-분포의 백분위수로 나타낼 수 있다. 즉, 베타분포의 $100(1-\alpha)$ 백분위수는 다음과 같다.

$$B_\alpha(a,b) = \frac{aF_\alpha(2a,2b)}{b+aF_\alpha(2a,2b)} \quad (8.6.8)$$

$X \sim F(k_1, k_2)$일 때, $1/X \sim F(k_2, k_1)$이라는 사실과 정리 8.6.3을 이용하면 간단히 다음 결과를 얻을 수 있다.

정리 8.6.4 $X \sim F(k_1, k_2)$일 때, $Y = \frac{1}{1+(k_1/k_2)X} \sim \mathrm{Beta}\,(k_2/2, k_1/2)$이다.

만일 α와 β가 양의 정수이면, 부분적분을 계속하여 다음 정리와 같은 베타분포와 이항분포의 관계를 유도할 수 있다.

정리 8.6.5 만일 양의 정수 n과 $m(n \geq 1)$에 대해 $X \sim \mathrm{Beta}(n, m)$이고 $Y \sim \mathrm{Bin}(n+m-1, p)$, $0<p<1$이면, 다음이 성립된다.

$$P[X \leq p] = P[Y \geq n] \quad (8.6.9)$$

연속인 확률변수에 대해, 크기 n인 확률표본으로부터 i번째 순서통계량 $Y_i = X_{i:n}$의

pdf 는

$$g_i(y_i) = \frac{n!}{(i-1)!(n-i)!}[F(y_i)]^{i-1}[1-F(y_i)]^{n-i}f(y_i)$$

이므로, $U_{i:n} = F(Y_i) = F(X_{i:n})$으로 변환하면,

$$U_{i:n} \sim \text{Beta}(i, n-i+1) \tag{8.6.10}$$

이다(예제 7.5.3 참조). $U = F(X) \sim \text{U}(0,1)$이므로, $U_{i:n}$은 균일분포에서의 크기 n인 확률표본의 i번째 순서통계량이다.

연습문제 제 8 장

8.1 S^2이 확률표본 $X_1, \ldots, X_n$의 표본분산일 때, 다음을 증명하라.

$$S^2 = \frac{1}{n-1}\left(\sum_{i=1}^{n} X_i^2 - n\overline{X}^2\right)$$

8.2 정규분포 $\text{N}(51, 36)$에서 크기 64인 확률표본이 추출되었다. 다음을 구하라.

(a) $P[\overline{X} > 52.5]$ (b) $P[49.8 < \overline{X} < 52.2]$

(c) $P[\overline{X} < 50]$

8.3 $\overline{X}$가 정규분포 $\text{N}(\mu, 100)$에서 추출한 크기 n인 확률표본의 표본평균일 때, $P[\mu - 5 < \overline{X} < \mu + 5] \geq 0.95$를 만족하는 n의 최소값을 구하라.

8.4 만일 $\ln X \sim \text{N}(\mu, \sigma^2)$이면, 연습문제 7.3번에서 정의했듯이 X는 모수가 μ와 σ^2인 **로그정규분포**를 따른다고 하며, $X \sim \text{LN}(\mu, \sigma^2)$으로 나타낸다. $X_i \sim \text{LN}(\mu_i, \sigma_i^2)$, $i = 1, \ldots, n$들이 독립이라 가정할 때, 다음 각각의 분포와 값을 구하라.

(a) $\prod_{i=1}^{n} X_i$ (b) $\prod_{i=1}^{n} X_i^{a_i}$ (c) $\frac{X_1}{X_2}$ (d) $E\left(\prod_{i=1}^{n} X_i\right)$

8.5 $X_1, \ldots, X_{10}$은 지수분포 Exp(4)에서 추출한 크기 $n=10$인 확률표본이다. $P\left[\sum_{i=1}^{10} X_i < 47.66\right]$을 구하라.

8.6 확률변수 X의 적률생성함수가 $M_X(t) = \exp(100t + 50t^2)$일 때, $P[207 \le (X-100)^2 \le 502]$를 계산하라.

8.7 $X_1, \ldots, X_{15}$가 정규분포 $N(\mu, 20)$에서 추출한 크기 $n=15$인 확률표본이고 $\overline{X}$는 표본평균일 때, $P[(\overline{X}-\mu)^2 \le 5.12]$를 구하라.

8.8 $X_1 \sim \chi^2(10)$, $X_2 \sim \chi^2(8)$이며 X_1과 X_2가 독립일 때, $P[X_1 + X_2 \le 24.16]$을 구하라.

8.9 $X_1, \ldots, X_6$이 정규분포 $N(0, 4)$에서 추출한 확률표본일 때, $P\left[\sum_{i=1}^{6} X_i^2 \ge 6.56\right]$을 구하라.

8.10 $X_1, \ldots, X_{10}$이 카이제곱분포 $\chi^2(19)$에서 추출한 확률표본일 때, 10개의 표본 중에서 정확히 2개가 30.14를 초과할 확률을 구하라.

8.11 어느 지역에서 매주 측정된 토양산도는 평균이 50이고 표준편차가 8인 정규분포에서의 표본을 이룬다고 한다. 12주 기간 동안 측정한 자료에 대해 다음을 구하라.

(a) 표본평균이 55를 초과할 확률

(b) 표본표준편차가 10.027을 초과할 확률

8.12 어느 온도 조절장치의 온도는 분산이 σ^2인 정규분포를 계속 따르도록 조절되어 있다. 확률표본을 추출하여 표본분산 S^2을 계산하였다. 다음을 만족하기 위해 얼마나 많은 관측값이 요구되는가?

$$P\left[\frac{S^2}{\sigma^2} \le 1.8\right] \ge 0.95$$

8.13 $X_1, \ldots, X_n$이 정규분포 $N(\mu, \sigma^2)$에서 추출한 확률표본일 때, S^2의 평균과 분산을 구하라.

8.14 $X_1, \ldots, X_{20}$이 표준정규분포 $N(0, 1)$에서 추출한 크기 $n=20$인 확률표본일 때

(a) 표준정규분포표를 이용하여 $P[\overline{X}^2 \le 0.192]$를 구하라.

(b) 카이제곱분포표를 이용하여 $P[\overline{X}^2 \le 0.192]$를 구하라.

8.15 $X \sim \chi^2(m)$이고 $T = X + Y \sim \chi^2(m+n)$이며 X와 Y는 독립이다. 적률생성함수를 이용하여 $T - X \sim \chi^2(n)$임을 보여라.

8.16 부록 B의 표 B.5를 이용하여 다음을 구하라.

(a) $T \sim t(25)$일 때, $P[T < a] = 0.90$인 a값

(b) $T \sim t(10)$일 때, $P[|T| \ge b] = 0.05$인 b값

8.17 $X_1, \ldots, X_9$는 정규분포 $N(50, \sigma^2)$에서 추출한 크기 $n=9$인 확률표본이다. 이 표본의 표본분산이 $S^2 = 36$일 때, 다음을 구하라.

(a) $P[46.28 < \overline{X} < 53.72]$

(b) $P[\overline{X} - \mu < 2.216]$

8.18 Z, V_1, V_2는 독립이며 $Z \sim N(0,1)$, $V_1 \sim \chi^2(10)$, $V_2 \sim \chi^2(6)$일 때, 다음을 구하라.

$$P[Z/\sqrt{V_1 + V_2} \le 0.53]$$

8.19 $X_1, \ldots, X_{10}$은 정규분포 $N(10, \sigma_1^2)$에서 추출한 크기 10인 확률표본이고, $Y_1, \ldots, Y_{15}$는 $X_1, \ldots, X_{10}$과는 서로 독립이며 정규분포 $N(8, \sigma_2^2)$에서 추출한 크기 15인 확률표본이다. $\sigma_1^2 = \sigma_2^2$이라 가정하고 이 표본의 표본분산들이 각각 $S_1^2 = 6$이고 $S_2^2 = 6$일 때, $P[\overline{X} - \overline{Y} \le 3.06]$을 구하라.

8.20 $T \sim t(k)$일 때, $T^2 \sim F(1, k)$임을 보여라.

8.21 정규분포 $N(\mu_1, \sigma^2)$에서 추출한 크기 13인 표본과 정규분포 $N(\mu_2, \sigma^2)$에서 추출한 크기 7인 표본을 생각해 보자. 두 표본이 독립일 때, 첫 번째 표본의 표본분산이 두 번째 표본분산의 4배를 초과할 확률을 계산하라.

8.22 $X_i \sim \text{Exp}(1)$, $i = 1,2$이고 X_1과 X_2가 독립일 때, $Z = X_1/X_2 \sim F(2,2)$임을 증명하라.

8.23 V_1과 V_2는 독립이며 $V_1 \sim \chi^2(10)$이고 $V_2 \sim \chi^2(5)$일 때, 다음을 구하라.

(a) $P[V_1/V_2 \le 13.24]$

(b) $P\left[\dfrac{V_1}{V_1 + V_2} > a\right] = 0.05$인 a값

8.24 $X \sim \text{Beta}(4, 12)$일 때, $P[X \le 0.3]$을 구하라.

8.25 어떤 위치에서 측정된 상대습도는 다음 밀도함수를 갖는 확률변수로 생각할 수 있다.

$$f(x) = \begin{cases} ax^5(1-x)^4, & 0 < x < 1 \\ 0, & \text{그 이외} \end{cases}$$

(a) a값을 구하라.

(b) 이 지역의 상대습도가 적어도 45%일 확률을 구하라.

제 9 장

극한분포

9.1 서론

제7장에서 n 개의 확률변수 $X_1, \ldots, X_n$ 의 함수 $Y_n = g(X_1, \ldots, X_n)$의 분포를 구하는 일반적인 방법에 대해 설명했다. 제7장에서 다룬 대부분의 함수에 대해서는 쉽게 Y_n 의 pdf(pmf)를 구할 수 있었지만, 사실 Y_n 의 분포를 정확히 유도하기가 매우 어려운 경우가 많다. 이런 경우에 정확한 분포를 알지 못하더라도 표본의 크기가 큰 경우에 잘 근사 될 수 있는 분포를 알 수 있다면 매우 유용할 것이다. 이 장에서는 확률변수열의 수렴성질을 조사하고 극한분포를 유도하는 방법을 소개하고자 한다. 여기서 다루는 이론은 추정에서 일치성 등을 밝히는데 유용하게 이용된다.

9.2 수렴의 개념

9.2.1 분포수렴

이 절에서는 표본의 크기 n 이 무한히 커질 때, 확률변수열의 수렴에 관한 정의와 성질을 소개한다. 먼저 분포수렴에 대해 생각해 보자.

정의 9.2.1

각 $n = 1, 2, \ldots$에 대해 Y_n의 cdf 는 $F_{Y_n}(y) = P[Y_n \le y]$이고 어떤 확률변수 Y의 cdf $F_Y(y)$가 존재하여 $F_Y(y)$가 연속인 모든 y에 대해

$$\lim_{n \to \infty} F_{Y_n}(y) = F_Y(y) \tag{9.2.1}$$

이면, Y_n은 Y에 **분포수렴**(convergence in distribution (law))한다고 하며 $Y_n \xrightarrow{d} Y$ 또는 $Y_n \xrightarrow{L} Y$로 나타낸다. cdf $F_Y(y)$를 갖는 분포를 Y_n의 **극한분포**(limiting distribution)라 한다.

예제 9.2.1 확률밀도함수가

$$f(x) = \begin{cases} e^{-(x-\theta)}, & \theta < x < \infty \\ 0, & \text{그 이외} \end{cases}$$

인 분포에서 추출한 크기 n인 확률표본을 $X_1, \dots, X_n$이라 할 때, $Z_n = n(X_{1:n} - \theta)$의 극한분포를 구하라.

|풀이| X의 cdf가

$$F(x) = \int_\theta^x e^{-(t-\theta)} dt = 1 - e^{-(x-\theta)}, \quad x > \theta$$

이므로 Z_n의 cdf는

$$\begin{aligned} F_{Z_n}(z) &= P[n(X_{1:n} - \theta) \le z] \\ &= P\left[X_{1:n} \le \frac{z}{n} + \theta\right] \\ &= 1 - \left[1 - F\left(\frac{z}{n} + \theta\right)\right]^n \\ &= 1 - \left(e^{-z/n}\right)^n \\ &= 1 - e^{-z}, \quad z > 0 \end{aligned}$$

이다. 따라서 $Z_n \sim \text{Exp}(1)$이다. ◉

제4장에서 이산확률변수가 한 값을 가질 확률이 1인 특별한 분포를 **퇴화분포**라 정의했다. $y = c$에서 퇴화분포는 $P[Y = c] = 1$이므로 이 분포의 cdf는 다음과 같다.

$$F(y) = \begin{cases} 0, & y < c \\ 1, & y \ge c \end{cases} \tag{9.2.2}$$

예제 9.2.2 Y_n 의 pdf 가

$$f_{Y_n}(y) = \begin{cases} 1, & y = 3 + \dfrac{1}{n} \\ 0, & \text{그 이외} \end{cases}$$

이면, Y_n 의 cdf 는

$$F_{Y_n}(y) = \begin{cases} 0, & y < 3 + \dfrac{1}{n} \\ 1, & y \geq 3 + \dfrac{1}{n} \end{cases}$$

이므로

$$\lim_{n\to\infty} F_{Y_n}(y) = \begin{cases} 0, & y \leq 3 \\ 1, & y > 3 \end{cases}$$

이다.

$$F(y) = \begin{cases} 0, & y < 3 \\ 1, & y \geq 3 \end{cases}$$

는 cdf이고, $F(y)$가 연속인 모든 점에서 $\lim_{n\to\infty} F_{Y_n}(y) = F(y)$이므로 Y_n 의 극한분포는 cdf $F(y)$를 갖는 퇴화분포이다.

극한분포를 구하는 과정에서 유용하게 이용될 수 있는 다음 극한을 먼저 생각해 보자.

정리 9.2.1 (a) $d(n)$ 이 n 의 함수이면서 $\lim_{n\to\infty} d(n) = 0$ 이면, 다음이 성립된다.

$$\lim_{n\to\infty}\left(1 + \frac{c}{n} + \frac{d(n)}{n}\right)^{nb} = \lim_{n\to\infty}\left(1 + \frac{c}{n}\right)^{nb} = e^{bc} \tag{9.2.3}$$

(b) 상수열 $\{c_n\}$ 이 $\lim_{n\to\infty} c_n = c$ 이면, 다음이 성립된다. 여기서 c 는 상수이다.

$$\lim_{n\to\infty}\left(1 + \frac{c_n}{n}\right)^{n} = e^{c} \tag{9.2.4}$$

증명 (a) Taylor 전개에 의해

$$\ln\left(1 + \frac{c}{n} + \frac{d(n)}{n}\right)^{nb} = nb \ln\left(1 + \frac{c}{n} + \frac{d(n)}{n}\right)$$

$$= nb\left[\frac{c+d(n)}{n} - \frac{1}{2}\left(\frac{c+d(n)}{n}\right)^2 + \frac{1}{3}\left(\frac{c+d(n)}{n}\right)^3 - \cdots\right]$$

$$= b(c+d(n)) - \frac{b(c+d(n))^2}{2n} + \frac{b(c+d(n))^3}{3n^2} - \cdots$$

이므로

$$\lim_{n\to\infty} \ln\left(1+\frac{c}{n}+\frac{d(n)}{n}\right)^{nb} = bc$$

이다. $\ln x$는 연속함수이므로

$$\lim_{n\to\infty}\left(1+\frac{c}{n}+\frac{d(n)}{n}\right)^{nb} = e^{bc}$$

이 증명된다. (b)번의 증명은 (a)번의 증명과정에서 쉽게 성립함을 알 수 있다.

예제 9.2.3 $X_1, \dots, X_n$이 cdf가 다음과 같은 파레토분포 $\mathrm{Par}(4,2)$에서 추출한 확률표본일 때, $Y_n = nX_{1:n}$의 극한분포를 구해 보자.

$$F(x) = \begin{cases} 0, & x \le 0 \\ 1-(1+x/4)^{-2}, & x > 0 \end{cases}$$

|풀이| $Y_n = nX_{1:n}$의 cdf는

$$\begin{aligned} F_{Y_n}(y) = P[Y_n \le y] &= P[nX_{1:n} \le y] \\ &= P[X_{1:n} \le y/n] \\ &= 1-[1-F(y/n)]^n \\ &= 1-\left(1+\frac{y}{4n}\right)^{-2n} \end{aligned}$$

이므로

$$\lim_{n\to\infty} F_{Y_n}(y) = 1 - \lim_{n\to\infty}\left(1+\frac{y}{4n}\right)^{-2n} = 1-e^{-y/2},\ y>0$$

이다. 즉 $Y_n = nX_{1:n}$의 극한분포는 $\mathrm{Exp}(2)$이다.

$Y_n \xrightarrow{d} Y$라 해도 임의의 k에 대해 $E(Y_n^k)$이 $E(Y^k)$에 수렴한다고 말할 수 없다. 이에 대한 예를 살펴보자.

예제 9.2.4 Y_n의 cdf가

$$F_{Y_n}(y) = \begin{cases} 0, & y < 0 \\ 1 - 1/n, & 0 \le y < n \\ 1, & n \le y \end{cases}$$

라 하자. 그러면

$$\lim_{n \to \infty} F_{Y_n}(y) = \begin{cases} 0, & y < 0 \\ 1, & y \ge 0 \end{cases}$$

이므로 Y_n의 극한분포는 $y = 0$에서 퇴화분포이다. 즉, Y의 cdf가

$$F_Y(y) = \begin{cases} 0, & y < 0 \\ 1, & y \ge 0 \end{cases}$$

이라 하면, $Y_n \xrightarrow{d} Y$이다. 한편 Y_n의 pmf는

$$P[Y_n = 0] = 1 - \frac{1}{n}$$

$$P[Y_n = n] = \frac{1}{n}$$

이며 Y의 pmf는

$$P[Y = 0] = 1$$

이므로

$$E(Y_n^k) = n^k P[Y_n = n] = n^k \left(\frac{1}{n}\right) = n^{k-1}, \quad k = 1, 2, \ldots$$

이고

$$E(Y^k) = 0$$

이다. 그러므로 임의의 k에 대해 다음 결과를 얻을 수 있다.

$$E(Y_n^k) \nrightarrow E(Y^k)$$

확률변수열 Y_n이 Y에 분포수렴한다해도 Y_n의 pdf(pmf)가 Y의 pdf(pmf)에 수렴하지 않을 수도 있다. 예제 9.2.2를 생각해 보자.

$$\lim_{n \to \infty} f_{Y_n}(y) = 0$$

이지만 Y의 분포는 $y=3$에서 퇴화분포이므로

$$f_Y(y) = \begin{cases} 1, & y=3 \\ 0, & \text{그 이외} \end{cases}$$

이다. 따라서 다음 결과를 얻는다.

$$\lim_{n \to \infty} f_{Y_n}(y) \neq f_Y(y)$$

다음 정리는 분포수렴의 유용한 정리로 쉽게 증명할 수 있다.

정리 9.2.2 $Y_n \xrightarrow{d} Y$이고 c가 상수이면 다음이 성립한다.

(a) $Y_n + c \xrightarrow{d} Y + c$ (9.2.5)

(b) $cY_n \xrightarrow{d} cY,\ c \neq 0$ (9.2.6)

정리 9.2.3 $Y_n \xrightarrow{d} Y$이고 상수열 $\{a_n\}$과 $\{b_n\}$에 대해 $\lim_{n \to \infty} a_n = a$이고 $\lim_{n \to \infty} b_n = b$이면, $a_n Y_n + b_n \xrightarrow{d} aY + b$이다.

9.2.2 대수의 약법칙

다음은 분포수렴보다 약간 더 강한 조건인 확률수렴을 정의한다.

정의 9.2.2 확률수렴

확률변수 Y_n이 임의의 $\varepsilon > 0$에 대해

$$\lim_{n \to \infty} P[|Y_n - Y| < \varepsilon] = 1 \tag{9.2.7}$$

이면, Y_n은 Y에 **확률수렴**(convergence in probability)한다고 하며 $Y_n \xrightarrow{p} Y$로 나타낸다. 물론 Y가 상수 c가 되는 경우에도 동일하게 정의한다.

정리 9.2.4 Y_n의 극한분포가 $y=c$에서 퇴화분포이면 $Y_n \xrightarrow{p} c$이다.

예제 9.2.5 예제 9.2.2에서 Y_n의 극한분포는 $y=3$에서 퇴화분포이므로, $Y_n \xrightarrow{p} 3$이다.

예제 9.2.6 Y_n은 다음의 pmf를 갖는 이산확률변수이다.

$$P[Y_n = 1] = \frac{1}{n}, \quad P[Y_n = 0] = 1 - \frac{1}{n}$$

그러면 임의의 $\varepsilon > 0$에 대해

$$P[|Y_n - 0| < \varepsilon] = P[Y_n = 0] = 1 - \frac{1}{n}$$

이다. 따라서 $Y_n \xrightarrow{p} 0$이다.

정리 9.2.5 $Y_n \xrightarrow{p} c$이고, $g(y)$가 c에서 연속이면 $g(Y_n) \xrightarrow{p} g(c)$이다.

증명 $g(y)$가 c에서 연속이므로, 임의의 $\varepsilon > 0$에 대해 $|y-c| < \delta$이면, $|g(y)-g(c)| < \varepsilon$인 $\delta > 0$가 존재한다. 그러므로

$$P[|Y_n - c| < \delta] \le P[|g(Y_n) - g(c)| < \varepsilon]$$

이다. $Y_n \xrightarrow{p} c$이므로, 임의의 $\delta > 0$에 대해

$$1 = \lim_{n \to \infty} P[|Y_n - c| < \delta] \le \lim_{n - \infty} P[|g(Y_n) - g(c)| < \varepsilon]$$

이다. 따라서 정리가 증명된다. ■

다음은 확률수렴이 분포수렴보다 강한 성질임을 보여주는 정리이다.

정리 9.2.6 확률변수열에 대해 $Y_n \xrightarrow{p} Y$이면, $Y_n \xrightarrow{d} Y$이다.

사실 상수 c에 분포수렴하면 역시 c에 확률수렴한다. 즉,

$$Y_n \xrightarrow{d} c \Leftrightarrow Y_n \xrightarrow{p} c \tag{9.2.8}$$

정리 9.2.5는 Y_n이 k-차원 벡터인 경우에도 성립한다. 다음 정리는 k차원 벡터에 대한 정리 9.2.5의 특별한 경우이다.

정리 9.2.7 X_n과 Y_n이 $X_n \xrightarrow{p} c$이고 $Y_n \xrightarrow{p} d$인 확률변수열이고, a, b, c, d가 상수이면, 다음이 성립된다.

(a) $aX_n \pm bY_n \xrightarrow{p} ac \pm bd$ (9.2.9)

(b) $X_n Y_n \xrightarrow{p} cd$ (9.2.10)

(c) $c \neq 0$이면 $\dfrac{Y_n}{X_n} \xrightarrow{p} \dfrac{d}{c}$ (9.2.11)

정리 9.2.8 대수의 약법칙(Weak Law of Large Numbers)

$X_1, X_2, \ldots$이 독립이며 동일한 분포를 갖는 확률변수열로 $E(X_i) = \mu$이고 $\mathrm{Var}(X_i) = \sigma^2 < \infty$이며 $\overline{X}_n = \dfrac{1}{n}\sum_{i=1}^{n} X_i$를 표본평균이라 하자. 그러면 임의의 $\varepsilon > 0$에 대해

$$\lim_{n \to \infty} P[|\overline{X}_n - \mu| < \varepsilon] = 1 \tag{9.2.12}$$

이 성립된다. 즉, $\overline{X}_n \xrightarrow{p} \mu$이다.

물론 대수의 약법칙은 유한평균을 갖는다는 조건만 있어도 된다.

정리 9.2.9 $X_1, X_2, \ldots$은 독립인 확률변수열로 $E(X_i) = \mu_i$이고 $\mathrm{Var}(X_i) = \sigma_i^2$이다. 만일

$$\lim_{n \to \infty} \frac{1}{n^2} \sum_{i=1}^{n} \sigma_i^2 = 0 \tag{9.2.13}$$

이면, 임의의 $\varepsilon > 0$ 에 대해 다음이 성립된다.

$$\lim_{n\to\infty} P\left[\left|\overline{X} - \frac{1}{n}\sum_{i=1}^{n}\mu_i\right| < \varepsilon\right] = 1 \tag{9.2.14}$$

다음은 극한분포를 결정하는 유용한 정리이다.

정리 9.2.10 슬러츠키(Slutsky)의 정리

X_n과 Y_n이 $X_n \xrightarrow{p} c$이고 $Y_n \xrightarrow{d} Y$인 확률변수열이면, 다음이 성립된다.

(a) $X_n \pm Y_n \xrightarrow{d} c \pm Y$ (9.2.15)

(b) $X_n Y_n \xrightarrow{d} cY$ (9.2.16)

(c) $c \neq 0$이면 $\dfrac{Y_n}{X_n} \xrightarrow{d} \dfrac{Y}{c}$ (9.2.17)

정리 9.2.11 $Y_n \xrightarrow{d} Y$이고 $g(y)$가 연속함수이면, $g(Y_n) \xrightarrow{d} g(Y)$이다.

예제 9.2.7 $T_k \sim t(k)$이면

$$T_k = \frac{Z}{\sqrt{\chi^2(k)/k}}$$

로 나타낼 수 있다. $E\left(\dfrac{\chi^2(k)}{k}\right) = 1$이며 $\mathrm{Var}\left(\dfrac{\chi^2(k)}{k}\right) = \dfrac{2}{k}$이므로 체비셰프 부등식에 의해

$$P\left[\left|\frac{\chi^2(k)}{k} - 1\right| < \varepsilon\right] \geq 1 - \frac{2}{k\varepsilon^2}$$

이다. 따라서 $k \to \infty$일 때 $\dfrac{\chi^2(k)}{k} \xrightarrow{p} 1$이다. 그러므로 정리 9.2.10의 (c)에 의해

$$T_k = \frac{Z}{\sqrt{\chi^2(k)/k}} \xrightarrow{d} Z \sim \mathrm{N}(0,1)$$

임을 알 수 있다. 또한 정리 9.2.11에 의해 다음이 성립된다.

$$T_k^2 = F_{1,k} \xrightarrow{d} Z^2 \sim \chi^2(1)$$

예제 9.2.8 $X_1, \ldots, X_n$ 은 표준정규분포 N(0, 1)에서 추출한 확률표본이고

$$W_n = \sqrt{n}\,\frac{X_1 + X_2 + \cdots + X_n}{X_1^2 + X_2^2 + \cdots + X_n^2}$$

이다. 그러면

$$U_n \equiv \sum_{i=1}^{n} X_i / \sqrt{n} \sim \mathrm{N}(0,1)$$

이고

$$X_i^2 \sim \chi^2(1)$$

이다. 따라서 대수의 약법칙에 의해, $X_1^2, \ldots, X_n^2$ 의 표본평균인

$$V_n \equiv \frac{X_1^2 + X_2^2 + \cdots + X_n^2}{n} \xrightarrow{p} 1$$

이 성립된다. 그러므로 $W_n = U_n / V_n$ 은 정리 9.2.10의 슬러츠키의 정리에 의해 다음이 성립된다.

$$W_n \xrightarrow{d} Z, \quad Z \sim \mathrm{N}(0,1)$$

9.3 적률생성함수의 접근법

극한분포는 정확한 분포를 이용할 수 없을 때 유용한 근사를 제공할 수 있는데 이러한 극한분포를 구하기 위한 한 가지 방법이 적률생성함수를 이용하는 것이다.

정리 9.3.1 Y_n은 cdf가 $F_{Y_n}(y)$이고 mgf $M_n(t)$가 모든 n과 $|t| < h$에 대해 존재하는 확률변수이다. 만일 어떤 확률변수 Y의 mgf $M(t)$가 $|t| < h_1 < h$에 대해 존재하고 $F_Y(y)$가 Y의 cdf일 때

$$\lim_{n\to\infty} M_n(t) = M(t), \quad t \in (-h_1, h_1)$$

이면, $Y_n \xrightarrow{d} Y$이다.

예제 9.3.1 $X_n \sim \chi^2(n)$이면 X_n의 mgf는 $M_{X_n}(t) = (1-2t)^{-n/2}$, $t < 1/2$이다. $Y_n = (X_n - n)/\sqrt{2n}$ 이라 하면, Y_n의 mgf는

$$\begin{aligned}
M_n(t) &= M_{\frac{1}{\sqrt{2n}}(X_n - n)}(t) \\
&= e^{-\frac{nt}{\sqrt{2n}}} M_{X_n}\left(\frac{t}{\sqrt{2n}}\right) \\
&= \exp\left[-\left(t\sqrt{\frac{2}{n}}\right)\left(\frac{n}{2}\right)\right]\left(1 - 2\frac{t}{\sqrt{2n}}\right)^{-n/2}, \quad t < \frac{\sqrt{2n}}{2} \\
&= \left\{e^{t\sqrt{2/n}}\left(1 - 2\frac{t}{\sqrt{2n}}\right)\right\}^{-n/2} \\
&= \left\{\left[1 + t\sqrt{\frac{2}{n}} + \frac{1}{2}\left(t\sqrt{\frac{2}{n}}\right)^2 + \cdots\right]\left(1 - t\sqrt{\frac{2}{n}}\right)\right\}^{-n/2} \\
&= \left\{1 - \frac{t^2}{n} + \frac{d(n)}{n}\right\}^{-n/2}
\end{aligned}$$

이다. 여기서 $d(n)$은 $\lim_{n\to\infty} d(n) = 0$인 n의 함수이다. 그러므로

$$\begin{aligned}
\lim_{n\to\infty} M_n(t) &= \lim_{n\to\infty}\left\{1 - \frac{t^2}{n} + \frac{d(n)}{n}\right\}^{-n/2} \\
&= e^{t^2/2}
\end{aligned}$$

이고, 이것이 표준정규분포의 mgf이므로 Y_n의 극한분포는 $\mathrm{N}(0,1)$이다.

다음 예제는 이항분포의 포아송근사인 정리 5.5.1을 mgf를 이용해 증명한 것이다.

예제 9.3.2 $X_n \sim \mathrm{Bin}(n, p)$이고, $n \to \infty$일 때 $p \to 0$이고 $np = \mu$이면, X_n의 mgf는

$$M_n(t) = (pe^t + q)^n = \left(\frac{\mu e^t}{n} + 1 - \frac{\mu}{n}\right)^n = \left[1 + \frac{\mu(e^t - 1)}{n}\right]^n$$

이므로, 식 (9.2.3)에 의해

$$\lim_{n\to\infty} M_n(t) = e^{\mu(e^t - 1)}$$

이며 이것이 $\mathrm{Poi}(\mu)$의 mgf이다. 즉, $X_n \xrightarrow{d} X \sim \mathrm{Poi}(\mu)$이다. 이 사실은 정리 5.5.1의 결과와 일치한다. 그러나 증명은 다소 쉽다.

9.3.1 중심극한정리

통계학에서 매우 유용하게 이용되는 정리 중 하나가 중심극한정리이다. 먼저 다음 예제를 살펴보자.

예제 9.3.3 예제 9.3.2에서 표준화된 변수

$$Z_n = \frac{X_n - np}{\sqrt{npq}}$$

를 생각해 보자. $\sigma_n = \sqrt{npq}$ 라 하면, Z_n 의 mgf 는

$$\begin{aligned} M_{Z_n}(t) &= e^{-npt/\sigma_n}(pe^{t/\sigma_n} + q)^n \\ &= [e^{-pt/\sigma_n}(pe^{t/\sigma_n} + q)]^n \\ &= \left[\left(1 - \frac{pt}{\sigma_n} + \frac{p^2t^2}{2\sigma_n^2} + \cdots\right)\left(1 + \frac{pt}{\sigma_n} + \frac{pt^2}{2\sigma_n^2} + \cdots\right)\right]^n \\ &= \left[1 + \frac{t^2}{2n} + \frac{d(n)}{n}\right]^n \end{aligned}$$

이다. 여기서 $\lim_{n\to\infty} d(n) = 0$이다. 그러므로

$$\lim_{n\to\infty} M_{Z_n}(t) = e^{t^2/2}$$

이며 이것이 표준정규분포의 mgf이다. 그러므로 $Z_n \xrightarrow{d} Z \sim \mathrm{N}(0,1)$이다.

예제 9.3.1과 9.3.3이 다음에 소개할 중심극한정리의 특별한 결과의 예이다.

정리 9.3.2 중심극한정리(Central Limit Theorem (CLT))

$X_1, \ldots, X_n$이 평균이 μ이고 분산이 $\sigma^2 < \infty$인 분포에서 추출한 확률표본이면,

$$Z_n = \frac{\sum_{i=1}^{n} X_i - n\mu}{\sqrt{n}\,\sigma} = \frac{\overline{X} - \mu}{\sigma/\sqrt{n}} \tag{9.3.1}$$

의 극한분포는 표준정규분포이다. 즉, $Z_n \xrightarrow{d} Z \sim \mathrm{N}(0,1)$이다.

중심극한정리는 분산이 존재하는 모집단에서 추출한 확률표본의 합 $\sum_{i=1}^{n} X_i$는 표본의 크기 n이 클 때, 평균이 $n\mu$이고 분산이 $n\sigma^2$인 정규분포를 근사적으로 따른다는 것이다. 최초의 중심극한정리는 드무아브르(De Moivre)가 1733년경에 X_i가 $p = 1/2$인 베르누이 확률변수의 특별한 경우에 대해 증명했다. 그 후 라플라스(Laplace)가 임의의 p의 경우로 확장했다. 라플라스는 또한 정리 9.3.2에 주어진 중심극한정리의 일반적인 형태를 발견했다. 그러나 그의 증명은 완벽하지 못했으며 명확한 증명은 1901~1902년에 러시아 수학자 리아푸노프(Liapounoff)에 의해 처음 소개되었다.

예제 9.3.4 50개의 수를 가장 가까운 정수로 반올림한 후 합을 구했다. 각각의 반올림 오차가 $(-0.5,\ 0.5)$에서 균일하게 분포된다면, 반올림한 후 생성된 합과 정확한 합의 차이가 3 이상일 확률은 얼마인가?

|풀이| $X_i, i = 1, 2, \ldots, 50$을 i번째 수의 반올림 오차라 하자. $X_i \sim \mathrm{U}(-0.5, 0.5)$이므로, $0.5 + X_i \sim \mathrm{U}(0,1)$이다. 따라서 $E(X_i) = 0$이고 $\mathrm{Var}(X_i) = \mathrm{Var}(0.5 + X_i) = \frac{1}{12}$이므로, $E\left(\sum_{i=1}^{50} X_i\right) = 0$이고

$$\mathrm{Var}\left(\sum_{i=1}^{50} X_i\right) = 50\mathrm{Var}(X_i) = \frac{50}{12}$$

이다. 그러므로 구하는 확률은 중심극한정리에 의해 다음과 같다.

$$\begin{aligned} P\left[\left|\sum_{i=1}^{50} X_i\right| \geq 3\right] &\approx P\left[|Z| \geq 3/\sqrt{50/12}\right],\ Z \sim \mathrm{N}(0,1) \\ &= P[|Z| \geq 1.47] \\ &= 2P[Z \geq 1.47] = 0.1416 \end{aligned}$$

정리 9.3.3 독립 확률변수들에 대한 중심극한정리

$X_1, \ldots, X_n$은 독립이며 평균과 분산이 각각 $\mu_i = E(X_i)$, $\sigma_i^2 = \mathrm{Var}(X_i)$인 확률변수로

(a) 모든 i에 대해 어떤 $M>0$이 존재하여 $P[|X_i|<M]=1$이고

(b) $\sum_{i=1}^{\infty}\sigma_i^2=\infty$이면, 다음이 성립된다.

$$Z_n=\frac{\sum_{i=1}^{n}(X_i-\mu_i)}{\sqrt{\sum_{i=1}^{n}\sigma_i^2}}\xrightarrow{d}Z\sim \mathrm{N}(0,1) \tag{9.3.2}$$

9.3.2 이항분포에 대한 근사

제 5장에서는 성공할 확률 p가 작은 경우에 이항분포의 근사로 포아송분포를 이용할 수 있음을 보였다. 여기서는 예제 9.3.3에서 이미 보였듯이 독립 시행 횟수 n이 큰 경우 이항분포에 대한 근사로 정규분포를 이용할 수 있다. 이 결과를 다시 정리해 보자.

정리 9.3.4 $X_n\sim \mathrm{Bin}(n,\ p)$이면

$$Z_n=\frac{X_n-np}{\sqrt{npq}} \tag{9.3.3}$$

의 극한분포는 표준정규분포이다. 즉, $Z_n\xrightarrow{d}Z\sim \mathrm{N}(0,1)$이다.

정리 9.3.4는 중심극한정리에 의해서도 쉽게 증명된다. 그러나 $X_n\sim \mathrm{Bin}(n,\ p)$이고 $Z\sim \mathrm{N}(0,1)$이므로, 즉 X_n은 이산확률변수이고 Z는 연속확률변수이므로 연속성의 수정을 함으로써 근사가 개선될 수 있다.

일반적으로 $X_n\sim \mathrm{Bin}(n,\ p)$이고 a와 b가 $a\le b$인 정수이면, 다음이 성립된다.

$$P[a\le X_n\le b]\approx \Phi\left(\frac{b+0.5-np}{\sqrt{npq}}\right)-\Phi\left(\frac{a-0.5-np}{\sqrt{npq}}\right) \tag{9.3.4}$$

예제 9.3.5 공정한 동전을 15번 던질 때, 앞면이 나타난 횟수 X가 8회 또는 9회일 확률을 생각해 보자. $X\sim \mathrm{Bin}\left(15,\frac{1}{2}\right)$이므로 구하는 확률은

$$\begin{aligned}P[8\le X\le 9]&=P[X=8]+P[X=9]\\&=\binom{15}{8}\left(\frac{1}{2}\right)^{15}+\binom{15}{9}\left(\frac{1}{2}\right)^{15}\end{aligned}$$

$$\approx 0.1964 + 0.1527$$
$$= 0.3491$$

이고 정규근사를 이용한 확률은 다음과 같다.

$$\begin{aligned} P[8 \le X \le 9] &= P[7.5 < X < 9.5] \\ &= P\left[\frac{7.5-7.5}{\sqrt{15/4}} < \frac{X-7.5}{\sqrt{15/4}} < \frac{9.5-7.5}{\sqrt{15/4}}\right] \\ &\approx P[0 < Z < 1.03] \\ &= 0.5 - 0.1515 \\ &= 0.3485 \end{aligned}$$

정리 9.3.5 $F_n(x)$를 정의 7.5.3에서 소개한 경험분포함수라 하자. 그러면 다음이 성립된다.

(a) $F_n(x) \xrightarrow{p} F(x)$ (9.3.5)

(b) $\dfrac{\sqrt{n}\,[F_n(x) - F(x)]}{\sqrt{F(x)[1-F(x)]}} \xrightarrow{d} Z, \quad Z \sim \mathrm{N}(0,1)$ (9.3.6)

*9.4 점근분포

$X_1, \ldots, X_n$이 평균이 μ이고 분산이 σ^2인 분포에서의 확률표본일 때 중심극한정리에 의해

$$Z_n = \frac{\overline{X}_n - \mu}{\sigma/\sqrt{n}} \xrightarrow{d} Z \sim \mathrm{N}(0,1) \tag{9.4.1}$$

이 성립되므로, $\overline{X}_n$는 n이 클 경우 정규분포 $\mathrm{N}(\mu, \sigma^2/n)$을 근사적으로 따른다고 생각할 수 있다. 이제 좀더 일반적인 개념을 정의해 보자.

정의 9.4.1

$X_1, X_2, \ldots$이 확률변수열이고 b와 c가

$$Z_n = \frac{X_n - b}{c/\sqrt{n}} \xrightarrow{d} Z \sim \mathrm{N}(0,1) \tag{9.4.2}$$

을 만족하는 상수일 때, X_n은 **점근평균**이 b이고 **점근분산**이 c^2/n인 **점근정규분포**(asymptotic normal distribution)를 따른다고 한다.

정리 9.4.1 $X_1,\dots,X_n$은 pdf $f(x)$를 갖는 연속분포에서 추출한 확률표본이고, $f(x)$는 $100p$ 백분위수 $x_p(0<p<1)$에서 연속이며 0이 아니다. 만일 $k/n \to p(k-np$가 유계)이면, k번째 순서통계량 $X_{k:n}$은 점근평균이 x_p이고 점근분산이 c^2/n인 점근정규분포를 따른다. 여기서 c^2은 다음과 같다.

$$c^2 = \frac{p(1-p)}{[f(x_p)]^2} \tag{9.4.3}$$

예제 9.4.1 $X_1,\dots,X_n$을 균일분포 $\mathrm{U}(0,1)$에서 추출한 확률표본이라 하면, $f(x)=1$, $F(x)=x, 0<x<1$이다. 홀수 n에 대해 $k=(n+1)/2$라 하면 $Y_k = X_{k:n}$은 표본중앙값이다. 만일 $p=0.5$이면 중앙값은 $x_{0.5}=1/2$이고

$$c^2 = \frac{0.5(1-0.5)}{[f(1/2)]^2} = \frac{1}{4}$$

이므로,

$$\frac{X_{k:n} - 1/2}{1/\sqrt{4n}} \xrightarrow{d} Z \sim \mathrm{N}(0,1)$$

이다. 즉, $X_{k:n}$은 점근평균이 $\frac{1}{2}$이고 점근분산이 $\frac{1}{4n}$인 점근정규분포를 따른다. 사실 $X_{k:n} \sim \mathrm{Beta}(k, n-k+1)$이므로

$$E(X_{k:n}) = \frac{k}{n+1} = \frac{1}{2}, \quad \mathrm{Var}(X_{k:n}) = \frac{k(n-k+1)}{(n+1)^2(n+2)} = \frac{1}{4(n+2)}$$

임을 생각해 보라.

정리 9.4.2 $Z_n = \frac{X_n - b}{c/\sqrt{n}} \xrightarrow{d} Z \sim \mathrm{N}(0,1)$이면, $X_n \xrightarrow{p} b$이다.

예제 9.4.2 예제 9.4.1에서 $X_{k:n} \xrightarrow{p} 1/2$이다.

정리 9.4.3 $\sqrt{n}(X_n - b)/c \xrightarrow{d} Z \sim \mathrm{N}(0,1)$이고 $g(x)$가 $x = b$에서 0이 아닌 도함수 $g'(b) \neq 0$을 가지면

$$\frac{[g(X_n) - g(b)]}{[cg'(b)]/\sqrt{n}} \xrightarrow{d} Z \sim \mathrm{N}(0,1) \tag{9.4.4}$$

이다. 즉, 큰 n에 대해 점근적으로 $X_n \approx \mathrm{N}\left(b, \frac{c^2}{n}\right)$이면, 점근적으로 다음이 성립된다.

$$g(X_n) \approx \mathrm{N}\left(g(b), \frac{c^2[g'(b)]^2}{n}\right) \tag{9.4.5}$$

예제 9.4.3 $\overline{X}_n$를 평균이 μ이고 분산이 $\sigma^2 < \infty$인 분포에서 추출한 크기 n인 확률표본의 표본평균이라 하면, 중심극한정리에 의해

$$\frac{\sqrt{n}(\overline{X}_n - \mu)}{\sigma} \xrightarrow{d} Z \sim \mathrm{N}(0,1)$$

이므로, 큰 n에 대해 점근적으로

$$\overline{X}_n \approx \mathrm{N}\left(\mu, \frac{\sigma^2}{n}\right)$$

이다. 정리 9.4.3에서 $g(\overline{X}_n) = \overline{X}_n^2$이라 하면 $g'(\mu) = 2\mu$이므로 점근적으로

$$\overline{X}_n^2 \approx \mathrm{N}\left(\mu^2, \frac{(2\mu)^2\sigma^2}{n}\right)$$

임을 알 수 있다. 만일 포아송분포 $\mathrm{Poi}(\mu)$에서의 추출이라면

$$\frac{\overline{X}_n - \mu}{\sqrt{\mu/n}} \xrightarrow{d} Z \sim \mathrm{N}(0,1)$$

이므로 점근적으로 다음이 성립된다.

$$\overline{X}_n^2 \approx \mathrm{N}(\mu^2, 4\mu^3/n)$$

연습문제 제 9 장

9.1 $\overline{X}_n$ 는 $\mathrm{N}(\mu, \sigma^2)$에서 추출한 크기 n 인 확률표본 $X_1, \dots, X_n$ 의 표본평균이다. $\overline{X}_n$ 의 극한분포를 구하라.

9.2 $X_1, \dots, X_n$ 은 균일분포 $\mathrm{U}(0, \theta)$에서 추출한 크기 n 인 확률표본이다.

(a) 최대 순서통계량 $X_{n:n}$ 의 cdf 를 구하라.

(b) $X_{n:n}$ 의 극한분포를 구하라.

(c) $X_{n:n} \xrightarrow{p} \theta$ 임을 보여라.

(d) $\sqrt{X_{n:n}} \xrightarrow{p} \sqrt{\theta}$ 임을 보여라.

9.3 연습문제 9.2번에서 $nX_{1:n}$의 극한분포를 구하라.

9.4 cdf 가 다음과 같은 분포에서 크기 n 인 확률표본을 생각해 보자.

$$F(x) = \begin{cases} 1 - (\theta/x)^2, & x > \theta \\ 0, & \text{그 이외} \end{cases}$$

(a) $X_{1:n}$의 극한분포를 구하라.

(b) $X_{1:n} \xrightarrow{p} \theta$ 임을 보여라.

9.5 $X_1, \dots, X_n$ 이 정규분포 $\mathrm{N}(\mu, \sigma^2)$에서 추출한 확률표본일 때, 다음을 증명하라.

(a) $\overline{X}_n = \dfrac{1}{n}(X_1 + \cdots + X_n) \xrightarrow{p} \mu$

(b) $S_n^2 = \dfrac{1}{n-1}\sum_{i=1}^{n}(X_i - \overline{X}_n)^2 \xrightarrow{p} \sigma^2$

(c) $S_n \xrightarrow{p} \sigma$

9.6 $T_n = (\overline{X}_n - \mu)/\sqrt{S_n^2/n}$ 이다. 여기서 $\overline{X}_n$ 와 S_n^2 은 각각 $\mathrm{N}(\mu, \sigma^2)$ 인 분포에서 추출한 크기 n 인 확률표본의 표본평균과 표본분산이다. T_n 의 극한분포가 $\mathrm{N}(0,1)$ 임을 증명하라.

9.7 $X_1, \ldots, X_n$ 은 포아송분포 $\mathrm{Poi}(\mu)$ 에서 추출한 확률표본이고 $\overline{X}_n$ 가 표본평균일 때, 다음이 성립함을 보여라.

(a) $Y_n = e^{-\overline{X}_n} \xrightarrow{p} P[X=0] = e^{-\mu}$

(b) $\overline{X}_n e^{-\overline{X}_n} \xrightarrow{p} P[X=1] = \mu e^{-\mu}$

9.8 $X_n \sim \mathrm{Gam}(n, \beta)$, $\beta > 0$ 일 때, $Y_n = \dfrac{X_n}{n}$ 의 극한분포를 적률생성함수를 이용해 구하라.

9.9 $\overline{X}_n$ 는 포아송분포 $\mathrm{Poi}(1)$ 에서 추출한 크기 n 인 확률표본의 표본평균이다.

(a) $Y_n = \dfrac{\sqrt{n}\,(\overline{X}_n - \mu)}{\sigma} = \sqrt{n}(\overline{X}_n - 1)$ 의 적률생성함수가 $\exp[-t\sqrt{n} + n(e^{t/\sqrt{n}} - 1)]$ 임을 보여라.

(b) Y_n 의 극한분포를 구하라.

9.10 $\overline{X}_n$ 는 pdf 가 $f(x) = e^{-x}$, $x > 0$ 인 분포에서 추출한 크기 n 인 확률표본의 표본평균이다.

(a) $Y_n = \sqrt{n}\,(\overline{X}_n - 1)$ 의 적률생성함수가 $M_{Y_n}(t) = \left(e^{t/\sqrt{n}} - \dfrac{t}{\sqrt{n}} e^{t/\sqrt{n}}\right)^{-n}$, $t < \sqrt{n}$ 임을 보여라.

(b) Y_n 의 극한분포를 구하라.

9.11 $X_1, \ldots, X_{100}$ 이 포아송분포 $\mathrm{Poi}(0.04)$ 에서의 크기 $n = 100$ 인 확률표본일 때, $P\left[\sum_{i=1}^{100} X_i \le 5\right]$ 의 정확한 값과 중심극한정리를 이용한 근삿값을 구하라.

9.12 어떤 기계가 고장날 때까지의 작동시간(단위: 년) X 는 지수분포 $\mathrm{Exp}(2)$ 를 따른다고 한다. $X_1, \ldots, X_{30}$ 을 이 분포에서의 크기 $n = 30$ 인 확률표본이라 하자. 즉 X_1 은 첫 번

째 고장날 때까지의 시간, X_2는 첫 번째 고장을 수리한 후 두 번째 고장날 때까지의 작동시간 등이다.

(a) $P\left[\sum_{i=1}^{30} X_i \geq 40.48\right]$의 정확한 값을 구하라.

(b) 중심극한정리를 이용해 (a)번의 근삿값을 구하라.

9.13 $X \sim \text{Gam}(n,\ 2)$일 때, $P\left[\left|\frac{X}{2n} - 1\right| > 0.05\right] < 0.1$이 성립하기 위해 얼마나 큰 n이 필요한가?

9.14 $X_n \sim \text{Gam}(n, 1)$이고 $Z_n = (X_n - n)/\sqrt{n}$이며 $Y_n \xrightarrow{p} c$라 할 때, $W_n = Y_n Z_n$의 극한분포를 구하라. Z_n / Y_n의 극한분포는 무엇인가?

9.15 $X_1, \ldots, X_{100}$은 베르누이분포 $\text{Bin}(1, 1/4)$에서 추출한 크기 $n = 100$인 확률표본이다. 즉, 성공할 확률이 1/4인 독립 베르누이 시행을 100번 반복했다. 이 때 $X = \sum_{i=1}^{100} X_i$는 100번의 베르누이 시행에서 성공의 횟수이다. $P[15 \leq X \leq 35]$의 근삿값을 구하라.

9.16 어느 도시의 인구 중 70%는 학비 인상안에 찬성한다. 100명의 확률표본에서 다음을 만족할 확률의 근삿값을 구하라.

(a) 적어도 60명이 인상안에 찬성

(b) 65명 이상 80명 이하가 인상안에 찬성

9.17 포아송분포 $\text{Poi}(\mu)$에서의 확률표본 $X_1, \ldots, X_n$의 표본평균 $\overline{X}_n$에 대해, $Y_n = e^{-\overline{X}_n}$의 점근정규분포를 구하라.

9.18 $X_1, \ldots, X_n$은 베르누이분포 $\text{Bin}(1,\ p)$에서의 확률표본이고 $\overline{X}_n$를 표본평균이라 할 때,

(a) $\hat{p} = \overline{X}_n$의 점근정규분포를 구하라.

(b) $\hat{p}(1 - \hat{p})$의 점근정규분포를 구하라.

(c) $\hat{p}(1 - \hat{p}) \xrightarrow{p} p(1 - p)$임을 보여라.

9.19 $X_1, \ldots, X_{81}$ 이 지수분포 Exp(10)에서 추출한 크기 $n=81$인 확률표본이다.

(a) 표본중앙값 $Z_{1/2} = X_{41:81}$의 점근정규분포를 구하라.

(b) $P[X_{41:81} \leq 8.6]$의 근삿값을 구하라.

(c) $P[X_{41:81} \geq b] \approx 0.025$인 b값을 구하라.

(d) 만일 $k/n \to 0.3$일 때, $X_{k:n} \xrightarrow{p} a$인 a값을 구하라.

(e) (d)번에서 $F(X_{k:n}) = 1 - e^{-X_{k:n}/10}$은 어떤 값에 확률수렴하는가?

제 10 장

점추정

10.1 서론

이 장에서는 추정량을 선택하는 기준에 대해 알아보고 추정량을 구하는 방법을 소개하며 다양한 예제를 통해 설명하고자 한다.

모르는 어떤 수를 한 값으로 추정하는 점추정의 이론적 근거는 아주 간단하다. 표본을 확률질량함수나 확률밀도함수가 $f(x;\theta)$로 표시되는 모집단에서 추출할 때, θ를 알면 모집단이 완전히 결정된다. 그러므로 θ의 좋은 추정량을 구하는 방법을 찾는 것은 당연하다. 모수 θ가 모평균의 경우와 같이 의미 있는 물리적 성질을 갖기 때문에 θ의 좋은 점추정량을 구하는 것이 직접 관심의 대상이 되는 것이다. 물론 θ의 어떤 함수 $\tau(\theta)$가 관심의 대상일 수도 있다. 예를 들어, θ^2, $\sqrt{\theta}$, $e^{-\theta}$ 등에 관심이 있을 수도 있다. 따라서 이 책에서는 추정하고자 하는 모수를 일반적으로 $\tau(\theta)$로 표시할 것이다.

몇몇 경우에 어떤 계산문제에서와 같이 모집단에 관한 공리적 가정이나 다른 사실에 근거하여 특정한 모형에 이르는 것은 가능하다. 종종 실험자는 완전하게 pdf를 지정할 수는 없지만 $f(x;\theta)$가 몇 가지 알려진 분포(정규, 감마, 와이블, 지수, 베타, 포아송, 베르누이, 기하, 음이항 등) 중 하나이고 θ는 그 분포의 평균이나 분산과 같은 미지의 모수라고 가정할 수 있다. 점추정의 목적은 그 모집단으로부터 관측된 자료에 근거하여 θ에 대한 적절한 값을 추측하는 것이다.

이 장에서는 관심 있는 모집단 분포가 **모수** θ로 표현된 몇몇 특정한 pdf (pmf) 중 하나라고 가정한다. 어떤 경우에는 모수가 벡터이고 이런 경우는 볼드체 $\boldsymbol{\theta}$로 나타내기도 한다. 그러나 꼭 구분하여 사용하지 않아도 되는 경우는 볼드체를 사용하지 않고 동일하게 표시할 것이다.

모수 θ의 값으로 가정할 수 있는 모든 가능한 값들의 집합을 **모수공간** (parameter space)

이라 하고 Ω로 표시한다. 만일 θ가 벡터이면, Ω는 같은 차원의 유클리드 공간의 부분집합이고 Ω의 차원은 미지의 실수인 모수의 개수에 대응된다. 10.5.3절의 베이즈 추정법에서는 모수 θ를 확률변수의 한 값으로 취급하기도 한다.

$X_1, \dots, X_n$은 pdf (pmf)가 $f(x;\theta)$인 모집단에서 추출한 확률표본이고 $\tau(\theta)$는 θ의 실숫값 함수이며, $X_{1:n}, \dots, X_{n:n}$은 확률표본의 순서통계량이다.

정의 10.1.1

$\tau(\theta)$를 추정하기 위해 사용되는 통계량 $T = T(X_1, \dots, X_n)$을 $\tau(\theta)$의 **추정량**(estimator)이라 하고 그 통계량의 관측값 $t = T(x_1, \dots, x_n)$을 $\tau(\theta)$의 **추정값**(estimate)이라 한다.

모든 통계량은 추정량이다. 제8장에서 언급했듯이 통계학에서는 대부분 대문자와 소문자로 구분하여 사용한다. 정의 10.1.1에서와 같이 대문자 T는 통계량을 의미하며 소문자 t는 관측된 자료로부터 얻어진 관측값 또는 추정값을 의미한다. 즉, 추정량은 확률표본의 함수인 반면 추정값은 표본이 실제로 택해졌을 때 얻어진 추정량의 함숫값이다. 따라서 표본이 택해지면, 추정량은 확률변수들 $X_1, \dots, X_n$의 함수인 반면 추정값은 실제의 값 $x_1, \dots, x_n$의 함수이다.

미지의 모수와 그 추정량을 구별하기 위해 널리 이용되는 표현법은 모수 위에 기호 $\wedge$를 사용하여 $\hat{\theta}$으로 추정량을 표시하는 것이다. 물론 다른 기호를 사용하여 여러 가지로 나타낼 수도 있다.

예제 10.1.1 $X_1, \dots, X_n$이 포아송분포 $\text{Poi}(\theta)$에서 추출한 확률표본일 때, $\overline{X} = \sum_{i=1}^{n} X_i / n$은 θ의 추정량이고, 실제 관측 데이터가 $x_1, \dots, x_n$일 때, $\overline{x} = \sum_{i=1}^{n} x_i / n$은 θ의 추정값이다. 물론 $[2/n(n+1)] \sum_{i=1}^{n} i X_i$ 도 θ의 추정량이다.

10.2 점추정량의 선택 기준

앞 절에서 설명한 모수의 함수 $\tau(\theta)$를 추정하고자 할 때, 많은 추정량 중에서 의미 있는 추정량을 구하기 위해 합리적인 성질을 가지고 있는 좋은 추정량을 선택해야 할 것이다. 이 때 여러 추정량 중에서 어떤 기준에 근거하여 어느 추정량을 어떻게 선택할 것인지의 문제에 직면하게 된다.

추정량을 선택하는 매우 일반적인 기준은 추정하고자 하는 모수의 실제값에 가장 가깝거나 실제값 주위에 가장 집중되어 있는 경향을 갖는 추정량을 선택하는 것이다. 즉, 추정하고자하는 모수 $\tau(\theta)$에 가장 가까운 추정량 $T(X_1, \ldots, X_n)$을 찾고자 할 것이다. 그러나 $\tau(\theta)$는 알 수 없지만 실숫값을 갖는 상수이고 추정량은 표본의 함수이므로 추정량과 모수를 직접 비교하여 가까운 정도를 알 수 없기 때문에 추정량의 추정값들이 $\tau(\theta)$ 근방에 가장 집중되는 추정량을 찾으면 된다. 이러한 조건을 만족하기 위해서는 추정량 T의 평균이 $\tau(\theta)$에 가깝고 분산이 작은 추정량이 될 것이다.

이 절에서는 이러한 문제를 해결하기 위해 추정량의 선택 기준으로 널리 이용되고 있는 몇 가지 기본적인 판단 기준을 소개하고 이 기준에 관한 성질을 알아본다.

10.2.1 비편향성

정의 10.2.1

모든 $\theta \in \Omega$에 대해, 어떤 추정량 $T = T(X_1, \ldots, X_n)$이

$$E(T) = \tau(\theta) \tag{10.2.1}$$

이면, 추정량 T를 $\tau(\theta)$의 **비편향추정량**(또는 **불편추정량**) (unbiased estimator)이라 하고

$$E(T) \neq \tau(\theta)$$

이면, 추정량 T를 $\tau(\theta)$의 **편향추정량**(또는 **편의추정량**) (biased estimator)이라 한다. 추정량 T에 대해

$$b_\theta(T) = E(T) - \tau(\theta) \tag{10.2.2}$$

를 추정량 T의 **편향**(또는 **편의**)(bias)이라 한다.

만일 $\tau(\theta)$의 값을 추정하기 위해, $\tau(\theta)$의 비편향추정량 T를 이용한다면, 어떠한 추정값도 구하고자 하는 $\tau(\theta)$의 값과 정확히 일치하지는 않더라도 T의 평균은 $\tau(\theta)$가 될 것이다. 그림 10.2.1에서 T_1은 비편향추정량이고 T_2는 편향추정량을 나타낸 것이다. 편의면에서 추정량을 비교한다면 편의가 작은 추정량이 더 좋은 추정량이라 할 수 있다.

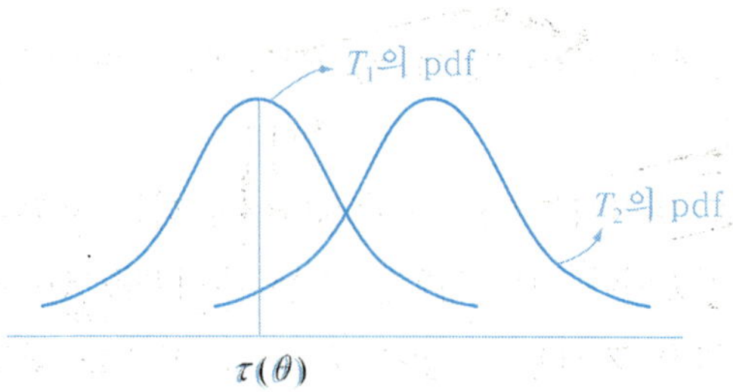

| 그림 10.2.1 | 추정량의 편의

예제 10.2.1 $X_1, \dots, X_n$ 을 유한평균을 갖는 어떤 모집단에서의 확률표본이고 r 차 모적률 $\mu_r{}' = E(X^r)$ 이 존재하면, r 차 표본적률 $M_r{}'$은 $\mu_r{}'$의 비편향추정량이 된다. 그러므로 표본평균 $\overline{X}$는 모평균 μ의 비편향추정량이다(정리 8.2.1 참조).

그러나

$$S_1^2 = \frac{1}{n}\sum_{i=1}^{n}(X_i - \overline{X})^2$$

은 σ^2의 편향추정량이다. 이것이 표본분산을 S^2으로 정의하는 이유 중 하나이다. 그리고 S도 일반적으로 σ의 비편향추정량이 아니다.

일반적으로, T가 $\tau(\theta)$의 비편향추정량일지라도 g가 선형함수가 아니면 $g(T)$가 $g(\tau(\theta))$의 비편향추정량이 되지 못한다.

다음 예제에서 볼 수 있듯이 가끔 비편향추정량이 불합리한 경우도 있다.

예제 10.2.2 X를 평균이 μ인 포아송 확률변수라 하고 $\tau(\mu) = e^{-3\mu}$ 이라 하자. $T(X) = (-2)^X$ 이 $\tau(\mu)$의 비편향추정량임은 다음과 같이 보일 수 있다.

$$\begin{aligned} E(T(X)) &= e^{-\mu}\sum_{x=0}^{\infty}(-2)^x\frac{\mu^x}{x!} = e^{-\mu}\sum_{x=0}^{\infty}\frac{(-2\mu)^x}{x!} \\ &= e^{-\mu}e^{-2\mu} = \tau(\mu) \end{aligned}$$

그러나, 만일 x가 짝수이면 $T(x) = (-2)^x > 0$이고 x가 홀수이면 $T(x) < 0$이므로 항상 양인 $\tau(\mu)$의 추정량으로 적합하지 못하다.

예제 10.2.3 $X_1, \dots, X_n$ 을 평균이 μ인 포아송분포에서의 확률표본이라 하자. 평균과 분산이 모두 μ로 동일하기 때문에, $\overline{X}$와 S^2이 모두 μ의 비편향추정량이다. 사실, $\alpha\overline{X}+(1-\alpha)S^2\ (0 \le \alpha \le 1)$ 모두 μ의 비편향추정량이다.

예제 10.2.3과 같이 한 모수에 대해 두 개 이상의 비편향추정량이 존재한다면 어느 추정량을 선택해야 하는가? 당연히 편차가 작은 추정량이 좋은 추정량임을 쉽게 이해할 수 있다. 즉, 분산이 작은 추정량을 선택해야 할 것이다.

이제 비편향추정량 중에서 분산이 가장 작은 추정량인 최소분산비편향추정량을 정의한다. 그리고 이 최소분산비편향추정량을 찾는 방법은 다음 절에서 소개할 것이다.

정의 10.2.2

$X_1, \ldots, X_n$은 pdf(pmf)가 $f(x\,;\theta)$인 분포에서 추출한 크기 n인 확률표본이다. $\tau(\theta)$의 추정량 T^*가 다음 두 조건을 만족하면, T^*를 $\tau(\theta)$의 **균일최소분산비편향추정량**(uniformly minimum variance unbiased estimator : UMVUE) 또는 **최량비편향추정량**(best unbiased estimator)이라 한다.

(1) T^*는 $\tau(\theta)$의 비편향추정량이다. 즉 $E(T^*)=\tau(\theta)$이다.

(2) $\tau(\theta)$의 모든 비편향추정량 T와 모든 $\theta \in \Omega$에 대해, 다음이 성립된다.

$$\mathrm{Var}(T^*) \le \mathrm{Var}(T)$$

10.2.2 평균제곱오차

실제로 추정량의 판단 기준으로 편의만을 생각할 수 없다. 편의는 다른 추정량보다 약간 더 크지만 근접성에 관한 척도인 분산이 상당히 작다면 오히려 더 바람직한 추정량이 될 수 있다. 물론 추정량들을 비편향추정량들에 국한하여 생각한다면, 이 추정량들 중 분산이 가장 작은 최소분산비편향추정량을 택하면 될 것이다. 따라서 편의와 분산을 동시에 고려한 다음 척도를 소개한다.

정의 10.2.3

T가 모수 θ의 함수 $\tau(\theta)$의 추정량일 때

$$\mathrm{MSE}(T)=E[(T-\tau(\theta))^2] \tag{10.2.3}$$

을 T의 **평균제곱오차**(mean squared error : MSE)라 한다.

평균제곱오차는 편의와 분산을 동시에 고려한 척도이다. 물론 평균제곱오차가 작은 추정량을 좋은 추정량으로 선택할 것이다. 다음은 평균제곱오차가 편의와 분산과 어떤 관계가

있는지를 나타낸 정리이다.

정리 10.2.1 T가 $\tau(\theta)$의 추정량일 때, 다음이 성립된다.

(a) $\text{MSE}(T) = \text{Var}(T) + [b_\theta(T)]^2$ (10.2.4)

(b) T가 $\tau(\theta)$의 비편향추정량이면, $\text{MSE}(T) = \text{Var}(T)$이다.

증명 (a)
$$\begin{aligned}\text{MSE}(T) &= E[(T-\tau(\theta))^2] \\ &= E[T-E(T)+E(T)-\tau(\theta)]^2 \\ &= E[(T-E(T))^2]+[E(T)-\tau(\theta)]^2 \\ &= \text{Var}(T)+[b_\theta(T)]^2\end{aligned}$$

이다. (b)는 비편향추정량의 정의에 의해 (a)의 결과에서 쉽게 증명된다. ■

예제 10.2.4 $X_1, \ldots, X_n$을 정규분포 $N(\mu, \sigma^2)$에서의 확률표본이라 하자. $\overline{X}$와 S^2은 각각 μ와 σ^2의 비편향추정량이므로, 이 추정량들의 MSE는

$$\text{MSE}(\overline{X}) = E[(\overline{X}-\mu)^2] = \text{Var}(\overline{X}) = \frac{\sigma^2}{n}$$

$$\text{MSE}(S^2) = E[(S^2-\sigma^2)^2] = \text{Var}(S^2) = \frac{2\sigma^4}{n-1}$$

이다. 또한 예제 10.2.1에서 설명했듯이

$$S_1^2 = \frac{1}{n}\sum_{i=1}^{n}(X_i-\overline{X})^2 = \frac{n-1}{n}S^2$$

의 기댓값은

$$E(S_1^2) = E\left(\frac{n-1}{n}S^2\right) = \frac{n-1}{n}\sigma^2$$

이므로 S_1^2은 σ^2의 편향추정량이다. 한편

$$\text{Var}(S_1^2) = \text{Var}\left(\frac{n-1}{n}S^2\right) = \left(\frac{n-1}{n}\right)^2\text{Var}(S^2) = \frac{2(n-1)\sigma^4}{n^2}$$

이므로 평균제곱오차는

$$\begin{aligned}\mathrm{MSE}(S_1^2) &= \mathrm{Var}(S_1^2) + [b_{\sigma^2}(S_1^2)]^2 \\ &= \frac{2(n-1)\sigma^4}{n^2} + \left(\frac{n-1}{n}\sigma^2 - \sigma^2\right)^2 \\ &= \left(\frac{2n-1}{n^2}\right)\sigma^4\end{aligned}$$

이다. 따라서

$$\mathrm{MSE}(S_1^2) = \left(\frac{2n-1}{n^2}\right)\sigma^4 < \left(\frac{2}{n-1}\right)\sigma^4 = \mathrm{MSE}(S^2)$$

이므로, 이 경우 S_1^2의 MSE는 S^2의 MSE보다 작다.

앞의 예는 S^2을 σ^2의 추정량으로 단념해야 된다는 것은 아니다. 정규분포에서의 확률표본인 경우 MSE가 척도로 사용된다면, 평균적으로 S_1^2이 S^2보다 σ^2에 더 집중된다는 것이다. 그러나 S_1^2은 편향추정량이고 평균적으로 σ^2을 작게 추정할 것이다. 이 사실이 S_1^2을 σ^2의 추정량으로 이용하기 곤란하게 할 수도 있다. 더구나, MSE는 위치모수에 대해서는 합리적인 기준이지만 척도모수에 대해서는 합리적이지 못하다고 말할 수도 있다. 그러므로, 좋은 추정량을 얻기 위해선 추정량들에 관해 더 많은 정보를 수집하는 것 외에는 절대적인 해답이 없다.

일반적으로, MSE가 모수의 함수이므로 '최상'의 추정량이 존재하지 않거나 찾기가 어렵다. 두 추정량들의 MSE들이 서로 교차하여 각 추정량이 일부분의 모수공간에서만 다른 추정량에 비해 MSE가 작게 되는 경우도 종종 있다. 그러나 이런 부분적인 정보조차도 가끔 추정량들의 선택에 대한 지침을 제공해 줄 수 있다.

예제 10.2.5 $X_1, \ldots, X_n$은 균일분포 $\mathrm{U}(0, \theta)$에서의 확률표본이다. 즉, pdf가 다음과 같다

$$f(x;\theta) = \begin{cases} \dfrac{1}{\theta}, & 0 < x < \theta \\ 0, & \text{그 이외} \end{cases}$$

(a) $T_1 = X_{n:n}$에 관해 생각해 보자. $T_1 < \theta$이므로 추정량이 편의되어 있다. 예제 7.5.8에서

$$E(T_1) = \frac{n}{n+1}\theta$$

이므로 T_1 의 편의는

$$b_\theta(T_1) = \frac{n}{n+1}\theta - \theta = -\frac{\theta}{n+1}$$

이다. 또한

$$E(T_1^2) = \frac{n}{n+2}\theta^2$$

이므로

$$\mathrm{Var}(T_1) = \frac{n}{n+2}\theta^2 - \left(\frac{n}{n+1}\theta\right)^2 = \frac{n}{(n+1)^2(n+2)}\theta^2$$

이다. 따라서 T_1의 평균제곱오차는 다음과 같다.

$$\mathrm{MSE}(T_1) = \mathrm{Var}(T_1) + [b_\theta(T_1)]^2 = \frac{2\theta^2}{(n+1)(n+2)}$$

(b) $T_2 = [(n+1)/n]T_1$ 이라 하자. 그러면 T_2 의 편의는 $b_\theta(T_2) = 0$이고 평균제곱오차는 다음과 같다.

$$\mathrm{MSE}(T_2) = \mathrm{Var}(T_2) = \frac{(n+1)^2}{n^2}\mathrm{Var}(T_1) = \frac{\theta^2}{n(n+2)}$$

따라서

$$\frac{\mathrm{MSE}(T_2)}{\mathrm{MSE}(T_1)} = \frac{n+1}{2n} < 1$$

이므로 큰 n에 대해서는 T_2 의 MSE가 T_1 의 MSE의 반 정도이다.

10.2.3 크래머-라오 하한

X가 pdf(pmf) $f(x;\theta)$를 갖는 확률변수일 때, $X=x$ 인 사건에서 θ에 관한 정보의 양을 정의하자.

정의 10.2.4

확률변수 X의 pdf(pmf) $f(x;\theta)$가 모든 x에 대해 θ에 관해 미분가능할 때

$$I(\theta) = E\left[\left(\frac{\partial}{\partial\theta}\ln f(X;\theta)\right)^2\right] \tag{10.2.5}$$

을 X에서의 θ에 관한 **피셔정보**(Fisher information)라 하고, $X_1, \dots, X_n$의 결합 pdf (pmf)가 $f(x_1, \dots, x_n; \theta)$일 때

$$I_n(\theta) = E\left[\left(\frac{\partial}{\partial\theta}\ln f(X_1, \dots, X_n; \theta)\right)^2\right] \tag{10.2.6}$$

을 $X_1, \dots, X_n$에서의 θ에 관한 **피셔정보**라 한다.

예제 10.2.6 X를 $N(\theta, \sigma^2)$인 정규확률변수라 하자. 그러면

$$\ln f(x; \theta) = -\ln(\sigma\sqrt{2\pi}) - (x-\theta)^2/2\sigma^2$$

이고

$$\frac{\partial}{\partial\theta}\ln f(x; \theta) = \frac{x-\theta}{\sigma^2}$$

이므로 θ에 관한 피셔정보는 다음과 같다.

$$I(\theta) = E\left[\left(\frac{X-\theta}{\sigma^2}\right)^2\right] = \frac{1}{\sigma^4}E[(X-\theta)^2] = \frac{\sigma^2}{\sigma^4} = \frac{1}{\sigma^2}$$

예제 10.2.7 X를 성공할 확률이 θ인 베르누이 확률변수라 하자. 그러면 X의 pmf는

$$f(x; \theta) = \theta^x(1-\theta)^{1-x}, \ \ x = 0, 1$$

이므로

$$\ln f(x; \theta) = x\ln\theta + (1-x)\ln(1-\theta)$$

이고

$$\left(\frac{\partial}{\partial\theta}\ln f(x; \theta)\right)^2 = \left(\frac{x}{\theta} - \frac{1-x}{1-\theta}\right)^2 = \left(\frac{x-\theta}{\theta(1-\theta)}\right)^2$$

이다. 따라서 피셔정보는 다음과 같다.

$$I(\theta) = \frac{1}{\theta^2(1-\theta)^2}E[(X-\theta)^2] = \frac{1}{\theta(1-\theta)}$$

이 절의 나머지 부분에서는 모집단이 연속인 경우로 가정하고 정리한다. 그러나 이산인

경우에는 소개된 수식에서 적분기호를 합기호로 바꿔 생각하면 된다.

먼저 앞으로 이론을 전개하면서 필요한 **정칙조건**(regularity condition)을 소개한다. 이산인 경우는 적분기호 대신 합의 기호를 사용하면 된다.

확률변수 $X_1, \dots, X_n$의 결합 pdf (pmf)를 $f(x\,;\theta)$라 하자.

(i) 모수공간은 $\Omega = \{\theta = (\theta_1, \dots, \theta_k) \mid a_i < \theta_i < b_i,\ i = 1, \dots, k\}$이다. 여기서 a_i, b_i는 각각 $-\infty, \infty$일 수도 있다.

(ii) $A = \{x \mid f(x\,;\theta) > 0\}$이 모수 θ에 종속되지 않는다.

(iii) 모든 $x \in A$에 대해 $f(x\,;\theta)$가 모수 θ_j에 관해 미분가능이다.

(iv) $$\frac{\partial}{\partial\theta_j}\int\cdots\int f(x\,;\theta)dx_1\cdots dx_n = \int\cdots\int\frac{\partial}{\partial\theta_j}f(x\,;\theta)dx_1\cdots dx_n \qquad (10.2.7)$$

(v) 모든 θ에 대해 $E[T(\boldsymbol{X})^2] < \infty$인 $\tau(\theta)$의 임의의 비편향추정량 $T(\boldsymbol{X})$에 대해 다음이 성립된다.

$$\frac{\partial}{\partial\theta_j}\int\cdots\int T(x)f(x\,;\theta)dx_1\cdots dx_n = \int\cdots\int T(x)\frac{\partial}{\partial\theta_j}f(x\,;\theta)dx_1\cdots dx_n \qquad (10.2.8)$$

위에서 소개한 조건하에서 성립되는 몇 가지 유용한 정리를 소개한다. 여기서 θ는 단일 모수이다.

정리 10.2.2 확률변수 X의 pdf(pmf) $f(x;\theta)$가 정칙조건 (i)~(iv)를 만족하면, 다음이 성립된다.

(a) $$E\left(\frac{\partial}{\partial\theta}\ln f(X;\theta)\right) = 0 \qquad (10.2.9)$$

(b) $$I(\theta) = \mathrm{Var}\left(\frac{\partial}{\partial\theta}\ln f(X;\theta)\right) \qquad (10.2.10)$$

증명 (a) $$\begin{aligned} E\left(\frac{\partial}{\partial\theta}\ln f(X;\theta)\right) &= \int\left(\frac{\partial}{\partial\theta}\ln f(x;\theta)\right)f(x;\theta)\,dx \\ &= \int\left(\frac{1}{f(x;\theta)}\frac{\partial}{\partial\theta}f(x;\theta)\right)f(x;\theta)dx \\ &= \int\frac{\partial}{\partial\theta}f(x;\theta)dx \end{aligned}$$

$$= \frac{d}{d\theta}\int f(x;\theta)dx \quad ((\text{iv})\text{번 조건에 의해})$$

$$= \frac{d}{d\theta}(1) = 0$$

(b) 분산의 성질과 (a) 사실에 의해 성립된다. ■

다음은 pdf (pmf)가 모수 θ에 관해 두 번 미분가능할 경우 피셔정보를 구하는 또 다른 공식을 제공해 주는 정리이다.

정리 10.2.3 정리 10.2.2의 조건이 만족되고 확률변수 X의 pdf $f(x;\theta)$가 θ에 관해 두 번 미분가능하며

$$\int \frac{\partial^2}{\partial\theta^2} f(x;\theta)dx = \frac{d^2}{d\theta^2}\int f(x;\theta)dx \tag{10.2.11}$$

이면, 다음이 성립된다.

$$I(\theta) = -E\left(\frac{\partial^2}{\partial\theta^2}\ln f(X;\theta)\right) \tag{10.2.12}$$

다음은 크기 n인 확률표본에서 θ에 관한 피셔정보는 단일 확률변수 X에서의 θ에 관한 피셔정보로부터 간단히 구할 수 있음을 보여주는 정리이다.

정리 10.2.4 $X_1, \ldots, X_n$이 pdf(pmf)가 $f(x;\theta)$인 모집단에서 추출한 확률표본이면,

$$I_n(\theta) = nI(\theta) \tag{10.2.13}$$

가 성립한다. 여기서 $I_n(\theta)$는 $X_1, \ldots, X_n$에서의 θ에 관한 피셔정보이다.

비편향추정량 중에서는 분산이 최소인 균일최소분산비편향추정량(또는 최량비편향추정량)이 가장 좋은 추정량이므로 이 추정량을 유도하는 방법을 알아보고자 한다. 먼저 여기서는 비편향추정량들의 분산에 대한 하한을 생각해 보자. 어떤 비편향추정량의 분산이 이 하한과 같다면, 이 추정량이 UMVUE가 된다. 이제 이런 하한을 유도해 보자.

정리 10.2.5 크레머-라오 부등식 (Cramer-Rao Inequality)

정칙조건 (i)~(v)가 만족되고 $T(\boldsymbol{X})$는 $\tau(\theta)$의 임의의 비편향추정량으로 $E[T(\boldsymbol{X})]$

$= \tau(\theta)$가 θ의 미분가능함수이며, $I_n(\theta) > 0$이라 하자. 그러면

$$\operatorname{Var}(T(\boldsymbol{X})) \geq \frac{(\tau'(\theta))^2}{I_n(\theta)} \tag{10.2.14}$$

가 성립된다. 이 분산의 하한을 **크레머-라오 하한**(Cramer-Rao Lower Bound)이라 하고, 간단히 CRLB로 나타낼 것이다.

증명 정리 10.2.2에 의해

$$E\left(\frac{\partial}{\partial\theta}\ln f(\boldsymbol{X};\theta)\right) = nE\left(\frac{\partial}{\partial\theta}\ln f(X;\theta)\right) = 0 \tag{10.2.15}$$

이고

$$\tau(\theta) = E[T(\boldsymbol{X})] = \int\cdots\int T(x)f(x;\theta)dx_1\cdots dx_n$$

이므로

$$\begin{aligned}
\tau'(\theta) &= \frac{d}{d\theta}\int\cdots\int T(x)f(x;\theta)dx_1\cdots dx_n \\
&= \int\cdots\int T(x)\frac{\partial}{\partial\theta}f(x;\theta)dx_1\cdots dx_n \\
&= \int\cdots\int T(x)\left(\frac{\partial}{\partial\theta}\ln f(x;\theta)\right)f(x;\theta)dx_1\cdots dx_n \\
&= E\left[T(\boldsymbol{X})\left(\frac{\partial}{\partial\theta}\ln f(\boldsymbol{X};\theta)\right)\right] \\
&= \operatorname{Cov}\left(T(\boldsymbol{X}), \frac{\partial}{\partial\theta}\ln f(\boldsymbol{X};\theta)\right)
\end{aligned} \tag{10.2.16}$$

이다. 왜냐하면 $E\left(\frac{\partial}{\partial\theta}\ln f(\boldsymbol{X};\theta)\right) = 0$ 이므로 마지막 등식이 성립된다.

상관계수의 절댓값이 1이하라는 사실(또는 정리 4.4.5의 코시-슈바르츠 부등식)에 의해

$$\begin{aligned}
(\tau'(\theta))^2 &= \left[\operatorname{Cov}\left(T(\boldsymbol{X}), \frac{\partial}{\partial\theta}\ln f(\boldsymbol{X};\theta)\right)\right]^2 \\
&\leq \operatorname{Var}(T(\boldsymbol{X}))\operatorname{Var}\left(\frac{\partial}{\partial\theta}\ln f(\boldsymbol{X};\theta)\right) \\
&= \operatorname{Var}(T(\boldsymbol{X}))E\left[\left(\frac{\partial}{\partial\theta}\ln f(\boldsymbol{X};\theta)\right)^2\right]
\end{aligned} \tag{10.2.17}$$

이므로 정리가 증명된다. ■

다음 정리는 정리 10.2.4와 정리 10.2.5에 의해 쉽게 얻을 수 있다.

정리 10.2.6 $X_1, \ldots, X_n$이 pdf(pmf) $f(x;\theta)$를 갖는 모집단에서의 확률표본이고 정리 10.2.5의 조건을 만족하면, 다음이 성립된다.

$$\mathrm{Var}(T(\boldsymbol{X})) \geq \frac{(\tau'(\theta))^2}{n I(\theta)} \tag{10.2.18}$$

예제 10.2.8 $X_1,\ldots,X_n$을 베르누이분포 $\mathrm{Bin}(1,\theta)$에서의 확률표본이라 하자. 예제 10.2.7에서

$$I(\theta) = \frac{1}{\theta(1-\theta)}$$

이므로 $\tau(\theta)=\theta$의 비편향추정량에 대한 CRLB는 $\theta(1-\theta)/n$이다. 또한 $\mathrm{Var}(\overline{X}) = \theta(1-\theta)/n$이므로 $\overline{X}$는 θ의 UMVUE이다.

예제 10.2.9 $X_1,\ldots,X_n$을 지수분포 $\mathrm{Exp}(\theta)$에서의 확률표본이라 하자. 그러면 pdf가

$$f(x;\theta) = \frac{1}{\theta} e^{-x/\theta},\ x > 0$$

이므로

$$\ln f(x;\theta) = -x/\theta - \ln\theta$$

이다. 따라서

$$\frac{\partial}{\partial\theta}\ln f(x;\theta) = \frac{x}{\theta^2} - \frac{1}{\theta} = \frac{x-\theta}{\theta^2}$$

이고

$$I(\theta) = \mathrm{Var}\left(\frac{\partial}{\partial\theta}\ln f(X;\theta)\right) = \frac{\mathrm{Var}(X-\theta)}{\theta^4} = \frac{1}{\theta^2}$$

이다. 그러므로 $\tau(\theta)=\theta$의 비편향추정량에 대한 CRLB는 θ^2/n이다. 또한 $\mathrm{Var}(\overline{X}) = \theta^2/n$이므로 $\overline{X}$는 θ의 UMVUE이다.

일반적으로 CRLB와 같은 분산을 갖는 비편향추정량이 항상 존재하는 것은 아니다. 즉, UMVUE의 분산이 CRLB보다 큰 경우도 있다. CRLB와 같은 분산을 갖는 비편향추정량이 존재할 조건을 찾아보자.

식 (10.2.14)에서 등식이 성립될 필요충분조건은 식 (10.2.17)에서 등식이 성립되는 것이다. 식 (10.2.17)에서 등식이 성립된다는 것은

$$T(\boldsymbol{X}) \text{ 와 } \frac{\partial}{\partial\theta} \ln f(\boldsymbol{X}\,;\theta)$$

의 상관계수의 절댓값이 1임을 의미한다. 즉, 상관계수의 절댓값이 1인 경우는 두 변수가 선형관계이므로, 적당한 상수 $a \neq 0$와 b에 대해

$$T(\boldsymbol{X}) = a\frac{\partial}{\partial\theta} \ln f(\boldsymbol{X}\,;\theta) + b = a\sum_{i=1}^{n}\frac{\partial}{\partial\theta}\ln f(X_i\,;\theta) + b \tag{10.2.19}$$

이다. 즉, 추정량 T의 분산이 $\tau(\theta)$의 CRLB와 같기 위해서는 추정량 $T(\boldsymbol{X})$가 다음 함수의 선형함수가 되어야 한다.

$$\sum_{i=1}^{n}\frac{\partial}{\partial\theta}\ln f(X_i\,;\theta) \tag{10.2.20}$$

예제 10.2.10 $X_1, \ldots, X_n$이 모수가 θ인 포아송분포 $\text{Poi}(\theta)$에서의 확률표본일 때, $\tau(\theta) = \theta$의 UMVUE를 구해 보자. pmf가

$$f(x\,;\theta) = \frac{e^{-\theta}\theta^x}{x!},\ x = 0, 1, \ldots$$

이므로

$$\ln f(x\,;\theta) = -\theta + x\ln\theta - \ln x!$$

이고

$$\frac{\partial}{\partial\theta}\ln f(x\,;\theta) = -1 + \frac{x}{\theta} = \frac{x-\theta}{\theta}$$

이다. 따라서

$$I(\theta) = \text{Var}\left(\frac{\partial}{\partial\theta}\ln f(X\,;\theta)\right) = \frac{\text{Var}(X-\theta)}{\theta^2} = \frac{1}{\theta}$$

이므로 $\tau(\theta) = \theta$의 비편향추정량들에 관한 CRLB는 θ/n이다. 한편 어떤 비

편향추정량 T의 분산이 CRLB와 같기 위해서는 적절한 상수 a, b, c, d에 대해

$$T(\boldsymbol{X}) = a\sum_{i=1}^{n}(X_i - \theta)/\theta + b = c\overline{X} + d$$

가 되어야 한다. $\overline{X}$가 θ의 비편향추정량이므로, $c=1$이고 $d=0$으로 $T(\boldsymbol{X}) = \overline{X}$임을 알 수 있다. $\text{Var}(\overline{X}) = \theta/n$이므로 CRLB와 같다.

다음 예제는 정칙조건이 만족되지 않을 경우 정리 10.2.5의 결과가 성립되지 않는 예이다. 즉 CRLB가 비편향추정량들의 분산에 대한 하한이 되지 않는다.

예제 10.2.11 $X_1, \ldots, X_n$을 균일분포 $\text{U}(0,\ \theta)$에서의 확률표본이라 하자. 그러면 pdf가

$$f(x;\theta) = \frac{1}{\theta},\ 0 < x < \theta$$

이므로

$$\frac{\partial}{\partial\theta}\ln f(x\,;\theta) = -1/\theta$$

이고

$$I(\theta) = E\left[\left(\frac{\partial}{\partial\theta}\ln f(X;\theta)\right)^2\right] = \frac{1}{\theta^2}$$

이다. 따라서 이 경우의 CRLB는 θ^2/n이다. 예제 10.2.5에서

$$T_2 = \frac{n+1}{n}X_{n:n}$$

은 θ의 비편향추정량이고

$$\text{Var}(T_2) = \frac{\theta^2}{n(n+2)}$$

임을 보였다. 그러나

$$\text{Var}(T_2) = \frac{\theta^2}{n(n+2)} < \frac{\theta^2}{n} = \text{CRLB}$$

이다. 사실 T_2가 θ의 UMVUE이다. 그러므로 이 경우에는 정리 10.2.5가 성립되지 않는다. 왜냐하면, 정칙조건을 만족하지 않기 때문이다. 정칙조건을 점

검해 보자. $A=\{x \mid f(x;\theta)>0\}=(0,\theta)$가 모수 θ에 종속되므로 정칙조건이 만족되지 않는다. 또한

$$\begin{aligned}\frac{d}{d\theta}\int_0^\theta T(x)f(x;\theta)dx &= \frac{d}{d\theta}\int_0^\theta T(x)\frac{1}{\theta}dx \\ &= \frac{T(\theta)}{\theta}+\int_0^\theta T(x)\frac{d}{d\theta}\left(\frac{1}{\theta}\right)dx \\ &\neq \int_0^\theta T(x)\frac{\partial}{\partial\theta}f(x;\theta)dx\end{aligned}$$

이다. 사실 모든 θ에 대해 $T(\theta)/\theta=0$이 아닌 경우는 위에서와 같이 정칙조건이 만족되지 않는다. 일반적으로 pdf의 치역이 모수에 종속되면 정리 10.2.5를 이용할 수 없다.

10.2.4 효율성

두 개의 비편향추정량을 비교하기 위해 분산의 대소를 비교하기 보다는 두 분산의 비를 비교하는 것이 훨씬 효과적일 수 있다. 두 분산의 비를 효율이라 하는데 효율의 개념을 소개한다.

정의 10.2.5 효율 (efficiency)

T_1과 T_2가 $\tau(\theta)$의 비편향추정량이고 $E(T_1{}^2)<\infty$, $E(T_2{}^2)<\infty$이면, 두 추정량들의 분산비

$$\text{eff}(T_1 \mid T_2)=\frac{\text{Var}(T_2)}{\text{Var}(T_1)} \tag{10.2.21}$$

를 T_2에 관한 T_1의 **효율**(efficiency)이라 하고

$$\text{eff}(T_1 \mid T_2)<1 \tag{10.2.22}$$

이면, T_2가 T_1보다 더 **효율적** 또는 더 **좋은 추정량**이라 한다.

정의 10.2.6

만일 T^*가 $\tau(\theta)$의 비편향추정량이며, $\tau(\theta)$의 모든 비편향추정량 T에 대해

$$\text{eff}(T \mid T^*)\le 1 \tag{10.2.23}$$

이면, T^*를 $\tau(\theta)$의 **효율추정량** (efficient estimator)이라 한다.

만일 T^*가 $\tau(\theta)$의 효율추정량일 때, $\tau(\theta)$의 비편향추정량 T의 효율은 다음과 같이 정의한다.

$$\text{eff}\,(T) = \text{eff}\,(T \mid T^*) \tag{10.2.24}$$

효율추정량은 비편향추정량 중에서 분산이 가장 작은 추정량이므로 UMVUE가 바로 효율추정량이다. 간혹 T의 효율을 $\text{CRLB}/\text{Var}(T)$로 정의하기도 한다.

정의 10.2.5와 10.2.6에서는 비편향추정량의 경우에 대해서만 생각했다. 그러나 일반적으로 편의추정량들을 비교하고자 할 경우는 추정량의 선택 기준으로 앞 절에서 평균제곱오차를 소개했다. 따라서 평균제곱오차를 이용한 상대효율을 소개한다.

정의 10.2.7

T_1과 T_2가 $\tau(\theta)$의 추정량이고 $E({T_1}^2) < \infty$, $E({T_2}^2) < \infty$이면, 다음과 같이 두 추정량들의 평균제곱오차의 비를 **T_2에 관한 T_1의 상대효율** (relative efficiency)이라 한다.

$$\text{re}(T_1 \mid T_2) = \frac{\text{MSE}\,(T_2)}{\text{MSE}\,(T_1)} \tag{10.2.25}$$

예제 10.2.12 $X_1, \ldots, X_n$을 균일분포 $\text{U}(0,\ \theta)$에서의 확률표본이라 하자. 이 때 θ의 추정량으로

$$T_1 = 2\overline{X} \text{ 와 } T_2 = \frac{n+1}{n} X_{n:n}$$

을 생각해 보자. 예제 10.2.11에서 T_2는 θ의 비편향추정량이고 분산이

$$\text{Var}\,(T_2) = \frac{\theta^2}{n(n+2)}$$

임을 보였다. 그리고

$$E(T_1) = 2E(\overline{X}) = \theta,\ \ \text{Var}\,(T_1) = \text{Var}(2\overline{X}) = \frac{4}{n}\left(\frac{\theta^2}{12}\right) = \frac{\theta^2}{3n}$$

이므로 T_1 역시 θ의 비편향추정량이다. 따라서 T_2에 관한 T_1의 효율은

$$\text{eff}(T_1|T_2)=\frac{\text{Var}(T_2)}{\text{Var}(T_1)}=\frac{\theta^2/n(n+2)}{\theta^2/3n}=\frac{3}{n+2}$$

이다. $n>1$ 이면 $\text{eff}(T_1|T_2)=\dfrac{3}{n+2}<1$이므로, T_2가 T_1보다 더 좋은 추정량임을 알 수 있다.

예제 10.2.13 $X_1,\ldots,X_n$이 정규분포 $N(\theta,\sigma^2)$에서의 확률표본이라 하자. 예제 10.2.6에서 $I(\theta)=1/\sigma^2$ 임을 알았다. 가장 많이 사용되는 표본평균을 생각해 보자. 표본평균 $\overline{X}$는 비편향추정량이고 $\text{Var}(\overline{X})=\sigma^2/n$이다. θ의 모든 비편향추정량들의 분산에 관한 CRLB는 $1/(nI(\theta))=\sigma^2/n$ 이므로 $\overline{X}$는 효율추정량이다.

10.3 일치성

지금까지 고려한 판단 기준은 유한표본에 근거한 것이다. 여기서는 표본의 크기 n이 무한히 커질 경우의 성질로 추정량의 선택에 도움을 줄 수 있는 기준을 소개한다. 좋은 추정량이라면 당연히 표본의 크기가 증가할 때 추정하고자 하는 모수 θ에 관한 정보의 정확성이 증가해야 할 것이다. 따라서 다음 정의를 소개한다.

정의 10.3.1

모수 $\tau(\theta)$의 추정량 $T_n=T_n(X_1,\ldots,X_n)$이 임의의 $\varepsilon>0$과 모든 $\theta\in\Omega$에 대해

$$\lim_{n\to\infty}P[|T_n-\tau(\theta)|<\varepsilon]=1 \tag{10.3.1}$$

이 성립되면, T_n을 모수 $\tau(\theta)$의 **일치추정량**(consistent estimator)이라 한다.

제9장에서 정의한 확률수렴으로 나타내면 $T_n\xrightarrow{p}\tau(\theta)$이다. 위에서 정의한 추정량을 **단순일치추정량**(simple consistent estimator) 또는 **약일치추정량**(weakly consistent estimator)이라고도 한다.

예제 10.3.1 $X_1, \ldots, X_n$이 정규분포 $N(\mu, \sigma^2)$에서의 확률표본이라 하자. 만일 $S^2 = \sum_{i=1}^{n}(X_i - \overline{X})^2/(n-1)$을 표본분산이라 하면, $(n-1)S^2/\sigma^2 \sim \chi^2(n-1)$이므로 $E(S^2/\sigma^2) = 1$이고 $\mathrm{Var}(S^2/\sigma^2) = 2/(n-1)$이다. 그러므로 체비셰프 부등식에 의해

$$P[|S^2 - \sigma^2| > \varepsilon] \le \frac{\mathrm{Var}(S^2)}{\varepsilon^2} = \frac{2\sigma^4}{(n-1)\varepsilon^2} \to 0, \quad n \to \infty$$

가 성립된다. 따라서 S^2은 σ^2의 일치추정량이다.

정의 10.3.2

모수 $\tau(\theta)$의 추정량 $T_n = T_n(X_1, \ldots, X_n)$이 임의의 $\theta \in \Omega$에 대해

$$\lim_{n\to\infty} E[T_n - \tau(\theta)]^2 = \lim_{n\to\infty} \mathrm{MSE}(T_n) = 0 \tag{10.3.2}$$

이면, T_n을 **평균제곱오차 일치추정량**(mean squared error consistent estimator), 또는 간단히 **MSE 일치추정량**이라 한다.

일치성에 관한 종류도 수학에서 수렴의 종류와 같이 다양하나 여기서는 단순일치추정량과 MSE 일치추정량에 대해서만 소개한다.

다음은 편의가 표본의 크기가 증가함에 따라 0에 수렴하는 추정량을 정의한다.

정의 10.3.3

모수 $\tau(\theta)$의 추정량 $T_n = T_n(X_1, \ldots, X_n)$이 임의의 $\theta \in \Omega$에 대해 T_n의 편의 $b_\theta(T_n)$이 $\lim_{n\to\infty} b_\theta(T_n) = 0$일 때, T_n을 $\tau(\theta)$의 **점근적 비편향추정량**(asymptotically unbiased estimator)이라 한다.

예제 10.3.2 $X_1, \ldots, X_n$은 평균이 μ이고 분산이 σ^2인 분포에서 추출한 확률표본이다. $S_1^2 = \sum_{i=1}^{n}(X_i - \overline{X})^2/n$은 σ^2의 편향추정량이다. 그러나

$$b_{\sigma^2}(S_1^2) = \frac{n-1}{n}\sigma^2 - \sigma^2 = -\frac{\sigma^2}{n} \to 0 \quad (n \to \infty \text{ 일 때})$$

이므로, S_1^2은 σ^2의 점근적 비편향추정량이다.

정리 10.3.1 T_n이 $\tau(\theta)$의 MSE 일치추정량일 필요충분조건은 T_n이 $\tau(\theta)$의 점근적 비편향추정량이고 $\lim_{n\to\infty} \mathrm{Var}(T_n)=0$이다.

예제 10.3.3 $X_1,\ldots,X_n$이 정규분포 $\mathrm{N}(\theta,1)$에서의 확률표본이면, $E(\overline{X})=\theta, \mathrm{Var}(\overline{X})=1/n\to 0$이므로 $\overline{X}$는 MSE 일치추정량이다.

정리 10.3.2 T_n이 $\tau(\theta)$의 MSE 일치추정량이면, T_n은 $\tau(\theta)$의 단순일치추정량이다.

증명 정리 4.4.2의 마르코프 부등식에 의해

$$P[|T_n-\tau(\theta)|<\varepsilon]\ge 1-\mathrm{MSE}(T_n)/\varepsilon^2$$

이므로, 쉽게 정리가 증명된다. ■

정리 10.3.3 T_n은 $\tau(\theta)$의 일치추정량이고 $\{a_n\}$과 $\{b_n\}$은 실수들의 수열로 $\lim_{n\to\infty} a_n=1$이고 $\lim_{n\to\infty} b_n=0$이면, $U_n=a_nT_n+b_n$은 $\tau(\theta)$의 일치추정량이다.

10.4 충분성과 완비성

10.4.1 충분통계량

실험자는 미지의 모수 θ에 관해 추론하기 위해 확률표본 $X_1,\ldots,X_n$에서의 정보를 이용한다. 만일 표본크기 n이 크면, 관측된 표본 $x_1,\ldots,x_n$은 너무 많아 설명하기가 어려울 수 있다. 따라서 한 값으로 데이터를 줄일 수 있는 표본의 함수인 통계량으로 표본에서의 정보를 요약하고자 한다. 널리 이용되는 이러한 데이터 정리의 예는 표본평균, 표본분산, 최대 순서통계량, 최소 순서통계량 등을 들 수 있다.

일반적으로, 이러한 데이터의 정리는 어떠한 정보의 손실을 가져 올 수 있다. 왜냐하면, 데이터 $x_1,\ldots,x_n$ 값을 알면 통계량의 값은 계산할 수 있지만 통계량의 값을 안다고 데이터들의 값을 알 수는 없기 때문이다. 그러므로 미지의 모수에 관한 정보의 손실 없이 보다 간결한 통계량으로 데이터를 정리하길 원할 것이다. 이러한 통계량을 충분통계량이라 한다.

정의 10.4.1

$T(\boldsymbol{X})=t$ 가 주어졌을 때 $\boldsymbol{X}=(X_1,\dots,X_n)$ 의 조건부 분포가 임의의 t 에 대해 모수 θ 에 종속되지 않으면, 통계량 $T(\boldsymbol{X})$ 를 θ 의 **충분통계량** (sufficient statistic)이라 한다.

예제 10.4.1 X_1과 X_2를 포아송분포 $\text{Poi}(\lambda)$에서 추출한 확률표본이라 하자. 이 때 $T=X_1+X_2$ 가 λ 의 충분통계량임을 보이고자 한다.

X_1과 X_2가 독립이고 $T=X_1+X_2 \sim \text{Poi}(2\lambda)$라는 사실을 이용하면, $k=0,1,\dots,n$ 에 대해

$$
\begin{aligned}
P[X_1=k \mid T=t] &= \frac{P[X_1=k, T=t]}{P[T=t]} \\
&= \frac{P[X_1=k, X_2=t-k]}{P[T=t]} \\
&= \frac{P[X_1=k]P[X_2=t-k]}{P[T=t]} \\
&= \frac{\dfrac{\lambda^k}{k!}e^{-\lambda}\dfrac{\lambda^{t-k}}{(t-k)!}e^{-\lambda}}{\dfrac{(2\lambda)^t}{t!}e^{-2\lambda}} \\
&= \binom{t}{k}\left(\frac{1}{2}\right)^t
\end{aligned}
$$

이다. $T=t$가 주어졌을 때 X_1 의 조건부 분포는 모수가 t와 $1/2$ 인 이항분포이고 λ 에 의존하지 않으므로, $T=X_1+X_2$ 는 λ 의 충분통계량이다.

통계량 $T=t$ 가 주어졌을 때 $X_1,\dots,X_n$ 의 조건부 분포가 추정하고자 하는 모수에 종속하지 않으면, 데이터에서 관측된 $X_1,\dots,X_n$의 특정한 형태에 관한 지식이 모수 θ 를 추정하는데 도움이 되지 않는다. 따라서 충분통계량의 값을 안다면 어떠한 통계량의 관측값도 모수에 관해 그 이상의 정보를 제공하지 못한다는 것이다. 이러한 의미에서 '충분통계량'을 생각해 보기 바란다.

10.4.2 인수분해정리

정의에 의해 충분통계량을 찾는 것은 다소 지루한 면이 있다. 그러나 다행스럽게도, 표본의 pdf 나 pmf 를 조사하여 쉽게 충분통계량을 찾을 수 있는 정리가 소개되어 있다.

정리 10.4.1 인수분해정리(Factorization Theorem)

$X_1, \dots, X_n$은 pdf (pmf)가 $f(x\,;\theta)$인 모집단에서의 확률표본이다. $T(\boldsymbol{X}) = T(X_1, \dots, X_n)$이 θ의 충분통계량일 필요충분조건은 적당한 함수 $g(t, \theta)$와 $h(\boldsymbol{x})$가 존재하여, 모든 $\boldsymbol{x} = (x_1, \dots, x_n)$와 $\theta \in \Omega$에 대해 $X_1, \dots, X_n$의 결합 pdf(pmf)가

$$f(\boldsymbol{x}\,;\theta) = g(T(\boldsymbol{x}), \theta)h(\boldsymbol{x}) \tag{10.4.1}$$

로 나타낼 수 있는 것이다. 여기서 $h(\boldsymbol{x})$는 모수 θ에 종속되지 않는 함수이다.

정리 10.4.2 $T(\boldsymbol{X})$가 θ의 충분통계량이고 g가 일대일 함수이면, $g(T(\boldsymbol{X}))$도 θ의 충분통계량이다.

예제 10.4.2 $X_1, \dots, X_n$을 평균이 θ인 포아송분포 Poi(θ)에서 추출한 확률표본이라 하면, 결합 pmf 가

$$f(\boldsymbol{x}\,;\theta) = \prod_{i=1}^{n} \frac{\theta^{x_i}}{x_i!} e^{-\theta} = \theta^{\sum_{i=1}^{n} x_i} e^{-n\theta} \frac{1}{x_1! \cdots x_n!}$$

이므로, $T(\boldsymbol{X}) = \sum_{i=1}^{n} X_i$가 θ의 충분통계량이다.

예제 10.4.3 $X_1, \dots, X_n$을 정규분포 $N(\mu, \sigma^2)$에서의 확률표본이라 하자. 여기서 σ^2은 알려져 있는 상수이다. 결합 pdf 가

$$\begin{aligned} f(\boldsymbol{x}\,;\mu) &= (2\pi\sigma^2)^{-n/2} \exp\left\{-\frac{1}{2\sigma^2} \sum_{i=1}^{n} (x_i - \mu)^2\right\} \\ &= (2\pi\sigma^2)^{-n/2} \exp\left\{-\frac{1}{2\sigma^2} \left(\sum_{i=1}^{n} x_i^2 - 2\mu \sum_{i=1}^{n} x_i + n\mu^2\right)\right\} \\ &= \exp\left(\frac{\mu}{\sigma^2} \sum_{i=1}^{n} x_i - \frac{n\mu^2}{2\sigma^2}\right) h(\boldsymbol{x}) \end{aligned}$$

이므로, $\sum_{i=1}^{n} X_i$가 μ의 충분통계량이다. 여기서 $h(x)$는 다음과 같다.

$$h(x) = \frac{\exp\left(-\sum_{i=1}^{n} x_i^2 / 2\sigma^2\right)}{\sigma^n (2\pi)^{n/2}}$$

예제 10.4.4 예제 10.4.3에서 평균 μ가 알려져 있고 분산 σ^2을 추정하고자 한다면, 결합 pdf가

$$f(x\,;\sigma^2) = (2\pi\sigma^2)^{-n/2} \exp\left\{-\frac{1}{2\sigma^2}\sum_{i=1}^{n}(x_i-\mu)^2\right\}$$

이므로 $h(x)=1$로 택하면, $\sum_{i=1}^{n}(X_i-\mu)^2$이 σ^2의 충분통계량이다.

종종 특정한 형태의 pdf(pmf)를 나타낼 때 다음과 같은 함수를 이용하면 매우 편리하다.

정의 10.4.2

A가 집합일 때,

$$\mathrm{I}_A(x) = \begin{cases} 1, & x \in A \\ 0, & x \notin A \end{cases}$$

로 정의한 함수를 **표시함수**(indicator function)라 한다.

예제 10.4.5 $X_1, \ldots, X_n$을 균일분포 $\mathrm{U}(0, \theta)$에서의 확률표본이라 하자. 결합 pdf가

$$\begin{aligned} f(x\,;\theta) &= \frac{1}{\theta^n}\prod_{i=1}^{n} \mathrm{I}_{(0,\theta)}(x_i) \\ &= \frac{1}{\theta^n}\mathrm{I}_{(0,\theta)}(x_{n:n})\,\mathrm{I}_{(0,\infty)}(x_{1:n}) \end{aligned}$$

이다. 그러므로 $h(x) = \mathrm{I}_{(0,\infty)}(x_{1:n})$과 $g(x_{n:n}, \theta) = \theta^{-n}\,\mathrm{I}_{(0,\theta)}(x_{n:n})$으로 택하면, $X_{n:n}$이 θ의 충분통계량이다.

지금까지의 예제에서는 충분통계량이 모두 단일 통계량이었다. 그러나 가끔 충분통계량이 하나가 아니고 벡터로 나타나는 경우가 있다. 이런 경우 충분통계량을 $T(\boldsymbol{X})$

$= (T_1(\boldsymbol{X}), \ldots, T_k(\boldsymbol{X}))$로 표시하며 **결합충분통계량**(jointly sufficient statistic)이라 한다. 또한 종종 모수 역시 벡터 $\theta = (\theta_1, \ldots, \theta_j)$인 경우가 있다. 보통 모수의 개수와 충분통계량의 개수가 같은 경우가 대부분이지만 서로 다른 경우도 있다. 인수분해정리는 결합충분통계량을 찾는데도 역시 이용할 수 있다. 즉,

$$f(x\,;\theta) = g(T_1(x), \ldots, T_k(x), \theta)h(x) \tag{10.4.2}$$

이면, $T(\boldsymbol{X}) = (T_1(\boldsymbol{X}), \ldots, T_k(\boldsymbol{X}))$가 θ의 결합충분통계량이다.

다음 예제를 살펴보자.

예제 10.4.6 예제 10.4.3에서 두 모수 모두 모른다고 하자. 즉 모수가 벡터로 $\theta = (\mu, \sigma^2)$이다. $X_1, \ldots, X_n$의 결합 pdf가

$$f(x\,;\theta) = (2\pi\sigma^2)^{-n/2}\exp\left\{-\frac{1}{2\sigma^2}\left(\sum_{i=1}^n x_i^2 - 2\mu\sum_{i=1}^n x_i + n\mu^2\right)\right\}$$

이므로, $T(X) = \left(\sum_{i=1}^n X_i, \sum_{i=1}^n X_i^2\right)$이 $\theta = (\mu, \sigma^2)$의 결합충분통계량이다.

만일 $T(\boldsymbol{X}) = (T_1, \ldots, T_k)$가 θ의 결합충분통계량이고 $T^*(\boldsymbol{X}) = (T_1^*, \ldots, T_k^*)$가 $(T_1, \ldots, T_k)$의 일대일 변환에 의해 구해지면, $T^*(\boldsymbol{X})$ 역시 θ의 결합충분통계량이다. 따라서 예제 10.4.6에서 $(\overline{X}, S^2)$ 역시 $\theta = (\mu, \sigma^2)$의 결합충분통계량이다.

예제 10.4.7 $X_1, \ldots, X_n$은 다음 pdf를 갖는 균일분포 $\mathrm{U}(-\theta/2, \theta/2)$에서 추출한 확률표본이다.

$$f(x\,;\theta) = \begin{cases} \dfrac{1}{\theta}, & -\dfrac{\theta}{2} < x < \dfrac{\theta}{2},\ \theta > 0 \\ 0, & \text{그 이외} \end{cases}$$

그러면 $X_1, \ldots, X_n$의 결합 pdf는

$$f(x\,;\theta) = \frac{1}{\theta^n}\mathrm{I}_A(x)$$

이다. 여기서 $A = \{(x_1, \ldots, x_n) \,|\, -\theta/2 < x_{1:n} \le x_{n:n} < \theta/2\}$이다. 그러므로 $T(X) = (X_{1:n}, X_{n:n})$이 θ의 충분통계량이다.

충분통계량이 UMVUE를 찾는데 유용하게 이용된다. 다음 정리를 살펴보자.

정리 10.4.3 라오-블랙웰(Rao-Blackwell) 정리

T는 θ의 충분통계량이고 W는 $\tau(\theta)$의 비편향추정량이며, 모든 θ에 대해 $\mathrm{Var}(W) < \infty$이고 $W^* = E(W \mid T)$라 하면, 다음이 성립된다.

(a) W^*는 $\tau(\theta)$의 비편향추정량이고 T의 함수이다.

(b) 모든 θ에 대해 $\mathrm{Var}(W^*) \le \mathrm{Var}(W)$이고, 어떤 θ에 대해 $P_\theta[W^* = W] = 1$이 아니면, $\mathrm{Var}(W^*) < \mathrm{Var}(W)$이다.

증명 T가 θ의 충분통계량이기 때문에, $W^*(t) = E(W \mid T = t)$는 모수에 종속되지 않는다. 따라서 W^*는 T의 함수이며

$$E(W^*) = E[E(W \mid T)] = E(W) = \tau(\theta)$$

이므로 W^*는 $\tau(\theta)$의 비편향추정량이다. 또한

$$\begin{aligned}\mathrm{Var}(W) &= \mathrm{Var}[E(W \mid T)] + E[\mathrm{Var}(W \mid T)] \\ &= \mathrm{Var}(W^*) + E[\mathrm{Var}(W \mid T)] \\ &\ge \mathrm{Var}(W^*)\end{aligned}$$

이고 등식이 성립할 필요충분조건은 $E[\mathrm{Var}(W \mid T)] = 0$이며, 이것이 성립할 조건은 확률 1로 $\mathrm{Var}(W \mid T) = 0$이다. 즉, 확률 1로 $W = E(W \mid T) = W^*$이다 (정리 4.4.4 참조). ■

*10.4.3 최소충분통계량

표본 $(X_1, \ldots, X_n)$은 항상 결합충분통계량이다. 또한 순서통계량 $(X_{1:n}, X_{2:n}, \ldots, X_{n:n})$ 역시 결합충분통계량이다. 그러므로 결합충분통계량은 항상 존재한다. 또한 정리 10.4.2에서 일대일 함수 g에 대해 $T(\boldsymbol{X})$가 충분통계량이면 $g(T(\boldsymbol{X}))$ 역시 충분통계량임을 알 수 있었다. 즉, 충분통계량이 무수히 많이 존재한다는 것이다. 따라서 충분성은 그대로 유지하면서 데이터를 최대한 축소하길 원할 것이다. 여기서 데이터의 축소는 차수를 줄이는 것과 일대일이 아닌 제곱근과 같은 변환을 사용한다는 의미이다. 충분통계량의 목적이 모수 θ에 관한 정보의 손실 없이 데이터를 축소하는 것이기 때문에 모수에 관한 정보는 그대로 유지

하면서 데이터를 가장 축소하는 통계량을 찾고자 한다.

먼저 다음 예제를 살펴보자.

예제 10.4.8 $X_1, \dots, X_n$은 정규분포 $N(0, \sigma^2)$에서 추출한 확률표본이다. 이 때

$$T_1(\boldsymbol{X}) = (X_1, \dots, X_n)$$
$$T_2(\boldsymbol{X}) = (X_1^2, \dots, X_n^2)$$
$$T_3(\boldsymbol{X}) = (X_1^2 + \cdots + X_i^2,\ X_{i+1}^2 + \cdots + X_j^2,\ X_{j+1}^2 + \cdots + X_n^2)$$
$$T_4(\boldsymbol{X}) = (X_1^2 + \cdots + X_j^2,\ X_{j+1}^2 + \cdots + X_n^2)$$
$$T_5(\boldsymbol{X}) = X_1^2 + \cdots + X_n^2$$

이라 하면, 이 통계량 모두 σ^2의 충분통계량이다. 이 충분통계량들은 아래로 내려올수록 데이터는 점점 축소되며 $T_j(\boldsymbol{X})$가 $T_i(\boldsymbol{X})$, $j > i$의 함수임을 알 수 있다.

충분통계량 중 데이터의 최대 축소를 나타내는 최소충분통계량을 다음과 같이 정의한다.

정의 10.4.3

충분통계량 $T(\boldsymbol{X})$가 임의의 다른 충분통계량의 함수이면, $T(\boldsymbol{X})$를 **최소충분통계량** (minimal sufficient statistic)이라 한다.

정리 10.4.2 $T(\boldsymbol{X})$가 최소충분통계량이고 f가 일대일 함수이면, $f(T(\boldsymbol{X}))$ 역시 최소충분통계량이다.

앞에서 언급한 정의에 의해 최소충분통계량임을 보이기는 어렵다. 따라서 최소충분통계량일 조건을 제시한 다음 정리를 소개한다.

정리 10.4.5 $f(\boldsymbol{x}; \theta)$를 $\boldsymbol{X}$의 결합 pdf(pmf)라 하자. 적당한 함수 $T(\boldsymbol{x})$가 존재하여 $\boldsymbol{x}$와 $\boldsymbol{y}$에 대해, $f(\boldsymbol{x}; \theta)/f(\boldsymbol{y}; \theta)$가 θ에 종속하지 않을 필요충분조건이 $T(\boldsymbol{x}) = T(\boldsymbol{y})$이면, $T(\boldsymbol{X})$는 θ의 최소충분통계량이다.

예제 10.4.9 $X_1, \ldots, X_n$ 을 $\mathrm{N}(\mu, \sigma^2)$에서의 확률표본이라 하자. 여기서 두 모수 μ와 σ^2은 미지이다. 이 경우 예제 10.4.6에서 $T(\boldsymbol{X}) = (\overline{X}, S^2)$이 결합충분통계량임을 보였다. 이제 정리 10.4.5를 이용하여 $T(\boldsymbol{X}) = (\overline{X}, S^2)$이 결합최소충분통계량임을 보이고자 한다. 먼저 두 표본 관측값 $\boldsymbol{x}$와 $\boldsymbol{y}$에 대응되는 표본평균과 표본분산을 각각 $(\overline{x}, s_x^2)$과 $(\overline{y}, s_y^2)$이라 하면, 두 pdf의 비는

$$\frac{f(\boldsymbol{x}\,;\theta)}{f(\boldsymbol{y}\,;\theta)} = \frac{(2\pi\sigma^2)^{-n/2}\exp\{-[n(\overline{x}-\mu)^2+(n-1)s_x^2]/(2\sigma^2)\}}{(2\pi\sigma^2)^{-n/2}\exp\{-[n(\overline{y}-\mu)^2+(n-1)s_y^2]/(2\sigma^2)\}}$$

$$= \exp\left(\frac{1}{2\sigma^2}[-n(\overline{x}^2-\overline{y}^2)+2n\mu(\overline{x}-\overline{y})-(n-1)(s_x^2-s_y^2)]\right)$$

이므로, μ와 σ^2에 종속하지 않을 필요충분조건은 $\overline{x}=\overline{y}$이고 $s_x^2 = s_y^2$이다. 따라서 정리 10.4.5에 의해 $T(\boldsymbol{X}) = (\overline{X}, S^2)$이 (μ, σ^2)의 결합최소충분통계량이다.

충분통계량과 마찬가지로 최소충분통계량도 두 개 이상 존재한다. 정리 10.4.4에 의해 예제 10.4.9에서 $T_1(\boldsymbol{X}) = \left(\sum_{i=1}^{n} X_i, \sum_{i=1}^{n} X_i^2\right)$ 역시 (μ, σ^2)의 최소충분통계량이다.

10.4.4 완비통계량

다음에 소개할 정의는 충분통계량과 함께 독립성과 UMVUE를 찾는데 매우 유익하다.

정의 10.4.4

$\{f(t\,;\theta) \mid \theta \in \Omega\}$를 통계량 $T(\boldsymbol{X})$의 pdf(pmf)들의 모임이라 하자. 만일 모든 θ에 대해 $E[g(T)] = 0$이면, $P[g(T)=0] = 1$일 때, 확률분포들의 모임을 **완비**(complete)라 하고 $T(\boldsymbol{X})$를 **완비통계량** (complete statistic)이라 한다. $T(\boldsymbol{X})$가 완비통계량이며 충분통계량일 때, $T(\boldsymbol{X})$를 **완비충분통계량**(complete sufficient statistic)이라 한다.

예제 10.4.10 $X_1, \ldots, X_n$ 을 베르누이분포 $\mathrm{Bin}(1, p)$, $0<p<1$에서의 확률표본이라 하자. 그리고 $T = \sum_{i=1}^{n} X_i$ 라 하면, $T \sim \mathrm{Bin}(n, p)$이다. g가 $E[g(T)] = 0$인 함수라 하자. 그러면 모든 $p\,(0<p<1)$에 대해

$$0 = E[g(T)] = \sum_{t=0}^{n} g(t)\binom{n}{t}p^t(1-p)^{n-t} = (1-p)^n \sum_{t=0}^{n} g(t)\binom{n}{t}\left(\frac{p}{1-p}\right)^t$$

이다. 따라서 모든 $x\,(0 < x < \infty)$에 대해

$$0 = \sum_{t=0}^{n} g(t)\binom{n}{t}\left(\frac{p}{1-p}\right)^{t} = \sum_{t=0}^{n} g(t)\binom{n}{t}x^{t}$$

이 성립해야 한다. 그러나 마지막 식은 x^t의 계수가 $g(t)\binom{n}{t}$인 x의 n차 다항식이다. 모든 x에 대해 다항식이 0이 되기 위해서는 모든 계수가 0이 되어야 한다. 그러므로 $t = 0, 1, \ldots, n$에 대해 $g(t) = 0$이다. 따라서 T가 완비통계량이다.

정리 10.4.6 $T(\boldsymbol{X})$가 완비통계량이면, $T(\boldsymbol{X})$의 함수인 $\tau(\theta)$의 비편향추정량은 하나뿐이다.

예제 10.4.10과 같이 정의에 의해 완비충분통계량을 찾는 것은 그렇게 간단하지 않다. 따라서 특별한 경우 쉽게 완비충분통계량을 찾는 방법이 필요하다. 이제 이에 필요한 정의와 정리를 소개한다.

정의 10.4.5

만일 확률변수 X의 pdf(pmf) $f(x;\theta)$가

$$f(x;\theta) = c(\theta)h(x)\exp\left\{\sum_{i=1}^{k} q_i(\theta)T_i(x)\right\}, \quad x \in A,\ \theta \in \Omega \subset R^k \tag{10.4.3}$$

의 형태로 표시할 수 있을 때, $\{f(x;\theta) | \theta \in \Omega\}$을 **$k$-모수 지수족**($k$-parameter exponential family)이라 한다. 여기서 $\theta = (\theta_1, \ldots, \theta_k)$이고 $c(\theta) > 0$는 모수공간에서 정의된 θ만의 함수이며 $h(x) > 0$는 x의 함수이다. 더구나

(a) $A = \{x | f(x;\theta) > 0\}$는 모수 θ에 종속되지 않는다.

(b) 함수들 $q_1(\theta), \ldots, q_k(\theta)$는 연속이고 함수적으로 독립이다.

예제 10.4.11 이항분포 $\mathrm{Bin}(n, p)$를 생각해 보자. $x = 0, 1, \ldots, n$에 대해

$$\begin{aligned} f(x;p) &= \binom{n}{x} p^x (1-p)^{n-x} \mathrm{I}_A(x) \\ &= \binom{n}{x}(1-p)^n \left(\frac{p}{1-p}\right)^x \mathrm{I}_A(x) \\ &= \binom{n}{x}(1-p)^n \mathrm{I}_A(x) \exp\left\{x \ln\left(\frac{p}{1-p}\right)\right\} \end{aligned}$$

이다. 여기서 $A=\{0,1,\dots,n\}$이다. $c(p)=(1-p)^n$, $h(x)=\binom{n}{x}\mathrm{I}_A(x)$, $q_1(p)=\ln[p/(1-p)]$, 그리고 $T_1(x)=x$로 정의 10.4.5를 만족하므로, 이항분포는 1-모수 지수족에 속한다.

예제 10.4.12 정규분포 $\mathrm{N}(\mu,\sigma^2)$을 생각해 보자. 여기서 μ와 σ^2은 모두 미지의 모수이다.

$$\theta=(\mu,\sigma^2),\ \Omega=\{(\mu,\sigma^2)\,|-\infty<\mu<\infty,\ \sigma^2>0\}$$

이고

$$\begin{aligned} f(x;\theta)&=\frac{1}{\sqrt{2\pi}\,\sigma}\exp\left(-\frac{x^2-2\mu x+\mu^2}{2\sigma^2}\right)\\ &=\frac{1}{\sqrt{2\pi}\,\sigma}\exp\left(-\frac{x^2}{2\sigma^2}+\frac{2\mu x}{2\sigma^2}-\frac{\mu^2}{2\sigma^2}\right)\end{aligned}$$

이므로

$$c(\theta)=\frac{1}{\sqrt{2\pi}\,\sigma}\exp\left(-\frac{\mu^2}{2\sigma^2}\right),\ h(x)=1,\ q_1(\theta)=-\frac{1}{2\sigma^2},$$

$$q_2(\theta)=\frac{\mu}{\sigma^2},\ T_1(x)=x^2,\ T_2(x)=x$$

로 정의를 만족하므로, 정규분포는 2-모수 지수족에 속한다.

다음 정리는 $X_1,\dots,X_n$이 지수족인 모집단에서 추출한 확률표본일 때, 모수의 완비충분통계량을 찾는 매우 유익한 정리이다.

정리 10.4.7 $X_1,\dots,X_n$을 k-모수 지수족에 속하는 분포에서 추출한 확률표본이라 하면

$$\left(\sum_{i=1}^n T_1(X_i),\dots,\sum_{i=1}^n T_k(X_i)\right)$$

는 모수 θ의 완비충분통계량이다.

예제 10.4.13 베르누이분포 $\mathrm{Bin}(1,p)$에서 추출한 크기 n인 확률표본을 생각해 보자. 정의에 의해 예제 10.4.10에서 밝혔지만 예제 10.4.11과 정리 10.4.7에 의해 $T=\sum_{i=1}^n X_i$가 p의 완비충분통계량임을 쉽게 알 수 있다.

이제 독립성을 밝히는데 매우 유용하게 이용할 수 있는 통계량을 정의한다.

정의 10.4.6

통계량 $S(\boldsymbol{X})$의 분포가 모수 θ에 종속되지 않으면, $S(\boldsymbol{X})$를 **보조통계량**(ancillary statistic)이라 한다.

예제 10.4.14 $X_1, \dots, X_n$을 cdf가 $F(x-\theta), -\infty < \theta < \infty$인 위치모수 θ를 갖는 분포에서의 확률표본이라 하면, 범위 $R = X_{n:n} - X_{1:n}$은 보조통계량이다. 또한, cdf가 $F(x/\sigma), \sigma > 0$인 척도모수 σ를 갖는 분포에서의 확률표본이면, $X_1/X_n, \dots, X_{n-1}/X_n$의 함수인 통계량은 모두 보조통계량이다. 예를 들어,

$$\frac{X_1 + \cdots + X_n}{X_n} = \frac{X_1}{X_n} + \cdots + \frac{X_{n-1}}{X_n} + 1$$

이 보조통계량이다.

다음은 독립성을 밝히는 중요한 정리이다.

정리 10.4.8 바수의 정리(Basu's Theorem)

$T(\boldsymbol{X})$가 완비충분통계량이고 $S(\boldsymbol{X})$가 보조통계량이면, 두 통계량은 독립이다.

실제로 많은 책에서 바수의 정리를 소개할 때, 최소충분통계량의 조건을 제시하지만 충분통계량이 완비통계량이면 최소충분통계량이 되기 때문에 최소충분통계량 대신 충분통계량의 조건을 제시했다.

예제 10.4.15 $X_1, \dots, X_n$을 정규분포 $\mathrm{N}(\mu, \sigma^2)$에서의 확률표본이라 하자. σ^2이 고정되어 있는 경우 μ의 완비충분통계량이 $\overline{X}$임을 쉽게 보일 수 있으며, $X_i - \overline{X}$가 보조통계량이므로 $\sum_{i=1}^{n}(X_i - \overline{X})^2/n$도 보조통계량이다. 따라서 바수의 정리에 의해, $\overline{X}$와 $\sum_{i=1}^{n}(X_i - \overline{X})^2/n$은 독립이다. 또한 바수의 정리에 의해,

$$\frac{X_i - \overline{X}}{\sqrt{\sum_{i=1}^{n}(X_i - \overline{X})^2/n}} \text{ 이 } \overline{X} \text{ 와 } \frac{1}{n}\sum_{i=1}^{n}(X_i - \overline{X})^2$$

과 독립임을 쉽게 보일 수 있다.

예제 10.4.16 $X_1, \ldots, X_n$ 이 지수분포 $\mathrm{Exp}(\theta)$ 에서 추출한 확률표본이라 하자.

$$S(\boldsymbol{X}) = \frac{X_n}{X_1 + \cdots + X_n}$$

이라 하면, $S(\boldsymbol{X})$는 보조통계량이다. 왜냐하면 $Y_i = X_i/\theta \sim \mathrm{Exp}(1)$이고

$$S(\boldsymbol{X}) = \frac{X_n}{X_1 + \cdots + X_n} = \frac{Y_n}{Y_1 + \cdots + Y_n}$$

이기 때문이다. 지수분포의 pdf

$$f(x;\theta) = \frac{1}{\theta}e^{-x/\theta}, \ x > 0$$

는 1-모수 지수족이므로 정리 10.4.7에 의해 $T(\boldsymbol{X}) = \sum_{i=1}^{n} X_i$는 완비충분통계량이다. 따라서 정리 10.4.8의 바수의 정리에 의해 $S(\boldsymbol{X})$와 $T(\boldsymbol{X})$는 독립이다. 이 사실로부터

$$E(X_n) = E[S(\boldsymbol{X})\,T(\boldsymbol{X})] = E[S(\boldsymbol{X})]\,E[T(\boldsymbol{X})] = n\theta\,E[S(\boldsymbol{X})]$$

이므로 다음 결과를 얻을 수 있다.

$$E[S(\boldsymbol{X})] = \frac{1}{n}$$

정리 10.4.3과 정리 10.4.6에 의해 UMVUE를 찾는 매우 유용한 다음 정리를 얻을 수 있다.

정리 10.4.9 레만-쉐페(Lehmann-Scheffe) 정리

$T(\boldsymbol{X})$가 모수 θ의 완비충분통계량이고 $W(\boldsymbol{X})$가 $\tau(\theta)$의 비편향추정량이면, $T^*(\boldsymbol{X}) = E[W(\boldsymbol{X}) \mid T(\boldsymbol{X})]$가 $\tau(\theta)$의 유일한 UMVUE이다.

정리 10.4.10 $T^*(\boldsymbol{X})$가 θ의 완비충분통계량의 함수이고 비편향추정량이면, $T^*(\boldsymbol{X})$는 θ의 UMVUE이다.

예제 10.4.17 정규분포 $\mathrm{N}(\mu, \sigma^2)$에서 추출한 크기 n인 확률표본을 생각해 보자. 예제 10.4.12와 정리 10.4.7에 의해, $\sum_{i=1}^{n} X_i$와 $\sum_{i=1}^{n} X_i^2$이 μ와 σ^2의 결합완비충분통계량이다. 그러므로 $\overline{X}$와 S^2 역시 결합완비충분통계량이다. 따라서 다음 결과를 얻을 수 있다.

(a) σ^2의 미지 여부에 관계 없이 $\overline{X}$는 μ의 UMVUE이다.

(b) S^2은 μ가 미지의 모수일 때, σ^2의 UMVUE이다.

(c) $\sum_{i=1}^{n}(X_i-\mu_0)^2/n$은 $\mu=\mu_0$가 알려진 상수일 때, σ^2의 UMVUE이다.

10.5 추정량을 구하는 방법

앞 절에서 여러 추정량 중에서 추정량을 선택하는 기준에 대해 알아보았다. 그렇다면 추정량은 어떻게 구할 수 있는가? 표본평균이 모평균의 좋은 추정량이 되는 것처럼 몇몇 경우에는 모수를 어떻게 추정하는가를 결정하는 것이 쉬우면서 직관적으로 찾아낸 것이 매우 좋은 추정량이 될 수도 있다. 그러나 실제로 복잡한 모형에서는 더욱더 복잡한 모수 추정 방법이 필요하다. 미지의 모수나 모수의 함수를 추정하기 위해서는 추정량이 필요한데 이 절에서는 추정량을 구하는 방법 중 널리 이용되는 적률법, 최대가능도법, 베이즈 추정법을 소개한다. 최소제곱법은 회귀분석에서 회귀계수의 추정에 널리 이용되고 있으므로, 제14장 회귀분석과 상관분석에서 설명한다.

10.5.1 적률법

모평균 μ의 추정량으로 사용되는 표본평균 $\overline{X}$는 **적률법추정량**(method of moments estimator : MME)으로 알려진 방법에 의해 유도된 추정량이다. 적률법은 아마 점추정량을 구하는 가장 오래된 방법일 것이다. 이 방법은 사용하기가 매우 간단하고 거의 항상 추정값을 제공하는 장점이 있다. 또한 모집단의 분포를 알 수 없어도 모집단의 적률만 알면 추정량을 구할 수 있다. 그러나 불행하게도 이 방법은 종종 더 개선되어야 할 추정량을 제공하는 문제점을 가지고 있다. 그렇지만 다른 방법을 이용하기 어려울 때 처음 시작하기 좋은 방법이다.

$X_1, \ldots, X_n$ 을 pdf(pmf)가 $f(x; \theta_1, \ldots, \theta_k)$ 인 모집단에서 추출한 표본이라 하자. 적률법 추정량은 처음 k차 표본적률과 그에 대응되는 k차 모적률을 같게 놓아 얻어진 연립방정식을 풀면 된다.

원점에 관한 r차 적률 $\mu_r' = E(X^r)$ 은 일반적으로 모수의 함수이므로

$$\mu_r'(\theta_1, \ldots, \theta_k) = E(X^r), \quad r = 1, 2, \ldots, k \tag{10.5.1}$$

로 나타낼 때, $(\theta_1, \ldots, \theta_k)$ 의 적률법추정량 $(\hat{\theta}_1, \ldots, \hat{\theta}_k)$은 다음 연립방정식의 해이다.

$$\frac{1}{n}\sum_{i=1}^{n} X_i^r = \mu_r'(\hat{\theta}_1, \ldots, \hat{\theta}_k), \quad r = 1, 2, \ldots, k \tag{10.5.2}$$

즉, 한 개의 모수를 갖는 분포에 대해서는 $\mu_1'(\hat{\theta}) = \overline{X}$ 의 해가 θ 의 적률법추정량이고, 두 개의 모수를 갖는 분포에 대해서는 다음 두 연립방정식의 해가 θ_1 과 θ_2 의 MME이다.

$$\mu_1'(\hat{\theta}_1, \hat{\theta}_2) = \overline{X}, \quad \mu_2'(\hat{\theta}_1, \hat{\theta}_2) = \frac{1}{n}\sum_{i-1}^{n} X_i^2 \tag{10.5.3}$$

예제 10.5.1 $X_1, \ldots, X_n$ 은 균일분포 $U(0, \theta)$ 에서 추출한 확률표본이다. 이 경우

$$E(X) = \frac{\theta}{2}$$

이므로 θ 의 MME는 $\hat{\theta} = 2\overline{X}$ 이다.

예제 10.5.2 $X_1, \ldots, X_n$ 을 평균은 μ 이고 분산이 σ^2 이며 두 모수 모두 알려져 있지 않은 분포에서 추출한 확률표본이라 하자. 그러면 $\mu = \mu_1'$ 이고 $\sigma^2 = E(X^2) - \mu^2 = \mu_2' - (\mu_1')^2$ 이므로 MME들은 방정식 $\overline{X} = \hat{\mu}$ 과 $\frac{1}{n}\sum_{i=1}^{n} X_i^2 = \hat{\sigma}^2 + \hat{\mu}^2$ 의 해이다. 즉, $\hat{\mu} = \overline{X}$ 이고 $\hat{\sigma}^2 = \frac{1}{n}\sum_{i=1}^{n} X_i^2 - \overline{X}^2 = \frac{1}{n}\sum_{i=1}^{n}(X_i - \overline{X})^2$ 이다.

모수가 두 개이고 $E(X)$가 모수의 함수인 경우는 식 (10.5.3)의 두 번째 방정식

$\mu_2{}'(\hat{\theta_1}, \hat{\theta_2}) = \frac{1}{n}\sum_{i=1}^{n} X_i^2$ 대신에 분산의 MME $\hat{\sigma^2} = \frac{1}{n}\sum_{i=1}^{n}(X_i - \overline{X})^2$을 이용하여 구할 수 있다. 이 경우의 예를 다음 예제에서 살펴보자.

예제 10.5.3 $X_1, \ldots, X_n$은 다음 pdf를 갖는 균일분포 $\mathrm{U}(a, b)$에서 추출한 확률표본이다.

$$f(x; a, b) = \begin{cases} \dfrac{1}{b-a}, & a < x < b \\ 0, & \text{그 이외} \end{cases}$$

$$E(X) = \frac{a+b}{2} \text{ 이고 } \mathrm{Var}(X) = \frac{(b-a)^2}{12}$$

이므로 적률법은 $E(X)$를 $\overline{X}$로 $\mathrm{Var}(X)$를 $\sum_{i=1}^{n}(X_i - \overline{X})^2/n$으로 추정하기 때문에 a와 b의 MME는 다음과 같다.

$$\hat{a} = T_1(X_1, \ldots, X_n) = \overline{X} - \sqrt{\frac{3}{n}\sum_{i=1}^{n}(X_i - \overline{X})^2}$$

$$\hat{b} = T_2(X_1, \ldots, X_n) = \overline{X} + \sqrt{\frac{3}{n}\sum_{i=1}^{n}(X_i - \overline{X})^2}$$

예제 10.5.4 $X_1, \ldots, X_n$은 감마분포 $\mathrm{Gam}(\alpha, \beta)$에서 추출한 확률표본이다. 그러면 $\mu_1{}' = \mu = \alpha\beta$이고 $\sigma^2 = \alpha\beta^2$이므로

$$\hat{\alpha}\hat{\beta} = \overline{X} \text{ 와 } \hat{\alpha}\,\hat{\beta}^2 = \frac{1}{n}\sum_{i=1}^{n}(X_i - \overline{X})^2$$

의 방정식을 풀면, MME들은 다음과 같다.

$$\hat{\beta} = \frac{\sum_{i=1}^{n}(X_i - \overline{X})^2}{n\overline{X}} = \frac{(n-1)S^2}{n\overline{X}}, \quad \hat{\alpha} = \frac{n\overline{X}^2}{(n-1)S^2}$$

적률법추정량은 두 개 이상 존재할 수도 있다. 다음 예제를 살펴보자.

예제 10.5.5 $X_1, \ldots, X_n$이 포아송분포 $\mathrm{Poi}(\lambda)$에서의 확률표본일 때, 포아송분포는 평균과 분산이 모두 λ이기 때문에

$$\widehat{\lambda_1} = \overline{X} \text{ 와 } \widehat{\lambda_2} = \frac{1}{n}\sum_{i=1}^{n}(X_i - \overline{X})^2$$

이 모두 λ의 MME이다.

10.5.2 최대가능도법

최대가능도법 또는 **최대우도법**(method of maximum likelihood)은 추정량을 유도하는 방법 중 가장 널리 이용되는 방법이다. 만일 $X_1,\dots,X_n$이 결합확률밀도함수(결합확률질량함수)가 $f(x_1,\dots,x_n;\theta)$인 모집단에서의 확률표본이라 할 때, 대부분의 경우 $f(x_1,\dots,x_n;\theta)$는 모수 θ는 고정되어 있고 $x_1,\dots,x_n$의 함수로 생각한다. 그러나 모집단에서 표본이 추출되었다면, $X_1 = x_1$, $X_2 = x_2$, …, $X_n = x_n$이 주어지므로 $f(x_1,\dots,x_n;\theta)$를 모수의 함수로 생각할 수 있다. 따라서 다음과 같이 가능도함수를 정의한다.

정의 10.5.1

$X_1,\dots,X_n$의 결합확률밀도함수(결합확률질량함수)가 $f(x_1,\dots,x_n;\theta)$, $\theta \in \Omega$일 때, 결합확률밀도함수(결합확률질량함수)를 모수 θ의 함수로 생각한

$$L(\theta\,;x) = f(x_1,\dots,x_n;\theta) \tag{10.5.4}$$

를 **가능도함수** 또는 **우도함수**(likelihood function)라 한다.

θ는 모수들의 벡터일 수도 있다. 만일 $X_1,\dots,X_n$이 pdf(pmf) $f(x;\theta)$를 갖는 분포에서의 확률표본이면, 가능도함수는 다음과 같다.

$$L(\theta\,;x) = \prod_{i=1}^{n} f(x_i;\theta) \tag{10.5.5}$$

정의 10.5.2

주어진 관측값 $x = (x_1,\dots,x_n)$에 대해 $\hat{\theta} = \hat{\theta}(x_1,\dots,x_n)$이 가능도함수 $L(\theta\,;x)$를 최대화하는 모수 θ의 값일 때, $\hat{\theta} = \hat{\theta}(x_1,\dots,x_n)$을 θ의 **최대가능도추정값** 또는 **최대우도추정값**(maximum likelihood estimate : MLE)이라 하고, $\hat{\theta} = \hat{\theta}(X_1,\dots,X_n)$을 모수 θ의 **최대가능도추정량** 또는 **최대우도추정량**(maximum likelihood estimator : MLE)이라 한다.

일반적으로 최대가능도추정값과 최대가능도추정량 모두 같은 기호 $\hat{\theta}$을 사용하고, 간단히 MLE로 나타낼 것이다. 정의 10.5.2에 의해 최대가능도추정값은

$$L(\hat{\theta}\,; x) = \sup_{\theta \in \Omega} L(\theta\,; x) \tag{10.5.6}$$

를 만족하는 $\hat{\theta}$ 이다. 이러한 최대가능도추정량은 실제의 관측값이 얻어질 가능성이 가장 높은 θ 의 값을 모수 θ 의 추정값으로 생각하자는 것이다. 대부분의 경우 MLE는 한 개 존재하지만 두 개 이상 존재하는 경우도 있다.

로그함수는 순증가함수이므로 가능도함수를 최대화하는 θ 의 값은 로그가능도함수 $\ln L(\theta\,; x)$ 를 최대화하는 θ 를 찾는 것과 같다. 독립표본에서 가능도함수는 각 pdf(pmf)의 곱으로 표시되므로 로그가능도함수는 pdf(pmf)들의 로그의 합으로 바뀌기 때문에 최댓값을 찾는 문제의 계산이 간단해진다. 즉,

$$\ln L(\hat{\theta}\,; x) = \sup_{\theta \in \Omega} \ln L(\theta\,; x) \tag{10.5.7}$$

를 만족하는 $\hat{\theta}$을 찾으면 된다.

만일 모수공간 Ω가 개구간이고 가능도함수 $L(\theta\,; x)$ 가 θ에서 미분가능하며 Ω에서 최댓값을 갖는다면, MLE는 다음의 **최대가능도방정식** 또는 **최대우도방정식**(maximum likelihood equation)의 해가 된다.

$$\frac{\partial}{\partial\theta} \ln L(\hat{\theta}\,; x) = 0 \tag{10.5.8}$$

물론 위 식을 만족하는 θ 의 값이 최대가능도추정값임은 두 번 미분하여 확인할 수 있다.

모수 θ가 $\theta = (\theta_1, \ldots \theta_k)$ 로 벡터인 경우도 위에서 언급한 조건이 만족될 때, 최대가능도추정량 $\hat{\theta} = (\hat{\theta_1}, \ldots, \hat{\theta_k})$ 은 다음 연립방정식의 해가 된다.

$$\frac{\partial}{\partial\theta_j} \ln L(\hat{\theta}\,; x) = 0, \;\; j = 1, 2, \ldots, k \tag{10.5.9}$$

예제 10.5.6 $X_1, \ldots, X_n$ 은 포아송분포 $\mathrm{Poi}(\theta)$에서 추출한 확률표본이다. 가능도함수는

$$L(\theta\,; x) = \prod_{i=1}^{n} f(x_i\,; \theta) = \frac{e^{-n\theta}\theta^{\sum_{i=1}^{n} x_i}}{\prod_{i=1}^{n} x_i!}$$

이므로 로그가능도함수는

$$\ln L(\theta\,;\,x) = -n\theta + \sum_{i=1}^{n} x_i \ln\theta - \ln\left(\prod_{i=1}^{n} x_i!\right)$$

이다. 따라서 최대가능도방정식

$$\frac{\partial}{\partial\theta}\ln L(\theta\,;\,x) = -n + \sum_{i=1}^{n} x_i/\theta = 0$$

의 해는 $\hat{\theta} = \sum_{i=1}^{n} x_i/n = \overline{x}$이다. 이 값이 최대임을 밝히기 위해 2차 도함수를 구해 보면

$$\frac{\partial^2}{\partial\theta^2}\ln L(\theta\,;\,x) = -\sum_{i=1}^{n} x_i/\theta^2$$

이 $\hat{\theta} = \overline{x}$에서 음이므로 $\hat{\theta} = \overline{X}$가 최대가능도추정량이다.

예제 10.5.7 $X_1, \ldots, X_n$은 정규분포 $N(\mu, \sigma^2)$에서 추출한 확률표본이다. 분산 σ^2을 아는 경우와 모르는 경우로 나누어 생각해 보자.

(a) σ^2을 알고 있는 경우

가능도함수는

$$L(\mu\,;\,x) = \frac{1}{(2\pi\sigma^2)^{n/2}}\exp\left[-\frac{1}{2\sigma^2}\sum_{i=1}^{n}(x_i-\mu)^2\right]$$

이므로

$$\ln L(\mu\,;\,x) = -\frac{n}{2}\ln(2\pi\sigma^2) - \frac{1}{2\sigma^2}\sum_{i=1}^{n}(x_i-\mu)^2$$

이다. 따라서

$$\frac{\partial}{\partial\mu}\ln L(\mu;\,x) = \frac{1}{\sigma^2}\sum_{i=1}^{n}(x_i-\mu) = 0$$

을 만족하는 해는 $\hat{\mu} = \overline{X}$ 이다.

(b) σ^2이 미지의 모수인 경우

로그가능도함수가

$$\ln L(\mu, \sigma^2\,;\,x) = -\frac{n}{2}\ln(2\pi\sigma^2) - \frac{1}{2\sigma^2}\sum_{i=1}^{n}(x_i-\mu)^2$$

이므로, 식 (10.5.9)의 가능도방정식은

$$\frac{\partial}{\partial \mu}\ln L(\mu, \sigma^2; x) = \frac{1}{\sigma^2}\sum_{i=1}^{n}(x_i - \mu) = 0$$

$$\frac{\partial}{\partial \sigma^2}\ln L(\mu, \sigma^2; x) = -\frac{n}{2}\frac{1}{\sigma^2} + \frac{1}{2\sigma^4}\sum_{i=1}^{n}(x_i - \mu)^2 = 0$$

이다. 그러므로 μ와 σ^2의 최대가능도추정량은 다음과 같다.

$$\hat{\mu} = \overline{X},\ \widehat{\sigma^2} = \frac{1}{n}\sum_{i=1}^{n}(X_i - \overline{X})^2$$

MLE는 존재하지만 위에서와 같이 최대가능도방정식에 의해 MLE를 구할 수 없는 경우가 있다. 다음 예를 살펴보자.

예제 10.5.8 균일분포 $U(0, \theta)$에서의 확률표본 $X_1, \dots, X_n$에 근거한 θ의 MLE를 구해보자. 가능도함수가

$$L(\theta; x) = \begin{cases} \dfrac{1}{\theta^n}, & 0 < x_i < \theta,\ i = 1, \dots, n \\ 0, & \text{그 이외} \end{cases}$$

$$= \frac{1}{\theta^n} I_{(0,\theta)}(x_{n:n})$$

이므로, θ의 감소함수이다. 따라서 θ의 최대가능도추정량은 $\hat{\theta} = X_{n:n}$이다.

예제 10.5.9 $X_1, \dots, X_n$은 2-모수 지수분포 $\text{Exp}(\theta, \eta)$로부터 추출한 확률표본이다. 이 때 가능도함수는

$$L(\theta, \eta; x) = \begin{cases} \dfrac{1}{\theta^n}\exp\left\{-\dfrac{1}{\theta}\displaystyle\sum_{i=1}^{n}(x_i - \eta)\right\}, & x_i \ge \eta,\ i = 1, \dots, n \\ 0, & \text{그 이외} \end{cases}$$

$$= \begin{cases} \dfrac{1}{\theta^n}\exp\left\{-\dfrac{1}{\theta}\displaystyle\sum_{i=1}^{n}(x_i - \eta)\right\}, & x_{1:n} \ge \eta \\ 0, & \text{그 이외} \end{cases}$$

이다. $L(\theta, \eta; x)$는 $\eta \le x_{1:n}$인 경우 η의 증가함수이므로 $\eta = x_{1:n}$일 때 최대이다. 따라서 η의 MLE는 $\hat{\eta} = X_{1:n}$이다. 이제 θ의 MLE를 구해 보자. 가능도함수가 θ에 대해 미분가능이므로 로그가능도함수를 미분하여 구할 수 있다.

$$\ln L(\theta, \eta\,;x) = -n\ln\theta - \frac{1}{\theta}\sum_{i=1}^{n}(x_i - \eta)$$

$$\frac{\partial}{\partial\theta}\ln L(\theta, \eta\,;x) = -\frac{n}{\theta} + \frac{1}{\theta^2}\sum_{i=1}^{n}(x_i - \eta) = 0$$

이므로

$$\hat{\theta} = \frac{1}{n}\sum_{i=1}^{n}(X_i - \hat{\eta}) = \frac{1}{n}\sum_{i=1}^{n}(X_i - X_{1:n}) = \overline{X} - X_{1:n}$$

이 θ의 최대가능도추정량이다.

다음 예는 모수의 MLE가 무수히 많이 존재할 수 있음을 보여준다.

예제 10.5.10 $X_1, \ldots, X_n$ 이 균일분포 $U(\theta - 1/2, \theta + 1/2)$ 에서 추출한 확률표본이면, 가능도 함수는

$$L(\theta\,;x) = \begin{cases} 1, & \theta - \frac{1}{2} < x_{1:n} < x_{n:n} < \theta + \frac{1}{2} \\ 0, & \text{그 이외} \end{cases}$$

이므로

$$\theta - \frac{1}{2} < x_{1:n} \text{이고} \quad \theta + \frac{1}{2} > x_{n:n}$$

일 때, 즉

$$\theta < x_{1:n} + \frac{1}{2} \text{ 이고} \quad \theta > x_{n:n} - \frac{1}{2}$$

일 때 $L(\theta\,;x)$가 최대이다. 따라서

$$X_{n:n} - \frac{1}{2} < T(X_1, \ldots, X_n) < X_{1:n} + \frac{1}{2}$$

을 만족하는 모든 통계량 $T(X_1, \ldots, X_n)$ 이 θ의 최대가능도추정량이다. 사실, 임의의 $\alpha\,(0 < \alpha < 1)$ 에 대해

$$T_\alpha(X_1, \ldots, X_n) = X_{n:n} - \frac{1}{2} + \alpha(1 + X_{1:n} - X_{n:n})$$

이 θ 의 최대가능도추정량이다. 특별히, $\alpha = \frac{1}{2}$ 이면

$$T_{1/2}(X_1, \ldots, X_n) = \frac{X_{1:n} + X_{n:n}}{2}$$

인 **표본범위의 중앙** 역시 θ 의 최대가능도추정량이다.

다음은 최대가능도추정량의 중요한 성질을 소개한다.

정리 10.5.1 최대가능도추정량의 불변성

$\hat{\theta}$ 이 θ 의 최대가능도추정량이면, 함수 h 에 대해 $h(\hat{\theta})$ 이 $h(\theta)$ 의 최대가능도추정량이다.

예제 10.5.11 $X_1, \ldots, X_n$ 은 지수분포 $\text{Exp}(\theta)$ 에서의 확률표본이다. 그러면 가능도함수는

$$L(\theta\,;\,x) = \frac{1}{\theta^n} \exp\left(-\frac{1}{\theta}\sum_{i=1}^{n} x_i\right), \quad 0 < x_i < \infty, \ i = 1, \ldots, n$$

이고

$$\ln L(\theta\,;\,x) = -n \ln \theta - \frac{1}{\theta}\sum_{i=1}^{n} x_i$$

이므로

$$\frac{\partial}{\partial\theta} \ln L(\theta\,;\,x) = -\frac{n}{\theta} + \frac{1}{\theta^2}\sum_{i=1}^{n} x_i$$

이다. 따라서 θ 의 최대가능도추정량은 $\hat{\theta} = \overline{X}$ 이다. $p(\theta) = \text{Var}(X) = \theta^2$ 의 MLE는 정리 10.5.1에 의해 $p(\hat{\theta}) = \overline{X}^2$ 임을 쉽게 알 수 있다.

정리 10.5.1은 모수가 $\theta = (\theta_1, \ldots, \theta_k)$ 와 같이 벡터인 경우도 성립된다. 다음 예제를 살펴보자.

예제 10.5.12 예제 10.5.9의 2-모수 지수분포 $\text{Exp}(\theta, \eta)$ 를 다시 생각해 보자. 이 때 제 100α 백분위수는 $x_\alpha = -\theta \ln(1-\alpha) + \eta$ 이므로 x_α 의 MLE는 정리 10.5.1에 의해 $\hat{x}_\alpha = -\hat{\theta} \ln(1-\alpha) + \hat{\eta} = -(\overline{X} - X_{1:n}) \ln(1-\alpha) + X_{1:n}$ 이다.

사실 최대가능도법이 추정량을 구하는 방법으로 널리 이용되는 이유는 최대가능도법에 의해 구한 MLE가 매우 바람직한 성질을 가지고 있기 때문이다. 먼저 정칙조건하에서 최대가능도방정식의 해 $\widehat{\theta_n}$은 다음 성질을 갖는다.

(a) $\widehat{\theta_n}$은 유일하게 존재한다.

(b) $\widehat{\theta_n}$은 θ의 일치추정량이다.

(c) $\widehat{\theta_n}$은 점근평균이 θ이고 점근분산이 $1\Big/\left[nE\left(\frac{\partial}{\partial\theta}\ln f(X;\theta)\right)^2\right]$인 정규분포를 근사적으로 따른다. 즉 큰 n에 대해 근사적으로 $\widehat{\theta_n} \sim \mathrm{N}(\theta, \mathrm{CRLB})$이다.

*10.5.3 베이즈 추정법

10.5.3.1 손실함수와 위험함수

10.2절에서 점추정량의 선택 기준으로 평균제곱오차를 소개했다. 여기서는 평균제곱오차를 특별한 경우로 포함하는 추정량의 또 다른 선택 기준이 될 수 있는 함수를 소개하고자 한다. 결정이론에서 어떤 결정을 내렸을 때 발생하는 손실(오차)의 척도인 손실함수와 위험함수를 먼저 정의한다. 이제 추정하고자 하는 모수를 간단히 θ라 하자.

정의 10.5.3

T가 θ의 추정량이고 t가 추정값이면 **손실함수**(loss function)는 다음 조건을 만족하는 임의의 실숫값 함수 $l(t;\theta)$이다.

(a) 모든 가능한 추정값 t와 θ에 대해, $l(t;\theta) \geq 0$이다. (10.5.10)

(b) $t=\theta$일 때, $l(t;\theta)=0$이다. (10.5.11)

예제 10.5.13 몇 가지 유용한 손실함수를 생각해 보자.

(a) $l(t;\theta)=(t-\theta)^2$: **제곱오차**(squared error) **손실함수**

(b) $l(t;\theta)=|t-\theta|$: **절대오차**(absolute error) **손실함수**

(c) $l(t;\theta)=h(\theta)|t-\theta|^k,\ h(\theta)\geq 0,\ k>0$

물론 (c)의 손실함수는 (a)와 (b)의 손실함수를 특별한 경우로 포함하는 일반화된 손실함수이다.

손실함수는 θ가 실제 모수값일 때 θ를 t로 추정함으로 발생되는 손실(또는 오차)의 정도를 나타낸다. 따라서 이러한 손실이 작은 추정량을 선택하고자 할 것이다. 그러나 손실함수는 추정값 t의 함수이고 t는 추정량 $T=T(X_1,\ldots,X_n)$의 값이므로 표본 $X_1,\ldots,X_n$에 종속된다. 그러므로 특정한 표본에서 손실이 작다고 해서 다른 모든 가능한 표본에 대해 손실이 작다고 단정할 수 없다. 이러한 문제점을 해결할 수 있는 한 가지 방법이 평균손실을 생각하는 것이다. 즉, 평균손실이 작은 추정량을 선택한다는 것이다. 이제 손실함수의 평균인 위험함수를 정의한다.

정의 10.5.4

$T=T(X_1,\ldots,X_n)$을 θ의 추정량이라 하자. 손실함수의 평균인

$$R(\theta\,;T)=E[l(T;\theta)] \tag{10.5.12}$$

를 추정량 T의 **위험함수**(risk function)라 한다.

사실 평균제곱오차는 손실함수가 $l(t\,;\theta)=(t-\theta)^2$인 제곱오차 손실함수를 사용한 위험함수이다. 앞에서 설명했듯이 평균손실인 위험함수가 작은 추정량을 선택하고자 할 것이다. 이상적으로는 위험함수가 최소인 추정량을 선택하고자 한다.

위험함수가 최소인 추정량을 구할 수 있다면, 더 좋은 추정량은 존재하지 않기 때문에 다른 추정량에 관심을 가질 필요가 없다. 그러나 일반적으로 그런 추정량을 구할 수 없기 때문에 상대적으로 더 좋은 추정량을 찾게 된다. 때때로 두 추정량을 비교할 때 위험함수가 모수 θ의 값에 따라 서로 교차하는 경우가 있다(그림 10.5.1 참조). 이런 경우는 어느 추정량도 다른 추정량보다 더 좋은 추정량이라 말할 수 없다. 이런 경우에 사용할 수 있는 두 추정량의 판단 기준 중의 하나가 미니맥스 개념이다.

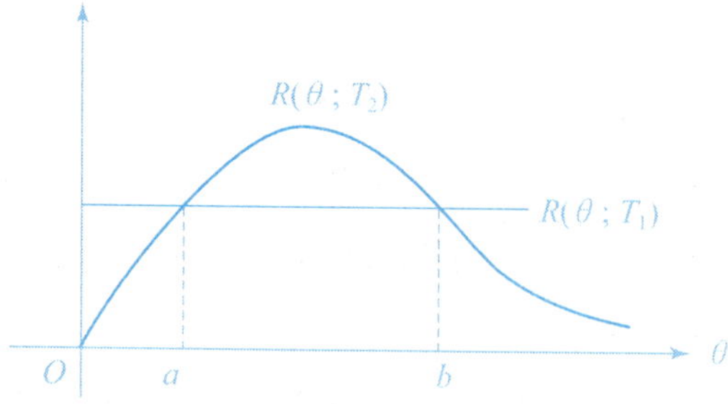

| 그림 10.5.1 |

정의 10.5.5

임의의 추정량 T에 대해

$$\max_{\theta} R(\theta\,;T_M) \le \max_{\theta} R(\theta\,;T) \tag{10.5.13}$$

를 만족하면, T_M을 **미니맥스**(minimax) **추정량**이라 한다.

10.5.3.2 베이즈 추정량

베이즈 방법은 우리가 지금껏 사용해온 방법과는 근본적으로 차이가 있다. 그럼에도 불구하고, 베이즈 방법은 다른 통계적 방법들에 상당히 도움이 될 수 있다. 베이즈 추정량을 구하는 방법을 소개하기 전에, 먼저 베이즈 방법에 대해 논의해 보자.

지금까지 설명한 방법에서는 모수 θ는 모르는 값이지만 고정된 상수이다. 확률표본 $X_1, \dots, X_n$은 모수 θ에 의해 결정되는 pdf(pmf)가 $f(x\,;\theta)$인 모집단에서 추출되고, 표본에서 관측된 값들에 근거하여 θ의 값에 관한 정보를 얻는다. 베이즈 방법에서는 θ는 그것의 변이가 확률분포(사전분포라 한다)에 의해 기술될 수 있는 양으로 생각한다. 즉, θ 자체가 확률밀도함수(확률질량함수) $\pi(\theta)$를 갖는 어떤 확률변수 Θ의 값으로 가정한다는 것이다. 이 θ의 확률밀도함수(확률질량함수) $\pi(\theta)$를 θ의 **사전분포**(prior distribution) 또는 **사전밀도함수**(prior density function)라 한다. 여기서 밀도함수는 이산인 경우의 질량함수를 포함하여 대표적으로 나타낸 것이다. 이것은 실험자의 믿음에 기초한 주관적인 분포이고 데이터가 관측되기 전에 공식화된다. 이러한 이유 때문에 사전분포라 명명되었다.

베이즈 추정에서는 θ를 확률변수 Θ의 한 값으로 간주하기 때문에, X의 pdf(pmf) $f(x\,;\theta)$를 θ가 주어진 경우 X의 조건부 pdf(pmf) $f(x\,|\,\theta)$로 나타내고, 확률변수 X와 θ의 결합 pdf(pmf)는 다음과 같이 나타낼 수 있다.

$$f(x,\,\theta) = \pi(\theta) f(x\,|\,\theta) \tag{10.5.14}$$

정의 10.5.6

$\boldsymbol{X} = (X_1, \dots, X_n)$를 pdf(pmf)가 $f(x\,|\,\theta)$인 분포에서의 확률표본이라 하고 $\boldsymbol{X}$의 관측값을 $\boldsymbol{x} = (x_1, \dots, x_n)$이라 할 때, $\boldsymbol{X} = \boldsymbol{x}$가 주어졌을 때 θ의 조건부 pdf(pmf) $\pi(\theta\,|\,\boldsymbol{x})$를 θ의 **사후분포**(posterior distribution) 또는 **사후밀도함수**(posterior density function)라 한다.

θ의 사후밀도함수는

$$\pi(\theta|x)=\begin{cases}\dfrac{f(x\mid\theta)\pi(\theta)}{\displaystyle\int f(x\mid\theta)\pi(\theta)d\theta}, & \theta\text{가 연속이면}\\[2ex] \dfrac{f(x\mid\theta)\pi(\theta)}{\displaystyle\sum_t f(x\mid t)\pi(t)}, & \theta\text{가 이산이면}\end{cases} \tag{10.5.15}$$

이다. 실제로 위 식에서 분모의 적분이나 합은 정규화하는 상수의 역이다. 이 책의 수준에서는 이 값은 계산할 필요가 없다. 사실 데이터가 주어진 경우 모수의 사후밀도함수는 데이터의 가능도함수와 사전밀도함수의 곱에 비례한다는 것이다. 즉

$$\pi(\theta\mid x)= h(x)f(x\mid\theta)\pi(\theta)=h(x)L(\theta\,;x)\pi(\theta) \tag{10.5.16}$$

이다. 여기서 $h(x)$는 모수 θ에 종속되지 않은 주어진 데이터 x의 함수이다.

예제 10.5.14 $X_1,\ldots,X_n$은 포아송분포 $\mathrm{Poi}(\theta)$에서 추출한 확률표본이고, θ의 사전분포는 감마분포 $\mathrm{Gam}(\gamma,\beta)$이다. 물론 여기서 γ와 β는 알고 있는 상수이다. 즉,

$$\pi(\theta)=\frac{1}{\beta^\gamma\Gamma(\gamma)}\theta^{\gamma-1}e^{-\theta/\beta}$$

이다. 따라서 사후밀도함수는

$$\begin{aligned}\pi(\theta|x)&=h(x)\left(\frac{e^{-n\theta}\theta^{\sum_{i=1}^n x_i}\theta^{\gamma-1}e^{-\theta/\beta}}{\left(\prod x_i!\right)\beta^\gamma\Gamma(\gamma)}\right)\\&=h_1(x)\,\theta^{\sum_{i=1}^n x_i+\gamma-1}e^{-(n+1/\beta)\theta}\end{aligned}$$

이다. 즉, 사후분포는 감마분포이다.

$$\theta|x\sim\mathrm{Gam}\left(\sum_{i=1}^n x_i+\gamma,\ (n+1/\beta)^{-1}\right)$$

예제 10.5.15 $X_1,\ldots,X_n$은 정규분포 $\mathrm{N}(\theta,\sigma_0^2)$에서의 확률표본이다. 여기서 σ_0^2은 알고 있는 상수이다. θ의 사전분포 역시 정규분포 $\mathrm{N}(\mu,\tau^2)$이면,

$$\begin{aligned}f(x\mid\theta)&=\left(\frac{1}{\sqrt{2\pi}\,\sigma_0}\right)^n\exp\left\{-\frac{1}{2\sigma_0^2}\sum_{i=1}^n(x_i-\theta)^2\right\}\\&=\left(\frac{1}{\sqrt{2\pi}\,\sigma_0}\right)^n\exp\left\{-\frac{1}{2\sigma_0^2}\sum_{i=1}^n(x_i-\bar{x})^2\right\}\exp\left\{-\frac{n}{2\sigma_0^2}(\bar{x}-\theta)^2\right\}\end{aligned}$$

$$= h(\boldsymbol{x})\exp\left\{-\frac{n}{2\sigma_0^2}(\bar{x}-\theta)^2\right\}$$

이므로, $\boldsymbol{X}$와 θ의 결합 pdf 는

$$\begin{aligned} f(\boldsymbol{x},\theta) &= f(\boldsymbol{x}\mid\theta)\pi(\theta) \\ &= h_1(\boldsymbol{x})\exp\left\{-\frac{n}{2\sigma_0^2}(\bar{x}-\theta)^2\right\}\exp\left\{-\frac{1}{2\tau^2}(\theta-\mu)^2\right\} \\ &= h_2(\boldsymbol{x})\exp\left\{-\frac{1}{2}\left[\left(\frac{n}{\sigma_0^2}+\frac{1}{\tau^2}\right)\theta^2-2\left(\frac{n\bar{x}}{\sigma_0^2}+\frac{\mu}{\tau^2}\right)\theta+\left(\frac{n\bar{x}^2}{\sigma_0^2}+\frac{\mu^2}{\tau^2}\right)\right]\right\} \\ &= h_3(\boldsymbol{x})\exp\left\{-\frac{\sigma_0^2+n\tau^2}{2\sigma_0^2\tau^2}\left(\theta-\frac{\mu\sigma_0^2+n\tau^2\bar{x}}{\sigma_0^2+n\tau^2}\right)^2\right\} \end{aligned}$$

이다. 그러므로 θ의 사후분포는 평균이 $\dfrac{\sigma_0^2}{\sigma_0^2+n\tau^2}\mu+\dfrac{n\tau^2}{\sigma_0^2+n\tau^2}\bar{x}$ 이고 분산이 $\dfrac{\sigma_0^2\tau^2}{\sigma_0^2+n\tau^2}$ 인 정규분포이다.

미니맥스 원리의 문제점은 그림 10.5.2에서와 같이 추정량 T_1이 다른 추정량 T_2에 비해 대부분의 모수공간에서는 위험함수가 작고 극히 일부분의 모수공간에서 위험함수가 크면, 대부분의 경우 T_1이 T_2보다 좋은 추정량이지만 T_2가 미니맥스 추정량이 된다는 것이다.

이러한 문제를 해결하기 위해, 모수 θ에 관한 사전 지식을 가지고 있다면(즉, 사전분포를 안다면) 모수공간 전체에서 위험함수의 평균이 작은 추정량을 택하는 것이 바람직할 것이다.

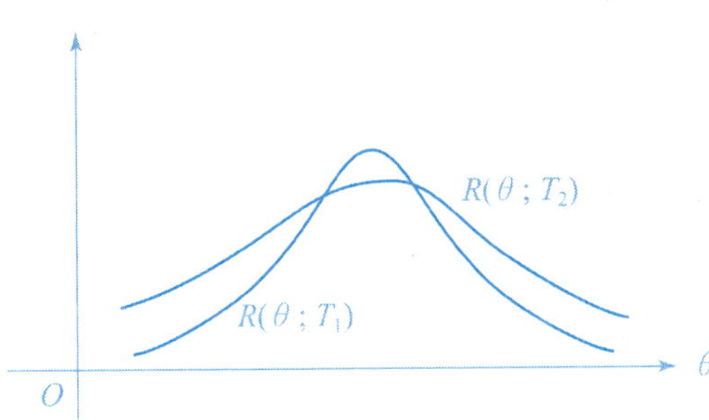

| 그림 10.5.2 |

정의 10.5.7

사전밀도함수 $\pi(\theta)$에 관한 위험함수 $R(\theta\,;T)$의 평균

$$R(\pi, T) = E_\theta[R(\theta\,;T)] = \begin{cases} \displaystyle\int_\Omega R(\theta\,;T)\pi(\theta)d\theta, & \theta\text{가 연속이면} \\ \displaystyle\sum_\Omega R(\theta\,;T)\pi(\theta), & \theta\text{가 이산이면} \end{cases} \tag{10.5.17}$$

를 추정량 T의 **베이즈 위험**(Bayes risk)이라 한다.

베이즈 추정량은 베이즈 위험을 최소화하는 추정량이다.

정의 10.5.8

임의의 추정량 T에 대해

$$R(\pi, T^*) = \min_T R(\pi, T) \tag{10.5.18}$$

이면, T^*를 손실함수 $l(T;\theta)$와 사전분포 $\pi(\theta)$에 대한 θ의 **베이즈 추정량**(Bayes estimator)이라 한다.

특정 형태의 손실함수에 대해서는 베이즈 추정량을 사후분포로부터 쉽게 유도할 수 있다. 이런 경우를 살펴보자.

정리 10.5.2 제곱오차 손실함수 $l(T;\theta) = (T-\theta)^2$에 대한 θ의 베이즈 추정량 T^*는 사후분포 $\pi(\theta|\boldsymbol{X})$에 관한 θ의 평균이다. 즉,

$$T^* = E_{\theta|\boldsymbol{X}}(\theta) = \begin{cases} \displaystyle\int \theta\,\pi(\theta\,|\,\boldsymbol{X})d\theta, & \theta\text{가 연속이면} \\ \displaystyle\sum \theta\,\pi(\theta\,|\,\boldsymbol{X}), & \theta\text{가 이산이면} \end{cases} \tag{10.5.19}$$

예제 10.5.16 예제 10.5.14를 다시 생각해 보자. 손실함수는 $l(t\,;\theta) = (t-\theta)^2$인 제곱오차 손실함수를 이용한다. 그러면 사후분포가 감마분포이므로 θ의 베이즈 추정량은 다음과 같다.

$$T^* = \frac{\sum_{i=1}^n X_i + \gamma}{n + 1/\beta}$$

예제 10.5.17 예제 10.5.15에서 $l(t\,;\theta)=(t-\theta)^2$ 손실함수를 이용한다면, θ의 베이즈 추정량은 다음과 같다.

$$T^* = \frac{\sigma_0^2}{\sigma_0^2+n\tau^2}\mu + \frac{n\tau^2}{\sigma_0^2+n\tau^2}\overline{X}$$

예제 10.5.18 $X_1,\dots,X_n$은 베르누이분포 Bin$(1,\ p)$에서의 확률표본이고 p의 사전분포는 베타분포 Beta(α,β)이다. 즉, p의 사전밀도함수는

$$\pi(p) = \frac{1}{B(\alpha,\beta)}p^{\alpha-1}(1-p)^{\beta-1},\ \ 0<p<1$$

이다. 그러면 사후분포는

$$\begin{aligned}\pi(p\,|\,x) &= h(x)f(x\,|\,p)\pi(p)\\ &= h(x)p^{\sum_{i=1}^n x_i}(1-p)^{n-\sum_{i=1}^n x_i}\frac{1}{B(\alpha,\beta)}p^{\alpha-1}(1-p)^{\beta-1}\\ &= h_1(x)p^{\sum_{i=1}^n x_i+\alpha-1}(1-p)^{n-\sum_{i=1}^n x_i+\beta-1},\ \ 0<p<1\end{aligned}$$

이므로 사후분포는 베타분포 Beta$\left(\sum_{i=1}^n x_i+\alpha,\ n+\beta-\sum_{i=1}^n x_i\right)$이다. 그러므로 제곱오차 손실함수 $l(t\,;\theta)=(t-\theta)^2$하에서 p의 베이즈 추정량은 다음과 같다.

$$T^* = \frac{\sum_{i=1}^n X_i+\alpha}{n+\alpha+\beta}$$

일반적으로, 제곱오차 손실함수를 가장 많이 사용하기 때문에 어떤 책에서는 제곱오차 손실함수로부터 유도된 사후분포 $\pi(\theta\,|\,\boldsymbol{X})$에 관한 θ의 평균을 베이즈 추정량으로 정의하기도 하지만, 다른 손실함수를 사용하면 결과가 달라진다. 따라서 절대오차 손실함수를 이용할 경우 베이즈 추정량에 대한 정리를 소개한다.

정리 10.5.3 절대오차 손실함수 $l(T;\theta)=|T-\theta|$에 대한 θ의 베이즈 추정량 T^*는 사후분포 $\pi(\theta\,|\,\boldsymbol{X})$의 중앙값이다.

연습문제 제 10 장

10.1 $X_1,\ldots,X_n$이 베르누이분포 $\mathrm{Bin}(1,\,p)$에서 추출한 확률표본일 때,

(a) $\overline{X}$가 p의 비편향추정량임을 보여라.

(b) $\overline{X}$의 함수인 $\mathrm{Var}(X)$의 비편향추정량을 구하라.

10.2 T_1과 T_2가 θ의 비편향추정량일 때, aT_1+bT_2가 θ의 비편향추정량이 되는 a와 b의 관계식을 구하라.

10.3 $Y_1,\ldots,Y_n$은 다음을 만족하는 확률변수이다.

$$Y_i=\beta x_i+\varepsilon_i,\ \ i=1,\ldots,n$$

여기서 $x_1,\ldots,x_n$은 고정된 상수이고, $\varepsilon_1,\ldots,\varepsilon_n$은 정규분포 $\mathrm{N}(0,\,\sigma^2)$에서의 확률표본이며 σ^2은 미지의 모수이다.

(a) $\sum_{i=1}^{n}Y_i\Big/\sum_{i=1}^{n}x_i$가 β의 비편향추정량임을 보여라.

(b) $\frac{1}{n}\sum_{i=1}^{n}(Y_i/x_i)$ 역시 β의 비편향추정량임을 보여라.

(c) 두 추정량의 분산을 각각 구하라.

10.4 X는 연속확률변수이고 pdf $f(x\,;\theta)$가 θ에 관해 대칭이다. 즉, 모든 $x>0$에 대해 $f(\theta+x\,;\theta)=f(\theta-x\,;\theta)$이다.

(a) 표본크기 n인 확률표본 $X_1,\ldots,X_n$의 순서통계량을 $X_{1:n},\ldots,X_{n:n}$이라 할 때, $n=2k-1$이면 표본중앙값 $X_{k:n}$이 θ의 비편향추정량임을 보여라.

(b) $Z=X_{1:n}-\theta$와 $W=\theta-X_{n:n}$이 같은 분포를 가짐을 보이고, 이 사실을 이용해 표본범위의 중앙 $(X_{1:n}+X_{n:n})/2$가 θ의 비편향추정량임을 보여라.

10.5 $X_1,\ldots,X_n$은 균일분포 $\mathrm{U}(\theta-1,\,\theta+1)$에서 추출한 확률표본이고 $X_{1:n},\ldots,X_{n:n}$은 이 확률표본의 순서통계량이다. 연습문제 10.4번을 이용하여 다음을 증명하라.

(a) 표본평균 $\overline{X}$가 θ의 비편향추정량이다.

(b) 표본범위의 중앙 $(X_{1:n}+X_{n:n})/2$가 θ의 비편향추정량이다.

10.6 $X_1,\dots,X_n$이 균일분포 $\mathrm{U}(0,\theta)$, $\theta>0$에서 추출한 확률표본이고 $X_{1:n},\dots,X_{n:n}$은 순서통계량이며, 다음은 θ의 추정량이다.

$$T_1=X_{1:n}+X_{n:n},\ T_2=(n+1)X_{1:n},\ T_3=2\overline{X}$$

(a) 각 추정량의 편의를 구하라.

(b) $\mathrm{Var}(X_{1:n})=\mathrm{Var}(X_{n:n})$임을 보여라.

10.7 $X_1,\dots,X_n$은 정규분포 $\mathrm{N}(\mu,\sigma^2)$에서의 확률표본이다. 여기서 두 모수 모두 미지이다.

(a) $S_2^2=\dfrac{1}{n+1}\sum_{i=1}^{n}(X_i-\overline{X})^2$의 MSE를 구하라.

(b) $S_k^2=k\sum_{i=1}^{n}(X_i-\overline{X})^2$을 σ^2의 추정량으로 생각할 때, 가장 작은 MSE를 갖는 k 값을 구하라.

10.8 X_1, X_2, X_3이 지수분포 $\mathrm{Exp}(\theta)$에서 추출한 확률표본이고

$$T_1=\frac{1}{2}(X_2+X_3),\ T_2=\frac{1}{3}(X_1+2X_2),\ T_3=\overline{X}$$

가 θ의 추정량일 때, 다음을 구하라.

(a) 각 추정량의 편의

(b) 각 추정량의 MSE

10.9 $X_1,\dots,X_n$은 평균이 μ이고 분산이 σ^2인 모집단에서의 확률표본이고 $T=\dfrac{1}{n+2}(X_1+\cdots+X_{n-1}+3X_n)$일 때,

(a) T는 μ의 비편향추정량인가?

(b) $\mathrm{MSE}(T)$를 구하라.

(c) $\overline{X}$와 T의 MSE를 비교하라.

10.10 기하분포 $\mathrm{Geo}(p)$에서의 크기 n인 확률표본을 생각해 보자.

(a) X에서의 p에 관한 피셔정보 $I(p)$를 구하라.

(b) p의 비편향추정량들의 분산에 관한 CRLB를 구하라.

(c) $1/p$의 비편향추정량들의 분산에 관한 CRLB를 구하라.

(d) $1/p$의 UMVUE를 구하라.

10.11 다음 분포들이 정칙조건을 만족하는가? 만족하면, 표본크기 n에 근거한 각 모수의 비편향추정량들의 분산에 관한 CRLB를 구하라.

(a) $f(x;\theta)=e^{-(x-\theta)},\ \ \theta<x<\infty$

(b) $f(x;\sigma^2)=\dfrac{1}{\sqrt{2\pi}\,\sigma}e^{-x^2/2\sigma^2},\ \ -\infty<x<\infty, \sigma^2>0$

(c) (b)에서 σ 의 비편향추정량의 분산에 관한 CRLB를 구하라.

10.12 $X_1,\dots,X_n$은 정규분포 $\mathrm{N}(\theta,1)$에서 추출한 확률표본이다. θ^2의 비편향추정량들의 분산에 관한 CRLB를 구하라.

10.13 $X_1,\dots,X_n$은 지수분포 $\mathrm{Exp}(\theta)$에서 추출한 크기 n인 확률표본이다. $\mathrm{Var}(X)$의 비편향추정량들의 분산에 관한 CRLB를 구하라.

10.14 연습문제 10.8번에서 정의한 추정량에 대해 다음을 구하라.

(a) T_3에 관한 T_1의 효율

(b) T_3에 관한 T_2의 효율

10.15 $X_1,\dots,X_n$은 평균이 μ이고 분산이 σ^2인 모집단에서의 확률표본이다. 다음을 구하라.

$$T_1=\frac{1}{2}(X_1+X_2),\ T_2=\frac{1}{4}(X_1+X_n)+\frac{X_2+\cdots+X_{n-1}}{2(n-2)},\ \ T_3=\overline{X}$$

(a) T_3에 관한 T_1의 효율

(b) T_3에 관한 T_2의 효율

10.16 $X_1,\dots,X_n$은 평균이 μ 이며 유한분산 σ^2을 갖는 모집단에서의 확률표본이다. $\overline{X}$에 관한 μ의 비편향추정량 $\dfrac{2}{n(n+1)}\displaystyle\sum_{i=1}^{n} i\,X_i$ 의 효율은 얼마인가?

10.17 연습문제 10.15번에서 어떤 추정량들이 μ의 일치추정량인가?

10.18 $X_1, \dots, X_n$은 pdf가 $f(x;\theta) = \theta x^{\theta-1},\ 0 < x < 1,\ \theta > 0$인 분포에서 추출한 확률표본이다. $\overline{X}$가 $\theta/(\theta+1)$의 일치추정량임을 보여라.

10.19 $X_1, \dots, X_n$은 독립이며 동일한 분포를 따르는 확률변수로 다음을 만족한다.

$$E(X_i) = \theta + b,\ \mathrm{Var}(X_i) = \sigma^2 < \infty$$

여기서 $b \neq 0$는 알고 있는 상수이다. $\overline{X}$가 θ의 일치추정량이 아님을 보여라. 또한 θ의 일치추정량인 비편향추정량을 찾아라.

10.20 $X_1, \dots, X_n$은 균일분포 $\mathrm{U}(0, \theta),\ \theta > 0$에서 추출한 확률표본이다.

(a) $X_{n:n}$은 θ의 점근적 비편향추정량인가?

(b) $X_{n:n}$이 θ의 MSE 일치추정량임을 보여라.

(c) $T_n = 2\overline{X}$는 θ의 일치추정량인가?

10.21 $X_1, \dots, X_n$은 다음의 pdf를 갖는 분포에서의 확률표본이다. θ의 충분통계량을 구하라.

$$f(x;\theta) = \begin{cases} \theta/x^2, & \theta \le x < \infty \\ 0, & \text{그 이외} \end{cases}$$

10.22 $X_1, \dots, X_n$은 pdf가 다음과 같은 랄리분포에서 추출한 확률표본이다. θ의 충분통계량을 구하라.

$$f(x;\theta) = \begin{cases} \dfrac{x}{\theta^2} e^{-x^2/2\theta^2}, & x > 0,\ \theta > 0 \\ 0, & \text{그 이외} \end{cases}$$

10.23 $X_1, \dots, X_n$이 $\mathrm{N}(\mu, \mu^2)$에서의 확률표본일 때, μ의 충분통계량을 구하라.

10.24 $X_1, \dots, X_n$이 다음의 pdf를 갖는 이중지수분포에서 추출한 확률표본일 때, θ의 충분통계량을 구하라.

$$f(x;\theta)=\frac{1}{2\theta}e^{-|x|/\theta}, \quad -\infty < x < \infty$$

10.25 $X_1,\ldots,X_n$이 다음의 pdf를 갖는 분포에서 추출한 확률표본일 때, θ의 충분통계량을 구하라.

$$f(x;\theta)=\begin{cases}\theta 5^{\theta}x^{-(\theta+1)}, & x>5,\ \theta>1\\ 0, & \text{그 이외}\end{cases}$$

10.26 $X_1,\ldots,X_n$은 pdf가 다음과 같은 분포에서 추출한 확률표본이다.

$$f(x;\theta)=a(\theta)h(x),\ \ \theta_1<x<\theta_2$$

여기서 $h(x)\ge 0, -\infty<\theta_1<\theta_2<\infty,\ a(\theta)=\left(\int_{\theta_1}^{\theta_2}h(x)dx\right)^{-1}$ 이다. $\theta=(\theta_1,\ \theta_2)$의 결합충분통계량을 구하라. 균일분포 $\mathrm{U}(\theta_1,\ \theta_2)$를 이 결과에 적용해 보라.

10.27 $X_1,\ldots,X_n$이 다음의 pdf를 갖는 분포에서 추출한 확률표본일 때, θ의 최소충분통계량을 구하라.

$$f(x;\theta)=\begin{cases}\theta(1+x)^{-(\theta+1)}, & 0<x<\infty,\ 0<\theta<\infty\\ 0, & \text{그 이외}\end{cases}$$

10.28 $X_1,\ldots,X_n$은 감마분포 $\mathrm{Gam}(\theta_1,\ \theta_2)$에서 추출한 확률표본이다.

(a) $\left(\prod_{i=1}^{n}X_i,\ \sum_{i=1}^{n}X_i\right)$가 $(\theta_1,\ \theta_2)$의 결합충분통계량임을 보여라.

(b) $\left(\prod_{i=1}^{n}X_i,\ \sum_{i=1}^{n}X_i\right)$가 $(\theta_1,\ \theta_2)$의 결합최소충분통계량임을 보여라.

10.29 $X_1,\ldots,X_n$이 기하분포 $\mathrm{Geo}(p)$에서의 크기 n인 확률표본일 때,

(a) 인수분해정리를 이용해 $T(\boldsymbol{X})=\sum_{i=1}^{n}X_i$가 p의 충분통계량임을 보여라.

(b) p의 완비통계량을 구하라.

(c) $1/p$의 UMVUE를 레만-쉐페 정리를 이용하여 구하라.

10.30 $X_1,\ldots,X_n$이 정규분포 $\mathrm{N}(\alpha\theta, \theta^2)$($\alpha$는 알고 있는 상수)에서 추출한 확률표본이다. $T(\boldsymbol{X}) = \left(\sum_{i=1}^{n} X_i, \sum_{i=1}^{n} X_i^2\right)$이 θ의 충분통계량이지만 완비통계량은 아님을 보여라.

10.31 다음 분포들이 지수족에 속함을 보이고, 각 경우 확률표본 $X_1,\ldots,X_n$에 근거하여 완비충분통계량을 구하라.

(a) $\mathrm{Poi}(\mu),\ \mu > 0$

(b) $\mathrm{NB}(r, p)$, r은 알려진 상수이고 $0 < p < 1$이다.

10.32 $X_1,\ldots,X_n$은 pdf가 다음과 같은 분포에서의 확률표본이다.

$$f(x;\theta) = \frac{x+1}{\theta(\theta+1)} e^{-x/\theta},\quad 0 < x < \infty,\quad \theta > 0$$

(a) pdf가 지수족에 속함을 보이고 θ의 완비충분통계량을 구하라.

(b) $\tau(\theta) = \theta(2\theta+1)/(\theta+1)$의 UMVUE를 구하라.

10.33 $X_1,\ldots,X_n$은 지수분포 $\mathrm{Exp}(\theta)$에서의 확률표본이다. θ^2의 UMVUE를 구하라.

10.34 연습문제 10.28번에서 다음에 답하라.

(a) $\left(\prod_{i=1}^{n} X_i, \sum_{i=1}^{n} X_i\right)$가 (θ_1, θ_2)의 결합완비충분통계량임을 보여라.

(b) 평균 $\mu = \theta_1\theta_2$의 UMVUE를 구하라.

θ_1이 알려진 상수일 때, (c)와 (d)에 답하라.

(c) $T = \overline{X} \Big/ \left(\prod_{i=1}^{n} X_i\right)^{1/n}$ 이 보조통계량임을 보여라.

(d) $\overline{X}$와 T가 독립임을 보여라.

10.35 $X_1,\ldots,X_n$은 정규분포 $\mathrm{N}(\mu, 1)$에서의 확률표본이다. $\sum_{i=1}^{n} a_i = 0$이면 표본평균 $\overline{X}$와 $\sum_{i=1}^{n} a_i X_i$가 독립임을 바수의 정리를 이용하여 증명하라.

10.36 $X_1,\ldots,X_n$이 다음의 pdf를 갖는 분포에서 추출한 확률표본일 때, θ의 적률법추정량

(MME)을 구하라.

$$f(x;\theta)=\begin{cases}(\theta+1)x^{\theta}, & 0<x<1,\ \theta>-1\\ 0, & \text{그 이외}\end{cases}$$

10.37 다음 분포에서 추출한 크기 n인 확률표본에 근거하여 모수의 MME를 구하라.

(a) $X_i \sim \mathrm{NB}(r, p)$

(b) $X_i \sim \mathrm{Geo}(\mathrm{p})$

(c) $X_i \sim \mathrm{N}(0, \sigma^2)$

(d) $X_i \sim \mathrm{Exp}(\theta, \eta)$

10.38 연습문제 10.25번에서 θ 의 MME를 구하라.

10.39 연습문제 10.37번의 (a)(r 이 알려진 상수)~(c)에서 모수의 MLE를 구하라.

10.40 $X_i \sim \mathrm{Bin}(n_i, p)$, $i=1,\ldots,k$ 들은 독립인 확률변수이다. p의 MLE를 구하라.

10.41 $X_1,\ldots,X_n$이 다음 pdf를 갖는 모집단에서의 확률표본일 때, 각 경우 θ의 MLE를 구하라.

(a) $f(x;\theta)=(\theta\alpha)x^{\alpha-1}e^{-\theta x^{\alpha}}$, $x>0$(α는 알려진 상수)

(b) $f(x;\theta)=\theta(1-x)^{\theta-1}$, $0\le x\le 1$, $\theta>1$

(c) $f(x;\theta)=2\theta^2x^{-3}$, $x\ge\theta$

10.42 $X_1,\ldots,X_n$ 이 다음의 pdf를 갖는 모집단에서 추출한 확률표본일 때, θ의 MLE를 구하라.

$$f(x;\theta)=\begin{cases}\theta/x^2, & x\ge\theta\\ 0, & x<\theta\end{cases}$$

10.43 $X_1,\ldots,X_n$ 이 균일분포 $\mathrm{U}(\theta_1, \theta_2)$에서 추출한 확률표본일 때, θ_1과 θ_2의 MLE를 구하라.

10.44 $X_1,\ldots,X_n$ 이 평균이 θ인 포아송분포에서 추출한 확률표본일 때, $P[X=0]$의 MLE를 구하라.

10.45 $X_1, \ldots, X_n$ 이 다음의 pdf 를 갖는 분포에서 추출한 확률표본일 때, 다음을 구하라.

$$f(x\,;\theta) = \begin{cases} \theta x^{\theta-1}, & 0 < x < 1,\ 0 < \theta < \infty \\ 0, & \text{그 이외} \end{cases}$$

(a) θ의 MME　　(b) θ의 MLE

10.46 연습문제 10.3번에서

(a) β의 MLE를 구하고, 그것이 β의 비편향추정량임을 보여라.

(b) β의 MLE의 분포를 구하라.

10.47 두 개의 서로 다른 기계에 대해 일주일 동안 발생한 고장의 횟수를 n 주간 조사했다. X_i 는 i 번째 주에서 첫 번째 기계의 고장횟수이고, X_i 들은 서로 독립이며 모수가 λ_1 인 포아송 확률변수이다. 마찬가지로 Y_i 는 i 번째 주에서 두 번째 기계의 고장횟수이고, Y_i 들은 서로 독립이며 모수가 λ_2 인 포아송 확률변수이다.

(a) λ_1 과 λ_2 의 MLE를 각각 구하라.

(b) $\lambda_1 - \lambda_2$ 의 MLE를 구하라.

10.48 $X_1, \ldots, X_n$ 은 지수분포 $\text{Exp}(\theta)$에서의 확률표본이고 θ 의 사전분포가 $\theta \sim \text{Exp}(1)$일 때, 제곱오차 손실함수에 대한 $\overline{X}$ 의 베이즈 위험을 구하라.

10.49 $X_1, \ldots, X_n$ 은 포아송분포 $\text{Poi}(\lambda)$에서 추출한 확률표본이다. λ 의 사전분포는 $\pi(\lambda) = e^{-\lambda},\ \lambda > 0$ 이다. 제곱오차 손실함수에 대한 λ 의 베이즈 추정량을 구하라.

10.50 $X_1, \ldots, X_n$ 은 지수분포 $\text{Exp}(1/\theta)$에서 추출한 확률표본이다. θ 의 사전분포 역시 지수분포 $\text{Exp}(\beta)$이다. 여기서 β 는 알려진 상수이다.

(a) θ 의 사후분포는 $\theta \mid x \sim \text{Gam}\left(n+1, \left(\sum_{i=1}^{n} x_i + 1/\beta\right)^{-1}\right)$ 임을 보여라.

(b) 제곱오차 손실함수에 대한 θ의 베이즈 추정량을 구하라.

(c) 제곱오차 손실함수에 대한 $\mu = 1/\theta$의 베이즈 추정량을 구하라.

제 **11** 장

가설검정

11.1 서론

제10장에서 점추정이라는 추론방법에 대해 알아보았다. 이 장에서는 가설검정이라는 또 다른 추론 방법에 대해 알아보자.

현실적인 측면에서 우리는 많은 주장이 과연 옳은 것인지에 관심을 갖게 된다. 어떤 회사에서 새로 개발한 약의 효력이 우수하다고 할 때, 과연 그 주장이 옳다고 할 수 있는가? 새로 개발한 제품의 수명이 기존에 사용되어온 제품보다 길다고 할 수 있는가? 등과 같은 의문에 대해 데이터를 근거로 그 주장을 받아들일 것인지를 결정해야 한다. 이와 같이 실험을 통해 나타난 결과를 토대로 주장의 옳고 그름을 결정하는 과정에 대해 소개한다.

정의 11.1.1

가설(hypothesis)은 모집단의 알지 못하는 모수에 관한 주장이다.

가설의 정의는 다소 막연한 것 같지만 중요한 점은 가설이 모집단의 모수에 관한 특정한 형태를 주장한다는 것이다. 가설검정의 목적은 모집단의 확률표본에 근거하여 서로 상반되는 두 가설 중 어느 것이 참인가를 결정하는 것이다.

정의 11.1.2

가설검정 문제에서 상반되는 두 가설을 **귀무가설**(null hypothesis)과 **대립가설**(alternative hypothesis)이라 하고 각각 H_0 와 H_1 으로 표시한다.

예제 11.1.1 $X \sim \mathrm{N}(\mu, \sigma_0^2)$이라 하자. σ_0^2은 알고 있는 상수일 때, 모수공간은 $\Omega = (-\infty, \infty)$이다. 따라서 다음과 같은 가설을 생각할 수 있다. 귀무가설은

$H_0 : \mu \le \mu_0$ 이고 대립가설은 $H_1 : \mu > \mu_0$ 이다.

예제 11.1.2 $X_1, \ldots, X_n$ 은 베르누이분포 $\text{Bin}(1, p)$에서 추출한 확률표본이다. 몇 가지 관심 있는 가설은 $p = 1/2, p \le 1/2,\ p \ge 1/2$ 등을 생각할 수 있다. 일반적으로 $p = p_0,\ p \le p_0,\ p \ge p_0$ 등을 생각할 수 있다. 여기서 p_0는 $0 < p_0 < 1$ 인 알려진 상수이다.

11.2 가설검정의 기본개념

X 의 pdf(pmf)가 $f(x\,;\theta)$ 라 하자. 앞에서 미지의 모집단 모수에 관한 주장을 통계적 가설이라 정의했다. 가설을 일반적으로 다음과 같이 세분화하여 정의한다.

정의 11.2.1

만일 가설이 완전히 pdf(pmf) $f(x\,;\theta)$를 명확하게 결정하면 그 가설을 **단순가설**(simple hypothesis)이라 하고, 그렇지 못할 경우 **복합가설**(composite hypothesis)이라 한다.

예제 11.2.1 예제 11.1.1에서 생각한 가설은 귀무가설과 대립가설 모두 복합가설이지만 $H_0 : \mu = \mu_0, H_1 : \mu \ne \mu_0$ 라는 가설을 생각한다면, 귀무가설은 단순가설이고 대립가설은 복합가설이다.

일반적으로 Ω가 모수공간이고 $\Omega_0 \subset \Omega$일 때, 귀무가설을 $H_0 : \theta \in \Omega_0$로 표시할 수 있으며, 대립가설은 $H_1 : \theta \in \Omega_1 = \Omega - \Omega_0$로 표시할 수 있다. 이렇게 나타낼 경우 $\Omega_0(\Omega_1)$가 한 값만 포함하는 집합이면 $H_0(H_1)$가 단순가설이고, 두 개 이상의 값을 포함하면 $H_0(H_1)$은 복합가설이라 정의하는 것과 같다. 예제 11.1.1에서 $\Omega = (-\infty, \infty)$, $\Omega_0 = (-\infty, \mu_0]$, $\Omega_1 = (\mu_0, \infty)$ 이므로 복합가설이고, 예제 11.2.1에서는 $\Omega_0 = \{\mu_0\}$이므로 귀무가설은 단순가설이며 $\Omega_1 = (-\infty, \mu_0) \cup (\mu_0, \infty)$ 이므로 대립가설은 복합가설임을 쉽게 알 수 있을 것이다.

통계적 가설은 모수공간의 부분집합이므로, 검정은 모수의 참값이 그 부분집합에 속하느냐를 결정하는 것이 된다.

대부분의 실험에서는 통계적인 증거를 가지고 주장하고자 하는 어떤 목적이나 연구가설이 있으면 이 가설을 대립가설로 택한다. 즉, 어떤 회사에서 새로운 제품을 개발했다고 하자, 그러면 당연히 새로 개발한 제품이 지금껏 사용되어온 제품보다 어느 면에서 더 좋은 제품일 것으로 기대할 수 있다. 실제로 새로 개발한 제품이 나은 점이 없다면 이 제품을 생산할 필요가 없기 때문에 회사에서는 예를 들어 새로 개발한 제품의 수명이 지금껏 사용되어온 제품에 비해 길다고 주장할 수 있다. 따라서 이 주장을 대립가설에 설정한다는 것이다. 즉, $H_0: \mu \leq \mu_0$, $H_1: \mu > \mu_0$ 형태의 가설이 될 것이다. 이 이유는 오류에 대한 설명과 함께 다시 설명할 것이다. 하여튼 가설을 세웠다면, 우리는 모집단의 모수에 관한 주장인 가설을 기각할 것인지를 결정해야 한다. 즉, 확률표본에 근거하여 귀무가설을 기각할 충분한 증거가 있는지 없는지를 결정해야 한다. 표본공간을 두 집합 C와 C^c로 분할하여 $x=(x_1,\dots,x_n)\in C$이면 $H_0: \theta \in \Omega_0$를 기각하고, 그렇지 않으면 H_0를 기각하지 않을 것이다. 주어진 확률표본 $X_1,\dots,X_n$에 근거하여 통계적 가설의 증거를 파악하기 위해 사용되는 통계량을 **검정통계량**(test statistic)이라 한다.

> **정의 11.2.2**
>
> 귀무가설을 기각하는 표본공간의 부분집합 $C=\{x \mid x \in C$ 이면 귀무가설 기각$\}$을 **기각역**(critical(rejection) region)이라 한다.

C^c를 **채택역**(acceptance region)이라 정의하기도 한다. 그러나 법원에서 판사는 충분한 증거가 있는 경우에만 유죄판결을 하고 죄에 대한 의심이 있더라도 증거를 확보하지 못하면 무죄로 판결한다. 무죄판결을 받았더라도 실제로 해당되는 죄를 지었으나 증거 불충분일 수도 있기 때문에 무죄판결을 받은 것이 그 해당되는 범죄와 무관하다고 확신할 수 없는 경우처럼 귀무가설을 기각할 충분한 증거가 없으면 기각하지 않는다. 주장하는 것을 일반적으로 대립가설에 설정하기 때문에 귀무가설을 기각한다는 것은 그 주장을 받아들인다는 것이다. 그러나 귀무가설을 기각하지 않는다고 해서 그 주장이 옳지 않다고 확신하기는 어렵다. 즉, 귀무가설을 채택한다는 의미는 H_0가 참임을 확신하는 것이 아니고 단지 H_1이 참임을 확신하지 못한다는 것이다. 이러한 이유 때문에 귀무가설을 기각하지 못하는 경우 귀무가설을 채택한다는 말을 사용하길 꺼리는 저자도 많다.

확률표본에 근거하여 가설을 검정하기 때문에 오류를 범할 수 있다. 오류에는 두 가지 형태가 있는데, 귀무가설 H_0가 참일 때 H_0를 기각하는 **제1종 오류**(Type I error)와 H_0가 거짓일 때 H_0를 기각하지 않는 **제2종 오류**(Type Ⅱ error)이다.

만일 C를 기각역이라 하면, $\theta \in \Omega_0$에 대해

$$P_\theta[\boldsymbol{X} \in C] \equiv P[\boldsymbol{X} \in C \mid \theta] = P[\text{제1종 오류}] \tag{11.2.1}$$

는 제1종 오류를 범할 확률이고, $\theta \in \Omega - \Omega_0$에 대해

$$\beta = P_\theta[\boldsymbol{X} \in C^c] = P[\text{제2종 오류}] \tag{11.2.2}$$

는 제2종 오류를 범할 확률이다. 이상적으로는 이 두 확률이 0이 되는 기각역을 구하는 것이지만, 실제로 이러한 경우는 발생하지 않는다. 따라서 제1종 오류를 범할 확률을 미리 정한 어떤 작은 값(보통 0.01 또는 0.05)으로 제한하고 제2종 오류를 범할 확률을 최소화하는 방법이 이용된다.

정의 11.2.3

단순 귀무가설 H_0에 대해, 참인 H_0를 기각할 확률 α를 검정의 **유의수준**(significance level)이라 한다. 복합 귀무가설 H_0에 대해, H_0가 참일 때 H_0를 기각할 확률의 최댓값을 **검정의 크기**(size of the test) 또는 **기각역의 크기**(size of the critical region)라 한다.

실제로 단순 귀무가설이던 복합가설이던 제1종 오류를 범할 확률의 최댓값을 유의수준 또는 검정의 크기로 정의하기도 한다. 여기서도 혼용해서 사용할 것이다.

기본적인 방법은 먼저 검정의 유의수준을 택하거나 지정하여 유의수준이 α가 되는 기각역을 결정한다. 유의수준이 α인 모든 기각역 중에서 제2종 오류를 범할 확률이 최소인 기각역을 선택한다.

예제 11.2.2 어떤 화학 반응량은 정규분포 $\mathrm{N}(\mu, 16)$을 따른다는 이론이 제시되었다. 과거의 경험에 의하면 어떤 종류의 광물질이 포함되어 있지 않으면 $\mu = 10$이고 광물질이 포함되어 있으면 $\mu = 11$임을 알았다. 어느 것이 참인지를 결정하기 위해 표본을 25개 추출하여 $H_0 : \mu = 10$ 대 $H_1 : \mu = 11$ 가설을 검정하고자 한다면, 유의수준 $\alpha = 0.05$일 때 가능한 기각역은

$$C = \{(x_1, \ldots, x_{25}) \mid \bar{x} \geq \mu_0 + z_\alpha \sigma/\sqrt{n} = 10 + 1.645(4)/5 = 11.316\}$$

이다. 이 기각역 C에 대해 제2종 오류를 범할 확률은

$$\beta = P[\text{제2종 오류}]$$

$$
\begin{aligned}
&= P[\overline{X} < 11.316 \mid \mu = 11] \\
&= P\left[\frac{\overline{X}-11}{4/5} < \frac{11.316-11}{4/5} \middle| \mu = 11\right] \\
&= P[Z < 0.395] \\
&\approx 0.654
\end{aligned}
$$

임을 알 수 있다. 물론 $\alpha = 0.05$가 되는 기각역은 위에서 제시한 것 외에도 많이 존재할 수 있으나 제2종 오류를 범할 확률이 크질 것이다. 이 예의 경우 제2종 오류를 범할 확률은 상당히 크다. 따라서 $\overline{x} \geq 11.316$이면 귀무가설을 기각하겠지만, 이 조건을 만족하지 않는다면 H_0를 기각할 수 없다. 따라서 이 경우는 제2종 오류를 범하거나 귀무가설이 참이거나 둘 중 하나이다. 제2종 오류를 범할 확률이 크기 때문에 $\mu = 10$이라는 의미보다는 귀무가설을 기각하지 못한다(즉, $\mu = 11$이라는 증거가 명확하지 않다)는 말이 더 타당할 것이다. 표본의 수를 증가하면, 제2종 오류도 상당히 줄일 수 있다.

$n = 100$이면, $\alpha = 0.05$일 때 기각역은 $\overline{x} \geq 10 + 1.645 \times 4/10 = 10.658$이다. 그리고 이 경우 제2종 오류를 범할 확률은

$$
\begin{aligned}
P[\overline{X} < 10.658 \mid \mu = 11] &= P\left[\frac{\overline{X}-11}{4/10} < \frac{10.658-11}{4/10} \;\middle|\; \mu = 11\right] \\
&= P[Z < -0.855] \\
&\approx 0.196
\end{aligned}
$$

이다. 따라서 표본의 크기에 따라 많은 영향을 받는다. 그러므로 미리 정해진 α와 제2종 오류를 범할 확률 β 값에 대해 필요한 표본 수를 결정할 수 있다. 이 식은 간단히 유도할 수 있으며 정리 11.6.1에서 다시 소개한다.

주어진 유의수준 α에서 제2종 오류를 범할 확률이 최소가 되는 기각역을 찾는 것이 당연하다. 이러한 원리는 다음에 정의할 검정력함수를 이용하면 편리하다.

정의 11.2.4

모수의 참값이 θ일 때 H_0를 기각할 확률,

$$\beta_C(\theta) = P_\theta[\boldsymbol{X} \in C] \tag{11.2.3}$$

를 기각역 C를 갖는 가설검정의 **검정력함수**(power function)라 한다.

정의 11.2.5

$\theta \in \Omega_0^c$ 이고 C는 검정의 기각역이다. θ가 참일 때 H_0를 기각할 확률 $\beta_C(\theta) = P_\theta[\boldsymbol{X} \in C]$를 θ에 대한 검정의 **검정력**(power)이라 한다.

만일 가설의 기각역이 C이면, 다음이 성립된다.

$$\beta_C(\theta) = P_\theta[\boldsymbol{X} \in C] = \begin{cases} \text{제1종 오류를 범할 확률}, & \theta \in \Omega_0 \\ 1 - \text{제2종 오류를 범할 확률}, & \theta \in \Omega_0^c \end{cases} \tag{11.2.4}$$

이상적인 검정의 검정력함수는 $\theta \in \Omega_0$인 모든 θ에 대해서는 0이고 $\theta \in \Omega_0^c$인 모든 θ에 대해서는 1이지만, 명확한 상황이 아닌 경우에는 그렇게 될 수가 없다. 따라서 바라는 검정은 $\theta \in \Omega_0$인 대부분의 θ에 대해서는 0에 가깝고 $\theta \in \Omega_0^c$인 대부분의 θ에 대해서는 1에 가까운 검정력함수를 갖는 것이다.

예제 11.2.3 어느 과일 상점에서는 각 상자당 약간의 흠이 있는 과일이 4%를 초과하지 않는다고 주장하는 도매점에서 과일을 구매한다. 이 때 $H_0 : p \le 0.04$ 대 $H_1 : p > 0.04$ 인 검정을 생각해 보자. 상자에서 25개의 과일을 무작위로 선택하여 흠이 있는 과일의 개수가 a개 이상이면 그 과일을 구입하지 않는다고 하자. 즉, $X \ge a$ 일 때 H_0를 기각한다. 여기서 $\Omega_0 = [0,\ 0.04]$ 이고 $\Omega_0^c = (0.04,\ 1]$이다.

(a) 기각역이 $C_1 = \{x \mid x \ge 2\}$이면, 검정력함수는

$$\begin{aligned} \beta_{C_1}(p) = P_p[X \ge 2] &= 1 - P_p[X=0] - P_p[X=1] \\ &= 1-(1-p)^{25} - \binom{25}{1} p(1-p)^{24} \\ &= 1-(1-p)^{24}(1+24p) \end{aligned}$$

이다. $\beta_{C_1}(p)$는 $\beta_{C_1}(0)=0$에서 $\beta_{C_1}(1)=1$까지 증가하는 순증가함수이다. 따라서

$$\beta_{C_1}(0.04) = \max_{p \in \Omega_0} \beta_{C_1}(p) \approx 0.2642$$

이고 $\beta_{C_1}(0.05) \approx 0.3576$, $\beta_{C_1}(0.1) \approx 0.7288$, $\beta_{C_1}(0.3) \approx 0.9984$ 등이다. 즉 제1종 오류를 범할 확률의 최댓값인 유의수준은 0.2642이고 $p = 0.05$ 일 때 제2종 오류를 범할 확률은 $1 - 0.3576 = 0.6424$이다.

(b) 기각역이 $C_2 = \{x \mid x \geq 3\}$이면, 검정력함수는

$$\beta_{C_2}(p) = P_p[X \geq 3] = 1 - P_p[X=0] - P_p[X=1] - P_p[X=2]$$
$$= 1-(1-p)^{25} - \binom{25}{1} p(1-p)^{24} - \binom{25}{2} p^2(1-p)^{23}$$
$$= 1-(1-p)^{23}(1+23p+276p^2)$$

이다. 따라서

$$\beta_{C_2}(0.04) = \max_{p \in \Omega_0} \beta_{C_2}(p) \approx 0.0765$$

이고 $\beta_{C_2}(0.05) \approx 0.1271$, $\beta_{C_2}(0.1) \approx 0.4629$, $\beta_{C_2}(0.3) \approx 0.9910$ 등이다. 즉 유의수준은 0.0765로 (a)의 결과에 비해 줄어들었지만 제2종 오류를 범할 확률은 $p=0.05$일 때 $1-0.1271=0.8729$이고 $p=0.1$일 때 $1-0.4629=0.5371$로 증가되었음을 알 수 있다. 그러므로 $p=0.1$일 때 과일을 구입할 확률이 너무 높다. 또한 두 오류를 범할 확률은 상반되게 움직인다. 그림 11.2.1에 $\beta_{C_1}(p)$와 $\beta_{C_2}(p)$가 나타나 있다.

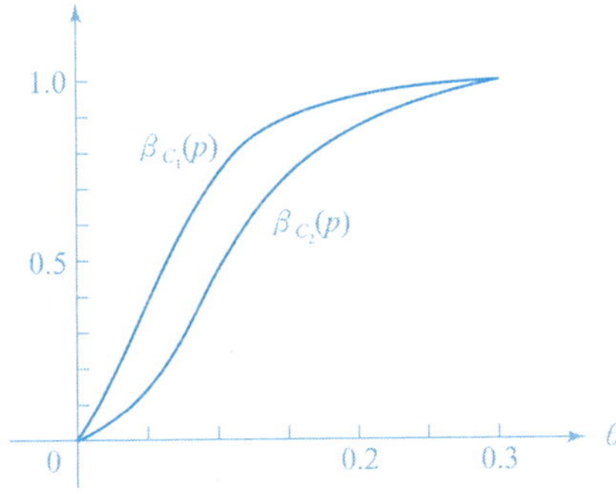

| **그림 11.2.1** | 예제 11.2.3의 검정력함수

예제 11.2.3에서 보았듯이 기각역을 변경하면 한 오류를 범할 확률은 줄어들지만 다른 오류를 범할 확률은 오히려 증가하기 때문에 두 오류를 범할 확률을 동시에 줄일 수 없다. 그러나 표본의 수를 증가시키므로 두 오류를 범할 확률을 동시에 줄일 수 있다.

가설검정이 이루어진 후에는 통계적으로 의미 있는 어떤 방법으로 결론이 발표되어야 한다. 가설검정의 결과를 알리는 한 가지 방법은 사용된 검정의 크기 α와 H_0의 기각여부에 관한 결정을 말하는 것이다. 검정의 크기는 중요한 정보를 가지고 있다. 만일 α가 작으면, H_0를 기각하는 결정은 상당히 확신할 수 있지만, α가 큰 경우는 H_0를 기각하는 결정은

그 결정이 옳지 못할 확률이 크기 때문에 확신할 수 없다.

가설검정의 결과를 발표하는 또 다른 방법은 데이터에 의존하는 p-값을 말하는 것이다. 예를 들어 두 사람이 동일한 실험결과를 이용하여 가설을 검정할 때 이들이 서로 다른 유의수준을 적용한다면, 다른 결론을 얻을 수도 있다. 실험자 Ⅰ이 $\alpha = 0.05$를 충분히 작은 값으로 생각한 반면, 실험자 Ⅱ는 $\alpha = 0.01$을 사용해야 한다고 생각할 수 있다. 동일한 데이터에 근거하여 실험자 Ⅱ가 기각하지 못한 경우 실험자 Ⅰ은 기각할 가능성이 있다. 만일 실험자들이 동일한 검정통계량을 이용하기로 한다면, 다음과 같이 정의되는 검정의 p-값으로 실험의 결과를 발표하면 이러한 문제는 해결될 수 있다.

정의 11.2.6

검정통계량의 관측값에 근거하여 H_0를 기각할 수 있는 검정의 크기 α의 최소값을 **p–값**(p-value) 또는 **유의확률**(significance probability)이라 한다.

검정의 크기가 작은 검정에 의해 H_0를 기각하는 것은 검정의 크기가 큰 검정으로 H_0를 기각하는 것보다 H_1이 참이라는 증거를 더 확신할 수 있으므로, p-값이 작으면 작을수록 H_1이 참이라는 증거가 강하다.

유의수준이 α인 검정의 기각역이 $T(\boldsymbol{X}) \geq c_\alpha$ 형태인 경우를 생각해 보자. 여기서 $T(\boldsymbol{X})$는 적당한 검정통계량이고 c_α는 유의수준이 α가 되도록 선택한 상수이다. 이 경우에 p-값은

$$\sup_{p \in \Omega_0} P_\theta[T(\boldsymbol{X}) \geq T(\boldsymbol{x})] \tag{11.2.5}$$

이다. 물론 기각역의 부등호가 반대이면 p-값의 확률 계산에서의 부등호도 반대가 된다.

예제 11.2.4 정규분포 $N(\mu, 25)$에서 추출한 크기 $n = 16$인 확률표본에 근거하여 $H_0 : \mu \leq 15$ 대 $H_1 : \mu > 15$를 검정해 보자. 관측값이 $\overline{x} = 17.25$라 하자. 그러면 p-값은 $P[\overline{X} \geq 17.25 | \mu = 15] = P[Z \geq 1.80] = 0.0359$이며 $0.01 < 0.0359 < 0.05$이므로, 검정은 $\alpha = 0.05$에서는 기각되지만 $\alpha = 0.01$에서는 기각하지 못한다. 따라서 p-값으로 검정결과를 기록하면, 관심 있는 사람들은 그들 자신의 기준을 적용할 수 있다.

예제 11.2.4에서 생각한 검정의 기각역은

$$z_0 = \frac{\overline{x} - \mu_0}{5/\sqrt{n}} \geq z_\alpha \tag{11.2.6}$$

이다. 이러한 검정을 단측검정이라 한다. 특히 이런 검정을 **상단단측검정**(upper one-sided test)이라 하고 $H_0 : \theta \geq \theta_0$ 대 $H_1 : \theta < \theta_0$ 검정을 **하단단측검정**(lower one-sided test)이라 한다. 또는 양측 대립가설을 갖는 $H_0 : \theta = \theta_0$ 대 $H_1 : \theta \neq \theta_0$ 검정을 **양측검정**(two-sided test)이라 한다.

11.3 최강력검정

앞 절에서는 가설검정의 기본개념과 용어를 소개했으며 기각역에 대한 검정력함수 등을 구해 보았다. 제10장의 점추정에서 미지의 모수를 추정하고자 할 때, 선택 기준에 의해 여러 추정량 중에서 좋은 추정량을 찾는 것과 마찬가지로 검정의 크기가 α 인 기각역을 갖는 여러 검정 중에서 좋은 검정은 제2종 오류를 범할 확률이 작은 검정이 될 것이다. 즉 $\theta \in \Omega_0^c$에 대해 검정력이 더 큰 검정이 좋은 검정이다. 만일 어떤 검정이 검정의 크기가 α 인 검정들 중에서 다른 모든 검정보다 제2종 오류를 범할 확률이 작다면, 그러한 검정들 중에서는 최량의 검정이 될 것이다. 즉, 모수의 대립 값에 대한 최대 검정력을 갖는 검정이 최량의 검정이 된다. 다음 정의를 먼저 살펴보자.

$X_1, \ldots, X_n$ 은 결합 pdf(pmf) $f(x\,;\theta)$를 가지며 C를 검정의 기각역이라 하자.

정의 11.3.1

기각역 C^*가 다음 두 조건을 만족하면, 기각역 C^*에 근거한 $H_0 : \theta = \theta_0$ 대 $H_1 : \theta = \theta_1$ 의 검정을 유의수준이 α 인 **최강력검정(MP 검정)**(most powerful test)이라 하고 C^*를 유의수준이 α 인 **최강력 기각역**(most powerful critical region)이라 한다.

(a) $\beta_{C^*}(\theta_0) = \alpha$ 이고

(b) 검정의 크기가 α 인 임의의 기각역 C에 대해 $\beta_{C^*}(\theta_1) \geq \beta_C(\theta_1)$ 이다.

다음의 유명한 정리는 단순가설의 검정에서 최강력 기각역을 쉽게 구하는 방법을 제시해 준다.

정리 11.3.1 네이만-피어슨 보조정리 (Neyman-Pearson Lemma)

$\boldsymbol{X}=(X_1,\dots,X_n)$ 의 결합 pdf(pmf)가 $f(\boldsymbol{x}\,;\theta)$ 이고

$$C^*=\left\{\boldsymbol{x}\,\middle|\,\lambda(\boldsymbol{x}\,;\theta_0,\theta_1)\equiv\frac{f(\boldsymbol{x}\,;\theta_1)}{f(\boldsymbol{x}\,;\theta_0)}\geq k\right\} \tag{11.3.1}$$

라 하자. 여기서 k는 다음을 만족하는 상수이다.

$$\alpha=P_{\theta_0}[\boldsymbol{X}\in C^*]=P[\boldsymbol{X}\in C^*\,|\,\theta=\theta_0] \tag{11.3.2}$$

그러면 C^*에 근거한 $H_0:\theta=\theta_0$ 대 $H_1:\theta=\theta_1$ 검정은 유의수준이 α인 최강력검정이다.

네이만-피어슨 보조정리는 가설이 단순가설일 때, 두 가능도함수의 비 $\dfrac{f(\boldsymbol{x}\,;\theta_1)}{f(\boldsymbol{x}\,;\theta_0)}$이 적당히 큰 경우 귀무가설을 기각한다는 것이다. 다음 예제를 살펴보자.

예제 11.3.1 $X_1,\dots,X_n$ 은 정규분포 $\mathrm{N}(\mu,4)$ 에서의 확률표본이다. $H_0:\mu=0$ 대 $H_1:\mu=1$ 을 검정하고자 한다. 결합 pdf 가

$$f(\boldsymbol{x}\,;\mu)=(8\pi)^{-n/2}\exp\left[-\frac{1}{8}\sum_{i=1}^{n}(x_i-\mu)^2\right]$$

이므로 가능도함수의 비는

$$\lambda(\boldsymbol{x}\,;\mu_0,\mu_1)=\frac{\exp\left(-\dfrac{1}{8}\displaystyle\sum_{i=1}^{n}(x_i-1)^2\right)}{\exp\left(-\dfrac{1}{8}\displaystyle\sum_{i=1}^{n}x_i^2\right)}=\exp\left(\frac{1}{4}\sum_{i=1}^{n}x_i-\frac{n}{8}\right)$$

이다. 따라서 네이만-피어슨 보조정리에 의해, 적당한 상수 $k\geq 0$에 대해

$$\lambda(\boldsymbol{x}\,;\mu_0,\mu_1)\geq k \Leftrightarrow \sum_{i=1}^{n}x_i\geq k_1,\quad k_1=4\left(\frac{n}{8}+\ln k\right)$$

이면 H_0를 기각한다. 이제 k_1 값을 구해 보면

$$\alpha=P\left[\sum_{i=1}^{n}X_i\geq k_1\,|\,\mu=0\right]$$

을 만족해야 한다. 귀무가설 하에서 $\sum_{i=1}^{n}X_i\sim\mathrm{N}(0,\,4n)$이므로

$$\alpha = P\left[\sum_{i=1}^{n} X_i \geq k_1 \mid \mu = 0\right] = P[Z \geq k_1/\sqrt{4n}\,]$$

을 만족하는 k_1은 $k_1 = z_\alpha\sqrt{4n}$ 이다. 그러므로 유의수준이 α인 최강력 기각역 C^*는 다음과 같다.

$$C^* = \left\{\boldsymbol{x}\,\middle|\, \sum_{i=1}^{n} x_i \geq 2\,z_\alpha\sqrt{n}\right\} = \{\boldsymbol{x} \mid \overline{x} \geq 2\,z_\alpha/\sqrt{n}\}$$

예제 11.3.2 $X_1, \ldots, X_n$이 지수분포 $\text{Exp}(\theta)$에서 추출한 크기 n인 확률표본일 때, $H_0: \theta = \theta_0$ 대 $H_1: \theta = \theta_1$, $\theta_1 > \theta_0$ 를 검정하고자 한다. 결합 pdf가

$$f(\boldsymbol{x}\,;\theta) = \theta^{-n}\exp\left(-\frac{1}{\theta}\sum_{i=1}^{n} x_i\right)$$

이므로

$$\begin{aligned}
\lambda(\boldsymbol{x}\,;\theta_0,\theta_1) &= \frac{f(\boldsymbol{x}\,;\theta_1)}{f(\boldsymbol{x}\,;\theta_0}\\
&= \frac{\theta_1^{-n}\exp\left(-\dfrac{1}{\theta_1}\displaystyle\sum_{i=1}^{n} x_i\right)}{\theta_0^{-n}\exp\left(-\dfrac{1}{\theta_0}\displaystyle\sum_{i=1}^{n} x_i\right)}\\
&= \left(\frac{\theta_0}{\theta_1}\right)^n \exp\left[-\sum_{i=1}^{n} x_i\left(\frac{1}{\theta_1} - \frac{1}{\theta_0}\right)\right]
\end{aligned}$$

이다. 따라서 네이만-피어슨 보조정리에 의해

$$\lambda(\boldsymbol{x}\,;\theta_0,\theta_1) \geq k \Leftrightarrow \sum_{i=1}^{n} x_i \geq k_1$$

이면 H_0를 기각한다. 여기서 상수 k는

$$\alpha = P[\lambda(\boldsymbol{X}\,;\,\theta_0,\,\theta_1) \geq k \mid \theta = \theta_0]$$

를 만족하는 값이므로

$$\alpha = P[\lambda(\boldsymbol{X}\,;\theta_0,\,\theta_1) \geq k \mid \theta = \theta_0] = P\left[\sum_{i=1}^{n} X_i \geq k_1 \mid \theta = \theta_0\right]$$

이고, 귀무가설 $H_0: \theta = \theta_0$ 하에서 $2\sum_{i=1}^{n} X_i/\theta_0 \sim \chi^2(2n)$이므로

$$k_1 = \frac{1}{2}\theta_0 \chi^2_\alpha(2n)$$

이다. 따라서 기각역

$$C^* = \left\{ x \,\middle|\, \sum_{i=1}^{n} x_i \geq \theta_0 \chi^2_\alpha(2n)/2 \right\}$$

가 최강력 기각역이다.

만일 $H_0 : \theta = \theta_0$ 대 $H_1 : \theta = \theta_1, \theta_1 < \theta_0$를 검정하고자 한다면,

$$\lambda(x\,;\,\theta_0,\,\theta_1) \geq k \Leftrightarrow \sum_{i=1}^{n} x_i \leq k_2$$

이므로, 최강력 기각역은 다음과 같다.

$$C^* = \left\{ x \,\middle|\, \sum_{i=1}^{n} x_i \leq \theta_0 \chi^2_{1-\alpha}(2n)/2 \right\}$$

정리 11.3.2 $X_1, \dots, X_n$의 결합 pdf(pmf)가 $f(x\,;\,\theta)$이고 $T(\boldsymbol{X})$를 θ의 충분통계량이라 하면, $H_0 : \theta = \theta_0$ 대 $H_1 : \theta = \theta_1$ 가설에 대한 최강력검정은 $T(\boldsymbol{X})$의 함수이다.

예제 11.3.3 $X_1, \dots, X_n$이 정규분포 $\mathrm{N}(0, \sigma^2)$에서 추출한 크기 n인 확률표본일 때, $H_0 : \sigma^2 = \sigma_0^2$ 대 $H_1 : \sigma^2 = \sigma_1^2$, $\sigma_1^2 > \sigma_0^2$을 검정하고자 한다. 이 경우 가능도 함수의 비가

$$\begin{aligned}\lambda(x\,;\,\sigma_0^2,\,\sigma_1^2) &= \frac{(2\pi\sigma_1^2)^{-n/2} \exp\left(-\dfrac{1}{2\sigma_1^2}\displaystyle\sum_{i=1}^{n} x_i^2\right)}{(2\pi\sigma_0^2)^{-n/2} \exp\left(-\dfrac{1}{2\sigma_0^2}\displaystyle\sum_{i=1}^{n} x_i^2\right)} \\ &= \left(\frac{\sigma_0}{\sigma_1}\right)^n \exp\left[-\sum_{i=1}^{n} x_i^2 \left(\frac{1}{2\sigma_1^2} - \frac{1}{2\sigma_0^2}\right)\right]\end{aligned}$$

이므로, 네이만-피어슨 보조정리에 의해

$$\lambda(x\,;\,\sigma_0^2,\,\sigma_1^2) \geq k \Leftrightarrow \sum_{i=1}^{n} x_i^2 \geq k_1$$

이면, H_0를 기각한다. 여기서 상수 k_1은

$$\alpha = P\left[\sum_{i=1}^{n} X_i^2 \ge k_1 \,\middle|\, \sigma^2 = \sigma_0^2\right]$$

을 만족하는 값이고, H_0 하에서 $\sum_{i=1}^{n} X_i^2/\sigma_0^2 \sim \chi^2(n)$이므로

$$C^* = \left\{ x \,\middle|\, \sum_{i=1}^{n} x_i^2 \ge \sigma_0^2\, \chi_\alpha^2(n) \right\}$$

이 최강력 기각역이다. 만일 $\sigma_1^2 < \sigma_0^2$ 이면, 유의수준이 α인 최강력검정은 $\sum_{i=1}^{n} x_i^2 \le \sigma_0^2 \chi_{1-\alpha}^2(n)$일 때 H_0를 기각하는 것이다. 따라서 최강력검정은 σ^2의 충분통계량인 $\sum_{i=1}^{n} X_i^2$의 함수임을 알 수 있다.

앞서 다룬 예들은 연속인 경우이므로 미리 정한 유의수준 α를 갖는 검정을 할 수 있지만, 이산분포에 대해 정확하게 유의수준이 α인 검정을 찾지 못할 수도 있다. 그러나 유의수준이 α에 가능한 가까운 값으로 기껏해야 α가 되는 검정은 구할 수 있다. 이 경우 네이만-피어슨 보조정리에 의한 검정은 유의수준이 $\beta_{C^*}(\theta_0) = \alpha_1 \le \alpha$인 최강력검정이 된다. 이러한 검정을 미리 정한 유의수준 α에 대해서는 **보수적 검정**(conservative test)이라 한다.

예제 11.3.4 $X_1, \ldots, X_n$이 베르누이분포 $\text{Bin}(1, p)$에서 추출한 확률표본일 때, $H_0: p = p_0$ 대 $H_1: p = p_1$, $p_1 > p_0$의 최강력검정의 형태를 결정해 보자. 가능도함수의 비가

$$\lambda(x\,; p_0, p_1) = \frac{p_1^{\sum_{i=1}^{n} x_i}(1-p_1)^{n-\sum_{i=1}^{n} x_i}}{p_0^{\sum_{i=1}^{n} x_i}(1-p_0)^{n-\sum_{i=1}^{n} x_i}}$$

$$= \left(\frac{1-p_1}{1-p_0}\right)^n \left(\frac{p_1(1-p_0)}{p_0(1-p_1)}\right)^{\sum_{i=1}^{n} x_i}$$

이므로, 네이만-피어슨 보조정리에 의해

$$\lambda(x\,; p_0, p_1) \ge k \Leftrightarrow \left(\frac{p_1(1-p_0)}{p_0(1-p_1)}\right)^{\sum_{i=1}^{n} x_i} \ge k_1$$

$$\Leftrightarrow \sum_{i=1}^{n} x_i \geq k_2$$

이면 H_0 를 기각한다. 이산인 경우이므로

$$\begin{aligned} P[X \geq c \mid p = p_0] &= 1 - P[X \leq c-1 \mid p = p_0] \\ &= 1 - \sum_{i=0}^{c-1} \binom{n}{i} p_0^{\,i} (1-p_0)^{n-i} \\ &\equiv \alpha_c \end{aligned}$$

라 하면 유의수준이 α_c인 최강력검정은 $X \geq c$이면 귀무가설을 기각하는 검정이다. 여기서 $X = \sum_{i=1}^{n} X_i \sim \mathrm{Bin}(n, p)$이다. 즉 최강력 기각역은 $C^* = \{x \mid x \geq c\}$이다. 그러나 α_c와 다른 미리 정해진 유의수준 α인 검정에 대해서는 보수적 검정을 택해야 할 것이다.

네이만-피어슨 보조정리는 보수적 검정이 최강력검정이라는 보장을 하지 못한다. 사실 이 책에서는 기각하거나 아니면 기각하지 않는 단순한 검정에 대해서만 소개하고 있지만, 이산인 경우에는 미리 정한 유의수준 α인 검정을 유도하기 위해 기각하거나, 얼마의 확률로 기각하거나, 기각하지 않는 세 가지 경우가 가능한 검정을 생각할 수 있다. 이와 같이 유의수준이 α인 최강력검정을 유도하기 위해, 예를 들어 위의 예에서 $P[X \geq 7] < \alpha$이고 $P[X \geq 6] > \alpha$라 하면 $X \geq 7$이면 기각하고, $X = 6$이면 유의수준이 α가 되도록 하기 위해 적당한 α_1 확률로 기각하거나 $1 - \alpha_1$ 확률로 기각하지 않으며, $X \leq 5$이면 기각하지 않는 검정을 생각하는 것이다. 이와 같은 검정을 **확률화검정** 또는 **임의화검정**(randomized test)이라 한다. 이 책에서는 상세한 설명은 생략한다.

네이만-피어슨 보조정리는 완전히 분포가 결정된 귀무가설 $H_0 : f_0(x\,;\theta_0)$와 역시 완전히 분포가 결정된 대립가설 $H_1 : f_1(x\,;\theta_1)$을 검정하기 위해 적용할 수 있다. 다음 예제를 살펴보자.

예제 11.3.5 $H_0: X \sim \mathrm{U}(0,1)$ 대 $H_1: X \sim \mathrm{Beta}(6,1)$의 유의수준이 α인 최강력검정을 구해 보자. 먼저 네이만-피어슨 보조정리를 이용하기 위해 가능도함수의 비를 생각해 보면

$$\lambda(x) = \frac{f_1(x)}{f_0(x)} = \frac{6x^5}{1} = 6x^5$$

이므로, 최강력검정은 $x^5 \geq k$ 이면 귀무가설 H_0를 기각하는 것이다. $\lambda(x)$가 x의 증가함수이므로, 최강력검정은 $x \geq k_1$ 이면 H_0를 기각하는 것이다. 따라서 상수 k_1은

$$\alpha = P[X \geq k_1 \mid H_0 \text{가 참일 때}] = \int_{k_1}^{1} dx = 1 - k_1$$

을 만족해야 하므로 $k_1 = 1 - \alpha$이다. 그러므로 이 검정의 검정력은 다음과 같다.

$$P[X \geq 1 - \alpha \mid X \sim \text{Beta}(6,1)] = \int_{1-\alpha}^{1} 6x^5 dx = 1 - (1-\alpha)^6$$

11.4 균일최강력검정

앞 절에서는 단순가설인 경우 검정력이 가장 큰 검정을 유도하는 방법에 대해 소개하였다. 이 절에서는 복합가설인 경우 대립가설에 해당되는 모수값들의 변화에 영향을 받지 않는 최강력검정인 균일최강력검정을 정의하고 이 검정을 유도하는 정리들과 이론을 소개한다.

정의 11.4.1

기각역 C^*가 다음 두 조건을 만족하면, 기각역 C^*에 근거한 $H_0 : \theta \in \Omega_0$ 대 $H_1 : \theta \in \Omega_0^c$의 검정을 크기가 α인 **균일최강력검정**(UMP 검정)(uniformly most powerful test)이라 하고 C^*를 **균일최강력 기각역**이라 한다.

(a) $\max_{\theta \in \Omega_0} \beta_{C^*}(\theta) = \alpha$ (11.4.1)

(b) 모든 $\theta \in \Omega_0^c$와 크기가 α인 모든 기각역 C에 대해 다음이 성립된다.

$$\beta_{C^*}(\theta) \geq \beta_C(\theta) \tag{11.4.2}$$

단측인 복합대립가설의 경우에는 대부분의 경우 균일최강력검정이 존재한다. 균일최강력검정을 유도하는 가능한 한 가지 방법은 먼저 대립가설에 해당되는 특정한 한 값에 대해

네이만-피어슨 보조정리를 이용하여 최강력검정을 유도하고 이 검정이 대립가설에 해당되는 모수값에 영향을 받지 않음을 보여 균일최강력검정을 얻을 수 있다.

예제 11.4.1 $X_1, \ldots, X_n$ 을 정규분포 $\mathrm{N}(\mu, \sigma_0^2)$ 에서 추출한 확률표본이라 하자. 여기서 σ_0^2 은 알려진 상수이다. $H_0 : \mu \le \mu_0$ 대 $H_1 : \mu > \mu_0$ 의 크기가 α 인 균일최강력검정을 구해 보자. 여기서 μ_0 는 특정한 상수이다. 먼저 네이만-피어슨 보조정리를 이용하기 위해 다음의 단순가설에 대해 생각해 보자.

$$H_0 : \mu = \mu_0 \text{ 대 } H_1 : \mu = \mu_1,\ \ \mu_1 > \mu_0$$

가능도함수비는

$$\begin{aligned}\lambda(\boldsymbol{x}\,;\mu_0,\mu_1) &= \frac{(2\pi\sigma_0^2)^{-n/2}\exp\left[-\sum_{i=1}^{n}(x_i-\mu_1)^2/2\sigma_0^2\right]}{(2\pi\sigma_0^2)^{-n/2}\exp\left[-\sum_{i=1}^{n}(x_i-\mu_0)^2/2\sigma_0^2\right]} \\ &= \exp\left[\frac{n(\mu_1-\mu_0)}{\sigma_0^2}\,\overline{x} - \frac{n}{2\sigma_0^2}(\mu_1^2-\mu_0^2)\right]\end{aligned}$$

이며, $\mu_1 > \mu_0$ 이므로 $\lambda(\boldsymbol{x}\,;\mu_0,\mu_1)$ 은 μ 의 충분통계량 $\overline{X}$ 의 관측값인 $\overline{x}$ 의 증가함수이다. 따라서 네이만-피어슨 보조정리에 의해 크기가 α 인 최강력검정은

$$\lambda(\boldsymbol{x}\,;\mu_0,\ \mu_1) \ge k \Leftrightarrow \overline{x} \ge k_1$$

일 때 기각하는 것이다. 물론, 상수 k_1 은

$$\begin{aligned}\alpha &= P[\overline{X} \ge k_1 \mid \mu = \mu_0] \\ &= P\left[\frac{\overline{X}-\mu_0}{\sigma_0/\sqrt{n}} \ge \frac{k_1-\mu_0}{\sigma_0/\sqrt{n}} \,\middle|\, \mu = \mu_0\right] \\ &= P\left[Z \ge \frac{k_1-\mu_0}{\sigma_0/\sqrt{n}}\right]\end{aligned}$$

을 만족하는 값이다. 즉, $k_1 = \mu_0 + \dfrac{\sigma_0}{\sqrt{n}} z_\alpha$ 이다. 따라서 가설 $H_0 : \mu = \mu_0$ 대 $H_1 : \mu = \mu_1$ 의 최강력 기각역 C^* 는 다음과 같다.

$$C^* = \left\{\boldsymbol{x} \,\middle|\, \overline{x} \ge \mu_0 + z_\alpha \frac{\sigma_0}{\sqrt{n}}\right\}$$

이제 C^*에 대응되는 검정이 $H_0: \mu = \mu_0$ 대 $H_1: \mu > \mu_0$의 크기가 α인 균일최강력검정임을 보일 것이다. 사실 위의 유도과정을 살펴보면 대립가설에 해당되는 값이 μ_0보다 크다는 사실 외에는 μ_1의 값이 어떤 값이던 영향을 받지 않는다. 그러므로 C^*는 $\mu_1 > \mu_0$인 임의의 μ_1에 대해 크기가 α인 최강력기각역임을 알 수 있다. 따라서 C^*는 $H_0: \mu = \mu_0$ 대 $H_1: \mu > \mu_0$의 크기가 α인 균일최강력검정의 기각역이다.

다음은 C^*가 $H_0: \mu \le \mu_0$ 대 $H_1: \mu > \mu_0$에 대해서도 검정의 크기가 α임을 보이고자 한다. 즉, 귀무가설을 $H_0: \mu = \mu_0$라는 단순가설을 사용하거나 $H_0: \mu \le \mu_0$라는 복합가설을 사용하거나 동일한 검정이라는 것이다. 따라서 저자에 따라 귀무가설은 항상 단순가설만을 이용하기도 한다.

$H_0: \mu \le \mu_0$ 대 $H_1: \mu > \mu_0$가설에 대해 C^*에 대응되는 검정의 검정력함수를 구해 보면

$$\begin{aligned}\beta_{C^*}(\mu) &= P\left[\overline{X} \ge \mu_0 + z_\alpha \frac{\sigma_0}{\sqrt{n}} \;\middle|\; \mu\right] \\ &= P\left[Z \ge \frac{\mu_0 - \mu}{\sigma_0/\sqrt{n}} + z_\alpha\right] \\ &= 1 - \Phi\left(\frac{\mu_0 - \mu}{\sigma_0/\sqrt{n}} + z_\alpha\right)\end{aligned}$$

이다. 검정력함수는 μ의 증가함수이다. 따라서 검정의 크기는

$$\max_{\mu \le \mu_0} \beta_{C^*}(\mu) = 1 - \Phi(z_\alpha) = \alpha$$

이다. 그러므로 C^*는 $H_0: \mu \le \mu_0$ 대 $H_1: \mu > \mu_0$의 크기가 α인 균일최강력검정의 기각역이다.

11.4.1 단조가능도비

앞에서 네이만-피어슨 보조정리를 이용하여 단측 대립가설에 대해 균일최강력검정을 구하는 방법에 대해 살펴보았으나 좀더 용이하게 균일최강력검정을 구하기 위해 필요한 정의를 소개하고자 한다. 여기서 정의하고자 하는 분포들의 특별한 모임은 예제 11.4.1에서 다룬 정규분포도 포함되는 상당히 큰 모임으로 1-모수 지수족도 포함하며, 단측가설에 대해 균일최강력검정을 쉽게 구할 수 있다.

정의 11.4.2

$\{f(x;\theta)\,|\,\theta\in\Omega\}$를 $\boldsymbol{X}=(X_1,\ldots,X_n)$의 결합 pdf(pmf)의 모임이라 하고, $T(\boldsymbol{X})$는 실숫값 통계량이라 하자. $\theta_1,\ \theta_2\in\Omega\,(\theta_1<\theta_2)$에 대해 가능도함수비

$$L(x;\theta_1,\theta_2)=\frac{f(x;\theta_2)}{f(x;\theta_1)} \tag{11.4.3}$$

가 $T(x)$의 비감소(nondecreasing)함수이면, $\{f(x;\theta)\,|\,\theta\in\Omega\}$가 $T(x)$에서 **단조가능도비** 또는 **단조우도비**(monotone likelihood ratio: MLR) 성질을 갖는다고 한다.

예제 11.4.2 $X_1,\ldots,X_n$이 균일분포 $\mathrm{U}(0,\theta)$에서 추출한 확률표본이면, 결합 pdf가

$$f(x;\theta)=\begin{cases}\dfrac{1}{\theta^n}, & 0<x_{1:n}\le x_{n:n}<\theta\\ 0, & \text{그 이외}\end{cases}$$

이다. $\theta_1<\theta_2$라 하면 가능도함수비는

$$L(x;\theta_1,\theta_2)=\frac{f(x;\theta_2)}{f(x;\theta_1)}=\left(\frac{\theta_1}{\theta_2}\right)^n\frac{\mathrm{I}_{(0,\theta_2)}(x_{n:n})}{\mathrm{I}_{(0,\theta_1)}(x_{n:n})}$$

이며, $L(x;\theta_1,\theta_2)$가 $T(x)=x_{n:n}$의 비감소함수이므로, $(0,\theta)$에서 균일분포는 $x_{n:n}$에서 단조가능도비(MLR) 성질을 갖는다.

예제 11.4.3 $X_1,\ldots,X_n$은 지수분포 $\mathrm{Exp}(\theta)$에서의 확률표본이라 하면, 결합 pdf가

$$f(x;\theta)=\left(\frac{1}{\theta}\right)^n\exp\left(-\frac{1}{\theta}\sum_{i=1}^n x_i\right)$$

이므로, $\theta_1<\theta_2$일 때 가능도함수비는

$$L(x;\theta_1,\theta_2)=\frac{(1/\theta_2)^n\exp\left(-\dfrac{1}{\theta_2}\displaystyle\sum_{i=1}^n x_i\right)}{(1/\theta_1)^n\exp\left(-\dfrac{1}{\theta_1}\displaystyle\sum_{i=1}^n x_i\right)}$$

$$=\left(\frac{\theta_1}{\theta_2}\right)^n\exp\left[-\sum_{i=1}^n x_i\left(\frac{1}{\theta_2}-\frac{1}{\theta_1}\right)\right]$$

이다. 즉, $L(x;\theta_1,\theta_2)$는 $\sum_{i=1}^n x_i$의 증가함수이다. 따라서 모수가 θ인 지수분

포는 $T(x)=\sum_{i=1}^{n} x_i$ 에서 MLR 성질을 갖는다.

정리 11.4.1 다음의 결합 pdf(pmf)를 갖는 1-모수 지수족을 생각해 보자.

$$f(x\,;\theta)=c(\theta)h(x)\exp[q(\theta)T(x)] \tag{11.4.4}$$

(a) $q(\theta)$가 θ의 비감소함수이면, 지수족은 $T(x)$에서 MLR 성질을 갖는다.

(b) $q(\theta)$가 θ의 비증가함수이면, 지수족은 $T^{*}(x)=-T(x)$에서 MLR 성질을 갖는다.

증명 $\theta_1<\theta_2$라 하면, 가능도함수비는

$$\begin{aligned} L(x\,;\theta_1,\theta_2) &= \frac{c(\theta_2)h(x)\exp[q(\theta_2)T(x)]}{c(\theta_1)h(x)\exp[q(\theta_1)T(x)]} \\ &= \frac{c(\theta_2)}{c(\theta_1)}\exp[\{q(\theta_2)-q(\theta_1)\}T(x)] \end{aligned}$$

이다. $q(\theta)$가 θ의 비감소함수이면, $q(\theta_2)-q(\theta_1)\ge 0$이므로 $L(x\,;\theta_1,\theta_2)$는 $T(x)$의 비감소함수이다. 또한 $q(\theta)$가 θ의 비증가함수이면, $q(\theta_2)-q(\theta_1)\le 0$이므로 $L(x\,;\theta_1,\theta_2)$는 $T^{*}(x)=-T(x)$의 비감소함수이다. 따라서 정리가 증명된다. ■

위 정리의 예에 해당되는 분포는 정규분포(한 모수를 알 때), 이항분포, 포아송분포, 감마분포(한 모수를 알 때), 베타분포(한 모수를 알 때) 등이다.

예제 11.4.4 $X_1,\ldots,X_n$을 정규분포 $N(\mu,\sigma^2)$에서 추출한 확률표본이라 하자.

(a) σ^2이 알려진 상수일 때, 결합 pdf가

$$f(x\,;\mu)=(2\pi\sigma^2)^{-n/2}\exp\left(\frac{\mu}{\sigma^2}\sum_{i=1}^{n}x_i-\frac{1}{2\sigma^2}\sum_{i=1}^{n}x_i^2-\frac{n\mu^2}{2\sigma^2}\right)$$

이므로 $q(\mu)=\mu/\sigma^2$은 μ의 증가함수이고 $T(x)=\sum_{i=1}^{n}x_i$이므로 분산이 알려진 정규분포는 $T(x)=\sum_{i=1}^{n}x_i$에서 MLR 성질을 갖는다.

(b) μ는 알려진 상수이고 σ^2이 미지의 모수일 때, 결합 pdf가

$$f(x;\sigma^2)=(2\pi\sigma^2)^{-n/2}\exp\left(-\frac{1}{2\sigma^2}\sum_{i=1}^{n}(x_i-\mu)^2\right)$$

으로 나타낼 수 있으며 $q(\sigma^2)=-1/2\sigma^2$은 σ^2의 증가함수이다. 따라서 $T(x)=\sum_{i=1}^{n}(x_i-\mu)^2$에서 MLR 성질을 갖는다.

다음은 MLR 성질을 갖지 않는 경우의 예이다.

예제 11.4.5 $X\sim \text{Cau}(1,\theta)$라 하면, $\theta_1<\theta_2$에 대해

$$L(x;\theta_1,\theta_2)=\frac{f(x;\theta_2)}{f(x;\theta_1)}=\frac{1+(x-\theta_1)^2}{1+(x-\theta_2)^2}$$

이므로 $\theta_1=4, \theta_2=5, x=1, y=2$에 대해

$$L(x;4,5)=\frac{1+(1-4)^2}{1+(1-5)^2}=\frac{10}{17}$$

$$L(y;4,5)=\frac{1+(2-4)^2}{1+(2-5)^2}=\frac{1}{2}$$

이다. 따라서 $L(x;4,5)>L(y;4,5)$이므로 $T(x)=x$에서 MLR 성질을 갖지 못한다.

앞서 살펴본 MLR 성질은 단측가설인 경우 UMP 검정을 유도하는데 매우 유용하다. 다음 정리를 살펴보자.

정리 11.4.2 결합 pdf(pmf) $f(x;\theta)$를 갖는 분포가 $T(x)$에서 MLR 성질을 갖는다면,

(a) $H_0:\theta\le\theta_0$ 대 $H_1:\theta>\theta_0$ 가설에 대해, 검정의 크기가 α인 균일최강력검정의 기각역은

$$C_1=\{x\mid T(x)\ge k\} \tag{11.4.5}$$

이다. 여기서 상수 k는 $\alpha=P[T(\boldsymbol{X})\ge k\mid\theta=\theta_0]$를 만족하는 값이다.

(b) $H_0:\theta\ge\theta_0$ 대 $H_1:\theta<\theta_0$ 가설에 대해, 검정의 크기가 α인 균일최강력검정의 기

각역은

$$C_2 = \{\boldsymbol{x} \mid T(\boldsymbol{x}) \le k\} \tag{11.4.6}$$

이다. 여기서 상수 k는 $\alpha = P[T(\boldsymbol{X}) \le k \mid \theta = \theta_0]$를 만족하는 값이다.

만일 가능도함수비가 $T(\boldsymbol{x})$의 비증가함수이면, 정리 11.4.2에서 기각역의 부등호 방향을 바꾸면 균일최강력검정을 얻을 수 있다.

예제 11.4.6 예제 11.4.4 (a)에서 $H_0 : \mu \le \mu_0$ 대 $H_1 : \mu > \mu_0$의 크기가 α인 균일최강력검정을 구해 보자. $T(\boldsymbol{x}) = \sum_{i=1}^{n} x_i$에서 MLR 성질을 갖기 때문에 정리 11.4.2에 의해 $\alpha = P\left[\sum_{i=1}^{n} X_i \ge k \,\middle|\, \mu = \mu_0\right]$를 만족하는 k에 대해, 균일최강력검정은 $\sum_{i=1}^{n} x_i \ge k$일 때 H_0를 기각하는 것이다.

$$\begin{aligned}
\alpha &= P\left[\sum_{i=1}^{n} X_i \ge k \,\middle|\, \mu = \mu_0\right\} \\
&= P\left[\frac{1}{\sqrt{n\sigma^2}}\left(\sum_{i=1}^{n} X_i - n\mu_0\right) \ge \frac{k - n\mu_0}{\sqrt{n\sigma^2}} \,\middle|\, \mu = \mu_0\right] \\
&= P\left[Z \ge \frac{k - n\mu_0}{\sqrt{n\sigma^2}}\right]
\end{aligned}$$

이므로 $k = n\mu_0 + z_\alpha \sqrt{n\sigma^2}$이다. 즉, $C^* = \left\{\boldsymbol{x} \,\middle|\, \bar{x} \ge \mu_0 + z_\alpha \frac{\sigma}{\sqrt{n}}\right\}$가 균일최강력검정의 기각역이다. 예제 11.4.1의 결과와 동일하다.

예제 11.4.7 예제 11.4.4 (b)에서 $H_0 : \sigma^2 \le \sigma_0^2$ 대 $H_1 : \sigma^2 > \sigma_0^2$의 크기가 α인 균일최강력검정을 구해 보자. $T(\boldsymbol{x}) = \sum_{i=1}^{n} (x_i - \mu)^2$에서 MLR 성질을 갖기 때문에 정리 11.4.2에 의해 크기가 α인 균일최강력검정은

$$\alpha = P\left[\sum_{i=1}^{n} (X_i - \mu)^2 \ge k \,\middle|\, \sigma^2 = \sigma_0^2\right]$$

을 만족하는 상수 k에 대해 $\sum_{i=1}^{n} (x_i - \mu)^2 \ge k$일 때 H_0를 기각하는 것이다.

$$\begin{aligned}\alpha &= P\left[\sum_{i=1}^{n}(X_i-\mu)^2 \geq k \,\middle|\, \sigma^2=\sigma_0^2\right] \\ &= P\left[\frac{\sum_{i=1}^{n}(X_i-\mu)^2}{\sigma_0^2} \geq \frac{k}{\sigma_0^2} \,\middle|\, \sigma^2=\sigma_0^2\right] \\ &= P\left[\chi^2(n) \geq k/\sigma_0^2\right]\end{aligned}$$

이므로, $k=\sigma_0^2\chi_\alpha^2(n)$이다. 즉 $C^*=\left\{x \,\middle|\, \sum_{i=1}^{n}(x_i-\mu)^2 \geq \sigma_0^2\chi_\alpha^2(n)\right\}$이 UMP 기각역이다.

*11.4.2 비편향검정

복합가설에 대해 균일최강력검정을 유도하는 방법을 소개했지만 모든 가설에 대해 항상 균일최강력검정이 존재하는 것은 아니다. 따라서 균일최강력검정을 구할 수 없는 경우에는 점추정에서와 같이 특정한 성질을 만족하는 검정 중에서 검정력이 최대가 되는 검정을 구하고자 할 것이다. 검정의 선택 기준이 될 수 있는 특정한 성질을 소개한다.

정의 11.4.3

$H_0:\theta\in\Omega_0$ 대 $H_1:\theta\in\Omega_0^c$ 검정이

$$\inf_{\theta\in\Omega_0^c}\beta_C(\theta) \geq \sup_{\theta\in\Omega_0}\beta_C(\theta) \tag{11.4.7}$$

를 만족하면, 이 검정을 **비편향검정**(unbiased test)이라 한다.

정의 11.4.4

비편향검정 중에서 각 $\theta\in\Omega_0^c$에 대해 검정력이 최대인 검정을 **균일최강력비편향검정**(uniformly most powerful unbiased (UMPU) test)이라 한다.

균일최강력비편향검정의 상세한 내용은 생략한다. 예를 들어 $\mathrm{N}(\mu,\sigma^2)$에서 추출한 표본 크기 n인 확률표본에 대해 $H_0:\mu=\mu_0$ 대 $H_1:\mu\neq\mu_0$의 균일최강력검정은 존재하지 않는다. 이 경우 널리 이용되는 정규검정과 t-검정이 균일최강력비편향검정이다. 즉, σ^2을 알고 있는 경우

$$\left|\frac{\bar{x}-\mu_0}{\sigma/\sqrt{n}}\right| \geq z_{\alpha/2} \tag{11.4.8}$$

일 때 H_0를 기각하는 검정이 균일최강력비편향검정이다.

*11.5 일반화 가능도비 검정

앞 절에서 네이만-피어슨 보조정리를 이용하여 균일최강력검정을 유도하는 방법과 MLR 성질을 이용하여 유도하는 방법 등에 대해 알아보았다. 그러나, 지금까지 다룬 방법은 미지의 모수가 한 개일 때 적용했다. 네이만-피어슨 보조정리에서 볼 수 있듯이 가능도비의 분석은 검정통계량을 찾는 좋은 방법이다. 따라서 이 방법을 모수가 두 개 이상인 경우에도 이용할 수 있도록 확장하면 종종 어떤 최적의 성질을 갖는 검정을 유도할 수 있다. $X_1, \ldots, X_n$은 pdf(pmf)가 $f(x\,;\theta)$인 모집단에서 추출한 확률표본이다. 제10장 최대가능도 추정법에서와 같이 가능도함수를

$$L(\theta\,;x) = f(x\,;\theta) = \prod_{i=1}^{n} f(x_i\,;\theta)$$

라 하고 Ω를 모수공간이라 하자.

정의 11.5.1

$H_0: \theta \in \Omega_0$ 대 $H_1: \theta \in \Omega_0^c$ 가설에 대해

$$\lambda(x) = \frac{\sup_{\theta \in \Omega_0} L(\theta\,;x)}{\sup_{\theta \in \Omega} L(\theta\,;x)} \tag{11.5.1}$$

를 **일반화 가능도비(우도비) 검정통계량** (generalized likelihood ratio (GLR) test statistic)이라 하고, **일반화 가능도비 검정**(generalized likelihood ratio (GLR) test)은 적당한 상수 $0 \leq c \leq 1$에 대해 기각역이 $C = \{x \mid \lambda(x) \leq c\}$인 검정이다. 여기서 c는 다음을 만족하는 상수이다.

$$\alpha = P_{H_0}[\lambda(\boldsymbol{X}) \leq c]$$

θ의 MLE $\hat{\theta}$이 존재하고, Ω_0를 모수공간으로 생각하여 귀무가설 H_0 하에서 구한 MLE

를 $\hat{\theta_0}$ 이라 하면, GLR 검정통계량은 다음과 같다.

$$\lambda(x) = \frac{L(\hat{\theta_0}\,;\,x)}{L(\hat{\theta}\,;\,x)} \tag{11.5.2}$$

먼저 이산인 경우의 일반화 가능도비 검정에 대해 알아보자.

예제 11.5.1 어떤 사자는 매일 밤 세 가지 가능한 형태의 행동상태를 갖는다. 즉, 매우 활동적(θ_1로 표시), 보통(θ_2로 표시), 활동적이지 못한(θ_3으로 표시) 세 가지 중 한 가지 형태를 갖는다. 이 사자는 매일 저녁 먹이로 짐승을 잡아 먹는데, i 마리를 잡을 확률이 $f(i\,;\,\theta)$, $\theta \in \Omega = \{\theta_1, \theta_2, \theta_3\}$이다. 물론 잡은 짐승의 수에 대한 확률분포는 그 사자의 행동상태 $\theta \in \Omega$에 따라 다르다. 그 값이 다음과 같다.

사자의 식육분포

i	0	1	2	3	4
$f(i;\theta_1)$	0.00	0.05	0.15	0.70	0.10
$f(i;\theta_2)$	0.10	0.25	0.60	0.05	0.00
$f(i;\theta_3)$	0.87	0.10	0.03	0.00	0.00

한 확률변수 $X = x_0$가 관측되었을 때, $H_0 : \theta = \theta_3$대 $H_1 : \theta \in \{\theta_1, \theta_2\}$를 검정해 보자. $\Omega_0 = \{\theta_3\}$ 이고 $\Omega = \{\theta_1, \theta_2, \theta_3\}$이므로

$$\lambda(i) = \frac{\sup_{\theta \in \Omega_0} f(i\,;\,\theta)}{\sup_{\theta \in \Omega} f(i\,;\,\theta)}$$

는 다음과 같이 계산할 수 있다.

i	0	1	2	3	4
$\lambda(i)$	1	0.4	0.05	0.00	0.00

따라서 GLR 검정은 $\lambda(i) \le c$일 때 H_0를 기각한다. 여기서 c는 $\alpha = P[\lambda(i) \le c \,|\, \theta = \theta_3]$를 만족하는 상수이다. 귀무가설 $H_0 : \theta = \theta_3$이 참일 때

t	0	0.05	0.4	1
$P[\lambda(i) = t]$	0.00	0.03	0.10	0.87

이므로, $\alpha = 0.03$이면 GLR 검정은 $\lambda(i) \le 0.05$일 때 H_0를 기각한다. 그러

므로 $x = 2, 3, 4$ 가 관측되면 H_0 를 기각한다. 따라서 GLR 검정의 기각역은

$$C = \{x \mid x = 2, 3, 4\}$$

이다.

예제 11.5.2 $X_1, \ldots, X_n$ 이 정규분포 $N(\mu, 1)$에서의 확률표본일 때, $H_0: \mu \le \mu_0$ 대 $H_1: \mu > \mu_0$ 의 GLR 검정을 유도해 보자. 이 경우 $\Omega_0 = \{\mu \mid \mu \le \mu_0\} = (-\infty, \mu_0]$ 이고 $\Omega = (-\infty, \infty)$ 이므로, $\hat{\mu} = \bar{x}$ 이며

$$\widehat{\mu_0} = \begin{cases} \bar{x}, & \bar{x} \le \mu_0 \\ \mu_0, & \bar{x} > \mu_0 \end{cases}$$

이므로

$$\lambda(x) = \frac{L(\widehat{\mu_0}\,;x)}{L(\hat{\mu}\,;x)} = \begin{cases} 1, & \bar{x} \le \mu_0 \\ \exp[-n(\bar{x} - \mu_0)^2/2\,], & \bar{x} > \mu_0 \end{cases}$$

이다. 이 경우의 검정력함수는

$$\begin{aligned} \beta(\mu) &= P_\mu\left[\sqrt{n}(\bar{X} - \mu_0) \ge c_2\right] \\ &= P_\mu[\sqrt{n}(\bar{X} - \mu) \ge \sqrt{n}(\mu_0 - \mu) + c_2] \\ &= \Phi(\sqrt{n}(\mu - \mu_0) - c_2) \end{aligned}$$

이므로 μ 의 증가함수이다. 따라서 검정의 크기는

$$\sup_{\mu \le \mu_0} \beta(\mu) = \beta(\mu_0) = \Phi(-c_2) = \alpha$$

이다. 따라서 $c_2 = z_\alpha$ 이므로, 기각역은 $\left\{x \mid \sqrt{n}(\bar{x} - \mu_0) \ge z_\alpha\right\}$이다.

다른 미지의 **장애모수**(nuisance parameter)가 존재하는 경우 한 미지의 모수에 관한 가설을 검정해야 할 경우가 가끔 있다. 다음 예를 살펴보자.

예제 11.5.3 $X_1, \ldots, X_n$ 을 정규분포 $N(\mu, \sigma^2)$ 에서의 확률표본이라 하자. μ와 σ^2은 모두 미지의 모수이다. 이 확률표본에 근거하여 $H_0: \mu = \mu_0$ 대 $H_1: \mu \ne \mu_0$ 의 검정을 생각해 보자. 이 경우

$$\Omega_0 = \left\{(\mu_0, \sigma^2) \mid \sigma^2 > 0\right\}$$

이고

$$\Omega = \left\{(\mu, \sigma^2) \mid -\infty < \mu < \infty,\ \sigma^2 > 0\right\}$$

이다. 따라서 Ω에서의 MLE는 $\hat{\mu} = \overline{x}$ 이고 $\widehat{\sigma^2} = \sum_{i=1}^{n} (x_i - \overline{x})^2/n$ 이며, $\theta = (\mu, \sigma^2)$ 이라 하면

$$\begin{aligned}\sup_{\theta \in \Omega_0} L(\mu, \sigma^2 ; x) &= \sup_{\sigma^2 > 0} \left[(2\pi\sigma^2)^{-n/2} \exp\left\{-\frac{1}{2\sigma^2}\sum_{i=1}^{n}(x_i - \mu_0)^2\right\}\right] \\ &= L(\mu_0, \widehat{\sigma_0^2} ; x)\end{aligned}$$

이다. 여기서 $\widehat{\sigma_0^2} = \sum_{i=1}^{n}(x_i - \mu_0)^2/n$ 이다. 그러므로

$$\begin{aligned}\lambda(x) &= \frac{L(\mu_0, \widehat{\sigma_0^2} ; x)}{L(\hat{\mu}, \widehat{\sigma^2} ; x)} \\ &= \frac{(2\pi\widehat{\sigma_0^2})^{-n/2} \exp\left[-\sum_{i=1}^{n}(x_i - \mu_0)^2 / 2\widehat{\sigma_0^2}\right]}{(2\pi\widehat{\sigma^2})^{-n/2} \exp\left[-\sum_{i=1}^{n}(x_i - \overline{x})^2 / 2\widehat{\sigma^2}\right]} \\ &= (\widehat{\sigma_0^2} / \widehat{\sigma^2})^{-n/2} \\ &= \left[\frac{\sum_{i=1}^{n}(x_i - \mu_0)^2}{\sum_{i=1}^{n}(x_i - \overline{x})^2}\right]^{-n/2} \\ &= \left[\frac{\sum_{i=1}^{n}(x_i - \overline{x})^2 + n(\overline{x} - \mu_0)^2}{\sum_{i=1}^{n}(x_i - \overline{x})^2}\right]^{-n/2} \\ &= \left[1 + \frac{n(\overline{x} - \mu_0)^2}{\sum_{i=1}^{n}(x_i - \overline{x})^2}\right]^{-n/2} \\ &= \left[1 + \frac{1}{n-1}\frac{n(\overline{x} - \mu_0)^2}{\sum_{i=1}^{n}(x_i - \overline{x})^2/(n-1)}\right]^{-n/2}\end{aligned}$$

$$= \left(1 + \frac{T^2(x)}{n-1}\right)^{-n/2} \tag{11.5.3}$$

이다. 여기서

$$T(x) = \frac{\sqrt{n}\,(\bar{x} - \mu_0)}{\sqrt{\sum_{i=1}^{n}(x_i - \bar{x})^2/(n-1)}} = \frac{\bar{x} - \mu_0}{s/\sqrt{n}} \tag{11.5.4}$$

이다. $H_0 : \mu = \mu_0$ 하에서 $T(\boldsymbol{X}) \sim t(n-1)$이므로 $T^2(\boldsymbol{X}) \sim F(1,\, n-1)$이다. GLR 검정은

$$\lambda(x) \le c \Leftrightarrow T^2(x) \ge c_1$$

일 때 H_0를 기각하는 것이다. c_1은 $\alpha = P[T^2(\boldsymbol{X}) \ge c_1 \mid \mu = \mu_0]$를 만족하는 상수이다. 따라서 기각역은

$$\begin{aligned} C &= \{x \mid T^2(x) \ge F_\alpha(1,\, n-1)\} \\ &= \{x \mid T(x) \le -t_{\alpha/2}(n-1) \text{ 또는 } T(x) \ge t_{\alpha/2}(n-1)\} \\ &= \{x \mid |T(x)| \ge t_{\alpha/2}(n-1)\} \end{aligned} \tag{11.5.5}$$

이다. 사실 이 검정은 균일최강력검정은 아니고 균일최강력비편향검정이다.

가설검정의 가능도비 방법은 최대가능도추정량과 관련이 있으며, 최대가능도추정만큼 가능도비 검정은 널리 이용된다. 실제로 기각역을 구하기 위해서는 귀무가설 하에서 가능도비 검정통계량의 분포가 필요하다. 다음은 가능도비의 대표본성질로 근사적인 분포를 제공해 주는 중요한 정리이다.

정리 11.5.1 결합 pdf(pmf) $f(x\,;\theta)$에 대한 정칙조건이 만족되면, 귀무가설 H_0 하에서 $-2\ln\lambda(\boldsymbol{X})$는 근사적으로 자유도가 Ω와 Ω_0에 속하는 독립인 모수들의 개수의 차이인 카이제곱분포를 따른다. 즉, n이 클 때 근사적으로

$$-2\ln\lambda(\boldsymbol{X}) \approx \chi^2(r-q) \tag{11.5.6}$$

이다. 여기서 r은 Ω에 속하는 독립인 모수의 개수이고 q는 Ω_0에 속하는 독립인 모수의 개수이다.

예제 11.5.4 예제 11.5.2에서 $\lambda(x) = \exp[-n(\bar{x}-\mu_0)^2/2]$, $\bar{x} > \mu_0$이므로, 귀무가설 H_0 하에서

$$-2\ln\lambda(\boldsymbol{X}) = n(\overline{X}-\mu_0)^2 = \left(\frac{\overline{X}-\mu_0}{1/\sqrt{n}}\right)^2 \sim \chi^2(1)$$

이다. 이 예에서는 $r=1,\ q=0$ 이며 $-2\ln\lambda(\boldsymbol{X})$는 정확하게 자유도가 1인 카이제곱 확률변수이다.

정리 11.5.1에 의해, $\lambda(\boldsymbol{X})$의 정확한 분포를 알 수 없는 경우 $-2\ln\lambda(\boldsymbol{X})$가 근사적으로 $\chi^2(r-q)$ 분포를 따르기 때문에, 근사적으로 크기가 α인 GLR 검정의 기각역은 $C=\{x \mid -2\ln\lambda(x) \geq \chi^2_\alpha(r-q)\}$이다.

11.6 정규분포의 표본에 근거한 검정

이 절에서는 정규분포에서 추출한 확률표본에 근거하여 정규분포의 모수들에 관해 널리 이용되는 검정방법에 대해 요약 소개하고자 한다. 물론 지금까지 소개된 검정방법에 의해 밝혀졌듯이 여기서 소개하는 대부분의 검정은 최적의 성질을 갖는 검정임을 알 수 있다.

11.6.1 평균에 관한 검정

첫째 분산 σ^2을 알고 있는 경우에 대해 생각해 보자. $X_1,\ldots,X_n$이 정규분포 $\mathrm{N}(\mu,\sigma^2)$에서 추출한 확률표본이면

$$Z = \frac{\overline{X}-\mu}{\sigma/\sqrt{n}} \sim \mathrm{N}(0,1) \tag{11.6.1}$$

이므로 다음 정리를 얻을 수 있다.

정리 11.6.1 $X_1,\ldots,X_n$을 정규분포 $\mathrm{N}(\mu,\sigma_0^2)$에서 추출한 확률표본이라 하자. 여기서 σ_0^2은 알려진 상수이다. z_0는 Z의 관측값으로 다음과 같다.

$$z_0 = \frac{\bar{x}-\mu_0}{\sigma_0/\sqrt{n}} \tag{11.6.2}$$

(a) $H_0: \mu \le \mu_0$ 대 $H_1: \mu > \mu_0$ 의 크기가 α인 검정은 다음과 같다.

(i) 기각역 : $C_1 = \{x \mid z_0 \ge z_\alpha\}$ (11.6.3)

(ii) 검정력함수 : $\beta_{C_1}(\mu) = 1 - \Phi\left(\dfrac{\mu_0 - \mu}{\sigma_0/\sqrt{n}} + z_\alpha\right)$ (11.6.4)

(iii) p-값$= P[Z \ge z_0]$, $Z \sim \mathrm{N}(0,1)$

(b) $H_0: \mu \ge \mu_0$ 대 $H_1: \mu < \mu_0$ 의 크기가 α인 검정은 다음과 같다.

(i) 기각역 : $C_2 = \{x \mid z_0 \le -z_\alpha\}$ (11.6.5)

(ii) 검정력함수 : $\beta_{C_2}(\mu) = \Phi\left(\dfrac{\mu_0 - \mu}{\sigma_0/\sqrt{n}} - z_\alpha\right)$ (11.6.6)

(iii) p-값 $= P[Z \le z_0]$

(c) $H_0: \mu = \mu_0$ 대 $H_1: \mu \ne \mu_0$ 의 크기가 α인 검정은 다음과 같다.

(i) 기각역 : $C_3 = \{x \mid |z_0| \ge z_{\alpha/2}\}$ (11.6.7)

(ii) 검정력함수 : $\beta_{C_3}(\mu) = 1 - \Phi\left(\dfrac{\mu_0 - \mu}{\sigma_0/\sqrt{n}} + z_{\alpha/2}\right) + \Phi\left(\dfrac{\mu_0 - \mu}{\sigma_0/\sqrt{n}} - z_{\alpha/2}\right)$ (11.6.8)

(iii) p-값$= P[|Z| \ge |z_0|] = 2P[Z \ge |z_0|]$

(d) 대립값 μ_1에 대해 검정력이 $1-\beta$이고 검정의 크기가 α인 검정을 하기 위해 필요한 표본크기는 다음과 같다.

단측검정 : $n = \dfrac{(z_\alpha + z_\beta)^2 \sigma^2}{(\mu_0 - \mu_1)^2}$ (11.6.9)

양측검정 : $n \approx \dfrac{(z_{\alpha/2} + z_\beta)^2 \sigma^2}{(\mu_0 - \mu_1)^2}$ (11.6.10)

정리 11.6.1에서 (a)와 (b)의 검정은 균일최강력검정이고 (c)의 검정은 균일최강력비편향(UMPU)검정이다.

예제 11.6.1 분산이 $\sigma^2 = 81$인 정규모집단에서 추출한 표본크기가 $n = 25$인 확률표본으로부터 표본평균을 구하여 $\bar{x} = 70.5$임을 알았다. 모평균 μ에 대해 $H_0: \mu = 70$ 대 $H_1: \mu \ne 70$의 크기가 $\alpha = 0.05$인 검정은 정리 11.6.1에 의해 기각역이 $C_3 = \{x \mid |z_0| \ge z_{\alpha/2}\} = \{x \mid |z_0| \ge 1.96\}$이다.

$$z_0 = \frac{\overline{x} - \mu_0}{\sigma_0/\sqrt{n}} = \frac{70.5 - 70}{9/\sqrt{25}} \approx 0.2778$$

이므로 귀무가설을 기각할 수 없다.

위의 정리에서 σ^2이 알려진 상수라고 가정했지만, 대부분 실제 적용사례에서는 분산을 알 수가 없다. 따라서 정규분포의 평균과 분산 모두 미지의 모수일 때, 표준정규 검정통계량에 근거한 검정에서 분산 σ^2 대신 표본분산 S^2을 대입한 t 통계량에 근거한 검정에 대해 요약해 보자.

$X_1, \ldots, X_n$이 정규분포 $\mathrm{N}(\mu, \sigma^2)$에서 추출한 확률표본이면, 정리 8.4.3에 의해

$$T = \frac{\overline{X} - \mu}{S/\sqrt{n}} \sim t(n-1) \tag{11.6.11}$$

이므로 다음 정리를 얻을 수 있다.

정리 11.6.2 $X_1, \ldots, X_n$은 정규분포 $\mathrm{N}(\mu, \sigma^2)$에서 추출한 확률표본이고 σ^2은 미지의 모수이며,

$$t_0 = \frac{\overline{x} - \mu_0}{s/\sqrt{n}} \tag{11.6.12}$$

이라 하자. 여기서 s^2은 표본분산 S^2의 관측값이다.

(a) $H_0 : \mu \le \mu_0$ 대 $H_1 : \mu > \mu_0$의 크기가 α인 검정은 다음과 같다.

(i) 기각역 : $C_1 = \{x \mid t_0 \ge t_\alpha(n-1)\}$ (11.6.13)

(ii) p-값 $= P[t(n-1) \ge t_0]$

(b) $H_0 : \mu \ge \mu_0$ 대 $H_1 : \mu < \mu_0$의 크기가 α인 검정은 다음과 같다.

(i) 기각역 : $C_2 = \{x \mid t_0 \le -t_\alpha(n-1)\}$ (11.6.14)

(ii) p-값 $= P[t(n-1) \le t_0]$

(c) $H_0 : \mu = \mu_0$ 대 $H_1 : \mu \ne \mu_0$의 크기가 α인 검정은 다음과 같다.

(i) 기각역 : $C_3 = \{x \mid |t_0| \ge t_{\alpha/2}(n-1)\}$ (11.6.15)

(ii) p-값 $= P[|t(n-1)| \ge |t_0|] = 2P[t(n-1) \ge |t_0|]$

예제 11.6.2 X는 실험용 쥐에 유발시킨 종양이 15일 동안 성장한 크기(단위: mm)이다. X의 분포가 $\mathrm{N}(\mu, \sigma^2)$이라 가정하고, $H_0 : \mu = 4.0$ 대 $H_1 : \mu \ne 4.0$ 가설을 검

정하고자 한다. $n=9$개의 관측값과 유의수준 $\alpha=0.10$을 사용하면, 기각역은

$$|t_0| = \frac{|\bar{x}-4.0|}{s/\sqrt{n}} \geq t_{\alpha/2}(8) = t_{0.05}(8) = 1.860$$

이다. 만일 $n=9, \bar{x}=4.3, s=1.2$이면

$$t_0 = \frac{4.3-4.0}{1.2/\sqrt{9}} = 0.75$$

이므로 기각역에 속하지 못한다. 따라서 $\alpha=0.10$에서 귀무가설 $H_0: \mu=4.0$을 기각할 수 없다.

11.6.2 분산에 관한 검정

모집단의 분산에 관한 가설검정이 중요한 이유가 몇 가지 있다. 직접적인 적용에 관련된 것으로는 엄격한 설계 명세서의 제품을 제조해야 하는 제조업자는 그의 생산품의 변이성에 관한 검정을 시행해야 할 것이다. 교사는 한 학생의 성취도에 있어서 기대할 수 있는 변이성에 관해 어떤 주장이 진실인지를 알고자 할 수도 있다. 약사는 어떤 약의 효능 변화가 허용범위 내인지를 점검해야 할 것이다. 간접적인 적용으로는, 분산에 관한 검정이 다른 모수에 관한 검정을 위해 먼저 시행해야 할 경우가 종종 있다. 예를 들어 두 모집단 표본에서 두 분산이 같다고 가정하는 경우가 종종 있다. 이 경우 이러한 가정이 타당한지 먼저 검정해야 한다. 물론 두 모집단 표본에 관한 검정은 다시 설명할 것이다.

$X_1, \dots, X_n$이 정규분포 $\mathrm{N}(\mu, \sigma^2)$에서 추출한 확률표본일 때, 정리 8.3.6에 의해

$$\frac{(n-1)S^2}{\sigma^2} \sim \chi^2(n-1) \tag{11.6.16}$$

이므로 다음 정리를 얻을 수 있다.

정리 11.6.3 $X_1, \dots, X_n$은 정규분포 $\mathrm{N}(\mu, \sigma^2)$에서 추출한 확률표본이고

$$\chi_0^2 = (n-1)s^2/\sigma_0^2 \tag{11.6.17}$$

이라 하자.

(a) $H_0: \sigma^2 \leq \sigma_0^2$ 대 $H_1: \sigma^2 > \sigma_0^2$의 크기가 α인 검정은 다음과 같다.

(i) 기각역 : $C_1 = \left\{x \mid \chi_0^2 \geq \chi_\alpha^2(n-1)\right\}$ (11.6.18)

(ii) p-값$= P[\chi^2(n-1) \geq \chi_0^2]$

(b) $H_0 : \sigma^2 \geq \sigma_0^2$ 대 $H_1 : \sigma^2 < \sigma_0^2$ 의 크기가 α인 검정은 다음과 같다.

(i) 기각역 : $C_2 = \{x \mid \chi_0^2 \leq \chi_{1-\alpha}^2(n-1)\}$ (11.6.19)

(ii) p-값$= P[\chi^2(n-1) \leq \chi_0^2]$

(c) $H_0 : \sigma^2 = \sigma_0^2$ 대 $H_1 : \sigma^2 \neq \sigma_0^2$ 의 크기가 α인 검정은 다음과 같다.

(i) 기각역 : $C_3 = \{x \mid \chi_0^2 \leq \chi_{1-\alpha/2}^2(n-1)$ 또는 $\chi_0^2 \geq \chi_{\alpha/2}^2(n-1)\}$ (11.6.20)

(ii) p-값$= 2\min(P[\chi^2(n-1) \leq \chi_0^2], P[\chi^2(n-1) \geq \chi_0^2])$

예제 11.6.3 $X_1, \ldots, X_{20}$ 은 정규분포 $N(\mu, \sigma^2)$에서의 확률표본이다. $H_0 : \sigma^2 = 50$ 대 $H_1 : \sigma^2 \neq 50$을 검정하기 위해 표본분산의 관측값을 구하여 $s^2 = 72.5$임을 알았다. 검정의 크기가 $\alpha = 0.05$인 검정의 기각역은

$$\chi_0^2 \leq \chi_{0.975}^2(19) = 8.91 \quad \text{또는} \quad \chi_0^2 \geq \chi_{0.025}^2(19) = 32.85$$

이다. $\chi_0^2 = (n-1)s^2/\sigma_0^2 = 19(72.5)/50 = 27.55$ 이므로 귀무가설을 기각할 수 없다. 또한 p-값을 계산해 보면 다음과 같다.

$$p\text{-값} = 2P[\chi^2(19) \geq 27.55] > 0.1$$

11.6.3 모비율에 관한 검정

어떤 제품의 불량율, 어떤 도로구간에 정차한 승용차에 2명 이상이 승차했을 확률, I.Q가 115 이상인 학생들의 백분율 등과 같이 비율, 확률, 백분율 등에 관한 검정을 해야 할 경우가 많다. 대부분의 경우에 이항모집단에서 추출했다고 가정하는 것이 타당하다. 따라서 이항분포의 모수 p에 관한 검정의 문제가 된다. $X_i \sim \text{Bin}(1, p)$, $i = 1, \ldots, n$이라 하자. 그러면 p에 관한 검정은 p의 충분통계량

$$T(\boldsymbol{X}) = \sum_{i=1}^{n} X_i \sim \text{Bin}(n, p) \tag{11.6.21}$$

에 근거하여 유도할 수 있다.

정리 11.6.4 $T \sim \text{Bin}(n, p)$이고 $B(t; n, p)$를 이항분포의 cdf라 하자. t 는 T의 관측

값이다.

(a) $H_0: p \le p_0$ 대 $H_1: p > p_0$ 인 검정의 p-값은 다음과 같다.

$$p\text{-값} = 1 - B(t-1\,;n,\, p_0) \tag{11.6.22}$$

(b) $H_0: p \ge p_0$ 대 $H_1: p < p_0$ 인 검정의 p-값은 다음과 같다.

$$p\text{-값} = B(t\,;n,\, p_0) \tag{11.6.23}$$

(c) $H_0: p = p_0$ 대 $H_1: p \ne p_0$ 인 검정의 p-값은 다음과 같다.

$$p\text{-값} = 2\min(B(t\,;n,\, p_0),\ 1 - B(t-1\,;n,\, p_0)) \tag{11.6.24}$$

예제 11.6.4 $n = 20$명 환자에게 새로운 치료를 했는데 그 중 $x = 4$명이 심각한 부작용을 호소했다. $H_0: p = 0.5$ 대 $H_1: p \ne 0.5$ 의 보수적 크기가 $\alpha = 0.05$인 검정을 생각해 보자. 여기서 p는 새로운 치료에서 심각한 부작용을 나타낸 환자들의 비율이다.

$$B(4\,;20, 1/2) = 0.0059$$

이므로 H_0를 기각한다. 사실 p-값$= 2(0.0059) = 0.0118$ 이다.

표본이 큰 경우는 중심극한정리에 의해 이항분포의 정규근사를 이용할 수 있기 때문에 모비율 p에 관한 검정은 정규분포의 평균에 관한 검정으로 생각할 수 있다. 단

$$z_0 = \frac{t - np_0}{\sqrt{np_0(1-p_0)}} \tag{11.6.25}$$

를 이용한다는 차이이다. 사실은 평균이 $\mu = np$ 이므로, 예를 들어 $H_0: \mu \le \mu_0$는 $H_0: p \le p_0$ 의 가설이 된다. 따라서 대표본인 경우는 정리 11.6.1을 그대로 이용할 수 있다.

11.6.4 두 모집단 표본에 근거한 검정

독립인 두 정규분포의 분산을 비교해야 하는 경우가 종종 있다. 이런 경우 두 정규분포의 분산의 비에 대한 검정이 유용하다. $X_1, \ldots, X_{n_1}$과 $Y_1, \ldots, Y_{n_2}$는 각각 정규분포 $N(\mu_1, \sigma_1^2)$과

$\mathrm{N}(\mu_2, \sigma_2^2)$에서 추출한 크기가 n_1과 n_2인 독립 확률표본이며, $\overline{X}$와 $\overline{Y}$는 각 표본의 표본평균이고 S_1^2과 S_2^2은 각 표본의 표본분산이라 하자. 그러면 정리 8.5.3에 의해

$$F = \frac{S_1^2/\sigma_1^2}{S_2^2/\sigma_2^2} \sim F(n_1 - 1, n_2 - 1) \tag{11.6.26}$$

이 성립된다. 따라서 다음 정리를 얻을 수 있다.

정리 11.6.5 $X_1, \ldots, X_{n_1}$과 $Y_1, \ldots, Y_{n_2}$는 각각 $\mathrm{N}(\mu_1, \sigma_1^2)$과 $\mathrm{N}(\mu_2, \sigma_2^2)$에서 추출한 독립인 확률표본이다. S_1^2과 S_2^2은 각 표본의 표본분산이고 s_1^2과 s_2^2은 관측값이다. 또한

$$f_0 = s_1^2/s_2^2 \tag{11.6.27}$$

이다.

(a) $H_0 : \sigma_1^2/\sigma_2^2 \le 1$ 대 $H_1 : \sigma_1^2/\sigma_2^2 > 1$의 크기가 α인 검정의 기각역은 다음과 같다.

$$C_1 = \{(x, y) \mid f_0 \ge F_\alpha(n_1 - 1, n_2 - 1)\} \tag{11.6.28}$$

(b) $H_0 : \sigma_1^2/\sigma_2^2 \ge 1$ 대 $H_1 : \sigma_1^2/\sigma_2^2 < 1$의 크기가 α인 검정의 기각역은 다음과 같다.

$$C_2 = \{(x, y) \mid f_0 \le F_{1-\alpha}(n_1 - 1, n_2 - 1) = 1/F_\alpha(n_2 - 1, n_1 - 1)\} \tag{11.6.29}$$

(c) $H_0 : \sigma_1^2/\sigma_2^2 = 1$ 대 $H_1 : \sigma_1^2/\sigma_2^2 \ne 1$의 크기가 α인 검정의 기각역은 다음과 같다.

$$C_3 = \{(x, y) \mid f_0 \le F_{1-\alpha/2}(n_1 - 1, n_2 - 1) = 1/F_{\alpha/2}(n_2 - 1, n_1 - 1) \ \text{또는} \ f_0 \ge F_{\alpha/2}(n_1 - 1, n_2 - 1)\} \tag{11.6.30}$$

예제 11.6.5 식물학자가 완두콩 줄기의 성장을 측정하였다. X의 관측값 $n_1 = 11$개의 자료가

0.8, 1.8, 1.0, 0.1, 0.9, 1.7, 1.0, 1.4, 0.9, 1.2, 0.5

이고, Y의 관측값 $n_2 = 13$개의 자료는

1.0, 0.8, 1.6, 2.6, 1.3, 1.1, 2.4, 1.8, 2.5, 1.4, 1.9, 2.0, 1.2

이다. 이 데이터에 대해 $\overline{x} \approx 1.03$, $s_1^2 \approx 0.24$, $\overline{y} \approx 1.66$, $s_2^2 \approx 0.35$이다. 만일

$X \sim \mathrm{N}(\mu_1, \sigma_1^2)$ 이고 $Y \sim \mathrm{N}(\mu_2, \sigma_2^2)$ 이면, $H_0: \sigma_1^2/\sigma_2^2 = 1$ 대 $H_1: \sigma_1^2/\sigma_2^2 \neq 1$ 의 크기가 $\alpha = 0.05$ 인 검정의 기각역은 $s_1^2/s_2^2 \geq F_{0.025}(10, 12) = 3.37$ 또는 $s_1^2/s_2^2 \leq 1/F_{0.025}(12, 10) = 1/3.62 \approx 0.276$ 이고 $s_1^2/s_2^2 = 0.24/0.35 \approx 0.686$ 이므로 H_0 를 기각할 수 없다. 따라서 두 정규분포의 분산이 다르다고 말할 수 없다.

이제 두 정규모집단의 평균의 차에 대한 검정을 생각해 보자.

두 모집단의 분산이 알려져 있다고 가정하면, $\overline{Y} - \overline{X}$ 는 평균이 $\mu_2 - \mu_1$ 이고 분산이 $\sigma_1^2/n_1 + \sigma_2^2/n_2$ 인 정규확률변수이다. 즉,

$$\frac{(\overline{Y} - \overline{X}) - (\mu_2 - \mu_1)}{\sqrt{\sigma_1^2/n_1 + \sigma_2^2/n_2}} \sim \mathrm{N}(0, 1) \tag{11.6.31}$$

만일 분산은 알지 못하지만 $\sigma_1^2 = \sigma_2^2 = \sigma^2$ 이라 하면, 두 모집단에서 추출한 표본전체를 이용하여 σ^2 을 다음과 같이 추정할 수 있다.

$$S_p^2 = \frac{(n_1 - 1)S_1^2 + (n_2 - 1)S_2^2}{n_1 + n_2 - 2} \tag{11.6.32}$$

을 공통분산 σ^2 의 **합동추정량** (pooled estimator) 또는 **결합추정량** (combined estimator)이라 한다.

$$\frac{(n_1 + n_2 - 2)S_p^2}{\sigma^2} = \frac{(n_1 - 1)S_1^2}{\sigma^2} + \frac{(n_2 - 1)S_2^2}{\sigma^2} \sim \chi^2(n_1 + n_2 - 2) \tag{11.6.33}$$

이고 $\overline{Y} - \overline{X}$ 와 독립이므로

$$T = \frac{(\overline{Y} - \overline{X}) - (\mu_2 - \mu_1)}{S_p \sqrt{\dfrac{1}{n_1} + \dfrac{1}{n_2}}} \sim t(n_1 + n_2 - 2) \tag{11.6.34}$$

이다. $H_0: \mu_2 - \mu_1 = d_0$ 하에서

$$T_0 = \frac{\overline{Y} - \overline{X} - d_0}{S_p \sqrt{\dfrac{1}{n_1} + \dfrac{1}{n_2}}} \tag{11.6.35}$$

는 자유도 n_1+n_2-2인 t-분포를 따르기 때문에 다음 정리를 얻을 수 있다.

정리 11.6.6 $X_1, \ldots, X_{n_1}$과 $Y_1, \ldots, Y_{n_2}$는 각각 $\mathrm{N}(\mu_1, \sigma_1^2)$과 $\mathrm{N}(\mu_2, \sigma_2^2)$에서 추출한 독립인 확률표본이다. 여기서 $\sigma_1^2=\sigma_2^2=\sigma^2$이고 T_0의 관측값을 t_0라 하자.

(a) $H_0: \mu_2-\mu_1 \le d_0$ 대 $H_1: \mu_2-\mu_1 > d_0$의 크기 α인 검정의 기각역은 다음과 같다.

$$C_1=\{(x, y) \mid t_0 \ge t_\alpha(n_1+n_2-2)\} \tag{11.6.36}$$

(b) $H_0: \mu_2-\mu_1 \ge d_0$ 대 $H_1: \mu_2-\mu_1 < d_0$의 크기 α인 검정의 기각역은 다음과 같다.

$$C_2=\{(x, y) \mid t_0 \le -t_\alpha(n_1+n_2-2)\} \tag{11.6.37}$$

(c) $H_0: \mu_2-\mu_1 = d_0$ 대 $H_1: \mu_2-\mu_1 \ne d_0$의 크기 α인 검정의 기각역은 다음과 같다.

$$C_3=\{(x, y) \mid |t_0| \ge t_{\alpha/2}(n_1+n_2-2)\} \tag{11.6.38}$$

이제 두 표본이 쌍으로 이루어진 경우 두 평균 차에 관한 검정을 생각해 보자. 지금까지 논의한 내용은 두 확률표본이 서로 독립인 경우였으나, 전후 실험과 같은 경우는 두 표본이 종속되어 있다. 이런 예는 식이요법 전후의 몸무게 변화, 특정한 교육을 받기 전후의 성적 차이, 어떤 약을 복용하기 전후의 변화 등을 생각할 수 있다. 구체적으로 식이요법의 효과를 알아보기 위해 n명을 무작위로 선택하여 식이요법 시행 전과 후 그들의 몸무게를 측정한다면, 관측값들은 쌍들 간에는 독립이지만 쌍 내에서는 동일한 사람으로부터 얻어진 자료이므로 독립이 아니다. 이런 경우의 검정에 대해 알아보자.

일반적으로 그러한 쌍으로 된 데이터는 이변량 모집단에서 추출한 확률표본의 관측값으로 가정하고 차 $D=Y-X$가 정규분포 $\mathrm{N}(\mu_D, \sigma_D^2)$를 따른다고 가정한다. 즉, $(X_1, Y_1), \ldots, (X_n, Y_n)$은 n 쌍의 확률표본이고 $D_i=Y_i-X_i,\ \ i=1, \ldots, n$들은 평균이 $\mu_D=\mu_2-\mu_1$이고 분산이 $\sigma_D^2=\sigma_1^2+\sigma_2^2-2\mathrm{Cov}(X, Y)$인 정규확률변수라 가정한다.

$$\overline{D}=\sum_{i=1}^{n} D_i/n=\overline{Y}-\overline{X}, \quad S_D^2=\frac{\sum_{i=1}^{n}(D_i-\overline{D})^2}{n-1} \tag{11.6.39}$$

이라 하면, 다음이 성립된다.

$$T=\frac{\overline{D}-(\mu_2-\mu_1)}{S_D/\sqrt{n}} \sim t\,(n-1) \tag{11.6.40}$$

$\mu_D = E(Y) - E(X) = \mu_2 - \mu_1$ 이므로 μ_D 에 관한 검정이 두 평균의 차 $\mu_2 - \mu_1$ 에 관한 검정이 된다. 정규분포의 평균에 관한 검정에 대해서는 정리 11.6.1과 정리 11.6.2에서 상세히 소개하였다. 따라서 σ_D^2 을 아는 경우 $H_0 : \mu_D = \mu_2 - \mu_1 = d_0$ 에 관한 검정은 정리 11.6.1에서 z_0 대신에

$$z_0 = \frac{\overline{d} - d_0}{\sigma_D / \sqrt{n}} \tag{11.6.41}$$

을 이용하는 것이고 σ_D^2 을 모르는 경우는 정리 11.6.2에서 t_0 대신에

$$t_0 = \frac{\overline{d} - d_0}{s_D / \sqrt{n}} \tag{11.6.42}$$

를 이용하면 된다. 여기서 $\overline{d}$ 와 s_D 는 $\overline{D}$ 와 S_D 의 관측값이다.

두 모집단 비율의 동일성에 관한 가설검정도 두 표본의 크기가 클 때 정규근사를 이용해 구성할 수 있다. 만일 $X \sim \mathrm{Bin}(n_1, p_1)$ 이고 $Y \sim \mathrm{Bin}(n_2, p_2)$ 이며 X 와 Y 가 독립이면, p_1 과 p_2 의 MLE는 각각 $\widehat{p_1} = X/n_1$ 이고 $\widehat{p_2} = Y/n_2$ 이다. 가설 $H_0 : p_1 = p_2$ 하에서 p 의 결합추정량은 $\hat{p} = (X+Y)/(n_1 + n_2)$ 이므로, $p_1 = p_2$ 이면

$$Z_0 = \frac{\widehat{p_2} - \widehat{p_1}}{\sqrt{\hat{p}(1-\hat{p})\left(\frac{1}{n_1} + \frac{1}{n_2}\right)}} \xrightarrow{d} Z \sim \mathrm{N}(0,1) \tag{11.6.45}$$

이 성립된다. 따라서 $H_0 : p_1 = p_2$ 대 $H_1 : p_1 \neq p_2$ 의 크기가 α 인 검정은 $|z_0| \geq z_{\alpha/2}$ 일 때 귀무가설을 기각하는 것이다. 물론 단측가설도 쉽게 검정할 수 있다.

연습문제 제 11 장

11.1 다음 가설검정 문제에서, $X \sim \mathrm{N}(\mu, \sigma^2)$ 이고 σ^2 은 미지이다. 각 가설이 단순가설인지 복합가설인지를 결정하라.

(a) $H: \mu = \mu_0$, μ_0 는 알고 있는 상수

(b) $H: \mu = \mu_0$, $\sigma^2 = \sigma_0^2$, μ_0 와 σ_0^2은 알고 있는 상수

11.2 다음 각 경우 가설이 단순가설인지 복합가설인지를 결정하라.

(a) $H: X$가 모수 $\lambda < 3$ 인 포아송 확률변수이다.

(b) $H: X$가 모수 $\theta = 5$ 인 지수확률변수이다.

(c) $H: F_X(x|\theta) = F_X(x|\theta_0)$, θ_0 는 알고 있는 상수이다.

11.3 $X \sim \mathrm{Geo}(\mathrm{p})$라 하자. X의 관측값 x에 근거하여 $H_0: p = p_0$ 대 $H_1: p = p_1 (p_1 > p_0)$를 검정하고자 한다. 만일 $x \geq k$ 일 때 H_0를 기각한다면, 제1종 오류와 제2종 오류를 범할 확률을 구하라.

11.4 어느 선거인 명부에서 15명을 표본으로 추출하여 A 후보를 지지하는지를 조사했다. A 후보의 지지율 p에 대해 $H_0: p \geq 0.5$ 대 $H_1: p < 0.5$를 검정하기 위해 표본으로 추출된 15명 중에서 A 후보를 지지하는 사람의 수를 X라 하고 기각역을 $C = \{x \mid x \leq 5\}$라 하자.

(a) 유의수준 α를 구하라.

(b) $p = 0.3$ 일 때 제2종 오류를 범할 확률 β를 구하라.

11.5 $X_1, \ldots, X_{10}$을 평균이 λ인 포아송분포에서 추출한 크기 $n = 10$ 인 확률표본이라 하자. $H_0: \lambda \leq 0.4$ 대 $H_1: \lambda > 0.4$ 에 대해, $\sum_{i=1}^{10} x_i \geq 8$ 이면 귀무가설을 기각한다.

(a) 이 검정의 크기를 계산하라.

(b) 포아송 확률들의 합으로 이 검정의 검정력함수를 구하라.

11.6 어떤 데이터에 근거하여 유의수준 $\alpha = 0.05$에서 귀무가설이 기각되었다. 다음의 유의수준에서도 역시 귀무가설이 기각되는가?

(a) 유의수준이 0.01　　　　(b) 유의수준이 0.10

11.7 $X \sim \mathrm{U}(0,\theta)$이다. X의 관측값에 근거하여 $H_0: \theta = 1$ 대 $H_1: \theta = \theta_1 (\theta_1 > 1)$을 검정하고자 한다. 유의수준이 $\alpha = 0.05$인 기각역 $C = \{x \mid x \ge a\}$를 구하라. 이 검정의 검정력함수를 구하라.

11.8 다음 각 경우, 관측된 데이터의 p-값을 계산하라.

(a) $H_0: \theta \le 1/2$ 대 $H_1: \theta > 1/2$ 검정에 대해, 10번의 베르누이 시행에서 7번 성공이 관측되었다. 여기서 θ는 베르누이 시행에서 성공할 확률이며 기각역의 형태는 $C = \{x \mid x \ge a\}$이다.

(b) $H_0: \lambda \le 1$ 대 $H_1: \lambda > 1$ 검정에 대해, $x = 3$이 관측되었고 $X \sim \mathrm{Poi}(\lambda)$이며 기각역의 형태는 $C = \{x \mid x \ge a\}$이다.

(c) $H_0: \lambda \le 1$ 대 $H_1: \lambda > 1$ 검정에 대해, $x_1 = 3$, $x_2 = 5$, $x_3 = 1$이 관측되었으며 $X_i \sim \mathrm{Poi}(\lambda)$이고 독립이다. 기각역의 형태는 $C = \{x \mid \bar{x} \ge a\}$이다.

11.9 어느 작은 대학에 지원한 학생들의 수능성적이 $\mathrm{N}(\mu, 144)$라 하자. $H_0: \mu \ge 350$ 대 $H_1: \mu < 350$을 검정하고자 한다. $n = 36$명 수능성적의 확률표본에 대해 기각역을 $C = \{x \mid \bar{x} \le 346.08\}$이라 하자. 여기서 $\bar{x}$는 표본들의 표본평균이다.

(a) 이 검정의 검정력함수를 구하라.

(b) $\mu = 346.08$일 때의 검정력은 얼마인가?

(c) (i) $\bar{x} = 346.98$　(ii) $\bar{x} = 345.66$에 대응되는 p-값은 얼마인가?

11.10 $X_1, \dots, X_n$이 pdf가 $f(x;\theta) = \theta x^{\theta-1}$, $0 < x < 1$인 분포에서 추출한 확률표본일 때, $H_0: \theta = 1$ 대 $H_1: \theta = 2$인 가설에 대해 $\alpha = 0.05$인 최강력검정을 유도하라.

11.11 $X_1, \dots, X_n$은 다음 pdf를 갖는 분포에서의 확률표본이다. $H_0: \theta = \theta_0$ 대 $H_1: \theta = \theta_1$, $\theta_1 > \theta_0$의 최강력검정을 유도하라.

$$f(x;\theta) = \frac{\theta}{x^2},\ 0 < \theta < x < \infty$$

11.12 $X_1, \ldots, X_n$ 은 독립이며 동일한 $\mathrm{N}(\mu, \sigma^2)$ 확률변수이다. 여기서 μ와 σ^2은 모두 미지의 모수이다. 이 때 $H_0: \mu = \mu_0$, $\sigma^2 = \sigma_0^2$ 대 $H_1: \mu = \mu_1$, $\sigma^2 = \sigma_0^2$의 유의수준이 α 인 최강력검정을 유도하라. 단, $\mu_1 > \mu_0$이다.

11.13 $X_1, \ldots, X_{20}$ 은 감마분포 $\mathrm{Gam}(2, \beta)$에서 추출한 표본크기 20인 확률표본이다. $H_0: \beta = 1$ 대 $H_1: \beta = 2$의 유의수준이 $\alpha = 0.01$인 최강력검정을 유도하라.

11.14 $X_1, \ldots, X_n$ 이 포아송분포 $\mathrm{Poi}(\mu)$에서 추출한 확률표본일 때, 다음을 구하라.

(a) $H_0: \mu = \mu_0$ 대 $H_1: \mu = \mu_1$, $\mu_1 > \mu_0$의 최강력검정

(b) $n = 10$, $\mu_0 = 0.5$, $\mu_1 = 0.9$라 할 때, 유의수준이 $\alpha = 0.0681$인 최강력검정

(c) (b)의 검정에서 $\mu = 0.9$에 대한 검정력

11.15 X는 이산확률변수이다.

(a) X의 한 관측값에 근거하여 $H_0: X \sim \mathrm{Geo}(0.1)$ 대 $H_1: X \sim \mathrm{Poi}(0.9)$에 대해 $\alpha = 0.1$인 최강력검정을 유도하라.

(b) 대립가설하에 이 검정의 검정력을 구하라.

11.16 다음 각 분포에서의 확률표본 $X_1, \ldots, X_n$에 대해 명시된 모수에 있어서 MLR 성질을 갖는지를 말하고 통계량 $T(x)$를 구하라.

(a) $\mathrm{Poi}(\mu)$

(b) $\mathrm{Gam}(\theta, \beta)$, 형상모수 θ를 아는 경우

(c) $\mathrm{Gam}(\theta, \beta)$, 척도모수 β를 아는 경우

11.17 $X \sim \mathrm{Bin}(n, p)$일 때, 다음을 구하라.

(a) $H_0: p \le p_0$ 대 $H_1: p > p_0$의 크기가 α인 균일최강력(UMP)검정

(b) $n = 20$, $p_0 = 0.3$일 때, $\alpha = 0.048$인 UMP 검정

11.18 $X_1, \ldots, X_n$ 이 지수분포 $\mathrm{Exp}(\theta)$에서 추출한 확률표본일 때, $H_0: \theta \ge \theta_0$ 대 $H_1: \theta < \theta_0$의 크기가 α인 균일최강력검정을 유도하라.

11.19 $X_1, \dots, X_n$ 이 감마분포 Gam$(2, \beta)$에서 추출한 확률표본일 때,

(a) $H_0 : \beta \le \beta_0$ 대 $H_1 : \beta > \beta_0$ 의 크기가 α 인 균일최강력검정을 유도하라.

(b) (a)에서 구한 검정의 검정력함수를 카이제곱분포로 나타내라.

11.20 $X_1, \dots, X_n$ 이 균일분포 U$(0, \theta)$에서 추출한 확률표본일 때, $H_0 : \theta \le \theta_0$ 대 $H_1 : \theta > \theta_0$ 의 크기가 α 인 균일최강력검정을 유도하라.

11.21 다음의 pdf 를 갖는 로지스틱분포를 생각해 보자.

$$f(x\,;\theta) = \frac{e^{x-\theta}}{(1+e^{x-\theta})^2}, \quad -\infty < x < \infty, -\infty < \theta < \infty$$

(a) 이 분포가 MLR 성질을 가짐을 보여라.

(b) 한 관측값 x 에 근거하여 $H_0 : \theta = 0$ 대 $H_1 : \theta = \theta_1$, $\theta_1 > 0$ 의 크기가 α 인 최강력검정을 유도하라.

(c) (b)에서 구한 검정이 $H_0 : \theta \le 0$ 대 $H_1 : \theta > 0$ 가설에 대해 크기가 α 인 균일최강력검정임을 보여라.

11.22 pmf $f(x\,;\theta)$가 다음과 같다. $H_0 : \theta = 0$ 대 $H_1 : 0 < \theta < 1$ 가설을 검정하고자 한다.

x	a	b	c	d
$\theta = 0$	0.05	0.2	0.05	0.7
$0 < \theta < 1$	0.2θ	$0.2(1-\theta)$	0.5	0.3

(a) GLR 검정을 구하라.

(b) (a)에서 구한 검정의 검정력함수를 계산하라.

(c) 기각역이 $C = \{c\}$ 인 검정에 대해 제1종 오류와 제2종 오류를 범할 확률을 구하라.

11.23 $X_1, \dots, X_n$ 이 베르누이분포 Bin$(1, p)$에서 추출한 확률표본일 때,

(a) $H_0 : p = 0.8$ 대 $H_1 : p \ne 0.8$의 GLR 검정통계량 $\lambda(x)$를 구하라.

(b) 만일 $n = 200$ 이고 $\sum_{i=1}^{200} x_i = 150$이면, $\alpha = 0.01$ 인 검정의 근사적인 기각역을 결정하라.

11.24 $X_1, \ldots, X_n$ 은 독립이며 동일한 $N(\mu, \sigma^2)$ 확률변수이다. 여기서 σ^2 은 알려진 상수이다. $H_0 : \mu = \mu_0$ 대 $H_1 : \mu \neq \mu_0$ 의 GLR 검정을 유도하라.

11.25 어떤 특정한 기계에 사용되는 어떤 제품의 수명은 모수가 θ 인 지수확률변수로 알려져 있다. 이 제품 50개를 무작위로 선택하여 수명을 조사한 결과 수명의 합이 3250시간이었다면, $H_0 : \theta \leq 50$ 대 $H_1 : \theta > 50$ 을 $\alpha = 0.05$ 로 검정하라.

11.26 $X_1, \ldots, X_n$ 은 다음의 pdf를 갖는 분포에서 추출한 확률표본이다. $H_0 : \eta \leq \eta_0$ 대 $H_1 : \eta > \eta_0$ 의 GLR 검정통계량 $\lambda(x)$를 구하라.

$$f(x; \theta, \eta) = \begin{cases} \dfrac{1}{\theta} e^{-(x-\eta)/\theta}, & x \geq \eta \\ 0, & \text{그 이외} \end{cases}$$

11.27 $X_1, \ldots, X_n$ 이 균일분포 $U[0, \theta]$ 에서 추출한 확률표본일 때, $H_0 : \theta = \theta_0$ 대 $H_1 : \theta \neq \theta_0$ 의 GLR 검정을 유도하라.

11.28 어떤 모집단의 IQ 점수는 근사적으로 $N(\mu, 100)$ 이라 가정하자. $H_0 : \mu \leq 110$ 대 $H_1 : \mu > 110$ 을 검정하기 위해, 이 모집단에서 표본크기가 $n = 16$ 인 확률표본을 추출하여 $\bar{x} = 114$임을 알았다.

(a) 유의수준 0.05에서 가설을 검정하라.

(b) 유의수준 0.10에서 가설을 검정하라.

(c) 이 검정의 p-값은 얼마인가?

11.29 X를 기계에서 생산되는 껌의 두께라 하자. X의 분포는 정규분포 $N(\mu, \sigma^2)$ 이다. 두께의 목표는 7.5(단위: 1/100인치)이다. 생산라인에서 $n = 10$ 개를 무작위로 추출하여 두께를 조사한 결과 다음과 같다.

7.50 7.55 7.55 7.40 7.45 7.35 7.45 7.45 7.45 7.50

(a) μ 와 σ 의 점추정값을 구하라.

(b) $H_0 : \mu = 7.5$ 대 $H_1 : \mu \neq 7.5$ 를 유의수준 $\alpha = 0.05$ 로 검정하라.

11.30 정규분포 $N(\mu, \sigma^2)$ 에서 추출한 크기 25인 확률표본에서 $\bar{x} = 11.5$이고 $s^2 = 6$이라 하자.

(a) $\sigma^2 = 4$로 알고 있다면, $H_0 : \mu \geq 12$ 대 $H_1 : \mu < 12$를 유의수준 $\alpha = 0.05$로 검정하라.

(b) $\mu = 11$이라면 제2종 오류를 범할 확률은 얼마인가?

(c) 대립가설 값 $\mu = 11$에 대한 검정력이 0.95가 되기 위해 표본크기를 얼마로 해야 하는가?

(d) σ^2이 미지의 모수라 가정하고 (a)의 가설을 검정하라.

(e) $H_0 : \sigma^2 \leq 5$ 대 $H_1 : \sigma^2 > 5$를 유의수준 $\alpha = 0.05$로 검정하라.

11.31 정규분포의 평균에 대한 검정으로 $H_0 : \mu = 200$ 대 $H_1 : \mu \neq 200$을 유의수준 $\alpha = 0.05$로 검정하고자 한다. 200과의 차이가 16일 때 검정력이 0.95가 되도록 하기 위해 얼마나 많은 표본을 추출해야 하는가? 모표준편차는 $\sigma = 20$이라 한다.

11.32 어떤 공장에서 생산되는 볼트의 지름은 정규분포 $N(\mu, \sigma^2)$을 따르는 확률변수이다. 예정된 기계에 이 볼트를 사용하기 위해서는 지름의 표준편차가 0.1cm를 초과해서는 않된다. 16개의 표본을 선택하여 검사한 결과 표본분산이 $s^2 = 0.012$였다. 이 공장에서 생산되는 제품이 요구되는 조건을 만족하는지 $\alpha = 0.05$로 검정하라.

11.33 혈액 실험실에서 일하는 학생이 남자 25명의 콜레스테롤 양을 측정하여 다음 자료를 얻었다. 이 값들이 $N(\mu, \sigma^2)$에서 추출한 확률표본의 관측값이라 하자.

164	272	261	248	235	192	203	278	268
230	242	305	286	310	345	289	326	
335	297	328	400	228	194	338	252	

(a) 표본평균과 표본분산을 계산하라.

(b) $H_0 : \sigma^2 = 2000$대 $H_1 : \sigma^2 \neq 2000$을 검정의 크기 $\alpha = 0.10$으로 검정하라.

11.34 의사는 어떤 양의 방사능 치료를 한 사람들 중 30% 미만이 부작용이 있다고 주장한다. 이 주장을 검정하기 위해 그런 종류의 방사능 치료를 받은 20명 환자를 추출하여 조사하니 2명이 부작용이 있었다 이 표본에 근거하여 $\alpha = 0.05$로 의사의 주장을 검정하라.

11.35 어떤 호수에서 잡은 100마리 물고기 중에 18마리는 화학적인 환경오염 때문에 먹을 수가 없었다. 먹을 수 없는 실제 물고기의 비율 p에 대해 $H_0 : p = 0.25$ 대 $H_1 : p \neq 0.25$

를 $\alpha = 0.01$로 검정하라.

1136 어떤 동물의 암컷과 수컷의 키를 각각 X와 Y라 하자. $X \sim \mathrm{N}(\mu_1, \sigma_1^2)$, $Y \sim \mathrm{N}(\mu_2, \sigma_2^2)$이라 가정한다. 각 분포에서 $n_1 = 26$과 $n_2 = 31$의 확률표본을 추출하여 $\bar{x} = 33.80$, $s_1^2 = 4.88$이고 $\bar{y} = 31.66$, $s_2^2 = 5.81$임을 알았다.

(a) $H_0 : \sigma_1^2/\sigma_2^2 = 1$ 대 $H_1 : \sigma_1^2/\sigma_2^2 \neq 1$을 $\alpha = 0.02$로 검정하라.

(b) $H_0 : \mu_2 \geq \mu_1$ 대 $H_1 : \mu_2 < \mu_1$ 가설을 $\alpha = 0.01$로 검정하라.

1137 $X_1, \ldots, X_{21}$과 $Y_1, \ldots, Y_{21}$은 각각 $\mathrm{N}(\mu_1, \sigma_1^2)$과 $\mathrm{N}(\mu_2, \sigma_2^2)$에서 추출한 독립인 확률표본이다. 표본결과 $\bar{x} = 55$, $\bar{y} = 63$, $s_1^2 = 36$, $s_2^2 = 49$ 였다.

(a) $H_0 : \mu_1 \leq 50$ 대 $H_1 : \mu_1 > 50$을 유의수준 $\alpha = 0.05$로 검정하라.

(b) $H_0 : \mu_2 - \mu_1 \leq 5$ 대 $H_1 : \mu_2 - \mu_1 > 5$를 유의수준 $\alpha = 0.05$로 검정하라. 단 여기서 $\sigma_1^2 = \sigma_2^2$이라 가정한다.

(c) $H_0 : \sigma_1^2/\sigma_2^2 \geq 1$ 대 $H_1 : \sigma_1^2/\sigma_2^2 < 1$을 유의수준 $\alpha = 0.05$로 검정하라.

1138 건강관리 프로그램에 참가한 학생들의 몸무게를 시작할 때와 끝날 때 측정하였다. D를 시작할 때의 몸무게에서 끝날 때 측정한 몸무게를 뺀 몸무게의 변화를 나타낸 확률변수라 하자. D의 분포는 $\mathrm{N}(\mu_D, \sigma_D^2)$이라 가정한다. 여학생 $n = 12$명의 확률표본에서 D의 관측값은 다음과 같다.

2.0	−0.5	1.4	−2.2	0.3	−0.8
3.7	−0.1	0.6	0.2	0.9	−0.1

(a) μ_D의 점추정값을 구하라.

(b) 건강관리 프로그램이 몸무게를 줄이는데 효과가 있는지 $\alpha = 0.05$로 검정하라.

1139 유명한 관광지 방문자들의 확률표본에서, 기념품을 구입한 사람은 남자는 250명 중 84명이고 여자는 250명 중 156명이었다. 이 관광지에서 기념품을 구입한 남자와 여자의 비율에 차이가 있는지 $\alpha = 0.05$로 검정하라.

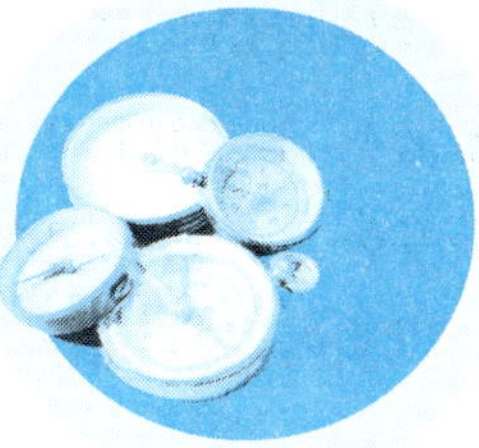

제 12 장 구간추정

12.1 서론

제10장에서 점추정 문제와 관련된 여러 가지를 알아보았다. 점추정은 미지의 모수 θ 에 가까울 것으로 기대되는 한 값을 구하기 위해 이용된다. 그러나, 추정량에 의해 산출된 값과 모수의 실제 값과의 차이에 관해 어떻게 설명할 수 있는가? 라는 의문이 생길 것이다. 이러한 의문에 대한 어느 정도의 정보는 추정량의 분산이나 평균제곱오차에 의해 제공된다.

또 다른 방법은 구간추정을 생각하는 것이다. 즉, 모수를 포함할 것으로 생각되는 구간을 정하고 그 구간이 실제 모수값을 포함할 확률을 생각한다. 물론 미리 정해진 확률을 갖도록 하는 구간을 정할 수 있다. 예를 들어, 만일 X를 어떤 장비의 수명이라 하자. 실험자는 X의 평균인 θ 의 하한 $L(X)$에 관심이 있을 수 있다. $L(X)$는 관측값의 함수이므로 $L(X) < \theta$ 의 확률이 1임을 보장할 수는 없다. 따라서 일반적으로 모든 θ 에 대해 $P[L(X) < \theta] = 1 - \alpha$ 를 만족하는 $L(X)$를 찾는 것이다.

예를 들어, 어떤 회사에서 생산되는 제품의 평균수명 θ 에 관심이 있다고 하자. 평균수명을 추정하기 위해 이 회사에서 생산된 제품 20개를 무작위로 선택하여 수명을 조사한 결과 표본평균값이 $\bar{x} = 120$ 시간이었다고 하자. 이 경우 이 회사에서 생산되는 제품의 평균수명은 120시간이라고 말할 수 있는가? 만일 다시 이 회사에서 생산된 제품 20개를 무작위로 선택하여 수명을 조사해 보니 이번에는 표본평균이 $\bar{x} = 95$ 시간이었다면 어느 값으로 추정해야 하는가? 어느 값이 실제 모평균과의 오차가 작은가? 이 표본평균을 사용하여 반복적으로 표본평균값을 구한다면 추정값들의 변이 정도는 어떤가? 단순히 이 예에서는 오차의 정도에 대한 어떠한 정보도 제공해 주지 못하기 때문에 어느 추정값이 오차가 작은지 또는 이 추정량의 변이는 어느 정도인지 알 수가 없다. 물론 연속인 확률변수에 대해서는 어떠한 점추정량도 모수의 참값과 정확히 같을 확률은 항상 0이다.

만일 데이터가 평균이 θ 인 지수분포 $\mathrm{Exp}(\theta)$에서 추출한 크기 $n=20$ 인 확률표본의 관측값으로 가정한다면, 제10장에서 지수분포의 평균 θ 의 UMVUE는 $\overline{X}$ 임을 알았다. 주어진 데이터로부터 구한 추정값 $\overline{x}=95$시간은 UMVUE라는 최상의 성질을 갖는 추정량에 근거하여 구하였으나, 점추정값 자체는 정확성에 관한 정보를 제공해 주지 못한다. 이러한 문제점을 해결할 수 있는 한 가지 방법이 점추정값과 동시에 표준오차를 제공하여 이 추정량의 변이정도에 대한 정보를 제공해 주는 것이다.

따라서 단순히 한 값으로 추정하지 않고 모수의 참값이 어떤 구간에 포함될 것이라고 주장하는 변이의 정도와 신뢰의 정도를 함께 제시한 구간추정에 대해 설명하고자 한다.

독립인 지수확률변수의 합은 감마확률변수이고 감마확률변수는 카이제곱 확률변수로 변환할 수 있음을 제8장에서 언급했다. 즉,

$$2n\overline{X}/\theta \sim \chi^2(2n) \tag{12.1.1}$$

이므로

$$P\left[\chi^2_{1-\alpha/2}(2n) < 2n\overline{X}/\theta < \chi^2_{\alpha/2}(2n)\right] = 1-\alpha \tag{12.1.2}$$

이다. 따라서

$$P\left[\frac{2n\overline{X}}{\chi^2_{\alpha/2}(2n)} < \theta < \frac{2n\overline{X}}{\chi^2_{1-\alpha/2}(2n)}\right] = 1-\alpha \tag{12.1.3}$$

이다. 부록 표 B.4에 주어진 카이제곱분포의 오른쪽 꼬리 확률에 의해, $\chi^2_{0.975}(40)=24.43$, $\chi^2_{0.025}(40)=59.34$이다. 따라서

$$P\left[\frac{40\overline{X}}{59.34} < \theta < \frac{40\overline{X}}{24.43}\right] = 0.95 \tag{12.1.4}$$

임을 알 수 있다.

일반적으로 구간의 끝점이 확률변수이면 **확률구간**(ramdom interval)이라 한다. 위의 예에서 $(40\overline{X}/59.34, 40\overline{X}/24.43)$은 모수 θ의 실제 값을 포함할 확률이 0.95인 확률구간이고, $\overline{x}=95$를 대입하면 구간은 $(64.04, 155.55)$가 된다. 이러한 구간을 θ의 95% **신뢰구간**(confidence interval)이라 한다. 이러한 구간은 고정되어 있는 구간이므로, 이 신뢰구간 $(64.04, 155.55)$가 모수 θ을 포함할 확률이 0.95라고 말하는 것은 옳지 않다. 왜냐하면, 모수 θ는 모르는 값이지만 고정된 상수이다. 따라서 이 구간이 모수 θ를 포함하던지 아니면 포함하지 않던지 둘 중 하나이기 때문이다.

만일 앞서 생각한 제품의 수명이 지수분포를 따르지 않고 예를 들어 정규분포 $\mathrm{N}(\theta, 144)$ 를 따른다면

$$\frac{\overline{X}-\theta}{12/\sqrt{n}} \sim \mathrm{N}(0,1) \tag{12.1.5}$$

이다. 이 때

$$P\left[a < \frac{\overline{X}-\theta}{12/\sqrt{n}} < b\right] = 0.95 \tag{12.1.6}$$

를 만족하는 a와 b를 구한다면

$$P\left[\overline{X} - b\frac{12}{\sqrt{n}} < \theta < \overline{X} - a\frac{12}{\sqrt{n}}\right] = 0.95 \tag{12.1.7}$$

임을 알 수 있다. 식 (12.1.7)을 만족하는 a와 b는 무수히 많이 존재한다. 그 중에서 $a = -1.96$, $b = 1.96$을 택하면

$$P\left[\overline{X} - 1.96\frac{12}{\sqrt{20}} < \theta < \overline{X} + 1.96\frac{12}{\sqrt{20}}\right] = 0.95 \tag{12.1.8}$$

이고, 이 경우 θ의 95% 신뢰구간은 (89.74, 100.26)이다.

이 장에서는 제10장에서와 같이 구간추정량의 정의와 구간추정량을 구하는 방법에 대해 언급하고자 한다. 사실 신뢰구간은 가설검정과 밀접한 관계가 있다. 따라서 추정량의 선택 기준이나 구하는 방법 등은 검정에서의 선택 기준과 검정통계량을 구하는 방법 등과 밀접하게 연관되어 있다.

12.2 신뢰구간의 정의

$X_1, \ldots, X_n$은 모수 θ에 종속하는 결합 pdf(pmf) $f(x;\theta)$, $\theta \in \Omega$를 갖는 확률표본이다. 여기서 Ω는 구간이다.

정의 12.2.1

만일 $0 < \alpha < 1$과 통계량 $L(\boldsymbol{X}) = L(X_1, \ldots, X_n)$과 $U(\boldsymbol{X}) = (X_1, \ldots, X_n)$에 대해

$$P[L(\boldsymbol{X}) < \theta < U(\boldsymbol{X})] = 1 - \alpha \tag{12.2.1}$$

이면, $(L(\boldsymbol{X}), U(\boldsymbol{X}))$를 θ의 $100(1-\alpha)\%$ **신뢰구간**(confidence interval)이라 한다. 또한 $L(\boldsymbol{X})$와 $U(\boldsymbol{X})$를 각각 **신뢰하한**(lower confidence limit), **신뢰상한**(upper confidence limit)이라 한다. 이 때 $1-\alpha$를 **신뢰수준**(confidence level) 또는 **신뢰계수**(confidence coefficient)라 한다.

정의 12.2.2 단측 신뢰한계(one-sided confidence limit)

$$P[L(\boldsymbol{X}) < \theta < \infty] = 1-\alpha \tag{12.2.2}$$

이면, $L(\boldsymbol{X})$를 θ의 $100(1-\alpha)\%$ **단측신뢰하한**(one-sided lower confidence limit)이라 하고 $(L(\boldsymbol{X}), \infty)$를 단측신뢰구간이라 한다. 또한

$$P[-\infty < \theta < U(\boldsymbol{X})] = 1-\alpha \tag{12.2.3}$$

이면, $U(\boldsymbol{X})$를 θ의 $100(1-\alpha)\%$ **단측신뢰상한**(one-sided upper confidence limit)이라 한다.

정의 12.2.1에서 확률구간 $(L(\boldsymbol{X}), U(\boldsymbol{X}))$의 표본관측값 $(L(\boldsymbol{x}), U(\boldsymbol{x}))$도 역시 θ의 $100(1-\alpha)\%$ 신뢰구간이라 하고 $L(\boldsymbol{x})$와 $U(\boldsymbol{x})$를 신뢰하한과 신뢰상한이라 한다. 정의 12.2.2에서도 마찬가지이다. 즉, 12.1절에서는 확률구간과 신뢰구간을 구별하여 설명했으나 정의 12.2.1에서와 같이 이 책에서는 구별하지 않고 사용한다.

이제 신뢰계수의 의미를 생각해 보자. 12.1절에서 생각한 예에서 표본평균값은 실험이 반복될 때마다 다른 값이 얻어진다. 이 표본평균값이 변하면 식 (12.1.4)나 (12.1.8)에서 생각한 신뢰구간도 변한다. 따라서 각 실험에서 얻어진 데이터에 근거하여 구한 신뢰구간은 모수 θ를 포함하거나 포함하지 않거나 둘 중 하나일 것이고 이러한 반복실험을 무수히 많이 실행한다면 얻어진 구간들 중에서 $100(1-\alpha)\%$는 실제로 모수의 참값을 포함하는 옳은 추정을 하고 나머지 $100\alpha\%$는 모수의 참값을 포함하지 않는 잘못된 추정을 한다는 것이다. 그러나 신뢰계수가 1에 가까울수록 옳게 추정하는 비율은 높일 수 있으나 신뢰구간의 길이가 커지는 문제점이 있다. 그러므로 신뢰계수의 적절한 선택이 필요하다. 일반적으로 널리 이용되는 신뢰계수는 0.90, 0.95, 0.99 등이다.

예제 12.2.1 $X_1, \ldots, X_n$은 정규분포 $N(\mu, \sigma^2)$에서 추출한 확률표본이다. 분산 σ^2을 아는 경우와 모르는 경우로 나누어 평균의 신뢰구간에 대해 생각해 보자.

(a) σ^2이 알려진 상수인 경우

$$\frac{\overline{X}-\mu}{\sigma/\sqrt{n}} \sim \mathrm{N}(0,1)$$

이므로 12.1절에서 생각한 예제와 같이 표준정규분포표를 이용해

$$P\left[a < \frac{\overline{X}-\mu}{\sigma/\sqrt{n}} < b\right] = 1-\alpha$$

즉,

$$P\left[\overline{X} - b\frac{\sigma}{\sqrt{n}} < \mu < \overline{X} - a\frac{\sigma}{\sqrt{n}}\right] = 1-\alpha$$

인 상수 a와 $b(a<b)$를 구하면 μ의 $100(1-\alpha)\%$ 신뢰구간은

$$\left(\overline{X} - b\frac{\sigma}{\sqrt{n}},\ \overline{X} - a\frac{\sigma}{\sqrt{n}}\right)$$

이다. 위의 확률조건을 만족하는 무수히 많은 a와 b 중에서 일반적으로 구간의 길이가 최소가 되는 $a=-z_{\alpha/2}$, $b=z_{\alpha/2}$를 흔히 사용한다.

(b) σ^2이 미지의 모수인 경우

$$\frac{\overline{X}-\mu}{S/\sqrt{n}} \sim t(n-1)$$

이므로

$$1-\alpha = P\left[a < \frac{\overline{X}-\mu}{S/\sqrt{n}} < b\right] = P\left[\overline{X} - b\frac{S}{\sqrt{n}} < \mu < \overline{X} - a\frac{S}{\sqrt{n}}\right]$$

인 상수 a와 b를 자유도 $n-1$인 t-분포표를 이용해 구하면, μ의 $100\times(1-\alpha)\%$ 신뢰구간은

$$\left(\overline{X} - b\frac{S}{\sqrt{n}}, \overline{X} - a\frac{S}{\sqrt{n}}\right)$$

이다. 위 확률조건을 만족하는 무수히 많은 a와 b 중에서 일반적으로 구간의 길이가 최소가 되는 $a=-t_{\alpha/2}(n-1)$, $b=t_{\alpha/2}(n-1)$인 값을 택한다.

12.3 신뢰구간과 가설검정

앞에서 언급했듯이 신뢰구간과 가설검정 사이에는 밀접한 관련이 있다. 사실, 일반적으로 모든 신뢰구간은 어떤 검정에 대응되며 그 역도 성립한다고 말할 수 있다.

이 절에서는 신뢰구간과 가설검정 사이의 관계에 대해 알아보자.

예제 12.3.1 $X_1,\ldots,X_n$이 정규분포 $\mathrm{N}(\mu,\sigma^2)$에서 추출한 확률표본이고 σ^2은 알고 있는 상수이다. 주어진 유의수준 α에 대해 $H_0: \mu=\mu_0$ 대 $H_1: \mu \neq \mu_0$의 검정을 생각해 보자. 사실 UMPU 검정의 기각역은 정리 11.6.1 (c)에서

$$C=\left\{x \;\middle|\; \frac{|\bar{x}-\mu_0|}{\sigma/\sqrt{n}} \geq z_{\alpha/2}\right\}$$

임을 알았다. 이 검정의 채택역을 생각하면

$$\frac{|\bar{x}-\mu_0|}{\sigma/\sqrt{n}} < z_{\alpha/2}$$

이다. 즉,

$$\bar{x}-z_{\alpha/2}\frac{\sigma}{\sqrt{n}} < \mu_0 < \bar{x}+z_{\alpha/2}\frac{\sigma}{\sqrt{n}}$$

이 검정의 채택역이 된다. 검정의 크기가 α이기 때문에

$$P\left[|\overline{X}-\mu_0| < z_{\alpha/2}\frac{\sigma}{\sqrt{n}} \;\middle|\; \mu=\mu_0\right]=1-\alpha$$

이다. 위의 확률식은 모든 μ_0에 대해 성립하므로

$$P_\mu\left[\overline{X}-z_{\alpha/2}\frac{\sigma}{\sqrt{n}} < \mu < \overline{X}+z_{\alpha/2}\frac{\sigma}{\sqrt{n}}\right]=1-\alpha$$

가 성립된다. 따라서

$$\left(\overline{X}-z_{\alpha/2}\frac{\sigma}{\sqrt{n}},\ \overline{X}+z_{\alpha/2}\frac{\sigma}{\sqrt{n}}\right)$$

이 μ의 $100(1-\alpha)\%$ 신뢰구간이다. 즉, 검정의 채택역으로부터 신뢰구간을 구할 수 있으며 그 역도 성립한다.

다음 정리는 예제 12.3.1에서 알 수 있듯이 제11장에서 소개한 검정의 채택역으로부터 신뢰구간을 유도할 수 있고, 역으로 신뢰구간을 알고 있으면 검정의 기각역을 구할수 있는 신뢰구간과 검정의 관계를 소개한 정리이다.

정리 12.3.1 각 $\theta_0 \in \Omega$에 대해, $A(\theta_0)$를 $H_0: \theta = \theta_0$의 크기가 α인 검정의 채택역이라 하자. 각 관측값 $\boldsymbol{x} = (x_1, \dots, x_n)$에 대해

$$C(\boldsymbol{x}) = \{\theta \mid \boldsymbol{x} \in A(\theta),\ \theta \in \Omega\} \tag{12.3.1}$$

로 정의하면 $C(\boldsymbol{x})$가 신뢰수준이 $1-\alpha$인 θ의 신뢰구간이 된다. 역으로 $C(\boldsymbol{x})$가 신뢰수준이 $1-\alpha$인 θ의 신뢰구간이면, 임의의 $\theta_0 \in \Omega$에 대해

$$A(\theta_0) = \{\boldsymbol{x} \mid \theta_0 \in C(\boldsymbol{x})\} \tag{12.3.2}$$

일 때, $A(\theta_0)$가 $H_0: \theta = \theta_0$의 크기가 α인 검정의 채택역이다.

정리 12.3.1에서 알 수 있듯이 신뢰구간은 대응되는 검정의 채택역에 의해 유도할 수 있으므로 귀무가설에 대응되는 값이 신뢰구간에 포함되면 귀무가설을 기각할 수 없다.

예제 12.3.2 $X_1, \dots, X_n$이 정규분포 $N(\mu, 1)$에서 추출한 확률표본일 때, μ의 $100(1-\alpha)\%$ 신뢰하한을 구해보자. 예제 11.5.2에서 $H_0: \mu \le \mu_0$ 대 $H_0: \mu > \mu_0$의 GLR 검정의 기각역이

$$C = \left\{\boldsymbol{x} \mid \sqrt{n}\,(\overline{x} - \mu_0) \ge z_\alpha\right\}$$

임을 알았다. 이 검정의 채택역은

$$A(\mu_0) = \left\{\boldsymbol{x} \mid \sqrt{n}\,(\overline{x} - \mu_0) < z_\alpha\right\} = \left\{\boldsymbol{x} \,\middle|\, \overline{x} - \frac{z_\alpha}{\sqrt{n}} < \mu_0\right\}$$

이므로 정리 12.3.1에 의해

$$C(\boldsymbol{x}) = \{\mu \mid \boldsymbol{x} \in A(\mu)\} = \left\{\mu \,\middle|\, \overline{x} - \frac{1}{\sqrt{n}} z_\alpha < \mu\right\}$$

즉 $\left(\overline{X} - \dfrac{1}{\sqrt{n}} z_\alpha,\ \infty\right)$가 μ의 $100(1-\alpha)\%$의 단측신뢰구간이다.

예제 12.3.3 $X_1, \ldots, X_n$이 정규분포 $N(\mu, \sigma^2)$에서의 확률표본일 때, σ^2의 $100(1-\alpha)\%$ 신뢰하한을 구해 보자. 여기서 μ는 알려진 상수이다.

예제 11.4.7에서 $H_0: \sigma^2 \le \sigma_0^2$ 대 $H_1: \sigma^2 > \sigma_0^2$의 크기가 α인 UMP 검정의 기각역이

$$C = \left\{ \boldsymbol{x} \,\middle|\, \sum_{i=1}^{n} (x_i - \mu)^2 \ge \sigma_0^2 \chi_\alpha^2(n) \right\}$$

임을 보였다. 이 검정의 채택역이

$$\begin{aligned} A(\sigma_0^2) &= \left\{ \boldsymbol{x} \,\middle|\, \sum_{i=1}^{n} (x_i - \mu)^2 < \sigma_0^2 \chi_\alpha^2(n) \right\} \\ &= \left\{ \boldsymbol{x} \,\middle|\, \frac{1}{\chi_\alpha^2(n)} \sum_{i=1}^{n} (x_i - \mu)^2 < \sigma_0^2 \right\} \end{aligned}$$

이므로 σ^2의 $100(1-\alpha)\%$ 단측신뢰구간은

$$\begin{aligned} C(\boldsymbol{x}) &= \{ \sigma^2 \mid \boldsymbol{x} \in A(\sigma^2) \} \\ &= \left\{ \sigma^2 \,\middle|\, \frac{1}{\chi_\alpha^2(n)} \sum_{i=1}^{n} (x_i - \mu)^2 < \sigma^2 \right\} \end{aligned}$$

이다. 즉 $\left(\frac{1}{\chi_\alpha^2(n)} \sum_{i=1}^{n} (X_i - \mu)^2, \infty \right)$가 σ^2의 $100(1-\alpha)\%$ 단측신뢰구간이다.

12.4 추축량을 이용하는 방법

다음은 신뢰구간을 유도하는데 매우 유익한 표본과 모수의 함수인 추축량에 대해 살펴보자.

정의 12.4.1

$Q(\boldsymbol{X}; \theta) = Q(X_1, \ldots, X_n; \theta)$는 표본 $X_1, \ldots, X_n$과 미지의 모수 θ만의 함수인 확률변수이다. 만일 $Q(\boldsymbol{X}; \theta)$의 분포가 모든 미지의 모수에 종속되지 않으면, $Q(\boldsymbol{X}; \theta)$를 **추축량**(pivotal quantity) 또는 **추축**(pivot)이라 한다.

예제 12.4.1 (a) 예제 12.2.1에서 σ^2이 알려진 상수인 경우는

$$\overline{X}-\mu \sim \mathrm{N}\left(0,\ \frac{\sigma^2}{n}\right)$$

이므로, $\overline{X}-\mu$는 추축량이다. 그러나

$$\overline{X}/\mu \sim \mathrm{N}\left(1,\ \frac{\sigma^2}{n\mu^2}\right)$$

이므로 $\overline{X}/\mu$는 추축량이 아니다. 그리고 σ^2이 미지의 모수인 경우는

$$\frac{\overline{X}-\mu}{S/\sqrt{n}} \sim t(n-1)$$

이므로 $\sqrt{n}\,(\overline{X}-\mu)/S$가 추축량이다.

(b) $X_1,\dots,X_n$이 지수분포 $\mathrm{Exp}(\theta)$에서 추출한 확률표본이면

$$2n\overline{X}/\theta \sim \chi^2(2n)$$

이므로 $\overline{X}/\theta$는 추축량이다.

$X_1,\dots,X_n$이 결합 pdf(pmf) $f(x_1,\dots,x_n;\theta)$를 갖는 경우, 추축량에 근거하여 신뢰구간을 유도하는 방법에 대해 살펴보자. 사실 신뢰구간을 유도하는 가장 훌륭한 방법 중 하나가 추축량을 이용하는 것이다.

추축량 $Q(\boldsymbol{X};\theta)$는 일반적으로 모수와 통계량을 포함하지만 임의의 집합 A에 대해 $P[Q(\boldsymbol{X};\theta)\in A]$는 θ에 종속되지 않는다. 그러므로, 추축량으로부터 신뢰구간을 구성하는 것은 추축량 $Q(\boldsymbol{X};\theta)$와 $\{\theta\,|\,Q(x;\theta)\in A\}$가 θ의 신뢰구간이 되는 집합 A를 어떻게 찾느냐에 달려 있다.

예제 12.4.2 $X_1,\dots,X_n$을 1차원 모수 θ에 종속하는 밀도함수 $f(x;\theta)$를 갖는 연속분포에서의 확률표본이라 하고, $F_X(x;\theta)$를 X의 cdf, $\overline{F_X}(x;\theta)=1-F_X(x;\theta)$라 하자. 그러면 정리 7.3.3의 확률적분변환 정리와 예제 7.3.2에 의해 $-2\ln F_X(X;\theta)$와 $-2\ln \overline{F_X}(X;\theta)$ 모두 모수가 2인 지수분포 $\mathrm{Exp}(2)$를 따른다. 따라서

$$Q_1(\boldsymbol{X};\theta)=-2\sum_{i=1}^{n}\ln F_X(X_i;\theta) \text{와 } Q_2(\boldsymbol{X};\theta)=-2\sum_{i=1}^{n}\ln \overline{F}_X(X_i;\theta)$$

가 감마분포 Gam$(n,\ 2)$를 따른다. 즉

$$Q_1(\boldsymbol{X};\theta)\sim\chi^2(2n),\quad Q_2(\boldsymbol{X};\theta)\sim\chi^2(2n)$$

이다. 따라서 $Q_1(\boldsymbol{X};\theta)$와 $Q_2(\boldsymbol{X};\theta)$는 추축량이고

$$P\left[\chi^2_{1-\alpha/2}(2n)<-2\sum_{i=1}^{n}\ln F_X(X_i;\theta)<\chi^2_{\alpha/2}(2n)\right]=1-\alpha$$

$$P\left[\chi^2_{1-\alpha/2}(2n)<-2\sum_{i=1}^{n}\ln \overline{F}_X(X_i;\theta)<\chi^2_{\alpha/2}(2n)\right]=1-\alpha$$

이므로 두 식 중 어느 한 식으로부터 θ 의 $100(1-\alpha)\%$ 신뢰구간을 구할 수 있다.

예제 12.4.3 $X_1,\ldots,X_n$ 을 정규분포 $\mathrm{N}(\mu,\sigma^2)$ 에서의 확률표본이라 하자. 두 모수 μ 와 σ^2 은 모두 미지이다. 여기서 평균 μ 를 추정하고자 한다. 이 경우 σ^2 은 장애모수이다. $Q(\boldsymbol{X};\mu)=\sqrt{n}(\overline{X}-\mu)/S\sim t(n-1)$ 이므로, $Q(\boldsymbol{X};\mu)$는 추축량이다. 그러므로

$$P\left[-t_{\alpha/2}(n-1)<\frac{\overline{X}-\mu}{S/\sqrt{n}}<t_{\alpha/2}(n-1)\right]=1-\alpha$$

로부터

$$\left(\overline{X}-t_{\alpha/2}(n-1)\frac{S}{\sqrt{n}},\ \overline{X}+t_{\alpha/2}(n-1)\frac{S}{\sqrt{n}}\right)$$

가 μ 의 $100(1-\alpha)\%$ 신뢰구간이다.

예제 12.4.4 예제 12.4.3에서 σ^2을 추정하고자 한다면, μ 를 아는 경우 $Q_1(\boldsymbol{X};\sigma^2)=\sum_{i=1}^{n}(X_i-\mu)^2/\sigma^2\sim\chi^2(n)$ 이므로 $Q_1(\boldsymbol{X};\sigma^2)$은 추축량이고, μ 를 모르는 경우는 $Q_2(\boldsymbol{X};\sigma^2)=\sum_{i=1}^{n}(X_i-\overline{X})^2/\sigma^2\sim\chi^2(n-1)$ 이므로 $Q_2(\boldsymbol{X};\sigma^2)$ 도 추축량이다. 따라서

$$P\left[\chi^2_{1-\alpha/2}(n)<\frac{1}{\sigma^2}\sum_{i=1}^{n}(X_i-\mu)^2<\chi^2_{\alpha/2}(n)\right]=1-\alpha$$

이고

$$P\left[\chi^2_{1-\alpha/2}(n-1) < \frac{1}{\sigma^2}\sum_{i=1}^{n}(X_i-\overline{X})^2 < \chi^2_{\alpha/2}(n-1)\right] = 1-\alpha$$

이므로, 각각 다음과 같은 σ^2의 $100(1-\alpha)\%$ 신뢰구간을 얻을 수 있다.

(i) μ를 아는 경우

$$\left(\frac{\sum_{i=1}^{n}(X_i-\mu)^2}{\chi^2_{\alpha/2}(n)},\ \frac{\sum_{i=1}^{n}(X_i-\mu)^2}{\chi^2_{1-\alpha/2}(n)}\right)$$

(ii) μ를 모르는 경우

$$\left(\frac{\sum_{i=1}^{n}(X_i-\overline{X})^2}{\chi^2_{\alpha/2}(n-1)},\ \frac{\sum_{i=1}^{n}(X_i-\overline{X})^2}{\chi^2_{1-\alpha/2}(n-1)}\right)$$

위의 예제에서 알 수 있듯이 추축량과 그 분포를 알 수 있다면 쉽게 추축량을 이용한 신뢰구간을 구할 수 있다. 이제 추축량을 찾는 유용한 정리를 소개한다.

정리 12.4.1 $X_1,\ldots,X_n$을 pdf가 $f(x;\theta)$, $\theta\in\Omega$인 분포에서의 확률표본이라 하고 $\hat{\theta}$을 θ의 MLE라 하면, 다음이 성립된다.

(a) θ가 위치모수이면, $Q(\boldsymbol{X};\theta)=\hat{\theta}-\theta$가 추축량이다.

(b) θ가 척도모수이면, $Q(\boldsymbol{X};\theta)=\hat{\theta}/\theta$가 추축량이다.

예제 12.4.5 $X_1,\ldots,X_n$이 2-모수 지수분포 $\text{Exp}(1,\theta)$에서 추출한 확률표본이라 하면, 이 분포에서 θ는 위치모수이고 θ의 MLE는 $\hat{\theta}=X_{1:n}$이므로 정리 12.4.1에 의해 $Q(\boldsymbol{X}:\theta)=X_{1:n}-\theta$가 추축량이다. 사실 $X_{1:n}-\theta\sim\text{Exp}(1/n)$이다. 따라서

$$\begin{aligned}1-\alpha &= P[a < X_{1:n}-\theta < b]\\ &= P[X_{1:n}-b < \theta < X_{1:n}-a]\end{aligned}$$

를 만족하는 a와 b를 구하면, θ의 $100(1-\alpha)\%$ 신뢰구간은 다음과 같다.

$$(X_{1:n}-b,\ X_{1:n}-a)$$

가능한 예는 $(X_{1:n} + \frac{1}{n}\ln\alpha,\ X_{1:n})$을 생각할 수 있다.

예제 12.4.6 $X_1, \ldots, X_n$이 정규분포 $N(\mu, \sigma^2)$에서 추출한 확률표본이라 하자.

(a) σ^2이 알려진 상수일 때, μ는 위치모수이고 $\overline{X}$가 μ의 MLE이므로 이미 알려진 바와 같이 $Q(\boldsymbol{X};\mu) = \overline{X} - \mu$가 추축량이다. 이 사실을 이용해 μ의 $100(1-\alpha)\%$ 신뢰구간을 쉽게 구할 수 있다.

(b) μ가 알려진 상수일 때, σ는 척도모수이고 $\sum_{i=1}^{n}(X_i - \mu)^2/n$이 σ^2의 MLE이므로, $Q(\boldsymbol{X};\sigma^2) = \sum_{i=1}^{n}(X_i - \mu)^2/n\sigma^2$이 σ^2의 추축량이다. 이미 예제 12.4.4에서 이 추축량을 이용해 신뢰구간을 구했다.

예제 12.4.7 $X_1, \ldots, X_n$을 지수분포 $\text{Exp}(\theta)$에서 추출한 확률표본이라 하자. 그러면 θ는 척도모수이고 θ의 MLE는 $\overline{X}$이다. 따라서 $\overline{X}/\theta$가 추축량이다. 사실 $2n\overline{X}/\theta \sim \chi^2(2n)$이므로 $\overline{X}/\theta$의 분포가 모수 θ에 종속되지 않음을 알 수 있다.

정리 12.4.2 $X_1, \ldots, X_n$을 다음과 같이 위치-척도 모수를 갖는 분포에서 추출한 확률표본이라 하자. 즉,

$$f(x;\theta_1,\theta_2) = \frac{1}{\theta_2} f_0\left(\frac{x-\theta_1}{\theta_2}\right) \tag{12.4.5}$$

여기서 $f_0(x)$는 pdf(pmf)이다. 만일 $\hat{\theta}_1$과 $\hat{\theta}_2$이 θ_1과 θ_2의 MLE라 하면, $(\hat{\theta}_1 - \theta_1)/\hat{\theta}_2$과 $\hat{\theta}_2/\theta_2$가 각각 θ_1과 θ_2의 추축량이다.

예제 12.4.8 예제 12.4.3에서 μ와 σ는 위치-척도모수이고 각각의 MLE가 $\overline{X}$와 $\sqrt{\sum_{i=1}^{n}(X_i - \overline{X})^2/n}$이므로 정리 12.4.2에 의해

$$\frac{\sqrt{n}(\overline{X} - \mu)}{\sqrt{\sum_{i=1}^{n}(X_i - \overline{X})^2}}$$

이 μ의 추축량임을 알 수 있다. $\sqrt{n}(\overline{X} - \mu)/S \sim t(n-1)$이므로 위의 결과가 성립된다. σ^2의 추축량은 예제 12.4.4에서와 같이

$$\sum_{i=1}^{n}(X_i - \overline{X})^2/n\sigma^2$$

임을 알 수 있다.

12.5 정규분포의 표본에 근거한 구간추정

이 절에서는 정규분포 $N(\mu,\sigma^2)$에서 추출한 크기 n인 확률표본 $X_1,\ldots,X_n$에 근거한 신뢰구간에 대해 살펴보자. 여기서 소개하는 신뢰구간은 가설검정과의 관계에 의해 11.6절의 정규분포의 표본에 근거한 검정에서 소개한 검정들의 채택역으로부터 유도할 수 있다.

12.5.1 평균의 신뢰구간

정규모집단에서 추출한 확률표본에 근거하여 평균의 신뢰구간을 유도해 보자.

(1) 분산 σ^2을 아는 경우

모평균 μ는 상수이지만 그 값을 알지 못한다고 하자. 그러면 μ의 MLE $\hat{\mu}=\overline{X}$를 μ의 추정량으로 사용할 수 있다.

$$Z=\frac{\overline{X}-\mu}{\sigma/\sqrt{n}} \sim N(0,1) \tag{12.5.1}$$

이므로

$$\begin{aligned}1-\alpha &= P\left[-z_{\alpha/2} < \frac{\overline{X}-\mu}{\sigma/\sqrt{n}} < z_{\alpha/2}\right] \\ &= P\left[\overline{X}-z_{\alpha/2}\frac{\sigma}{\sqrt{n}} < \mu < \overline{X}+z_{\alpha/2}\frac{\sigma}{\sqrt{n}}\right]\end{aligned} \tag{12.5.2}$$

이 성립된다. 따라서 μ의 $100(1-\alpha)\%$ 신뢰구간은 다음과 같다.

$$\left(\overline{X}-z_{\alpha/2}\frac{\sigma}{\sqrt{n}},\ \overline{X}+z_{\alpha/2}\frac{\sigma}{\sqrt{n}}\right) \tag{12.5.3}$$

이 신뢰구간은 정리 11.6.1 (c) 검정의 채택역으로부터 유도할 수도 있다.

예제 12.5.1 예제 11.6.1에서 생각한 데이터에 근거한 모평균 μ의 95% 신뢰구간은

$$70.5-1.96\frac{9}{\sqrt{25}} < \mu < 70.5+1.96\frac{9}{\sqrt{25}}$$

이다. 즉, $(66.972, 74.028)$이 μ의 95% 신뢰구간이다.

앞에서 설명한 신뢰구간은 표본을 추출한 모집단이 정규분포이고 분산이 알려져 있는 특별한 경우이다. 그러나 대부분의 실험에서는 분산을 알 수 없기 때문에 분산도 추정해야 한다. 실제로 과거의 유사한 자료로부터 분산을 추정할 수 있지만 일반적으로 평균을 모르면서 분산을 안다고 가정할 수 있는 경우는 극히 제한된 경우이므로 분산을 안다는 가정 없이 모평균 μ를 추정할 수 있는 방법이 필요하다. 추정방법은 중심극한정리를 이용하는 것과 모집단이 정규분포라는 가정 하에서 유도할 수 있다. 이러한 방법에 대해 살펴보자.

(2) 분산 σ^2을 모르는 경우

$$T = \frac{\overline{X} - \mu}{S/\sqrt{n}} \tag{12.5.4}$$

이 σ^2의 추축량이고 $T \sim t(n-1)$임은 잘 알려져 있는 사실이다. 따라서

$$\begin{aligned} 1-\alpha &= P\left[-t_{\alpha/2}(n-1) < \frac{\overline{X}-\mu}{S/\sqrt{n}} < t_{\alpha/2}(n-1)\right] \\ &= P\left[\overline{X} - t_{\alpha/2}(n-1)\frac{S}{\sqrt{n}} < \mu < \overline{X} + t_{\alpha/2}(n-1)\frac{S}{\sqrt{n}}\right] \end{aligned} \tag{12.5.5}$$

이므로, 이 경우 μ의 $100(1-\alpha)\%$ 신뢰구간은 다음과 같다.

$$\left(\overline{X} - t_{\alpha/2}(n-1)\frac{S}{\sqrt{n}},\ \overline{X} + t_{\alpha/2}(n-1)\frac{S}{\sqrt{n}}\right) \tag{12.5.6}$$

이 신뢰구간은 정리 11.6.2 (c) 검정의 채택역에 의해 유도할 수도 있다.

예제 12.5.2 예제 11.6.2에서 $n = 9$, $\overline{x} = 4.3$, $s = 1.2$이고 $t_{\alpha/2}(8) = t_{0.05}(8) = 1.860$이므로, μ의 90% 신뢰구간은

$$\left(4.3 - 1.86\frac{1.2}{\sqrt{9}},\ 4.3 + 1.86\frac{1.2}{\sqrt{9}}\right) \approx (3.556, 5.044)$$

이다. 이 신뢰구간을 이용하여 예제 11.6.2에서 생각한 검정을 하면, 4.0이 신뢰구간에 포함되므로 $H_0 : \mu = 4.0$ 대 $H_1 : \mu \neq 4.0$ 가설은 $\alpha = 0.10$에서 귀무가설을 기각할 수 없다.

물론 위에서 언급한 방법은 모집단 분포가 정규분포일 경우에 성립한다. 모집단이 정규분포라는 확신을 할 수 없는 경우일지라도 모집단 분포가 대칭이고 한 개의 최빈값을 갖는

연속인 경우는 위에서 구한 신뢰구간이 근사적으로 성립되므로 이용할 수 있다. 그러나 모집단 분포가 몹시 치우쳐 있는 경우라면 이 근사를 이용하는 것은 위험이 따른다. 따라서 이런 경우에는 제15장에서 다룰 비모수적 방법을 이용하거나 표본의 수가 크면 중심극한정리를 이용해 해결할 수 있다.

표본의 크기 n이 상당히 클 경우 T는 모집단 분포에 관계 없이 근사적으로 표준정규분포를 따른다. 즉,

$$T=\frac{\overline{X}-\mu}{S/\sqrt{n}}\xrightarrow{d} Z\sim \mathrm{N}(0,1) \tag{12.5.7}$$

이다. 따라서 n이 클 경우 μ의 근사적인 $100(1-\alpha)\%$ 신뢰구간은 모집단 분포에 관계 없이 다음과 같다.

$$\left(\overline{X}-z_{\alpha/2}\frac{S}{\sqrt{n}},\ \overline{X}+z_{\alpha/2}\frac{S}{\sqrt{n}}\right) \tag{12.5.8}$$

12.5.2 분산의 신뢰구간

정규분포의 분산에 관한 신뢰구간을 구해보자. 이 경우는 예제 12.4.4에서 이미 소개되었기 때문에 여기서는 간략히 정리만 한다.

$X_1,\dots,X_n$은 정규분포 $\mathrm{N}(\mu,\sigma^2)$에서 추출한 크기 n인 확률표본이다.

(1) μ를 알고 있는 경우

예제 12.4.4에서 σ^2의 추축량은 $\sum_{i=1}^{n}(X_i-\mu)^2/\sigma^2$이고 $\sum_{i=1}^{n}(X_i-\mu)^2/\sigma^2\sim\chi^2(n)$이므로, σ^2의 $100(1-\alpha)\%$ 신뢰구간은 다음과 같음을 보였다.

$$\left(\frac{\sum_{i=1}^{n}(X_i-\mu)^2}{\chi^2_{\alpha/2}(n)},\ \frac{\sum_{i=1}^{n}(X_i-\mu)^2}{\chi^2_{1-\alpha/2}(n)}\right) \tag{12.5.9}$$

(2) μ가 미지의 모수인 경우

이 경우의 추축량은 $\sum_{i=1}^{n}(X_i-\overline{X})^2/\sigma^2$이고 $\sum_{i=1}^{n}(X_i-\overline{X})^2/\sigma^2\sim\chi^2(n-1)$이므로, σ^2의 $100(1-\alpha)\%$ 신뢰구간은 다음과 같다.

$$\left(\frac{\sum_{i=1}^{n}(X_i-\overline{X})^2}{\chi^2_{\alpha/2}(n-1)},\ \frac{\sum_{i=1}^{n}(X_i-\overline{X})^2}{\chi^2_{1-\alpha/2}(n-1)}\right) \tag{12.5.10}$$

이 신뢰구간은 정리 11.6.3 (c)의 검정으로부터 유도할 수도 있다.

위에서 유도한 신뢰구간은 비대칭인 카이제곱분포에서 양쪽 꼬리부분의 면적이 동일하게 $\alpha/2$ 되는 값을 이용해 유도했다. 그러나 이 분포가 비대칭이기 때문에 이렇게 유도한 구간은 구간길이가 최소인 신뢰구간은 되지 않는다.

예제 12.5.3 예제 11.6.3에서 $n=20$, $s^2=72.5$이고 $\chi^2_{0.975}(19)=8.91$, $\chi^2_{0.025}(19)=32.85$이므로 σ^2의 95% 신뢰구간은 다음과 같다.

$$\left(\frac{19(72.5)}{32.85},\ \frac{19(72.5)}{8.91}\right) \approx (41.933,\ 154.602)$$

예제 11.6.3에서 가설 $H_0: \sigma^2=50$ 대 $H_1: \sigma^2 \neq 50$을 신뢰구간을 이용해 검정해 보면, 50이 신뢰구간에 포함되므로 예제 11.6.3과 같이 유의수준 0.05로 귀무가설을 기각할 수 없다.

12.5.3 모비율의 신뢰구간

11.6.3절에서 언급했듯이 모비율을 추정해야 할 경우가 많다. 대부분의 경우 이항모집단에서 추출했다고 가정하는 것이 타당하므로 이항분포의 모수 p를 추정하는 문제가 된다. 대부분의 경우 표본크기가 크기 때문에, n이 큰 경우 이항분포는 정규분포에 근사시킬 수 있다는 사실로부터

$$Z=\frac{X-np}{\sqrt{np(1-p)}}=\frac{X/n-p}{\sqrt{p(1-p)/n}} \tag{12.5.11}$$

이 근사적으로 표준정규분포를 따른다. 여기서 X는 n번의 베르누이 시행에서 성공의 횟수이다. 따라서,

$$\begin{aligned}1-\alpha &\approx P\left[-z_{\alpha/2} < \frac{X-np}{\sqrt{np(1-p)}} < z_{\alpha/2}\right] \\ &= P\left[\frac{X}{n}-z_{\alpha/2}\sqrt{\frac{p(1-p)}{n}} < p < \frac{X}{n}+z_{\alpha/2}\sqrt{\frac{p(1-p)}{n}}\right]\end{aligned} \tag{12.5.12}$$

이다. 그러나 p가 미지의 모수이므로 부등식의 양쪽 변수가 통계량이 되지 못한다. 따라서 p의 추정량 X/n을 이용하여 근사시킬 수 있다. 즉, n이 큰 경우

$$P\left[\frac{X}{n}-z_{\alpha/2}\sqrt{\frac{(X/n)(1-X/n)}{n}}<p<\frac{X}{n}+z_{\alpha/2}\sqrt{\frac{(X/n)(1-X/n)}{n}}\right]\approx 1-\alpha$$

이므로, p 의 근사적인 $100(1-\alpha)\%$ 신뢰구간은 다음과 같다.

$$\left(\frac{X}{n}-z_{\alpha/2}\sqrt{\frac{(X/n)(1-X/n)}{n}},\ \frac{X}{n}+z_{\alpha/2}\sqrt{\frac{(X/n)(1-X/n)}{n}}\right) \qquad (12.5.13)$$

예제 12.5.4 독감 예방접종을 한 100명의 확률표본에서 36명이 일종의 불안감을 경험했다. 예방접종을 한 사람들 중 불안감을 경험한 사람의 실제 비율에 대한 95% 신뢰구간을 구해 보자.

$n=100$, $\hat{p}=x/n=36/100=0.36$이고, $z_{0.025}=1.96$이므로 근사적인 95% 신뢰구간은 다음과 같다.

$$\left(0.36-1.96\sqrt{\frac{0.36(0.64)}{100}},\ 0.36+1.96\sqrt{\frac{0.36(0.64)}{100}}\right)\approx(0.266,\ 0.454)$$

12.5.4 두 모집단 표본에 근거한 신뢰구간

종종 두 개 이상의 모집단을 비교할 목적으로 확률표본들을 추출하는 경우가 있다. 특히, 두 모집단의 평균을 비교하거나, 두 모집단의 상대 변동 등을 비교할 때, 신뢰구간은 매우 유익하다. 제11장에서와 같이 $X_1,\dots,X_{n_1}$과 $Y_1,\dots,Y_{n_2}$가 각각 독립인 정규분포 $\mathrm{N}(\mu_1,\sigma_1^2)$과 $\mathrm{N}(\mu_2,\sigma_2^2)$에서 추출한 확률표본이고 $\overline{X}$와 $\overline{Y}$는 각 표본의 표본평균이며 S_1^2과 S_2^2은 각 표본의 표본분산이라 하자.

12.5.4.1 두 분산비의 신뢰구간

독립인 두 정규분포의 분산을 비교해야 하는 경우가 종종 있다. 이런 경우 두 정규분포의 분산비의 신뢰구간이 유용하다. 이제 σ_1^2/σ_2^2의 신뢰구간을 구해 보자.

11.6.4절에서와 같이

$$F=\frac{S_1^2/\sigma_1^2}{S_2^2/\sigma_2^2}\sim F(n_1-1,n_2-1) \qquad (12.5.14)$$

이므로 다음 조건을 만족하는 상수 c와 d를 구하면 된다.

$$1-\alpha = P\left[c < \frac{S_1^2/\sigma_1^2}{S_2^2/\sigma_2^2} < d\right] = P\left[\frac{1}{d}\frac{S_1^2}{S_2^2} < \frac{\sigma_1^2}{\sigma_2^2} < \frac{1}{c}\frac{S_1^2}{S_2^2}\right] \qquad (12.5.15)$$

c와 d는 부록 표 B.6에서 구할 수 있으며, 일반적으로 $c = F_{1-\alpha/2}(n_1-1,\ n_2-1) = 1/F_{\alpha/2}(n_2-1, n_1-1)$과 $d = F_{\alpha/2}(n_1-1,\ n_2-1)$을 택한다. 따라서 σ_1^2/σ_2^2의 $100(1-\alpha)\%$ 신뢰구간은 다음과 같다.

$$\left(\frac{1}{F_{\alpha/2}(n_1-1, n_2-1)}\frac{S_1^2}{S_2^2},\ F_{\alpha/2}(n_2-1, n_1-1)\frac{S_1^2}{S_2^2}\right) \qquad (12.5.16)$$

예제 12.5.5 두통약 A와 B의 약효(경감시간)에 대한 차이를 비교하기 위해 약 A를 복용한 환자 13명의 확률표본에서는 $\overline{x} = 13.2$분이고 $s_1^2 = 6.0$인 반면, 약 B를 복용한 환자 16명의 확률표본에서는 $\overline{y} = 11.2$분이고 $s_2^2 = 4.0$이었다. 이 때 두 가지 약을 복용한 환자들의 경감시간은 정규분포를 따른다고 가정하고 두 모집단 분산비 σ_1^2/σ_2^2 의 90% 신뢰구간을 구해 보자.

$n_1 = 13,\ n_2 = 16$이고 $F_{0.05}(12, 15) = 2.48,\ F_{0.05}(15, 12) = 2.62$이므로 σ_1^2/σ_2^2의 90% 신뢰구간은 다음과 같다.

$$\left(\frac{1}{2.48}\left(\frac{6.0}{4.0}\right),\ 2.62\left(\frac{6.0}{4.0}\right)\right) \approx (0.6048,\ 3.930)$$

가설검정과 신뢰구간의 관계에 의해 $H_0 : \sigma_1^2/\sigma_2^2 = 1$ 대 $H_1 : \sigma_1^2/\sigma_2^2 \neq 1$의 크기가 $\alpha = 0.10$인 검정은 신뢰구간에 1이 포함되므로 귀무가설을 기각할 수 없다.

12.5.4.2 두 평균 차의 신뢰구간

먼저 두 정규모집단의 분산 σ_1^2과 σ_2^2를 알고 있는 경우에 대해 생각해 보자.

(1) σ_1^2과 σ_2^2을 아는 경우

두 모집단의 분산이 알려져 있다고 가정하면, $\overline{Y} - \overline{X}$는 평균이 $\mu_2 - \mu_1$이고 분산이 $\sigma_1^2/n_1 + \sigma_2^2/n_2$ 인 정규확률변수이다. 따라서

$$P\left[-z_{\alpha/2} < \frac{(\overline{Y} - \overline{X}) - (\mu_2 - \mu_1)}{\sqrt{\sigma_1^2/n_1 + \sigma_2^2/n_2}} < z_{\alpha/2}\right] = 1-\alpha \qquad (12.5.17)$$

이므로 $\mu_2-\mu_1$ 의 $100(1-\alpha)\%$ 신뢰구간은 다음과 같다.

$$\left((\overline{Y}-\overline{X})-z_{\alpha/2}\sqrt{\frac{\sigma_1^2}{n_1}+\frac{\sigma_2^2}{n_2}},\ (\overline{Y}-\overline{X})+z_{\alpha/2}\sqrt{\frac{\sigma_1^2}{n_1}+\frac{\sigma_2^2}{n_2}}\right) \tag{12.5.18}$$

(2) σ_1^2 과 σ_2^2 은 모르지만 같은 경우

실제로 평균을 추정하는 문제에서 모집단의 분산을 알 수 있는 경우는 거의 없다. 따라서 위에서의 가정은 이론적으로는 간단한 결과를 얻을 수 있지만, 현실적으로 이용 가능성이 희박하다. 평균을 모르는 경우 분산을 알지 못하지만 가끔 두 모집단의 분산이 같다고 가정하는 것이 타당한 경우가 있다.

만일 $\sigma_1^2=\sigma_2^2=\sigma^2$ 이라 하면, 두 모집단에서 추출한 표본전체를 이용한 식 (11.6.32)의 합동추정량 S_p^2 을 이용하여 σ^2을 추정할 수 있다. 식 (11.6.34)에 의해 $\mu_2-\mu_1$의 $100(1-\alpha)\%$ 신뢰구간은 다음과 같다.

$$\left((\overline{Y}-\overline{X})-t_{\alpha/2}(n_1+n_2-2)S_p\sqrt{\frac{1}{n_1}+\frac{1}{n_2}},\right.$$
$$\left.(\overline{Y}-\overline{X})+t_{\alpha/2}(n_1+n_2-2)S_p\sqrt{\frac{1}{n_1}+\frac{1}{n_2}}\right) \tag{12.5.19}$$

예제 12.5.6 규모가 작은 고등학교와 규모가 큰 고등학교 학생들에게 시행한 수학시험 성적의 분포가 각각 $\mathrm{N}(\mu_1, \sigma^2)$과 $\mathrm{N}(\mu_2, \sigma^2)$이라 하자. σ^2은 미지의 모수이다. 규모가 작은 학교에서 $n_1=9$명의 확률표본으로부터 $\overline{x}=81.31$이고 $s_1^2=60.76$이었으며, 규모가 큰 고등학교에서 $n_2=15$명의 확률표본으로부터 $\overline{y}=78.61$이고 $s_2^2=48.24$였다. 그러면 $\mu_2-\mu_1$의 95% 신뢰한계는 $t_{0.025}(22)=2.074$이므로

$$(78.61-81.31)\pm 2.074\sqrt{\frac{8(60.76)+14(48.24)}{22}}\sqrt{\frac{1}{9}+\frac{1}{15}}$$

이고 95% 신뢰구간은 $(-9.0538,\ 3.6538)$이다. 따라서 $H_0:\mu_2-\mu_1=0$ 대 $H_1:\mu_2-\mu_1\neq 0$ 의 크기가 $\alpha=0.05$인 검정은 신뢰구간이 0을 포함하므로 귀무가설을 기각할 수 없다.

(3) 근사적 방법

두 모집단의 분산을 모르면서 두 분산이 같다고 가정할 수 없는 경우도 두 모집단 평균 차의 신뢰구간을 유도할 수 있다. 그러나 이 경우 $\mu_2 - \mu_1$의 추축량을 구하는게 간단하지 않기 때문에 대표본인 경우 근사적인 신뢰구간에 대해서만 소개한다.

두 분산이 같다고 가정할 수 없는 경우 가능한 방법 중 하나가 대표본에 근거한 근사적인 방법이다. $n_1,\ n_2 \to \infty$ 일 때,

$$\frac{(\overline{Y} - \overline{X}) - (\mu_2 - \mu_1)}{\sqrt{S_1^2/n_1 + S_2^2/n_2}} \xrightarrow{d} Z \sim \mathrm{N}(0,1) \tag{12.5.20}$$

이므로, 대표본에 대해 $\mu_2 - \mu_1$의 근사적인 $100(1-\alpha)\%$ 신뢰구간은 다음과 같다.

$$\left((\overline{Y} - \overline{X}) - z_{\alpha/2}\sqrt{\frac{S_1^2}{n_1} + \frac{S_2^2}{n_2}},\ (\overline{Y} - \overline{X}) + z_{\alpha/2}\sqrt{\frac{S_1^2}{n_1} + \frac{S_2^2}{n_2}} \right) \tag{12.5.21}$$

(4) 쌍으로 이루어진 표본

11.6절에서 언급했듯이 $(X_1, Y_1), \ldots, (X_n, Y_n)$을 n쌍의 확률표본이라 하고 $D_i = Y_i - X_i$, $i = 1, \ldots, n$ 들은 평균이 $\mu_D = \mu_2 - \mu_1$ 이고 분산이 σ_D^2인 정규확률변수라 가정하면, 식 (11.6.40)에 의해 $\mu_D = \mu_2 - \mu_1$ 의 $100(1-\alpha)\%$ 신뢰구간은 다음과 같다.

$$\left(\overline{D} - t_{\alpha/2}(n-1)\frac{S_D}{\sqrt{n}},\ \overline{D} + t_{\alpha/2}(n-1)\frac{S_D}{\sqrt{n}} \right) \tag{12.5.22}$$

12.5.4.3 두 모비율 차의 근사적 신뢰구간

$X_1, \ldots, X_{n_1}$과 $Y_1, \ldots, Y_{n_2}$가 각각 성공할 확률이 p_1과 p_2이며 독립인 베르누이 확률변수라 하자. n_1과 n_2가 큰 경우 이항분포의 정규근사에 의해

$$\frac{(\hat{p}_2 - \hat{p}_1) - (p_2 - p_1)}{\sqrt{p_1(1-p_1)/n_1 + p_2(1-p_2)/n_2}} \tag{12.5.23}$$

는 근사적으로 표준정규분포 $\mathrm{N}(0,1)$을 따른다. 여기서

$$\hat{p}_1 = \sum_{i=1}^{n_1} X_i / n_1 \text{ 이고 } \hat{p}_2 = \sum_{j=1}^{n_2} Y_j / n_2$$

이다. 위 식에서 분모에 있는 p_1과 p_2 대신에 그 추정량 $\hat{p}_1$과 $\hat{p}_2$을 각각 대입하여도 n_1과 n_2가 큰 경우이므로 근사적으로 $\mathrm{N}(0,1)$을 따른다. 그러므로

$$P\left[-z_{\alpha/2} < \frac{(\hat{p_2}-\hat{p_1})-(p_2-p_1)}{\sqrt{\hat{p_1}(1-\hat{p_1})/n_1+\hat{p_2}(1-\hat{p_2})/n_2}} < z_{\alpha/2}\right] \approx 1-\alpha \tag{12.5.24}$$

이다. 따라서 $p_2 - p_1$의 근사적인 $100(1-\alpha)\%$ 신뢰한계는 다음과 같다.

$$\hat{p_2}-\hat{p_1} \pm z_{\alpha/2}\sqrt{\frac{\hat{p_1}(1-\hat{p_1})}{n_1}+\frac{\hat{p_2}(1-\hat{p_2})}{n_2}} \tag{12.5.25}$$

예제 12.5.7 두 가지 세제에 대해 일종의 얼룩제거 능력을 검사하였다. 검사요원은 첫 번째 세제에 대해서는 91번의 독립시행에서 63번 성공적으로 얼룩이 제거되었고, 두 번째 세제에 대해서는 79번의 독립시행에서 42번 얼룩이 제거되었다. 두 세제의 얼룩 제거율의 차인 $p_2 - p_1$의 90% 신뢰한계는

$$\frac{42}{79}-\frac{63}{91} \pm 1.645\sqrt{\frac{(63/91)(28/91)}{91}+\frac{(42/79)(37/79)}{79}}$$

이므로, 90% 신뢰구간은 $(-0.2826, -0.0387)$이다. 이 경우는 신뢰구간이 0을 포함하지 않으므로 $H_0: p_1 = p_2$ 대 $H_1: p_1 \neq p_2$의 크기가 $\alpha = 0.10$인 검정은 귀무가설을 기각한다. 즉 두 제거율 간에는 차이가 있다고 말할 수 있다. 따라서 첫 번째 세제가 두 번째 세제보다 얼룩을 제거하는데 효과 있음을 알 수 있다.

연습문제 제 12 장

12.1 만일 $L(x)$와 $U(x)$가 $P[L(X) < \theta] = 1-\alpha_1$과 $P[U(X) > \theta] = 1-\alpha_2$를 만족하며 모든 x에 대해 $L(x) \leq U(x)$일 때, $P[L(X) < \theta < U(X)] = 1-\alpha_1-\alpha_2$임을 보여라.

12.2 $X_1, \ldots, X_n$은 감마분포 $\text{Gam}(k, \beta)$에서 추출한 확률표본이다. β의 $100(1-\alpha)\%$ 신뢰구간을 유도하라. 여기서 k는 알려진 상수이다.

12.3 다음은 어느 회사에서 생산된 에어컨의 수명(단위: 100시간)이다. 이 데이터들이 지수분포 $\text{Exp}(\theta)$에서 추출한 확률표본의 관측값일 때, 평균 수명 θ 의 95% 신뢰구간을 구하라.

35, 30, 25, 29, 50, 45, 70, 15

12.4 $X_1, \ldots, X_n$ 은 $\text{N}(\mu, \sigma^2)$ 에서의 확률표본이다. 여기서 σ^2 은 알고 있는 상수이다. UMP 검정으로부터 μ 의 $100(1-\alpha)\%$ 단측신뢰상한을 구하라.

12.5 연습문제 11.19번 (a)를 이용하여 β 의 $100(1-\alpha)\%$ 단측신뢰하한을 구하라.

12.6 연습문제 11.21번의 로지스틱분포에서의 단일표본 X에 근거하여 UMP 검정으로부터 θ 의 $100(1-\alpha)\%$ 단측신뢰하한을 구하라.

12.7 $X_1, \ldots, X_n$ 이 지수분포 $\text{Exp}(\theta)$에서 추출한 확률표본일 때, 연습문제 11.18의 결과를 이용해 θ 의 $100(1-\alpha)\%$ 단측신뢰상한을 구하라.

12.8 $X_1, \ldots, X_n$ 은 정규분포 $\text{N}(\mu, \sigma^2)$ 에서 추출한 확률표본이다. 여기서 σ^2 은 미지의 모수이다. $H_0 : \mu = \mu_0$ 대 $H_1 : \mu \neq \mu_0$의 GLR 검정으로부터 $100(1-\alpha)\%$ 신뢰구간을 유도하라.

12.9 $X_1, \ldots, X_n$ 은 pdf가 $f(x\,;\beta) = \beta(1-x)^{\beta-1}$, $0 < x < 1$인 베타분포 $\text{Beta}(1, \beta)$에서 추출한 크기 n인 확률표본이다. cdf를 이용한 추축량에 근거하여 β의 $100(1-\alpha)\%$ 신뢰구간을 구성하라.

12.10 $X_1, \ldots, X_n$ 이 지수분포 $\text{Exp}(\theta)$ 에서 추출한 확률표본일 때, MLE에 근거한 추축량을 이용하여 θ 의 $100(1-\alpha)\%$ 신뢰구간을 구하라.

12.11 $X_1, \ldots, X_n$ 이 2-모수 지수분포 $\text{Exp}(\theta, 10)$ 에서 추출한 확률표본일 때

(a) $2\sum_{i=1}^{n}(X_i - 10)/\theta \sim \chi^2(2n)$임을 보여라.

(b) (a)에서의 추축량을 이용해 θ 의 95% 신뢰구간을 유도하라.

12.12 방직공장에서 일하는 근로자들의 사고율을 조사하기 위해 무작위로 45명을 선택했다. 근로자들의 사고 횟수는 평균이 μ인 포아송분포를 따른다고 하자. 45명 근로자의 평균 사고횟수는 $\bar{x}=1.7$ 이다.

(a) 중심극한정리에 의해 $(\overline{X}-\mu)/\sqrt{\mu/n} \xrightarrow{d} Z \sim \mathrm{N}(0,1)$ 을 이용하여 μ의 근사적인 95% 단측신뢰하한을 구하라.

(b) μ의 추정량 $\overline{X}$ 를 이용하면, n이 충분히 클 때, $(\overline{X}-\mu)/\sqrt{\overline{X}/n} \xrightarrow{d} Z$가 성립된다. 이 사실을 이용해 μ의 근사적인 95% 단측신뢰하한을 구하라.

12.13 $X_1,\ldots,X_{n_1}$과 $Y_1,\ldots,Y_{n_2}$는 각각 지수분포 $\mathrm{Exp}(\theta)$와 $\mathrm{Exp}(\theta\beta)$에서 추출한 독립인 확률표본이다. $\beta\sum_{i=1}^{n_1}X_i\Big/\sum_{j=1}^{n_2}Y_j$가 β에 대해 추축량임을 보이고 이 추축량의 분포를 구하라.

12.14 $X_1,\ldots,X_n$은 정규분포 $\mathrm{N}(\mu,\,\mu^2)$에서 추출한 확률표본이다.

(a) μ의 $100(1-\alpha)\%$ 신뢰구간을 구하라.

(b) μ^2의 $100(1-\alpha)\%$ 신뢰구간을 구하라.

12.15 연습문제 11.29번에서 μ의 95% 신뢰구간을 구하라.

12.16 에이커당 어떤 특정한 종류의 콩 생산량은 $\mathrm{N}(\mu,\sigma^2)$을 따른다. $n=5$지역의 확률표본에 대해 에이커당 생산량이 37.4, 48.8, 46.9, 55.0, 44.0이었다.

(a) μ의 점추정값을 구하라.

(b) μ의 90% 신뢰구간을 구하라.

12.17 만일 8.5, 7.8, 8.3, 6.5, 8.5, 9.7, 7.3, 7.5, 7.7, 8.2가 정규분포 $\mathrm{N}(8,\sigma^2)$에서 추출한 크기 $n=10$인 확률표본의 관측값이라면, σ^2의 90% 신뢰구간을 구하라.

12.18 정규분포 $\mathrm{N}(\mu,\sigma^2)$에서 추출한 크기 $n=16$의 확률표본에 의해 $\bar{x}=3.2$이고 $s^2=5.12$임을 알았다. σ^2의 90% 신뢰구간을 구하라.

12.19 p는 미국에서 노란 머리를 가진 사람의 비율이다. 표본크기 100에서 12명이 노란 머리로 관측되었다. p의 근사적인 95% 신뢰구간을 구하라.

12.20 S_1^2과 S_2^2은 두 개의 독립인 정규분포 $N(\mu_1, \sigma^2)$과 $N(\mu_2, \sigma^2)$에서 각각 크기가 n_1과 n_2인 확률표본의 표본분산이다.

(a) $$\frac{(n_1-1)S_1^2+(n_2-1)S_2^2}{\sigma^2} \sim \chi^2(n_1+n_2-2)$$

임을 이용하여 σ^2의 $100(1-\alpha)\%$ 신뢰구간을 유도하라.

(b) $n_1=10,\ n_2=11,\ s_1^2=13.0,\ s_2^2=10.5$일 때, σ^2의 90% 신뢰구간을 구하라.

12.21 연습문제 11.36번에서 σ_1^2/σ_2^2의 98% 신뢰구간을 구하라.

12.22 두 나라에 살고 있는 성인 남성 키의 독립 확률표본에서 다음 데이터를 얻었다.

$n_1=20,\ \bar{x}=66.7$인치, $s_x=4$인치, $n_2=25,\ \bar{y}=69.3$인치, $s_y=3$인치

키의 평균 차 $\mu_y-\mu_x$의 근사적인 98% 신뢰구간을 구하라.

12.23 연습문제 11.38번에서 시작할 때의 몸무게에서 끝날 때 측정한 몸무게를 뺀 몸무게 차이의 평균 μ_D의 95% 신뢰구간을 구하라.

12.24 독립인 두 확률변수 Y_1과 Y_2는 모수가 각각 $n_1=100,\ p_1$과 $n_2=100,\ p_2$인 이항확률변수이다. 관측값이 $y_1=55$이고 $y_2=43$일 때, p_2-p_1의 근사적인 95% 신뢰구간을 구하라.

12.25 사탕 제조업자가 생산라인에서 무작위로 박하사탕을 선택하여 그들의 무게를 측정한다. 일주일 동안 주간에 생산된 사탕 $n_1=200$개와 야간에 생산된 사탕 $n_2=160$개의 무게를 측정하였다. 이 중에 무게가 기껏해야 20g인 사탕은 주간에 생산된 것은 $x=30$개이고 야간에 생산된 것은 $y=11$개였다. p_1과 p_2를 각각 주간과 야간에 생산된 사탕 중 무게가 20g 이하인 사탕의 비율이라 하자.

(a) p_1의 점추정값을 구하라.

(b) p_1의 95% 신뢰구간을 구하라.

(c) p_2-p_1의 점추정값을 구하라.

(d) p_2-p_1의 95% 신뢰구간을 구하라.

제 13 장

카이제곱 검정

13.1 서론

지금까지 대부분 pdf(pmf)는 알고 있는 것으로 생각했다. 점추정, 구간추정, 가설검정 등 거의 대부분 모집단 분포에 대해 특정한 분포임을 가정했었다. 예를 들어, 정규분포(지수분포 등)에서의 확률표본이라 가정하고 추정과 검정방법에 대해 알아보았다. 이러한 가정을 일반적으로 항상 할 수 있겠는가? 이러한 의문에 대해 가정이 과연 타당한지를 검정해야 할 필요가 있을 수 있다.

이 장에서 다루는 데이터는 주로 범주형 데이터이다. **범주형 데이터** (categorical data)는 범주로 분류될 수 있는 관측값을 말하며 이 때 데이터 집합은 범주에 대한 도수로 구성된다. 범주형 자료의 형태는 다음과 같이 분류할 수 있다.

명목척도 (nominal scale)는 조사 자료를 구성하고 있는 관측값들을 단지 분류만 할 수 있는 것이다. 명목척도에서는 자료들을 범주별로 분류하여 단지 범주내의 발생도수를 헤아리기만 하고 순위를 매기거나 크기를 비교할 수는 없다. 예를 들어, 정당 선호도는 A당, B당, C당 그리고 무소속 등의 네 개의 범주로 분류되어 질 수 있다.

순서척도 (ordinal scale)는 명목척도보다 한 단계 위의 척도로서 변수들이 갖고 있는 특성의 정도에 따라서 범주들에 순서를 매길 수 있는 척도이다. 순서형 자료는 범주들의 순서에 관한 정보를 제공해주기는 하지만 범주들간의 차의 크기를 나타내지는 않는다. 예를 들어 학별에 관한 경우 대졸, 고졸, 중졸 등으로 분류할 수 있다.

구간척도 (interval scale)는 서로 구별되고 순서를 매길 수 있으며 측정간의 차이가 의미를 갖지만 비율의 의미는 갖지 않는 것으로 온도를 예로 들 수 있다. 온도의 경우 10℃가 5℃의 두 배로 따뜻하다고 말할 수 없다. 0의 개념이 임의적이다. 0℃의 개념은 단지 영하와 영상을 구분하는 의미 외에는 없다.

비율척도(ratio scale)는 지금껏 생각한 척도의 조건을 다 만족하고 이에 추가해서 비율의 의미까지 가진다. 이에는 소득, 몸무게, 키, 연령, 거리와 같은 변수들은 공인된 척도를 사용해서 각 범주의 값이나 범주들 간의 차를 정확하게 나타낼 수 있다. 예를 들어 몸무게 120kg은 60kg의 두 배라는 비율의 의미를 갖는다는 것이다.

이 장에서는 앞서 언급한 형태의 범주형 데이터들의 분석에 관해 칼 피어슨이 1900년에 처음 제안한 매우 중요한 카이제곱 통계량의 응용에 대해 생각해 보자. 카이제곱 통계량은 매우 융통성이 있는 검정통계량이고 많은 다른 형태의 검정에 이용될 수 있다.

먼저 가장 기본적인 카이제곱 통계량을 생각하여 이를 일반화 시켜보자. 이미 제11장에서 다룬 일표본인 이항분포의 성공할 확률 p에 관한 검정에 대해 카이제곱 통계량으로 나타내 보자.

$X \sim \mathrm{Bin}(n, p)$, $0 < p < 1$ 이면 중심극한정리에 의해 n이 큰 경우

$$Z = \frac{X - np}{\sqrt{np(1-p)}} \xrightarrow{d} Z \sim \mathrm{N}(0,1) \tag{13.1.1}$$

이 성립한다. 일반적으로 $np \geq 5$ 이고 $n(1-p) \geq 5$ 이면 정규근사를 이용할 수 있다. 표준정규확률변수의 제곱이 자유도 1인 카이제곱 확률변수라는 정리 8.3.3에 의해

$$\chi^2 \equiv Z^2 = \frac{(X-np)^2}{np(1-p)} \tag{13.1.2}$$

은 근사적으로 자유도가 1인 카이제곱분포를 따른다. 위의 χ^2 을 다시 정리해 보면

$$\begin{aligned} \chi^2 &= \frac{(X-np)^2}{np(1-p)} \\ &= \frac{(X-np)^2}{np} + \frac{(X-np)^2}{n(1-p)} \\ &= \frac{(X-np)^2}{np} + \frac{[(n-X)-n(1-p)]^2}{n(1-p)} \end{aligned} \tag{13.1.3}$$

이다. 여기서 베르누이 시행의 두 결과를 각각 A_1과 A_2라 하고 O_1과 O_2를 n번의 독립 베르누이 시행에서 결과 A_1과 A_2가 관측된 횟수라 하자. 즉, A_1은 성공, A_2는 실패인 결과를 나타낸다면, O_1은 n번의 베르누이 시행에서 성공의 횟수이고 O_2는 실패의 횟수이다. 또한 $P(A_1) = p$ 이고, $P(A_2) = 1-p$ 이다. 이 때 $H_0 : p = p_0$ 대 $H_1 : p \neq p_0$ 를 검정하기 위해 χ^2 통계량을 이용할 수 있다. 귀무가설 H_0 하에서 각 결과의 기대횟수는 $e_1 = np_0$ 이고 $e_2 = n(1-p_0)$ 이므로 $H_0 : p = p_0$ 하에서 χ^2은

$$\chi^2 = \frac{(X-np_0)^2}{np_0} + \frac{[(n-X)-n(1-p_0)]^2}{n(1-p_0)} = \sum_{j=1}^{2} \frac{(O_j-e_j)^2}{e_j} \tag{13.1.4}$$

으로 표시할 수 있다. 따라서 제11장에서 모비율 p에 관한 근사적인 검정에서와 같이 $H_0: p=p_0$ 대 $H_1: p \neq p_0$의 근사적으로 크기가 α인 검정은

$$\chi_0^2 \geq \chi_\alpha^2(1) \tag{13.1.5}$$

일 때 H_0를 기각하는 것이다. 여기서 χ_0^2은 χ^2의 관측값이다. 이 검정은 11.6절에서 언급한 정규근사를 이용한 검정과 동일하다.

이항분포가 이산이고 χ^2 분포는 연속이므로 다음과 같이 불연속에 관해 수정하므로 근사를 개선시킬 수 있다.

$$\chi^2 = \sum_{j=1}^{2} \frac{(|O_j-e_j|-0.5)^2}{e_j} \tag{13.1.6}$$

13.2 다항분포모형 검정

13.1절에서 생각한 카이제곱 검정통계량을 각 시행에서 결과가 두 가지인 베르누이 시행이 아니라 가능한 서로 배반인 결과가 k개인 경우로 확장 적용하거나 일표본이 아닌 r개의 표본에 확장 적용시킬 수 있다.

실험이 k개의 서로 배반인 사건(범주, 구간 등) $A_1, \ldots, A_k$로 분할되고 i번째 사건 A_i가 발생할 확률을 p_i라 하자. 즉, $p_i = P(A_i),\ i=1,\ldots,k$이다. 그리고 O_i를 n번의 실험에서 i번째 사건 A_i가 발생한 횟수라 하면, $\sum_{i=1}^{k} p_i = 1$이고 $\sum_{i=1}^{k} O_i = n$이 된다. 먼저 다음 정리를 소개한다.

정리 13.2.1 n이 크면 (보통 $np_i \geq 5,\ i=1,\ldots,k$) 다음이 성립된다.

(a) $$\chi^2 = \sum_{i=1}^{k} \frac{(O_i-np_i)^2}{np_i} \tag{13.2.1}$$

은 자유도가 $k-1$인 카이제곱분포를 근사적으로 따른다.

(b) p_i가 l개의 모수 $\theta=(\theta_1,\ldots,\theta_l)$에 종속되고 $(p_i = p_i(\theta) = p(\theta_1,\ldots,\theta_l))$

$\hat{\theta}=(\hat{\theta}_1,\ldots,\hat{\theta}_l)$이 $\theta=(\theta_1,\ldots,\theta_l)$의 추정량이며 $k \geq l+2$ 이면,

$$\chi^2=\sum_{i=1}^{k}\frac{(O_i-np_i(\hat{\theta}))^2}{np_i(\hat{\theta})} \tag{13.2.2}$$

은 자유도가 $k-l-1$ 인 카이제곱분포를 근사적으로 따른다.

앞서 정의한 $O_1,\ldots,O_k$는 모수가 $n, p_1, \ldots, p_k$인 다항분포를 따른다. 따라서 다항분포의 모수에 관한 검정인

$$H_0: p_i=p_{i0},\ i=1,\ldots,k \text{ 대 } H_1: \text{적어도 한 } i \text{에 대해 } p_i \neq p_{i0} \tag{13.2.3}$$

의 근사적으로 크기가 α 인 검정의 기각역은 다음과 같다.

$$\chi_0^2=\sum_{i=1}^{k}\frac{(o_i-np_{i0})^2}{np_{i0}} \geq \chi_\alpha^2(k-1) \tag{13.2.4}$$

$H_0: p_i=p_{i0},\ i=1,\ldots,k$하에서 각 결과의 기대도수는 $e_i=np_{i0}$ 이므로 H_0 하에서 χ^2은

$$\chi^2=\sum_{i=1}^{k}\frac{(O_i-e_i)^2}{e_i} \tag{13.2.5}$$

이다. 식 (13.2.1)의 통계량을 **피어슨의 카이제곱 검정통계량** (Pearson chi-squared test statistic)이라 한다. 그리고 11.5절에서 소개한 일반화 가능도비 검정통계량 $\lambda(\boldsymbol{X})$에 의한 윌크스 통계량 $-2\ln\lambda(\boldsymbol{X})$를 **가능도비 카이제곱 통계량** (likelihood ratio chi-squared statistic)이라 한다. 정리 13.2.1은 정리 11.5.1에서 $-2\ln\lambda(\boldsymbol{X}) \xrightarrow{d} X \sim \chi^2(r-q)$라는 사실을 이용해 증명할 수도 있다. 즉,

$$-2\ln\lambda(\boldsymbol{X}) \approx \sum_{i=1}^{k}\frac{(O_i-\hat{e}_i)^2}{\hat{e}_i}$$

임을 보이면 된다. 여기서 증명은 생략한다.

예제 13.2.1 X를 세 개의 동전을 던질 때 나타나는 앞면의 개수라 하자. 세 개의 동전은 서로 독립적으로 앞면이 나타날 확률이 각각 1/2이라 하자. 즉, $X \sim \text{Bin}(3, 1/2)$이다. 이 실험을 100번 반복하여 X가 0, 1, 2, 3인 경우가 각각 15, 41, 35, 9번이었다. 이 결과가 세 개의 동전은 서로 독립적으로 앞면이 나타날 확률이

1/2이라는 가정을 뒷받침하는가? 즉, Bin(3, 1/2)이 X의 분포로 합리적인가를 알아보자. 이 경우

$$A_1 = 0, \ A_2 = 1, \ A_3 = 2, \ A_4 = 3$$

이고, 만일 $X \sim \text{Bin}(3, 1/2)$일 때 $p_{i0} = P[X \in A_i]$라 하면,

$$p_{10} = p_{40} = \left(\frac{1}{2}\right)^3 = \frac{1}{8} = 0.125$$

$$p_{20} = p_{30} = \binom{3}{1}\left(\frac{1}{2}\right)^3 = \frac{3}{8} = 0.375$$

이다. 따라서 귀무가설은

$$H_0 : p_i = p_{i0}, \ \ i = 1, \ldots, 4$$

이고, 근사적으로 크기가 $\alpha = 0.05$인 검정은 $\chi_0^2 \ge \chi_{0.05}^2(3) = 7.81$일 때, H_0를 기각하는 것이다. $o_1 = 15, o_2 = 41, o_3 = 35, o_4 = 9$이고 $e_i = 100p_{i0}$이므로

$$\chi_0^2 = \frac{(15-12.5)^2}{12.5} + \frac{(41-37.5)^2}{37.5} + \frac{(35-37.5)^2}{37.5} + \frac{(9-12.5)^2}{12.5}$$
$$\approx 1.9733$$

이다. 따라서 H_0를 기각할 수 없다. 즉, 데이터는 Bin(3, 1/2)이 X의 타당한 확률모형임을 뒷받침해 준다.

13.3 동질성 검정

r개의 표본에 근거하여 r개의 모집단에서 각 범주에 속할 확률이 동일한지를 검정하고자 한다. 예를 들면, 지역별 정당 선호도가 동일한지의 검정, 같은 회사의 여러 지역에 소재한 공장에서 생산되는 제품의 불량율이 동일한지의 검정, 몇 개의 회사에서 생산된 우유의 성분간 차이가 있는지의 검정, 또는 지역별 회사 선호도에 차이가 있는지의 검정 등을 생각할 수 있다.

13.3.1 r 표본 이항분포모형

먼저 일표본 이항분포의 문제를 독립인 r 개 표본의 경우로 확장시켜 보자. 즉 $X_i \sim \text{Bin}(n_i, p_i),\ i=1,\dots,r$ 일 때, $H_0: p_i = p_{i0},\ i=1,\dots,r$ 을 검정하고자 한다. 여기서 p_{i0} 는 알려진 상수이다. $O_{i1} = X_i$ 와 $O_{i2} = n_i - X_i$ 를 i 번째 표본에서 관측된 성공과 실패의 횟수라 하고 $e_{i1} = n_i p_{i0}$ 와 $e_{i2} = n_i(1-p_{i0})$ 를 H_0 하에서의 기대도수라 하자. 독립인 카이제곱 확률변수의 합은 카이제곱분포를 따르므로

$$\chi^2 = \sum_{i=1}^{r}\sum_{j=1}^{2}\frac{(O_{ij}-e_{ij})^2}{e_{ij}} \tag{13.3.1}$$

은 자유도가 r 인 카이제곱 확률변수이다. 따라서 $H_0: p_i = p_{i0},\ i=1,\dots,r$ 의 근사적으로 크기가 α 인 검정의 기각역은

$$\chi_0^2 \ge \chi_\alpha^2(r) \tag{13.3.2}$$

이다. 여기서 χ_0^2은 χ^2 의 관측값이다.

좀 더 일반적인 문제는 각 p_{i0} 값을 알 수 없는 경우로 단지 모든 p_i 들이 동일한지의 여부를 검정하는 것이다. 이 경우 귀무가설은

$$H_0: p_1 = p_2 = \cdots = p_r = p \tag{13.3.3}$$

이다. 여기서 p 는 미지의 모수이므로 H_0 하에서 기대도수를 구하기 위해 p 를 추정해야 한다. $H_0: p_1 = p_2 = \cdots = p_r = p$ 하에 p 의 MLE는 다음과 같은 합동추정량이다.

$$\hat{p} = \sum_{i=1}^{r} X_i / n = \sum_{i=1}^{r} O_{i1} / n \tag{13.3.4}$$

기대도수의 추정량은

$$\widehat{e_{i1}} = n_i \hat{p},\quad \widehat{e_{i2}} = n_i(1-\hat{p}) \tag{13.3.5}$$

이다. 여기서 $n = n_1 + \cdots + n_r$ 이다. 따라서 $H_0: p_1 = \cdots = p_r = p$ 의 근사적으로 크기가 α 인 검정의 기각역은

$$\chi_0^2 \ge \chi_\alpha^2(r-1) \tag{13.3.6}$$

이다. 여기서 χ_0^2 은

$$\chi^2 = \sum_{i=1}^{r}\sum_{j=1}^{2}\frac{(O_{ij}-\widehat{e_{ij}})^2}{\widehat{e_{ij}}} \tag{13.3.7}$$

의 관측값이다. 여기서 미지의 모수 p의 추정값을 사용했기 대문에 자유도가 1 줄어들었다. 이 경우는 13.3.2절에서 다룰 동질성 검정의 특별한 경우이다.

예제 13.3.1 다음 표에 주어진 데이터에 근거하여 세제 A를 좋아하는 비율이 세 도시에서 모두 동일한지를 $\alpha = 0.05$로 검정해 보자.

	세제 A를 좋아하는 사람 수	세제 B를 좋아하는 사람 수	합 계
서울	365	235	600
부산	220	180	400
대구	199	201	400

기각역은 $\chi_0^2 \geq \chi_{0.05}^2(2) = 5.99$이다. 여기서

$$\chi_0^2 = \sum_{i=1}^{3}\sum_{j=1}^{2}\frac{(o_{ij}-\widehat{e_{ij}})^2}{\widehat{e_{ij}}}$$

이다. p의 합동추정값은

$$\hat{p} = \frac{365+220+199}{600+400+400} = \frac{784}{1400} = 0.56$$

이고,

$$\widehat{e_{11}} = 600(0.56) = 336, \quad \widehat{e_{21}} = 400(0.56) = 224$$

이므로

$$\chi_0^2 = \frac{(365-336)^2}{336} + \frac{(220-224)^2}{224} + \frac{(199-224)^2}{224}$$

$$+ \frac{(235-264)^2}{264} + \frac{(180-176)^2}{176} + \frac{(201-176)^2}{176}$$

$$\approx 12.1922$$

이다. $\chi_0^2 \geq 5.99$이므로 H_0는 기각된다. 세 도시에서 세제의 선호도에 차이가 있다고 말할 수 있다.

13.3.2 r 표본 다항분포모형

r 표본 이항문제를 r 표본 다항문제로 확장시킬 수 있다. 즉, r개의 독립인 다항분포들이 모두 동일한지를 검정하는 문제로 확장시킬 수 있다.

k개의 서로 배반인 사건 $A_1,\dots,A_k$는 $\bigcup_{j=1}^{k} A_j = S$이고

$$p_{ij} = P(A_j),\ i = 1,\dots,r,\ \ j = 1,\dots,k \tag{13.3.8}$$

를 i번째 표본실험에서 j번째 사건 A_j가 발생할 확률이라 하자. 이 때 관심 있는 가설은 r개 다항분포의 각 사건에 대한 확률이 동일하다는

$$H_0 : p_{1j} = p_{2j} = \cdots = p_{rj} = p_j,\ \ j = 1,\dots,k \tag{13.3.9}$$

이다. 여기서 $\sum_{j=1}^{k} p_{ij} = 1, i = 1,\dots,r$ 이다.

표 13.3.1 동질성 검정의 확률구조

	1	2	$\cdots$	k	합
1	p_{11}	p_{12}	$\cdots$	p_{1k}	1
2	p_{21}	p_{22}	$\cdots$	p_{2k}	1
$\vdots$	$\vdots$	$\vdots$		$\vdots$	$\vdots$
r	p_{r1}	p_{r2}	$\cdots$	p_{rk}	1
	p_1	p_2	$\cdots$	p_k	

식 (13.3.9)의 가설을 검정하기 위해

$$O_{.j} = \sum_{i=1}^{r} O_{ij},\ \ j = 1,\dots,k\,,\ \ n = \sum_{i=1}^{r} n_i$$

라 하면 동질성 검정을 위한 데이터의 분할표는 표 13.3.2와 같다.

표 13.3.2 동질성 검정을 위한 데이터의 분할표

	1	2	$\cdots$	k	합계
1	O_{11}	O_{12}	$\cdots$	O_{1k}	n_1
2	O_{21}	O_{22}	$\cdots$	O_{2k}	n_2
$\vdots$	$\vdots$	$\vdots$		$\vdots$	$\vdots$
r	O_{r1}	O_{r2}	$\cdots$	O_{rk}	n_r
합계	$O_{.1}$	$O_{.2}$	$\cdots$	$O_{.k}$	n

크기가 n_i인 i번째 표본에서 $O_{i1},\dots,O_{ik}$를 각 사건 $A_1,\dots,A_k$의 발생횟수라 하면,

$$\chi^2 = \sum_{i=1}^{r}\sum_{j=1}^{k} \frac{(O_{ij} - n_i p_{ij})^2}{n_i p_{ij}} \tag{13.3.10}$$

은 자유도가 $r(k-1)$인 카이제곱분포를 근사적으로 따른다. 그러나 실제로 p_{ij}값을 알아

야 귀무가설 하에서 χ^2값을 계산할 수 있다. 따라서 H_0 하에서 $k-1$개의 확률 p_j를 추정해야 한다. p_j의 추정량으로

$$\hat{p}_j = \sum_{i=1}^{r} O_{ij}/n = O_{.j}/n, \quad j = 1, 2, \ldots, k-1 \tag{13.3.11}$$

을 이용하면, 기대도수의 추정량은

$$\hat{e}_{ij} = n_i \hat{p}_j = \frac{n_i O_{.j}}{n} \tag{13.3.12}$$

이다. 정리 13.2.1 (b)에 의해 귀무가설 H_0 하에서

$$\chi^2 = \sum_{i=1}^{r}\sum_{j=1}^{k} \frac{(O_{ij} - n_i \hat{p}_j)^2}{n_i \hat{p}_j} \tag{13.3.13}$$

은 자유도가 $r(k-1)-(k-1)=(r-1)(k-1)$인 카이제곱분포를 근사적으로 따른다. 따라서 근사적으로 크기가 α인 검정의 기각역은

$$\chi_0^2 \geq \chi_\alpha^2((r-1)(k-1)) \tag{13.3.14}$$

이다. 여기서 χ_0^2은 χ^2의 관측값이다.

예제 13.3.2 세 가지 교수법의 수업방식이 학생들의 학업성취도에 영향을 미치는지 알아보기 위해 각 반별 수준이 비슷한 세 반에 각각 다른 교수법으로 일정기간 같은 내용의 교과과정을 수업한 후 동일한 시험을 시행하여 다음 결과를 얻었다고 하자.

교수법	90점 이상	81점~90점	70점~80점	70점 미만	합계
A	5(4.5)	20(17.1)	15(15.3)	5(8.1)	45
B	7(5.5)	15(20.9)	19(18.7)	14(9.9)	55
C	3(5)	22(19)	17(17)	8(9)	50
합 계	15	57	51	27	150

$$H_0 : p_{1j} = p_{2j} = p_{3j} = p_j,\ j = 1,2,3,4$$

이고, 귀무가설 H_0 하에서

$$\hat{p}_1 = \frac{15}{150},\ \hat{p}_2 = \frac{57}{150},\ \hat{p}_3 = \frac{51}{150}$$

이므로

$$\widehat{e_{11}} = n_1 \widehat{p_1} = 45\left(\frac{15}{150}\right) = 4.5, \quad \widehat{e_{12}} = n_1 \widehat{p_2} = 45\left(\frac{57}{150}\right) = 17.1$$

$$\widehat{e_{13}} = n_1 \widehat{p_3} = 45\left(\frac{51}{150}\right) = 15.3, \quad \widehat{e_{21}} = n_2 \widehat{p_1} = 55\left(\frac{15}{150}\right) = 5.5$$

$$\widehat{e_{22}} = n_2 \widehat{p_2} = 55\left(\frac{57}{150}\right) = 20.9, \quad \widehat{e_{23}} = n_2 \widehat{p_3} = 55\left(\frac{51}{150}\right) = 18.7$$

이다. 나머지는 합계에서 위의 값들을 빼면 쉽게 구할 수 있다. 기대도수의 추정값들이 각 관측값 옆의 괄호속에 주어져 있다. 이 경우의 자유도는

$$(r-1)(k-1) = 2(3) = 6$$

이고

$$\chi_0^2 = \sum_{i=1}^{3} \sum_{j=1}^{4} \frac{(o_{ij} - \widehat{e_{ij}})^2}{\widehat{e_{ij}}} \approx 6.9019 < \chi_{0.01}^2(6) = 16.81$$

이므로 크기가 $\alpha = 0.01$인 검정은 H_0를 기각할 수 없다. 즉 교수법에 따라 차이가 있다고 할 수 없다.

위에서 다룬 방법은 두 개 이상의 독립인 분포들이 동일한지를 검정하기 위해 어떻게 이용될 수 있는지 설명하고 있다. 물론 분포들이 반드시 다항분포일 필요는 없다. 즉, 두 확률변수의 분포가 동일한지의 검정에 이용될 수도 있다.

13.4 독립성 검정

확률실험 결과가 키와 몸무게 같이 두 가지 서로 다른 인자로 분류된다고 하자. 첫 번째 인자는 상호배반인 r개의 범주들 $A_1, \ldots, A_r$로 분할되고 두 번째 인자는 c개의 상호배반인 범주들 $B_1, \ldots, B_c$로 분할된다고 하자.

$$p_{ij} = P(A_i \cap B_j), \; i = 1, \ldots, r, \; j = 1, \ldots, c \tag{13.4.1}$$

라 하고 확률실험을 n번 독립적으로 반복시행할 때, O_{ij}를 범주 $A_i \cap B_j$에 속하는 횟수라 하면

$$\chi^2 = \sum_{i=1}^{r}\sum_{j=1}^{c}\frac{(O_{ij}-np_{ij})^2}{np_{ij}} \tag{13.4.2}$$

은 n이 클 때 자유도가 $rc-1$인 카이제곱분포를 근사적으로 따른다.

두 인자가 서로 독립인지를 검정하고자 한다면, 귀무가설은

$$H_0 : P(A_i \cap B_j) = P(A_i)P(B_j),\ i = 1,\ldots,r,\ j = 1,\ldots,c \tag{13.4.3}$$

이다. 각각의 주변확률을

$$p_{i.} = \sum_{j=1}^{c} p_{ij} = P(A_i),\ i = 1,\ldots,r$$

$$p_{.j} = \sum_{i=1}^{r} p_{ij} = P(B_j),\ j = 1,\ldots,c$$

라 하면

$$1 = \sum_{i=1}^{r}\sum_{j=1}^{c} p_{ij} = \sum_{i=1}^{r} p_{i.} = \sum_{j=1}^{c} p_{.j}$$

이다. 따라서 귀무가설은

$$H_0 : p_{ij} = p_{i.}p_{.j},\ i = 1,\ldots,r,\ j = 1,\ldots,c \tag{13.4.4}$$

로 표시할 수 있다.

표 13.4.1 독립성 검정을 위한 확률의 분할표

	1	2	$\cdots$	c	합계
1	p_{11}	p_{12}	$\cdots$	p_{1c}	$p_{1.}$
2	p_{21}	p_{22}	$\cdots$	p_{2c}	$p_{2.}$
$\vdots$	$\vdots$	$\vdots$		$\vdots$	$\vdots$
r	p_{r1}	p_{r2}	$\cdots$	p_{rc}	$p_{r.}$
합계	$p_{.1}$	$p_{.2}$	$\cdots$	$p_{.c}$	1

위의 가설을 검정하기 위해

$$O_{i.} = \sum_{j=1}^{c} O_{ij},\ i = 1,\ldots,r$$

$$O_{.j} = \sum_{i=1}^{r} O_{ij},\ j = 1,\ldots,c$$

$$n = \sum_{i=1}^{r} O_{i.} = \sum_{j=1}^{c} O_{.j}$$

라 하면 독립성 검정을 위한 데이터의 분할표는 표 13.4.2와 같다.

표 13.4.2 독립성 검정을 위한 데이터의 분할표

	1	2	$\cdots$	c	합계
1	O_{11}	O_{12}	$\cdots$	O_{1c}	$O_{1.}$
2	O_{21}	O_{22}	$\cdots$	O_{2c}	$O_{2.}$
$\vdots$	$\vdots$	$\vdots$		$\vdots$	$\vdots$
r	O_{r1}	O_{r2}	$\cdots$	O_{rc}	$O_{r.}$
합계	$O_{.1}$	$O_{.2}$	$\cdots$	$O_{.c}$	n

실제로 p_{ij} 값을 알아야 귀무가설하에서 식 (13.4.2)의 χ^2값을 계산할 수 있다. H_0 하에서는 $p_{ij} = p_{i.}p_{.j}$ 이므로 $p_{i.}$와 $p_{.j}$를 추정하면 된다. 따라서

$$\begin{aligned} \widehat{p_{i.}} &= O_{i.}/n, \ \ i = 1, \ldots, r \\ \widehat{p_{.j}} &= O_{.j}/n, \ \ j = 1, \ldots, c \end{aligned} \tag{13.4.5}$$

로 $p_{i.}$와 $p_{.j}$를 추정하면 H_0 하에서 범주 $A_i \cap B_j$에 속할 기대도수의 추정값은

$$\widehat{e_{ij}} = n\widehat{p_{ij}} = n\widehat{p_{i.}}\,\widehat{p_{.j}} = \frac{O_{i.}O_{.j}}{n} \tag{13.4.6}$$

이다.

$$\chi^2 = \sum_{i=1}^{r}\sum_{j=1}^{c} \frac{(O_{ij} - \widehat{e_{ij}})^2}{\widehat{e_{ij}}} \tag{13.4.7}$$

은 H_0 하에서 근사적으로 자유도가 $(rc-1)-(r-1)-(c-1)=(r-1)(c-1)$ 인 카이제곱 확률변수이므로, 근사적으로 크기가 α인 검정의 기각역은

$$\chi_0^2 \geq \chi_\alpha^2((r-1)(c-1)) \tag{13.4.8}$$

이다. 여기서 χ_0^2은 식 (13.4.7)의 χ^2의 관측값이다.

예제 13.4.1 수학 과목의 성적과 통계학의 관심도가 관계가 있는지 검정하기 위해 500명을 조사하여 다음 결과를 얻었다.

		수학 과목 성적		
		낮음	보통	높음
통계학의 관심도	낮음	80	60	20
	보통	80	85	45
	높음	25	65	40

이 데이터를 이용하여 수학 과목의 성적과 통계학의 관심도가 서로 독립인지 크기 $\alpha = 0.01$로 검정해 보자.

첫 번째 행에 대한 기대도수는 $185(160)/500 = 59.2$, $210(160)/500 = 67.2$, $160 - (59.2 + 67.2) = 33.6$이다. 이런 방법으로 두 번째 행의 기대도수를 구하면 77.7, 88.2, 44.1이고 세 번째 행의 기대도수는 48.1, 54.6, 27.3이다. 따라서

$$\chi_0^2 = \frac{(80-59.2)^2}{59.2} + \frac{(60-67.2)^2}{67.2} + \cdots + \frac{(40-27.3)^2}{27.3}$$
$$\approx 32.7696$$

이다. 기각역이 $\chi_0^2 \geq \chi_{0.01}^2(4) = 13.28$이므로, 귀무가설 H_0를 기각한다. 즉, 수학과목 성적과 통계학의 관심도는 서로 관계가 있다.

13.5 적합도 검정

앞서 다룬 확률모형에 관한 검정의 일반적인 형태로 $H_0 : X \sim f(x)$를 검정하는 방법에 대해 살펴보자. 물론 여기서 $f(x)$는 알려진 분포의 pdf(pmf)이다. 즉, 귀무가설 형태가 예를 들어, "포아송분포를 따른다", "정규분포를 따른다" 등이다.

표본공간을 k개의 서로 배반인 $A_1, \ldots, A_k$로 분할하고 $X \sim f(x)$일 때

$$p_{i0} = P[X \in A_i],\ i = 1, \ldots, k \tag{13.5.1}$$

라 하자. 크기 n인 확률표본에 대해 i번째 범주에 속하는 관측결과의 개수를 O_i라 하고, 귀무가설 H_0하에서 i번째 범주에 속할 기대도수를 $e_i = n\,p_{i0}$라 하자. 그러면 13.2절에서 생각한 다항분포의 문제이므로

$$\chi_0^2 = \sum_{i=1}^{k} \frac{(o_i - e_i)^2}{e_i} \geq \chi_\alpha^2(k-1) \tag{13.5.2}$$

일 때, 유의수준 α 에서 H_0 를 기각한다.

13.2절에서 언급했듯이, n 이 큰 경우

$$\chi^2 = \sum_{i=1}^{k} \frac{(O_i - e_i)^2}{e_i} \tag{13.5.3}$$

의 분포는 $e_i \geq 5$ 이면 $\chi^2(k-1)$ 에 더 잘 근사한다. 따라서 e_i 들이 이 조건을 만족하지 않으면, 실제 적용에서는 작은 범주들을 결합하여 e_i 들이 5이상이 되도록 조정하여 검정한다. 물론 미리 범주가 나눠 있는 문제도 있을 것이고, 실험자가 인위적으로 나눌 수도 있지만 기대도수가 대부분 5이상인 k 개의 범주로 나누도록 노력해야 할 것이다.

예제 13.5.1 다음 자료는 어떤 사람이 타자했을 때 발생한 한 페이지당 오타의 수이다.

오타의 수	0	1	2	3	4	5	6	7	8	9이상
관측도수	17	50	90	95	77	44	15	9	2	1

한 페이지당 발생한 오타의 수를 X 라 할 때, $H_0 : X \sim \text{Poi}(3)$을 검정해 보자. 귀무가설 하에서 각 범주에 속할 확률을 부록 표 B.2의 포아송분포표에 의해 쉽게 구할 수 있다. 따라서 기대도수는 $e_i = 400(p_{i0})$로 다음과 같다.

오타의 수	0	1	2	3	4	5	6	7	8	9이상
관측도수(o_i)	17	50	90	95	77	44	15	9	2	1
p_{i0}	0.0498	0.1493	0.2241	0.2240	0.1681	0.1008	0.0504	0.0216	0.0081	0.0038
기대도수(e_i)	19.92	59.72	89.64	89.6	67.24	40.32	20.16	8.64	3.24	1.52

오타의 수가 8과 9 이상인 경우 e_i 가 5보다 작기 때문에 7이상을 한 범주로 결합하여 생각한다. 그러므로

$$\chi_0^2 = \frac{(17-19.92)^2}{19.92} + \frac{(50-59.72)^2}{59.72} + \cdots + \frac{(12-13.4)^2}{13.4} \approx 5.5565$$

이다. 크기가 $\alpha = 0.05$ 인 검정의 기각역은

$$\chi_0^2 \geq \chi_{0.05}^2(7) = 14.07$$

이므로, H_0 를 기각할 수 없다. 따라서 오타의 수 X 는 평균이 3인 포아송분포를 따른다고 말할 수 있다.

예제 13.5.1에서 포아송분포의 평균이 3이라 가정했지만 일반적으로 분포의 모수를 알 수 없는 경우가 대부분이다. 즉, 귀무가설이 $H_0 : X \sim \mathrm{Poi}(\mu)$와 같을 경우 μ를 추정해야만 기대도수를 추정할 수 있다. 따라서 l 개의 미지의 모수를 포함하는 분포에 대한 가설 $H_0 : X \sim f(x\,;\theta_1, \ldots, \theta_l)$을 검정하고자 할 경우, 카이제곱 통계량을 계산하기 위해 H_0 하에서의 기대도수 e_i를 추정해야 한다. 즉, l 개의 모수를 추정해야 하기 때문에 정리 13.2.1 (b)에 의해 카이제곱 통계량

$$\chi^2 = \sum_{i=1}^{k} \frac{(O_i - \hat{e}_i)^2}{\hat{e}_i} \tag{13.5.4}$$

은 자유도가 $k-l-1$ 인 카이제곱분포를 근사적으로 따른다. 여기서 $\hat{e}_i = n\widehat{p_{i0}}$이다. 따라서 유의수준 α 인 검정의 기각역은

$$\chi_0^2 \geq \chi_\alpha^2(k-l-1) \tag{13.5.5}$$

이다. 여기서 χ_0^2은 χ^2의 관측값이다.

예제 13.5.2 다음 데이터는 심장이식 수술을 받은 52명 환자의 생존일수이다.

15	3	624	46	127	61	1350	312	24	10	1024	39	73
136	1379	1	836	60	1140	1153	54	47	0	43	971	868
44	780	51	710	663	253	147	51	479	322	442	419	65
362	64	228	65	264	25	193	196	63	12	103	60	43

이 데이터의 도수분포표가 표 13.5.1에 주어져 있다. 이 데이터의 표본평균과 표본표준편차는 $\bar{x} = 329.75$이고 $s = 394.21$이다. 이 데이터를 이용하여 심장이식 수술을 받은 환자의 생존일은 정규분포를 따르는지 $\alpha = 0.05$에서 검정해 보자. 즉,

$$H_0 : X \sim \mathrm{N}(\mu, \sigma^2)$$

표 13.5.1 심장이식 수술 환자의 생존일

생존일(x)	관측도수 (o_i)	H_0 하에서 표준화시킨 구간	H_0 하에서 구간에 속할 확률(p_{i0})	기대도수 (e_i)
100일 미만	24	$z \leq -0.58$	0.281	14.61
100일~300일 미만	9	$-0.58 < z \leq -0.08$	0.1871	9.73
300일~500일 미만	6	$-0.08 < z \leq 0.43$	0.1983	10.31
500일~700일 미만	2	$0.43 < z \leq 0.94$	0.160	8.32
700일 이상	11	$0.94 < z$	0.1736	9.03

이다. 따라서 μ와 σ^2을 먼저 추정해야 한다. $\hat{\mu}=\overline{x}=329.75$, $\hat{\sigma}=394.21$로 추정하여 표준정규 확률변수로 변환후 기대도수를 구할 수 있다.

H_0 하에서 표준화시킨 구간은

$$z=\frac{x-\overline{x}}{s}=\frac{x-329.75}{394.21}$$

에서 유도되었고, 예를 들어, $x=100$일에 해당되는 z의 값은 -0.58이며 표준정규분포표에 의해 $P[Z\le -0.58]=0.281$임을 알 수 있고 기대도수는 $e_1=52(0.281)=14.61$이 된다. 다른 구간에 대해서도 같은 방법으로 표 13.5.1과 같이 구할 수 있다. 이 자료에 근거한 카이제곱 통계량의 관측값은

$$\begin{aligned}\chi_0^2 &= \frac{(24-14.61)^2}{14.61}+\frac{(9-9.73)^2}{9.73}+\frac{(6-10.31)^2}{10.31}\\ &+\frac{(2-8.32)^2}{8.32}+\frac{(11-9.03)^2}{9.03}\\ &\approx 13.1231\end{aligned}$$

이며 $\alpha=0.05$인 검정의 기각역은

$$\chi_0^2 \ge \chi_{0.05}^2(5-1-2)=\chi_{0.05}^2(2)=5.99$$

이므로 H_0를 기각한다. 따라서 이 데이터는 정규분포에서 추출한 확률표본의 관측값으로 생각할 수 없다.

예제 13.5.2에서와 같이 원래의 자료가 있는 경우에는 계급을 정할 때 기대도수를 동일하게 할 수 있다. 즉 귀무가설 하에서 각 계급에 속할 확률 p_{i0}를 모든 계급에서 동일하도록 정하여 관측도수를 구해 검정할 수 있다. 물론 이 경우 각 계급에서의 기대도수는 5 이상이 되도록 해야 할 것이다.

연습문제 제 13 장

13.1 30번 동전을 던져 11번 앞면이 나왔다. 이 동전이 앞면이 나올 확률이 0.5인 공정한 동전인지를 $\alpha = 0.05$ 로 검정하라. 연속성 수정 후 검정해 보라.

13.2 어느 학기 통계학 과목의 성적이 다음과 같았다.

학점	A	B	C	D	F
학생수	22	30	25	15	8

학점분포가 균일한지 $\alpha = 0.05$ 로 검정하라.

13.3 어느 회사 사장은 회사 직원들이 월요일과 금요일에는 다른 요일에 비해 결근할 가능성이 두 배라고 생각한다. 직원이 결근한 150일의 분포가 다음과 같다.

요일	월	화	수	목	금
결근 횟수	37	25	27	20	41

(a) 모든 요일에 결근할 가능성이 동일한지를 $\alpha = 0.05$ 로 검정하라.

(b) $\alpha = 0.05$ 로 사장의 생각이 타당한지 검정하라.

13.4 다음은 미국에서 1972년~1981년 동안 통계학 박사학위를 취득한 사람의 수이다. 10년 동안 통계학 박사학위 취득율이 매년 동일하다는 가설을 $\alpha = 0.05$ 로 검정하라.

년	1972	1973	1974	1975	1976	1977	1978	1979	1980	1981
박사의 수	213	252	221	234	246	247	289	232	227	250

(자료 출처: The American Statistician 38(1)(1984))

13.5 다음 데이터는 2001년 서울시의 이혼건수를 월별로 집계한 것이다. 이혼율이 매월 균등한지를 $\alpha = 0.05$ 로 검정하라. (자료출처: 통계청)

월	1	2	3	4	5	6
이혼 건수	1940	2358	2630	2452	2591	2426

월	7	8	9	10	11	12
이혼 건수	2517	2675	2368	2371	2307	2327

13.6 예제 13.3.1의 데이터를 이용하여 다음을 검정하라. 여기서 p_i는 각 도시에서 세제 A를 좋아하는 비율이다.

(a) $H_0 : p_1 = 0.60,\ p_2 = 0.50,\ p_3 = 0.50,\ \alpha = 0.05$

(b) $H_0 : p_1 = p_2 = p_3 = 0.50,\ \alpha = 0.05$

13.7 어느 대학부속병원은 세 가지 기침약의 효과 정도를 알아보기 위해 실험을 했다. 각 기침약을 40명 학생들에게 복용시켜 다음 자료를 얻었다. 유의수준 0.05에서 세 가지 기침약의 효과가 동일하다는 가설을 검정하라.

	기침약		
	A	B	C
효과 있음	8	10	7
약간의 효과	27	24	24
완전 효과	5	6	9

13.8 어떤 식물의 성장에 토양의 형태 정도가 영향을 미치는지 알아보기 위하여, 세 가지 형태의 토양에 식물을 심어 성장정도를 관측하여 다음의 자료를 얻었다. 토양의 형태에 따라 성장이 다르다고 할 수 있는지 유의수준 0.05로 검정하라.

	토 양 형 태		
성장정도	A	B	C
나쁨	16	8	14
보통	31	16	21
양호	18	36	25

13.9 다음 데이터는 어느 해 세 도시에서 이혼한 사람들을 무작위로 선택하여 사유별로 분류한 것이다. 이혼 사유별 비율이 도시간에 차이가 있는지 유의수준 0.05로 검정하라.

도시 \ 이혼 사유	부부불화	경제문제	기타
A	211	34	39
B	76	13	20
C	48	6	8

13.10 Who's Who에 나열되어 있는 여성의 인구통계학 연구에서 Kiser와 Schaefer (1949)는 적어도 한 번 결혼한 여성 1436명에 대해 다음의 데이터를 얻었다. 교육수준과 결혼 상태 사이에 연관성이 있는지 $\alpha = 0.05$로 검정하라.

교육수준 \ 결혼상태	한 번 결혼	두 번 이상 결혼
대학졸업	550	61
대학졸업하지 않음	681	144

13.11 교양 통계학 과목에 수강한 학생들을 계열별로 성적을 분류하여 다음 데이터를 얻었다. 시험성적과 전공이 서로 독립인지 $\alpha = 0.05$로 검정하라.

전공 \ 성적	85점 이상	70점 이상~85점 미만	70점 미만
사회계열	10	15	5
상경계열	25	28	7
공학계열	17	25	8

13.12 혈액형과 다양한 병과의 관계를 연구하기 위해 런던에서 10,287명을 조사하여 다음 데이터를 얻었다(Woolf, 1955). 혈액형과 위궤양이 연관이 있는지 $\alpha = 0.05$로 검정하라.

혈액형	대조 그룹	위궤양
A 그룹	4219	579
B 그룹	4578	911

13.13 결혼한 남자 중 퇴직한 사람 300명의 확률표본을 선택하여 교육정도와 자녀의 수에 따라 분류하여 다음 데이터를 얻었다. 자녀의 수와 아버지의 교육수준이 독립인지 유의수준 $\alpha = 0.05$로 가설을 검정하라.

교육수준	자녀의 수		
	0~1	2~3	4명 이상
초등학교졸업	15	40	28
중학교졸업	18	44	16
고등학교졸업	20	50	30
대학졸업	12	17	10

13.14 다음은 600명을 성별과 공공장소에서 흡연을 전면적으로 금지하는 안에 찬성, 반대, 무관심으로 분류하여 얻은 것이다. 성별과 공공장소에서 금연에 관한 의견은 서로 독립인지 $\alpha = 0.05$로 검정하라. 이 검정의 근사적인 p-값을 계산하라.

성별	공공장소에서의 금연		
	찬성	반대	무관심
남자	162	124	6
여자	193	112	3

13.15 10개의 동전을 던져 앞면이 나타난 동전의 개수를 X라 하자. $H_0 : X \sim \text{Bin}(10, 0.5)$를 검정하기 위해 10개의 동전을 1000번 던져 다음 결과를 얻었다. 이 자료에 근거해 $\alpha = 0.05$로 가설을 검정하라.

x	0~1	2	3	4	5	6	7	8	9~10
관측도수	10	38	115	194	241	219	127	51	5

13.16 다음은 지난 100년간 미국 어느 주의 해안을 강타한 태풍의 횟수에 관한 자료이다.

태풍횟수(x)	0	1	2	3	4	5
년 수	10	30	28	17	10	5

(a) 태풍횟수를 X라 할 때, $H_0 : X \sim \text{Poi}(2)$를 $\alpha = 0.05$로 검정하라.

(b) $H_0 : X \sim \text{Poi}(\mu)$를 검정하라. 여기서 μ는 미지의 모수이다.

13.17 IQ 점수는 정규분포를 따르는 것으로 알려져 있다. 이 사실을 검정하기 위해 100명을 무작위로 선택하여 다음 데이터를 얻었다. 데이터의 표본평균과 분산은 각각 $\bar{x} = 110$, $s = 20$이라 가정하고 $H_0 : X \sim \text{N}(\mu, \sigma^2)$을 $\alpha = 0.05$로 검정하라.

IQ	90미만	90~100미만	100~110미만	110~120미만	120~130미만	130이상
인원수	9	17	21	24	16	13

13.18 다음은 30대 비행기 에어컨의 고장시간이다(Proschan, 1963).

23 261 87 7 120 14 62 47 3 95 225 71 246 21 42
20 5 12 120 11 14 71 11 14 11 16 90 1 16 52

(a) $H_0 : X \sim \text{Exp}(65)$를 $\alpha = 0.05$로 검정하라.

(b) $H_0 : X \sim \text{Exp}(\theta)$를 $\alpha = 0.05$로 검정하라.

제 14 장
회귀분석과 상관분석

14.1 서론

실험에서 관측된 확률변수들은 한 개 이상의 다른 변수들과 연관되어 있는 경우가 많다. 이런 경우에 이 변수들 사이에 적절한 함수적인 관계식을 유도할 수 있다면 다른 변수를 예측하는데 유용할 것이다.

회귀분석(regression analysis)은 이러한 변수들 사이의 연관관계를 적절한 함수식으로 표현하여 설명할 수 있는 통계자료분석 방법으로 컴퓨터의 발달과 함께 널리 이용되는 변수들의 관계를 규명하는 통계적 방법이다.

변수 사이의 관계를 연구하는 분야에 '회귀'라는 용어를 사용하게 된 원인은 영국의 생물학자 갈톤(Francis Galton, 1822~1911)이 아버지의 키와 아들의 키의 관계를 분석한 그의 논문에서 처음 사용하였다. 그는 연구에서 x_i는 i번째 가족의 아버지 키이고 y_i는 i번째 가족의 아들 키라 할 때 $(x_1, y_1), \ldots, (x_n, y_n)$의 데이터를 이용하여, 아버지의 키가 주어졌을 때 아들 키를 예측하기 위해 선형관계인 $y = a + bx$를 유도했다. 그러나 가족에 대한 신장을 조사 연구하여 키가 큰(작은) 아버지들의 아들의 키는 일반적으로 크(작)지만 평균적으로 그들의 부모만큼 크(작)지는 않다는 사실을 발견했다. 즉 일반적으로 평균키보다 큰 아버지의 아들은 역시 평균키보다 크고 평균키보다 작은 아버지의 아들은 역시 평균키보다 작은 경향을 갖지만 키가 큰 아버지들의 아들들은 평균적으로 아버지의 키보다는 작아지고 키가 작은 아버지들의 아들들은 아버지보다 평균적으로 커진다는 것이다. 이러한 현상을 **평균으로 회귀**(regression toward the mean)라 한다. 그는 이러한 결과를 "**유전에 의한 신장의 평범한 사람의 신장으로 회귀**(regression toward mediocrity in hereditary stature)"라는 제목으로 1885년에 발표하였는데 여기서 "평범한 사람의 신장으로 회귀"라는 말은 아들의 키는 매우 커지거나 매우 작아지기보다는 보통의 평균키로 되돌아가려는 경향이 있다는 것이다. 이것이 회귀분석의 원천이 되어 현대에는 회귀분석이 변수들 사이의 관계를 규명하는 통계적 방법을 일컫는 용어로 자리잡게 되었다.

이 회귀분석도 다양한 방법들이 소개되어 있지만 여기서는 회귀분석의 기본개념과 원리를 이해한다는 생각으로 선형회귀분석에 국한하여 소개하고자 한다.

14.2 단순선형회귀분석

두 변수 사이의 관계식으로 가장 간단한 선형관계를 생각해 보자. 두 변수 사이에 아무리 밀접한 관계가 있다고 하더라도 대부분 사회현상에서 나타나는 변수 사이의 관계는 함수적인 관계가 아니라 통계적인 관계이다. 즉, 한 변수의 값이 결정되면 유일하게 다른 변수의 값이 대응되지 않는다는 것이다. 따라서 다음 모형을 생각해 보자.

$$Y = \beta_0 + \beta_1 x + \varepsilon \qquad (14.2.1)$$

식 (14.2.1)을 **선형회귀모형**(linear regression model)이라 한다. 여기서 x를 **독립변수**(independent variable), **설명변수**(explanatory variable), **예측변수**(predictor variable), 또는 **입력변수**(input variable)라 한다. 그리고 Y를 **종속변수**(dependent variable), **반응변수**(response variable), 또는 **출력변수**(output variable)라 한다. 따라서 식 (14.2.1)은 한 개의 설명변수만 가지기 때문에 단순선형회귀모형이라 한다. 또한 β_0, β_1을 **회귀계수**(regression coefficient)라 한다. 여기서 설명변수는 소문자로 나타내고 반응변수는 대문자로 나타낸 이유는 회귀모형에서 설명변수는 확률변수로 취급하지 않고 알려진 상수로 생각하기 때문이다. 그러나 상관분석에서는 두 변수 동일하게 확률변수로 취급한다. 물론 설명변수를 알려진 상수로 간주하기가 적절하지 못한 경우도 있다. 이런 경우에 대해서는 상관분석에서 간략히 언급하고자 한다.

식 (14.2.1)의 단순선형회귀모형에서 β_0와 β_1은 절편과 기울기를 나타내는 미지의 상수이고 ε은 평균이 0이고 분산이 σ^2인 오차항으로 확률변수이다. 즉

$$E(\varepsilon) = 0, \ \mathrm{Var}(\varepsilon) = \sigma^2 \qquad (14.2.2)$$

이다. 따라서 Y는 확률변수이고

$$E(Y) = \beta_0 + \beta_1 x, \ \mathrm{Var}(Y) = \sigma^2 \qquad (14.2.3)$$

이다. 반응변수의 평균과 설명변수 사이가 선형관계이다. 이제 이 함수를 추정하는 문제를 생각해 보자. 즉 절편과 기울기인 β_0와 β_1의 추정문제에 대해 알아보자.

14.2.1 최소제곱법

먼저 식 (14.2.1) 모형에서 n 개의 관측값 $(x_1, y_1), (x_2, y_2), \ldots, (x_n, y_n)$ 에 근거하여 β_0 와 β_1 을 추정해 보자. 즉

$$y_i = \beta_0 + \beta_1 x_i + \varepsilon_i, \quad i = 1, 2, \ldots, n \tag{14.2.4}$$

이 데이터를 가장 잘 적합해 주는 직선의 방정식은 적합된 직선과 실제 데이터의 거리의 합이 가장 작은 직선이다. 따라서

$$Q = \sum_{i=1}^{n} \varepsilon_i^2 = \sum_{i=1}^{n} (y_i - \beta_0 - \beta_1 x_i)^2 \tag{14.2.5}$$

을 최소가 되게 하는 기울기와 절편 β_0 와 β_1 을 구하면 된다. 이 값을 $\widehat{\beta_0}$ 과 $\widehat{\beta_1}$ 이라 하고, 이 방법을 편차의 제곱을 최소화하기 때문에 **최소제곱법**(method of least squares)이라 한다. 식 (14.2.5)의 Q 가 최소가 되는 $\widehat{\beta_0}$ 과 $\widehat{\beta_1}$ 을 구하기 위해 Q 를 β_0 와 β_1 에 대해 각각 미분하여 0으로 두고 두 방정식의 해를 구하면 된다.

$$\begin{aligned} \frac{\partial Q}{\partial \beta_0} &= -2 \sum_{i=1}^{n} (y_i - \beta_0 - \beta_1 x_i) = 0 \\ \frac{\partial Q}{\partial \beta_1} &= -2 \sum_{i=1}^{n} (y_i - \beta_0 - \beta_1 x_i) x_i = 0 \end{aligned} \tag{14.2.6}$$

위 두 식의 해가 $\widehat{\beta_0}$ 과 $\widehat{\beta_1}$ 이므로 다음 방정식을 얻을 수 있다.

$$\sum_{i=1}^{n} y_i = n\widehat{\beta_0} + \widehat{\beta_1} \sum_{i=1}^{n} x_i, \quad \sum_{i=1}^{n} x_i y_i = \widehat{\beta_0} \sum_{i=1}^{n} x_i + \widehat{\beta_1} \sum_{i=1}^{n} x_i^2 \tag{14.2.7}$$

식 (14.2.7)을 **정규방정식**(normal equation)이라 한다. 이 정규방정식을 풀면 β_1 과 β_0 의 추정값이

$$\begin{aligned} \widehat{\beta_1} &= \frac{\sum_{i=1}^{n} (x_i - \overline{x})(y_i - \overline{y})}{\sum_{i=1}^{n} (x_i - \overline{x})^2} = \frac{S_{xy}}{S_{xx}} \\ \widehat{\beta_0} &= \overline{y} - \widehat{\beta_1} \overline{x} \end{aligned} \tag{14.2.8}$$

이다. 여기서

$$S_{xx} = \sum_{i=1}^{n} (x_i - \overline{x})^2, \quad S_{xy} = \sum_{i=1}^{n} (x_i - \overline{x})(y_i - \overline{y}) \tag{14.2.9}$$

이다. 이 $\widehat{\beta_1}$ 과 $\widehat{\beta_0}$ 을 β_1 과 β_0 의 **최소제곱추정값**(least squares estimate)이라 하고

$$\widehat{\beta_1} = \frac{S_{xY}}{S_{xx}} = \frac{\sum_{i=1}^{n}(x_i - \overline{x})(Y_i - \overline{Y})}{S_{xx}} \text{ 와 } \widehat{\beta_0} = \overline{Y} - \widehat{\beta_1}\,\overline{x} \tag{14.2.10}$$

를 β_1 과 β_0 의 **최소제곱추정량**(least squares estimator)이라 한다. 또한

$$\widehat{Y} = \widehat{\beta_0} + \widehat{\beta_1}\,x \tag{14.2.11}$$

를 **추정된 회귀함수**(estimated regression function) 또는 **적합된 회귀함수**(fitted regression function)라 한다. 사실 $\hat{y}$ 은 $E(Y)$ 의 추정값이다.

$$\widehat{Y} = \widehat{\beta_0} + \widehat{\beta_1}x = \overline{Y} - \widehat{\beta_1}\,\overline{x} + \widehat{\beta_1}x = \overline{Y} + \widehat{\beta_1}(x - \overline{x}) \tag{14.2.12}$$

이므로 최소제곱추정에 의해 적합된 회귀직선은 항상 점 $(\overline{x}, \overline{y})$를 지난다. 특히 관측값 y_i와 적합된 값 $\widehat{y_i}$의 차 e_i를 **잔차**(residual)라 한다. 즉

$$e_i = y_i - \widehat{y_i} = y_i - \widehat{\beta_0} - \widehat{\beta_1}\,x_i,\ \ i = 1, \ldots, n \tag{14.2.13}$$

이다. 잔차의 성질을 간략히 살펴보면

$$\sum_{i=1}^{n} e_i = \sum_{i=1}^{n}(y_i - \widehat{y_i}) = \sum_{i=1}^{n}(y_i - \overline{y}) - \widehat{\beta_1}\sum_{i=1}^{n}(x_i - \overline{x}) = 0 \tag{14.2.14}$$

이므로, 모든 잔차들의 합은 항상 0이다. 또한 $\sum_{i=1}^{n} e_i^2$ 은 Q의 최소값이다. 그리고 정규방정식 (14.2.7)에 의해

$$\sum_{i=1}^{n} x_i e_i = \sum_{i=1}^{n} x_i(y_i - \widehat{\beta_0} - \widehat{\beta_1}\,x_i) = \sum_{i=1}^{n} x_i y_i - \widehat{\beta_0}\sum_{i=1}^{n} x_i - \widehat{\beta_1}\sum_{i=1}^{n} x_i^2 = 0 \tag{14.2.15}$$

이다. 또한 다음이 성립된다.

$$\sum_{i=1}^{n} \widehat{y_i} e_i = \sum_{i=1}^{n}(\widehat{\beta_0} + \widehat{\beta_1}\,x_i)e_i = \widehat{\beta_0}\sum_{i=1}^{n} e_i + \widehat{\beta_1}\sum_{i=1}^{n} x_i\,e_i = 0 \tag{14.2.16}$$

14.2.2 최소제곱추정량의 성질

다음은 최소제곱추정량들의 성질을 조사해 보자.

정리 14.2.1 $y_i = \beta_0 + \beta_1 x_i + \varepsilon_i,\ \ i = 1, \ldots, n$ 이고

$$E(\varepsilon_i) = 0,\ \ \mathrm{Var}(\varepsilon_i) = \sigma^2,\ \ i = 1, \ldots, n, \mathrm{Cov}(\varepsilon_i,\ \varepsilon_j) = 0,\ \ i \neq j \tag{14.2.17}$$

이면, 최소제곱추정량 $\widehat{\beta}_1$과 $\widehat{\beta}_0$은 다음을 만족한다.

(a) $E(\widehat{\beta}_1) = \beta_1,\ E(\widehat{\beta}_0) = \beta_0$ (14.2.18)

(b) $\mathrm{Var}(\widehat{\beta}_1) = \dfrac{\sigma^2}{S_{xx}},\ \mathrm{Var}(\widehat{\beta}_0) = \sigma^2\left(\dfrac{1}{n} + \dfrac{\bar{x}^2}{S_{xx}}\right) = \dfrac{\sigma^2}{nS_{xx}}\sum_{i=1}^{n} x_i^2$ (14.2.19)

(c) $\mathrm{Cov}(\widehat{\beta}_0, \widehat{\beta}_1) = -\dfrac{\bar{x}\,\sigma^2}{S_{xx}}$ (14.2.20)

정리 14.2.1에서 최소제곱추정량이 β_0와 β_1의 비편향추정량임을 보였으며 각각의 분산도 계산했다. 제10장에서 추정량을 구하는 방법을 소개했는데 회귀분석에서 최소제곱추정량을 널리 이용하는 이유는 추정량의 선택 기준으로 소개한 좋은 성질을 만족하고 있기 때문이다. 다음 정리는 최소제곱추정량이 Y_i들의 선형함수인 β_0와 β_1의 추정량들 중에서 분산이 최소가 되는 **최량선형비편향추정량**(best linear unbiased estimator: BLUE)이라는 것이다. 이 정리는 **가우스-마르코프 (Gauss-Markov)정리**로 잘 알려져 있다.

정리 14.2.2 가우스-마르코프(Gauss-Markov) 정리

최소제곱추정량 $\widehat{\beta}_0$과 $\widehat{\beta}_1$은 β_0와 β_1의 최량선형비편향추정량이다.

예제 14.2.1 다음 데이터는 미국 20개 주에서 1인당 판매된 담배의 수량과 1000명당 폐암으로 사망한 사람의 수를 나타낸 것이다.

	1	2	3	4	5	6	7
담배 개수(x)	25.82	18.24	28.60	31.10	28.27	27.91	26.18
사망자 수(y)	19.80	15.98	22.07	22.83	23.57	22.80	20.30

	8	9	10	11	12	13	14
담배 개수(x)	22.12	23.44	26.92	24.96	16.08	23.75	29.14
사망자 수(y)	16.59	17.71	22.04	22.72	15.60	19.50	25.02

	15	16	17	18	19	20
담배 개수(x)	26.38	29.18	20.08	22.57	14.00	30.34
사망자 수(y)	21.89	23.68	17.60	20.74	12.01	25.88

자료출처: DASL(The Data and Story Library), http://lib.stat.cmu.edu/DASL

1인당 판매된 담배의 개수를 설명변수 x라 하고 1000명당 폐암으로 사망한 사람수를 반응변수 y라 하여 단순선형회귀모형의 β_0와 β_1의 최소제곱추정값

을 구하고, 최소제곱추정값에 의해 적합된 회귀직선을 구해 보자.

$\sum_{i=1}^{20} x_i = 495.08,\ \sum_{i=1}^{20} y_i = 408.33$ 이므로 $\overline{x} = 24.754,\ \overline{y} = 20.4165$ 이고

$$\sum_{i=1}^{20} x_i^2 = 12682.7816,\ \sum_{i=1}^{20} x_i y_i = 10406.8987$$

이다. 그러므로

$$\begin{aligned} S_{xx} &= \sum_{i=1}^{20}(x_i - \overline{x})^2 = \sum_{i=1}^{20} x_i^2 - n\overline{x}^2 = 12682.7816 - 20(24.754)^2 \\ &\approx 427.57128 \\ S_{xy} &= \sum_{i=1}^{20}(x_i - \overline{x})(y_i - \overline{y}) = \sum_{i=1}^{20} x_i y_i - n\overline{x}\,\overline{y} \\ &= 10406.8987 - 20(24.754)(20.4165) \\ &\approx 299.09788 \end{aligned}$$

이다. 따라서 β_0 와 β_1 의 최소제곱추정값은

$$\begin{aligned} \widehat{\beta}_1 &= \frac{S_{xy}}{S_{xx}} \approx 0.6995275 \\ \widehat{\beta}_0 &= \overline{y} - \widehat{\beta}_1 \overline{x} = 20.4165 - 0.6995275(24.754) \approx 3.1003 \end{aligned}$$

이고, 적합된 회귀직선은 다음과 같다.

$$\hat{y} = 3.1003 + 0.6995275\,x$$

14.2.3 σ^2 의 추정

정리 14.2.1에서 단순선형회귀모형의 경우

$$\mathrm{Var}(\varepsilon_i) = \mathrm{Var}(Y_i) = \sigma^2,\ i = 1, \ldots, n$$

임을 가정했다. 만일 σ^2 의 값을 알지 못한다면, σ^2 을 추정해야 한다. 여기서는 σ^2 의 비편향추정량을 소개하고자 한다.

잔차의 제곱합을

$$\mathrm{SSE} = \sum_{i=1}^{n}(Y_i - \widehat{Y}_i)^2 \qquad (14.2.21)$$

이라 하자. 일반적으로 SSE 를 **오차제곱합**(error sum of squares) 또는 **잔차제곱합**(residual sum of squares)이라 한다. SSE의 자유도는 $\widehat{Y}_i = \widehat{\beta}_0 + \widehat{\beta}_1 x_i$ 를 구하기 위해 β_0 와 β_1 을 추정

했기 때문에 2가 줄어들어 $n-2$ 이다. 또는 식 (14.2.14)와 (14.2.15)에 의해

$$\sum_{i=1}^{n}(Y_i-\widehat{Y}_i)=0 \text{ 과 } \sum_{i=1}^{n}x_i(Y_i-\widehat{Y}_i)=0$$

의 두 제약식 때문에 자유도가 2 줄어 $n-2$ 로 생각할 수도 있다.

$$\text{MSE}=\text{SSE}/(n-2) \tag{14.2.22}$$

를 **오차평균제곱** (error mean square) 또는 **잔차평균제곱** (residual mean square)이라 하고 σ^2 의 추정량으로 사용한다. 그러므로 MSE를 S^2 으로 나타내기도 한다.

정리 14.2.3 오차평균제곱 $\text{MSE}=\text{SSE}/(n-2)$ 는 σ^2 의 비편향추정량이다.

예제 14.2.2 예제 14.2.1의 판매된 담배의 수량과 폐암으로 사망한 사람의 수에 대한 데이터에서 오차분산 σ^2 의 추정값을 구해 보자.

$\sum_{i=1}^{20}y_i^2=8577.4483$ 이므로,

$$S_{yy}=\sum_{i=1}^{20}(y_i-\overline{y})^2=\sum_{i=1}^{20}y_i^2-n\overline{y}^2$$
$$=8577.4483-20(20.4165)^2\approx 240.778855$$

$$\text{SSE}=S_{yy}-\widehat{\beta}_1^2 S_{xx}$$
$$=240.778855-0.6995275^2(427.57128)\approx 31.55167$$

이므로 σ^2 의 추정값은 다음과 같다.

$$\text{MSE}=\text{SSE}/(n-2)=31.55167/18\approx 1.75287$$

14.2.4 정규회귀분석

앞에서 다룬 단순선형회귀모형에서 β_0 와 β_1 의 최소제곱추정량을 구하기 위해 모집단 분포에 대해서는 어떠한 가정도 필요하지 않았다. 그러나 $\widehat{\beta}_0$과 $\widehat{\beta}_1$을 이용한 β_0 와 β_1 의 구간추정이나 β_0 나 β_1 에 관한 가설을 검정하기 위해서는 분포에 관한 가정이 필요하다. 지금부터는 오차항이 정규분포에서 추출한 확률표본으로 가정하고 모수에 대해 추론하고자 한다.

가정 1 : $Y_i = \beta_0 + \beta_1 x_i + \varepsilon_i,\ i = 1, \ldots, n$

가정 2 : $\varepsilon_i \sim \mathrm{N}(0, \sigma^2),\ i = 1, \ldots, n$ (정규성, 등분산성)

가정 3 : ε_i들은 서로 독립이다.

가정 2와 3에 의하면 $Y_i \sim \mathrm{N}(\beta_0 + \beta_1 x_i,\ \sigma^2)$이며 Y_i들은 서로 독립이므로, 다음과 같이 $\beta_0, \beta_1, \sigma^2$의 MLE를 구할 수 있다. 가능도함수가

$$L(\beta_0, \beta_1, \sigma^2; \boldsymbol{y}) = \prod_{i=1}^{n} \frac{1}{\sqrt{2\pi}\,\sigma} \exp\left[-\frac{1}{2\sigma^2}(y_i - \beta_0 - \beta_1 x_i)^2\right]$$

$$= (2\pi\sigma^2)^{-n/2} \exp\left[-\frac{1}{2\sigma^2}\sum_{i=1}^{n}(y_i - \beta_0 - \beta_1 x_i)^2\right] \qquad (14.2.23)$$

이므로, 로그가능도함수는

$$\ln L(\beta_0, \beta_1, \sigma^2; \boldsymbol{y}) = -\frac{n}{2}\ln(2\pi\sigma^2) - \frac{1}{2\sigma^2}\sum_{i=1}^{n}(y_i - \beta_0 - \beta_1 x_i)^2 \qquad (14.2.24)$$

이다. 따라서 **최대가능도방정식**은 다음과 같다.

$$\begin{aligned} \frac{\partial}{\partial \beta_0} L(\beta_0, \beta_1, \sigma^2; \boldsymbol{y}) &= \frac{1}{\sigma^2}\sum_{i=1}^{n}(y_i - \beta_0 - \beta_1 x_i) = 0 \\ \frac{\partial}{\partial \beta_1} L(\beta_0, \beta_1, \sigma^2; \boldsymbol{y}) &= \frac{1}{\sigma^2}\sum_{i=1}^{n}(y_i - \beta_0 - \beta_1 x_i)x_i = 0 \qquad (14.2.25) \\ \frac{\partial}{\partial \sigma^2} L(\beta_0, \beta_1, \sigma^2; \boldsymbol{y}) &= -\frac{n}{2\sigma^2} + \frac{1}{2\sigma^4}\sum_{i=1}^{n}(y_i - \beta_0 - \beta_1 x_i)^2 = 0 \end{aligned}$$

그러므로 정규분포 가정하에서 β_0와 β_1의 MLE는 앞에서 구한 최소제곱추정량들과 같다. 즉, β_0, β_1, σ^2의 최대가능도추정량은 다음과 같다.

$$\begin{aligned} \widehat{\beta_1} &= \frac{S_{xY}}{S_{xx}},\quad \widehat{\beta_0} = \overline{Y} - \widehat{\beta_1}\,\overline{x} \\ \widehat{\sigma^2} &= \frac{1}{n}\sum_{i=1}^{n}(Y_i - \widehat{\beta_0} - \widehat{\beta_1}x_i)^2 = \frac{1}{n}\sum_{i=1}^{n}(Y_i - \widehat{Y_i})^2 = \frac{1}{n}\mathrm{SSE} \end{aligned} \qquad (14.2.26)$$

14.2.2절에서 살펴 본 바와 같이 $\widehat{\beta_0}$과 $\widehat{\beta_1}$은 모두 Y_i들의 선형결합이므로 다음 정리를 얻을 수 있다.

정리 14.2.4 정규회귀분석의 가정 1, 2, 3이 만족되면, 다음이 성립된다.

(a) $\widehat{\beta_0} \sim \mathrm{N}\left(\beta_0,\ \sigma^2\left(\frac{1}{n} + \frac{\overline{x}^2}{S_{xx}}\right)\right)$ (14.2.27)

(b) $\hat{\beta}_1 \sim \mathrm{N}\left(\beta_1, \dfrac{\sigma^2}{S_{xx}}\right)$ (14.2.28)

(c) $\hat{\beta}_1$, $\overline{Y}$, $\hat{\sigma^2}$은 서로 독립이다.

(d) $\mathrm{SSE}/\sigma^2 = n\hat{\sigma^2}/\sigma^2 \sim \chi^2(n-2)$ (14.2.29)

정리 14.2.4에 의해 β_0와 β_1의 구간추정과 가설검정에 이용되는 다음 정리를 얻을 수 있다.

정리 14.2.5 정규회귀분석의 가정하에 다음이 성립된다.

(a) $$T_0 = \frac{\hat{\beta}_0 - \beta_0}{\sqrt{\mathrm{MSE}\left(\dfrac{1}{n} + \dfrac{\overline{x}^2}{S_{xx}}\right)}} \sim t(n-2) \tag{14.2.30}$$

(b) $$T_1 = \frac{\hat{\beta}_1 - \beta_1}{\sqrt{\mathrm{MSE}/S_{xx}}} \sim t(n-2) \tag{14.2.31}$$

정규분포의 가정이 위의 결과들을 제공할뿐 아니라 제10장에서 다룬 추정량의 선택 기준으로 사용된 완비충분성에 관한 다음 결과를 얻을 수 있다.

정리 14.2.6 정규회귀분석의 가정 1, 2, 3이 만족되면, 다음이 성립된다.

(a) $\left(\sum_{i=1}^{n} Y_i, \sum_{i=1}^{n} x_i Y_i, \sum_{i=1}^{n} Y_i^2\right)$이 $\theta = (\beta_0, \beta_1, \sigma^2)$의 결합완비충분통계량이다.

(b) σ^2이 알려진 상수이면, $\left(\sum_{i=1}^{n} Y_i, \sum_{i=1}^{n} x_i Y_i\right)$가 (β_0, β_1)의 결합완비충분통계량이다.

정리 14.2.6과 정리 10.4.10에 의해 다음 정리를 얻을 수 있다.

정리 14.2.7 정규회귀분석의 가정 1, 2, 3이 만족되면, 최대가능도추정량 $\hat{\beta}_0$, $\hat{\beta}_1$과 $\dfrac{n}{n-2}\hat{\sigma^2} = \mathrm{MSE}$는 각각 β_0, β_1, σ^2의 UMVUE이다.

다음은 정규회귀분석의 가정하에 모수들의 검정에 대해 생각해 보자. 정리 14.2.4와 정리 14.2.5에 의해 다음 정리를 얻을 수 있다.

정리 14.2.8 정규회귀분석의 가정 1, 2, 3이 만족될 때, $\beta_0, \beta_1, \sigma^2$에 관한 각 가설에 대해 크기가 α인 검정의 기각역은 다음과 같다.

(a) t_0는 정리 14.2.5 (a)의 T_0에서 β_0 대신에 β_{00}를 대입하여 구한 관측값이다. 즉

$$t_0 = \frac{\widehat{\beta_0} - \beta_{00}}{\sqrt{\text{MSE}\left(\frac{1}{n} + \frac{\overline{x}^2}{S_{xx}}\right)}} \tag{14.2.32}$$

가설	기각역
$H_0: \beta_0 \le \beta_{00}$ 대 $H_1: \beta_0 > \beta_{00}$	$t_0 \ge t_\alpha(n-2)$
$H_0: \beta_0 \ge \beta_{00}$ 대 $H_1: \beta_0 < \beta_{00}$	$t_0 \le -t_\alpha(n-2)$
$H_0: \beta_0 = \beta_{00}$ 대 $H_1: \beta_0 \ne \beta_{00}$	$\lvert t_0 \rvert \ge t_{\alpha/2}(n-2)$

(b) t_1은 정리 14.2.5 (b)의 T_1에서 β_1 대신에 β_{10}를 대입하여 구한 관측값이다.

가설	기각역
$H_0: \beta_1 \le \beta_{10}$ 대 $H_1: \beta_1 > \beta_{10}$	$t_1 \ge t_\alpha(n-2)$
$H_0: \beta_1 \ge \beta_{10}$ 대 $H_1: \beta_1 < \beta_{10}$	$t_1 \le -t_\alpha(n-2)$
$H_0: \beta_1 = \beta_{10}$ 대 $H_1: \beta_1 \ne \beta_{10}$	$\lvert t_1 \rvert \ge t_{\alpha/2}(n-2)$

(c) $\chi_0^2 = \text{SSE}/\sigma_0^2$이라 하면, 정리 14.2.4 (d)에 의해 다음이 성립된다.

가설	기각역
$H_0: \sigma^2 \le \sigma_0^2$ 대 $H_1: \sigma^2 > \sigma_0^2$	$\chi_0^2 \ge \chi_\alpha^2(n-2)$
$H_0: \sigma^2 \ge \sigma_0^2$ 대 $H_1: \sigma^2 < \sigma_0^2$	$\chi_0^2 \le \chi_{1-\alpha}^2(n-2)$
$H_0: \sigma^2 = \sigma_0^2$ 대 $H_1: \sigma^2 \ne \sigma_0^2$	$\chi_0^2 \le \chi_{1-\alpha/2}^2(n-2)$ 또는 $\chi_0^2 \ge \chi_{\alpha/2}^2(n-2)$

예제 14.2.3 예제 14.2.1의 판매된 담배의 수량과 폐암으로 사망한 사람의 수에 대한 데이터에서 다음 가설을 $\alpha = 0.05$로 검정해 보자.

(a) $H_0: \beta_1 \le 0$ 대 $H_1: \beta_1 > 0$

정리 14.2.8에 의해

$$t_1 = \frac{\widehat{\beta_1} - 0}{\sqrt{\text{MSE}/S_{xx}}} = \frac{0.6995275}{\sqrt{1.75287/427.57128}} \approx 10.9253$$

이고 $t_{0.05}(18) = 1.734$이므로, H_0를 기각한다.

(b) $H_0 : \sigma^2 \le 2$ 대 $H_1 : \sigma^2 > 2$

정리 14.2.8 (c)에 의해

$$\chi_0^2 = \text{SSE}/\sigma_0^2 = 31.55167/2 = 15.77584$$

이고 $\chi_{0.05}^2(18) = 28.87$이므로 H_0를 기각할 수 없다.

제12장에서 이미 언급했듯이 가설검정의 채택역으로부터 신뢰구간을 유도할 수 있다. 따라서 정리 14.2.8에 의해 모수들의 신뢰구간을 쉽게 얻을 수 있다. 가설검정과의 관계를 고려하지 않더라도 정리 14.2.4와 정리 14.2.5에 의해서도 간단히 신뢰구간을 얻을 수 있다.

정리 14.2.9 정규회귀분석의 가정 1, 2, 3이 만족될 때, $\beta_0, \beta_1, \sigma^2$의 $100(1-\alpha)\%$ 신뢰구간은 각각 다음과 같다.

(a) $$\left(\widehat{\beta_0} - t_{\alpha/2}(n-2)\sqrt{\text{MSE}\left(\frac{1}{n} + \frac{\overline{x}^2}{S_{xx}}\right)},\ \widehat{\beta_0} + t_{\alpha/2}(n-2)\sqrt{\text{MSE}\left(\frac{1}{n} + \frac{\overline{x}^2}{S_{xx}}\right)}\right) \tag{14.2.33}$$

(b) $$\left(\widehat{\beta_1} - t_{\alpha/2}(n-2)\sqrt{\text{MSE}/S_{xx}},\ \widehat{\beta_1} + t_{\alpha/2}(n-2)\sqrt{\text{MSE}/S_{xx}}\right) \tag{14.2.34}$$

(c) $$\left(\frac{\text{SSE}}{\chi_{\alpha/2}^2(n-2)},\ \frac{\text{SSE}}{\chi_{1-\alpha/2}^2(n-2)}\right) \tag{14.2.35}$$

예제 14.2.4 예제 14.2.1의 판매된 담배의 수량과 폐암으로 사망한 사람의 수에 대한 데이터에서 β_0, β_1, σ^2의 95% 신뢰구간을 각각 구해 보자. 정리 14.2.9 (a)에 의해

$$\begin{aligned}\widehat{\beta_0} \pm t_{0.025}(18)\sqrt{\text{MSE}\left(\frac{1}{n} + \frac{\overline{x}^2}{S_{xx}}\right)} &= 3.1003 \pm 2.101\sqrt{1.75287\left(\frac{1}{20} + \frac{24.754^2}{427.57128}\right)} \\ &\approx 3.1003 \pm 3.38757\end{aligned}$$

이므로 β_0의 95% 신뢰구간은 $(-0.28727,\ 6.48787)$이다. 그리고 정리 14.2.9 (b)에 의해

$$\begin{aligned}\widehat{\beta_1} \pm t_{0.025}(18)\sqrt{\text{MSE}/S_{xx}} &= 0.6995275 \pm 2.101\sqrt{1.75287/427.57128} \\ &\approx 0.6995275 \pm 0.134523\end{aligned}$$

이므로 β_1의 95% 신뢰구간은 (0.5650, 0.8341)이다. 마지막으로 σ^2의 95% 신뢰구간은 정리 14.2.9 (c)에 의해 다음과 같이 구할 수 있다.

$$\left(\frac{\text{SSE}}{\chi^2_{0.025}(18)}, \frac{\text{SSE}}{\chi^2_{0.975}(18)}\right) = \left(\frac{31.55167}{31.53}, \frac{31.55167}{8.23}\right) \approx (1.0007, 3.8337)$$

14.2.5 분산분석

회귀식의 타당성 정도를 나타내는 측도로 사용할 수 있는 것이 14.2.3절에서 언급한 σ^2의 추정량인 오차평균제곱 MSE이다. 또한 반응변수가 설명변수의 함수로서 어느 정도 설명되는지를 나타내는 결정계수(coefficient of determination)를 생각할 수 있다. 결정계수를 소개하기 전에 **총제곱합**(total sum of squares) $\text{SST} = \sum_{i=1}^{n}(Y_i - \overline{Y})^2$의 분할을 생각해 보면

$$\text{SST} = \sum_{i=1}^{n}(Y_i - \overline{Y})^2 = \sum_{i=1}^{n}(Y_i - \widehat{Y}_i)^2 + \sum_{i=1}^{n}(\widehat{Y}_i - \overline{Y})^2 = \text{SSE} + \text{SSR} \quad (14.2.36)$$

이다. 여기서

$$\text{SSR} = \sum_{i=1}^{n}(\widehat{Y}_i - \overline{Y})^2 \quad (14.2.37)$$

을 **회귀제곱합** (regression sum of squares)이라 한다. 정규방정식 (14.2.7)에 의해

$$\sum_{i=1}^{n} Y_i = n\widehat{\beta}_0 + \widehat{\beta}_1 \sum_{i=1}^{n} x_i = \sum_{i=1}^{n}(\widehat{\beta}_0 + \widehat{\beta}_1 x_i) = \sum_{i=1}^{n}\widehat{Y}_i \quad (14.2.38)$$

이므로 회귀제곱합은 회귀직선에 의해 설명되는 변동의 측도로 생각할 수 있다. 또한 $\widehat{Y}_i = \widehat{\beta}_0 + \widehat{\beta}_1 x_i$이고 $\overline{Y} = \widehat{\beta}_0 + \widehat{\beta}_1 \overline{x}$이므로

$$\text{SSR} = \sum_{i=1}^{n}(\widehat{Y}_i - \overline{Y})^2 = \widehat{\beta}_1^{\,2} \sum_{i=1}^{n}(x_i - \overline{x})^2 \quad (14.2.39)$$

이다. 이 때

$$R^2 = \frac{\text{SSR}}{\text{SST}} = 1 - \frac{\text{SSE}}{\text{SST}} \quad (14.2.40)$$

를 **결정계수**(coefficient of determination)라 하고, 회귀직선이 총변동 중 어느 정도를 설명하는지를 나타내는 측도이다. 만일 추정된 회귀직선 위에 모든 데이터가 존재한다면 $\text{SSE} = 0$이므로 $R^2 = 1$이 된다. 물론 결정계수는 정의에 의해 $0 \le R^2 \le 1$을 만족한다. 즉 R^2의 값이 1에 가까울수록 회귀직선이 잘 적합됨을 의미한다.

예제 14.2.5 예제 14.2.1의 판매된 담배의 수량과 폐암으로 사망한 사람의 수에 대한 데이터에서 결정계수 R^2 을 계산해 보자.

$$\mathrm{SST} = \sum_{i=1}^{20}(y_i - \bar{y})^2 = 240.778855$$

이므로,

$$R^2 = \frac{\mathrm{SSR}}{\mathrm{SST}} = 1 - \frac{\mathrm{SSE}}{\mathrm{SST}} = 1 - \frac{31.55167}{240.778855} \approx 0.869$$

이다. 즉, 관측된 20개의 폐암으로 사망한 사람의 수가 갖는 총변동 중 약 87%를 판매된 담배의 개수인 x를 사용한 단순선형회귀모형으로 설명할 수 있다.

이제 각 제곱합을 자유도로 나눈 **평균제곱**(mean square)을 생각해 보자. SSE의 자유도는 $n-2$ 이고 SSR의 자유도가 1이므로 앞에서 정의했듯이 **오차평균제곱**은

$$\mathrm{MSE} = \mathrm{SSE}/(n-2) \tag{14.2.41}$$

이고 **회귀평균제곱** (regression mean square)은

$$\mathrm{MSR} = \mathrm{SSR}/1 = \mathrm{SSR} \tag{14.2.42}$$

이다. 따라서 평균제곱은 일종의 분산의 추정량이다. 물론 $\mathrm{SST}/(n-1)$은 Y_i 들의 표본분산이다. 이러한 제곱합을 이용한 분산분석기법에 의해 $H_0: \beta_1 = 0$을 검정해 보자. 이에 필요한 분산분석표는 다음과 같다.

표 14.2.1 단순선형회귀모형의 분산분석표

요인	제곱합	자유도	평균제곱	F_0
회귀	SSR	1	MSR	$F_0 = \mathrm{MSR}/\mathrm{MSE}$
잔차	SSE	$n-2$	MSE	
합계	SST	$n-1$		

정리 14.2.8에서 언급했던 β_1의 가설검정 중 $H_0: \beta_1 = 0$ 대 $H_1: \beta_1 \neq 0$의 검정을 F_0의 값을 이용하여 검정할 수 있다. 물론 t-확률변수의 제곱이 F분포라는 사실에 의해 앞에서 t-분포를 이용한 검정과 동일한 결과를 얻는다. 만일 β_1이 0이 아니면 회귀모형이 타당하므로 MSR이 크게 나타나 F_0 값이 클 것이다. 따라서 F_0가 큰 경우는 β_1이 0이 아니라는

결론을 내릴 수 있다. 즉 귀무가설을 기각한다. F_0의 분포를 구하기 위해 필요한 다음 코크란의 정리(Cochran's theorem)를 먼저 소개한다.

정리 14.2.10 코크란의 정리

$Y_1,\dots,Y_n$이 독립이며 동일한 정규분포 $\mathrm{N}(\mu,\sigma^2)$를 따르는 확률변수이고, 총제곱합 SST가 각각 자유도가 df_r, $r=1,\dots,k$인 k개의 제곱합 SS_r로 분할되면, SS_r/σ^2은 서로 독립이며 자유도가 df_r인 카이제곱분포 $\chi^2(\mathrm{df}_r)$을 따른다. 여기서 각 자유도의 합은 다음과 같다.

$$\sum_{r=1}^{k}\mathrm{df}_r=n-1$$

정규회귀분석의 가정하에

$$Y_i\sim\mathrm{N}(\beta_0+\beta_1x_i,\sigma^2),\ \ i=1,\dots,n \tag{14.2.43}$$

이므로 $H_0:\beta_1=0$ 하에서

$$Y_i\sim\mathrm{N}(\beta_0,\sigma^2),\ \ i=1,\dots,n \tag{14.2.44}$$

이다. 또한

$$\mathrm{SST}=\mathrm{SSE}+\mathrm{SSR}$$

이므로 정리 14.2.4에서 $\mathrm{SSE}/\sigma^2\sim\chi^2(n-2)$이고 정리 14.2.10에 의해 $\mathrm{SSR}/\sigma^2\sim\chi^2(1)$이며 SSE와 SSR은 서로 독립이다. 따라서 $H_0:\beta_1=0$ 하에서

$$F_0=\frac{\mathrm{SSR}/\sigma^2}{\mathrm{SSE}/\sigma^2(n-2)}=\frac{\mathrm{MSR}}{\mathrm{MSE}}\sim F(1,n-2) \tag{14.2.45}$$

이다. 그러므로

$$F_0>F_\alpha(1,n-2) \tag{14.2.46}$$

이면 H_0를 기각한다.

예제 14.2.6 예제 14.2.1의 판매된 담배의 수량과 폐암으로 사망한 사람의 수에 대한 데이터에서 분산분석표를 작성하고 $H_0:\beta_1=0$ 대 $H_1:\beta_1\neq0$의 검정을 분산분석표를 이용하여 $\alpha=0.05$로 검정해 보자.

$$\mathrm{SST}=240.778855,\ \ \mathrm{SSE}=31.55167$$

이므로 회귀제곱합은

$$\text{SSR} = \text{SST} - \text{SSE} = 240.77886 - 31.55167 = 209.22719$$

이다. 따라서 분산분석표는 다음과 같다.

요인	제곱합	자유도	평균제곱	F_0
회귀	209.22719	1	209.22719	119.3626
잔차	31.55167	18	1.75287	
합계	240.77886	19		

$F_0 = 119.3626 > F_{0.05}(1, 18) = 4.41$ 이므로 H_0를 기각한다.

14.3 상관분석

지금까지의 회귀분석에서는 설명변수 x를 통제 가능한 변수로서 알려진 상수로 취급했다. 그러나 응용분야에서는 설명변수가 통제될 수 없는 확률변수인 경우가 많이 있다. 즉 독립변수 X도 확률변수인 경우의 분석방법에 대해 생각해 보자.

먼저 (X, Y)가 이변량 정규분포 $\text{BN}(\mu_1, \mu_2, \sigma_1^2, \sigma_2^2, \rho)$를 따른다고 가정하면 정리 6.8.3에 의해

$$Y \mid x \sim \text{N}\left(\mu_2 + \rho\frac{\sigma_2}{\sigma_1}(x - \mu_1),\ \sigma_2^2(1-\rho^2)\right) \tag{14.3.1}$$

이므로

$$E(Y \mid x) = \mu_2 + \rho\frac{\sigma_2}{\sigma_1}(x-\mu_1) = \mu_2 - \rho\frac{\sigma_2}{\sigma_1}\mu_1 + \rho\frac{\sigma_2}{\sigma_1}x \tag{14.3.2}$$

이다. 따라서 단순선형회귀분석에서 식 (14.2.3)의 $E(Y)$와 $\text{Var}(Y)$와 비교하면

$$\beta_0 = \mu_2 - \rho\frac{\sigma_2}{\sigma_1}\mu_1,\ \ \beta_1 = \rho\frac{\sigma_2}{\sigma_1},\ \ \sigma^2 = \sigma_2^2(1-\rho^2) \tag{14.3.3}$$

인 경우로 식 (14.2.3)을 만족한다. 따라서 지금껏 설명한 모든 회귀분석방법을 그대로 적용할 수 있다. 단 추정량에서 x 대신에 확률변수 X를 대입하면 된다. 예를 들어 $\widehat{\beta_1} = S_{XY}/S_{XX}$이다. 사실 $E(Y \mid x)$가 x의 선형함수이기만 하면

$$E(Y \mid x) = E(Y) + \frac{\text{Cov}(X,\ Y)}{\text{Var}(X)}(x - E(X)) \tag{14.3.4}$$

이므로 $(X, Y) \sim \text{BN}(\mu_1, \mu_2, \sigma_1^2, \sigma_2^2, \rho)$라는 가정을 하지 않더라도 단순선형회귀모형을 적합시킬 수 있다. 그러므로 신뢰구간과 검정을 위해서

$$Y_i | x_i \sim \mathrm{N}(\beta_0 + \beta_1 x_i, \sigma^2), \quad i = 1, \ldots, n \tag{14.3.5}$$

이고 서로 독립이며, X_i 들도 독립이고 X_i 의 분포가 β_0, β_1, σ^2 을 포함하지 않는다는 조건만 만족되면 설명변수 X가 확률변수인 경우에도 회귀모형을 적용하여 분석할 수 있다.

14.3.1 상관계수의 점추정

확률표본 $(X_1, Y_1), \ldots, (X_n, Y_n)$ 이 주어지면

$$r_{XY} = \frac{S_{XY}}{\sqrt{S_{XX} S_{YY}}} = \frac{\sum_{i=1}^{n} (X_i - \overline{X})(Y_i - \overline{Y})}{\sqrt{\sum_{i=1}^{n} (X_i - \overline{X})^2 \sum_{i=1}^{n} (Y_i - \overline{Y})^2}} \tag{14.3.6}$$

을 X와 Y의 **표본상관계수**(sample correlation coefficient)라 한다.

표본상관계수를 **피어슨의 표본상관계수**라고도 하는데 상관계수 ρ의 추정량으로 가장 널리 이용되고 있다. 다른 추정량에 대해서는 제15장에서 언급할 것이다. 4.6절에서 상관계수를 설명했기 때문에 여기서는 생략한다.

$\hat{\beta}_1 = S_{XY} / S_{XX}$ 이므로 표본상관계수 r_{XY}는

$$r_{XY} = \hat{\beta}_1 \sqrt{\frac{S_{XX}}{S_{YY}}} \tag{14.3.7}$$

로 나타낼 수도 있다. 식 (14.2.39)와 식 (14.3.7)을 이용하면 결정계수가 표본상관계수의 제곱과 같음을 알 수 있다. 즉 $R^2 = r_{XY}^2$ 이다.

예제 14.3.1 예제 14.2.1의 판매된 담배의 수량과 폐암으로 사망한 사람의 수 모두 확률변수로 생각하고 표본상관계수 r_{XY}를 계산해 보자. 식 (14.3.7)에 의해

$$r_{XY} = \hat{\beta}_1 \sqrt{\frac{S_{XX}}{S_{YY}}} = 0.6995275 \sqrt{\frac{427.57128}{240.77886}} \approx 0.9322$$

이다. 물론 예제 14.2.5에서 구한 결정계수의 양의 제곱근에 의해서도 구할 수 있다.

14.3.2 상관계수의 검정

만일 $(X, Y) \sim \mathrm{BN}(\mu_1, \mu_2, \sigma_1^2, \sigma_2^2, \rho)$ 이면 X와 Y가 독립일 필요충분조건이 $\rho = 0$ 이므로 이변량 정규분포의 가정하에서는 상관계수의 검정이 독립성 검정이 된다. 여기서 주로

관심의 대상이 되는 $H_0: \rho = 0$ 검정에 대해 알아보자. X와 Y가 이변량 정규분포를 따른다는 가정하에 식 (14.3.3)에 의해 $H_0: \rho = 0$의 검정은 $H_0: \beta_1 = 0$의 검정과 동일하다. 그러므로 정리 14.2.5 (b)에 의해 다음 정리를 얻을 수 있다.

정리 14.3.1 $(X_1, Y_1), \ldots, (X_n, Y_n)$이 이변량 정규분포 $\mathrm{BN}(\mu_1, \mu_2, \sigma_1^2, \sigma_2^2, \rho)$에서의 확률표본이면, 다음이 성립된다.

(a) $H_0: \rho = 0$하에서 $T = \dfrac{\sqrt{n-2}\, r_{XY}}{\sqrt{1 - r_{XY}^2}} = \dfrac{\widehat{\beta}_1}{\sqrt{\mathrm{MSE}/S_{XX}}} \sim t(n-2)$ (14.3.8)

(b) 상관계수 ρ에 대한 크기가 α인 검정의 기각역은 다음과 같다. 여기서 t는 T의 관측값이다.

가설	기각역
$H_0: \rho \le 0$ 대 $H_1: \rho > 0$	$t \ge t_\alpha(n-2)$
$H_0: \rho \ge 0$ 대 $H_1: \rho < 0$	$t \le -t_\alpha(n-2)$
$H_0: \rho = 0$ 대 $H_1: \rho \ne 0$	$\lvert t \rvert \ge t_{\alpha/2}(n-2)$

이변량 정규분포에서의 확률표본에 대해 표본상관계수 r_{XY}의 표집분포가 복잡하기 때문에 일반적으로 표본의 크기 n이 25이상인 경우는 피셔(Fisher)에 의한 다음의 변환을 이용하여 상관계수에 관한 근사적인 검정이나 신뢰구간을 구할 수도 있다.

$$\frac{1}{2}\ln\left(\frac{1 + r_{XY}}{1 - r_{XY}}\right) \approx \mathrm{N}\left(\frac{1}{2}\ln\left(\frac{1+\rho}{1-\rho}\right), \frac{1}{n-3}\right) \tag{14.3.9}$$

이러한 사실을 요약하면 다음 정리를 얻을 수 있다.

정리 14.3.2 $(X_1, Y_1), \ldots, (X_n, Y_n)$이 이변량 정규분포 $\mathrm{BN}(\mu_1, \mu_2, \sigma_1^2, \sigma_2^2, \rho)$에서 추출한 확률표본이고

$$Z_0 = \frac{\sqrt{n-3}}{2} \ln\left[\frac{(1-\rho_0)(1+r_{XY})}{(1+\rho_0)(1-r_{XY})}\right]$$

이면 상관계수에 관한 근사적으로 크기가 α인 검정은 다음과 같다. z_0는 Z_0의 관측값이다.

가설	기각역
$H_0: \rho \le \rho_0$ 대 $H_1: \rho > \rho_0$	$z_0 \ge z_\alpha$
$H_0: \rho \ge \rho_0$ 대 $H_1: \rho < \rho_0$	$z_0 \le -z_\alpha$
$H_0: \rho = \rho_0$ 대 $H_1: \rho \ne \rho_0$	$\lvert z_0 \rvert \ge z_{\alpha/2}$

예제 14.3.2 예제 14.2.1의 판매된 담배의 수량과 폐암으로 사망한 사람의 수에 대한 데이터에서 다음 가설을 $\alpha = 0.05$로 검정해 보자.

(a) $H_0 : \rho = 0$ 대 $H_1 : \rho \neq 0$

정리 14.3.1에 의해

$$t = \frac{\sqrt{n-2}\, r_{XY}}{\sqrt{1-r_{XY}^2}} = \frac{\sqrt{18}\,(0.9322)}{\sqrt{1-0.9322^2}} \approx 10.9271$$

이고 $t_{0.025}(18) = 2.101$이므로 기각역 $|t| \geq t_{0.025}(18)$에 포함되어 H_0를 기각한다. 즉, X와 Y는 독립이 아니다.

(b) $H_0 : \rho \leq 0.85$ 대 $H_1 : \rho > 0.85$

정리 14.3.2에 의해

$$\begin{aligned} z_0 &= \frac{\sqrt{n-3}}{2} \ln\left[\frac{(1-\rho_0)(1+r_{XY})}{(1+\rho_0)(1-r_{XY})}\right] \\ &= \frac{\sqrt{17}}{2} \ln\left[\frac{0.15(1+0.9322)}{1.85(1-0.9322)}\right] \approx 1.7266 \end{aligned}$$

이고 $z_{0.05} = 1.645$이므로, H_0를 기각한다.

14.4 중선형회귀분석

지금까지 설명변수가 한 개인 단순선형회귀모형에 대해 알아보았다. 그러나 반응변수가 오직 한 개의 설명변수에만 영향을 받는 것이 아니라 두 개 이상의 설명변수와 관계가 있는 경우가 실제 응용에서는 대부분이다. 따라서 여기서는 두 개 이상의 설명변수를 갖는 선형회귀모형에 대해 알아보고자 한다.

일반적으로 반응변수 Y는 $p-1$개의 설명변수 $x_1, \dots, x_{p-1}$과 다음의 관계식을 갖는다고 가정한다.

$$Y = \beta_0 + \beta_1 x_1 + \cdots + \beta_{p-1} x_{p-1} + \varepsilon \tag{14.4.1}$$

식 (14.4.1)을 $p-1$개의 설명변수를 갖는 **중선형회귀모형**(multiple linear regression model)이라 한다. 중선형회귀모형에서도 단순선형회귀모형에서와 같이 오차항 ε은 평균이 0이고 분산이 σ^2인 확률변수로 가정한다. 즉

$$E(\varepsilon) = 0,\ \ \mathrm{Var}(\varepsilon) = \sigma^2 \tag{14.4.2}$$

이다. 따라서 Y는 확률변수이고

$$E(Y) = \beta_0 + \beta_1 x_1 + \cdots + \beta_{p-1} x_{p-1},\ \ \mathrm{Var}(Y) = \sigma^2 \tag{14.4.3}$$

이다. 여기서는 p개의 회귀계수와 σ^2을 추정해야 한다. 회귀계수 β_i들을 추정하는 문제를 먼저 생각해 보자.

14.4.1 최소제곱법

중선형회귀모형 식 (14.4.1)에서 n개의 표본에 근거하여 β_i들을 추정해 보자. 즉

$$Y_i = \beta_0 + \beta_1 x_{i1} + \cdots + \beta_{p-1} x_{i(p-1)} + \varepsilon_i,\ \ i = 1, \ldots, n \tag{14.4.4}$$

이다. 추정량을 구하기 전에 먼저 주어진 관계식을 행렬을 이용해 나타내 보자.

$$\boldsymbol{Y} = \begin{pmatrix} Y_1 \\ Y_2 \\ \cdot \\ \cdot \\ \cdot \\ Y_n \end{pmatrix} \ \boldsymbol{X} = \begin{pmatrix} 1 & x_{11} & x_{12} & \cdots & x_{1(p-1)} \\ 1 & x_{21} & x_{22} & \cdots & x_{2(p-1)} \\ \cdot & \cdot & \cdot & \cdots & \cdot \\ \cdot & \cdot & \cdot & \cdots & \cdot \\ \cdot & \cdot & \cdot & \cdots & \cdot \\ 1 & x_{n1} & x_{n2} & \cdots & x_{n(p-1)} \end{pmatrix} \ \beta = \begin{pmatrix} \beta_0 \\ \beta_1 \\ \cdot \\ \cdot \\ \cdot \\ \beta_{p-1} \end{pmatrix} \ \varepsilon = \begin{pmatrix} \varepsilon_1 \\ \varepsilon_2 \\ \cdot \\ \cdot \\ \cdot \\ \varepsilon_n \end{pmatrix} \tag{14.4.5}$$

이라 하면, 식 (14.4.4)는

$$\boldsymbol{Y} = \boldsymbol{X}\beta + \varepsilon \tag{14.4.6}$$

으로 나타낼 수 있나. 여기서 $\boldsymbol{X}$를 **설계행렬** 또는 **계획행렬**(design matrix)이라 한다.

이제 중선형회귀모형에서 모수들의 벡터 β의 추정문제에 대해 알아보자. 단순선형회귀모형에서와 같이

$$\begin{aligned} Q &= \sum_{i=1}^{n} \varepsilon_i^2 = \sum_{i=1}^{n} (Y_i - \beta_0 - \beta_1 x_{i1} - \cdots - \beta_{p-1} x_{i(p-1)})^2 \\ &= (\boldsymbol{Y} - \boldsymbol{X}\beta)'(\boldsymbol{Y} - \boldsymbol{X}\beta) \\ &= \boldsymbol{Y}'\boldsymbol{Y} - 2\beta'\boldsymbol{X}'\boldsymbol{Y} + \beta'(\boldsymbol{X}'\boldsymbol{X})\beta \end{aligned} \tag{14.4.7}$$

를 최소가 되게 하는 β를 구하면 된다. 벡터에 관해 미분하면, 정규방정식이

$$\frac{\partial Q}{\partial \beta} = -2\boldsymbol{X}'\boldsymbol{Y} + 2\boldsymbol{X}'\boldsymbol{X}\beta = 0 \tag{14.4.8}$$

이므로, β의 **최소제곱추정량** $\hat{\beta}$은

$$\hat{\beta} = (\boldsymbol{X}'\boldsymbol{X})^{-1}\boldsymbol{X}'\boldsymbol{Y} \tag{14.4.9}$$

이다. 잔차 e_i들의 벡터를

$$e = Y - \hat{Y} = Y - X\hat{\beta} \tag{14.4.10}$$

으로 정의한다. 여기서

$$e = \begin{pmatrix} e_1 \\ e_2 \\ \cdot \\ \cdot \\ \cdot \\ e_n \end{pmatrix} \quad \hat{Y} = \begin{pmatrix} \widehat{Y}_1 \\ \widehat{Y}_2 \\ \cdot \\ \cdot \\ \cdot \\ \widehat{Y}_n \end{pmatrix} = X\hat{\beta} = X(X'X)^{-1}X'Y$$

이다.

정리 14.4.1 중선형회귀모형 $Y = X\beta + \varepsilon$에서 잔차들은 다음을 만족한다.

(a) $X'e = 0$ (b) $\hat{Y}'e = 0$

예제 14.4.1 다음 데이터는 1925년부터 1941년까지 쇠고기와 돼지고기의 1인당 소비량과 가격을 나타낸 것이다.

쇠고기 가격(y)	1인당 쇠고기 소비량(x_1)	1인당 돼지고기 소비량(x_2)
59.7	58.6	65.8
59.7	59.4	63.3
63.0	53.7	66.8
71.0	48.1	69.9
71.0	49.0	68.7
74.2	48.2	66.1
72.1	47.9	67.4
79.0	46.0	69.7
73.1	50.8	68.7
70.2	55.2	62.2
82.2	52.2	47.7
68.4	57.3	54.4
73.0	54.4	55.0
70.2	53.6	57.4
67.8	53.9	63.9
63.4	54.2	72.4
56.0	60.0	67.4

자료출처: DASL(The Data and Story Library), http://lib.stat.cmu.edu/DASL

중선형회귀모형에서 쇠고기와 돼지고기의 1인당 소비량을 설명변수로 쇠고기 가격을 반응변수로 생각하여 β의 최소제곱추정값을 구하고, 최소제곱추정값에 의한 적합된 회귀선을 구해 보자.

$$\boldsymbol{Y}=\begin{pmatrix}59.7\\59.7\\\vdots\\56.0\end{pmatrix},\ \boldsymbol{X}=\begin{pmatrix}1 & 58.6 & 65.8\\1 & 59.4 & 63.3\\\vdots & \vdots & \vdots\\1 & 60.0 & 67.4\end{pmatrix},\ \beta=\begin{pmatrix}\beta_0\\\beta_1\\\beta_2\end{pmatrix}$$

이고

$$\boldsymbol{X}'\boldsymbol{X}=\begin{pmatrix}17 & 902.5 & 1086.8\\902.5 & 48205.25 & 57563.62\\1086.8 & 57563.62 & 70185.2\end{pmatrix},\ \boldsymbol{X}'\boldsymbol{Y}=\begin{pmatrix}1174\\61969.13\\74798.5\end{pmatrix}$$

이므로 식 (14.4.8)의 정규방정식은 다음과 같다.

$$\begin{aligned}17\widehat{\beta_0} + 902.5\widehat{\beta_1} + 1086.8\widehat{\beta_2} &= 1174\\902.5\widehat{\beta_0}+48205.25\widehat{\beta_1}+57563.62\widehat{\beta_2} &= 61969.13\\1086.8\widehat{\beta_0}+57563.62\widehat{\beta_1}+70185.2\widehat{\beta_2} &= 74798.5\end{aligned}$$

위의 연립방정식을 풀면

$$\hat{y}=190.19955696-1.507252849x_1-0.64326166x_2$$

로 주어진다. 한편 $\boldsymbol{X}'\boldsymbol{X}$의 역행렬이

$$(\boldsymbol{X}'\boldsymbol{X})^{-1}\approx\begin{pmatrix}21.638055816 & -0.242682448 & -0.136019543\\-0.242682448 & 0.003728418 & 0.0006999489\\-0.136019543 & 0.0006999489 & 0.0015464008\end{pmatrix}$$

이므로 식 (14.4.9)에 의해 β의 최소제곱추정값을 구하면

$$\begin{aligned}\hat{\beta} &= (\boldsymbol{X}'\boldsymbol{X})^{-1}\boldsymbol{X}'\boldsymbol{Y}\\&=\begin{pmatrix}21.638055816 & -0.242682448 & -0.136019543\\-0.242682448 & 0.003728418 & 0.0006999489\\-0.136019543 & 0.0006999489 & 0.0015464008\end{pmatrix}\begin{pmatrix}1174\\61969.13\\74798.5\end{pmatrix}\\&\approx\begin{pmatrix}190.19957\\-1.50725\\-0.64326\end{pmatrix}\end{aligned}$$

이다. 사실 반올림에 의한 오차 때문에 위의 두 방법에 의한 값에 약간의 차이가 발생한 것이다. 실제로 작은 차이라도 이 값들을 이용해 행렬 계산을 하면 제법 큰 차이가 날 수도 있다.

14.4.2 최소제곱추정량의 성질

$E(\boldsymbol{Y})=\boldsymbol{X}\beta$ 이고 $\boldsymbol{Y}$의 분산공분산행렬이

$$\mathrm{Var}(\boldsymbol{Y})=\{\mathrm{Cov}(Y_i, Y_j)\}=\sigma^2 \mathrm{I}_{n\times n}$$

이므로 다음 정리를 얻을 수 있다. 여기서 $\mathrm{I}_{n\times n}$은 $n\times n$ 단위행렬이다.

정리 14.4.2 $\boldsymbol{Y}=\boldsymbol{X}\beta+\varepsilon$ 에서 $E(\varepsilon)=0$ 이고 $\mathrm{Var}(\varepsilon)=\sigma^2 \mathrm{I}_{n\times n}$ 이면, 다음이 성립한다.

(a) $E(\hat{\beta})=\beta$ (14.4.11)

(b) $\mathrm{Var}(\hat{\beta})=\sigma^2(\boldsymbol{X}'\boldsymbol{X})^{-1}$ (14.4.12)

다음 정리는 단순선형회귀분석에서와 같이 중선형회귀분석에서도 최소제곱추정량이 **최량선형비편향추정량**임을 보여주는 **가우스-마르코프**(Gauss-Markov) 정리이다.

정리 14.4.3 가우스-마르코프(Gauss-Markov) 정리

중선형회귀모형 $\boldsymbol{Y}=\boldsymbol{X}\beta+\varepsilon$에서 $E(\varepsilon)=0$이고 $\mathrm{Var}(\varepsilon)=\sigma^2 \mathrm{I}_{n\times n}$이면, 최소제곱추정량 $\hat{\beta}$은 β의 최량선형비편향추정량(BLUE)이다.

14.4.3 σ^2의 추정

이제 $\mathrm{Var}(\boldsymbol{Y})=\sigma^2 \mathrm{I}_{n\times n}$에서 σ^2의 추정량을 생각해 보자. 먼저 **잔차제곱합**

$$\mathrm{SSE}=\sum_{i=1}^{n}(Y_i-\widehat{Y}_i)^2=\sum_{i=1}^{n}e_i^2=\boldsymbol{e}'\boldsymbol{e} \tag{14.4.13}$$

를 이용해 추정량을 유도해 보자.

$$\mathrm{SSE}=\boldsymbol{e}'\boldsymbol{e}=(\boldsymbol{Y}-\boldsymbol{X}\hat{\beta})'(\boldsymbol{Y}-\boldsymbol{X}\hat{\beta})=\boldsymbol{Y}'\boldsymbol{Y}-\hat{\beta}'\boldsymbol{X}'\boldsymbol{Y} \tag{14.4.14}$$

이다. 중선형회귀모형에서는 p개의 모수를 추정해야 하므로 잔차제곱합은 $n-p$의 자유도를 갖는다. 따라서 **잔차평균제곱**은

$$\mathrm{MSE}=\mathrm{SSE}/(n-p) \tag{14.4.15}$$

이고 σ^2의 추정량으로 사용한다. 사실 MSE는 σ^2의 비편향추정량이다.

예제 14.4.2 예제 14.4.1의 쇠고기와 돼지고기의 소비량이 쇠고기 가격에 미치는 영향을 알아보기 위한 데이터에서 오차분산 σ^2의 추정값을 구해 보자. 오차분산 σ^2의 비

편향추정값은

$$\begin{aligned}\mathrm{SSE} &= \boldsymbol{Y}'\boldsymbol{Y} - \hat{\beta}'\boldsymbol{X}'\boldsymbol{Y} \\ &= 81840.72 - (190.19955696 \quad -1.507252849 \quad -0.64326166)\begin{pmatrix}1174\\61969.13\\74798.5\end{pmatrix} \\ &\approx 64.595\end{aligned}$$

이므로 $\mathrm{MSE} = \mathrm{SSE}/14 \approx 4.61394$이다.

14.4.4 최대가능도법

지금까지 다룬 모수 β의 최소제곱추정량을 구하기 위해서는 모집단 분포에 대한 어떠한 가정도 요구되지 않았다. 그러나 β의 구간추정이나 β에 관한 가설을 검정하기 위해서는 분포에 대한 가정이 필요하다. 따라서 오차항이 정규분포 $\mathrm{N}(0, \sigma^2)$을 따른다는 가정하에 모수의 추론을 생각해 보자.

가정1 : $Y_i = \beta_0 + \beta_1 x_{i1} + \cdots + \beta_{p-1} x_{i(p-1)} + \varepsilon_i, \ i = 1, \ldots, n$

가정2 : $\varepsilon_i \sim \mathrm{N}(0, \sigma^2), \ i = 1, \ldots, n$

가정3 : ε_i들은 서로 독립이다.

이 가정이 만족되면, $Y_i \sim \mathrm{N}(\beta_0 + \beta_1 x_{i1} + \cdots + \beta_{p-1} x_{i(p-1)}, \sigma^2)$이며 Y_i들은 서로 독립인 확률변수이다. 따라서 다음 정리에서와 같이 모수 β와 오차분산 σ^2의 MLE를 구할 수 있다.

정리 14.4.4 $Y_i \sim \mathrm{N}(\beta_0 + \beta_1 x_{i1} + \cdots + \beta_{p-1} x_{i(p-1)}, \sigma^2), \ i = 1, \ldots, n$이고 $Y_1, \ldots, Y_n$이 서로 독립이면, β와 σ^2의 MLE는 다음과 같다.

(a) $\hat{\beta} = (\boldsymbol{X}'\boldsymbol{X})^{-1}\boldsymbol{X}'\boldsymbol{Y}$ (14.4.16)

(b) $\widehat{\sigma^2} = \dfrac{1}{n}(\boldsymbol{Y} - \boldsymbol{X}\hat{\beta})'(\boldsymbol{Y} - \boldsymbol{X}\hat{\beta}) = \dfrac{1}{n}\mathrm{SSE}$ (14.4.17)

이제 정규성 가정하에 추정량들의 성질에 대해 살펴보자.

정리 14.4.5 정리 14.4.4의 가정하에 다음이 성립한다.

(a) 최대가능도추정량 $\hat{\beta}_0, \hat{\beta}_1, \ldots, \hat{\beta}_{p-1}$과 $\widehat{\sigma^2}$은 결합완비충분통계량이다.

(b) $\hat{\beta}_i$은 β_i의 UMVUE이다.

(c) $n\widehat{\sigma^2}/(n-p) = \mathrm{MSE}$는 σ^2의 UMVUE이다.

다음 정리는 정규성 가정하에 최대가능도추정량의 분포를 제공함으로 모수들에 관한 추론에 이용되는 중요한 결과이다.

정리 14.4.6 정리 14.4.4의 가정하에 다음이 성립한다.

(a) $\hat{\beta}$과 $\widehat{\sigma^2}$은 서로 독립이다.

(b) $\hat{\beta}_i \sim \mathrm{N}(\beta_i, c_{ii}\sigma^2)$, $i=1,\ldots,p-1$ 이다. 여기서 c_{ii}는 행렬 $(\boldsymbol{X}'\boldsymbol{X})^{-1}$의 i번째 대각원소이다. 즉, $\{c_{ij}\}=(\boldsymbol{X}'\boldsymbol{X})^{-1}$이다.

(c) $\mathrm{SSE}/\sigma^2 = n\widehat{\sigma^2}/\sigma^2 \sim \chi^2(n-p)$

정리 14.4.6에 의해

$$\frac{\hat{\beta}_i - \beta_i}{\sqrt{\sigma^2 c_{ii}}} \sim \mathrm{N}(0,1) \tag{14.4.18}$$

이므로

$$T = \frac{\hat{\beta}_i - \beta_i}{\sqrt{\mathrm{MSE}\, c_{ii}}} \sim t(n-p) \tag{14.4.19}$$

이다. 따라서 다음 정리를 얻을 수 있다.

정리 14.4.7 정리 14.4.4의 가정이 만족될 때, β_i와 σ^2에 관한 크기가 α인 검정의 기각역은 다음과 같다.

(a) t_0는 식 (14.4.19)에서 β_i, $i=0,1,\ldots,p-1$ 대신에 β_{i0}의 값을 대입하여 계산한 관측값이다.

가설	기각역
$H_0: \beta_i \le \beta_{i0}$ 대 $H_1: \beta_i > \beta_{i0}$	$t_0 \ge t_\alpha(n-p)$
$H_0: \beta_i \ge \beta_{i0}$ 대 $H_1: \beta_i < \beta_{i0}$	$t_0 \le -t_\alpha(n-p)$
$H_0: \beta_i = \beta_{i0}$ 대 $H_1: \beta_i \ne \beta_{i0}$	$\lvert t_0\rvert \ge t_{\alpha/2}(n-p)$

(b) $\chi_0^2 = \mathrm{SSE}/\sigma_0^2$일 때, 다음이 성립된다.

가설	기각역
$H_0: \sigma^2 \le \sigma_0^2$ 대 $H_1: \sigma^2 > \sigma_0^2$	$\chi_0^2 \ge \chi_\alpha^2(n-p)$
$H_0: \sigma^2 \ge \sigma_0^2$ 대 $H_1: \sigma^2 < \sigma_0^2$	$\chi_0^2 \le \chi_{1-\alpha}^2(n-p)$
$H_0: \sigma^2 = \sigma_0^2$ 대 $H_1: \sigma^2 \ne \sigma_0^2$	$\chi_0^2 \le \chi_{1-\alpha/2}^2(n-p)$ 또는 $\chi_0^2 \ge \chi_{\alpha/2}^2(n-p)$

예제 14.4.3 예제 14.4.1의 쇠고기와 돼지고기의 소비량이 쇠고기 가격에 미치는 영향을 알아보기 위한 데이터에서 다음 가설을 $\alpha = 0.05$로 검정해 보자.

(a) $H_0: \beta_2 \geq -0.5$ 대 $H_1: \beta_2 < -0.5$

정리 14.4.7에 의해

$$t_0 = \frac{\hat{\beta}_2 + 0.5}{\sqrt{\mathrm{MSE}\, c_{22}}} = \frac{-0.64326 + 0.5}{\sqrt{4.61394(0.0015464008)}} \approx -1.6960$$

이고 $t_{0.05}(14) = 1.761$이므로, H_0를 기각할 수 없다.

(b) $H_0: \sigma^2 = 4$ 대 $H_1: \sigma^2 \neq 4$

정리 14.4.7 (b)에 의해

$$\chi_0^2 = \mathrm{SSE}/\sigma_0^2 = 64.5952/4 = 16.1488$$

이고 $\chi^2_{0.025}(14) = 26.12$, $\chi^2_{0.975}(14) = 5.63$이므로 H_0를 기각할 수 없다.

이번에는 구간추정문제를 생각해 보자. 정리 14.4.6이나 정리 14.4.7로부터 다음 정리를 얻을 수 있다.

정리 14.4.8 정리 14.4.4의 가정이 만족될 때, β_i와 σ^2의 $100(1-\alpha)\%$ 신뢰구간은 각각 다음과 같다.

(a) $\left(\hat{\beta}_i - t_{\alpha/2}(n-p)\sqrt{\mathrm{MSE}\, c_{ii}},\ \hat{\beta}_i + t_{\alpha/2}(n-p)\sqrt{\mathrm{MSE}\, c_{ii}}\right)$ (14.4.20)

(b) $\left(\dfrac{\mathrm{SSE}}{\chi^2_{\alpha/2}(n-p)},\ \dfrac{\mathrm{SSE}}{\chi^2_{1-\alpha/2}(n-p)}\right)$ (14.4.21)

예제 14.4.4 예제 14.4.1의 쇠고기와 돼지고기의 소비량이 쇠고기 가격에 미치는 영향을 알아보기 위한 데이터에서 모수 β_i와 σ^2의 95% 신뢰구간을 각각 구해 보자.

정리 14.4.8 (a)에 의해

$$\begin{aligned}\hat{\beta}_0 \pm t_{0.025}(14)\sqrt{\mathrm{MSE}\, c_{00}} &= 190.19956 \pm 2.145\sqrt{4.61394(21.638055816)} \\ &\approx 190.19956 \pm 21.43247798\end{aligned}$$

이므로 β_0의 95% 신뢰구간은 $(168.767,\ 211.632)$이다.

$$\widehat{\beta_1} \pm t_{0.025}(14)\sqrt{\mathrm{MSE}\,c_{11}} = -1.50725 \pm 2.145\sqrt{4.61394(0.003728418)}$$
$$\approx -1.50725 \pm 0.281336167$$

이므로 β_1 의 95% 신뢰구간은 $(-1.7886,\ -1.2259)$이다.

$$\widehat{\beta_2} \pm t_{0.025}(14)\sqrt{\mathrm{MSE}\,c_{22}} = -0.64326 \pm 2.145\sqrt{4.61394(0.0015464008)}$$
$$\approx -0.64326 \pm 0.18118586$$

이므로 β_2 의 95% 신뢰구간은 $(-0.8244,\ -0.4621)$이다. 마지막으로 σ^2 의 95% 신뢰구간은 정리 14.4.8 (b)에 의해 다음과 같이 구할 수 있다.

$$\left(\frac{\mathrm{SSE}}{\chi^2_{0.025}(14)}, \frac{\mathrm{SSE}}{\chi^2_{0.975}(14)}\right) = \left(\frac{64.5952}{26.12}, \frac{64.5952}{5.63}\right) \approx (2.4730, 11.4734)$$

14.4.5 분산분석

설명변수가 $p-1$ 개인 중선형회귀모형에서 총제곱합의 분할과 제곱합들의 행렬표기 그리고 결정계수와 분산분석기법에 의한 검정에 대해 알아보자.

총제곱합 SST는

$$\mathrm{SST} = \sum_{i=1}^{n}(Y_i - \overline{Y})^2 = \sum_{i=1}^{n} Y_i^2 - n\overline{Y}^2 = \boldsymbol{Y}'\boldsymbol{Y} - \frac{1}{n}\boldsymbol{Y}'11'\boldsymbol{Y} \qquad (14.4.22)$$

로 나타낼 수 있다. 여기서 $1' = (1\ 1\ \ldots\ 1)$이다. 물론 SST의 자유도는 $n-1$ 이다. 다음으로 **회귀제곱합** SSR은

$$\begin{aligned} \mathrm{SSR} &= \sum_{i=1}^{n}(\widehat{Y}_i - \overline{Y})^2 = \sum_{i=1}^{n}\widehat{Y}_i^2 - n\overline{Y}^2 \\ &= \widehat{\boldsymbol{Y}}'\widehat{\boldsymbol{Y}} - \frac{1}{n}\boldsymbol{Y}'11'\boldsymbol{Y} \\ &= \hat{\beta}'\boldsymbol{X}'\boldsymbol{X}\hat{\beta} - \frac{1}{n}\boldsymbol{Y}'11'\boldsymbol{Y} \\ &= \hat{\beta}'\boldsymbol{X}'\boldsymbol{Y} - \frac{1}{n}\boldsymbol{Y}'11'\boldsymbol{Y} \end{aligned} \qquad (14.4.23)$$

이고 SSR의 자유도는 $p-1$ 이며 **잔차제곱합** SSE는 식 (14.4.14)에 의해

$$\mathrm{SSE} = \boldsymbol{Y}'\boldsymbol{Y} - \hat{\beta}'\boldsymbol{X}'\boldsymbol{Y} \qquad (14.4.24)$$

이며 자유도는 $n-p$ 이다.

중선형회귀모형에서의 결정계수는

$$R^2 = \frac{\text{SSR}}{\text{SST}} = 1 - \frac{\text{SSE}}{\text{SST}} \tag{14.4.25}$$

로 정의하며 총변동 중에서 회귀식에 의해 설명되는 변동의 정도를 나타낸다.

예제 14.4.5 예제 14.4.1의 쇠고기와 돼지고기의 소비량이 쇠고기 가격에 미치는 영향을 알아보기 위한 데이터에서 결정계수 R^2 을 계산해 보면,

$$\text{SST} = \sum_{i=1}^{n} Y_i^2 - n\overline{Y}^2 = 81840.72 - 17(69.05882353)^2 \approx 765.661$$
$$\text{SSR} = \text{SST} - \text{SSE} = 765.661 - 64.595 = 701.066$$

이므로 결정계수는 다음과 같다.

$$R^2 = \frac{\text{SSR}}{\text{SST}} = \frac{701.066}{765.661} \approx 0.9156$$

이제 분산분석기법을 이용해

$$H_0: \beta_1 = \cdots = \beta_{p-1} = 0$$
$$H_1: \text{적어도 하나의 } j\text{에 대해 } \beta_j \neq 0$$

을 검정해 보자. SSE와 SSR의 자유도가 각각 $n-p$와 $p-1$이므로 **평균제곱**은

$$\text{MSE} = \text{SSE}/(n-p) \tag{14.4.26}$$
$$\text{MSR} = \text{SSR}/(p-1) \tag{14.4.27}$$

이므로 중선형회귀분석의 분산분석표는 다음과 같다.

표 14.4.1 중선형회귀모형의 분산분석표

요인	제곱합	자유도	평균제곱	F_0
회귀	SSR	$p-1$	MSR	$F_0 = \text{MSR}/\text{MSE}$
잔차	SSE	$n-p$	MSE	
합계	SST	$n-1$		

따라서 검정통계량

$$F_0 = \frac{\text{MSR}}{\text{MSE}} \tag{14.4.28}$$

을 이용한 크기 α 인 검정은

$$F_0 \geq F_\alpha(p-1, n-p) \tag{14.4.29}$$

이면 H_0를 기각한다.

예제 14.4.6 예제 14.4.1의 쇠고기와 돼지고기의 소비량이 쇠고기 가격에 미치는 영향을 알아보기 위한 데이터에서 분산분석표를 이용하여 $H_0: \beta_1 = \beta_2 = 0$에 대한 가설을 $\alpha = 0.05$로 검정해 보자.

$$\text{MSR} = \text{SSR}/(p-1) = 701.066/2 = 350.533$$

이고

$$\text{MSE} = 4.6139$$

이므로

$$F_0 = \frac{\text{MSR}}{\text{MSE}} = \frac{350.533}{4.6139} \approx 75.9733$$

이다. 따라서 분산분석표는 다음과 같다.

요인	제곱합	자유도	평균제곱	F_0
회귀	701.066	2	350.5330	75.9733
잔차	64.595	14	4.6139	
합계	765.661	16		

$F_0 = 75.9733 > F_{0.05}(2,14) = 3.74$이므로 H_0를 기각한다.

연습문제

제 14 장

14. 1 단순선형회귀모형에서 β_1의 최소제곱추정량 $\hat{\beta}_1$에 대해 $E(\hat{\beta}_1^{\,2}) = \beta_1^2 + \sigma^2/S_{xx}$임을 보여라.

14. 2 단순선형회귀모형에서 다음이 성립됨을 보여라.

(a) $\text{Var}(\hat{Y}) = \sigma^2\left(\frac{1}{n} + \frac{(x-\bar{x})^2}{S_{xx}}\right)$

(b) $\text{Cov}(Y_i, \widehat{\beta_0}) = \sigma^2\left(\frac{1}{n} - \frac{(x_i - \overline{x})\overline{x}}{S_{xx}}\right)$

(c) $\text{Cov}(Y_i, \widehat{\beta_1}) = \frac{x_i - \overline{x}}{S_{xx}}\sigma^2$

14.3 단순선형회귀모형에서 잔차 e_i에 대해 다음이 성립됨을 보여라.

(a) $E(e_i) = 0$

(b) $\text{Cov}(e_i, \widehat{\beta_0}) = 0$

(c) $\text{Cov}(e_i, \widehat{\beta_1}) = 0$

14.4 다음이 성립함을 보여라.

$$\text{SSE} = \sum_{i=1}^{n} Y_i^2 - \widehat{\beta_0}\sum_{i=1}^{n} Y_i - \widehat{\beta_1}\sum_{i=1}^{n} x_i Y_i$$

14.5 회귀평균제곱 MSR의 기댓값이 $E(\text{MSR}) = \sigma^2 + \beta_1^2 S_{xx}$ 임을 보여라.

14.6 $E(\text{SST}) = (n-1)\sigma^2 + \beta_1^2 S_{xx}$ 임을 보여라.

14.7 단순선형회귀모형에서 회귀제곱합은 $\text{SSR} = \frac{S_{xY}^2}{S_{xx}}$ 임을 보여라.

14.8 결정계수가 $R^2 = \frac{S_{xY}^2}{S_{xx} S_{YY}}$ 임을 보여라.

14.9 다음 데이터는 수리통계학 과목을 수강한 15명의 중간시험성적(x)과 기말시험성적(y)을 각각 30점 만점으로 채점한 점수이다. SAS의 출력결과를 이용하여 다음에 답하라.

	1	2	3	4	5	6	7	8	9	10	11	12	13	14	15
x	8	0	16	18	10	25	15	16	19	23	5	14	10	11	27
y	10	11.5	18.5	21	16.5	22	21.5	26	21	27	17.5	18	21	13	28

(a) 단순선형회귀모형에서 중간시험성적(x)을 설명변수로 기말시험성적(y)을 반응변수로 생각하여 β_0와 β_1의 최소제곱추정값을 구하라. 최소제곱추정값에 의한 적합된 회귀직선을 구하라.

(b) 중간시험성적이 $x = 20$일 때 기말시험성적의 평균을 추정하라.

(c) 오차분산 σ^2의 비편향추정값을 구하라.

(d) $H_0: \beta_0 \le 9$ 대 $H_1: \beta_0 > 9$를 $\alpha = 0.05$로 검정하라.

(e) $H_0: \beta_1 \le 0$ 대 $H_1: \beta_1 > 0$을 $\alpha = 0.05$로 검정하라.

(f) $H_0: \sigma^2 \le 10$ 대 $H_1: \sigma^2 > 10$을 $\alpha = 0.05$로 검정하라.

(g) β_0의 95% 신뢰구간을 구하라.

(h) β_1의 95% 신뢰구간을 구하라.

(i) 결정계수 R^2을 구하라.

SAS 출력결과

The REG Procedure

Analysis of Variance

Source	DF	Sum of Squares	Mean Square	F Value	Pr > F
Model	1	256.02140	256.02140	23.04	0.0003
Error	13	144.47860	11.11374		
Corrected Total	14	400.50000			

Root MSE	3.33373	R-Square	0.6393
Dependent Mean	19.50000	Adj R-Sq	0.6115
Coeff Var	17.09604		

Parameter Estimates

Variable	DF	Parameter Estimate	Standard Error	t Value	Pr > |t|	95% Confidence Limits	
Intercept	1	11.16754	1.93774	5.76	<.0001	6.98132	15.35377
x	1	0.57598	0.12000	4.80	0.0003	0.31672	0.83523

14.10 다음은 영국, 노르웨이, 스웨덴 등의 어느 특정 지역에서 얻어진 데이터로, 연평균 온도 x (화씨 °F)와 여성의 유방 종양에 의한 사망지수 y이다.

	1	2	3	4	5	6	7	8	9	10	11	12	13	14	15	16
x	51.3	49.9	50.0	49.2	48.5	47.8	47.3	45.1	46.3	42.1	44.2	43.5	42.3	40.2	31.8	34.0
y	102.5	104.5	100.4	95.9	87.0	95.0	88.6	89.2	78.9	84.6	81.7	72.2	65.1	68.1	67.3	52.5

자료출처: DASL(The Data and Story Library), http://lib.stat.cmu.edu/DASL

(a) 단순선형회귀모형에서 연평균 온도 x (화씨 °F)를 설명변수로 여성의 유방 종양에 의한 사망지수 y를 반응변수로 생각하여 β_0와 β_1의 최소제곱추정값을 구하라.

최소제곱추정값에 의한 적합된 회귀직선을 구하라.

(b) 연평균 온도가 $x = 49°F$일 때 여성의 유방 종양에 의한 사망지수의 평균을 추정하라.

(c) 오차분산 σ^2의 비편향추정값을 구하라.

(d) $H_0: \beta_0 = 0$ 대 $H_1: \beta_0 \neq 0$을 $\alpha = 0.05$로 검정하라.

(e) $H_0: \beta_1 \leq 0$ 대 $H_1: \beta_1 > 0$을 $\alpha = 0.05$로 검정하라.

(f) $H_0: \sigma^2 \leq 40$ 대 $H_1: \sigma^2 > 40$을 $\alpha = 0.05$로 검정하라.

(g) β_0의 95% 신뢰구간을 구하라.

(h) β_1의 95% 신뢰구간을 구하라.

(i) σ^2의 95% 신뢰구간을 구하라.

(j) 결정계수 R^2을 구하라.

(k) 분산분석기법을 이용하여 회귀모형이 유의한지를 $\alpha = 0.05$로 검정하라.

14.11 연습문제 14.10번 데이터에 대해 두 변수 모두 확률변수라 생각하고 표본상관계수를 이용해 다음을 $\alpha = 0.05$로 검정하라.

(a) $H_0: \rho \leq 0$ 대 $H_1: \rho > 0$

(b) $H_0: \rho \leq 0.5$ 대 $H_1: \rho > 0.5$

14.12 중선형회귀모형에서 다음이 성립됨을 보여라.

(a) $\mathrm{Cov}(e, \hat{\beta}) = 0$

(b) $\mathrm{Cov}(e, \hat{Y}) = 0$

14.13 다음은 미국 공인부동산중개업 협의회 앨버커기(Albuquerque)시위원이 관리하는 파일에서 1993년 2월 15일부터 4월 30일까지의 집 판매기록의 확률표본 중 일부분이다.

판매가격(단위: $100)	집의 크기(제곱피트)	1년 세금($)
2150	2921	1635
1800	2774	1765
1560	1920	1161
1375	1837	1191
1235	1894	1112
1170	1928	600

1110	1630	867
995	1500	743
900	1400	731
1020	1478	626
850	1190	600
720	1121	398
1250	2180	1141
1125	1710	800
1049	1900	690
934	1543	820
805	1258	821
710	1083	504
580	1051	426
1160	1720	867
1030	1540	826
975	1739	880
920	1415	866
869	1165	694
739	970	970

자료출처: DASL(The Data and Story Library), http://lib.stat.cmu.edu/DASL

(a) 중선형회귀모형에서 집의 크기와 1년 세금을 설명변수로 집 판매가격을 반응변수로 생각한 $\hat{\beta}$의 최소제곱추정값을 구하라. 최소제곱추정값에 의한 적합된 회귀식을 구하라.

(b) 오차분산 σ^2의 비편향추정값을 구하라.

(c) $H_0: \beta_0 = 0$ 대 $H_1: \beta_0 \neq 0$을 $\alpha = 0.05$로 검정하라.

(d) $H_0: \beta_2 \leq 0.3$ 대 $H_1: \beta_2 > 0.3$을 $\alpha = 0.05$로 검정하라.

(e) $H_0: \sigma^2 \leq 5{,}000$ 대 $H_1: \sigma^2 > 5{,}000$을 $\alpha = 0.05$로 검정하라.

(f) β_0의 95% 신뢰구간을 구하라.

(g) β_1의 95% 신뢰구간을 구하라.

(h) β_2의 95% 신뢰구간을 구하라.

(i) σ^2의 95% 신뢰구간을 구하라.

(j) 결정계수 R^2을 구하라.

(k) $H_0: \beta_1 = \beta_2 = 0$을 분산분석표를 이용하여 $\alpha = 0.05$로 검정하라.

14.14 다음은 미국 뉴 멕시코(New Mexico)대학 연구소에서 학부의 등록 학생 수를 추정하기 위한 1961년부터 1989년까지의 데이터로 설명변수를 뉴 멕시코에 있는 고등학교의 봄학기 졸업생 수(x_1)와 앨버커키(Albuquerque)시의 1인당 소득(\$$x_2$)으로, 반응변수를 뉴 멕시코대학의 가을학기에 등록한 학생 수(y)로 회귀적합을 시키려한다. SAS의 출력결과를 이용하여 다음에 답하라.

연도	등록 학생 수	고등학교 졸업생 수(x_1)	1인당 소득(x_2)
1961	5501	9552	1923
1962	5945	9680	1961
1963	6629	9731	1979
1964	7556	11666	2030
1965	8716	14675	2112
1966	9369	15265	2192
1967	9920	15484	2235
1968	10167	15723	2351
1969	11084	16501	2411
1970	12504	16890	2475
1971	13746	17203	2524
1972	13656	17707	2674
1973	13850	18108	2833
1974	14145	18266	2863
1975	14888	19308	2839
1976	14991	18224	2898
1977	14836	18997	3123
1978	14478	19505	3195
1979	14539	19800	3239
1980	14395	19546	3129
1981	14599	19117	3100
1982	14969	18774	3008
1983	15107	17813	2983
1984	14831	17304	3069
1985	15081	16756	3151
1986	15127	16749	3127
1987	15856	16925	3179
1988	15938	17231	3207
1989	16081	16816	3345

자료출처: DASL(The Data and Story Library), http://lib.stat.cmu.edu/DASL

SAS 출력결과

The REG Procedure

X'X Inverse, Parameter Estimates, and SSE

Variable	Intercept	x3	x4	y
Intercept	1.3532281671	-0.000029657	-0.000303566	-6457.262727
x1	-0.000029657	1.2731185E-8	-6.622726E-8	0.3779236384
x2	-0.000303566	-6.622726E-8	5.1225049E-7	4.7327366865
y	-6457.262727	0.3779236384	4.7327366865	17759411.113

Analysis of Variance

Source	DF	Sum of Squares	Mean Square	F Value	Pr > F
Model	2	278733066	139366533	204.03	<.0001
Error	26	17759411	683054		
Corrected Total	28	296492477			

Root MSE	826.47098	R-Square	0.9401
Dependent Mean	12707	Adj R-Sq	0.9355
Coeff Var	6.50404		

Parameter Estimates

Variable	DF	Parameter Estimate	Standard Error	t Value	Pr > |t|	95% Confidence Limits	
Intercept	1	-6457.26273	961.41993	-6.72	<.0001	-8433.48970	-4481.03576
x1	1	0.37792	0.09325	4.05	0.0004	0.18624	0.56961
x2	1	4.73274	0.59152	8.00	<.0001	3.51685	5.94862

(a) 중선형회귀모형에서 $\hat{\beta}$의 최소제곱추정값을 구하라. 최소제곱추정값에 의한 적합된 회귀함수를 구하라.

(b) 고등학교의 봄학기 졸업생 수가 $x_1 = 17000$명이고 앨버커키시의 1인당 소득이 $x_2 = \$3120$일 때 가을학기에 등록한 학생 수의 평균을 추정하라.

(c) $H_0: \beta_1 = 0$ 대 $H_1: \beta_1 \neq 0$을 $\alpha = 0.05$로 검정하라.

(d) $H_0: \beta_2 = 0$ 대 $H_1: \beta_2 \neq 0$을 $\alpha = 0.05$로 검정하라.

(e) $H_0: \sigma^2 \leq 10,000$ 대 $H_1: \sigma^2 > 10,000$을 $\alpha = 0.05$로 검정하라.

(f) β_0의 95% 신뢰구간을 구하라.

(g) β_1의 95% 신뢰구간을 구하라.

(h) β_2의 95% 신뢰구간을 구하라.

(i) 결정계수 R^2을 구하라.

(j) $H_0: \beta_1 = \beta_2 = 0$을 분산분석표를 이용하여 $\alpha = 0.05$로 검정하라.

제 15 장 비모수통계

15.1 서론

지금까지 생각했던 통계적추론 문제는 추출한 확률변수의 분포는 모수를 제외하고는 알고 있다고 가정했다. 즉, 확률변수들이 정규분포, 지수분포, 포아송분포와 같은 특정한 종류의 분포에서 추출되었다고 가정했다. 특별히 모집단 분포에 관해 정규성 가정을 많이 했다. 물론 확률표본에 근거해 제13장에서 언급한 적합도 검정에 의해 모집단 분포에 관한 가정이 타당한지를 검정할 수 있다. 다행히 언급한 검정방법들 대부분 정규성 가정이 약간 벗어나더라도 표본의 크기가 크면 여전히 신뢰할 수가 있다. 지금까지 언급했던 이러한 검정방법을 **모수적 방법**(parametric method)이라 한다. 그러나 실제로 분포의 함수적인 형태를 알기는 매우 어렵다. 그러므로 분포에 관한 가정에 얽매이지 않는 어떤 방법을 고안할 필요가 있다. 따라서 이 장에서는 일반적으로 **분포무관**(distribution-free) 또는 **비모수적 방법**(nonparametric method)을 소개한다. 분포무관은 모집단 분포가 연속이나 대칭이라는 가정 외에는 분포에 관해 어떠한 가정도 하지 않는다는 것을 의미한다. 비모수라는 용어는 앞에서 언급했던 그러한 모수를 포함하지 않는다는 의미이다.

비모수 또는 분포무관 방법의 이용이 계속 증가되어 왔다. 과학과 공학에서 자료들이 연속적인 값으로 기록되지 않고 순위적으로 기록되는 경우는 특히 많이 응용되고 있다. 이 장에서는 일반적으로 널리 이용되고 있는 비모수적 방법을 대략적으로 소개한다.

15.2 부호검정과 윌콕슨 부호순위검정

15.2.1 부호검정

부호검정(sign test)은 귀무가설 $H_0 : \mu = \mu_0$인 일표본 t-검정에 대한 비모수적 대안으로 종종 이용된다. 부호검정에 대해서는 단지 모집단이 연속이고 대칭이라는 가정만 한다. 그러나 귀무가설을 $H_0 : m = m_0$ 로 바꾸면 대칭의 가정은 필요없다. 여기서 m 은 모집단 분포의 중앙값이다. 이 장에서는 모든 가설에 대해 귀무가설은 항상 단순가설로 나타낼 것이다.

모집단에서 크기 n 인 확률표본 $X_1, \ldots, X_n$ 을 추출하여 T 를 m_0 보다 큰 관측값($X_i - m_0$ 의 부호가 양인 관측값)의 개수라 하자. 즉,

$$T = \sum_{i=1}^{n} \xi_i \tag{15.2.1}$$

이다. 여기서

$$\xi_i = \begin{cases} 1, & X_i > m_0 \\ 0, & X_i < m_0 \end{cases} \tag{15.2.2}$$

이다. 통계량 T 의 값을 계산하기 위해서는 단지 정확한 관측값은 몰라도 m_0 와 대소관계만 구분할 수 있으면 된다.

귀무가설 $H_0 : m = m_0$ 하에서 $P[X > m_0] = P[X - m_0 > 0] = 1/2$ 이므로 $X - m_0$ 의 부호가 양이 될 확률은 $p_0 = 1/2$ 이다. 만일 대립가설 $H_1 : m = m_1 > m_0$ 하에서는

$$p_1 = P[X > m_0] > P[X > m_1] = 1/2$$

이다. 물론 H_0 하에서

$$T \sim \text{Bin}(n, p_0) \tag{15.2.3}$$

이다. 여기서

$$p_0 = P[X > m_0] = \frac{1}{2}$$

이다. 따라서 검정통계량 T 에 근거한 $H_0 : m = m_0$ 대 $H_1 : m > m_0$ 의 검정은 $H_0 : p = p_0 = 1/2$ 대 $H_1 : p > 1/2$ 인 가설의 모비율에 관한 검정으로 생각할 수 있다. 그러므로 정리 11.6.4에 의해 가설을 검정할 수 있다.

정리 15.2.1 $X_1, \ldots, X_n$ 은 cdf가 $F(x)$ 인 연속분포에서의 확률분포이고, m 은 중앙값이다. 즉, $F(m) = 1/2$ 이다. 이 때, $H_0 : m = m_0$ 의 크기가 α 인 검정은 다음과 같다. 여기서 t 는 T 의 관측값이다.

(a) $H_0 : m = m_0$ 대 $H_1 : m > m_0$

(i) 기각역 : $C_1 = \{x \mid t \geq b_\alpha(n,\ 1/2)\}$

(ii) p-값 $= 1 - B(t-1\,;\, n,\ 1/2)$

(b) $H_0 : m = m_0$ 대 $H_1 : m < m_0$

(i) 기각역 : $C_2 = \{x \mid t < b_{1-\alpha}(n,\ 1/2)\}$

(ii) p-값 $= B(t\,;\, n,\ 1/2)$

(c) $H_0 : m = m_0$ 대 $H_1 : m \neq m_0$

(i) 기각역 : $C_3 = \{x \mid t \geq b_{\alpha/2}(n,\ 1/2)$ 또는 $t < b_{1-\alpha/2}(n,\ 1/2)\}$

(ii) p-값 $= 2\min(B(t\,;\, n,\ 1/2),\ 1 - B(t-1\,;\, n,\ 1/2))$

여기서 $b_\alpha(n, 1/2)$은 귀무가설 $H_0 : p = 1/2$하에서 $P_{H_0}[T \geq b_\alpha(n, 1/2)] = \alpha$를 만족하는 값으로 표 B.7에 주어져 있다.

귀무가설 $H_0 : m = m_0$ 하에서 부호검정통계량 T는 그 평균 $n/2$에 관해 대칭인 분포를 갖는다. 따라서

$$b_\alpha(n, 1/2) - \frac{n}{2} = \frac{n}{2} - [b_{1-\alpha}(n, 1/2) - 1] \tag{15.2.4}$$

이므로, 다음이 성립된다.

$$b_{1-\alpha}(n, 1/2) = n + 1 - b_\alpha(n, 1/2) \tag{15.2.5}$$

식 (15.2.3)에서 부호검정통계량 T는 귀무가설 하에 이항분포를 따르기 때문에 표 B.1에 주어진 n에 대해서는 표 B.1에서 $b_\alpha(n,\ 1/2)$을 구할 수도 있다.

n이 충분히 큰 경우에는 표준화된 T통계량

$$Z_T = \frac{T - n/2}{\sqrt{n/4}} \tag{15.2.6}$$

가 근사적으로 표준정규분포를 따르기 때문에 정리 11.6.1을 이용해 검정할 수 있다. 연속확률변수가 한 값을 취할 확률은 0이다. 따라서 이론적으로 관측값이 m_0일 확률은 0이지만 대부분 정확한 값이 아니라 반올림 등에 의해 관측값을 구하므로 검정하려는 m_0와 같은 자료가 얻어질 수 있다. 이런 경우에는 일반적으로 이 자료를 제외하고 표본크기를 그만큼 줄여 부호검정을 실시한다.

예제 15.2.1 다음 데이터는 30일간 공장에서 배출된 폐수의 양(단위: 톤)이다.

12	5	15	24	15	13	16	20	18	10
19	20	12	2	19	8	10	18	15	18
14	7	23	13	12	17	19	13	15	11

$H_0: m=15.5$ 대 $H_1: m<15.5$를 유의수준 $\alpha=0.01$로 부호검정을 해보자. 표본크기가 $n=30$이므로 이항분포의 정규근사를 이용해 검정할 수 있다. 따라서 기각역은

$$z_0=\frac{t-n/2}{\sqrt{n/4}}\leq -z_{0.01}\approx -2.326$$

이다. 여기서 t는 15.5보다 큰 데이터의 개수이므로 $t=12$이다. $z_0\approx -1.095>-2.326$이므로 H_0를 기각할 수 없다.

예제 15.2.2 다음 데이터에 대해 $H_0: m=80$ 대 $H_1: m>80$을 $\alpha=0.05$로 부호검정을 해보자.

85	80	83	91	81	105	78	82	86	71
84	59	91	83	65	88	90	81	102	97

표본 중에 80이 한 개 있으므로 표본크기는 $n=19$가 되며 80보다 큰 관측값의 개수는 $t=15$이다. 표 B.7에 의해 $b_{0.0096}(19, 1/2)=15$이므로 p-값이 0.0096이다. 따라서 귀무가설을 기각한다.

부호검정은 쌍으로 구성된 이표본 데이터에도 이용될 수 있다. 이러한 문제에서는 쌍으로 구성된 관측값들의 차이가 양이면 부호가 양인 경우로 생각한다. 즉, (X_i, Y_i), $i=1,2,\ldots,n$이 데이터이면 $Z_i=X_i-Y_i$, $i=1,2,\ldots,n$의 부호를 생각하여 부호검정을 적용한다. 여기서 $Z_i=0$이면, 그 데이터는 버리고 표본 수를 그 만큼 줄인다. 정규성 가정 하에 대응표본에서 두 분포의 평균차에 대한 검정인 t-검정에 대한 비모수적 검정에 해당된다.

예제 15.2.3 어느 택시회사는 현재 사용하고 있는 B회사의 타이어 대신에 A회사의 타이어를 사용하면 에너지 효율을 높일 수 있는지 알아보고자 한다. 14대 자동차에 A회사의 타이어를 장착하여 미리 지정된 테스트 코스를 운행한 후 리터당 마일리지(단위: km)를 기록하였다. 그리고 나서 운전자 변경 없이 같은 자동차에 B회사의 타이어를 장착하여 한 번 더 동일한 테스트 코스를 운행한 후 리

터당 마일리지(단위: km)를 기록하여 다음 데이터를 얻었다.

자동차	1	2	3	4	5	6	7	8	9	10	11	12	13	14
A회사	4.3	4.6	6.3	7.3	6.6	4.6	5.5	7.7	5.0	6.2	5.3	6.0	7.2	6.5
B회사	4.2	5.0	6.0	7.0	6.8	4.2	5.5	7.2	4.7	6.0	5.1	5.8	7.0	6.9

A회사 타이어를 사용한 데이터의 중앙값을 m_A, B회사 타이어를 사용한 데이터의 중앙값을 m_B라 하면, 검정하고자 하는 가설은 다음과 같다.

$$H_0 : m_A - m_B = 0 \text{ 대 } H_1 : m_A - m_B > 0$$

두 데이터가 동일한 경우(즉, 두 데이터의 차이가 0인 경우)가 한 개이므로 이 데이터를 제외하면 $n = 13$이다. A회사의 데이터가 B회사의 데이터보다 큰 경우의 개수는 $t = 10$이다. $b_{0.0461}(13, 0.5) = 10$이므로 p-값은 0.0461이다. 따라서 유의수준이 $\alpha = 0.05$인 검정에서 H_0를 기각한다. 즉, A회사의 타이어 사용이 마일리지를 높일 수 있다고 말할 수 있다.

15.2.2 부호순위검정

앞에서 소개한 부호검정은 실행하기는 쉽지만 단순히 관측값과 m_0값 차이의 부호만 이용하기 때문에 정보의 손실이 크다. 즉 관측값이 m_0보다 크기만 하면 관측값의 크기에는 전혀 영향을 받지 않는다. 이러한 정보의 손실을 줄일 수 있는 방법이 **윌콕슨 부호순위검정**(Wilcoxon signed-rank test)이다. 이 검정은 차이의 양도 계산이 되기 때문에 관측값의 크기에 영향을 받는다.

$X_1, \ldots, X_n$은 중앙값 m에 관해 대칭이고 연속인 모집단에서의 확률표본이며, F를 X_i의 cdf라 하자.

$$H_0 : m = m_0$$

를 검정하기 위해

첫째, X_i와 m_0의 차를 구한다. 즉, $Z_i = X_i - m_0$, $i = 1, \ldots, n$을 구한다.

둘째, $|Z_1|, |Z_2|, \ldots, |Z_n|$의 순위를 결정한다.

셋째, 양의 값을 갖는 Z_i들의 순위합을 T^+, 음의 값을 갖는 Z_i들의 순위합을 T^-라 하자. 즉

$$\xi_i = \begin{cases} 1, & Z_i > 0 \\ 0, & Z_i < 0 \end{cases} \tag{15.2.7}$$

이라 하고 $|Z_i|$의 순위를 r_i라 하면,

$$T^+ = \sum_{i=1}^{n} r_i \xi_i \text{ 이고 } \quad T^- = \sum_{i=1}^{n} (1-\xi_i) r_i \tag{15.2.8}$$

이다. 또한 귀무가설 H_0 하에서 T^+ 와 T^- 의 기댓값은 같다.

$$T^+ + T^- = \sum_{i=1}^{n} i = \frac{n(n+1)}{2} \tag{15.2.9}$$

이므로 두 통계량 T^+와 T^-는 선형관계에 있다. 따라서 어느 것을 검정통계량으로 사용해도 동일한 결과를 얻을 수 있다. 여기서는 T^+를 검정통계량으로 사용한다. 위 결과를 종합하여 다음 정리를 얻을 수 있다.

정리 15.2.2 $X_1, \ldots, X_n$ 이 중앙값 m 에 관해 대칭이며 연속인 모집단에서의 확률표본일 때, 다음 각 가설의 크기가 α 인 검정은 다음과 같다.

(a) $H_0 : m = m_0$ 대 $H_1 : m > m_0$

(i) 기각역 : $C_1 = \{x | t^+ \geq t(\alpha, n)\}$

(ii) p-값 $= P_{H_0}[T^+ \geq t^+]$:

(b) $H_0 : m = m_0$ 대 $H_1 : m < m_0$

(i) 기각역 : $C_2 = \left\{x | t^+ \leq \frac{n(n+1)}{2} + 1 - t(\alpha, n)\right\}$

(ii) p-값 $= P_{H_0}[T^+ \leq t^+]$

(c) $H_0 : m = m_0$ 대 $H_1 : m \neq m_0$

(i) 기각역 : $C_3 = \left\{x | t^+ \geq t(\alpha/2, n) \text{ 또는 } t^+ \leq \frac{n(n+1)}{2} + 1 - t(\alpha/2, n)\right\}$

(ii) p-값 $= 2\min(P_{H_0}[T^+ \geq t^+], P_{H_0}[T^+ \leq t^+])$

여기서 t^+ 는 T^+의 관측값이고 $t(\alpha, n)$은 귀무가설 $H_0 : m = m_0$ 하에서 $P_{H_0}[T^+ \geq t(\alpha, n)] = \alpha$를 만족하는 값으로 표 B.8에 주어져 있다.

H_0 가 참일 때

$$E(T^+) = E\left(\sum_{i=1}^{n} \xi_i r_i\right) = \frac{1}{2}\sum_{i=1}^{n} i = \frac{n(n+1)}{4} \tag{15.2.10}$$

이고

$$\mathrm{Var}(T^+) = \sum_{i=1}^{n} r_i^2 \mathrm{Var}(\xi_i) = \frac{1}{4}\sum_{i=1}^{n} i^2 = \frac{n(n+1)(2n+1)}{24} \tag{15.2.11}$$

이므로

$$Z^{+}=\frac{T^{+}-n(n+1)/4}{\sqrt{n(n+1)(2n+1)/24}} \tag{15.2.12}$$

는 n이 클 때 근사적으로 $\mathrm{N}(0,1)$ 분포를 따르기 때문에, 대표본인 경우 근사적으로 크기 α인 검정은 정규분포표를 이용할 수 있다. 예를 들어,

$$H_0: m=m_0 \text{ 대 } H_1: m>m_0$$

의 근사적으로 크기 α인 검정의 기각역은 $z^{+} \geq z_{\alpha}$이다.

대표본 근사를 이용할 경우에는 T^{+}의 분산을 다음과 같이 수정해야 한다.

$$\mathrm{Var}(T^{+})=\frac{1}{24}\left[n(n+1)(2n+1)-\frac{1}{2}\left(\sum_{j=1}^{k} t_j^3-\sum_{j=1}^{k} t_j\right)\right] \tag{15.2.13}$$

여기서 k는 동점 그룹의 개수이고 t_j는 j번째 동점 그룹에 포함된 관측값의 개수이다.

표본 중에서 $Z_i=0$인 관측값이 존재하는 경우에는 그 관측값을 표본에서 제외시키고 표본크기를 그 개수만큼 줄인다. 또한 $|Z_i|$가 0이 아니면서 동일한 값이 있는 경우에는 순위를 구할 때 평균순위를 사용하여 검정을 실시한다.

예제 15.2.4 다음은 어떤 시험을 친 학생 15명의 성적이다.

93	85	90	84	80	96	91	87
70	75	79	94	82	92	95	

이 시험성적의 중앙값이 85점인지 유의수준 $\alpha=0.05$로 부호순위검정을 이용하여 검정해 보자. 이 경우의 가설은

$$H_0: m=85.0 \text{ 대 } H_1: m \neq 85.0$$

이다. 데이터에 85가 하나 있으므로 이 값을 데이터에서 제외시키고 $n=14$인 경우로 생각한다.

x_i	93	85	90	84	80	96	91	87
z_i	8	0	5	−1	−5	11	6	2
순위	9		4.5	1	4.5	13	6.5	2

x_i	70	75	79	94	82	92	95
z_i	−15	−10	−6	9	−3	7	10
순위	14	11.5	6.5	10	3	8	11.5

이므로

$$t^- = 1 + 4.5 + 14 + 11.5 + 6.5 + 3 = 40.5$$

이고

$$t^+ = 9 + 4.5 + 13 + 6.5 + 2 + 10 + 8 + 11.5 = 64.5$$

이다. $t(0.025, 14) = 84$이므로 $t^+ \geq 84$ 또는 $t^+ \leq 105 + 1 - 84 = 22$이면 H_0를 기각한다. 그러나 $t^+ = 64.5$이므로 H_0를 기각할 수 없다.

윌콕슨 부호순위검정 역시 쌍을 이루는 이표본 문제에 적용할 수 있다. 확률표본을 (X_i, Y_i), $i = 1, \ldots, n$이라 할 때, 이 경우 $Z_i = X_i - Y_i$, $i = 1, \ldots, n$이다. 그 외의 방법은 일표본 윌콕슨 부호순위검정에서와 동일하다.

예제 15.2.5 다음 데이터는 5주 동안 어떤 식이요법에 참여한 15명의 식이요법 후 줄어든 몸무게(단위: kg)이다.

4.1 3.3 4.8 −1.0 1.8 2.2 −1.6 −0.6 4.5 3.8 −1.1 0.5 3.7 0.3 −0.7

식이요법이 몸무게 감소에 효과가 있는지 유의수준 $\alpha = 0.05$로 부호순위검정을 해보자. 줄어든 몸무게가 양인 데이터의 순위합은

$$t^+ = 13 + 10 + 15 + 8 + 9 + 14 + 12 + 2 + 11 + 1 = 95$$

이다. 따라서 m_1과 m_2가 식이요법 전후 몸무게의 중앙값이라 할 때, H_0 : $m_1 = m_2$ 대 $H_1 : m_1 > m_2$ 검정의 기각역은 $t^+ \geq t(0.05, 15)$ 이다. $t(0.024, 15) = 95$이므로, H_0는 기각된다. 즉, 식이요법이 체중감소에 효과가 있다고 말할 수 있다.

15.3 순위합검정

비모수적 방법은 일반적으로 정규성 가정이 성립되지 않을 때 정규이론에 근거한 검정에 대한 적절한 대안으로 이용되었다. 분명히 정규분포는 아니지만 표본들은 독립이며 연속인 두 분포의 평균이 같은지의 검정에 관심이 있을 때, 이표본 t-검정의 적절한 대안이 윌콕

슨 순위합검정(Wilcoxon rank-sum test) 또는 맨-위트니 검정(Mann-Whitney test)이다. 이 절에서는 윌콕슨이 제안한 방법과 맨과 위트니가 제안한 방법으로 이표본 위치문제에서 가장 널리 사용되는 비모수적 방법인 순위합검정에 대해 알아보자. 맨과 위트니가 제안한 맨-위트니 검정과 윌콕슨이 제안한 윌콕슨 순위합검정은 결국 동일한 결론을 유도하기 때문에 두 검정방법은 동일한 것으로 생각할 수 있다.

15.3.1 윌콕슨 순위합검정

$X_1, ..., X_{n_1}$ 과 $Y_1, ..., Y_{n_2}$ 는 연속인 두 모집단에서 크기가 각각 n_1 과 n_2 인 확률표본이다. 먼저 $n_1 + n_2$ 개의 X 와 Y 를 혼합하여 작은 것부터 크기 순서로 나열하여 순위를 정한다.

$$H_0 : \text{모든 } x \text{ 에 대해,} \quad F_X(x) = F_Y(x) \tag{15.3.1}$$

하에서 X와 Y는 동일한 분포에서의 확률표본이므로 X와 Y의 순위는 1부터 $n_1 + n_2$ 중 어느 것이나 가능성이 동일하다.

$n_1 + n_2$개의 혼합표본에서 X들의 순위합을 W_x 라 하고, Y들의 순위합을 W_y 라 하자. 물론 혼합표본에서 순위를 정할 때 동점이 발생하는 경우는 해당되는 순위의 평균을 동일하게 부여한다. 예를 들어, 5번째와 6번째 관측값이 동일하면 두 관측값 모두 5.5의 순위를 부여한다.

W_x 와 W_y 의 합은 1부터 $n_1 + n_2$ 까지의 합과 같기 때문에

$$W_x + W_y = \frac{(n_1 + n_2)(n_1 + n_2 + 1)}{2} \tag{15.3.2}$$

이므로, W_x 와 W_y 중 어느 것을 검정통계량으로 사용해도 동일한 결론을 얻게 된다. 이 통계량이 윌콕슨이 제안한 검정통계량들이다. 예를 들어

$$H_0: \text{모든 } x \text{ 에 대해,} \ F_X(x) = F_Y(x) \text{이다}$$

$$H_1: \text{적어도 한 } x \text{ 에 대해,} \ F_X(x) > F_Y(x) \text{이다}$$

를 검정하고자 한다면

$$w_x \le c_1 \quad \text{또는} \ w_y \ge c_2 \tag{15.3.3}$$

일 때 귀무가설을 기각한다. 여기서 w_x 와 w_y 는 W_x 와 W_y 의 관측값이다. 따라서 귀무가설 하에 W_x 의 분포표를 이용해 주어진 검정을 할 수 있다.

15.3.2 맨-위트니 검정

$$U_x \ = \ \text{혼합표본에서 } y \text{ 가 } x \text{ 보다 작은 횟수} = \sum_{i=1}^{n_1}\sum_{j=1}^{n_2} Z_{ij} \tag{15.3.4}$$

이다. 여기서

$$Z_{ij} = \begin{cases} 0, & X_i < Y_j \\ 1, & X_i > Y_j \end{cases} \tag{15.3.5}$$

이다. 윌콕슨 순위합검정통계량과 맨-위트니 검정통계량은 다음과 같이 선형관계임을 보일 수 있다.

$$U_x = W_x - \frac{n_1(n_1+1)}{2} \tag{15.3.6}$$

이고

$$U_y = W_y - \frac{n_2(n_2+1)}{2} \tag{15.3.7}$$

이다. 여기서 U_y는 y가 x를 초과하는 횟수이다. 따라서

$$U_x + U_y = n_1 n_2 \tag{15.3.8}$$

이다. 그러므로 두 검정법은 결과적으로 동일한 검정이 된다. 즉, 어느 방법을 이용하나 동일한 결론을 얻게 된다. 이 책에서는 맨-위트니 통계량을 이용한 순위합검정을 생각하고자 한다. 맨-위트니 통계량에 근거한 검정방법은 다음 정리와 같다.

정리 15.3.1 $X_1, \ldots, X_{n_1}$과 $Y_1, \ldots, Y_{n_2}$는 연속인 두 모집단에서 추출한 서로 독립인 확률표본이다. 편의상 $n_1 \le n_2$라 가정한다(물론 $n_1 > n_2$이면 X와 Y를 교환하여 생각하면 된다).

$$H_0 : \text{모든 } x \text{ 에 대해 } F_X(x) = F_Y(x)$$

인 귀무가설에 대해 각 대립가설을 검정하고자 할 때, 크기가 α인 검정은 다음과 같다.

(a) $H_1 : F_X(x) > F_Y(x)$

$$u_x \le u_\alpha(n_1, n_2)\text{이면 } H_0 \text{ 기각}$$

(b) $H_1 : F_X(x) < F_Y(x)$

$$u_y \le u_\alpha(n_1, n_2)\text{이면 } H_0 \text{ 기각}$$

(c) $H_1: F_X(x) \neq F_Y(x)$

$$u = \min(u_x, u_y) \leq u_{\alpha/2}(n_1, n_2) \text{이면 } H_0 \text{ 기각}$$

여기서 $u_\alpha(n_1, n_2)$는 표 B.9에 주어져 있다.

예제 15.3.1 두 회사에서 생산되는 제품의 수명(단위: 1000시간)을 비교하기 위해 표본을 선택하여 다음 데이터를 얻었다.

A회사	6.2	7.6	5.6	7.7	5.4	6.9	4.8	7.0	4.9	
B회사	6.7	6.5	7.2	7.3	5.2	7.9	8.1	7.5	6.8	5.9

$$H_0: \text{모든 } x \text{에 대해 } F_X(x) = F_Y(x)$$

$$H_1: \text{적어도 한 } x \text{에 대해 } F_X(x) > F_Y(x)$$

를 유의수준 0.05로 순위합검정을 해보자. $n_1 = 9$이고 $n_2 = 10$이며 혼합표본에서 순위를 구해 보면

A회사	6.2	7.6	5.6	7.7	5.4	6.9	4.8	7.0	4.9	
순위	7	16	5	17	4	11	1	12	2	
B회사	6.7	6.5	7.2	7.3	5.2	7.9	8.1	7.5	6.8	5.9
순위	9	8	13	14	3	18	19	15	10	6

이다. 따라서

$$w_x = 7 + 16 + 5 + 17 + 4 + 11 + 1 + 12 + 2 = 75$$

이고

$$u_x = 75 - \frac{9(10)}{2} = 30$$

이다. 물론 주어진 데이터에서 직접 x보다 작은 y의 횟수를 헤아리면 쉽게 30의 값을 얻을 수 있다. 표 B.9에서 $u_{0.05}(9, 10) = 24$이므로, 정리 15.3.1에 의해 기각역은 $u_x \leq 24$이다. 따라서 H_0를 기각할 수 없다.

예제 15.3.2 다음은 두 회사 담배의 니코틴 함유량을 측정하여 얻은 데이터이다.

A회사	2.1	4.0	6.3	5.4	4.8	3.7	6.1	3.3		
B회사	4.1	0.6	3.1	2.5	4.0	6.2	1.6	2.2	1.9	5.4

두 회사 담배의 니코틴 평균 함유량이 다르다는 가설을 유의수준 0.05로 검정

해 보자. $n_1 = 8, n_2 = 10$이며 혼합표본에서 순위를 구해 보면

A회사	2.1	4.0	6.3	5.4	4.8	3.7	6.1	3.3		
순위	4	10.5	18	14.5	13	9	16	8		
B회사	4.1	0.6	3.1	2.5	4.0	6.2	1.6	2.2	1.9	5.4
순위	12	1	7	6	10.5	17	2	5	3	14.5

이므로

$$w_x = 4 + 10.5 + 18 + 14.5 + 13 + 9 + 16 + 8 = 93$$

이고

$$w_y = \frac{18(19)}{2} - 93 = 78$$

이다. 따라서

$$u_x = 93 - \frac{8(9)}{2} = 57$$

$$u_y = 78 - \frac{10(11)}{2} = 23$$

이므로 $u = 23$ 이다. 표 B.9에 의해 기각역은 $u \le u_{0.025}(8,10) = 17$이다. 따라서 H_0를 기각할 수 없다.

순위합검정도 n_1과 n_2가 충분히 크면 정규근사를 이용하여 검정할 수 있다. 귀무가설 하에서

$$E(U) = E(U_x) = E(U_y) = \frac{n_1 n_2}{2} \tag{15.3.9}$$

$$\mathrm{Var}(U) = \frac{n_1 n_2 (n_1 + n_2 + 1)}{12} \tag{15.3.10}$$

이므로, n_1과 n_2가 큰 경우

$$Z_U = \frac{U - n_1 n_2 / 2}{\sqrt{n_1 n_2 (n_1 + n_2 + 1)/12}} \tag{15.3.11}$$

는 귀무가설 하에서 근사적으로 표준정규분포를 따르기 때문에 정규검정을 이용해 쉽게 검정할 수 있다.

15.4 무작위성의 런검정

일반적으로 통계학에서 가장 흔히 사용되는 가정이 표본데이터가 어떤 무작위(임의성) 방법에 의해 수집되었다는 가정이다. 물론 이 책에서 다룬 많은 통계적 개념에 이 가정이 적용되었다. $X_1, \ldots, X_n$ 이 독립이며 같은 분포를 갖는 확률변수 또는 확률표본이란 가정을 흔히 보았을 것이다. 이 가정의 타당성을 검정하는 방법에 대해 알아보자. 관측된 데이터의 무작위성에 관해 이 데이터들이 얻어진 순서에 근거한 비모수적 검정법이 몇 가지 있다.

여기서는 'H_0 : 관측값들이 무작위로 추출되었다'는 가설을 검정하는 유용한 방법인 **런검정**(run test)에 대해 소개한다. 여기서 **런**(run)은 데이터의 공동 성질을 나타내는 한 개 이상의 동일한 기호의 연속을 말한다. 예를 들어, d를 불량품, g를 양품이라 할 때, 어떤 기계에서 생산된 순서대로 제품을 조사하여 다음과 같았다고 하자.

$$d\,g\,g\,g\,g\,d\,d\,g\,g\,g\,d\,d\,g\,g\,g\,g\,d\,g\,d$$

이 때 9개의 런이 존재하고 첫째 런에는 한 개의 d로 구성되어 있다.

위의 예와 같이 모든 경우를 두 개의 범주로 생각할 수 있다. 예를 들어 동전의 경우는 앞면과 뒷면, 수치적인 자료는 중앙값 이상인 것과 중앙값 미만인 것 등 두 범주로 나눌 수 있다. 두 범주 중 한 범주에 속하는 기호의 수를 n_1, 다른 범주에 속하는 기호의 수를 n_2라 하자. 그러면 표본크기는 $n = n_1 + n_2$이다.

만일 런의 개수가 우연성에 의해 기대했던 것보다 너무 많거나 적으면 표본이 무작위로 추출되었다는 가설을 기각할 것이다. 예를 들어

$$g\,g\,g\,g\,g\,g\,g\,g\,g\,g\,g\,g\,d\,d\,d\,d\,d\,d\,d$$

이거나 또는 반대의 경우는 무작위 추출로 간주하기가 어렵다. 이런 경우가 런의 수가 가장 적은 두 개이다. 또한 런의 수가 가장 많은 경우는 불량품과 양품이 교대로 나타나는 경우이다. 물론 이 경우도 무작위 추출의 가정이 타당하지 않다.

각각 n_1개와 n_2개로 구성된 두 범주에 속하는 기호들의 얻어진 순서에 근거한 런의 개수를 V라 하자.

정리 15.4.1 V를 런의 개수라 하자. 그러면 귀무가설 H_0하에서 V의 분포는 다음과 같다.

(a) $v = 2k$ (k는 양의 정수)일 때

$$P[V=v]=f(v)=\frac{2\binom{n_1-1}{k-1}\binom{n_2-1}{k-1}}{\binom{n_1+n_2}{n_1}} \tag{15.4.1}$$

(b) $v=2k+1$ (k는 양의 정수)일 때

$$P[V=v]=f(v)=\frac{\binom{n_1-1}{k-1}\binom{n_2-1}{k}+\binom{n_1-1}{k}\binom{n_2-1}{k-1}}{\binom{n_1+n_2}{n_1}} \tag{15.4.2}$$

정리 15.4.2 v를 V의 관측값이라 하자. 그러면

$$v \le v_\alpha{}'(n_1, n_2) \quad \text{또는 } v \ge v_\alpha(n_1, n_2)$$

일 때, 유의수준 α로 무작위성의 귀무가설을 기각한다. $v_\alpha{}'(n_1,n_2)$와 $v_\alpha(n_1,n_2)$는 표 B.10에 주어져 있다. 또한 p-값은

$$2P[V \le v \mid H_0 \text{가 참}]$$

이다. 표 B.11에 의해 p-값을 계산할 수 있다.

예제 15.4.1 CD가 22장 있는데 이 중에 13장은 교육용(E)이고 나머지 9장은 게임용(G)이다. 만일 다음과 같이 CD가 배열되어 있다면 이 배열이 무작위로 간주할 수 있는지를 유의수준 0.05로 검정해 보자.

$$E\,E\,E\,E\,G\,G\,G\,E\,E\,E\,E\,E\,E\,E\,G\,G\,E\,E\,G\,G\,G\,G$$

$n_1=13$이고 $n_2=9$이므로 표 B.10에 의해 $v \le 6$ 또는 $v \ge 17$이면 'H_0 : 배열이 무작위다'를 기각한다. 이 경우 런의 수는 $v=6$이므로 H_0를 기각한다. 교육용과 게임용 CD의 배열이 무작위 배열이 아니다.

예제 15.4.2 어떤 기계가 페인트 희석제를 용기에 분배하도록 조정되어 있다. 이 기계에 의해 분배된 페인트 희석제의 양이 랜덤하게 변화하는지 검정하기 위해 15개 용기의 용량을 측정하여 다음 데이터를 얻었다.

3.6, 3.9, 4.1, 3.6, 3.8, 3.7, 3.4, 4.0, 3.8, 4.1, 3.9, 4.0, 4.3, 4.2, 4.1

유의수준 0.05로 무작위성의 런검정을 시행해 보자. 이 데이터의 중앙값이 3.9이므로, 3.9보다 크면 +로 3.9보다 작으면 −기호를 사용한다. 여기서 3.9와 같은 측정값은 제외시킨다. 그러면

$$- + - - - - + - + + + + +$$

이므로 $n_1 = 6$이고 $n_2 = 7$이며 $v = 6$이다. 그러므로 표 B.10에 의해 $v \leq 3$ 또는 $v \geq 12$이면 랜덤하게 변한다는 귀무가설 H_0를 기각한다. 따라서 H_0를 기각할 수 없다. 표 B.11에 의해 p-값을 구해 보면

$$\text{값} = 2P[V \leq 6 \mid H_0 \text{가 참}] = 2(0.296) = 0.592 > 0.05$$

이므로 H_0를 기각할 수 없다.

무작위 검정도 n_1과 n_2가 크면 정규근사에 의해 검정할 수 있다.

정리 15.4.3 무작위 추출이라는 귀무가설 하에서 V의 평균과 분산은 다음과 같다.

$$E_{H_0}(V) = \frac{2n_1n_2}{n_1+n_2} + 1, \quad \mathrm{Var}_{H_0}(V) = \frac{2n_1n_2(2n_1n_2 - n_1 - n_2)}{(n_1+n_2)^2(n_1+n_2-1)} \qquad (15.4.3)$$

따라서 n_1과 n_2가 크면,

$$Z_V = \frac{V - \dfrac{2n_1n_2}{n_1+n_2} - 1}{\sqrt{\dfrac{2n_1n_2(2n_1n_2 - n_1 - n_2)}{(n_1+n_2)^2(n_1+n_2-1)}}} \qquad (15.4.4)$$

은 근사적으로 $N(0,1)$을 따른다.

예제 15.4.3 다음은 월드컵 축구경기 티켓을 구입하기 위해 줄을 선 남자 M과 여자 W의 배열이다.

$$M\,M\,W\,W\,M\,W\,M\,M\,M\,M\,W\,M\,W\,M\,M\,W\,W\,M\,W\,W\,M\,M\,M\,W$$
$$M\,W\,W\,M\,M\,W\,M\,M\,M\,M\,W\,W\,M\,M\,M\,W\,M\,W\,M\,M\,M\,W\,M\,M$$

유의수준 0.05로 무작위성에 대해 검정해 보자. $n_1 = 30$이고 $n_2 = 18$이므로 표 B.10과 표 B.11에 의해 검정할 수 없다. 따라서 정규근사를 이용해 검정

해 보자.

$$E(V)=\frac{2(30)(18)}{30+18}+1=23.5$$

이고

$$\mathrm{Var}(V)=\frac{2(30)(18)[2(30)(18)-30-18]}{(30+18)^2(30+18-1)}\approx 10.2926$$

이므로

$$z_V=\frac{v-23.5}{\sqrt{10.2926}}=\frac{27-23.5}{\sqrt{10.2926}}\approx 1.091$$

이다. 기각역이 $|z_V|\geq z_{\alpha/2}=1.96$이므로, H_0를 기각할 수 없다. 즉, 배열이 무작위가 아니라는 실제 증거가 없다.

15.5 순위에 의한 분산분석

두 모집단 평균의 동일성에 관한 검정은 모집단의 분포가 정규분포라는 가정하에 t-분포를 이용한 검정으로 제11장에서 소개했다. 물론 이 장에서는 정규성 가정 없이 비모수적 방법인 두 모집단 평균의 동일성에 관한 검정으로 부호검정, 부호순위검정, 순위합검정 등을 소개했다. 여기서는 $k\ (k>2)$개 모집단 평균의 동일성에 관한 비모수적 검정법을 소개한다.

널리 이용되는 모수적 방법은 분산분석으로 모집단의 분포가 정규분포라는 가정이 필요하다. 여기서는 이런 가정이 필요 없는 비모수적인 방법으로 $k\ (k>2)$개 표본에 대해 순위합검정을 일반화시킨 **크루스칼-왈리스 검정**(Kruskal-Wallis test)에 대해 알아보자.

k개의 독립표본들이 같은 모집단에서 추출되었다는 귀무가설 H_0를 검정하기 위해 크루스칼-왈리스 검정이 이용된다. 1952년 크루스칼(W. H. Kruskal)과 왈리스(W. A. Wallis)가 소개한 이 검정은 표본들이 정규모집단에서 추출되었다는 가정을 할 수 없을 때, 분산분석에서 평균들의 동일성을 검정하는 비모수적 방법이다. 이제 이 검정 방법에 대해 살펴보자.

표 15.5.1 일원배치 데이터 구조

처 리			
1	2		k
X_{11}	X_{21}	$\cdots$	X_{k1}
X_{12}	X_{22}	$\cdots$	X_{k2}
$\vdots$	$\vdots$		$\vdots$
X_{1n_1}	X_{2n_2}	$\cdots$	X_{kn_k}

데이터 구조는 표 15.5.1과 같다. 먼저 모든 k개 표본을 혼합하여 $n = n_1 + \cdots + n_k$개의 관측값들을 작은 값부터 크기 순으로 순위를 부여한다. 이 때

$$R_{ij} = n \text{ 개의 혼합표본에서 } X_{ij} \text{ 의 순위}$$

라 하자. 또한

$$R_{i\cdot} = \sum_{j=1}^{n_i} R_{ij}, \ \ i = 1, \ldots, k, \ \ \overline{R}_{i\cdot} = \frac{R_{i\cdot}}{n_i}$$

라 하자. 표 15.5.1의 데이터에 각각의 순위를 대입하면 표 15.5.2를 얻는다.

표 15.5.2

처 리			
1	2		k
R_{11}	R_{21}	$\cdots$	R_{k1}
R_{12}	R_{22}	$\cdots$	R_{k2}
$\vdots$	$\vdots$		$\vdots$
R_{1n_1}	R_{2n_2}	$\cdots$	R_{kn_k}

$$\overline{R}_{\cdot\cdot} = \frac{n+1}{2}$$

은 순위들의 총평균이다. 그리고

$$\begin{aligned} H &= \frac{12}{n(n+1)} \sum_{i=1}^{k} n_i (\overline{R}_{i\cdot} - \overline{R}_{\cdot\cdot})^2 \\ &= \frac{12}{n(n+1)} \sum_{i=1}^{k} \frac{R_{i\cdot}^2}{n_i} - 3(n+1) \end{aligned} \tag{15.5.1}$$

은 귀무가설 H_0가 참이고 $n_i \geq 5,\ i = 1,2,\ldots,k$일 때, 자유도가 $k-1$인 카이제곱분포에 잘 근사된다. 따라서 다음 정리를 얻을 수 있다.

정리 15.5.1 h를 H의 관측값이라 할 때, n_i가 적당히 큰 경우

H_0 : k개의 독립표본들이 동일한 모집단에서 추출되었다

는 가설의 근사적으로 크기가 α인 검정의 기각역은 $h \geq \chi^2_\alpha(k-1)$이다.

물론 H를 계산할 때 혼합표본에서 동일한 관측값이 나타나면 그 값들에 해당되는 순위들의 평균을 각 순위로 부여하여 계산한다. 동일한 관측값이 있는 경우는 H를 다음과 같이 수정하여 계산한다.

$$H' = \frac{H}{1 - \left(\sum_{j=1}^{g} T_j \Big/ (n^3 - n) \right)} \tag{15.5.2}$$

여기서 g는 동점 그룹의 개수이고 t_j는 j번째 동점 그룹의 크기이며 $T_j = (t_j^3 - t_j)$이다. 실제로 동점을 이루는 그룹의 개수가 많지 않을 때는 수정한 H'의 값이 H와 큰 차이가 없기 때문에 수정하지 않은 H를 이용해도 무방하다.

예제 15.5.1 다음은 서로 다른 세 회사에서 생산된 제품의 수명을 비교하기 위해 세 회사에서 추출한 확률표본의 수명(단위: 1000시간)이다.

회사 Ⅰ :	9.2	8.6	9.0	7.5	8.5	9.3	
회사 Ⅱ :	8.4	8.1	7.7	8.3	6.4	7.0	7.9
회사 Ⅲ :	8.8	6.7	7.0	7.6	6.9		

세 회사에서 생산된 제품의 평균수명이 동일하다는 귀무가설을 검정하기 위해 유의수준 0.05로 크루스칼-왈리스 검정을 이용해 보자. 물론 세 모집단의 분포가 정규분포라면 일반적으로 이용하는 분산분석의 F-검정을 하면 된다. 그러나 그런 가정을 할 수 없는 경우 H 통계량을 이용해 검정해 보자. 각 관측값에 해당하는 순위를 부여해 보면

	회 사	
I	II	III
9.2 (17)	8.4 (12)	8.8 (15)
8.6 (14)	8.1 (10)	6.7 (2)
9.0 (16)	7.7 (8)	7.0 (4.5)
7.5 (6)	8.3 (11)	7.6 (7)
8.5 (13)	6.4 (1)	6.9 (3)
9.3 (18)	7.0 (4.5)	
	7.9 (9)	
순위합 84	55.5	31.5

이므로

$$h = \frac{12}{18(18+1)}\left(\frac{84^2}{6} + \frac{55.5^2}{7} + \frac{31.5^2}{5}\right) - 3(18+1) \approx 6.6662$$

이다. 여기서는 동일한 관측값 7.0이 두 개 있으므로 $g=1,\ t_1=2$이다. 그러므로 $h' = h/[1-6/(18^3-18)] \approx 6.6731$이다. 기각역이 $h' \geq \chi^2_{0.05}(2) = 5.99$이므로, H_0를 기각한다. 즉, 회사에 따라 제품의 수명에 차이가 있다고 말할 수 있다.

15.6 독립성과 상관계수 검정

$(X_1, Y_1), \ldots, (X_n, Y_n)$을 결합분포함수가 $F(x, y)$이며 연속인 이변량 모집단에서의 확률표본이라 하자. 그리고 각 주변 분포함수를 $F_X(x)$와 $F_Y(y)$라 하자. 데이터가 주어진 경우 상관계수의 추정량으로 가장 널리 이용되는 것은 제14장 식 (14.3.6)에서 소개했던 **피어슨의 표본상관계수**(Pearson's sample correlation coefficient) r_{XY}이다.

$(X_1, Y_1), \ldots, (X_n, Y_n)$이 이변량 정규분포 $\mathrm{BN}(\mu_1, \mu_2, \sigma_1^2, \sigma_2^2, \rho)$에서의 확률표본이면 정리 14.3.1에서 언급했듯이 t-분포를 이용해 쉽게 ρ에 대한 검정을 할 수 있다. 그러나 이러한 가정이 만족되지 않으면 t-검정을 할 수 없으며 심지어 수치적인 데이터가 아닌 경우는 r_{XY}의 관측값조차 계산할 수 없다. 따라서 여기서는 순위가 가능한 모든 데이터에 적용할 수 있는 비모수적 방법을 소개한다. 간단히 생각할 수 있는 것은 X의 관측값들 중에서 작은 값부터 크기 순으로 순위를 부여하고, Y의 관측값들도 같은 방법으로 순위를

부여하여 원래의 관측값 대신 순위를 대입해 표본상관계수를 구한 **스피어맨의 순위상관계수**(Spearman's rank correlation coefficient)를 이용하는 것이다.

R_i를 $X_1, \ldots, X_n$에서 X_i의 순위, S_i를 $Y_1, \ldots, Y_n$에서 Y_i의 순위라 하면, R_i와 S_i의 평균은

$$\overline{R} = \frac{1}{n}\sum_{i=1}^{n} R_i = \frac{n+1}{2} = \overline{S}$$

이며

$$\sum_{i=1}^{n}(R_i - \overline{R})^2 = \sum_{i=1}^{n}(S_i - \overline{S})^2 = \sum_{i=1}^{n}\left(i - \frac{n+1}{2}\right)^2 = \frac{n(n^2-1)}{12}$$

이므로, 피어슨의 표본상관계수의 X_i, Y_i 대신에 R_i, S_i를 대입하면 다음을 얻는다.

$$r_s = \frac{\sum_{i=1}^{n}(R_i - \overline{R})(S_i - \overline{S})}{\sqrt{\sum_{i=1}^{n}(R_i - \overline{R})^2 \sum_{i=1}^{n}(S_i - \overline{S})^2}} = 1 - \frac{6}{n(n^2-1)}\sum_{i=1}^{n}(R_i - S_i)^2 \tag{15.6.1}$$

정의 15.6.1

$D_i = R_i - S_i$를 X_i의 순위와 Y_i의 순위의 차이라 할 때,

$$r_s = 1 - \frac{6}{n(n^2-1)}\sum_{i=1}^{n} D_i^{\,2} \tag{15.6.2}$$

을 **스피어맨의 순위상관계수**라 한다.

예제 15.6.1 일란성 쌍둥이 12쌍에게 그들의 진취성을 측정하기 위해 심리학적인 검사를 했다. 같은 쌍인 두 쌍둥이 간에는 비슷한 수준의 검사를 했다. 다음 데이터는 진취성의 측정값이다.

i	1	2	3	4	5	6	7	8	9	10	11	12
첫째 (x_i)	86	71	77	68	91	72	77	91	70	71	88	87
둘째 (y_i)	88	77	76	64	96	72	65	90	65	80	81	72

먼저 첫 번째 태어난 쌍둥이들 중에서 순위를 정하고, 두 번째로 태어난 쌍둥이들 중에서 역시 순위를 정하면

i	1	2	3	4	5	6	7	8	9	10	11	12
r_i	8	3.5	6.5	1	11.5	5	6.5	11.5	2	3.5	10	9
s_i	10	7	6	1	12	4.5	2.5	11	2.5	8	9	4.5
${d_i}^2$	4	12.25	0.25	0	0.25	0.25	16	0.25	0.25	20.25	1	20.25

이다. 따라서 스피어맨의 순위상관계수는

$$r_s = 1 - \frac{6}{n(n^2-1)}\sum_{i=1}^{12}{d_i}^2 = 1 - \frac{6}{12(144-1)}(75) \approx 0.7378$$

이다. 그러므로 쌍둥이 형제간에는 진취성이 어느 정도 높은 양의 상관이 있음을 말해준다.

이제 스피어맨의 순위상관계수를 이용한 독립성 검정에 대해 알아보자.

$$H_0 : \rho = 0$$

을 검정하기 위해 검정통계량으로 스피어맨의 순위상관계수를 이용한다. 만일 대립가설이

(i) $H_1 : \rho > 0$ 일 때

$r_s \geq r_s(\alpha, n)$이면 H_0 를 기각

(ii) $H_1 : \rho < 0$ 일 때

$r_s \leq -r_s(\alpha, n)$이면 H_0 를 기각

(iii) $H_1 : \rho \neq 0$ 일 때

$|r_s| \geq r_s(\alpha/2, n)$이면 H_0 를 기각한다.

여기서 $r_s(\alpha,n)$ 값은 표 B.12에 주어져 있으며, $\alpha = P_{H_0}[r_s \geq r_s(\alpha, n)]$을 만족하는 값이다. 귀무가설 하에서 r_s는 0에 관해 대칭이므로, 위의 검정법이 성립된다. 물론 n이 크면 정규근사나 t-분포를 이용하여 근사적으로 크기 α인 검정을 할 수 있다. 귀무가설 하에서

$$E(r_s) = 0, \ \mathrm{Var}(r_s) = \frac{1}{n-1} \tag{15.6.3}$$

이므로, n이 클 때

$$\sqrt{n-1}\, r_s \tag{15.6.4}$$

는 근사적으로 $\mathrm{N}(0,1)$을 따른다. 또한

$$T = \frac{\sqrt{n-2}\, r_s}{\sqrt{1-r_s^2}} \tag{15.6.5}$$

은 근사적으로 자유도 $n-2$인 t-분포를 따른다. 이런 사실을 이용해 근사적인 p-값이나 기각역을 구할 수 있다. 예를 들어, $H_1 : \rho > 0$에 대한 기각역은 $\sqrt{n-1}\, r_s \geq z_\alpha$ 또는 $t \geq t_\alpha(n-2)$이다. 여기서 t는 식 (15.6.5) T의 관측값이다.

예제 15.6.2 다음 데이터는 연습문제 14.9번에서 언급한 수리통계학 과목의 중간시험성적(x)과 기말시험성적(y)이다.

x	8	0	16	18	10	25	15	16	19	23	5	14	10	11	27
y	10	11.5	18.5	21	16.5	22	21.5	26	21	27	17.5	18	21	13	28

먼저 스피어맨의 순위상관계수를 구하기 위해 순위를 생각하면

r_i	3	1	9.5	11	4.5	14	8	9.5	12	13	2	7	4.5	6	15
s_i	1	2	7	9	4	12	11	13	9	14	5	6	9	3	15
d_i^2	4	1	6.25	4	0.25	4	9	12.25	9	1	9	1	20.25	9	0

이므로

$$r_s = 1 - \frac{6}{15(15^2-1)} \sum_{i=1}^{n} d_i^2 = 1 - \frac{6}{15(15^2-1)}(90) \approx 0.8393$$

이다. 즉, 높은 양의 상관관계가 있음을 알 수 있다. 이제 이 데이터에 근거하여

$$H_0 : \rho = 0 \text{ 대 } H_1 : \rho > 0$$

을 유의수준 0.01로 검정해 보자. 표 B.12에 의해 기각역은 $r_s \geq 0.604$이다. 따라서 H_0를 기각한다. 즉, 중간시험성적과 기말시험성적 사이에는 양의 연관성이 있다.

예제 15.6.3 예제 15.6.1에서

$$H_0 : \rho = 0 \text{ 대 } H_1 : \rho > 0$$

을 유의수준 0.01로 검정해 보자. 이 경우 $n = 12$이므로 표 B.12에 의해 기각역은 $r_s \geq r_s(0.01, 12) = 0.678$이다. 따라서 H_0를 기각한다. 이제

$$T = \frac{\sqrt{n-2}\, r_s}{\sqrt{1-r_s^2}}$$

이 근사적으로 자유도 $n-2$인 t-분포를 따른다는 사실을 이용해 검정해 보자. $r_s \approx 0.7378$이므로

$$t = \frac{\sqrt{10}\,(0.7378)}{\sqrt{1-0.7378^2}} \approx 3.4564$$

이다. 이 검정의 기각역은 $t \ge t_\alpha(n-2) = t_{0.01}(10) = 2.764$이므로, H_0를 기각한다.

연습문제 제 15 장

15.1 다음 자료는 14명 환자가 진료를 받기 위해 기다린 시간(단위: 분)이다. 환자가 진료를 받기 위해 대기하는 시간의 중앙값은 20분을 초과한다고 주장한다.

18 16 20 20 33 29 30 13 27 26 25 34 24 22

(a) 이 주장을 $\alpha = 0.05$로 부호검정하라.

(b) (a)번을 부호순위검정하라.

15.2 예제 13.5.2의 데이터에 대해 생존일수의 중앙값이 200일을 초과하는지 $\alpha = 0.05$로 부호검정하라.

15.3 다음 데이터에 대해 $H_0 : m = 1.0$ 대 $H_1 : m > 1.0$을 $\alpha = 0.05$로 다음 각 검정을 이용하여 검정하라.

1.54 1.78 1.72 0.95 0.98 2.42 2.06 0.80 2.55 1.10

(a) 부호검정

(b) 부호순위검정

15.4 연습문제 11.38번 (b)를 부호순위검정을 이용하여 검정하라.

15.5 페인트 공급자는 새로운 첨가제가 페인트의 건조시간을 단축한다고 주장했다. 이 주장을 검정하기 위해, 12개의 표본으로 선택한 나무의 반은 일반 첨가제를 사용한 페인트를 나머지 반은 새로운 첨가제를 사용한 페인트를 칠하여 얻은 표본의 건조시간(단위: 시간)은 다음과 같았다. 새로운 첨가제가 일반 첨가제보다 건조시간을 단축한다는 가설을 $\alpha = 0.05$로 부호검정하라.

표본	1	2	3	4	5	6	7	8	9	10	11	12
새로운 첨가제	6.4	5.8	7.4	5.5	6.3	7.8	8.6	8.2	7.0	4.9	5.9	6.5
일반 첨가제	6.6	5.8	7.8	5.7	6.0	8.4	8.8	8.4	7.3	5.8	5.8	6.5

15.6 담배 제조회사는 상표 B 담배가 상표 A보다 타르 함유가 적다고 주장한다. 이 주장을 검정하기 위해, 표본으로 택하여 측정한 결과 다음 데이터를 얻었다. 이 주장이 타당한지 $\alpha = 0.05$로 순위합검정을 하라.

상표 A	12	9	13	11	14
상표 B	8	10	7		

15.7 두 나라에서 10살짜리 어린이의 콜레스테롤 양을 측정하여 다음 데이터를 얻었다. 두 나라 10살 어린이의 콜레스테롤 수준에 차이가 있는지 $\alpha = 0.05$로 순위합검정을 하라.

국가 A	140	180	155	170	205	207	150	195
국가 B	190	180	173	182	200	245	210	

15.8 다음 데이터는 두 가지 형태의 소형 계산기가 재충전하기 전에 작동되는 시간을 나타낸 것이다. 완전 충전된 건전지를 사용하였을 때, 계산기 A가 계산기 B보다 더 오래 작동하는지 $\alpha = 0.01$로 순위합검정을 하라.

계산기 A	5.5	5.6	6.3	4.6	5.3	5.0	6.2	5.8	5.1
계산기 B	3.8	4.8	4.3	4.2	4.0	4.9	4.5	5.2	4.5

15.9 다음은 두 가지 식이요법의 효과를 비교하기 위해 두 가지 식이요법을 각각 10명과 11명에게 5주간 적용시켜 줄어든 몸무게(단위: kg)를 나타낸 데이터이다. A방법이 B방법보

다 몸무게를 줄이는데 더 효과적인지를 $\alpha = 0.01$로 순위합검정을 하라.

식이요법 A	6.8	15.0	9.5	7.5	6.4	11.3	11.0	7.2	2.3	−1.0	
식이요법 B	8.2	7.7	4.5	4.3	12.5	5.0	3.6	−3.0	8.5	1.2	2.0

15.10 수능시험의 변별력 약화로 인해 어느 대학교에서 신입생들에게 대학에서의 수학능력을 평가하기 위해 시험을 친 후 두 단과대학에서 확률표본으로 추출하여 다음 데이터를 얻었다. 두 단과대학에 입학한 신입생들의 성적에 차이가 있는지 $\alpha = 0.05$로 순위합검정을 하라.

A 대학	30	35	70	60	55	71	90	58	62	73	40	33	45	84	69
B 대학	45	56	68	52	79	93	80	66	75	82	50	85	75	91	70

15.11 다음 값들은 대형 공장에서 발생한 사고들 사이의 간격을 나타낸 것이다. $\alpha = 0.05$로 무작위성의 가설을 검정하라.

8.66 11.28 10.43 10.89 11.49 11.44 15.92 12.50 13.86 13.32

15.12 공장의 생산라인에서 제품들을 주기적으로 조사하였다. 다음은 이 생산라인에 의해 생산된 불량제품 D와 양품인 제품 G들의 순서이다. 대표본 근사를 이용해 유의수준 0.05로 불량품이 무작위로 발생하는지를 런검정을 하라.

$$D\ D\ G\ G\ G\ G\ D\ G\ G\ G\ D\ D\ G\ G\ G\ G\ G$$
$$G\ D\ D\ D\ G\ G\ G\ D\ G\ G\ G\ G\ D\ G\ D\ D\ G$$

15.13 운전사는 A 회사 제품의 주유소나 B 회사 제품의 주유소에서 기름을 구입한다. 다음 배열은 운전사가 어느 기간 동안 휘발유를 구입한 주유소의 순서이다. 유의수준 0.05로 무작위성을 검정하라.

$$A\ A\ B\ B\ A\ B\ A\ B\ B\ A\ A\ A\ B\ B\ A\ B\ A\ B\ A\ B\ B\ A\ B\ A$$

15.14 예제 14.2.1에서 사망자의 수 Y의 데이터가 무작위로 추출되었는지 $\alpha = 0.05$로 런검정을 하라.

15.15 다음 데이터는 세 가지 형태의 소형 계산기가 재충전하기 전에 작동되는 시간을 나타낸

것이다. 세 종류 계산기의 평균 작동시간이 동일하다는 가설을 검정하기 위해, 유의수준 0.01에서 크루스칼-왈리스 검정을 이용하라.

계 산 기		
A	B	C
4.9	5.5	6.4
6.1	5.4	6.8
4.3	6.2	5.6
4.6	5.8	6.5
5.3	5.5	6.3
	5.2	6.6
	4.8	

15.16 전자레인지 주요부품의 강도를 비교하기 위해 세 회사 제품의 수명을 측정하여 다음 데이터를 얻었다. 세 회사 제품의 수명이 차이가 있는지 $\alpha = 0.05$로 크루스칼-왈리스 검정을 하라.

회 사	수 명					
A	36	45	5	62	50	
B	47	30	60	2	53	42
C	70	31	110	55	40	63

15.17 다음 데이터는 어떤 종류의 종이에 대해 매끄러운 정도를 5개의 실험실에서 5번씩 측정하여 얻은 자료이다. 실험실 사이에 차이가 있는지 $\alpha = 0.05$로 크루스칼-왈리스 검정을 하라.

실 험 실				
1	2	3	4	5
173	135	166	186	108
185	165	175	137	112
141	145	155	162	113
133	160	136	125	137
160	120	160	157	146

15.18 다음 데이터는 학생 10명의 중간시험성적과 기말시험성적을 나타낸 것이다.

중간시험	84	98	91	72	86	93	80	0	92	87
기말시험	73	63	87	66	78	78	91	0	88	77

(a) 스피어맨의 순위상관계수 r_s를 계산하라.

(b) $H_0 : \rho = 0$ 대 $H_1 : \rho > 0$ 가설을 $\alpha = 0.025$로 검정하라.

15.19 다음은 10쌍의 확률표본으로부터 키(단위: 인치)를 측정하여 얻은 데이터이다.

남편	70	73	72	62	65	74	71	63	64	68
부인	60	76	62	63	46	68	71	61	65	66

(a) 스피어맨의 순위상관계수 r_s를 계산하라.

(b) 남편과 부인의 키 사이에 양의 연관성이 있는지 r_s를 이용해 유의수준 0.05로 검정하라.

15.20 예제 14.2.1의 판매된 담배의 수량과 폐암으로 사망한 사람의 수에 대해

(a) 스피어맨의 순위상관계수 r_s를 계산하라.

(b) 두 변수 사이에 양의 연관성이 있는지 r_s를 이용해 유의수준 0.05로 검정하라.

15.21 연습문제 14.10번의 연평균 온도와 여성의 유방 종양에 의한 사망지수에 대해

(a) 스피어맨의 순위상관계수 r_s를 계산하라.

(b) 두 변수 사이에 양의 연관성이 있는지 r_s를 이용해 유의수준 0.05로 검정하라.

15.22 예제 14.4.1의 데이터에서 1인당 쇠고기 소비량(x_1)과 쇠고기 가격(y)에 대해

(a) 스피어맨의 순위상관계수 r_s를 계산하라.

(b) 두 변수 사이에 음의 연관성이 있는지 r_s를 이용해 유의수준 0.05로 검정하라.

15.23 다음 데이터는 쇠고기 가격(x)과 돼지고기 가격(y)이다.

x	59.7	59.7	63.0	71.0	71.0	74.2	72.1	79.0	73.1	70.2
y	60.5	63.3	59.9	56.3	55.0	59.6	57.0	49.5	47.3	56.6

x	82.2	68.4	73.0	70.2	67.8	63.4	56.0
y	73.9	64.4	62.2	59.9	51.0	41.5	43.9

자료출처: DASL(The Data and Story Library), http://lib.stat.cmu.edu/DASL

(a) 두 변수의 스피어맨의 순위상관계수 r_s를 계산하라.

(b) 두 변수 사이에 연관성이 있는지 r_s를 이용해 유의수준 0.05로 검정하라.

부록

부록 A 특별한 분포들의 기호와 특성

[표 A.1] 특별한 이산분포

기호와 모수	pmf $f(x)$	mgf $M_X(t)$	평균	분산
베르누이분포 $X \sim \mathrm{Bin}(1,p)$ $0<p<1$ $q=1-p$	$p^x q^{1-x}$ $x=0,1$	pe^t+q	p	pq
이항분포 $X \sim \mathrm{Bin}(n,p)$ $0<p<1$ $q=1-p$	$\binom{n}{x}p^x q^{n-x}$ $x=0,1,\ldots,n$	$(pe^t+q)^n$	np	npq
초기하분포 $X \sim \mathrm{Hyp}(n,M,N)$ $n=1,2,\ldots,N$ $M=0,1,\ldots,N$	$\binom{M}{x}\binom{N-M}{n-x}\Big/\binom{N}{n}$ $x=0,1,\ldots,n$	*	$\frac{nM}{N}$	$n\frac{M}{N}\left(1-\frac{M}{N}\right)\frac{N-n}{N-1}$
포아송분포 $X \sim \mathrm{Poi}(\mu)$ $\mu>0$	$\frac{e^{-\mu}\mu^x}{x!}$ $x=0,1,\ldots$	$e^{\mu(e^t-1)}$	μ	μ
기하분포 $X \sim \mathrm{Geo}(p)$ $0<p<1$ $q=1-p$	pq^{x-1} $x=1,2,\ldots$	$\frac{pe^t}{1-qe^t}$	$\frac{1}{p}$	$\frac{q}{p^2}$
음이항분포 $X \sim \mathrm{NB}(r,p)$ $0<p<1$ $q=1-p$ $r=1,2,\ldots$	$\binom{x-1}{r-1}p^r q^{x-r}$ $x=r,r+1,\ldots$	$\left(\frac{pe^t}{1-qe^t}\right)^r$	$\frac{r}{p}$	$\frac{rq}{p^2}$
이산균일분포 $X \sim \mathrm{DU(N)}$ $N=1,2,\ldots$	$\frac{1}{N}$ $x=1,2,\ldots,N$	$\frac{1}{N}\frac{e^t-e^{(N+1)t}}{1-e^t}$	$\frac{N+1}{2}$	$\frac{N^2-1}{12}$

* 다루기 어려움.

[표 A.2] 특별한 연속분포

기호와 모수	pdf $f(x)$	mgf $M_X(t)$	평균	분산
균일분포 $X \sim \mathrm{U}(a,b)$ $b>a$	$\frac{1}{b-a}$ $a<x<b$	$\frac{e^{bt}-e^{at}}{(b-a)t}$	$\frac{a+b}{2}$	$\frac{(b-a)^2}{12}$
감마분포 $X \sim \mathrm{Gam}(\alpha,\beta)$ $\alpha>0$ $\beta>0$	$\frac{1}{\beta^\alpha \Gamma(\alpha)} x^{\alpha-1} e^{-x/\beta}$ $x>0$	$\left(\frac{1}{1-\beta t}\right)^\alpha$	$\alpha\beta$	$\alpha\beta^2$
지수분포 $X \sim \mathrm{Exp}(\theta)$ $\theta>0$	$\frac{1}{\theta} e^{-x/\theta}$ $x>0$	$\frac{1}{1-\theta t}$	θ	θ^2
와이블분포 $X \sim \mathrm{Wei}(\alpha,\beta)$ $\alpha>0$ $\beta>0$	$\frac{\alpha}{\beta^\alpha} x^{\alpha-1} e^{-(x/\beta)^\alpha}$ $x>0$	*	$\beta\Gamma\left(1+\frac{1}{\alpha}\right)$	$\beta^2\left[\Gamma\left(1+\frac{2}{\alpha}\right)-\left\{\Gamma\left(1+\frac{1}{\alpha}\right)\right\}^2\right]$
파레토분포 $X \sim \mathrm{Par}(\theta,\alpha)$ $\theta>0$ $\alpha>0$	$\frac{\alpha}{\theta(1+x/\theta)^{\alpha+1}}$ $x>0$	**	$\frac{\theta}{\alpha-1}$ $\alpha>1$	$\frac{\theta^2\alpha}{(\alpha-2)(\alpha-1)^2}$ $\alpha>2$
정규분포 $X \sim \mathrm{N}(\mu,\sigma^2)$ $\sigma^2>0$	$\frac{1}{\sqrt{2\pi}\,\sigma} e^{-(x-\mu)^2/2\sigma^2}$	$e^{\mu t+\sigma^2 t^2/2}$	μ	σ^2
2-모수 지수분포 $X \sim \mathrm{Exp}(\theta,\eta)$ $\theta>0$	$\frac{1}{\theta} e^{-(x-\eta)/\theta}$ $x>\eta$	$\frac{e^{\eta t}}{1-\theta t}$	$\eta+\theta$	θ^2
이중지수분포 $X \sim \mathrm{DE}(\theta,\eta)$ $\theta>0$	$\frac{1}{2\theta} e^{-\|x-\eta\|/\theta}$	$\frac{e^{\eta t}}{1-\theta^2 t^2}$	η	$2\theta^2$

[표 A.2] 특별한 연속분포 (계속)

기호와 모수	pdf $f(x)$	mgf $M_X(t)$	평균	분산
극단값분포 $X \sim \mathrm{EV}(\theta,\eta)$ $\theta>0$	$\frac{1}{\theta}\exp\left\{\frac{\mathrm{x}-\eta}{\theta}-\exp\left(\frac{\mathrm{x}-\eta}{\theta}\right)\right\}$	$e^{\eta t}\Gamma(1+\theta t)$	$\eta-\gamma\theta$ $\gamma \doteq 0.5772$ (Euler의 상수)	$\frac{\pi^2\theta^2}{6}$
코시분포 $X \sim \mathrm{Cau}(\theta,\eta)$ $\theta>0$	$\frac{1}{\theta\pi\left\{1+\left(\frac{x-\eta}{\theta}\right)^2\right\}}$	**	**	**
카이제곱분포 $X \sim \chi^2(k)$ $k=1,2,\ldots$	$\frac{1}{2^{k/2}\Gamma(k/2)}$ $\times x^{k/2-1}e^{-x/2}$ $x>0$	$\left(\frac{1}{1-2t}\right)^{k/2}$	k	$2k$
스튜던트 t-분포 $X \sim t(k)$ $k=1,2,\ldots$	$\frac{\Gamma\left(\frac{k+1}{2}\right)}{\Gamma\left(\frac{k}{2}\right)}\frac{1}{\sqrt{k\pi}}$ $\times\frac{1}{(1+x^2/k)^{(k+1)/2}}$	**	0 $k>1$	$\frac{k}{k-2}$ $k>2$
스네데커 F-분포 $X \sim F(k_1,k_2)$ $k_1=1,2,\ldots$ $k_2=1,2,\ldots$	$\frac{\Gamma\left(\frac{k_1+k_2}{2}\right)}{\Gamma\left(\frac{k_1}{2}\right)\Gamma\left(\frac{k_2}{2}\right)}\left(\frac{k_1}{k_2}\right)^{k_1/2}$ $\times\frac{x^{k_1/2-1}}{(1+k_1x/k_2)^{(k_1+k_2)/2}}$, $x>0$	**	$\frac{k_2}{k_2-2}$ $k_2>2$	$\frac{2k_2^2(k_1+k_2-2)}{k_1(k_2-2)^2(k_2-4)}$ $k_2>4$
베타분포 $X \sim \mathrm{Beta}(a,b)$ $a>0$ $b>0$	$\frac{\Gamma(a+b)}{\Gamma(a)\Gamma(b)}x^{a-1}$ $\times(1-x)^{b-1}$ $0<x<1$	*	$\frac{a}{a+b}$	$\frac{ab}{(a+b+1)(a+b)^2}$

* 다루기 어려움.
** 존재하지 않음.

부록 B 분포표

[표 B.1] 이항 누적분포함수

$$B(x\,;n,p)=\sum_{k=0}^{x}\binom{n}{k}p^k(1-p)^{n-k}$$

		p																		
n	*x*	0.05	0.10	0.15	0.20	0.25	0.30	0.35	0.40	0.45	0.50	0.55	0.60	0.65	0.70	0.75	0.80	0.85	0.90	0.95
4	0	0.8145	0.6561	0.5220	0.4096	0.3164	0.2401	0.1785	0.1296	0.0915	0.0625	0.0410	0.0256	0.0150	0.0081	0.0039	0.0016	0.0005	0.0001	0.0000
	1	0.9860	0.9477	0.8905	0.8192	0.7383	0.6517	0.5630	0.4752	0.3910	0.3125	0.2415	0.1792	0.1265	0.0837	0.0508	0.0272	0.0120	0.0037	0.0005
	2	0.9995	0.9963	0.9880	0.9728	0.9492	0.9163	0.8735	0.8208	0.7585	0.6875	0.6090	0.5248	0.4370	0.3483	0.2617	0.1808	0.1095	0.0523	0.0140
	3	1.0000	0.9999	0.9995	0.9984	0.9961	0.9919	0.9850	0.9744	0.9590	0.9375	0.9085	0.8704	0.8215	0.7599	0.6836	0.5904	0.4780	0.3439	0.1855
5	0	0.7738	0.5905	0.4437	0.3277	0.2373	0.1681	0.1160	0.0778	0.0503	0.0312	0.0185	0.0102	0.0053	0.0024	0.0010	0.0003	0.0001	0.0000	0.0000
	1	0.9774	0.9185	0.8352	0.7373	0.6328	0.5282	0.4284	0.3370	0.2562	0.1875	0.1312	0.0870	0.0540	0.0308	0.0156	0.0067	0.0022	0.0005	0.0000
	2	0.9988	0.9914	0.9734	0.9421	0.8965	0.8369	0.7648	0.6826	0.5931	0.5000	0.4069	0.3174	0.2352	0.1631	0.1035	0.0579	0.0266	0.0086	0.0012
	3	1.0000	0.9995	0.9978	0.9933	0.9844	0.9692	0.9460	0.9130	0.8688	0.8125	0.7438	0.6630	0.5716	0.4718	0.3672	0.2627	0.1648	0.0815	0.0226
	4	1.0000	1.0000	0.9999	0.9997	0.9990	0.9976	0.9947	0.9898	0.9815	0.9688	0.9497	0.9222	0.8840	0.8319	0.7627	0.6723	0.5563	0.4095	0.2262
6	0	0.7351	0.5314	0.3771	0.2621	0.1780	0.1176	0.0754	0.0467	0.0277	0.0156	0.0083	0.0041	0.0018	0.0007	0.0002	0.0001	0.0000	0.0000	0.0000
	1	0.9672	0.8857	0.7765	0.6554	0.5339	0.4202	0.3191	0.2333	0.1636	0.1094	0.0692	0.0410	0.0223	0.0109	0.0046	0.0016	0.0004	0.0001	0.0000
	2	0.9978	0.9842	0.9527	0.9011	0.8306	0.7443	0.6471	0.5443	0.4415	0.3438	0.2553	0.1792	0.1174	0.0705	0.0376	0.0170	0.0059	0.0013	0.0001
	3	0.9999	0.9987	0.9941	0.9830	0.9624	0.9295	0.8826	0.8208	0.7447	0.6562	0.5585	0.4557	0.3529	0.2557	0.1694	0.0989	0.0473	0.0158	0.0022
	4	1.0000	0.9999	0.9996	0.9984	0.9954	0.9891	0.9777	0.9590	0.9308	0.8906	0.8364	0.7667	0.6809	0.5798	0.4661	0.3446	0.2235	0.1143	0.0328
	5	1.0000	1.0000	1.0000	0.9999	0.9998	0.9993	0.9982	0.9959	0.9917	0.9844	0.9723	0.9533	0.9246	0.8824	0.8220	0.7379	0.6229	0.4686	0.2649
7	0	0.6983	0.4783	0.3206	0.2097	0.1335	0.0824	0.0490	0.0280	0.0152	0.0078	0.0037	0.0016	0.0006	0.0002	0.0001	0.0000	0.0000	0.0000	0.0000
	1	0.9556	0.8503	0.7166	0.5767	0.4449	0.3294	0.2338	0.1586	0.1024	0.0625	0.0357	0.0188	0.0090	0.0038	0.0013	0.0004	0.0001	0.0000	0.0000
	2	0.9962	0.9743	0.9262	0.8520	0.7564	0.6471	0.5323	0.4199	0.3164	0.2266	0.1529	0.0963	0.0556	0.0288	0.0129	0.0047	0.0012	0.0002	0.0000
	3	0.9998	0.9973	0.9879	0.9667	0.9294	0.8740	0.8002	0.7102	0.6083	0.5000	0.3917	0.2898	0.1998	0.1260	0.0706	0.0333	0.0121	0.0027	0.0002
	4	1.0000	0.9998	0.9988	0.9953	0.9871	0.9712	0.9444	0.9037	0.8471	0.7734	0.6836	0.5801	0.4677	0.3529	0.2436	0.1480	0.0738	0.0257	0.0038
	5	1.0000	1.0000	0.9999	0.9996	0.9987	0.9962	0.9910	0.9812	0.9643	0.9375	0.8976	0.8414	0.7662	0.6706	0.5551	0.4233	0.2834	0.1497	0.0444
	6	1.0000	1.0000	1.0000	1.0000	0.9999	0.9998	0.9994	0.9984	0.9963	0.9922	0.9848	0.9720	0.9510	0.9176	0.8665	0.7903	0.6794	0.5217	0.3017

n	x	p																		
		0.05	0.10	0.15	0.20	0.25	0.30	0.35	0.40	0.45	0.50	0.55	0.60	0.65	0.70	0.75	0.80	0.85	0.90	0.95
8	0	0.6634	0.4305	0.2725	0.1678	0.1001	0.0576	0.0319	0.0168	0.0084	0.0039	0.0017	0.0007	0.0002	0.0001	0.0000	0.0000	0.0000	0.0000	0.0000
	1	0.9428	0.8131	0.6572	0.5033	0.3671	0.2553	0.1691	0.1064	0.0632	0.0352	0.0181	0.0085	0.0036	0.0013	0.0004	0.0001	0.0000	0.0000	0.0000
	2	0.9942	0.9619	0.8948	0.7969	0.6785	0.5518	0.4278	0.3154	0.2201	0.1445	0.0885	0.0498	0.0253	0.0113	0.0042	0.0012	0.0002	0.0000	0.0000
	3	0.9996	0.9950	0.9786	0.9437	0.8862	0.8059	0.7064	0.5941	0.4770	0.3633	0.2604	0.1737	0.1061	0.0580	0.0273	0.0104	0.0029	0.0004	0.0000
	4	1.0000	0.9996	0.9971	0.9896	0.9727	0.9420	0.8939	0.8263	0.7396	0.6367	0.5230	0.4059	0.2936	0.1941	0.1138	0.0563	0.0214	0.0050	0.0004
	5	1.0000	1.0000	0.9998	0.9988	0.9958	0.9887	0.9747	0.9502	0.9115	0.8555	0.7799	0.6846	0.5722	0.4482	0.3215	0.2031	0.1052	0.0381	0.0058
	6	1.0000	1.0000	1.0000	0.9999	0.9996	0.9987	0.9964	0.9915	0.9819	0.9648	0.9368	0.8936	0.8309	0.7447	0.6329	0.4967	0.3428	0.1869	0.0572
	7	1.0000	1.0000	1.0000	1.0000	1.0000	0.9999	0.9998	0.9993	0.9983	0.9961	0.9916	0.9832	0.9681	0.9424	0.8999	0.8322	0.7275	0.5695	0.3366
9	0	0.6302	0.3874	0.2316	0.1342	0.0751	0.0404	0.0207	0.0101	0.0046	0.0020	0.0008	0.0003	0.0001	0.0000	0.0000	0.0000	0.0000	0.0000	0.0000
	1	0.9288	0.7748	0.5995	0.4362	0.3003	0.1960	0.1211	0.0705	0.0385	0.0195	0.0091	0.0038	0.0014	0.0004	0.0001	0.0000	0.0000	0.0000	0.0000
	2	0.9916	0.9470	0.8591	0.7382	0.6007	0.4628	0.3373	0.2318	0.1495	0.0898	0.0498	0.0250	0.0112	0.0043	0.0013	0.0003	0.0000	0.0000	0.0000
	3	0.9994	0.9917	0.9661	0.9144	0.8343	0.7297	0.6089	0.4826	0.3614	0.2539	0.1658	0.0994	0.0536	0.0253	0.0100	0.0031	0.0006	0.0001	0.0000
	4	1.0000	0.9991	0.9944	0.9804	0.9511	0.9012	0.8283	0.7334	0.6214	0.5000	0.3786	0.2666	0.1717	0.0988	0.0489	0.0196	0.0056	0.0009	0.0000
	5	1.0000	0.9999	0.9994	0.9969	0.9900	0.9747	0.9464	0.9006	0.8342	0.7461	0.6386	0.5174	0.3911	0.2703	0.1657	0.0856	0.0339	0.0083	0.0006
	6	1.0000	1.0000	1.0000	0.9997	0.9987	0.9957	0.9888	0.9750	0.9502	0.9102	0.8505	0.7682	0.6627	0.5372	0.3993	0.2618	0.1409	0.0530	0.0084
	7	1.0000	1.0000	1.0000	1.0000	0.9999	0.9996	0.9986	0.9962	0.9909	0.9805	0.9615	0.9295	0.8789	0.8040	0.6997	0.5638	0.4005	0.2252	0.0712
	8	1.0000	1.0000	1.0000	1.0000	1.0000	1.0000	0.9999	0.9997	0.9992	0.9980	0.9954	0.9899	0.9793	0.9596	0.9249	0.8658	0.7684	0.6126	0.3698
10	0	0.5987	0.3487	0.1969	0.1074	0.0563	0.0282	0.0135	0.0060	0.0025	0.0010	0.0003	0.0001	0.0000	0.0000	0.0000	0.0000	0.0000	0.0000	0.0000
	1	0.9139	0.7361	0.5443	0.3758	0.2440	0.1493	0.0860	0.0464	0.0233	0.0107	0.0045	0.0017	0.0005	0.0001	0.0000	0.0000	0.0000	0.0000	0.0000
	2	0.9885	0.9298	0.8202	0.6778	0.5256	0.3828	0.2616	0.1673	0.0996	0.0547	0.0274	0.0123	0.0048	0.0016	0.0004	0.0001	0.0000	0.0000	0.0000
	3	0.9990	0.9872	0.9500	0.8791	0.7759	0.6496	0.5138	0.3823	0.2660	0.1719	0.1020	0.0548	0.0260	0.0106	0.0035	0.0009	0.0001	0.0000	0.0000
	4	0.9999	0.9984	0.9901	0.9672	0.9219	0.8497	0.7515	0.6331	0.5044	0.3770	0.2616	0.1662	0.0949	0.0473	0.0197	0.0064	0.0014	0.0001	0.0000
	5	1.0000	0.9999	0.9986	0.9936	0.9803	0.9527	0.9051	0.8338	0.7384	0.6230	0.4956	0.3669	0.2485	0.1503	0.0781	0.0328	0.0099	0.0016	0.0001
	6	1.0000	1.0000	0.9999	0.9991	0.9965	0.9894	0.9740	0.9452	0.8980	0.8281	0.7340	0.6177	0.4862	0.3504	0.2241	0.1209	0.0500	0.0128	0.0010
	7	1.0000	1.0000	1.0000	0.9999	0.9996	0.9984	0.9952	0.9877	0.9726	0.9453	0.9004	0.8327	0.7384	0.6172	0.4474	0.3222	0.1798	0.0702	0.0115
	8	1.0000	1.0000	1.0000	1.0000	1.0000	0.9999	0.9995	0.9983	0.9955	0.9893	0.9767	0.9536	0.9140	0.8507	0.7560	0.6242	0.4557	0.2639	0.0861
	9	1.0000	1.0000	1.0000	1.0000	1.0000	1.0000	1.0000	0.9999	0.9997	0.9990	0.9975	0.9940	0.9865	0.9718	0.9437	0.8926	0.8031	0.6513	0.4013

n	x	p 0.05	0.10	0.15	0.20	0.25	0.30	0.35	0.40	0.45	0.50	0.55	0.60	0.65	0.70	0.75	0.80	0.85	0.90	0.95
15	0	0.4633	0.2059	0.0874	0.0352	0.0134	0.0047	0.0016	0.0005	0.0001	0.0000	0.0000	0.0000	0.0000	0.0000	0.0000	0.0000	0.0000	0.0000	0.0000
	1	0.8290	0.5490	0.3186	0.1671	0.0802	0.0353	0.0142	0.0052	0.0017	0.0005	0.0001	0.0000	0.0000	0.0000	0.0000	0.0000	0.0000	0.0000	0.0000
	2	0.9638	0.8159	0.6042	0.3980	0.2361	0.1268	0.0617	0.0271	0.0107	0.0037	0.0011	0.0003	0.0001	0.0000	0.0000	0.0000	0.0000	0.0000	0.0000
	3	0.9945	0.9444	0.8227	0.6482	0.4613	0.2969	0.1727	0.0905	0.0424	0.0176	0.0063	0.0019	0.0005	0.0001	0.0000	0.0000	0.0000	0.0000	0.0000
	4	0.9994	0.9873	0.9383	0.8358	0.6865	0.5155	0.3519	0.2173	0.1204	0.0592	0.0255	0.0093	0.0028	0.0007	0.0001	0.0000	0.0000	0.0000	0.0000
	5	0.9999	0.9978	0.9832	0.9389	0.8516	0.7216	0.5643	0.4032	0.2608	0.1509	0.0769	0.0338	0.0124	0.0037	0.0008	0.0001	0.0000	0.0000	0.0000
	6	1.0000	0.9997	0.9961	0.9819	0.9431	0.8689	0.7548	0.6098	0.4522	0.3036	0.1818	0.0950	0.0422	0.0152	0.0042	0.0008	0.0001	0.0000	0.0000
	7	1.0000	1.0000	0.9994	0.9958	0.9827	0.9500	0.8868	0.7869	0.6535	0.5000	0.3465	0.2131	0.1132	0.0500	0.0173	0.0042	0.0006	0.0000	0.0000
	8	1.0000	1.0000	0.9999	0.9992	0.9958	0.9848	0.9578	0.9050	0.8182	0.6964	0.5478	0.3902	0.2452	0.1311	0.0566	0.0181	0.0036	0.0003	0.0000
	9	1.0000	1.0000	1.0000	0.9999	0.9992	0.9963	0.9876	0.9662	0.9231	0.8491	0.7392	0.5968	0.4357	0.2784	0.1484	0.0611	0.0168	0.0022	0.0001
	10	1.0000	1.0000	1.0000	1.0000	0.9999	0.9993	0.9972	0.9907	0.9745	0.9408	0.8796	0.7827	0.6481	0.4845	0.3135	0.1642	0.0617	0.0127	0.0006
	11	1.0000	1.0000	1.0000	1.0000	1.0000	0.9999	0.9995	0.9981	0.9937	0.9824	0.9576	0.9095	0.8273	0.7031	0.5387	0.3518	0.1773	0.0556	0.0055
	12	1.0000	1.0000	1.0000	1.0000	1.0000	1.0000	0.9999	0.9997	0.9989	0.9963	0.9893	0.9729	0.9383	0.8732	0.7639	0.6020	0.3958	0.1841	0.0362
	13	1.0000	1.0000	1.0000	1.0000	1.0000	1.0000	1.0000	1.0000	0.9999	0.9995	0.9983	0.9948	0.9858	0.9647	0.9198	0.8329	0.6814	0.4510	0.1710
	14	1.0000	1.0000	1.0000	1.0000	1.0000	1.0000	1.0000	1.0000	1.0000	1.0000	0.9999	0.9995	0.9984	0.9953	0.9866	0.9648	0.9126	0.7941	0.5367
20	0	0.3585	0.1216	0.0388	0.0115	0.0032	0.0008	0.0002	0.0000	0.0000	0.0000	0.0000	0.0000	0.0000	0.0000	0.0000	0.0000	0.0000	0.0000	0.0000
	1	0.7358	0.3917	0.1756	0.0692	0.0243	0.0076	0.0021	0.0005	0.0001	0.0000	0.0000	0.0000	0.0000	0.0000	0.0000	0.0000	0.0000	0.0000	0.0000
	2	0.9245	0.6769	0.4049	0.2061	0.0913	0.0355	0.0121	0.0036	0.0009	0.0002	0.0000	0.0000	0.0000	0.0000	0.0000	0.0000	0.0000	0.0000	0.0000
	3	0.9841	0.8670	0.6477	0.4114	0.2252	0.1071	0.0444	0.0160	0.0049	0.0013	0.0003	0.0000	0.0000	0.0000	0.0000	0.0000	0.0000	0.0000	0.0000
	4	0.9974	0.9568	0.8298	0.6296	0.4148	0.2375	0.1182	0.0510	0.0189	0.0059	0.0015	0.0003	0.0000	0.0000	0.0000	0.0000	0.0000	0.0000	0.0000
	5	0.9997	0.9887	0.9327	0.8042	0.6172	0.4164	0.2454	0.1256	0.0553	0.0207	0.0064	0.0016	0.0003	0.0000	0.0000	0.0000	0.0000	0.0000	0.0000
	6	1.0000	0.9976	0.9781	0.9133	0.7858	0.6080	0.4166	0.2500	0.1299	0.0577	0.0214	0.0065	0.0015	0.0003	0.0000	0.0000	0.0000	0.0000	0.0000
	7	1.0000	0.9996	0.9941	0.9679	0.8982	0.7723	0.6010	0.4159	0.2520	0.1316	0.0580	0.0210	0.0060	0.0013	0.0002	0.0000	0.0000	0.0000	0.0000
	8	1.0000	0.9999	0.9987	0.9900	0.9591	0.8867	0.7624	0.5956	0.4143	0.2517	0.1308	0.0565	0.0196	0.0051	0.0009	0.0001	0.0000	0.0000	0.0000
	9	1.0000	1.0000	0.9998	0.9974	0.9861	0.9520	0.8782	0.7553	0.5914	0.4119	0.2493	0.1275	0.0532	0.0171	0.0039	0.0006	0.0000	0.0000	0.0000
	10	1.0000	1.0000	1.0000	0.9994	0.9961	0.9829	0.9468	0.8725	0.7507	0.5881	0.4086	0.2447	0.1218	0.0480	0.0139	0.0026	0.0002	0.0000	0.0000
	11	1.0000	1.0000	1.0000	0.9999	0.9991	0.9949	0.9804	0.9435	0.8692	0.7483	0.5857	0.4044	0.2376	0.1133	0.0409	0.0100	0.0013	0.0001	0.0000
	12	1.0000	1.0000	1.0000	1.0000	0.9998	0.9987	0.9940	0.9790	0.9420	0.8684	0.7480	0.5841	0.3990	0.2277	0.1018	0.0321	0.0059	0.0004	0.0000
	13	1.0000	1.0000	1.0000	1.0000	1.0000	0.9997	0.9985	0.9935	0.9786	0.9423	0.8701	0.7500	0.5834	0.3920	0.2142	0.0867	0.0219	0.0024	0.0000
	14	1.0000	1.0000	1.0000	1.0000	1.0000	1.0000	0.9997	0.9984	0.9936	0.9793	0.9447	0.8744	0.7546	0.5836	0.3828	0.1958	0.0673	0.0113	0.0003
	15	1.0000	1.0000	1.0000	1.0000	1.0000	1.0000	1.0000	0.9997	0.9985	0.9941	0.9811	0.9490	0.8818	0.7625	0.5852	0.3704	0.1702	0.0432	0.0026
	16	1.0000	1.0000	1.0000	1.0000	1.0000	1.0000	1.0000	1.0000	0.9997	0.9987	0.9951	0.9840	0.9556	0.8929	0.7748	0.5886	0.3523	0.1330	0.0159
	17	1.0000	1.0000	1.0000	1.0000	1.0000	1.0000	1.0000	1.0000	1.0000	0.9998	0.9991	0.9964	0.9879	0.9645	0.9087	0.7939	0.5951	0.3231	0.0755
	18	1.0000	1.0000	1.0000	1.0000	1.0000	1.0000	1.0000	1.0000	1.0000	1.0000	0.9999	0.9995	0.9979	0.9924	0.9757	0.9308	0.8244	0.6083	0.2642
	19	1.0000	1.0000	1.0000	1.0000	1.0000	1.0000	1.0000	1.0000	1.0000	1.0000	1.0000	1.0000	0.9998	0.9992	0.9968	0.9885	0.9612	0.8784	0.6415
	20	1.0000	1.0000	1.0000	1.0000	1.0000	1.0000	1.0000	1.0000	1.0000	1.0000	1.0000	1.0000	1.0000	1.0000	1.0000	1.0000	1.0000	1.0000	1.0000

[표 B.2] 포아송 누적분포함수

$$F(x\,;\mu)=\sum_{k=0}^{x}\frac{e^{-\mu}\mu^{k}}{k!}$$

x	μ									
	0.1	0.2	0.3	0.4	0.5	0.6	0.7	0.8	0.9	1.0
0	0.9048	0.8187	0.7408	0.6730	0.6065	0.5488	0.4966	0.4493	0.4066	0.3679
1	0.9953	0.9825	0.9631	0.9384	0.9098	0.8781	0.8442	0.8088	0.7725	0.7358
2	0.9998	0.9989	0.9964	0.9921	0.9856	0.9769	0.9659	0.9526	0.9371	0.9197
3	1.0000	0.9999	0.9997	0.9992	0.9982	0.9966	0.9942	0.9909	0.9865	0.9810
4		1.0000	1.0000	0.9999	0.9998	0.9996	0.9992	0.9986	0.9977	0.9963
5				1.0000	1.0000	1.0000	0.9999	0.9998	0.0997	0.9994
6							1.0000	1.0000	1.0000	0.9999

x	μ									
	2.0	3.0	4.0	5.0	6.0	7.0	8.0	9.0	10.0	15.0
0	0.1353	0.0498	0.0183	0.0067	0.0025	0.0009	0.0003	0.0001	0.0000	
1	0.4060	0.1991	0.0916	0.0404	0.0174	0.0073	0.0030	0.0012	0.0005	
2	0.6767	0.4232	0.2381	0.1247	0.0620	0.0296	0.0138	0.0062	0.0028	0.0000
3	0.8571	0.6472	0.4335	0.2650	0.1512	0.0818	0.0424	0.0212	0.0103	0.0002
4	0.9473	0.8153	0.6288	0.4405	0.2851	0.1730	0.0996	0.0550	0.0293	0.0009
5	0.9834	0.9161	0.7851	0.6160	0.4457	0.3007	0.1912	0.1157	0.0671	0.0028
6	0.9955	0.9665	0.8893	0.7622	0.6063	0.4497	0.3134	0.2068	0.1301	0.0076
7	0.9989	0.9881	0.9489	0.8666	0.7440	0.5987	0.4530	0.3239	0.2202	0.0180
8	0.9998	0.9962	0.9786	0.9319	0.8472	0.7291	0.5925	0.4557	0.3328	0.0374
9	1.0000	0.9989	0.9919	0.9682	0.9161	0.8305	0.7166	0.5874	0.4579	0.0699
10		0.9997	0.9972	0.9863	0.9574	0.9015	0.8159	0.7060	0.5830	0.1185
11		0.9999	0.9991	0.9945	0.9799	0.9466	0.8881	0.8030	0.6968	0.1848
12		1.0000	0.9997	0.9980	0.9912	0.9730	0.9362	0.8758	0.7916	0.2676
13			0.9999	0.9993	0.9964	0.9872	0.9658	0.9261	0.8645	0.3632
14			1.0000	0.9998	0.9986	0.9943	0.9827	0.9585	0.9165	0.4657
15				0.9999	0.9995	0.9976	0.9918	0.9780	0.9513	0.5681
16				1.0000	0.9998	0.9990	0.9963	0.9889	0.9730	0.6641
17					0.9999	0.9996	0.9984	0.9947	0.9857	0.7489
18					1.0000	0.9999	0.9994	0.9976	0.9928	0.8195
19						1.0000	0.9997	0.9989	0.9965	0.8752
20							0.9999	0.9996	0.9984	0.9170
21							1.0000	0.9998	0.9993	0.9469
22								0.9999	0.9997	0.9673
23								1.0000	0.9999	0.9805
24									1.0000	0.9888
25										0.9938
26										0.9967
27										0.9983
28										0.9991
29										0.9996
30										0.9998
31										0.9999
32										1.0000

[표 B.3] 표준정규분포표

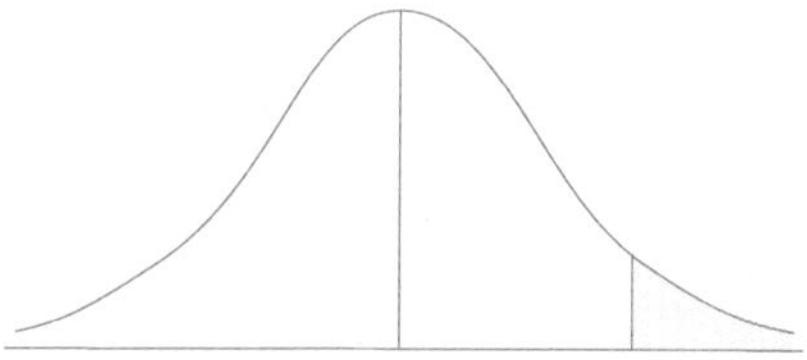

z	α									
	0.00	0.01	0.02	0.03	0.04	0.05	0.06	0.07	0.08	0.09
0.0	0.5000	0.4960	0.4920	0.4880	0.4840	0.4801	0.4761	0.4721	0.4681	0.4641
0.1	0.4602	0.4562	0.4522	0.4483	0.4443	0.4404	0.4364	0.4325	0.4286	0.4247
0.2	0.4207	0.4168	0.4129	0.4090	0.4052	0.4013	0.3974	0.3936	0.3897	0.3859
0.3	0.3821	0.3783	0.3745	0.3707	0.3669	0.3632	0.3594	0.3557	0.3520	0.3483
0.4	0.3446	0.3409	0.3372	0.3336	0.3300	0.3264	0.3228	0.3192	0.3156	0.3121
0.5	0.3085	0.3050	0.3015	0.2981	0.2946	0.2912	0.2877	0.2843	0.2810	0.2776
0.6	0.2743	0.2709	0.2676	0.2643	0.2611	0.2578	0.2546	0.2514	0.2483	0.2451
0.7	0.2420	0.2389	0.2358	0.2327	0.2296	0.2266	0.2236	0.2206	0.2177	0.2148
0.8	0.2119	0.2090	0.2061	0.2033	0.2005	0.1977	0.1949	0.1922	0.1894	0.1867
0.9	0.1841	0.1814	0.1788	0.1762	0.1736	0.1711	0.1685	0.1660	0.1635	0.1611
1.0	0.1587	0.1562	0.1539	0.1515	0.1492	0.1469	0.1446	0.1423	0.1401	0.1379
1.1	0.1357	0.1335	0.1314	0.1292	0.1271	0.1251	0.1230	0.1210	0.1190	0.1170
1.2	0.1151	0.1131	0.1112	0.1093	0.1075	0.1056	0.1038	0.1020	0.1003	0.0985
1.3	0.0968	0.0951	0.0934	0.0918	0.0901	0.0885	0.0869	0.0853	0.0838	0.0823
1.4	0.0808	0.0793	0.0778	0.0764	0.0749	0.0735	0.0721	0.0708	0.0694	0.0681
1.5	0.0668	0.0655	0.0643	0.0630	0.0618	0.0606	0.0594	0.0582	0.0571	0.0559
1.6	0.0548	0.0537	0.0526	0.0516	0.0505	0.0495	0.0485	0.0475	0.0465	0.0455
1.7	0.0446	0.0436	0.0427	0.0418	0.0409	0.0401	0.0392	0.0384	0.0375	0.0367
1.8	0.0359	0.0351	0.0344	0.0336	0.0329	0.0322	0.0314	0.0307	0.0301	0.0294
1.9	0.0287	0.0281	0.0274	0.0268	0.0262	0.0256	0.0250	0.0244	0.0239	0.0233
2.0	0.0228	0.0222	0.0217	0.0212	0.0207	0.0202	0.0197	0.0192	0.0188	0.0183
2.1	0.0179	0.0174	0.0170	0.0166	0.0162	0.0158	0.0154	0.0150	0.0146	0.0143
2.2	0.0139	0.0136	0.0132	0.0129	0.0125	0.0122	0.0119	0.0116	0.0113	0.0110
2.3	0.0107	0.0104	0.0102	0.0099	0.0096	0.0094	0.0091	0.0089	0.0087	0.0084
2.4	0.0082	0.0080	0.0078	0.0075	0.0073	0.0071	0.0069	0.0068	0.0066	0.0064
2.5	0.0062	0.0060	0.0059	0.0057	0.0055	0.0054	0.0052	0.0051	0.0049	0.0048
2.6	0.0047	0.0045	0.0044	0.0043	0.0041	0.0040	0.0039	0.0038	0.0037	0.0036
2.7	0.0035	0.0034	0.0033	0.0032	0.0031	0.0030	0.0029	0.0028	0.0027	0.0026
2.8	0.0026	0.0025	0.0024	0.0023	0.0023	0.0022	0.0021	0.0021	0.0020	0.0019
2.9	0.0019	0.0018	0.0018	0.0017	0.0016	0.0016	0.0015	0.0015	0.0014	0.0014
3.0	0.0013	0.0013	0.0013	0.0012	0.0012	0.0011	0.0011	0.0011	0.0010	0.0010
3.1	0.0010	0.0009	0.0009	0.0009	0.0008	0.0008	0.0008	0.0008	0.0007	0.0007
3.2	0.0007	0.0007	0.0006	0.0006	0.0006	0.0006	0.0006	0.0005	0.0005	0.0005
3.3	0.0005	0.0005	0.0005	0.0004	0.0004	0.0004	0.0004	0.0004	0.0004	0.0003
3.4	0.0003	0.0003	0.0003	0.0003	0.0003	0.0003	0.0003	0.0003	0.0003	0.0002

[표 B.4] 카이제곱분포표

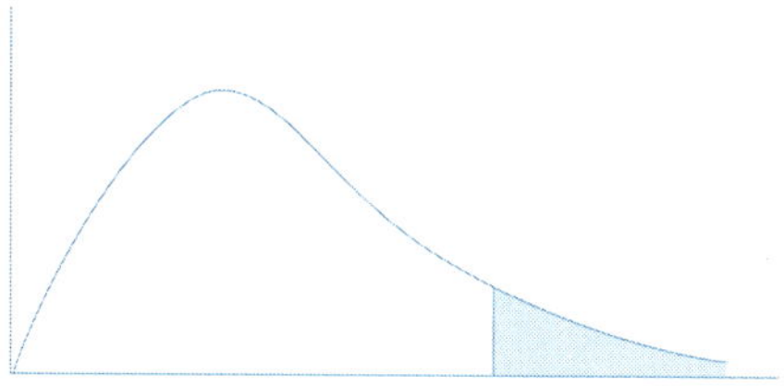

df	α									
	0.9995	0.999	0.9975	0.995	0.990	0.975	0.950	0.900	0.750	0.500
1	0.00	0.00	0.00	0.00	0.00	0.00	0.00	0.02	0.10	0.45
2	0.00	0.00	0.01	0.01	0.02	0.05	0.10	0.21	0.58	1.39
3	0.02	0.02	0.04	0.07	0.11	0.22	0.35	0.58	1.21	2.37
4	0.06	0.09	0.14	0.21	0.30	0.48	0.71	1.06	1.92	3.36
5	0.16	0.21	0.31	0.41	0.55	0.83	1.15	1.61	2.67	4.35
6	0.30	0.38	0.53	0.68	0.87	1.24	1.64	2.20	3.45	5.35
7	0.48	0.60	0.79	0.99	1.24	1.69	2.17	2.83	4.25	6.35
8	0.71	0.86	1.10	1.34	1.65	2.18	2.73	3.49	5.07	7.34
9	0.97	1.15	1.45	1.73	2.09	2.70	3.33	4.17	5.90	8.34
10	1.26	1.48	1.83	2.16	2.56	3.25	3.94	4.87	6.74	9.34
11	1.59	1.83	2.23	2.60	3.05	3.82	4.57	5.58	7.58	10.34
12	1.93	2.21	2.66	3.07	3.57	4.40	5.23	6.30	8.44	11.34
13	2.31	2.62	3.11	3.57	4.11	5.01	5.89	7.04	9.30	12.34
14	2.70	3.04	3.58	4.07	4.66	5.63	6.57	7.79	10.17	13.34
15	3.11	3.48	4.07	4.60	5.23	6.26	7.26	8.55	11.04	14.34
16	3.54	3.94	4.57	5.14	5.81	6.91	7.96	9.31	11.91	15.34
17	3.98	4.42	5.09	5.70	6.41	7.56	8.67	10.09	12.79	16.34
18	4.44	4.90	5.62	6.26	7.01	8.23	9.39	10.86	13.68	17.34
19	4.91	5.41	6.17	6.84	7.63	8.91	10.12	11.65	14.56	18.34
20	5.40	5.92	6.72	7.43	8.26	9.59	10.85	12.44	15.45	19.34
21	5.90	6.45	7.29	8.03	8.90	10.28	11.59	13.24	16.34	20.34
22	6.40	6.98	7.86	8.64	9.54	10.98	12.34	14.04	17.24	21.34
23	6.92	7.53	8.45	9.26	10.20	11.69	13.09	14.85	18.14	22.34
24	7.45	8.08	9.04	9.89	10.86	12.40	13.85	15.66	19.04	23.34
25	7.99	8.65	9.65	10.52	11.52	13.12	14.61	16.47	19.94	24.34
26	8.54	9.22	10.26	11.16	12.20	13.84	15.38	17.29	20.84	25.34
27	9.09	9.80	10.87	11.81	12.88	14.57	16.15	18.11	21.75	26.34
28	9.66	10.39	11.50	12.46	13.56	15.31	16.93	18.94	22.66	27.34
29	10.23	10.99	12.13	13.12	14.26	16.05	17.71	19.77	23.57	28.34
30	10.80	11.59	12.76	13.79	14.95	16.79	18.49	20.60	24.48	29.34
40	16.91	17.92	19.42	20.71	22.16	24.43	26.51	29.05	33.66	39.34
50	23.46	24.67	26.46	27.99	29.71	32.36	34.76	37.69	42.94	49.33
60	30.34	31.74	33.79	35.53	37.48	40.48	43.19	46.46	52.29	59.33
80	44.79	46.52	49.04	51.17	53.54	57.15	60.39	64.28	71.14	79.33
100	59.90	61.92	64.86	67.33	70.06	74.22	77.93	82.36	90.13	99.33

[표 B.4] 카이제곱분포표 (계속)

df	0.250	0.200	0.150	0.100	0.050	0.025	0.020	0.010	0.005	0.0025	0.001	0.0005
1	1.32	1.64	2.07	2.71	3.84	5.02	5.41	6.63	7.88	9.14	10.83	12.12
2	2.77	3.22	3.79	4.61	5.99	7.38	7.82	9.21	10.60	11.98	13.82	15.20
3	4.11	4.64	5.32	6.25	7.81	9.35	9.84	11.34	12.84	14.32	16.27	17.73
4	5.39	5.99	6.74	7.78	9.49	11.14	11.67	13.28	14.86	16.42	18.47	20.00
5	6.63	7.29	8.12	9.24	11.07	12.83	13.39	15.09	16.75	18.39	20.51	22.11
6	7.84	8.56	9.45	10.64	12.59	14.45	15.03	16.81	18.55	20.25	22.46	24.10
7	9.04	9.80	10.75	12.02	14.07	16.01	16.62	18.48	20.28	22.04	24.32	26.02
8	10.22	11.03	12.03	13.36	15.51	17.53	18.17	20.09	21.95	23.77	26.12	27.87
9	11.39	12.24	13.29	14.68	16.92	19.02	19.68	21.67	23.59	25.46	27.88	29.67
10	12.55	13.44	14.53	15.99	18.31	20.48	21.16	23.21	25.19	27.11	29.59	31.42
11	13.70	14.63	15.77	17.28	19.68	21.92	22.62	24.72	26.76	28.73	31.26	33.14
12	14.85	15.81	16.99	18.55	21.03	23.34	24.05	26.22	28.30	30.32	32.91	34.82
13	15.98	16.98	18.20	19.81	22.36	24.74	25.47	27.69	29.82	31.88	34.53	36.48
14	17.12	18.15	19.41	2.106	23.68	26.12	26.87	29.14	31.32	33.43	36.12	38.11
15	18.25	19.31	20.60	22.31	25.00	27.49	28.26	30.58	32.80	34.95	37.70	39.72
16	19.37	20.47	21.79	23.54	26.30	28.85	29.63	32.00	34.27	36.46	39.25	41.31
17	20.49	21.61	22.98	24.77	27.59	30.19	31.00	33.41	35.72	37.95	40.79	42.88
18	21.60	22.76	24.16	25.99	28.87	31.53	32.35	34.81	37.16	39.42	42.31	44.43
19	22.72	23.90	25.33	27.20	30.14	32.85	33.69	36.19	38.58	40.88	43.82	45.97
20	23.83	25.04	26.50	28.41	31.41	34.17	35.02	37.57	40.00	42.34	45.31	47.50
21	24.93	26.17	27.66	29.62	32.67	35.48	36.34	38.93	41.40	43.78	46.80	49.01
22	26.04	27.30	28.82	30.81	33.92	36.78	37.66	40.29	42.80	45.20	48.27	50.51
23	27.14	28.43	29.98	32.01	35.17	38.08	38.97	41.64	44.18	46.62	49.73	52.00
24	28.24	29.55	31.13	33.20	36.42	39.36	40.27	42.98	45.56	48.03	51.18	53.48
25	29.34	30.68	32.28	34.38	37.65	40.65	41.57	44.31	46.93	49.44	52.62	54.95
26	30.43	31.79	33.43	35.56	38.89	41.92	42.86	45.64	48.29	50.83	54.05	56.41
27	31.53	32.91	34.57	36.74	40.11	43.19	44.14	46.96	49.64	52.22	55.48	57.86
28	32.62	34.03	35.71	37.92	41.34	44.46	45.42	48.28	50.99	53.59	56.89	59.30
29	33.71	35.14	36.85	39.09	42.56	45.72	46.69	49.59	52.34	54.97	58.30	60.73
30	34.80	36.25	37.99	40.26	43.77	46.98	47.96	50.89	53.67	56.33	59.70	62.16
40	45.62	47.27	49.24	51.81	55.76	59.34	60.44	63.69	66.77	69.70	73.40	76.09
50	56.33	58.16	60.35	63.17	67.50	71.42	72.61	76.15	79.49	82.66	86.66	89.56
60	66.98	68.97	71.34	74.40	79.08	83.30	84.58	88.38	91.95	95.34	99.61	102.7
80	88.13	90.41	93.11	96.58	101.9	106.6	108.1	112.3	116.3	120.1	124.8	128.3
100	109.1	111.7	114.7	118.5	124.3	129.6	131.1	135.8	140.2	144.3	149.4	153.2

[표 B.5] 스튜던트 t-분포표

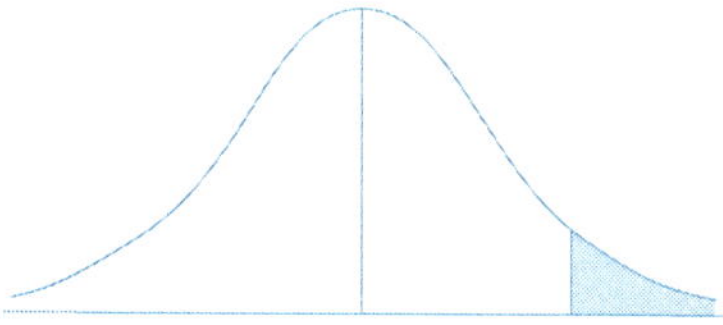

df	0.25	0.20	0.15	0.10	0.05	0.025	0.02	0.01	0.005	0.0025	0.001	0.0005
1	1.000	1.376	1.963	3.078	6.314	12.71	15.89	31.82	63.66	127.3	318.3	636.6
2	0.816	1.061	1.386	1.886	2.920	4.303	4.849	6.965	9.925	14.09	22.33	31.60
3	0.765	0.978	1.250	1.638	2.353	3.182	3.482	4.541	5.841	7.453	10.21	12.92
4	0.741	0.941	1.190	1.533	2.132	2.776	2.999	3.747	4.604	5.598	7.173	8.610
5	0.727	0.920	1.156	1.476	2.015	2.571	2.757	3.365	4.032	4.773	5.893	6.869
6	0.718	0.906	1.134	1.440	1.943	2.447	2.612	3.143	3.707	4.317	5.208	5.959
7	0.711	0.896	1.119	1.415	1.895	2.365	2.517	2.998	3.499	4.029	4.785	5.408
8	0.706	0.889	1.108	1.397	1.860	2.306	2.449	2.896	3.355	3.833	4.501	5.041
9	0.703	0.883	1.100	1.383	1.833	2.262	2.398	2.821	3.250	3.690	4.297	4.781
10	0.700	0.879	1.093	1.372	1.812	2.228	2.359	2.764	3.169	3.581	4.144	4.587
11	0.697	0.876	1.088	1.363	1.796	2.201	2.328	2.718	3.106	3.497	4.025	4.437
12	0.695	0.873	1.083	1.356	1.782	2.179	2.303	2.681	3.055	3.428	3.930	4.318
13	0.694	0.870	1.079	1.350	1.771	2.160	2.282	2.650	3.012	3.372	3.852	4.221
14	0.692	0.868	1.076	1.345	1.761	2.145	2.264	2.624	2.977	3.326	3.787	4.140
15	0.691	0.866	1.074	1.341	1.753	2.131	2.249	2.602	2.947	3.286	3.733	4.073
16	0.690	0.865	1.071	1.337	1.746	2.120	2.235	2.583	2.921	3.252	3.686	4.015
17	0.689	0.863	1.069	1.333	1.740	2.110	2.224	2.567	2.898	3.222	3.646	3.965
18	0.688	0.862	1.067	1.330	1.734	2.101	2.214	2.552	2.878	3.197	3.611	3.922
19	0.688	0.861	1.066	1.328	1.729	2.093	2.205	2.539	2.861	3.174	3.579	3.883
20	0.687	0.860	1.064	1.325	1.725	2.086	2.197	2.528	2.845	3.153	3.552	3.850
21	0.686	0.859	1.063	1.323	1.721	2.080	2.189	2.518	2.831	3.135	3.527	3.819
22	0.686	0.858	1.061	1.321	1.717	2.074	2.183	2.508	2.819	3.119	3.505	3.792
23	0.685	0.858	1.060	1.319	1.714	2.069	2.177	2.500	2.807	3.104	3.485	3.768
24	0.685	0.857	1.059	1.318	1.711	2.064	2.172	2.492	2.797	3.091	3.467	3.745
25	0.684	0.856	1.058	1.316	1.708	2.060	2.167	2.485	2.787	3.078	3.450	3.725
26	0.684	0.856	1.058	1.315	1.706	2.056	2.162	2.479	2.779	3.067	3.435	3.707
27	0.684	0.855	1.057	1.314	1.703	2.052	2.158	2.473	2.771	3.057	3.421	3.690
28	0.683	0.855	1.056	1.313	1.701	2.048	2.154	2.467	2.763	3.047	3.408	3.674
29	0.683	0.854	1.055	1.311	1.699	2.045	2.150	2.462	2.756	3.038	3.396	3.659
30	0.683	0.854	1.055	1.310	1.697	2.042	2.147	2.457	2.750	3.030	3.385	3.646
40	0.681	0.851	1.050	1.303	1.684	2.021	2.123	2.423	2.704	2.971	3.307	3.551
50	0.679	0.849	1.047	1.299	1.676	2.009	2.109	2.403	2.678	2.937	3.261	3.496
60	0.679	0.848	1.045	1.296	1.671	2.000	2.099	2.390	2.660	2.915	3.232	3.460
80	0.678	0.846	1.043	1.292	1.664	1.990	2.088	2.374	2.639	2.887	3.195	3.416
100	0.677	0.845	1.042	1.290	1.660	1.984	2.081	2.364	2.626	2.871	3.174	3.390
1,000	0.675	0.842	1.037	1.282	1.646	1.962	2.056	2.330	2.581	2.813	3.098	3.300
∞	0.674	0.841	1.036	1.282	1.645	1.960	2.054	2.326	2.576	2.807	3.091	3.291

[표 B.6] F–분포표

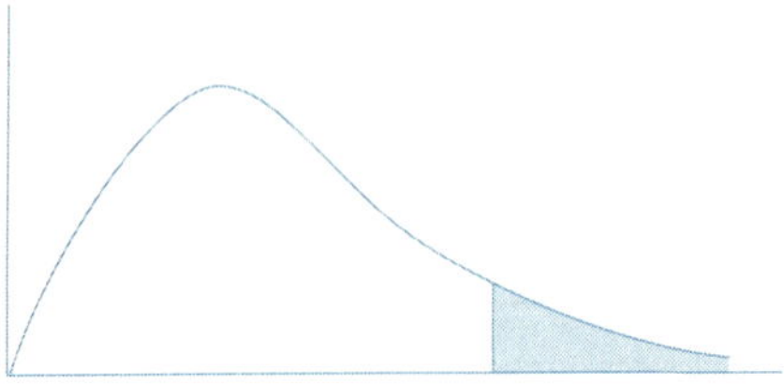

분모의 자유도	α	1	2	3	4	5	6	7	8	9	10
	0.100	39.86	49.50	53.59	55.83	57.24	58.20	58.91	59.44	59.86	60.19
	0.050	161.45	199.50	215.71	224.58	230.10	233.99	236.77	238.88	240.54	241.88
1	0.025	647.79	799.50	864.16	899.58	921.85	937.11	948.22	956.66	963.28	968.63
	0.010	4052.2	4999.5	5403.4	5624.6	5763.6	5859.0	5928.4	5981.1	6022.5	6055.8
	0.001	405284	500000	540379	562500	576405	585937	592873	598144	602284	605621
	0.100	8.53	9.00	9.16	9.24	9.29	9.33	9.35	9.37	9.38	9.39
	0.050	18.51	19.00	19.16	19.25	19.30	19.33	19.35	19.37	19.38	19.40
2	0.025	38.51	39.00	39.17	39.25	39.30	39.33	39.36	39.37	39.39	39.40
	0.010	98.50	99.00	99.17	99.25	99.30	99.33	99.36	99.37	99.39	99.40
	0.001	998.50	999.00	999.17	999.25	999.30	999.33	999.36	999.37	999.39	999.40
	0.100	5.54	5.46	5.39	5.34	5.31	5.28	5.27	5.25	5.24	5.23
	0.050	10.13	9.55	9.28	9.12	9.01	8.94	8.89	8.85	8.81	8.79
3	0.025	17.44	16.04	15.44	15.10	14.88	14.73	14.62	14.54	14.47	14.42
	0.010	34.12	30.82	29.46	28.71	28.24	27.91	27.67	27.49	27.35	27.23
	0.001	167.03	148.50	141.11	137.10	134.58	132.85	131.58	130.62	129.86	129.25
	0.100	4.54	4.32	4.19	4.11	4.05	4.01	3.98	3.95	3.94	3.92
	0.050	7.71	6.94	6.59	6.39	6.26	6.16	6.09	6.04	6.00	5.96
4	0.025	12.22	10.65	9.98	9.60	9.36	9.20	9.07	8.98	8.90	8.84
	0.010	21.20	18.00	16.69	15.98	15.52	15.21	14.98	14.80	14.66	14.55
	0.001	74.14	61.25	56.18	53.44	51.71	50.53	49.66	49.00	48.47	48.05
	0.100	4.06	3.78	3.62	3.52	3.45	3.40	3.37	3.34	3.32	3.30
	0.050	6.61	5.79	5.41	5.19	5.05	4.95	4.88	4.82	4.77	4.74
5	0.025	10.01	8.43	7.76	7.39	7.15	6.98	6.85	6.76	6.68	6.62
	0.010	16.26	13.27	12.06	11.39	10.97	10.67	10.46	10.29	10.16	10.05
	0.001	47.18	37.12	33.20	31.09	29.75	28.83	28.16	27.65	27.24	26.92
	0.100	3.78	3.46	3.29	3.18	3.11	3.05	3.01	2.98	2.96	2.94
	0.050	5.99	5.14	4.76	4.53	4.39	4.28	4.21	4.15	4.10	4.06
6	0.025	8.81	7.26	6.60	6.23	5.99	5.82	5.70	5.60	5.52	5.46
	0.010	13.75	10.92	9.78	9.15	8.75	8.47	8.26	8.10	7.98	7.87
	0.001	35.51	27.00	23.70	21.92	20.80	20.03	19.46	19.03	18.69	18.41

(분자의 자유도: 1–10)

[표 B.6] F-분포표 (계속)

분모의 자유도	α	분자의 자유도 12	15	20	25	30	40	50	60	120	1,000
	0.100	60.71	61.22	61.74	62.05	62.26	62.53	62.69	62.79	63.06	63.30
	0.050	243.91	245.95	248.01	249.26	250.10	251.14	251.77	252.20	253.25	254.11
1	0.025	976.71	984.87	993.10	998.08	1001.4	1005.6	1008.1	1009.8	1014.0	1017.7
	0.010	6106.3	6157.3	6208.7	6239.8	6260.6	6286.8	6302.5	6313.0	6339.4	6362.7
	0.001	610668	615764	620908	624017	626099	628712	630285	631337	633972	636301
	0.100	9.41	9.42	9.44	9.45	9.46	9.47	9.47	9.47	9.48	9.49
	0.050	19.41	19.43	19.45	19.46	19.46	19.47	19.48	19.48	19.49	19.49
2	0.025	39.41	39.43	39.45	39.46	39.46	39.47	39.48	39.48	39.49	39.50
	0.010	99.42	99.43	99.45	99.46	99.47	99.47	99.48	99.48	99.49	99.50
	0.001	999.42	999.43	999.45	999.46	999.47	999.47	999.48	999.48	999.49	999.50
	0.100	5.22	5.20	5.18	5.17	5.17	5.16	5.15	5.15	5.14	5.13
	0.050	8.74	8.70	8.66	8.63	8.62	8.59	8.58	8.57	8.55	8.53
3	0.025	14.34	14.25	14.17	14.12	14.08	14.04	14.01	13.99	13.95	13.91
	0.010	27.05	26.87	26.69	26.58	26.50	26.41	26.35	26.32	26.22	26.14
	0.001	128.32	127.37	126.42	125.84	125.45	124.96	124.66	124.47	123.97	123.53
	0.100	3.90	3.87	3.84	3.83	3.82	3.80	3.80	3.79	3.78	3.76
	0.050	5.91	5.86	5.80	5.77	5.75	5.72	5.70	5.69	5.66	5.63
4	0.025	8.75	8.66	8.56	8.50	8.46	8.41	8.38	8.36	8.31	8.26
	0.010	14.37	14.20	14.02	13.91	13.84	13.75	13.69	13.65	13.56	13.47
	0.001	47.41	46.76	46.10	45.70	45.43	45.09	44.88	44.75	44.40	44.09
	0.100	3.27	3.24	3.21	3.19	3.17	3.16	3.15	3.14	3.12	3.11
	0.050	4.68	4.62	4.56	4.52	4.50	4.46	4.44	4.43	4.40	4.37
5	0.025	6.52	6.43	6.33	6.27	6.23	6.18	6.14	6.12	6.07	6.02
	0.010	9.89	9.72	9.55	9.45	9.38	9.29	9.24	9.20	9.11	9.03
	0.001	26.42	25.91	25.39	25.08	24.87	24.60	24.44	24.33	24.06	23.82
	0.100	2.90	2.87	2.84	2.81	2.80	2.78	2.77	2.76	2.74	2.72
	0.050	4.00	3.94	3.87	3.83	3.81	3.77	3.75	3.74	3.70	3.67
6	0.025	5.37	5.27	5.17	5.11	5.07	5.01	4.98	4.96	4.90	4.86
	0.010	7.72	7.56	7.40	7.30	7.23	7.14	7.09	7.06	6.97	6.89
	0.001	17.99	17.56	17.12	16.85	16.67	16.44	16.31	16.21	15.98	15.77

[표 B.6] F-분포표 (계속)

분모의 자유도	α	1	2	3	4	5	6	7	8	9	10
		분자의 자유도									
	0.100	3.59	3.26	3.07	2.96	2.88	2.83	2.78	2.75	2.72	2.70
	0.050	5.59	4.74	4.35	4.12	3.97	3.87	3.79	3.73	3.68	3.64
7	0.025	8.07	6.54	5.89	5.52	5.29	5.12	4.99	4.90	4.82	4.76
	0.010	12.25	9.55	8.45	7.85	7.46	7.19	6.99	6.84	6.72	6.62
	0.001	29.25	21.69	18.77	17.20	16.21	15.52	15.02	14.63	14.33	14.08
	0.100	3.46	3.11	2.92	2.81	2.73	2.67	2.62	2.59	2.56	2.54
	0.050	5.32	4.46	4.07	3.84	3.69	3.58	3.50	3.44	3.39	3.35
8	0.025	7.57	6.06	5.42	5.05	4.82	4.65	4.53	4.43	4.36	4.30
	0.010	11.26	8.65	7.59	7.01	6.63	6.37	6.18	6.03	5.91	5.81
	0.001	25.41	18.49	15.83	14.39	13.48	12.86	12.40	12.05	11.77	11.54
	0.100	3.36	3.01	2.81	2.69	2.61	2.55	2.51	2.47	2.44	2.42
	0.050	5.12	4.26	3.86	3.63	3.48	3.37	3.29	3.23	3.18	3.14
9	0.025	7.21	5.71	5.08	4.72	4.48	4.32	4.20	4.10	4.03	3.96
	0.010	10.56	8.02	6.99	6.42	6.06	5.80	5.61	5.47	5.35	5.26
	0.001	22.86	16.39	13.90	12.56	11.71	11.13	10.70	10.37	10.11	9.89
	0.100	3.29	2.92	2.73	2.61	2.52	2.46	2.41	2.38	2.35	2.32
	0.050	4.96	4.10	3.71	3.48	3.33	3.22	3.14	3.07	3.02	2.98
10	0.025	6.94	5.46	4.83	4.47	4.24	4.07	3.95	3.85	3.78	3.72
	0.010	10.04	7.56	6.55	5.99	5.64	5.39	5.20	5.06	4.94	4.85
	0.001	21.04	14.91	12.55	11.28	10.48	9.93	9.52	9.20	8.96	8.75
	0.100	3.23	2.86	2.66	2.54	2.45	2.39	2.34	2.30	2.27	2.25
	0.050	4.84	3.98	3.59	3.36	3.20	3.09	3.01	2.95	2.90	2.85
11	0.025	6.72	5.26	4.63	4.28	4.04	3.88	3.76	3.66	3.59	3.53
	0.010	9.65	7.21	6.22	5.67	5.32	5.07	4.89	4.74	4.63	4.54
	0.001	19.69	13.81	11.56	10.35	9.58	9.05	8.66	8.35	8.12	7.92
	0.100	3.18	2.81	2.61	2.48	2.39	2.33	2.28	2.24	2.21	2.19
	0.050	4.75	3.89	3.49	3.26	3.11	3.00	2.91	2.85	2.80	2.75
12	0.025	6.55	5.10	4.47	4.12	3.89	3.73	3.61	3.51	3.44	3.37
	0.010	9.33	6.93	5.95	5.41	5.06	4.82	4.64	4.50	4.39	4.30
	0.001	18.64	12.97	10.80	9.63	8.89	8.38	8.00	7.71	7.48	7.29
	0.100	3.14	2.76	2.56	2.43	2.35	2.28	2.23	2.20	2.16	2.14
	0.050	4.67	3.81	3.41	3.18	3.03	2.92	2.83	2.77	2.71	2.67
13	0.025	6.41	4.97	4.35	4.00	3.77	3.60	3.48	3.39	3.31	3.25
	0.010	9.07	6.70	5.74	5.21	4.86	4.62	4.44	4.30	4.19	4.10
	0.001	17.82	12.31	10.21	9.07	8.35	7.86	7.49	7.21	6.98	6.80

[표 B.6] F-분포표 (계속)

분모의 자유도	α	분자의 자유도 12	15	20	25	30	40	50	60	120	1,000
	0.100	2.67	2.63	2.59	2.57	2.56	2.54	2.52	2.51	2.49	2.47
	0.050	3.57	3.51	3.44	3.40	3.38	3.34	3.32	3.30	3.27	3.23
7	0.025	4.67	4.57	4.47	4.40	4.36	4.31	4.28	4.25	4.20	4.15
	0.010	6.47	6.31	6.16	6.06	5.99	5.91	5.86	5.82	5.74	5.66
	0.001	13.71	13.32	12.93	12.69	12.53	12.33	12.20	12.12	11.91	11.72
	0.100	2.50	2.46	2.42	2.40	2.38	2.36	2.35	2.34	2.32	2.30
	0.050	3.28	3.22	3.15	3.11	3.08	3.04	3.02	3.01	2.97	2.93
8	0.025	4.20	4.10	4.00	3.94	3.89	3.84	3.81	3.78	3.73	3.68
	0.010	5.67	5.52	5.36	5.26	5.20	5.12	5.07	5.03	4.95	4.87
	0.001	11.19	10.84	10.48	10.26	10.11	9.92	9.80	9.73	9.53	9.36
	0.100	2.38	2.34	2.30	2.27	2.25	2.23	2.22	2.21	2.18	2.16
	0.050	3.07	3.01	2.94	2.89	2.86	2.83	2.80	2.79	2.75	2.71
9	0.025	3.87	3.77	3.67	3.60	3.56	3.51	3.47	3.45	3.39	3.34
	0.010	5.11	4.96	4.81	4.71	4.65	4.57	4.52	4.48	4.40	4.32
	0.001	9.57	9.24	8.90	8.69	8.55	8.37	8.26	8.19	8.00	7.84
	0.100	2.28	2.24	2.20	2.17	2.16	2.13	2.12	2.11	2.08	2.06
	0.050	2.91	2.85	2.77	2.73	2.70	2.66	2.64	2.62	2.58	2.54
10	0.025	3.62	3.52	3.42	3.35	3.31	3.26	3.22	3.20	3.14	3.09
	0.010	4.71	4.56	4.41	4.31	4.25	4.17	4.12	4.08	4.00	3.92
	0.001	8.45	8.13	7.80	7.60	7.47	7.30	7.19	7.12	6.94	6.78
	0.100	2.21	2.17	2.12	2.10	2.08	2.05	2.04	2.03	2.00	1.98
	0.050	2.79	2.72	2.65	2.60	2.57	2.53	2.51	2.49	2.45	2.41
11	0.025	3.43	3.33	3.23	3.16	3.12	3.06	3.03	3.00	2.94	2.89
	0.010	4.40	4.25	4.10	4.01	3.94	3.86	3.81	3.78	3.69	3.61
	0.001	7.63	7.32	7.01	6.81	6.68	6.52	6.42	6.35	6.18	6.02
	0.100	2.15	2.10	2.06	2.03	2.01	1.99	1.97	1.96	1.93	1.91
	0.050	2.69	2.62	2.54	2.50	2.47	2.43	2.40	2.38	2.34	2.30
12	0.025	3.28	3.18	3.07	3.01	2.96	2.91	2.87	2.85	2.79	2.73
	0.010	4.16	4.01	3.86	3.76	3.70	3.62	3.57	3.54	3.45	3.37
	0.001	7.00	6.71	6.40	6.22	6.09	5.93	5.83	5.76	5.59	5.44
	0.100	2.10	2.05	2.01	1.98	1.96	1.93	1.92	1.90	1.88	1.85
	0.050	2.60	2.53	2.46	2.41	2.38	2.34	2.31	2.30	2.25	2.21
13	0.025	3.15	3.05	2.95	2.88	2.84	2.78	2.74	2.72	2.66	2.60
	0.010	3.96	3.82	3.66	3.57	3.51	3.43	3.38	3.34	3.25	3.18
	0.001	6.52	6.23	5.93	5.75	5.63	5.47	5.37	5.30	5.14	4.99

[표 B.6] F-분포표 (계속)

분모의 자유도	α	분자의 자유도 1	2	3	4	5	6	7	8	9	10
14	0.100	3.10	2.73	2.52	2.39	2.31	2.24	2.19	2.15	2.12	2.10
	0.050	4.60	3.74	3.34	3.11	2.96	2.85	2.76	2.70	2.65	2.60
	0.025	6.30	4.86	4.24	3.89	3.66	3.50	3.38	3.29	3.21	3.15
	0.010	8.86	6.51	5.56	5.04	4.69	4.46	4.28	4.14	4.03	3.94
	0.001	17.14	11.78	9.73	8.62	7.92	7.44	7.08	6.80	6.58	6.40
15	0.100	3.07	2.70	2.49	2.36	2.27	2.21	2.16	2.12	2.09	2.06
	0.050	4.54	3.68	3.29	3.06	2.90	2.79	2.71	2.64	2.59	2.54
	0.025	6.20	4.77	4.15	3.80	3.58	3.41	3.29	3.20	3.12	3.06
	0.010	8.68	6.36	5.42	4.89	4.56	4.32	4.14	4.00	3.89	3.80
	0.001	16.59	11.34	9.34	8.25	7.57	7.09	6.74	6.47	6.26	6.08
16	0.100	3.05	2.67	2.46	2.33	2.24	2.18	2.13	2.09	2.06	2.03
	0.050	4.49	3.63	3.24	3.01	2.85	2.74	2.66	2.59	2.54	2.49
	0.025	6.12	4.69	4.08	3.73	3.50	3.34	3.22	3.12	3.05	2.99
	0.010	8.53	6.23	5.29	4.77	4.44	4.20	4.03	3.89	3.78	3.69
	0.001	16.12	10.97	9.01	7.94	7.27	6.80	6.46	6.19	5.98	5.81
17	0.100	3.03	2.64	2.44	2.31	2.22	2.15	2.10	2.06	2.03	2.00
	0.050	4.45	3.59	3.20	2.96	2.81	2.70	2.61	2.55	2.49	2.45
	0.025	6.04	4.62	4.01	3.66	3.44	3.28	3.16	3.06	2.98	2.92
	0.010	8.40	6.11	5.19	4.67	4.34	4.10	3.93	3.79	3.68	3.59
	0.001	15.72	10.66	8.73	7.68	7.02	6.56	6.22	5.96	5.75	5.58
18	0.100	3.01	2.62	2.42	2.29	2.20	2.13	2.08	2.04	2.00	1.98
	0.050	4.41	3.55	3.16	2.93	2.77	2.66	2.58	2.51	2.46	2.41
	0.025	5.98	4.56	3.95	3.61	3.38	3.22	3.10	3.01	2.93	2.87
	0.010	8.29	6.01	5.09	4.58	4.25	4.01	3.84	3.71	3.60	3.51
	0.001	15.38	10.39	8.49	7.46	6.81	6.35	6.02	5.76	5.56	5.39
19	0.100	2.99	2.61	2.40	2.27	2.18	2.11	2.06	2.02	1.98	1.96
	0.050	4.38	3.52	3.13	2.90	2.74	2.63	2.54	2.48	2.42	2.38
	0.025	5.92	4.51	3.90	3.56	3.33	3.17	3.05	2.96	2.88	2.82
	0.010	8.18	5.93	5.01	4.50	4.17	3.94	3.77	3.63	3.52	3.43
	0.001	15.08	10.16	8.28	7.27	6.62	6.18	5.85	5.59	5.39	5.22
20	0.100	2.97	2.59	2.38	2.25	2.16	2.09	2.04	2.00	1.96	1.94
	0.050	4.35	3.49	3.10	2.87	2.71	2.60	2.51	2.45	2.39	2.35
	0.025	5.87	4.46	3.86	3.51	3.29	3.13	3.01	2.91	2.84	2.77
	0.010	8.10	5.85	4.94	4.43	4.10	3.87	3.70	3.56	3.46	3.37
	0.001	14.82	9.95	8.10	7.10	6.46	6.02	5.69	5.44	5.24	5.08

[표 B.6] F−분포표 (계속)

분모의 자유도	α	분자의 자유도 12	15	20	25	30	40	50	60	120	1,000
	0.100	2.05	2.01	1.96	1.93	1.91	1.89	1.87	1.86	1.83	1.80
	0.050	2.53	2.46	2.39	2.34	2.31	2.27	2.24	2.22	2.18	2.14
14	0.025	3.05	2.95	2.84	2.78	2.73	2.67	2.64	2.61	2.55	2.50
	0.010	3.80	3.66	3.51	3.41	3.35	3.27	3.22	3.18	3.09	3.02
	0.001	6.13	5.85	5.56	5.38	5.25	5.10	5.00	4.94	4.77	4.62
	0.100	2.02	1.97	1.92	1.89	1.87	1.85	1.83	1.82	1.79	1.76
	0.050	2.48	2.40	2.33	2.28	2.25	2.20	2.18	2.16	2.11	2.07
15	0.025	2.96	2.86	2.76	2.69	2.64	2.59	2.55	2.52	2.46	2.40
	0.010	3.67	3.52	3.37	3.28	3.21	3.13	3.08	3.05	2.96	2.88
	0.001	5.81	5.54	5.25	5.07	4.95	4.80	4.70	4.64	4,47	4.33
	0.100	1.99	1.94	1.89	1.86	1.84	1.81	1.79	1.78	1.75	1.72
	0.050	2.42	2.35	2.28	2.23	2.19	2.15	2.12	2.11	2.06	2.02
16	0.025	2.89	2.79	2.68	2.61	2.57	2.51	2.47	2.45	2.38	2.32
	0.010	3.55	3.41	3.26	3.16	3.10	3.02	2.97	2.93	2.84	2.76
	0.001	5.55	5.27	4.99	4.82	4.70	4.54	4.45	4.39	4.23	4.08
	0.100	1.96	1.91	1.86	1.83	1.81	1.78	1.76	1.75	1.72	1.69
	0.050	2.38	2.31	2.23	2.18	2.15	2.10	2.08	2.06	2.01	1.97
17	0.025	2.82	2.72	2.62	2.55	2.50	2.44	2.41	2.38	2.32	2.26
	0.010	3.46	3.31	3.16	3.07	3.00	2.92	2.87	2.83	2.75	2.66
	0.001	5.32	5.05	4.78	4.60	4.48	4.33	4.24	4.18	4.02	3.87
	0.100	1.93	1.89	1.84	1.80	1.78	1.75	1.74	1.72	1.69	1.66
	0.050	2.34	2.27	2.19	2.14	2.11	2.06	2.04	2.02	1.97	1.92
18	0.025	2.77	2.67	2.56	2.49	2.44	2.38	2.35	2.32	2.26	2.20
	0.010	3.37	3.23	3.08	2.98	2.92	2.84	2.78	2.75	2.66	2.58
	0.001	5.13	4.87	4.59	4.42	4.30	4.15	4.06	4.00	3.84	3.69
	0.100	1.91	1.86	1.81	1.78	1.76	1.73	1.71	1.70	1.67	1.64
	0.050	2.31	2.23	2.16	2.11	2.07	2.03	2.00	1.98	1.93	1.88
19	0.025	2.72	2.62	2.51	2.44	2.39	2.33	2.30	2.27	2.20	2.14
	0.010	3.30	3.15	3.00	2.91	2.84	2.76	2.71	2.67	2.58	2.50
	0.001	4.97	4.70	4.43	4.26	4.14	3.99	3.90	3.84	3.68	3.53
	0.100	1.89	1.84	1.79	1.76	1.74	1.71	1.69	1.68	1.64	1.61
	0.050	2.28	2.20	2.12	2.07	2.04	1.99	1.97	1.95	1.90	1.85
20	0.025	2.68	2.57	2.46	2.40	2.35	2.29	2.25	2.22	2.16	2.09
	0.010	3.23	3.09	2.94	2.84	2.78	2.69	2.64	2.61	2.52	2.43
	0.001	4.82	4.56	4.29	4.12	4.00	3.86	3.77	3.70	3.54	3.40

[표 B.6] F–분포표 (계속)

분모의 자유도	α	1	2	3	4	5	6	7	8	9	10
	0.100	2.96	2.57	2.36	2.23	2.14	2.08	2.02	1.98	1.95	1.92
	0.050	4.32	3.47	3.07	2.84	2.68	2.57	2.49	2.42	2.37	2.32
21	0.025	5.83	4.42	3.82	3.48	3.25	3.09	2.97	2.87	2.80	2.73
	0.010	8.02	5.78	4.87	4.37	4.04	3.81	3.64	3.51	3.40	3.31
	0.001	14.59	9.77	7.94	6.95	6.32	5.88	5.56	5.31	5.11	4.95
	0.100	2.95	2.56	2.35	2.22	2.13	2.06	2.01	1.97	1.93	1.90
	0.050	4.30	3.44	3.05	2.82	2.66	2.55	2.46	2.40	2.34	2.30
22	0.025	5.79	4.38	3.78	3.44	3.22	3.05	2.93	2.84	2.76	2.70
	0.010	7.95	5.72	4.82	4.31	3.99	3.76	3.59	3.45	3.35	3.26
	0.001	14.38	9.61	7.80	6.81	6.19	5.76	5.44	5.19	4.99	4.83
	0.100	2.94	2.55	2.34	2.21	2.11	2.05	1.99	1.95	1.92	1.89
	0.050	4.28	3.42	3.03	2.80	2.64	2.53	2.44	2.37	2.32	2.27
23	0.025	5.75	4.35	3.75	3.41	3.18	3.02	2.90	2.81	2.73	2.67
	0.010	7.88	5.66	4.76	4.26	3.94	3.71	3.54	3.41	3.30	3.21
	0.001	14.20	9.47	7.67	6.70	6.08	5.65	5.33	5.09	4.89	4.73
	0.100	2.93	2.54	2.33	2.19	2.10	2.04	1.98	1.94	1.91	1.88
	0.050	4.26	3.40	3.01	2.78	2.62	2.51	2.42	2.36	2.30	2.25
24	0.025	5.72	4.32	3.72	3.38	3.15	2.99	2.87	2.78	2.70	2.64
	0.010	7.82	5.61	4.72	4.22	3.90	3.67	3.50	3.36	3.26	3.17
	0.001	14.03	9.34	7.55	6.59	5.98	5.55	5.23	4.99	4.80	4.64
	0.100	2.92	2.53	2.32	2.18	2.09	2.02	1.97	1.93	1.89	1.87
	0.050	4.24	3.39	2.99	2.76	2.60	2.49	2.40	2.34	2.28	2.24
25	0.025	5.69	4.29	3.69	3.35	3.13	2.97	2.85	2.75	2.68	2.61
	0.010	7.77	5.57	4.68	4.18	3.85	3.63	3.46	3.32	3.22	3.13
	0.001	13.88	9.22	7.45	6.49	5.89	5.46	5.15	4.91	4.71	4.56
	0.100	2.91	2.52	2.31	2.17	2.08	2.01	1.96	1.92	1.88	1.86
	0.050	4.23	3.37	2.98	2.74	2.59	2.47	2.39	2.32	2.27	2.22
26	0.025	5.66	4.27	3.67	3.33	3.10	2.94	2.82	2.73	2.65	2.59
	0.010	7.72	5.53	4.64	4.14	3.82	3.59	3.42	3.29	3.18	3.09
	0.001	13.74	9.12	7.36	6.41	5.80	5.38	5.07	4.83	4.64	4.48
	0.100	2.90	2.51	2.30	2.17	2.07	2.00	1.95	1.91	1.87	1.85
	0.050	4.21	3.35	2.96	2.73	2.57	2.46	2.37	2.31	2.25	2.20
27	0.025	5.63	4.24	3.65	3.31	3.08	2.92	2.80	2.71	2.63	2.57
	0.010	7.68	5.49	4.60	4.11	3.78	3.56	3.39	3.26	3.15	3.06
	0.001	13.61	9.02	7.27	6.33	5.73	5.31	5.00	4.76	4.57	4.41

(분자의 자유도: 1–10)

[표 B.6] F-분포표 (계속)

분모의 자유도	α	분자의 자유도 12	15	20	25	30	40	50	60	120	1,000
	0.100	1.87	1.83	1.78	1.74	1.72	1.69	1.67	1.66	1.62	1.59
	0.050	2.25	2.18	2.10	2.05	2.01	1.96	1.94	1.92	1.87	1.82
21	0.025	2.64	2.53	2.42	2.36	2.31	2.25	2.21	2.18	2.11	2.05
	0.010	3.17	3.03	2.88	2.79	2.72	2.64	2.58	2.55	2.46	2.37
	0.001	4.70	4.44	4.17	4.00	3.88	3.74	3.64	3.58	3.42	3.28
	0.100	1.86	1.81	1.76	1.73	1.70	1.67	1.65	1.64	1.60	1.57
	0.050	2.23	2.15	2.07	2.02	1.98	1.94	1.91	1.89	1.84	1.79
22	0.025	2.60	2.50	2.39	2.32	2.27	2.21	2.17	2.14	2.08	2.01
	0.010	3.12	2.98	2.83	2.73	2.67	2.58	2.53	2.50	2.40	2.32
	0.001	4.58	4.33	4.06	3.89	3.78	3.63	3.54	3.48	3.32	3.17
	0.100	1.84	1.80	1.74	1.71	1.69	1.66	1.64	1.62	1.59	1.55
	0.050	2.20	2.13	2.05	2.00	1.96	1.91	1.88	1.86	1.81	1.76
23	0.025	2.57	2.47	2.36	2.29	2.24	2.18	2.14	2.11	2.04	1.98
	0.010	3.07	2.93	2.78	2.69	2.62	2.54	2.48	2.45	2.35	2.27
	0.001	4.48	4.23	3.96	3.79	3.68	3.53	3.44	3.38	3.22	3.08
	0.100	1.83	1.78	1.73	1.70	1.67	1.64	1.62	1.61	1.57	1.54
	0.050	2.18	2.11	2.03	1.97	1.94	1.89	1.86	1.84	1.79	1.74
24	0.025	2.54	2.44	2.33	2.26	2.21	2.15	2.11	2.08	2.01	1.94
	0.010	3.03	2.89	2.74	2.64	2.58	2.49	2.44	2.40	2.31	2.22
	0.001	4.39	4.14	3.87	3.71	3.59	3.45	3.36	3.29	3.14	2.99
	0.100	1.82	1.77	1.72	1.68	1.66	1.63	1.61	1.59	1.56	1.52
	0.050	2.16	2.09	2.01	1.96	1.92	1.87	1.84	1.82	1.77	1.72
25	0.025	2.51	2.41	2.30	2.23	2.18	2.12	2.08	2.05	1.98	1.91
	0.010	2.99	2.85	2.70	2.60	2.54	2.45	2.40	2.36	2.27	2.18
	0.001	4.31	4.06	3.79	3.63	3.52	3.37	3.28	3.22	3.06	2.91
	0.100	1.81	1.76	1.71	1.67	1.65	1.61	1.59	1.58	1.54	1.51
	0.050	2.15	2.07	1.99	1.94	1.90	1.85	1.82	1.80	1.75	1.70
26	0.025	2.49	2.39	2.28	2.21	2.16	2.09	2.05	2.03	1.95	1.89
	0.010	2.96	2.81	2.66	2.57	2.50	2.42	2.36	2.33	2.23	2.14
	0.001	4.24	3.99	3.72	3.56	3.44	3.30	3.21	3.15	2.99	2.84
	0.100	1.80	1.75	1.70	1.66	1.64	1.60	1.58	1.57	1.53	1.50
	0.050	2.13	2.06	1.97	1.92	1.88	1.84	1.81	1.79	1.73	1.68
27	0.025	2.47	2.36	2.25	2.18	2.13	2.07	2.03	2.00	1.93	1.86
	0.010	2.93	2.78	2.63	2.54	2.47	2.38	2.33	2.29	2.20	2.11
	0.001	4.17	3.92	3.66	3.49	3.38	3.23	3.14	3.08	2.92	2.78

[표 B.6] F-분포표 (계속)

분모의 자유도	α	분자의 자유도 1	2	3	4	5	6	7	8	9	10
28	0.100	2.89	2.50	2.29	2.16	2.06	2.00	1.94	1.90	1.87	1.84
	0.050	4.20	3.34	2.95	2.71	2.56	2.45	2.36	2.29	2.24	2.19
	0.025	5.61	4.22	3.63	3.29	3.06	2.90	2.78	2.69	2.61	2.55
	0.010	7.64	5.45	4.57	4.07	3.75	3.53	3.36	3.23	3.12	3.03
	0.001	13.50	8.93	7.19	6.25	5.66	5.24	4.93	4.69	4.50	4.35
29	0.100	2.89	2.50	2.28	2.15	2.06	1.99	1.93	1.89	1.86	1.83
	0.050	4.18	3.33	2.93	2.70	2.55	2.43	2.35	2.28	2.22	2.18
	0.025	5.59	4.20	3.61	3.27	3.04	2.88	2.76	2.67	2.59	2.53
	0.010	7.60	5.42	4.54	4.04	3.73	3.50	3.33	3.20	3.09	3.00
	0.001	13.39	8.85	7.12	6.19	5.59	5.18	4.87	4.64	4.45	4.29
30	0.100	2.88	2.49	2.28	2.14	2.05	1.98	1.93	1.88	1.85	1.82
	0.050	4.17	3.32	2.92	2.69	2.53	2.42	2.33	2.27	2.21	2.16
	0.025	5.57	4.18	3.59	3.25	3.03	2.87	2.75	2.65	2.57	2.51
	0.010	7.56	5.39	4.51	4.02	3.70	3.47	3.30	3.17	3.07	2.98
	0.001	13.29	8.77	7.05	6.12	5.53	5.12	4.82	4.58	4.39	4.24
40	0.100	2.84	2.44	2.23	2.09	2.00	1.93	1.87	1.83	1.79	1.76
	0.050	4.08	3.23	2.84	2.61	2.45	2.34	2.25	2.18	2.12	2.08
	0.025	5.42	4.05	3.46	3.13	2.90	2.74	2.62	2.53	2.45	2.39
	0.010	7.31	5.18	4.31	3.83	3.51	3.29	3.12	2.99	2.89	2.80
	0.001	12.61	8.25	6.59	5.70	5.13	4.73	4.44	4.21	4.02	3.87
50	0.100	2.81	2.41	2.20	2.06	1.97	1.90	1.84	1.80	1.76	1.73
	0.050	4.03	3.18	2.79	2.56	2.40	2.29	2.20	2.13	2.07	2.03
	0.025	5.34	3.97	3.39	3.05	2.83	2.67	2.55	2.46	2.38	2.32
	0.010	7.17	5.06	4.20	3.72	3.41	3.19	3.02	2.89	2.78	2.70
	0.001	12.22	7.96	6.34	5.46	4.90	4.51	4.22	4.00	3.82	3.67
60	0.100	2.79	2.39	2.18	2.04	1.95	1.87	1.82	1.77	1.74	1.71
	0.050	4.00	3.15	2.76	2.53	2.37	2.25	2.17	2.10	2.04	1.99
	0.025	5.29	3.93	3.34	3.01	2.79	2.63	2.51	2.41	2.33	2.27
	0.010	7.08	4.98	4.13	3.65	3.34	3.12	2.95	2.82	2.72	2.63
	0.001	11.97	7.77	6.17	5.31	4.76	4.37	4.09	3.86	3.69	3.54
100	0.100	2.76	2.36	2.14	2.00	1.91	1.83	1.78	1.73	1.69	1.66
	0.050	3.94	3.09	2.70	2.46	2.31	2.19	2.10	2.03	1.97	1.93
	0.025	5.18	3.83	3.25	2.92	2.70	2.54	2.42	2.32	2.24	2.18
	0.010	6.90	4.82	3.98	3.51	3.21	2.99	2.82	2.69	2.59	2.50
	0.001	11.50	7.41	5.86	5.02	4.48	4.11	3.83	3.61	3.44	3.30

[표 B.6] F-분포표 (계속)

분모의 자유도	α	12	15	20	25	30	40	50	60	120	1,000
		분자의 자유도									
28	0.100	1.79	1.74	1.69	1.65	1.63	1.59	1.57	1.56	1.52	1.48
	0.050	2.12	2.04	1.96	1.91	1.87	1.82	1.79	1.77	1.71	1.66
	0.025	2.45	2.34	2.23	2.16	2.11	2.05	2.01	1.98	1.91	1.84
	0.010	2.90	2.75	2.60	2.51	2.44	2.35	2.30	2.26	2.17	2.08
	0.001	4.11	3.86	3.60	3.43	3.32	3.18	3.09	3.02	2.86	2.72
29	0.100	1.78	1.73	1.68	1.64	1.62	1.58	1.56	1.55	1.51	1.47
	0.050	2.10	2.03	1.94	1.89	1.85	1.81	1.77	1.75	1.70	1.65
	0.025	2.43	2.32	2.21	2.14	2.09	2.03	1.99	1.96	1.89	1.82
	0.010	2.87	2.73	2.57	2.48	2.41	2.33	2.27	2.23	2.14	2.05
	0.001	4.05	3.80	3.54	3.38	3.27	3.12	3.03	2.97	2.81	2.66
30	0.100	1.77	1.72	1.67	1.63	1.61	1.57	1.55	1.54	1.50	1.46
	0.050	2.09	2.01	1.93	1.88	1.84	1.79	1.76	1.74	1.68	1.63
	0.025	2.41	2.31	2.20	2.12	2.07	2.01	1.97	1.94	1.87	1.80
	0.010	2.84	2.70	2.55	2.45	2.39	2.30	2.25	2.21	2.11	2.02
	0.001	4.00	3.75	3.49	3.33	3.22	3.07	2.98	2.92	2.76	2.61
40	0.100	1.71	1.66	1.61	1.57	1.54	1.51	1.48	1.47	1.42	1.38
	0.050	2.00	1.92	1.84	1.78	1.74	1.69	1.66	1.64	1.58	1.52
	0.025	2.29	2.18	2.07	1.99	1.94	1.88	1.83	1.80	1.72	1.65
	0.010	2.66	2.52	2.37	2.27	2.20	2.11	2.06	2.02	1.92	1.82
	0.001	3.64	3.40	3.14	2.98	2.87	2.73	2.64	2.57	2.41	2.25
50	0.100	1.68	1.63	1.57	1.53	1.50	1.46	1.44	1.42	1.38	1.33
	0.050	1.95	1.87	1.78	1.73	1.69	1.63	1.60	1.58	1.51	1.45
	0.025	2.22	2.11	1.99	1.92	1.87	1.80	1.75	1.72	1.64	1.56
	0.010	2.56	2.42	2.27	2.17	2.10	2.01	1.95	1.91	1.80	1.70
	0.001	3.44	3.20	2.95	2.79	2.68	2.53	2.44	2.38	2.21	2.05
60	0.100	1.66	1.60	1.54	1.50	1.48	1.44	1.41	1.40	1.35	1.30
	0.050	1.92	1.84	1.75	1.69	1.65	1.59	1.56	1.53	1.47	1.40
	0.025	2.17	2.06	1.94	1.87	1.82	1.74	1.70	1.67	1.58	1.49
	0.010	2.50	2.35	2.20	2.10	2.03	1.94	1.88	1.84	1.73	1.62
	0.001	3.32	3.08	2.83	2.67	2.55	2.41	2.32	2.25	2.08	1.92
100	0.100	1.61	1.56	1.49	1.45	1.42	1.38	1.35	1.34	1.28	1.22
	0.050	1.85	1.77	1.68	1.62	1.57	1.52	1.48	1.45	1.38	1.30
	0.025	2.08	1.97	1.85	1.77	1.71	1.64	1.59	1.56	1.46	1.36
	0.010	2.37	2.22	2.07	1.97	1.89	1.80	1.74	1.69	1.57	1.45
	0.001	3.07	2.84	2.59	2.43	2.32	2.17	2.08	2.01	1.83	1.64

[표 B.7] 부호검정통계량 T의 분포표

$T \sim \text{Bin}(n,\ 1/2)$일 때, $P[T \geq b_\alpha(n,\ 1/2)] = \alpha$인 $b = b_\alpha(n,\ 1/2)$의 값

$p = 0.50$

	n							
b	10	11	12	13	14	15	16	17
5	0.6230							
6	0.3770	0.5000	0.6128					
7	0.1719	0.2744	0.3872	0.5000	0.6047			
8	0.0547	0.1133	0.1938	0.2905	0.3953	0.5000	0.5982	
9	0.0107	0.0327	0.0730	0.1334	0.2120	0.3036	0.4018	0.5000
10	0.0010	0.0059	0.0193	0.0461	0.0898	0.1509	0.2272	0.3145
11		0.0005	0.0032	0.0112	0.0287	0.0592	0.1051	0.1662
12			0.0002	0.0017	0.0065	0.0176	0.0384	0.0717
13				0.0001	0.0009	0.0037	0.0106	0.0245
14					0.0001	0.0005	0.0021	0.0064
15						0.0000	0.0003	0.0012
16							0.0000	0.0001
17								0.0000

$p = 0.50$

	n							
b	18	19	20	21	22	23	24	25
9	0.5927							
10	0.4073	0.5000	0.5881					
11	0.2403	0.3238	0.4119	0.5000	0.5841			
12	0.1189	0.1796	0.2517	0.3318	0.4159	0.5000	0.5806	
13	0.0481	0.0835	0.1316	0.1917	0.2617	0.3388	0.4194	0.5000
14	0.0154	0.0318	0.0577	0.0946	0.1431	0.2024	0.2706	0.3450
15	0.0038	0.0096	0.0207	0.0392	0.0669	0.1050	0.1537	0.2122
16	0.0007	0.0022	0.0059	0.0133	0.0262	0.0466	0.0758	0.1148
17	0.0001	0.0004	0.0013	0.0036	0.0085	0.0173	0.0320	0.0539
18	0.0000	0.0000	0.0002	0.0007	0.0022	0.0053	0.0113	0.0216
19		0.0000	0.0000	0.0001	0.0004	0.0013	0.0033	0.0073
20			0.0000	0.0000	0.0001	0.0002	0.0008	0.0020
21				0.0000	0.0000	0.0000	0.0001	0.0005
22					0.0000	0.0000	0.0000	0.0001
23						0.0000	0.0000	0.0000
24							0.0000	0.0000
25								0.0000

[표 B.8] 윌콕슨 부호순위검정 통계량 T^+의 분포표

$$P_{H_0}[T^+ \geq t(\alpha, n)] = \alpha \text{ 인 } x = t(\alpha, n) \text{ 값}$$

	n						
x	3	4	5	6	7	8	9
3	0.625						
4	0.375						
5	0.250	0.562					
6	0.125	0.438					
7		0.312					
8		0.188	0.500				
9		0.125	0.406				
10		0.062	0.312				
11			0.219	0.500			
12			0.156	0.422			
13			0.094	0.344			
14			0.062	0.281	0.531		
15			0.031	0.219	0.469		
16				0.156	0.406		
17				0.109	0.344		
18				0.078	0.289	0.527	
19				0.047	0.234	0.473	
20				0.031	0.188	0.422	
21				0.016	0.148	0.371	
22					0.109	0.320	
23					0.078	0.273	0.500
24					0.055	0.230	0.455
25					0.039	0.191	0.410
26					0.023	0.156	0.367
27					0.016	0.125	0.326
28					0.008	0.098	0.285
29						0.074	0.248
30						0.055	0.213
31						0.039	0.180
32						0.027	0.150
33						0.020	0.125
34						0.012	0.102
35						0.008	0.082
36						0.004	0.064
37							0.049
38							0.037
39							0.027
40							0.020
41							0.014
42							0.010
43							0.006
44							0.004
45							0.002

[표 B.8] 윌콕슨 부호순위검정 통계량 T^+의 분포표 (계속)

	n					
x	10	11	12	13	14	15
28	0.500					
29	0.461					
30	0.423					
31	0.385					
32	0.348					
33	0.312	0.517				
34	0.278	0.483				
35	0.246	0.449				
36	0.216	0.416				
37	0.188	0.382				
38	0.161	0.350				
39	0.138	0.319	0.515			
40	0.116	0.289	0.485			
41	0.097	0.260	0.455			
42	0.080	0.232	0.425			
43	0.065	0.207	0.396			
44	0.053	0.183	0.367			
45	0.042	0.160	0.339			
46	0.032	0.139	0.311	0.500		
47	0.024	0.120	0.285	0.473		
48	0.019	0.103	0.259	0.446		
49	0.014	0.087	0.235	0.420		
50	0.010	0.074	0.212	0.393		
51	0.007	0.062	0.190	0.368		
52	0.005	0.051	0.170	0.342		
53	0.003	0.042	0.151	0.318	0.500	
54	0.002	0.034	0.133	0.294	0.476	
55	0.001	0.027	0.117	0.271	0.452	
56		0.021	0.102	0.249	0.428	
57		0.016	0.088	0.227	0.404	
58		0.012	0.076	0.207	0.380	
59		0.009	0.065	0.188	0.357	
60		0.007	0.055	0.170	0.335	0.511
61		0.005	0.046	0.153	0.313	0.489
62		0.003	0.039	0.137	0.292	0.467
63		0.002	0.032	0.122	0.271	0.445
64		0.001	0.026	0.108	0.251	0.423
65		0.001	0.021	0.095	0.232	0.402
66		0.000	0.017	0.084	0.213	0.381
67			0.013	0.073	0.196	0.360
68			0.010	0.064	0.179	0.339
69			0.008	0.055	0.163	0.319
70			0.006	0.047	0.148	0.300
71			0.005	0.040	0.134	0.281
72			0.003	0.034	0.121	0.262
73			0.002	0.029	0.108	0.244
74			0.002	0.024	0.097	0.227
75			0.001	0.020	0.086	0.211
76			0.001	0.016	0.077	0.195
77			0.000	0.013	0.068	0.180

[표 B.8] 윌콕슨 부호순위검정 통계량 T^+의 분포표 (계속)

x	n					
	10	11	12	13	14	15
78			0.000	0.011	0.059	0.165
79				0.009	0.052	0.151
80				0.007	0.045	0.138
81				0.005	0.039	0.126
82				0.004	0.034	0.115
83				0.003	0.029	0.104
84				0.002	0.025	0.094
85				0.002	0.021	0.084
86				0.001	0.018	0.076
87				0.001	0.015	0.068
88				0.001	0.012	0.060
89				0.000	0.010	0.053
90				0.000	0.008	0.047
91				0.000	0.007	0.042
92					0.005	0.036
93					0.004	0.032
94					0.003	0.028
95					0.003	0.024
96					0.002	0.021
97					0.002	0.018
98					0.001	0.015
99					0.001	0.013
100					0.001	0.011
101					0.000	0.009
102					0.000	0.008
103					0.000	0.006
104					0.000	0.005
105					0.000	0.004
106						0.003
107						0.003
108						0.002
109						0.002
110						0.001
111						0.001
112						0.001
113						0.001
114						0.000
115						0.000
116						0.000
117						0.000
118						0.000
119						0.000
120						0.000

[표 B.9] 맨-위트니 검정통계량 U의 기각값

$u_{0.001}(n_1, n_2)$

n_1 \ n_2	6	7	8	9	10	11	12	13	14	15	16	17	18	19	20
1															
2															
3												0	0	0	0
4					0	0	0	1	1	1	2	2	3	3	3
5		0	0	1	1	2	2	3	3	4	5	5	6	7	7
6	0	1	2	2	3	4	4	5	6	7	8	9	10	11	12
7		2	3	3	5	6	7	8	9	10	11	13	14	15	16
8			5	5	6	8	9	11	12	14	15	17	18	20	21
9				7	8	10	12	14	15	17	19	21	23	25	26
10					10	12	14	17	19	21	23	25	27	29	32
11						15	17	20	22	24	27	29	32	34	37
12							20	23	25	28	31	34	37	40	42
13								26	29	32	35	38	42	45	48
14									32	36	39	43	46	50	54
15										40	43	47	51	55	59
16											48	52	56	60	65
17												57	61	66	70
18													66	71	76
19														77	82
20															88

$u_{0.01}(n_1, n_2)$

n_1 \ n_2	5	6	7	8	9	10	11	12	13	14	15	16	17	18	19	20
1																
2									0	0	0	0	0	0	1	1
3			0	0	1	1	1	2	2	2	3	3	4	4	4	5
4	0	1	1	2	3	3	4	5	5	6	7	7	8	9	9	10
5	1	2	3	4	5	6	7	8	9	10	11	12	13	14	15	16
6		3	4	6	7	8	9	11	12	13	15	16	18	19	20	22
7			6	8	9	11	12	14	16	17	19	21	23	24	26	28
8				10	11	13	15	17	20	22	24	26	28	30	32	34
9					14	16	18	21	23	26	28	31	33	36	38	40
10						19	22	24	27	30	33	36	38	41	44	47
11							25	28	31	34	37	41	44	47	50	53
12								31	35	38	42	46	49	53	56	60
13									39	43	47	51	55	59	63	67
14										47	51	56	60	65	69	73
15											56	61	66	70	75	80
16												66	71	76	82	87
17													77	82	88	93
18														88	94	100
19															101	107
20																114

[표 B.9] 맨-위트니 검정통계량 U의 기각값 (계속)

$u_{0.025}(n_1,\, n_2)$

n_1 \ n_2	4	5	6	7	8	9	10	11	12	13	14	15	16	17	18	19	20
1																	
2					0	0	0	0	1	1	1	1	1	2	2	2	2
3		0	1	1	2	2	3	3	4	4	5	5	6	6	7	7	8
4	0	1	2	3	4	4	5	6	7	8	9	10	11	11	12	13	13
5		2	3	5	6	7	8	9	11	12	13	14	15	17	18	19	20
6			5	6	8	10	11	13	14	16	17	19	21	22	24	25	27
7				8	10	12	14	16	18	20	22	24	26	28	30	32	34
8					13	15	17	19	22	24	26	29	31	34	36	38	41
9						17	20	23	26	28	31	34	37	39	42	45	48
10							23	26	29	33	36	39	42	45	48	52	55
11								30	33	37	40	44	47	51	55	58	62
12									37	41	45	49	53	57	61	65	69
13										45	50	54	59	63	67	72	76
14											55	59	64	67	74	78	83
15												64	70	75	80	85	90
16													75	81	86	92	98
17														87	93	99	105
18															99	106	112
19																113	119
20																	127

$u_{0.05}(n_1,\, n_2)$

n_1 \ n_2	3	4	5	6	7	8	9	10	11	12	13	14	15	16	17	18	19	20
1																	0	0
2			0	0	0	1	1	1	1	2	2	3	3	3	3	4	4	4
3	0	0	1	2	2	3	4	4	5	5	6	7	7	8	9	9	10	11
4		1	2	3	4	5	6	7	8	9	10	11	12	14	15	16	17	18
5			4	5	6	8	9	11	12	13	15	16	18	19	20	22	23	25
6				7	8	10	12	14	16	17	19	21	23	25	26	28	30	32
7					11	13	15	17	19	21	24	26	28	30	33	35	37	39
8						15	18	20	23	26	28	31	33	36	39	41	44	47
9							21	24	27	30	33	36	39	42	45	48	51	54
10								27	31	34	37	41	44	48	51	55	58	62
11									34	38	42	46	50	54	57	61	65	69
12										42	47	51	55	60	64	68	72	77
13											51	56	61	65	70	75	80	84
14												61	66	71	77	82	87	92
15													72	77	83	88	94	100
16														83	89	95	101	107
17															96	102	109	115
18																109	116	123
19																	123	130
20																		138

[표 B.10] 런검정 통계량 V의 기각값

$v_{0.05}'(n_1, n_2)$

n_1	n_2													
	2	3	4	5	6	7	8	9	10	11	12	13	14	15
2											2	2	2	2
3					2	2	2	2	2	2	2	2	2	3
4				2	2	2	3	3	3	3	3	3	3	3
5			2	2	3	3	3	3	3	4	4	4	4	4
6		2	2	3	3	3	3	4	4	4	4	5	5	5
7		2	2	3	3	3	4	4	5	5	5	5	5	6
8		2	3	3	3	4	4	5	5	5	6	6	6	6
9		2	3	3	4	4	5	5	5	6	6	6	7	7
10		2	3	3	4	5	5	5	6	6	7	7	7	7
11		2	3	4	4	5	5	6	6	7	7	7	8	8
12	2	2	3	4	4	5	6	6	7	7	7	8	8	8
13	2	2	3	4	5	5	6	6	7	7	8	8	9	9
14	2	2	3	4	5	5	6	7	7	8	8	9	9	9
15	2	3	3	4	5	6	6	7	7	8	8	9	9	10

$v_{0.05}(n_1, n_2)$

n_1	n_2											
	4	5	6	7	8	9	10	11	12	13	14	15
4		9	9									
5	9	10	10	11	11							
6	9	10	11	12	12	13	13	13	13			
7		11	12	13	13	14	14	14	14	15	15	15
8		11	12	13	14	14	15	15	16	16	16	16
9			13	14	14	15	16	16	16	17	17	18
10			13	14	15	16	16	17	17	18	18	18
11			13	14	15	16	17	17	18	19	19	19
12			13	14	16	16	17	18	19	19	20	20
13				15	16	17	18	19	19	20	20	21
14				15	16	17	18	19	20	20	21	22
15				15	16	18	18	19	20	21	22	22

[표 B.10] 런검정 통계량 V의 기각값 (계속)

$v_{0.01}'(n_1, n_2)$

n_1	n_2												
	3	4	5	6	7	8	9	10	11	12	13	14	15
3										2	2	2	2
4						2	2	2	2	2	2	2	3
5				2	2	2	2	3	3	3	3	3	3
6			2	2	2	3	3	3	3	3	3	4	4
7			2	2	3	3	3	3	4	4	4	4	4
8		2	2	3	3	3	3	4	4	4	5	5	5
9		2	2	3	3	3	4	4	5	5	5	5	6
10		2	3	3	3	4	4	5	5	5	5	6	6
11		2	3	3	4	4	5	5	5	6	6	6	7
12	2	2	3	3	4	4	5	5	6	6	6	7	7
13	2	2	3	3	4	5	5	5	6	6	7	7	7
14	2	2	3	4	4	5	5	6	6	7	7	7	8
15	2	3	3	4	4	5	6	6	7	7	7	8	8

$v_{0.01}(n_1, n_2)$

n_1	n_2										
	5	6	7	8	9	10	11	12	13	14	15
5		11									
6	11	12	13	13							
7		13	13	14	15	15	15				
8		13	14	15	15	16	16	17	17	17	
9			15	15	16	17	17	18	18	18	19
10			15	16	17	17	18	19	19	19	20
11			15	16	17	18	19	19	20	20	21
12				17	18	19	19	20	21	21	22
13				17	18	19	20	21	21	22	22
14				17	18	19	20	21	22	23	23
15					19	20	21	22	22	23	24

[표 B.11] 런검정에서 $P[V \le v | H_0$가 참] 값

(n_1, n_2)	v								
	2	3	4	5	6	7	8	9	10
(2, 3)	0.200	0.500	0.900	1.000					
(2, 4)	0.133	0.400	0.800	1.000					
(2, 5)	0.095	0.333	0.714	1.000					
(2, 6)	0.071	0.286	0.643	1.000					
(2, 7)	0.056	0.250	0.583	1.000					
(2, 8)	0.044	0.222	0.533	1.000					
(2, 9)	0.036	0.200	0.491	1.000					
(2, 10)	0.030	0.182	0.455	1.000					
(3, 3)	0.100	0.300	0.700	0.900	1.000				
(3, 4)	0.057	0.200	0.543	0.800	0.971	1.000			
(3, 5)	0.036	0.143	0.429	0.714	0.929	1.000			
(3, 6)	0.024	0.107	0.345	0.643	0.881	1.000			
(3, 7)	0.017	0.083	0.283	0.583	0.833	1.000			
(3, 8)	0.012	0.067	0.236	0.533	0.788	1.000			
(3, 9)	0.009	0.055	0.200	0.491	0.745	1.000			
(3, 10)	0.007	0.045	0.171	0.455	0.706	1.000			
(4, 4)	0.029	0.114	0.371	0.629	0.886	0.971	1.000		
(4, 5)	0.016	0.071	0.262	0.500	0.786	0.929	0.992	1.000	
(4, 6)	0.010	0.048	0.190	0.405	0.690	0.881	0.976	1.000	
(4, 7)	0.006	0.033	0.142	0.333	0.606	0.833	0.954	1.000	
(4, 8)	0.004	0.024	0.109	0.279	0.533	0.788	0.929	1.000	
(4, 9)	0.003	0.018	0.085	0.236	0.471	0.745	0.902	1.000	
(4, 10)	0.002	0.014	0.068	0.203	0.419	0.706	0.874	1.000	
(5, 5)	0.008	0.040	0.167	0.357	0.643	0.833	0.960	0.992	1.000
(5, 6)	0.004	0.024	0.110	0.262	0.522	0.738	0.911	0.976	0.998
(5, 7)	0.003	0.015	0.076	0.197	0.424	0.652	0.854	0.955	0.992
(5, 8)	0.002	0.010	0.054	0.152	0.347	0.576	0.793	0.929	0.984
(5, 9)	0.001	0.007	0.039	0.119	0.287	0.510	0.734	0.902	0.972
(5, 10)	0.001	0.005	0.029	0.095	0.239	0.455	0.678	0.874	0.958
(6, 6)	0.002	0.013	0.067	0.175	0.392	0.608	0.825	0.933	0.987
(6, 7)	0.001	0.008	0.043	0.121	0.296	0.500	0.733	0.879	0.966
(6, 8)	0.001	0.005	0.028	0.086	0.226	0.413	0.646	0.821	0.937
(6, 9)	0.000	0.003	0.019	0.063	0.175	0.343	0.566	0.762	0.902
(6, 10)	0.000	0.002	0.013	0.047	0.137	0.288	0.497	0.706	0.864
(7, 7)	0.001	0.004	0.025	0.078	0.209	0.383	0.617	0.791	0.922
(7, 8)	0.000	0.002	0.015	0.051	0.149	0.296	0.514	0.704	0.867
(7, 9)	0.000	0.001	0.010	0.035	0.108	0.231	0.427	0.622	0.806
(7, 10)	0.000	0.001	0.006	0.024	0.080	0.182	0.355	0.549	0.743
(8, 8)	0.000	0.001	0.009	0.032	0.100	0.214	0.405	0.595	0.786
(8, 9)	0.000	0.001	0.005	0.020	0.069	0.157	0.319	0.500	0.702
(8, 10)	0.000	0.000	0.003	0.013	0.048	0.117	0.251	0.419	0.621
(9, 9)	0.000	0.000	0.003	0.012	0.044	0.109	0.238	0.399	0.601
(9, 10)	0.000	0.000	0.002	0.008	0.029	0.077	0.179	0.319	0.510
(10, 10)	0.000	0.000	0.001	0.004	0.019	0.051	0.128	0.242	0.414

[표 B.11] 런검정에서 $P[V \le v | H_0$가 참] 값 (계속)

(n_1, n_2)	v									
	11	12	13	14	15	16	17	18	19	20
(2, 3)										
(2, 4)										
(2, 5)										
(2, 6)										
(2, 7)										
(2, 8)										
(2, 9)										
(2, 10)										
(3, 3)										
(3, 4)										
(3, 5)										
(3, 6)										
(3, 7)										
(3, 8)										
(3, 9)										
(3, 10)										
(4, 4)										
(4, 5)										
(4, 6)										
(4, 7)										
(4, 8)										
(4, 9)										
(4, 10)										
(5, 5)										
(5, 6)	1.000									
(5, 7)	1.000									
(5, 8)	1.000									
(5, 9)	1.000									
(5, 10)	1.000									
(6, 6)	0.998	1.000								
(6, 7)	0.992	0.999	1.000							
(6, 8)	0.984	0.998	1.000							
(6, 9)	0.972	0.994	1.000							
(6, 10)	0.958	0.990	1.000							
(7, 7)	0.975	0.996	0.999	1.000						
(7, 8)	0.949	0.988	0.998	1.000	1.000					
(7, 9)	0.916	0.975	0.994	0.999	1.000					
(7, 10)	0.879	0.957	0.990	0.998	1.000					
(8, 8)	0.900	0.968	0.991	0.999	1.000	1.000				
(8, 9)	0.843	0.939	0.980	0.996	0.999	1.000	1.000			
(8, 10)	0.782	0.903	0.964	0.990	0.998	1.000	1.000			
(9, 9)	0.762	0.891	0.956	0.988	0.997	1.000	1.000	1.000		
(9, 10)	0.681	0.834	0.923	0.974	0.992	0.999	1.000	1.000	1.000	
(10, 10)	0.586	0.758	0.872	0.949	0.981	0.996	0.999	1.000	1.000	1.000

[표 B.12] 스피어맨의 순위상관계수 r_s의 분포표

$P_{H_0}[r_s > r_s(\alpha, n)] = \alpha$인 $r_s(\alpha, n)$의 값

	α					
n	0.10	0.05	0.025	0.01	0.005	0.0025
4	1.000	1.000				
5	0.800	0.900	1.000	1.000		
6	0.657	0.829	0.886	0.943	1.000	1.000
7	0.571	0.714	0.786	0.893	0.929	0.964
8	0.524	0.643	0.738	0.833	0.881	0.905
9	0.483	0.600	0.700	0.783	0.833	0.867
10	0.455	0.564	0.648	0.745	0.794	0.830
11	0.427	0.536	0.618	0.709	0.755	0.800
12	0.406	0.503	0.587	0.678	0.727	0.769
13	0.385	0.484	0.560	0.648	0.703	0.747
14	0.367	0.464	0.538	0.626	0.679	0.723
15	0.354	0.446	0.521	0.604	0.654	0.700
16	0.341	0.429	0.503	0.582	0.635	0.679
17	0.328	0.414	0.485	0.566	0.615	0.662
18	0.317	0.401	0.472	0.550	0.600	0.643
19	0.309	0.391	0.460	0.535	0.584	0.628
20	0.299	0.380	0.447	0.520	0.570	0.612
21	0.292	0.370	0.435	0.508	0.556	0.599
22	0.284	0.361	0.425	0.496	0.544	0.586
23	0.278	0.353	0.415	0.486	0.532	0.573
24	0.271	0.344	0.406	0.476	0.521	0.562
25	0.265	0.337	0.398	0.466	0.511	0.551
26	0.259	0.331	0.390	0.457	0.501	0.541
27	0.255	0.324	0.382	0.448	0.491	0.531
28	0.250	0.317	0.375	0.440	0.483	0.522
29	0.245	0.312	0.368	0.433	0.475	0.513
30	0.240	0.306	0.362	0.425	0.467	0.504
31	0.236	0.301	0.356	0.418	0.459	0.496
32	0.232	0.296	0.350	0.412	0.452	0.489
33	0.229	0.291	0.345	0.405	0.446	0.482
34	0.225	0.287	0.340	0.399	0.439	0.475
35	0.222	0.283	0.335	0.394	0.433	0.468
36	0.219	0.279	0.330	0.388	0.427	0.462
37	0.216	0.275	0.325	0.383	0.421	0.456
38	0.212	0.271	0.321	0.378	0.415	0.450
39	0.210	0.267	0.317	0.373	0.410	0.444
40	0.207	0.264	0.313	0.368	0.405	0.439
41	0.204	0.261	0.309	0.364	0.400	0.433
42	0.202	0.257	0.305	0.359	0.395	0.428
43	0.199	0.254	0.301	0.355	0.391	0.423
44	0.197	0.251	0.298	0.351	0.386	0.419
45	0.194	0.248	0.294	0.347	0.382	0.414
46	0.192	0.246	0.291	0.343	0.378	0.410
47	0.190	0.243	0.288	0.340	0.374	0.405
48	0.188	0.240	0.285	0.336	0.370	0.401
49	0.186	0.238	0.282	0.333	0.366	0.397
50	0.184	0.235	0.279	0.329	0.363	0.393

제1장 서론

1.1 (a) 144,000 (b) 72,576

1.2 180

1.3 144, 18개

1.4 24

1.5 $5!\times4!\times3!\times3!\times4!$

1.6 (a) $8!$ (b) $4!\times2^4$ (c) $4!\times4!$

1.7 (a) $9!$ (b) $5!\times3!\times3!$ (c) $5!\times5!$

1.8 (a) $7!$ (b) 3,600 (c) 720

1.9 (a) $\binom{50}{2}\binom{60}{2}\binom{40}{4}\binom{30}{2}$

(b) $\binom{50}{2}\binom{59}{1}\binom{39}{3}\binom{30}{2}+\binom{50}{2}\binom{59}{2}\binom{39}{4}\binom{30}{2}$

1.13 (a) $\binom{12}{3}$ (b) 572

1.14 $\frac{10!}{5!4!}=1,260$

1.15 (a) $10!\times6!\times4!$ (b) $\binom{20}{10,6,4}$

(c) $\binom{19}{9,6,4}$ (d) $\binom{18}{8,6,4}$

1.16 (a) 60 (b) 13 (c) 170

1.17 $\frac{10!}{3!\,4!\,2!}=12,600$

1.18 $-241,920$

제2장 확률

2.1 $S=\{0,1,2,...,n\}$

2.2 (a) $S=\{6,\ i_1 6,\ i_1 i_2 6,\ i_1 i_2 i_3 6,... \mid i_j=1,2,3,4,5,\ ;j=1,2,...\}$

(b) 5^{k-1}

2.3 (a) $\{HTT, THT, TTH, TTT\}$

(b) $\{HHH, HHT\}$

(c) $\{HHH, HHT, HTH, THH, HTT, THT, TTT\}$

2.5 (a) 확률모형이 될 수 없다.

(b) 확률모형이 될 수 있다.

2.6 $\frac{3}{4}$

2.7 $\frac{3}{4}$

2.8 (a) $\frac{10(4^5-4)}{\binom{52}{5}}$ (b) $\frac{13\cdot12\cdot\binom{4}{2}\binom{4}{3}}{\binom{52}{5}}$

(c) $\frac{4}{\binom{52}{5}}$ (d) $\frac{\binom{13}{2}\binom{4}{2}\binom{4}{2}\binom{44}{1}}{\binom{52}{5}}$

(e) $\frac{\binom{13}{1}\binom{4}{3}\binom{12}{2}\binom{4}{1}\binom{4}{1}}{\binom{52}{5}}$

2.9 (a) $\binom{7}{3}$ (b) $\frac{1}{7}$

2.10 (a) $\frac{12}{143}$ (b) $\frac{62}{143}$

2.11 (a) $\frac{9}{16}$ (b) $\frac{1}{4}$ (c) $\frac{1}{8}$

2.13 (a) $\frac{5}{6}$ (b) $\frac{1}{6}$

2.15 $\frac{3}{5}$

2.16 (a) $\frac{2}{9}$ (b) $\frac{3}{20}$

2.17 (a) $\frac{1}{2}$ (b) $\frac{6}{57}$ (c) $\frac{12}{57}$

2.18 (a) 0.04086 (b) 0.0001043

2.19 $\frac{1}{3}$

2.20 (a) $\frac{57}{108}$ (b) $\frac{41}{108}$ (c) $\frac{32}{57}$

2.21 (a) $\frac{2}{3}$ (b) $\frac{5}{6}$

2.22 (a) $\frac{2}{3}$ (b) $\frac{1}{3}$

2.25 (a) 0.4 (b) $\frac{4}{7}$

2.26 $\frac{6}{11}$

2.27 (a) 쌍별로 독립이다.
(b) 상호독립은 아니다.

2.28 (a) 쌍별로 독립이다.
(b) 상호독립이다.

제 3 장 확률변수

3.1 (a) $P[X=0]=\frac{99}{476}$

$P[X=1]=\frac{220}{476}$

$P[X=2]=\frac{132}{476}$

$P[X=3]=\frac{24}{476}$

$P[X=4]=\frac{1}{476}$

(b) $\frac{27}{476}$ (c) $\frac{6}{476}$

3.2 (a)
$$F_Z(z)=\begin{cases} 0, & x<0 \\ \frac{1}{16}, & 0 \le x < 1 \\ \frac{5}{16}, & 1 \le x < 2 \\ \frac{11}{16}, & 2 \le x < 3 \\ \frac{15}{16}, & 3 \le x < 4 \\ 1, & x \ge 4 \end{cases}$$

(b) 제 1 사분위수는 1, 제 2 사분위수(중앙값)는 2, 제 3 사분위수는 3이다.

3.3 (a) cdf가 될 수 있다.
(b) cdf가 될 수 없다.

3.4 0.488

3.5 $1을 딸 확률 : $\frac{39}{55}$

$2를 딸 확률 : $\frac{15}{55}$

$3을 딸 확률 : $\frac{1}{55}$

3.6

x	0	1	2
$f(x)$	$\frac{10}{28}$	$\frac{15}{28}$	$\frac{3}{28}$

3.7 (a)와 (b) pmf로 사용할 수 있다.
(c) pmf가 될 수 없다.

3.8 (a) $\frac{3}{4}$ (b) $\frac{1}{4}$

(c) $\frac{1}{2}$ (d) $\frac{1}{2}$

(e)

x	-1	1	3	5
$f(x)$	$\frac{1}{4}$	$\frac{1}{4}$	$\frac{1}{4}$	$\frac{1}{4}$

(f) 제 1 사분위수 -1, 제 3 사분위수 3.

3.9 (a) 분포함수가 될 수 없다.
(b) 분포함수로 사용될 수 있다.

3.10 (a) $p=\frac{1}{3}$ (b) $\frac{5}{9}$

3.11 $f(x)=\frac{x+1}{8},\ -1<x<3$

3.12 (a) 0.7

(b) $-\frac{1}{3}\ln\left(\frac{5}{6}\right)\approx 0.0608$

(c) 0.7648

3.13 (a) $F(x)=\begin{cases} 0, & x \le 0 \\ x^2/2, & 0<x<1 \\ 2x-x^2/2-1, & 1 \le x < 2 \\ 1, & x \ge 2 \end{cases}$

(b) 0.875 (c) 0.555

3.14 (a) $c=3$ (b) $F(x)=\begin{cases} 0, & x<0 \\ x^3, & 0 \le x < 1 \\ 1, & x \ge 1 \end{cases}$

(c) 0.485

3.15 (a) cdf가 될 수 있다.

$$f(x)=\begin{cases} \frac{1}{2}, & 0<x<1 \\ \frac{1}{4}, & 2<x<4 \end{cases}$$

(b) cdf가 될 수 있다.

$f(x)=xe^{-x}, x>0$

3.16 (a) $x_{0.5}=\sqrt{0.5}$

(b) $x_{0.25} = \frac{1}{2}$, $x_{0.75} = \frac{\sqrt{3}}{2}$

3.17 (a) $2-4^{1/3} \approx 0.4126$ (b) 0

3.18 (a) $\frac{2}{3}$ (b) 2

3.19 (b) $\frac{11}{12}$

3.20 (a) $\frac{1}{36}$ (b) $\frac{1}{15}$

3.21 cdf가 될 수 없다.

3.22 (a) $f(x, y) = x+y,\ 0<x<1,\ 0<y<1$

(b) 0.216 (c) $\frac{1}{2}$

(d) $\frac{1}{24}$ (e) $\frac{19}{24}$

3.23 (a) $k=\frac{1}{50}$ (b) $\frac{13}{75}$

(c) $\frac{14}{25}$ (d) $\frac{8}{15}$

3.24 $\frac{5}{12}$

3.25 $\frac{1}{4}(1-e^{-1})$

3.26 (a)

z \ w	0	1	2
0	0.36	0.24	0
1	0	0.24	0.16

(d) 0.64

3.27 (a) $f_X(x) = \frac{2}{3}(x+1),\ 0 \le x \le\leqq 1$

(b) $f_Y(y) = \frac{1}{3}(1+4y),\ 0 \le y \le 1$

(c) $\frac{3}{16}$

3.28 (a) $f_X(x) = 4(1-x)^3,\ 0<x<1$

(b) $f_Y(y) = 12y(1-y)^2,\ 0<y<1$

3.29 (a) $f_X(x) = 2x+1-3x^2,\ 0<x<1$

(b) $f_Y(y) = 3y^2,\ 0<y<1$

3.30 (a) $f(x,y) = \frac{1}{36}xy,\ x=1,2,3\ ;y=1,2,3$

(b) $f(x,z) = \frac{1}{18}xz,\ x=1,2,3\ ;z=1,2$

(c) $f_X(x) = \frac{1}{6}x,\ x=1,2,3$

3.31 $f(x_1, x_2) = x_1+x_2,\ 0<x_1<1,\ 0<x_2<1,$

$f_1(x_1) = x_1+\frac{1}{2},\ 0<x_1<1$

3.32 (b) $\frac{101}{180}$ (c) $\frac{25}{36}$

3.33 (a) $\frac{1}{16}$

(b) $f_X(x) = 12x(1-x)^2,\ 0 \le x \le 1$

(c) $\frac{1}{4}$

3.34 (a) $f(x|y) = \frac{2(x+2y)}{1+4y},\ 0 \le x \le 1$

(b) $f(y|x) = \frac{x+2y}{x+1},\ 0 \le y \le 1$

(c) $\frac{5}{12}$

3.35 (a) $f(x|y) = \frac{2(1-x-y)}{(1-y)^2},\ 0<x<1-y$

(b) $\frac{3}{4}$ (c) $\frac{13}{22}$

3.36 (a) $f_{Y,Z}(y,z) = \frac{2}{9}yz^2,\ 0<y<1,\ 0<z<3$

(b) $f_Y(y) = 2y,\ 0<y<1$

(c) $\frac{7}{162}$ (d) $\frac{1}{4}$

3.37 종속

3.38 종속

3.39 (a) $f_X(x) = \frac{3}{18}(2x-1),\ 1<x<3$

$f_Y(y) = \frac{2}{9}(6-y),\ 1<y<2$

(b) 종속 (c) $\frac{2}{3}$

3.40 (a) 독립 (b) 종속

3.41 0.64

제 4 장 확률변수의 적률

4.1 (a) 3.5 (b) $\frac{94}{3}$

4.2 −700원

4.3 2.25

4.4 (a) $\frac{1}{\lambda}$ (b) 1.5 (c) 1

4.5 (a) θ (b) $\frac{1}{1-a\theta}$

4.8 $(k!)\theta^k$

4.9 $\frac{20}{19}$

4.10 107

4.11 (a) $\frac{25}{8}$ (b) $\frac{55}{64}$

4.12 (a) $\frac{3}{2}$ (b) 1 (c) 4

4.13 (a) $\frac{2}{9}$ (b) $-\frac{2\sqrt{2}}{5}$ (c) $-\frac{3}{5}$

4.14 (a) $\frac{1}{3}$ (b) $\frac{4}{45}$ (c) $\frac{4}{5}$

4.15 (a) 2, 6

(b) 오른쪽으로 긴 꼬리를 가진 분포

4.16 $\frac{21}{25}$

4.17 (a) 0.9839 (b) ≥ 0.75

4.18 $k=\sqrt{20}$

4.19 $\frac{5}{6}$

4.20 (a) $\frac{4}{10}e^t+\frac{3}{10}e^{2t}+\frac{2}{10}e^{3t}+\frac{1}{10}e^{4t}$

(b) $\frac{1}{3}(e^t+e^{2t}+e^{3t})$

4.21 0.5

4.22 $M_Z(t)=e^{t^2/2}$, 0, 1

4.23 (a) $\frac{11}{6}$ (b) $\frac{17}{36}$

(c)

x	1	2	3
$f(x)$	$\frac{2}{6}$	$\frac{3}{6}$	$\frac{1}{6}$

(d) $\frac{2}{6}t+\frac{3}{6}t^2+\frac{1}{6}t^3$

4.24 (a) $M_X(t)=\frac{1}{2-e^t}$, $t<\ln 2$

(b) $\eta_X(t)=\frac{1}{2-t}$, $t<2$

(c) 2 (d) 6

(e) $M_Y(t)=e^{4t}\frac{1}{2-e^{3t}}$, $t<\frac{1}{3}\ln 2$

4.25 (a) $\frac{2}{(1-t_2)(2-t_1-t_2)}$, $t_2<1$, $t_1+t_2<2$

(b) $M_X(t_1)=\frac{2}{2-t_1}$, $t_1<2$

$M_Y(t_2)=\frac{2}{(1-t_2)(2-t_2)}$, $t_2<1$

(c) 종속

4.26 (a) $\frac{3}{32}$ (b) $\frac{3}{\sqrt{335}}$

4.27 (a) $-\frac{1}{144}$ (b) $-\frac{15}{144}$

4.28 (a) 7 (b) 116

(c) 16 (d) 20

4.29 (a) $\frac{4}{225}$ (b) $\frac{8}{45}$ (c) $\frac{4}{\sqrt{66}}$

4.30 (a) $-\sigma_X^2$ (b) $\frac{-\sigma_X}{\sqrt{\sigma_X^2+\sigma_Y^2}}$

4.31 75, $\frac{75}{\sqrt{9840}}$

4.32 $\frac{4}{7}$

4.33 $\frac{360}{361}$

4.34 $E(Y|X=0)=1$

$E(Y|X=1)=\frac{1}{2}$

$E(Y|X=2)=0$

4.35 $\frac{7}{12}$

4.36 (a) $\frac{2}{3}x$, $0<x<1$

(b) $\frac{1}{2}$ (c) $\frac{2}{3}x^2$, $0<x<1$

4.37 $E(X)=E(Y)=1$, $\mathrm{Cov}(X,Y)=1$,

$E(X^2|y)=2y^2$

4.38 (a) $\frac{3}{2}$ (b) $\frac{25}{12}$ (c) 6

4.39 (a) $\frac{x+1}{2}$, $0<x<1$ (b) $\frac{y}{2}$, $0<y<1$

(c) $\frac{y^2}{12}$, $0<y<1$ (d) $\frac{1}{3}$ (e) $\frac{1}{18}$

제 5 장 특별한 이산분포

5.1 0.9984

5.2 (a) 0.2182 (b) 0.8441 (c) 0.5886

5.3 0.0127

5.4 (a) $(pe^t+q)^{\sum_{i=1}^{k} n_i}$ (b) $\text{Bin}\left(\sum_{i=1}^{k} n_i,\ p\right)$

5.6 $p_2(1+19p_1)$,

$p_2(1-p_2)+19p_1p_2(1-p_1p_2)$

5.7 $\dfrac{\binom{80}{2}\binom{40}{3}}{\binom{120}{5}} \approx 0.1638$

5.8 0.1646

5.9 (a) 0.1105 (b) 0.1115

5.10 (a) $\frac{3}{10}$, $\frac{5}{6}$ (b) $\frac{25}{46}$

5.11 0.9802, 0.9802

5.12 0.8886

5.13 0.8753

5.14 0.0902

5.15 (a) μ (b) μ^2 (c) μ

5.16 (a) 1 (b) 0.9197

5.17 (a) $100p-25$ (b) $p>0.25$

(c) 0 (d) 없다

5.18 (a) 0.2μ (b) 0.2μ

5.19 0.00914

5.20 $\frac{1}{2}$

5.21 $\frac{1}{p}$, $\frac{q}{p^2}$

5.22 $f_X(x)=\binom{9+x}{9}\left(\frac{1}{2}\right)^{10+x}$, $x=0,1,2,\ldots$

5.23 $\frac{27}{256}$

5.24 (a) 0.1875 (b) 0.6875

5.25 $\frac{m}{1-p}$

5.26 $M_Y(t)=\left(\dfrac{pe^t}{1-qe^t}\right)^k$, $t<-\ln q$,

$q=1-p$, $Y \sim \text{NB}(k,p)$

5.27 (a) $M_Y(t)=\left(\dfrac{pe^t}{1-qe^t}\right)^{r_1+r_2}$, $t<-\ln q$

(b) $\text{NB}(r_1+r_2,p)$

5.28 -184

5.30 $\frac{72}{1001}$

5.31 (a) $\frac{144}{1001}$ (b) $\frac{192}{1001}$

5.32 0.1458

5.33 (a) 0.1176 (b) 0.5314 (c) 0.0823

제 6 장 특별한 연속분포

6.2 (a) $\frac{4}{5}$ (b) $\frac{2}{5}$

6.3 $\frac{2}{5}$

6.4 $\frac{1}{2}$

6.5 $\frac{1}{3}$

6.6 (a) $\frac{1}{2}$ (b) $\frac{1}{3}$

6.8 (a) 0.9810 (b) 0.4236

6.9 0.1991

6.10 0.3712

6.11 (a) $e^{-1.25}$ (b) $e^{-0.5}-e^{-1.0}$

6.12 (a) $1-e^{-3/4}$ (b) 0.3968

6.13 $x_{0.5}=\theta \ln 2$

$x_{0.25}=-\theta \ln(3/4)$

$x_{0.75}=\theta \ln 4$

6.14 (a) $(1-\theta^2t^2)^{-1}$ (b) $\text{DE}(\theta,0)$

6.15 (a) $M_Y(t)=(1-5t)^{-15}$, $t<\frac{1}{5}$

(b) $Y \sim \text{Gam}(15,5)$

6.16 e^{-1}

6.17 (a) 0.4539 (b) 0.0072 (c) $4.5\sqrt{\pi}$

6.18 (a) $1-e^{-4}$ (b) $1-e^{-4/3}$

6.19 $x_{0.5}=\beta(\ln 2)^{1/\alpha}$

6.20 2.9740

6.21 (a) $f(x_1,x_2)=2(1+x_1)^{-2}$

$\times(1+x_2)^{-3}$, $x_1>0$, $x_2>0$

(b) $\frac{1}{3}$

6.22 (a) $a=1.645$ (b) $b=1.96$

6.23 (a) 0.0228 (b) 0.3830

(c) 약 14개 (d) 191.9

6.24 (a) 0.0179 (b) 0.6826

(c) 9.9766

6.25 (a) 60점 (b) 74점

6.26 1417.75

6.27 0.0456

6.28 (a) 214명 (b) 411명

(c) 33명

6.29 0.6826

6.30 (a) 1875 (b) 41,015,625

6.34 (a) 5.7642 (b) 52.1213

6.35 0.7198

제 7 장 확률변수들의 함수

7.1 $F_Y(y)=(y+1)^3,\ -1<y<0$

$f_Y(y)=3(y+1)^2,\ -1<y<0$

7.2 $f_Y(y)=\frac{1}{2\sqrt{y}},\ 0<y<1$

7.3 $f_Y(y)=\frac{1}{\sigma y\sqrt{2\pi}}\exp\left[-\frac{(\ln y-\mu)^2}{2\sigma^2}\right],$

$0<y<\infty$

7.4 $f_Z(z)=4ze^{-2z},\ 0<z<\infty$

7.5 $f_Y(y)=\frac{e^{-\mu}\mu^{\sqrt{y-3}}}{(\sqrt{y-3})!},\ y=3,4,7,12,\ldots$

7.6 $f_Y(y)=\frac{1}{\theta}e^{-y/\theta},\ 0<y<\infty$

7.7 $f_Y(y)=1,\ 0<y<1$

7.8 $f_Y(y)=\frac{1}{\sqrt{2\pi}}e^{-y^2/2},\ -\infty<y<\infty$

7.9 (a) $f_Y(y)=\frac{32}{y^3},\ y>4$ (b) $\frac{1}{4}$

7.11 $f_Y(y)=\begin{cases}\frac{2}{9\sqrt{y}}, & 0<y<1\\ \frac{\sqrt{y}+1}{9\sqrt{y}}, & 1<y<4\end{cases}$

7.12 $f_Y(y)=\begin{cases}\frac{2}{3}, & 0<y<1\\ \frac{1}{3}, & 1<y<2\end{cases}$

7.13 $f_Y(y)=\frac{1}{2\theta}y^{-3/2},\ y>\frac{1}{\theta^2}$

7.14 $f_{Y_1,Y_2}(y_1,y_2)$

$=\binom{2}{\frac{y_1+y_2}{2},\ \frac{y_1-y_2}{2},\ 2-y_1}$

$\times\left(\frac{1}{4}\right)^{\frac{y_1+y_2}{2}}\left(\frac{1}{3}\right)^{\frac{y_1-y_2}{2}}\left(\frac{5}{12}\right)^{2-y_1},$

$y_1=0,1,2\ ;\ y_2=-2,-1,0,1,2;$

$y_2\le y_1\ ;\ y_1+y_2=0,2,4$

7.15 (a) $f_Z(z)=4z^3,\ 0<z<1$

(b) $\frac{65}{256}$

7.16 (a) $f_{Y_1,Y_2}(y_1,y_2)=e^{-(y_1+y_2)},$

$0<y_1<\infty,\ 0<y_2<\infty$

(b) 독립

7.17 $f_Y(y)=\frac{2}{(1+y)^3},\ 0<y<\infty$

7.18 (a) $f_{Y_1,Y_2}(y_1,y_2)=y_1e^{-y_1},$

$0<y_1<\infty,\ 0<y_2<1$

(b) 독립

7.19 (a) $f_{Y_1,Y_2}(y_1,y_2)=\frac{1}{4\pi\sigma^2}$

$\times\exp\left\{-\frac{1}{4\sigma^2}(y_1-2\mu)^2-\frac{y_2^2}{4\sigma^2}\right\},$

$-\infty<y_1<\infty,\ -\infty<y_2<\infty$

(b) 독립

7.20 $f_Y(y)=\frac{1}{(y+1)^2},\ 0<y<\infty$

7.21 $f(y_1,y_2,y_3)=y_2y_3^2e^{-y_3},$

$0<y_1,y_2<1,\ 0<y_3<\infty$

7.22 $Y\sim \text{Bin}(n,p)$

7.23 $Y\sim \text{Gam}\left(\sum_{i=1}^{n}\alpha_i,\beta\right)$

7.24 $Y=X_1-X_2+n_2\sim \text{Bin}\left(n_1+n_2,\ \frac{1}{2}\right)$

7.25 $T \sim \mathrm{N}(70,252)$

7.26

y	1	2	3
$f_{Y_1}(y_1)$	0.6	0.2	0.2

7.27 $P[Y_n = 0] = (1-p)^n$

$P[Y_n = 1] = 1-(1-p)^n$

7.28 (a) $f_R(r) = \dfrac{4}{3}(1-r)^2(2+r), \quad 0 < r < 1$

(b) $\dfrac{4}{15}$

7.29 $1-(1-e^{-3})^4$

7.30 0.3174

7.31 $\dfrac{5}{16}$

제 8 장 표본분포

8.2 (a) 0.0228 (b) 0.8904 (c) 0.0918

8.3 $n = 16$

8.4 (a) $\mathrm{LN}\left(\sum_{i=1}^{n}\mu_i, \sum_{i=1}^{n}\sigma_i^2\right)$

(b) $\mathrm{LN}\left(\sum_{i=1}^{n}a_i\mu_i, \sum_{i=1}^{n}a_i^2\sigma_i^2\right)$

(c) $\mathrm{LN}(\mu_1-\mu_2, \sigma_1^2+\sigma_2^2)$

(d) $\exp\left(\sum_{i=1}^{n}\mu_i + \frac{1}{2}\sum_{i=1}^{n}\sigma_i^2\right)$

8.5 0.75

8.6 0.125

8.7 0.95

8.8 0.85

8.9 0.95

8.10 0.0746

8.11 (a) 0.0152 (b) 0.10

8.12 12개

8.13 $\sigma^2, \dfrac{2\sigma^4}{n-1}$

8.14 (a) 0.95 (b) 0.95

8.16 (a) $a = 1.316$ (c) $b = 2.228$

8.17 (a) 0.90 (b) 0.85

8.18 0.975

8.19 0.85

8.21 0.05

8.23 (a) 0.975

(b) $a = 9.48/10.48 \approx 0.9046$

8.24 0.7031

8.25 (a) 1260 (b) 0.7384

제 9 장 극한분포

9.1 $y = \mu$ 에서 퇴화분포이다. 즉,

$$F_Y(y) = \begin{cases} 0, & y < \mu \\ 1, & y \geq \mu \end{cases}$$

9.2 (a) $G_n(y) = \begin{cases} 0, & y \leq 0 \\ (y/\theta)^n, & 0 < y < \theta \\ 1, & y \geq \theta \end{cases}$

(b) $y = \theta$ 에서 퇴화분포

9.3 $\mathrm{Exp}(\theta)$

9.4 (a) $y = \theta$ 에서 퇴화분포

9.8 $\mathrm{Bin}(\beta, 1)$

9.9 (b) $\mathrm{N}(0,1)$

9.10 (b) $\mathrm{N}(0,1)$

9.11 0.7851, 0.6915

9.12 (a) 0.975 (b) 0.9625

9.13 $n \geq 1083$

9.14 $\mathrm{N}(0, c^2)$, $\mathrm{N}(0, 1/c^2)$

9.15 0.9847

9.16 (a) 0.9890 (b) 0.8739

9.17 $\mathrm{N}\left(e^{-\mu}, \dfrac{\mu e^{-2\mu}}{n}\right)$

9.18 (a) $\mathrm{N}\left(p, \dfrac{p(1-p)}{n}\right)$

(b) $\mathrm{N}\left(p(1-p), \dfrac{p(1-p)(1-2p)^2}{n}\right)$

9.19 (a) $\mathrm{N}(10\ln 2, 100/81)$

(b) 0.9332 (c) 9.1093

(d) 3.5667 (e) 0.3

제 10 장 점추정

10.1 (b) $\frac{n}{n-1}\overline{X}(1-\overline{X})$

10.2 $a+b=1$

10.3 (c) $\frac{n\sigma^2}{\left(\sum_{i=1}^{n} x_i\right)^2}$, $\frac{\sigma^2}{n^2}\sum_{i=1}^{n}\frac{1}{x_i^2}$

10.6 (a) $b_\theta(T_1)=b_\theta(T_2)=b_\theta(T_3)=0$

10.7 (a) $\text{MSE}(S_2^2)=\frac{2\sigma^4}{n+1}$

(b) $k=\frac{1}{n+1}$

10.8 (a) $b_\theta(T_1)=b_\theta(T_2)=b_\theta(T_3)=0$

(b) $\frac{1}{2}\theta^2$, $\frac{5}{9}\theta^2$, $\frac{1}{3}\theta^2$

10.9 (a) 비편향추정량이다.

(b) $\frac{n+8}{(n+2)^2}\sigma^2$

(c) $\text{MSE}(\overline{X}) < \text{MSE}(T),\ n \geq 2$

10.10 (a) $\frac{1}{p^2(1-p)}$ (b) $\frac{p^2(1-p)}{n}$

(c) $\frac{1-p}{np^2}$ (d) $\overline{X}$

10.11 (a) 만족하지 않는다.

(b) $\frac{2\sigma^4}{n}$ (c) $\frac{\sigma^2}{2n}$

10.12 $\frac{4\theta^2}{n}$

10.13 $\frac{4\theta^4}{n}$

10.14 (a) $\frac{2}{3}$ (b) $\frac{3}{5}$

10.15 (a) $\frac{2}{n}$ (b) $\frac{8(n-2)}{n^2}$

10.16 $\frac{3(n+1)}{2(2n+1)}$

10.17 $T_3=\overline{X}$

10.19 $\overline{X}-b$

10.20 (a) 점근적 비편향추정량이다.

(c) 일치추정량이다.

10.21 $X_{1:n}$

10.22 $\sum_{i=1}^{n} X_i^2$

10.23 $\left(\sum_{i=1}^{n} X_i,\ \sum_{i=1}^{n} X_i^2\right)$

10.24 $\sum_{i=1}^{n} |X_i|$

10.25 $\prod_{i=1}^{n} X_i$

10.26 $(X_{1:n}, X_{n:n})$

10.27 $\prod_{i=1}^{n}(1+X_i)$

10.29 (b) $\sum_{i=1}^{n} X_i$ (c) $\overline{X}$

10.31 (a) $\sum_{i=1}^{n} X_i$ (b) $\sum_{i=1}^{n} X_i$

10.32 (a) $\sum_{i=1}^{n} X_i$ (b) $\overline{X}$

10.33 $\frac{n}{n+1}\overline{X}^2$

10.34 (b) $\overline{X}$

10.36 $\frac{2\overline{X}-1}{1-\overline{X}}$

10.37 (a) $\hat{p}=\frac{n\overline{X}}{\sum_{i=1}^{n}(X_i-\overline{X})^2+n\overline{X}}$

$\hat{r}=\frac{n\overline{X}^2}{\sum_{i=1}^{n}(X_i-\overline{X})^2+n\overline{X}}$

(b) $\frac{1}{\overline{X}}$ (c) $\frac{1}{n}\sum_{i=1}^{n} X_i^2$

(d) $\hat{\theta}=\sqrt{\frac{1}{n}\sum_{i=1}^{n}(X_i-\overline{X})^2}$

$\hat{\eta}=\overline{X}-\sqrt{\frac{1}{n}\sum_{i=1}^{n}(X_i-\overline{X})^2}$

10.38 $\frac{\overline{X}}{\overline{X}-5}$

10.39 (a) $r/\overline{X}$ (b) $1/\overline{X}$ (c) $\frac{1}{n}\sum_{i=1}^{n} X_i^2$

10.40 $\sum_{i=1}^{k} X_i \Big/ \sum_{i=1}^{k} n_i$

10.41 (a) $n\Big/\sum_{i=1}^{n}X_i^{\alpha}$ (b) $-n\Big/\sum_{i=1}^{n}\ln(1-X_i)$

(c) $X_{1:n}$

10.42 $X_{1:n}$

10.43 $\hat{\theta}_1 = X_{1:n}$, $\hat{\theta}_2 = X_{n:n}$

10.44 $e^{-\overline{X}}$

10.45 (a) $\dfrac{\overline{X}}{1-\overline{X}}$ (b) $-n\Big/\sum_{i=1}^{n}\ln X_i$

10.46 (a) $\sum_{i=1}^{n}x_i Y_i\Big/\sum_{i=1}^{n}x_i^2$

(b) $\mathrm{N}\left(\beta,\ \sigma^2\Big/\sum_{i=1}^{n}x_i^2\right)$

10.47 (a) $\hat{\lambda}_1=\overline{X}$, $\hat{\lambda}_2=\overline{Y}$ (b) $\overline{X}-\overline{Y}$

10.48 $R(\pi,\ \overline{X}) = \dfrac{2}{n}$

10.49 $\dfrac{1}{n+1}\left(\sum_{i=1}^{n}X_i+1\right)$

10.50 (b) $\dfrac{n+1}{\sum_{i=1}^{n}X_i+\dfrac{1}{\beta}}$ (c) $\dfrac{1}{n}\left(\sum_{i=1}^{n}X_i+\dfrac{1}{\beta}\right)$

제 11 장 가설검정

11.1 (a) 복합가설 (b) 단순가설

11.2 (a) 복합가설 (b) 단순가설

(c) 단순가설

11.3 P[제 1 종 오류]$=(1-p_0)^{k-1}$

P[제 2 종 오류]$=1-(1-p_1)^{k-1}$

11.4 (a) 0.1509 (b) 0.2784

11.5 (a) 0.0511

(b) $\beta_C(\lambda)=1-\sum_{y=0}^{7}\dfrac{(10\lambda)^y e^{-10\lambda}}{y!}$

11.6 (a) 알 수 없다. (b) 기각된다.

11.7 $C=\{x\,|\,x\geq 0.95\}$, $\beta_C(\theta)=1-\dfrac{0.95}{\theta}$

11.8 (a) 0.1719 (b) 0.0803

(c) 0.0038

11.9 (a) $\beta_C(\mu)=\Phi\left(\dfrac{346.08-\mu}{2}\right)$

(b) $\dfrac{1}{2}$

(c) (i) 0.0655 (ii) 0.0150

11.10 $C^*=\left\{\boldsymbol{x}\,\middle|\,-2\sum_{i=1}^{n}\ln x_i\leq\chi^2_{0.95}(2n)\right\}$

11.11 $C^*=\left\{\boldsymbol{x}\,\middle|\,x_{1:n}\geq\dfrac{\theta_0}{\alpha^{1/n}}\right\}$

11.12 $C^*=\left\{\boldsymbol{x}\,\middle|\,\overline{x}\geq\mu_0+z_\alpha\dfrac{\sigma_0}{\sqrt{n}}\right\}$

11.13 $C^*=\left\{\boldsymbol{x}\,\middle|\,\sum_{i=1}^{20}x_i\geq 56.15\right\}$

11.14 (a) $\alpha=1-\sum_{x=0}^{k_1-1}\dfrac{(n\mu_0)^x e^{-n\mu_0}}{x!}$

$C^*=\left\{\boldsymbol{x}\,\middle|\,\sum_{i=1}^{n}x_i\geq k_1\right\}$

(b) $C^*=\left\{\boldsymbol{x}\,\middle|\,\sum_{i=1}^{10}x_i\geq 9\right\}$

(c) 0.5443

11.15 (a) $C^*=\{x|x\leq 1\}$

(b) 0.7725

11.16 (a) $\sum_{i=1}^{n}x_i$에서 MLR 성질을 갖는다.

(b) $\sum_{i=1}^{n}x_i$에서 MLR 성질을 갖는다.

(c) $\sum_{i=1}^{n}\ln x_i$ 에서 MLR 성질을 갖는다.

11.17 (a) $x\geq k$일 때 H_0를 기각.

k는 $\alpha=P[X\geq k\,|\,p=p_0]$를 만족하는 값이다.

(b) $x\geq 10$일 때 $H_0: p\leq 0.3$을 기각.

11.18 $C^*=\left\{\boldsymbol{x}\,\middle|\,\sum_{i=1}^{n}x_i\leq\theta_0\chi^2_{1-\alpha}(2n)/2\right\}$

11.19 (a) $C^*=\left\{\boldsymbol{x}\,\middle|\,\sum_{i=1}^{n}x_i\geq\beta_0\chi^2_\alpha(4n)/2\right\}$

(b) $P\left[\chi^2(4n)\geq\dfrac{\beta_0}{\beta}\chi^2_\alpha(4n)\right]$

11.20 $C^*=\{\boldsymbol{x}|x_{n:n}\geq\theta_0(1-\alpha)^{1/n}\}$

11.21 (b) $C=\left\{x\,\middle|\,x\geq\ln\left(\dfrac{1}{\alpha}-1\right)\right\}$

11.22 (a) $\alpha=0.05$이면 기각역이
$C_1=\{x|x=c\}$이고, $\alpha=0.1$이면
기각역이 $C_2=\{x\,|\,x=a,c\}$이다.
(b) $\beta_{C_1}(\theta)=0.5$ $\beta_{C_2}(\theta)=0.2\theta+0.5$
(c) $\alpha=0.05$, $\beta=0.5$

11.23 (a) $\lambda(\boldsymbol{x})=\left(\frac{0.8}{\overline{x}}\right)^{\sum_{i=1}^{n}x_i}\left(\frac{0.2}{1-\overline{x}}\right)^{n-\sum_{i=1}^{n}x_i}$
(b) $C=\{\boldsymbol{x}|-2\ln\lambda(\boldsymbol{x})\ge 6.63\}$

11.24 $C=\left\{\boldsymbol{x}\,\middle|\,\frac{|\overline{x}-\mu_0|}{\sigma/\sqrt{n}}\ge z_{\alpha/2}\right\}$

11.25 H_0 기각

11.26 $\lambda(\boldsymbol{x})=\begin{cases}1, & x_{1:n}\le\eta_0\\ \left(\frac{\overline{x}-x_{1:n}}{\overline{x}-\eta_0}\right)^n, & x_{1:n}>\eta_0\end{cases}$

11.27 $C=\{\boldsymbol{x}|x_{n:n}\le\theta_0\alpha^{1/n}\}$

11.28 (a) H_0를 기각하지 못한다.
(b) H_0를 기각한다.
(c) p-값$=0.0548$

11.29 (a) $\hat{\mu}=7.465$, $\hat{\sigma}\approx 0.06258$
(b) H_0를 기각할 수 없다.

11.30 (a) H_0를 기각할 수 없다.
(b) 0.1963
(c) 44
(d) H_0를 기각할 수 없다.
(e) H_0를 기각할 수 없다.

11.31 21

11.32 H_0를 기각할 수 없다.

11.33 (a) $\overline{x}=273.04$, $s^2=3155.54$
(b) H_0를 기각한다.

11.34 H_0를 기각한다. 즉, 의사의 주장이 옳다.

11.35 H_0를 기각할 수 없다.

11.36 (a) H_0를 기각할수 없다.
(b) H_0를 기각한다.

11.37 (a) H_0를 기각한다.
(b) H_0를 기각할 수 없다.
(c) H_0를 기각할 수 없다.

11.38 (a) $\widehat{\mu_D}=0.45$
(b) 몸무게를 줄이는데 효과가 있다고 말할 수 없다.

11.39 차이가 있다.

제 12 장 구간추정

12.2 $\left(\frac{2n\overline{X}}{\chi^2_{\alpha/2}(2nk)},\ \frac{2n\overline{X}}{\chi^2_{1-\alpha/2}(2nk)}\right)$

12.3 (20.73, 86.5)

12.4 $\overline{X}+z_\alpha\frac{\sigma}{\sqrt{n}}$

12.5 $2\sum_{i=1}^{n}X_i/\chi^2_\alpha(4n)$

12.6 $X-\ln\left(\frac{1}{\alpha}-1\right)$

12.7 $2\sum_{i=1}^{n}X_i/\chi^2_{1-\alpha}(2n)$

12.8 $\left(\overline{X}-t_{\alpha/2}(n-1)\frac{S}{\sqrt{n}},\ \overline{X}+t_{\alpha/2}(n-1)\frac{S}{\sqrt{n}}\right)$

12.9 $\left(\frac{\chi^2_{1-\alpha/2}(2n)}{-2\sum_{i=1}^{n}\ln(1-X_i)},\ \frac{\chi^2_{\alpha/2}(2n)}{-2\sum_{i=1}^{n}\ln(1-X_i)}\right)$

12.10 $\left(\frac{2n\overline{X}}{\chi^2_{\alpha/2}(2n)},\ \frac{2n\overline{X}}{\chi^2_{1-\alpha/2}(2n)}\right)$

12.11 (b) $\left(\frac{2\sum_{i=1}^{n}(X_i-10)}{\chi^2_{0.025}(2n)},\ \frac{2\sum_{i=1}^{n}(X_i-10)}{\chi^2_{0.975}(2n)}\right)$

12.12 (a) $\left(\sqrt{\overline{X}+\frac{1.645^2}{4n}}-\frac{1.645}{2\sqrt{n}}\right)^2$
(b) $\overline{X}-1.645\sqrt{\frac{\overline{X}}{n}}$

12.13 $\frac{n_2}{n_1}\beta\sum_{i=1}^{n_1}X_i\Big/\sum_{j=1}^{n_2}Y_j\sim F(2n_1,\ 2n_2)$

12.14 (a) $\left(\frac{\overline{X}}{1+z_{\alpha/2}/\sqrt{n}},\ \frac{\overline{X}}{1-z_{\alpha/2}/\sqrt{n}}\right)$
(b) $\left(\left(\frac{\overline{X}}{1+z_{\alpha/2}/\sqrt{n}}\right)^2,\left(\frac{\overline{X}}{1-z_{\alpha/2}/\sqrt{n}}\right)^2\right)$

12.15 $(7.4202, 7.5098)$

12.16 (a) $\hat{\mu}=46.42$

(b) $(40.2643, 52.5757)$

12.17 $(0.3626,\ 1.6853)$

12.18 $(3.072,\ 10.5785)$

12.19 $(0.0563,\ 0.1837)$

12.20 (a) $$\left(\frac{(n_1-1)S_1^2+(n_2-1)S_2^2}{\chi^2_{\alpha/2}(n_1+n_2-2)},\ \frac{(n_1-1)S_1^2+(n_2-1)S_2^2}{\chi^2_{1-\alpha/2}(n_1+n_2-2)}\right)$$

(b) $(7.3656,\ 21.9368)$

12.21 $(0.3428,\ 2.1334)$

12.22 $(0.0948,\ 5.1052)$

12.23 $(-0.4938, 1.3938)$

12.24 $(-0.2576, 0.0176)$

12.25 (a) $\hat{p_1}=0.15$

(b) $(0.1005,\ 0.1995)$

(c) $\hat{p_2}-\hat{p_1}=-0.08125$

(d) $(-0.1444, -0.0181)$

제 13 장 카이제곱 검정

13.1 공정한 동전이라 할 수 있다.

13.2 학점분포는 균일하지 않다.

13.3 (a) 모든 요일에 결근할 가능성이 동일하지 않다.

(b) 사장의 생각이 타당하다고 할 수 있다.

13.4 박사학위 취득율이 매년 다르다고 말할 수 없다.

13.5 이혼률이 매월 균등하지 않다.

13.6 (a) H_0를 기각할 수 없다.

(b) H_0를 기각한다.

13.7 세 가지 약의 효과에 차이가 있다고 할 수 없다.

13.8 토양의 형태에 따라 성장이 다르다.

13.9 이혼 사유별 비율이 도시간에 차이가 있다고 할 수 없다.

13.10 교육수준과 결혼형태 사이에는 연관성이 있다.

13.11 전공과 시험성적은 독립이다.

13.12 혈액형과 위궤양 상태는 연관이 있다.

13.13 자녀의 수와 아버지의 교육수준은 독립이다.

13.14 금연에 관한 의견과 성별은 독립이다.

p-값$=P[\chi^2(2)\geq 3.8952]\approx 0.142$.

13.15 H_0를 기각할 수 없다.

13.16 (a) H_0를 기각할 수 없다.

(b) H_0를 기각할 수 없다.

13.17 H_0를 기각할 수 없다.

13.18 (a) H_0를 기각할 수 없다.

(b) H_0를 기각할 수 없다.

제 14 장 회귀분석과 상관분석

14.9 (a) $\hat{\beta_0}=11.16754$, $\hat{\beta_1}=0.57598$이고

$\hat{y}=11.16754+0.57598x$

(b) $\hat{y}=22.68714$

(c) $\mathrm{MSE}=11.11374$

(d) H_0를 기각할 수 없다.

(e) H_0를 기각한다.

(f) H_0를 기각할 수 없다.

(g) $(6.98132, 15.35377)$

(h) $(0.31672, 0.83523)$

(i) $R^2=0.6393$

14.10 (a) $\hat{\beta_0}\approx -21.79469$,

$\hat{\beta_1}\approx 2.35769$이므로

$\hat{y}=-21.79469+2.35769x$

(b) $\hat{y}\approx 93.73212$

(c) $\mathrm{MSE}\approx 56.92184$

(d) H_0를 기각할 수 없다.

(e) H_0를 기각한다.

(f) H_0를 기각할 수 없다.

(g) $(-55.40757,\ 11.81819)$

(h) $(1.60942, 3.10597)$

(i) (30.5094, 141.5463)

(j) $R^2 \approx 0.7654$

(k) H_0를 기각한다.

14.11 (a) H_0를 기각한다.

(b) H_0를 기각한다.

14.13 (a) $\hat{\beta} = \begin{pmatrix} 23.815313494 \\ 0.4511340798 \\ 0.3754574384 \end{pmatrix}$

$\hat{y} = 23.81531 + 0.45113x_1 + 0.37546x_2$

(b) MSE $\approx$ 11327.9477

(c) H_0를 기각할 수 없다.

(d) H_0를 기각할 수 없다.

(e) H_0를 기각한다.

(f) (−139.382, 187.012)

(g) (0.2488, 0.65345)

(h) (0.0803, 0.6706)

(i) (6775.825, 22697.1631)

(j) $R^2 \approx 0.9158$

(k) H_0를 기각한다.

14.14 (a) $\hat{\beta}_0 = -6457.26273$, $\hat{\beta}_1 = 0.37792$, $\hat{\beta}_2 = 4.73274$

$\hat{y} = -6457.26273 + 0.37792x_1 + 4.73274x_2$

(b) 14733.53

(c) H_0를 기각한다.

(d) H_0를 기각한다.

(e) H_0를 기각한다.

(f) (−8433.49, −4481.04)

(g) (0.18624, 0.56961)

(h) (3.51685, 5.94862)

(i) $R^2 = 0.9401$

(j) H_0를 기각한다.

제 15 장 비모수통계

15.1 (a) 20분을 초과한다고 단정할 수 없다.

(b) 20분을 초과한다.

15.2 200일을 초과한다고 말할 수 없다.

15.3 (a) H_0를 기각할 수 없다.

(b) H_0를 기각한다.

15.4 몸무게를 줄인다고 단언할 수 없다.

15.5 단축한다고 말할 수 없다.

15.6 주장이 타당하다.

15.7 차이가 있다고 말할 수 없다.

15.8 계산기 A가 더 오래 작동한다.

15.9 더 효과적이라 말할 수 없다.

15.10 성적에 차이가 있다고 할 수 없다.

15.11 무작위라 할 수 있다.

15.12 무작위로 발생했다고 할 수 있다.

15.13 무작위라 할 수 있다.

15.14 무작위라 할 수 있다.

15.15 $h' \approx 10.4845$이므로, 작동시간에 차이가 있다.

15.16 $h \approx 2.6092$이므로, 차이가 있다고 말할 수 없다.

15.17 $h' \approx 7.3193$이므로, 차이가 있다고 말할 수 없다.

15.18 (a) 0.2394

(b) H_0를 기각할 수 없다.

15.19 (a) 0.5152

(b) 양의 연관성이 있다고 말할 수 없다.

15.20 (a) 0.9323

(b) 양의 연관성이 있다.

15.21 (a) 0.9029

(b) 양의 연관성이 있다.

15.22 (a) −0.7384

(b) 음의 연관성이 있다.

15.23 (a) 0.0643

(b) 연관성이 있다고 말할 수 없다.

1. 강근석, 김충락. (2001). 「회귀분석」, 교우사.
2. 강석복, 우정수. (2002), 「통계적 추정과 가설검정」, 경문사
3. 강석복, 우정수. (2003). 「통계적 확률분포이론」, 경문사.
4. 강석복, 우정수. (2007), 「확률의 입문」, 자유아카데미.
5. 송문섭, 박창순, 이정진. (2003). 「비모수통계학」, 자유아카데미.
6. 우정수, 강석복. (1997). 「통계이론과 연습」, 경문사.
7. Agresti, A. (1990). *Categorical Data Analysis*, John Wiley & Sons, Inc., New York.
8. Arnold, B. C., Balakrishnan, N., and Nagaraja, H. N. (1992). *A First Course in Order Statistics*. John Wiley & Sons, Inc., New York.
9. Bain, L. J. and Engelhardt, M. (1992). *An Introduction to Probability and Mathematical Statistics* (2nd ed.), PWS-KENT Publishing Company, California.
10. Balakrishnan, N. and Cohen, A. C. (1991). *Order Statistics and Inference: Estimation Methods*. Academic Press, Inc.
11. Barnett, V. (1999). *Comparative Statistical Inference* (3rd ed.), John Wiley & Sons, Ltd, England.
12. Bartoszynski, R. and Niewiadomska-Bugaj, M. (1996). *Probability and Statistical Inference*, John Wiley & Sons, Inc., New York.
13. Bickel, P. J. Doksum, K. A. (2000). *Mathematical Statistics: Basic Ideas and Selected Topics*, Vol I (2nd ed.), Prentice-Hall Inc., New Jersey.
14. Casella, G. and Berger, R. L. (2002). *Statistical Inference* (2nd ed.), Duxbury.
15. Conover, W. J. (1980). *Practical Nonparametric Statistics* (2nd ed.), John Wiley & Sons, Inc., New York.
16. David, H. A. (2003). *Order Statistics* (3rd ed.), John Wiley & Sons, Inc., New Jersey.
17. Daniel, W. W. (1990). *Applied Nonparametric Statistics* (2nd ed.), PWS-KENT Publishing Company.
18. Devore, J. L. (2004). *Probability and Statistics for Engineering and the Sciences* (6th ed.), Brooks/cole – Thomsn Learning
19. Dudewicz, E. J. and Mishra, S. N. (1988). *Modern Mathematical Statistics*, John Wiley

& Sons, Inc., New York.

20. Freund, J. E. (1992). *Mathematical Statistics* (5th ed.), Prentice-Hall, Inc., New Jersey.

21. Greenwood, P. E. and Nikulin, M. S. (1966). *A Guide to Chi-Squared Testing*, John Wiley & Sons, Inc., New York.

22. Groeneveld, R. A. (1988). *Introductory Statistical Methods: An Integrated Approach Using Minitab*, PWS-KENT Publishing Company.

23. Gross, A. J. and Clark, V. A. (1975). Survival Distributions: Reliability Applications in the Biomedical Sciences, John Wiley & Sons, Inc., New York.

24. Hogg, R. V. and Craig, A. T. (1995). *Introduction to Mathematical Statistics* (5th ed.), Prentice-Hall Inc., New Jersey.

25. Hogg, R. V. and Tanis, E. A. (2001). *Probability and Statistical Infernece* (6th ed.), Prentice-Hall Inc., New Jersey.

26. Hollander, M. and Wolfe, D. A. (1973). *Nonparametric Statistical Methods*. John Wiley & Sons, Inc., New York.

27. Kiser, C. V. and Schaefer, N. L. (1949). Demographic characteristics of women in Who's Who, *Milbank Memorial Fund Quarterly*, 27, 422.

28. Knight, K. (2000). *Mathematical Statistics*, Chapman & Hall/CRC, New York.

29. Kreyszig, E. (1970). *Introductory Mathematical Statistics Principal and Methods*, John Wiley & Sons, Inc., New York.

30. Larsen, R. J. and Marx, M. L. (1985). *An Introduction to Mathematical Statistics and its Applications* (2nd ed.), Prentice-Hall Inc., New Jersey.

31. Larson, M. J. (1974). *Introduction to Probability Theory and Statistical Inference*, John Wiley & Sons, Inc., New York.

32. Lehmann, E. L. (1997). *Testing Statistical Hypotheses* (2nd ed.), Springer-Verlag, New York, Inc.

33. Lehmann, E. L. and Casella, G. (1998). *Theory of Point Estimation* (2nd ed.), Springer –Verlag, New York, Inc.

34. Lehmann, E. L. (1975). Nonparametrics: Statistical Methods Based on Ranks. Holden – Day, Inc., San Francisco.

35. Manoukian, E. B. (1986). *Modern Concepts and Theorems of Mathematical Statistics*, Springer-Verlag, New York, Inc.

36. Mendenhall, W., Scheaffer, R. L., and Wackerly, D. D. (1986). *Mathematical Statistics with Applications* (3rd ed.), PWS Publishers.

37. Montgomery, D. C. and Peck, E. A. (1992). *Introduction to Linear Regression Analysis* (2nd ed.), John Wiley & Sons, Inc., New York.

38. Mood, A. M., Graybill, F. A., and Boes, D. C. (1969). *Introduction to the Theory of Statistics* (3rd ed.), McGraw-Hill Book Company, New York.

39. Kutner, M. H., Nachtschiem, C. J., Wasserman, W., and Neter, J. (1996). *Applied Linear Statistical Models* (4th ed.), Irwin/McGraw-Hill.

40. Pestman, W. R. (1998). *Mathematical Statistics: An Introduction*, Walter de Gruyter GmbH & Co., Berlin.

41. Proscan, F. (1963). Theoretical explanation of observed decreasing failure rate. *Technometrics*, 5, 375.

42. Rice, J. A. (1995). *Mathematical Statistics and Data Analysis* (2nd ed.), Wadsworth Publishing Company, Belmont, California.

43. Rohatgi, V. K. and Saleh, A.K. Md. Ehsanes (2001). *An Introduction to Probability and Statistics* (2nd ed.), John Wiley & Sons, Inc., New York.

44. Rohatgi, V. K. (1984). *Statistical Inference*, John Wiley & Sons, Inc. New York.

45. Ross, S. (2006), *A First Course in Probability* (7th ed.), Pearson Prentice Hall, New Jersey.

46. Roussas, G. G. (1997). *A Course in Mathematical Statistics* (2nd ed.), Academic Press, California.

47. Seber, G. A. F. (1977). *Linear Regression Analysis*, John Wiley & Sons, Inc., New York.

48. Sen, A. and Srivastava, M. (1990). *Regression Analysis: Theory, Methods, and Applications*, Springer-Verlag, New York Inc.

49. Shao, J. (1999). *Mathematical Statistics*, Springer-Verlang New York, Inc.

50. Siegel, S. and Castellan, N. J. Jr. (1988). *Nonparametric Statistics for theBehavioral Sciences* (2nd ed.), McGraw-Hill, Inc., New York.

51. Tate, R. F. and Klett, G. W. (1959). Optimum confidence intervals for the variance of a normal distribution. *Journal of the American Statistical Association*, 54, 674-682.

52. Terrell, G. K. (1999). *Mathematical Statistics: A Unified Introduction*, Springer- Verlag New York, Inc.

53. Walpole, R. E. and Myers, R. H. (1990). *Probability and Statistics for Engineers and Scientists*, Macmillan Publishing Company, New York.

54. Woolf, B. (1955). On estimating the relation between blood group and disease. *Annals of Hum. Genetics*, 19, 251-253.

【ㄹ】

【ㅁ】

【ㅂ】

【ㅈ】

【ㅎ】

수리통계학의 이해 Revised

지은이　강석복 · 우정수
펴낸이　박문규
펴낸곳　경문사
펴낸날　2010년　3월 5일
등　록　1979년 11월 9일 제 9-9호
주　소　121-818, 서울특별시 마포구 동교동 184-17
전　화　(02)332-2004　팩스 (02)336-5193
이메일　kms2004@kyungmoon.com

값 20,000원

ISBN 978-89-6105-055-5